数据科学与大数据技术丛书

Python机器学习

原理与实践

U0386138

（第2版）

薛 薇 ◉ 著

中国人民大学出版社
· 北京 ·

前　言

Preface

Python与机器学习几乎就是为数据科学而生的。Python是一种简明、高效且功能强大的开源工具，已成为数据科学最常用的计算机编程语言；机器学习是一套先进、深刻且内容丰富的算法集合，已成为数据科学最主流的分析方法。它们相得益彰，构成了当今大数据技术、人工智能等前沿领域的必备知识，是广大学子成长为数据科学人才的必由之路。

作者结合多年来在机器学习、数据挖掘、统计学、计算机语言和统计应用软件等课程的教学经验与科研实践，希望能为Python机器学习的任课教师以及大学生们，提供一本更加符合高校教学特点的实用优质教材。本书的特点如下：

（1）对原理部分作清晰的讲解。机器学习是一门交叉性很强的学科，涉及统计学、数据科学、计算机等多个领域的知识。学习者要掌握好每个模型或算法的精髓和实践，需要由浅入深地关注直观含义、方法原理、公式推导、算法实现和适用场景等多个递进层面。本书也正是基于这样的层面展开论述。论述过程中，对抽象原理，借助读者可自己再现的图形来做直观剖析；对重点概念，以不同字体突出说明；对难点问题，不吝笔墨反复强调。

（2）对实践部分作全面的实现。机器学习又是一门实操性很强的学科。学习者需要边学边做才能获得更加深刻的认知。因此，本书在每章均涉及了Python编程实践。一方面，通过Python程序代码和各种可再现的图形，帮助学习者理解抽象理论背后的直观含义和方法精髓。另一方面，通过Python代码，帮助学习者掌握和拓展机器学习的算法实现和应用实践。同时，对程序中的关键点进行适度说明，并结合方法原理对程序运行结果进行解读，对相关算法及其特点进行比较评述。全书所有模型和算法都有相应的Python程序，全部代码可供下载。每章结尾给出了本章的函数列表，方便读者查阅。

本书适合作为机器学习或相关课程的教材。首先，内容上涵盖了众多主流和核心机器学习算法，以及相关重要知识点。其次，结构安排上，在第 1 章概述和第 2 章 Python 基础介绍后，第 3 章集中对数据预测建模的各个方面进行了总览论述，旨在帮助学习者把握机器学习的整体知识框架。后续第 4 章至第 9 章依知识难度，由浅入深展开数据预测建模的讨论，包括朴素贝叶斯分类器、近邻分析、决策树、集成学习、人工神经网络、支持向量机等。第 10、11 章讨论特征选择和特征提取，作为数据预测建模的重要补充。第 12 章关注机器学习中的聚类算法。此外，每章的 Python 代码能够很好地帮助学习者进一步深刻理解原理，掌握和拓展 Python 机器学习的应用实践。

本书第 1 版问世以来受到了广大读者的欢迎和喜爱。在广泛听取高校教师和学生以及其他读者的意见和建议的基础上，我们对第 1 版进行了修订，修订说明如下：

（1）对第 1 版的章节顺序进行了较大调整。为更好地借助 Python 编程加深对机器学习理论的直观理解，我们将第 1 版集中编排的 Python 编程章节进行了拆解，分别将其调整到相应理论讲解的后面，以便于读者阅读和理解。同时，调整了部分章节理论讲解的逻辑顺序，使得理论论述更加有层次和清晰。

（2）部分章设置了 Python 模拟和启示、Python 应用实践等小节。设置 Python 模拟和启示的目的是通过对较为理想的模拟数据的建模分析，更好地凸显数据建模方法的理论精髓和特色，便于读者理解。设置 Python 应用实践的目的是展示理论方法的实际应用价值，便于读者举一反三地应用。为此，我们对第 1 版集中编排的 Python 代码进行了分门别类并分章节重新编排。

（3）对关键 Python 代码进行了解释说明。增加了对关键 Python 代码的解释和说明，一方面便于读者了解 Python 函数中核心参数的含义，另一方面帮助读者明晰编程思路以更好地了解相关理论的深层内涵。为此，我们以程序注释的形式对第 1 版的 Python 代码增加了逐行说明。同时为节省篇幅，书中略去了部分多次重复出现的代码，完整 Python 程序参见本书的配套电子资源。

（4）优化了部分 Python 代码。对 Python 代码进行了重新梳理，从全书角度统一了 Python 代码的书写风格，优化了部分 Python 代码的写法，并对第 1 版的 Python 程序进行了适当删减和压缩。

（5）删减了第 1 版中对入门学习来讲相对比较难的章节。希望以高等院校每周 3 ～ 4 课时共计约 17 周的课时数安排本书体量，但第 1 版的体量偏大。为此我们对第 1 版中相对比较难的章节进行了删减，希望更贴近一般高校的数据科学和大数据专业的课程设置，也可满足人工智能、计算机应用以及统计学等相关专业课程的常规学分要求。此外，本书也可作为对 Python 机器学习有兴趣的应用研究人员的参考书。

（6）适当增加了一些应用案例，并在每章附加了习题部分以供学生课后思考和练习。此外，将第 1 版第 1 章“机器学习与 Python 概述”，拆分为第 2 版第 1 章“机器学习概述”和第 2 章“Python 机器学习基础”两章，以方便读者有选择性地阅读。

总之，在大数据与人工智能技术强有力的推动下，Python 与机器学习日益受到广泛关注，形成了方法庞杂、分支众多、应用广泛的发展局面。所以，要全面、深入地展现其全貌，需要不断学习与完善、不断跟进与提高。在此欢迎各位读者不吝赐教，对本书提出宝贵意见。

薛 薇
中国人民大学应用统计科学研究中心
中国人民大学统计学院

目　录

Contents

第 1 章　机器学习概述 …… 1
1.1　机器学习的发展：人工智能中的机器学习 …… 2
1.1.1　符号主义人工智能 …… 2
1.1.2　基于机器学习的人工智能 …… 3
1.2　机器学习中的数据 …… 5
1.2.1　数据集和相关概念 …… 5
1.2.2　结构化、半结构化和非结构化数据 …… 7
1.3　机器学习的任务 …… 8
1.3.1　数据预测 …… 8
1.3.2　数据聚类 …… 9

第 2 章　Python 机器学习基础 …… 11
2.1　Python：机器学习的首选工具 …… 11
2.2　Python 的集成开发环境：Anaconda …… 12
2.2.1　Anaconda 的简介 …… 13
2.2.2　Anaconda Prompt 的使用 …… 14
2.2.3　Spyder 的使用 …… 15
2.2.4　Jupyter Notebook 的使用 …… 16
2.3　Python 第三方程序包的引用 …… 17
2.4　NumPy 使用示例 …… 18
2.4.1　NumPy 数组的创建和访问 …… 18

2.4.2 NumPy 的计算功能 …… 20
2.5 Pandas 使用示例 …… 23
2.5.1 Pandas 的序列和索引 …… 23
2.5.2 Pandas 的数据框 …… 24
2.5.3 Pandas 的数据加工处理 …… 25
2.6 NumPy 和 Pandas 的综合应用：空气质量监测数据的预处理和基本分析 …… 27
2.6.1 空气质量监测数据的预处理 …… 27
2.6.2 空气质量监测数据的基本分析 …… 28
2.7 Matplotlib 的综合应用：空气质量监测数据的图形化展示 …… 31
2.7.1 AQI 的时序变化特点 …… 32
2.7.2 AQI 的分布特征及相关性分析 …… 33

第 3 章 数据预测中的相关问题 …… 43
3.1 线性回归预测模型 …… 44
3.1.1 线性回归预测模型的含义 …… 44
3.1.2 线性回归预测模型的几何理解 …… 45
3.1.3 线性回归预测模型的评价 …… 45
3.1.4 Python 应用实践：$PM_{2.5}$ 浓度预测 …… 46
3.2 认识线性分类预测模型 …… 52
3.2.1 线性分类模型的含义 …… 52
3.2.2 线性分类模型的几何理解 …… 55
3.2.3 分类预测模型的评价 …… 56
3.2.4 Python 应用实践：空气质量等级预测 …… 58
3.3 从线性预测模型到非线性预测模型 …… 64
3.4 预测模型的参数估计 …… 65
3.4.1 损失函数与有监督学习 …… 65
3.4.2 参数搜索策略 …… 67
3.5 预测模型的选择 …… 69
3.5.1 泛化误差的估计 …… 69
3.5.2 Python 模拟和启示：理解泛化误差 …… 73
3.5.3 预测模型的过拟合问题 …… 77
3.5.4 模型选择：偏差和方差 …… 78

第 4 章 数据预测建模：贝叶斯分类器 …… 83
4.1 贝叶斯概率和贝叶斯法则 …… 83
4.1.1 贝叶斯概率 …… 83
4.1.2 贝叶斯法则 …… 84
4.2 朴素贝叶斯分类器 …… 85
4.2.1 从顾客行为分析看朴素贝叶斯分类器 …… 85
4.2.2 Python 模拟和启示：认识朴素贝叶斯分类器的分类边界 …… 87
4.2.3 Python 应用实践：空气质量等级预测 …… 91
4.3 朴素贝叶斯分类器在文本分类中的应用 …… 93
4.3.1 Python 文本数据的预处理：文本分词和量化计算 …… 94
4.3.2 Python 文本描述性分析：词云图和文本相似性 …… 98
4.3.3 Python 文本分析综合应用：裁判文书的要素提取 …… 99

第 5 章 数据预测建模：近邻分析 …… 104
5.1 近邻分析：K- 近邻法 …… 104
5.1.1 距离：K- 近邻法的近邻度量 …… 105
5.1.2 参数 K：1- 近邻法和 K- 近邻法 …… 107
5.2 回归预测中的 K- 近邻法 …… 107
5.2.1 Python 模拟和启示：认识 K- 近邻回归线 …… 108
5.2.2 Python 模拟和启示：认识 K- 近邻回归面 …… 110
5.3 分类预测中的 K- 近邻法 …… 112
5.3.1 基于 1- 近邻法和 K- 近邻法的分类 …… 113
5.3.2 Python 模拟和启示：参数 K 和分类边界 …… 114
5.4 基于观测相似性的加权 K- 近邻法 …… 116
5.4.1 加权 K- 近邻法的权重 …… 116
5.4.2 Python 模拟和启示：认识加权 K- 近邻法的分类边界 …… 118
5.5 K- 近邻法的 Python 应用实践 …… 120
5.5.1 空气质量等级的预测 …… 120
5.5.2 国产电视剧大众评分预测 …… 122

第 6 章 数据预测建模：决策树 …… 125
6.1 决策树的基本概念 …… 125
6.1.1 什么是决策树 …… 126
6.1.2 决策树的深层含义 …… 127

6.2 回归预测中的决策树 …… 128
6.2.1 决策树的回归面 …… 128
6.2.2 Python 模拟和启示：树深度对回归面的影响 …… 129
6.3 分类预测中的决策树 …… 131
6.3.1 决策树的分类边界 …… 132
6.3.2 Python 模拟和启示：树深度对分类边界的影响 …… 133
6.4 决策树的生长和剪枝 …… 135
6.4.1 决策树的生长 …… 135
6.4.2 决策树的剪枝 …… 137
6.5 经典决策树算法：分类回归树 …… 138
6.5.1 CART 的生长 …… 138
6.5.2 CART 的后剪枝 …… 140
6.6 决策树的 Python 应用实践 …… 144
6.6.1 $PM_{2.5}$ 浓度的预测 …… 144
6.6.2 空气质量等级的预测 …… 145
6.6.3 药物适用性研究 …… 147

第 7 章 数据预测建模：集成学习 …… 151
7.1 集成学习概述 …… 152
7.1.1 高方差问题的解决途径 …… 152
7.1.2 从弱模型到强模型的构建 …… 152
7.2 基于重抽样自举法的集成学习 …… 153
7.2.1 重抽样自举法 …… 153
7.2.2 袋装法的基本思想 …… 154
7.2.3 随机森林的基本思想 …… 156
7.2.4 Python 应用实践：基于袋装法和随机森林预测 $PM_{2.5}$ 浓度 …… 157
7.3 从弱模型到强模型的构建：提升法 …… 160
7.3.1 提升法的基本思路 …… 161
7.3.2 Python 模拟和启示：弱模型联合成为强模型 …… 162
7.3.3 分类预测中的提升法：AdaBoost.M1 算法 …… 164
7.3.4 Python 模拟和启示：认识 AdaBoost.M1 算法中高权重样本 …… 168
7.3.5 回归预测中的提升法 …… 169
7.3.6 Python 应用实践：基于 AdaBoost 预测 $PM_{2.5}$ 浓度 …… 171
7.4 梯度提升树 …… 172
7.4.1 梯度提升算法 …… 173

7.4.2 梯度提升回归树 …… 177
7.4.3 Python 模拟和启示：认识梯度提升回归树 …… 178
7.4.4 梯度提升分类树 …… 180
7.4.5 Python 模拟和启示：认识梯度提升分类树 …… 180
7.5 XGBoost 算法 …… 182
7.5.1 XGBoost 的目标函数 …… 183
7.5.2 目标函数的近似表达 …… 183
7.5.3 决策树的求解 …… 185
7.5.4 Python 应用实践：基于 XGBoost 预测空气质量等级 …… 186

第 8 章 数据预测建模：人工神经网络 …… 191
8.1 人工神经网络的基本概念 …… 192
8.1.1 人工神经网络的基本构成 …… 192
8.1.2 人工神经网络节点的功能 …… 193
8.2 感知机网络 …… 194
8.2.1 感知机网络中的节点 …… 195
8.2.2 感知机节点中的加法器 …… 195
8.2.3 感知机节点中的激活函数 …… 197
8.2.4 Python 模拟和启示：认识激活函数 …… 198
8.2.5 感知机的权重训练 …… 201
8.3 多层感知机网络 …… 207
8.3.1 多层感知机网络的结构 …… 207
8.3.2 多层感知机网络中的隐藏节点 …… 209
8.3.3 Python 模拟和启示：认识隐藏节点 …… 212
8.4 B-P 反向传播算法 …… 214
8.4.1 反向传播算法的基本思想 …… 214
8.4.2 局部梯度和权重更新 …… 215
8.5 人工神经网络的 Python 应用实践 …… 216
8.5.1 手写体邮政编码的识别 …… 217
8.5.2 $PM_{2.5}$ 浓度的回归预测 …… 220

第 9 章 数据预测建模：支持向量机 …… 223
9.1 支持向量分类概述 …… 224
9.1.1 支持向量分类的基本思路 …… 224
9.1.2 支持向量分类的三种情况 …… 227

9.2 完全线性可分时的支持向量分类 227
9.2.1 完全线性可分时的超平面 228
9.2.2 参数求解和分类预测 229
9.2.3 Python 模拟和启示：认识支持向量 233
9.3 广义线性可分时的支持向量分类 235
9.3.1 广义线性可分下的超平面 235
9.3.2 广义线性可分时的误差惩罚和目标函数 236
9.3.3 Python 模拟和启示：认识误差惩罚参数 C 237
9.3.4 参数求解和分类预测 239
9.4 线性不可分时的支持向量分类 240
9.4.1 线性不可分问题的一般解决方式 241
9.4.2 支持向量分类克服维灾难的途径 242
9.4.3 Python 模拟和启示：认识核函数 244
9.5 支持向量机的 Python 应用实践：老年人危险体位预警 247
9.5.1 案例背景和数据说明 247
9.5.2 Python 实现 248

第 10 章 特征选择：过滤式、包裹式和嵌入式策略 254
10.1 过滤式策略下的特征选择 255
10.1.1 低方差过滤法 256
10.1.2 高相关过滤法中的方差分析 258
10.1.3 高相关过滤法中的卡方检验 262
10.1.4 Python 应用实践：过滤式策略下手写体邮政编码数字的特征选择 264
10.2 包裹式策略下的特征选择 267
10.2.1 包裹式策略的基本思路 267
10.2.2 递归式特征剔除法 268
10.2.3 基于交叉验证的递归式特征剔除法 269
10.2.4 Python 应用实践：包裹式策略下手写体邮政编码数字的特征选择 269
10.3 嵌入式策略下的特征选择 271
10.3.1 岭回归和 Lasso 回归 271
10.3.2 弹性网回归 275
10.3.3 Python 应用实践：嵌入式策略下手写体邮政编码数据的特征选择 277

第 11 章 特征提取：空间变换策略 ······ 284
11.1 主成分分析 ······ 285
11.1.1 主成分分析的基本出发点 ······ 286
11.1.2 主成分分析的基本原理 ······ 287
11.1.3 确定主成分 ······ 290
11.1.4 Python 模拟与启示：认识主成分 ······ 290
11.2 矩阵的奇异值分解 ······ 293
11.2.1 奇异值分解的基本思路 ······ 293
11.2.2 奇异值分解的 Python 应用实践：脸部数据特征提取 ······ 294
11.3 因子分析 ······ 296
11.3.1 因子分析的基本出发点 ······ 296
11.3.2 因子分析的基本原理 ······ 298
11.3.3 Python 模拟和启示：认识因子分析的计算过程 ······ 301
11.3.4 因子分析的其他问题 ······ 305
11.3.5 因子分析的 Python 应用实践：空气质量综合评测 ······ 308

第 12 章 揭示数据内在结构：聚类分析 ······ 312
12.1 聚类分析概述 ······ 313
12.1.1 聚类分析的目的 ······ 313
12.1.2 聚类算法概述 ······ 315
12.1.3 聚类解的评价 ······ 316
12.1.4 聚类解的可视化 ······ 319
12.2 基于质心的聚类模型：K- 均值聚类 ······ 319
12.2.1 K- 均值聚类基本过程 ······ 320
12.2.2 基于 K- 均值聚类的类别预测 ······ 322
12.2.3 Python 模拟和启示：认识 K- 均值聚类中的 K ······ 322
12.3 基于联通性的聚类模型：系统聚类 ······ 326
12.3.1 系统聚类的基本过程 ······ 326
12.3.2 系统聚类中距离的联通性测度 ······ 327
12.3.3 Python 模拟和启示：认识系统聚类中的聚类数目 K ······ 327
12.4 基于密度的聚类：DBSCAN 聚类 ······ 332
12.4.1 DBSCAN 聚类中的相关概念 ······ 332
12.4.2 DBSCAN 聚类过程 ······ 334
12.4.3 Python 模拟和启示：认识 DBSCAN 的异形聚类特点 ······ 334
12.5 聚类分析的 Python 应用实践：环境污染的区域特征分析 ······ 337

第 1 章　机器学习概述

学习目标

1. 了解机器学习的基本发展历程。
2. 了解机器学习的数据。
3. 了解机器学习的基本任务。

移动互联技术、物联网技术和云计算技术的蓬勃发展，将人类社会与物理世界有效连接起来，更重要的是创造性地建立了一个数字化的网络体系。而运行其上的搜索引擎服务、大型电子商务、互联网金融、社交网络平台和各类应用服务程序（APP）等，在改变社会生产方式、企业管理服务方式以及人们生活方式的同时，更伴随着巨大比特数字流的时时刻刻、随时随地的海量释放。一个数据收集、存储、处理能力空前的大数据时代已经到来。

大数据是围绕具有典型 5V（Volume，海量数据规模；Velocity，快速流转且动态激增的数据体系；Variety，多样异构的数据类型；Value，潜力大但密度低的数据价值；Veracity，有噪声影响的数据质量）特征的大数据集展开的。广义上是包括大数据理论、大数据技术、大数据应用和大数据生态等方面的组合架构。其中，大数据理论从计算机科学、统计学、数学以及实践等方面汲取营养，旨在探索独立且关联于自然世界和人类社会的新的数据空间，构筑数据科学的理论基础和认知体系，具有鲜明的跨学科色彩；大数据技术是推动大数据发展最活跃的因素，包括大数据采集和传输、大数据集成和存储、云计算与大数据分析、大数据平台构建和大数据隐私与安全等众多技术方面；多领域应用场景的有效开发成为带动大数据发展的重要引擎，涉及个人、企业与行业、政府以及时空综合应用等若干方面；大数据生态通常指大数据与其相关环境所形成的相互作用、相互影响的，诸如大数据市场需求、政策法规、人才培养、产业配套与行业协调、区域协同与国际合作等共生系统。

本书将聚焦大数据分析中的经典方法和主流实现技术：机器学习以及基于 Python 编程的机器学习应用实践。

1.1　机器学习的发展：人工智能中的机器学习

大数据深层次量化分析的实际需求、大数据存储力和计算力的空前卓越，使得作为人工智能重要组成部分和人工智能研究发展重要阶段的机器学习的理论和应用，在当今得到了前所未有的发展并大放异彩。

诞生于 20 世纪 50 年代的人工智能（Artificial Intelligence，AI），因旨在实现人脑部分思维的计算机模拟，完成人类智力任务的自动化实现，从研究伊始就具有浓厚的神秘色彩。人工智能的研究经历了从符号主义人工智能（Symbolic AI）到机器学习（Machine Learning，ML）再到深度学习（Deep Learning）的不同发展阶段。

1.1.1　符号主义人工智能

20 世纪 50 年代到 80 年代末，人工智能的主流实现范式是符号主义人工智能，即基于“一切都可规则化编码”的基本信念，通过让计算机执行事先编写好的程序，也称硬编码，依指定规则自动完成相应的处理任务，实现与人类水平相当的人工智能。

该实现范式的顶峰应用是 20 世纪 80 年代盛行的专家系统（Expert System）及不断涌现的各类计算机博弈系统。事实上，符号主义人工智能适合解决规则能够定义明确的逻辑问题，但尚有许多无法逾越的研究难题。

例如，专家系统在某种意义上能够代替专家给病人看病，帮助人们甄别矿藏，但系统建立过程中的知识获取和知识表示问题，一直没能得到很好的解决。知识获取的难点在于如何全面系统地获取专家的领域知识。如何有效克服知识传递过程中的思维跳跃性和随意性。此外，知识表示问题更为复杂。传统“如果……则……”的简单因果式的计算机知识表示方式，显然无法表达形式多样的领域知识。更糟糕的是，专家系统几乎不存储常识性知识。人工智能学家、有“专家系统之父”之称的爱德华·阿尔伯特·费根鲍姆（Edward Albert Feigenbaum）曾估计，一般人拥有的常识若存入计算机大约有 100 万条事实和抽象经验。将如此庞大的事实和抽象经验整理、表示并存储在计算机中，难度是极大的，而没有常识的专家系统的智能水平是令人担忧的。

爱德华·阿尔伯特·费根鲍姆：计算机人工智能领域的科学家，被誉为“专家系统之父”，1994年获得计算机科学领域最高声望奖——图灵奖。

再如，作为符号主义人工智能另一重大应用研究成果的计算机博弈，自 20 世纪 70 年代开始，主要体现在国际象棋、中国象棋、五子棋、围棋等棋类应用上。其巅峰成果是 IBM 研制的深蓝（Deep Blue）超级智能计算机系统。1997 年 5 月，深蓝与国际象棋大师加里·卡斯帕罗夫（Garry Kasparov）进行了 6 局制比赛，结果计算机以两胜三平一负的成绩获胜。深蓝出神入化的棋艺，依赖于能快速评估每一种可能走法的利弊的评估系统。而该系统背后除了有高性能计算机硬件系统的支撑，还有基于数千种经典对局和残局数据库的一般规则，以及人类棋手国际象棋大师乔约尔·本杰明参谋团队针对卡斯帕罗夫的套路而专门设置的应对策略。计算机博弈的最大“死穴”是人类不按“套路出牌”所导致的低级失败。在这点上人类的智能水平是计算机远不能及的。

由于符号主义人工智能很难解决诸如语言翻译、语音识别、图像分类等更加复杂和模糊的、没有明确规则定义的逻辑问题，因此需要一种更迭符号主义人工智能的新策略，这就是机器学习。

事实上，机器学习对计算机博弈系统同样有着革命性的卓越贡献。因使用特定算法和编程方法实现人工智能，基于机器学习的计算机博弈系统不仅能够极大压缩原先数百万行的程序代码（包括所有的棋盘边缘情况，对手棋子的所有可能的移动等），而且能够从以前的游戏中学习策略并提高其未来的性能。

1952年，亚瑟·塞缪尔（Arthur Samuel）创建了第一个真正的基于机器学习的棋盘游戏；1963年，唐纳德·米基（Donald Michie）提出了强化学习的井字游戏（tic-tac-toe）。

1.1.2 基于机器学习的人工智能

如何将大型数据库、机器学习算法和分布式计算整合在一个体系架构下，致力于创造比人类更好的、能够完成判断策略和认知推理等更为复杂和模糊任务（例如，自然语言理解、图像识别分类等）的机器，成为人工智能探索的新热点。而其中的机器学习是关键。

机器学习概念的提出源于“人工智能之父”阿兰·图灵（Alan Turing）1950 年进行的图灵测试。该测试令人信服地表明“思考的机器”是可能的，计算机能够具有学习与创新能力。与符号主义人工智能策略截然不同的是，机器学习的出发点是：与其明确地编写程序让计算机按规则完成智能任务，不如教计算机借助某些算法完成任务。

图灵测试指在不接触对方的情况下，一个人通过某种特殊方式和计算机进行一系列问答。如果在相当长时间内，人无法根据这些问答判断对方是人还是计算机，则可认为这个计算机具有同人相当的智力，是具有智能和思维能力的。图灵测试是对机器智能的严格定义。

从计算机程序设计角度看，符号主义人工智能体现的是：给计算机输入“规则”和“数据”，计算机处理数据，并依据以程序形式明确表达的“规则”，自动输出“答案”。机器学习则体现的是：给计算机输入“数据”和从数据中预期得到的“答案”，计算机找到并输出“规则”，并依据“规则”给出对新数据的“答案”，从而完成各种智能任务。相对于经典的程序设计范式，人们也将机器学习视为一种新的编程范式。图 1.1 是谷歌人工智能研究员、“深度学习工具 Keras 之父”弗朗索瓦·肖莱（Francois Chollet）对两种编程范式的基本描述。

图 1.1 中，机器学习中的“规则”，是计算机基于大量数据集，借助算法解析“数据”和“答案”关联性的结果。通常不是甚至根本无法通过人工程序事先明确编写出来。在某种意义上，机器学习能够比人类做得更好。

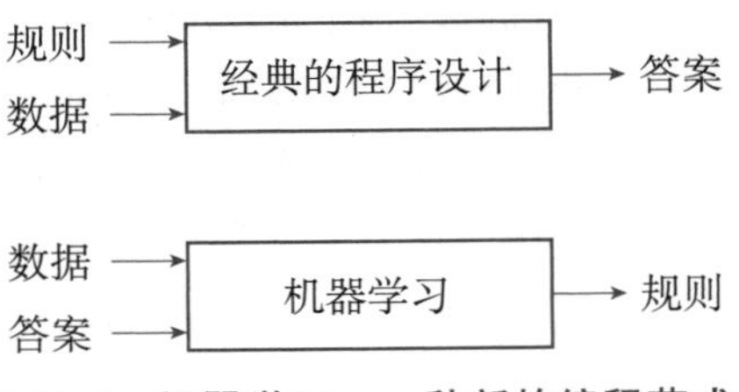

图1.1　机器学习：一种新的编程范式

基于速度更快的硬件与更大数据集的训练，机器学习在 20 世纪 90 年代开始蓬勃发展，并迅速成为人工智能最受欢迎且最成功的分支领域。其自然语言理解领域的最高成就之一是 IBM 制造的、以公司创始人托马斯·沃森（Thomas J. Watson）命名的智能计算机：沃森（Watson）。2011 年 4 月 1 日，美国著名的问答节目《危险边缘》拉开了沃森与人类的情人节人机大战的序幕。《危险边缘》是一个综合性智力竞猜电视节目，题目涵盖时事、历史、艺术、流行文化、哲学、体育、科学、生活常识等几乎所有已知的人类知识。与沃森同场竞技的两位人类选手肯·詹宁斯（Ken Jennings）和布拉德·鲁特（Brad Rutter），是该节目有史以来成绩最好的两位人类参赛者。但是，基于数百万份的图书、新闻、电影剧本、辞海、文选资料，借助深度快速问答（DeepQA）技术中的 100 多套算法，以及 3 秒钟内的问题解析和候选答案搜索能力，沃森最终以近 8 万分的得分，将两位得分均在 2 万分左右的人类选手远远甩在了后面，成为《危险边缘》节目的新王者。

尽管如此，智能计算机面临的自然语言理解的挑战仍是严峻的。事实上，与其他计算机一样，沃森完成的是文字符号的处理，而无法真正理解其含义。例如，问答题“这个被信赖的朋友是一种非奶制的奶末”，标准答案应是咖啡伴侣。因为咖啡伴侣多是植物制的奶精而并非奶制品，且人类做这道题时会很快想到“朋友”对应“伴侣”。但计算机却只能在数据库里寻找“朋友”“非奶制”“奶末”这些词的关联词，结果关联最多的是牛奶。此外，如何领悟双关、反讽之类的语言修辞，以及分析比语言理解本身更复杂的情感问题等，都是智能计算机面临的巨大挑战。

机器学习的最大突破是 2006 年提出的深度学习。深度学习是机器学习的重要分支领域，是从数据中学习“数据表示”的新方法。它强调基于训练数据，通过众多连续的神经网络层（layer），过滤和提取数据中的服务于预测的重要特征。相对于拥有众多层的深度学习，某些经典的机器学习算法有时也被称为浅层学习（Shallow Learning）。

目前，包括强化学习（Reinforcement Learning, RL）策略在内的深度学习，已经广泛应用于自然语言理解和语音解析，不仅能够应对自然语言理解的挑战，更可解决涉及图像识别和分类等核心任务的众多感知问题。例如，在计算机博弈上的成功案例是谷歌旗下 Deep Mind 公司开发的、针对中国围棋（Go）的人工智能阿尔法围棋（AlphaGo）。2015 年 10 月，阿尔法围棋以 5 : 0 完胜欧洲围棋冠军、职业二段选手樊麾；2016 年 3 月对战世界围棋冠军、职业九段选手李世石，并以 4 : 1 的总比分获胜。

目前，以机器学习和深度学习为核心分析技术的人工智能，已经拥有接近人类水平的图像识别和分类能力，接近人类水平的手写文字转录能力，接近人类水平的语音识别和对自然语言提问的回答能力，接近人类水平的多国语言的翻译能力，等等。因此，人工智能技术也得以广泛应用。例如，智能家电等物联网（Internet of Things，IoT）设备比以往任何时候都更加聪明和智能；Slack 等聊天机器人正在提供比人类更快、更高效的虚拟客户服务；自动驾驶和无人驾驶汽车能够识别和解析交通标志，自动实现导航和维护；等等。人工智能正改变着今天人们的日常生活方式，未来人工智能还将继续探索机器感知和自然语言理解之外的各种应用问题，协助人类开展科学研究，自动进行软件开发，等等。

1.2 机器学习中的数据

1.1.2 节谈到，从程序设计角度看，机器学习是一种新的编程范式。实现这种范式的核心任务是发现隐藏在“数据”和“答案”中的“规则”。其理论可行性最早可追溯到 1783 年托马斯 · 贝叶斯（Thomas Bayes）提出的贝叶斯定理，其证明了存在一种能够从历史经验，即数据集中的“数据”和“答案”中，学习两者之间关联性“规则”的数学方法。

若将“数据”和“答案”视为一种广义数据，则借助数学方法学习“规则”的本质便可认为是一种基于数据的建模。从这个角度看，机器学习是一种基于巨量数据集，以发现其中隐藏的、有效的、可理解的规则为核心目标的数据建模过程，旨在辅助解决各行业领域的实际应用问题。

本书将聚焦机器学习解决应用问题的主流算法和 Python 应用实践。以下将首先围绕大众熟知的空气质量监测数据分析问题，讨论机器学习的学习对象：数据集以及与数据集相关的基本概念。然后论述机器学习基于数据集建模的具体任务。

1.2.1 数据集和相关概念

机器学习的学习对象是数据集合，简称数据集（也称样本集）。常规的数据集一般以二维表（也称扁平表）形式组织，由多个行和列组成。表 1.1 就是一个历史上北京市空气质量监测各项数据的数据集。

表1.1 北京市空气质量监测数据集

日期	AQI	质量等级	$PM_{2.5}$	PM_{10}	SO_2	CO	NO_2	O_3
2019/1/1	45	优	28	45	8	0.7	34	47
2019/1/2	78	良	57	75	12	1	56	28
2019/1/3	162	中度污染	123	136	21	1.9	82	12
2019/1/4	40	优	18	40	5	0.5	26	61
2019/1/5	47	优	17	34	7	0.5	37	49

续表

日期	AQI	质量等级	$PM_{2.5}$	PM_{10}	SO_2	CO	NO_2	O_3
2019/1/6	88	良	64	95	12	1.4	70	13
2019/1/7	55	良	34	54	9	0.9	44	52
2019/1/8	35	优	10	29	4	0.5	28	62
2019/1/9	74	良	41	66	12	0.9	59	26
2019/1/10	100	良	75	113	14	1.5	79	17
2019/1/11	135	轻度污染	103	130	15	1.7	80	21
2019/1/12	267	重度污染	217	212	14	2.7	101	14
2019/1/13	169	中度污染	128	183	6	1.7	64	58
2019/1/14	137	轻度污染	104	143	8	1.7	72	46
2019/1/15	54	良	9	57	40	0.3	18	61
2019/1/16	73	良	38	74	10	0.9	58	37
2019/1/17	78	良	45	77	13	1.2	62	34
2019/1/18	94	良	64	105	15	1.4	75	18
2019/1/19	33	优	11	33	5	0.5	24	59
2019/1/20	33	优	9	29	3	0.3	19	66
2019/1/21	57	良	24	63	6	0.6	44	63
2019/1/22	64	良	28	70	7	0.9	51	54
2019/1/23	60	良	23	53	6	0.7	48	56
2019/1/24	79	良	58	75	12	1.2	53	41
2019/1/25	32	优	10	32	4	0.5	21	61
2019/1/26	44	优	25	40	5	1.6	35	50
2019/1/27	76	良	49	102	9	1	45	67
2019/1/28	56	良	35	61	6	0.6	33	59
2019/1/29	139	轻度污染	106	140	17	1.5	76	24
2019/1/30	63	良	28	75	5	0.6	22	61
2019/1/31	30	优	13	27	5	0.5	20	59
2019/2/1	68	良	42	85	7	0.9	49	54
2019/2/2	142	轻度污染	108	137	8	1.4	55	29

资料来源：中国空气质量在线监测分析平台，https://www.aqistudy.cn.

数据集中的一行通常称为一个样本观测。如表 1.1 中第一行为 2019 年 1 月 1 日的北京市空气质量数据，它就是一个样本观测。若数据集由 N 个样本观测组成，则称该数据集的样本容量或样本量为 N。机器学习解决复杂问题时一般要求样本量较大的数据集（也称大数据集，是相对小数据集而言的）。

数据集中的一列通常称为一个变量（也称特征），用于描述数据的某种属性或状态。如表 1.1 中包括了空气质量监测的日期，空气质量指数（Air Quality Index，AQI），质量等级，细颗粒物（$PM_{2.5}$）、可吸入颗粒物（PM_{10}）、二氧化硫（SO_2）、二氧化氮（NO_2）、臭氧（O_3）以及一氧化碳（CO）的浓度（毫克 / 立方米）9 个变量。其中，AQI 作为空气质量状况的无量纲指数，值越大表明空气中污染物浓度越高，空气质量越差。参与 AQI 评价的主要污染物包括 $PM_{2.5}$、PM_{10}、SO_2、CO、NO_2、O_3六项。空气质量等级是 AQI 的分组结果。一般 AQI 在 0 ～ 50、51 ～ 100、101 ～ 150、151 ～ 200、201 ～ 300、大于 300 时，空气质量等级依次为一级优、二级良、三级轻度污染、四级中度污染、五级重度污染、六级严重污染。

进一步，依各变量的取值类型可将变量细分为数值型、顺序型和类别型三类，后两类统称为分类型。数值型变量是连续或非连续的数值（计算机中以整型或浮点型等存储类型存储），可以进行算术运算，如这里的 AQI、$PM_{2.5}$、PM_{10}、SO_2、CO、NO_2、O_3 等。分类型变量一般以数字（如 1、2、3 等）或字符（A、B、C 等）标签（计算机中以字符串型或布尔值等存储类型存储）表示，算术运算没有意义。顺序型变量的标签存在高低、大小、强弱等顺序关系，如这里的空气质量等级。此外，诸如学历、年龄段等变量也属顺序型。类别型变量的标签没有顺序关系，如这里的日期（可视为一个样本观测的标签）。此外，诸如性别、籍贯等变量也属类别型。

机器学习以变量为基本数据单元，旨在发现不同变量取值之间的数量关系。不同机器学习算法适用于不同类型的变量，因此明确变量类型是极为重要的。

1.2.2　结构化、半结构化和非结构化数据

表 1.1 所示数据是一种结构化数据的具体体现。结构化数据是计算机关系数据库的专业术语，还包括实体和属性等概念。其中实体对应这里的样本观测，属性对应这里的变量。结构化数据通常有以下两个方面的特征：

第一，属性（变量）值通常是可定长的。例如可定长的数值型，或可定长的数字或字符标签。

第二，各实体都具有共同的确定性的属性。例如，每天的空气质量实体都通过 AQI、$PM_{2.5}$ 等共同的属性度量。当然，如为不同日期，则 AQI、$PM_{2.5}$ 的具体值不尽相同。对此采用二维表形式组织数据不仅直观，而且存储效率高。

机器学习的数据对象并不局限于结构化数据，还可以包括半结构化数据和非结构化数据。

半结构化数据的重要特点是：包含可定长的属性和部分非定长的属性，且无法确保每个实体都具有共同的确定性的属性。例如，员工简历数据就是一个典型的半结构化数据。其中定长属性包括性别、年龄、学历等。非定长属性如工作履历（如职场小白的工作履历是空白的，职场精英会有丰富的任职经历）等。此外，未婚员工配偶信息空缺，已婚员工的子女信息可能多样化等，不同实体的非定长属性并非均具有共同的属性。对此需经过一定的格式转换方可组织成二维表的形式，且表格中会存在一些数据冗余，存储效率不高。半结构化数据往往可采用 JSON 文档格式组织，后续章节将对这个问题进行说明。

非结构化数据一般不方便直接采用二维表形式组织。常见的非结构化数据主要有文本、图像、音频和视频数据等。这些数据往往是非定长的，且很难直接确定属性，需进行必要的数据转换处理，后续章节将对这个问题进行说明。

1.3 机器学习的任务

机器学习通过向数据集中数据的学习，完成以下两大主要任务：第一，数据预测；第二，数据聚类。

1.3.1 数据预测

以下基于两个实际应用场景讨论数据预测的内涵。

【场景 1】基于空气质量监测数据集，我们希望得到以下两个问题的答案：

- 问题一：SO_2、CO、NO_2、O_3 哪些是影响 $PM_{2.5}$ 浓度的重要因素？可否用于对 $PM_{2.5}$ 浓度的预测？
- 问题二：$PM_{2.5}$、PM_{10}、SO_2、CO、NO_2、O_3 浓度对空气质量等级大小的贡献不尽相同，哪些污染物的减少将有效降低空气质量等级？可否对空气质量等级进行预测？

上述两个问题即为典型的数据预测问题。

首先，$PM_{2.5}$ 的主要来源是 $PM_{2.5}$ 的直接排放，或由某些气体污染物在空气中转变而来。直接排放主要来自诸如化石燃料（煤、汽油、柴油）的燃烧、生物质（秸秆、木柴）的燃烧、垃圾焚烧等。可在空气中转化成 $PM_{2.5}$ 的气体污染物主要有二氧化硫、氮氧化物、氨气、挥发性有机物等。基于各种污染物监测数据，如果能从量化角度准确发现 $PM_{2.5}$ 的主要来源和影响因素，度量各污染物对 $PM_{2.5}$ 的数量影响，一方面有助于制定有针对性的控制策略，通过控制二氧化硫等污染物的排放降低 $PM_{2.5}$；另一方面也可基于其他污染物浓度，对 $PM_{2.5}$ 浓度值进行预测。该问题就是一种数据预测问题。

其次，空气质量好坏的测度，即 AQI 编制或空气质量等级评定也是一个复杂问题。空气污染是一个复杂现象，在特定时间和地点，空气污染物浓度会受许多因素的影响，例如，车辆、船舶、飞机的尾气，工业企业生产排放，居民生活和取暖，垃圾焚烧等。此外，城市发展密度、地形地貌和气象等也是影响空气质量的重要因素。目前，参与空气质量等级评定的主要污染物包括 $PM_{2.5}$、PM_{10}、SO_2、CO、NO_2、O_3。基于各种污染物监测数据和空气质量等级数据，如果能从量化角度准确找到导致空气质量等级敏感变化的污染物，不仅能通过对其控制有效降低空气质量等级，还可基于污染物浓度对空气质量等级进行预测。该问题同样是一种数据预测问题。

数据预测，简而言之就是基于已有数据集，归纳出输入变量和输出变量之间的数量关系。基于这种数量关系，一方面，可发现对输出变量产生重要影响的输入变量；另一方面，在数量关系具有普适性和未来不变的假设下，可用于对新数据输出变量取值的预测。

进一步，数据预测可细分为回归预测和分类预测。对数值型输出变量的预测（对数值的预测）统称为回归预测。对分类型输出变量的预测（对类别的预测）统称为分类预测。如果输出变量仅有两个类别，则称为二分类预测。如果输出变量有两个以上的类别，则称为多分类预测。

参照 1.1.1 节机器学习编程范式，这里的输入变量对应其中的“数据”，输出变量对应“答案”。数据集中输入变量和输出变量的取值均是已知的，可为数值型、顺序型或类别型。问题一中的 SO_2、CO、NO_2、O_3 是数值型输入变量，$PM_{2.5}$ 是数值型输出变量，属回归问题；问题二中的各种污染物浓度为数值型输入变量，空气质量等级为分类型输出变量，属多分类预测问题。

参照 1.1.1 节机器学习编程范式，发现“规则”就是寻找输入变量和输出变量取值规律和应用规律的过程。这些规律不是显性的，是隐藏于数据集中的，需要基于对数据集的归纳学习。回归和分类正是这样一种旨在发现规律的归纳学习策略。

【场景 2】有关于顾客特征和其近 24 个月的消费记录的数据集。其中包含顾客的性别、年龄、职业、年收入等属性特征，以及顾客购买的商品、金额等消费行为数据。基于这些数据，可能希望得到如下问题的答案：

- 具有哪些特征（如年龄和年收入）的新顾客会购买某种商品？
- 具有某些特征（如年龄等）和消费行为（购买或不购买）的顾客，其平均年收入是多少？

上述问题均属数据预测的范畴。

第一个问题的答案无非是买或者不买，显然属于分类预测问题。其中输入变量为性别、年龄、职业、年收入，输出变量为是否购买。通过数据建模，应找到顾客特征（输入变量）与其消费行为（输出变量）间的取值规律。进一步，依据该规律可对具有某特征的新顾客的消费行为（买或是不买）进行预测。

第二个问题是对顾客的平均年收入进行预测，属于回归预测问题。其中输入变量为性别、年龄、职业、是否购买，输出变量为年收入。通过数据建模，应找到顾客特征（输入变量）与其年收入（输出变量）间的取值规律。进一步，依据该规律对具有某些特征的新顾客的平均年收入进行预测。

1.3.2　数据聚类

数据集中蕴含着非常多的信息，其中较为典型的是，数据集可能由若干个小的数据子集组成。例如，对于前述场景 2 的顾客特征和消费记录的数据集，依据经验，通常具有相同特征的顾客群（如相同性别、年龄、收入等）消费偏好较为相似，不同特征的顾客群

（如男性和女性，教师和 IT 人员等）消费偏好可能差异明显。客观上存在着属性和消费偏好等特征差异较大的若干个顾客群。发现不同顾客群是实施精细化营销的前提。

各个顾客群将对应到数据集的各个数据子集上。机器学习称这些数据子集为子类、小类或簇等。数据聚类的目的是发现数据中可能存在的小类，并通过小类刻画和揭示数据的内在组织结构。数据聚类的最终结果是：给每个样本观测指派一个属于哪个小类的标签，称为聚类解。聚类解将保存在一个新生成的分类型变量中。

数据聚类和数据预测中的分类问题有联系更有区别。联系在于：数据聚类是给每个样本观测一个小类标签，分类问题是给输出变量一个分类值，本质也是给每个样本观测一个标签。区别在于：分类问题中的变量有输入变量和输出变量之分，且分类标签（保存在输出变量中，如空气质量等级，顾客买或不买）的真实值是已知的。但数据聚类中的变量没有输入变量和输出变量之分，所有变量都将被视为聚类变量参与数据分析，且小类标签（保存在聚类解变量中）的真实值是未知的。正因为如此，数据聚类有不同于数据分类预测的算法策略。

综上，作为人工智能的重要组成部分，机器学习的核心目标是数据预测和数据聚类，同时也正朝着智能数据分析的方向发展。随着大数据时代数据产生速度持续加快，数据体量前所未有地增长，各种半结构化和非结构化数据不断涌现，机器学习以及深度学习在文本分类、文本摘要提取、文本情感分析，以及图像识别、图像分类等智能化应用中发挥着越来越重要的作用。

• 本章习题 •

1．请举例说明什么是数据集中的变量。变量有哪些类型？

2．请举例说明什么是机器学习中的数据预测，并指出其中的输入变量和输出变量。

3．请举例说明机器学习中数据聚类的目的是什么。它与数据的分类预测有怎样的联系和不同？

第 2 章　Python 机器学习基础

学习目标

1. 了解 Python 的基本特点。
2. 了解 Python 程序的集成开发环境。
3. 掌握 NumPy、Pandas 和 Matplotlib 的基本使用。

Python 是机器学习应用实践中的首选工具。若读者对 Python 已有初步了解，可略过本章。对没有 Python 编程经验的读者，建议仔细阅读。Python 内容丰富，对初学者来说需要经历一个循序渐进的学习过程。从加深机器学习的理论理解和探索其应用实践的角度出发，有针对性地学习 Python，无疑是见效最快的。因此，本章并没有采用常见的函数罗列的方式介绍 Python，而是以数据建模和分析过程为线索，通过专题性的代码示例和综合应用的形式，对机器学习实践中必备的 Python 基础知识进行讨论、提炼和总结。在帮助读者快速入门 Python 的同时，更希望读者能够更多地领略 Python 在机器学习中的应用。

2.1　Python：机器学习的首选工具

Python 是一种面向对象的解释型计算机语言。开源、代码可读性强、可实现高效开发等，是 Python 的重要特征。

计算机语言是通过编写程序方式开发各种计算机应用的系统软件工具。自 1991 年吉多·范罗苏姆（Guido van Rossum）开发的 Python 第一版问世以来，随着功能不断完善，性能不断提高，Python 2、Python 3 系列版本不断推陈出新，Python 已发展成为当今主流的计算

简单地讲，面向对象的程序设计（Object Oriented Programming，OOP）是相对面向过程的程序设计而言的。为提高代码开发效率，提高代码的重用性，加强程序调试的便利性和整个程序系统的稳定性，OOP不再像面向过程的程序设计那样，将各处理过程以主程序或函数的形式“平铺”在一起，而是采用“封装”的思想，将具有一定独立性和通用性的处理过程和变量（数据），封装在“对象”中。其中，变量称为对象的“属性”，变量值对应属性值（有具体变量值的对象称为“对象实例”）；处理过程称为对象的“方法”。多个具有内在联系的对象封装在“类”中。

机语言之一，尤其在机器学习领域独占鳌头，是机器学习实践的首选。

Python 的官方免费下载地址为：https://www.python.org/。目前 Windows 环境的最新版本为 Python 3.11.0。可在官网相应版本的选项链接页面中选择“Windows install（64bit）”选项，下载安装程序“Python-3.11.0-amd64.exe”。执行该程序便可完成 Python 基本环境的搭建。

Python 是一种面向对象、跨平台且开源的计算机语言，这些特点许多计算机语言都具备，而 Python 在机器学习领域获得广泛应用的原因则主要有以下几点：

第一，简明易用，严谨专业。Python 语言简明而严谨，易用而专业，同时其说明文档规范，代码范例丰富，更加便于广大机器学习基础应用人员学习使用。

长期以来，Python 语言创发团队始终将程序开发效率优先于代码运行效率，将程序应用的横向扩展优先于代码执行的纵向挖潜，将程序简明一致性优先于特别技巧的使用，并打通与相关语言的接口，形成了 Python 语言的独特优势。

进一步，丰富的数据组织形式（如元组、集合、序列、列表、字典、数据框等）和强大的数据处理函数库，使得机器学习人员可以将主要精力用于考虑解决问题的方法，而不必过多考虑程序实现的细枝末节。

第二，良好的开发社区生态。研究并完成一项机器学习任务一般需要领域应用人员、算法模型人员、统计分析人员、程序开发人员和数据管理人员等的合作。Python 开发社区通过网络将这些人员及其项目、程序、数据集、工具、文档和成果等资源有效地整合起来，从而将 Python 机器学习打造成为一个全球化的生态系统，集思广益，实现了更广泛的交流、讨论、评估和共享，极大提高了 Python 语言的开发水平、开发效率和普及程度。

第三，丰富的第三方程序包。Python 拥有庞大而活跃的第三方程序包，尤其是 NumPy、Pandas、SciPy、Matplotlib、Scikit-learn 等第三方程序包在数据组织、科学计算、可视化、机器学习等方面有着极为成熟、丰富和卓越的表现。需特别指出的是：在 NumPy 和 SciPy 基础上开发的 Scikit-learn，是专门面向机器学习的 Python 第三方程序包，可支持数据预处理、数据降维、数据的分类和回归建模、聚类、模型评价和选择等各种机器学习建模应用。其中的算法均得到了广泛使用和验证，具有极高的权威性。依托和引用这些程序包，用户能够方便快速地完成绝大多数机器学习任务。

2.2 Python 的集成开发环境：Anaconda

第三方程序包的管理是 Python 应用中重要而烦琐的任务。拥有一个方便包管理，并同时集程序编辑器、编译器、调试器以及图形化用户界面等工具为一体的集成开发环境（Integrated Development Environment，IDE）是极为必要的。Anaconda 就是广泛使用的一种 IDE。

本节将围绕 Anaconda，就如下方面进行讨论：

第一，了解 Anaconda 的各组件以及与 Python 的关系。目的是在了解 Python 传统环境的基础上，掌握基于 Anaconda 的 Jupyter Notebook，为后续的 Python 机器学习编程和应用实践奠定基础。

第二，掌握 Python 第三方程序包的基本引用方法。学会和掌握 Python 第三方程序包的使用，将为机器学习的应用实践铺平道路。

第三，了解并掌握 NumPy、Pandas 和 Matplotlib 的基本使用。本章将通过示例代码和综合应用的方式，展现 NumPy、Pandas 和 Matplotlib 在数据建模和分析中的基本功能。

2.2.1　Anaconda 的简介

在众多 IDE 中，Anaconda 是一款兼容 Linux、Windows 和 Mac OS X 环境，支持 Python 2 系列和 Python 3 系列，且可方便快捷地完成机器学习和数据科学任务的开源 IDE。通常将 Anaconda 可视为 Python 的发行版 Anaconda®。

Anaconda 通过内置的 conda（包管理工具，是一个可执行命令）实现包和环境的管理。Anaconda 内嵌了 1 500 多个第三方机器学习和数据科学程序包，可支持绝大部分的机器学习任务，同时还可借助 TensorFlow、PyTorch 和 Keras 实现深度学习。目前作为业界公认的工业化标准，Anaconda 在全球已拥有超过 1 500 万用户，成为 Python 机器学习的标准 IDE 工具和最受欢迎的 Python 数据科学研究平台。

Anaconda 的官方下载地址为：https://www.anaconda.com/，主页面如图 2.1 所示。本书配套的是支持 Python 3.9 的 Anaconda 2022.10 for Windows 版本。下载文件名为 Anaconda3-2022.10-Windows-x86_64.exe，用户可自行进行常规安装。

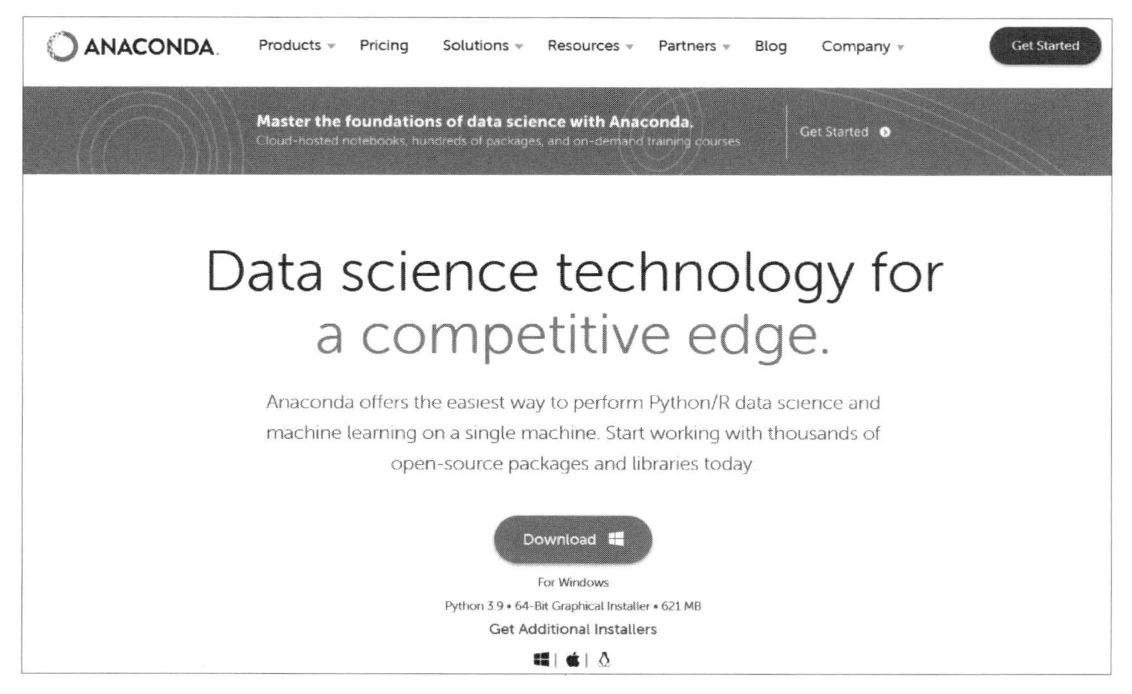

图2.1　Anaconda主页面

按默认选项成功安装 Anaconda 之后，在 Windows“开始”菜单中可看到如图 2.2 所示窗口。

Anaconda 主要包括 Anaconda Prompt、Anaconda Navigator、Spyder 和 Jupyter Notebook 等组成部分，分别服务于 Python 集成开发环境的配置和管理，Python 程序的编写、调试和运行等。

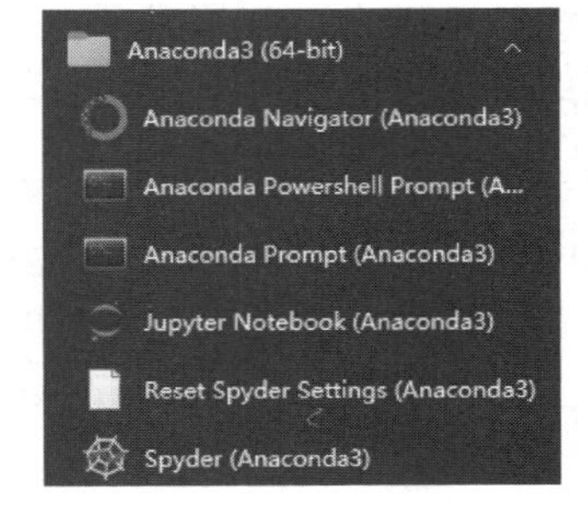

图2.2 Anaconda成功安装

2.2.2 Anaconda Prompt 的使用

鼠标双击图 2.2 中的 Anaconda Prompt (Anaconda3)，将出现 Windows 命令行窗口。

1. 进入Python

在命令行提示符“>”后输入 python 即可启动 Python。“>>>”是 Python 成功启动的标志，也称为 Python 提示符。所有 Python 语句需在“>>>”后面输入。

例如，输入 print("Hello Python!")，结果如图 2.3 所示。

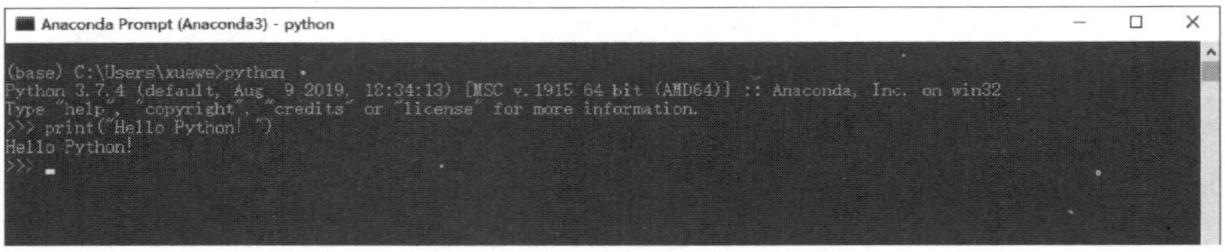

```
Anaconda Prompt (Anaconda3) - python
(base) C:\Users\xuewe>python
Python 3.7.4 (default, Aug  9 2019, 18:34:13) [MSC v.1915 64 bit (AMD64)] :: Anaconda, Inc. on win32
Type "help", "copyright", "credits" or "license" for more information.
>>> print("Hello Python! ")
Hello Python!
>>>
```

图2.3 Python环境示意图

按 CTRL+Z 键或在“>>>”后输入 exit() 可退出 Python。

2. 配置环境

在图 2.3 所示的命令行提示符“>”后面，简单输入若干命令，就可完成对 Python 第三方程序包和环境的配置管理。例如：

- >conda list，可查看 Anaconda 自带的所有内容，如图 2.4 所示。

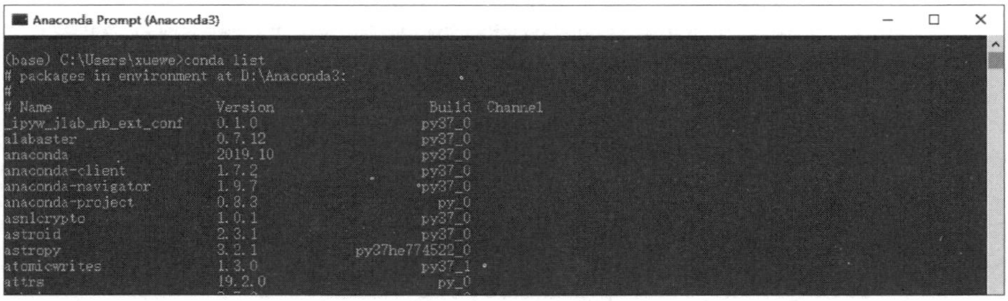

```
Anaconda Prompt (Anaconda3)
(base) C:\Users\xuewe>conda list
# packages in environment at D:\Anaconda3:
#
# Name                    Version                   Build  Channel
_ipyw_jlab_nb_ext_conf    0.1.0                    py37_0
alabaster                 0.7.12                   py37_0
anaconda                  2019.10                  py37_0
anaconda-client           1.7.2                    py37_0
anaconda-navigator        1.9.7                    py37_0
anaconda-project          0.8.3                      py_0
asn1crypto                1.0.1                    py37_0
astroid                   2.3.1                    py37_0
astropy                   3.2.1            py37he774522_0
atomicwrites              1.3.0                    py37_1
attrs                     19.2.0                     py_0
```

图2.4 查看Anaconda自带内容

- >conda --version，可查看 conda 的版本。
- >conda info -e，可查看已安装的环境以及当前被激活的环境（Anaconda 安装成功后的环境是 base 环境）。

3. 配置环境的图形化界面

图 2.2 中的 Anaconda Navigator 是 Anaconda Prompt 的图形化用户界面，可方便用户进行包的安装、查看、更新、删除等操作，并可实现创建和激活指定名称的 Python 或 R 环境等，如图 2.5 所示。

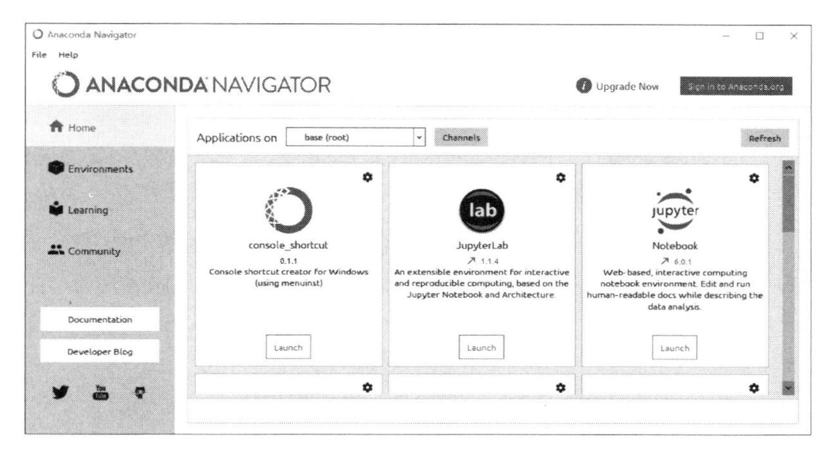

图2.5 Anaconda Navigator窗口

用户可通过图形化的显示和鼠标操作，启动应用程序并轻松管理包和环境等。Anaconda Navigator 可在 Anaconda Cloud 或本地的 Anaconda 中搜索包。

2.2.3 Spyder 的使用

Spyder 是 Anaconda 内置的 Python 程序集成开发环境，其界面如图 2.6 所示。

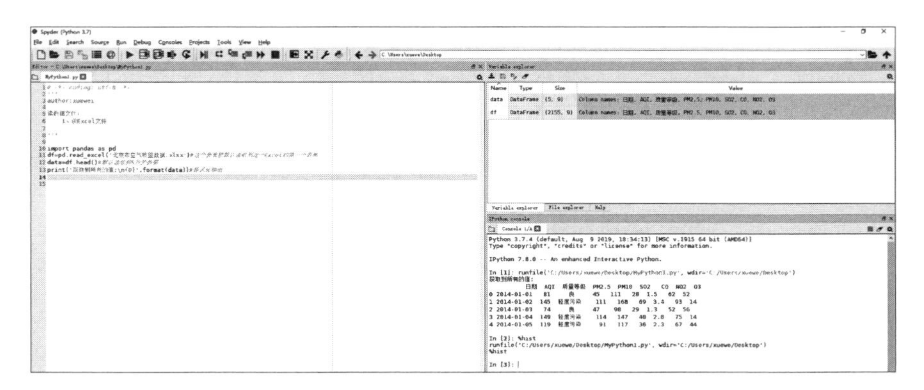

图2.6 Spyder界面示意图

Spyder 的界面由多个窗口构成，用户可以根据自己的喜好调整它们的位置和大小。例如，图2.6中左侧为编写程序（Python程序的扩展名为.py）的区域，提供了语法着色、语法检查、tab 键自动补全（例如，输入某对象名字和英文圆点“.”并按 tab 键，会自动列出该对象的所有方法和属性供选择以补全后续代码；输入前若干字符并按 tab 键，会自动列出与所输入字符相匹配的对象和函数等）、运行调试、智能感知（按 Ctrl 键后呈现超链接，鼠标选择后给出全部相关内容）等便利功能。右上侧为显示数据对象和帮助文档的区域。右下侧为 IPython 控制台。其中，IPython console 选项卡中不仅可显示左侧程序的运行结果，也是 IPython 的命令行窗口，可直接在其中输入代码并回车得到执行结果。IPython 是一个 Python 的交互式环境，在 Python 的基础上内置了许多很有用的功能和函数。

例如，能对命令提示符的每一行进行编号；具有 tab 键代码补全功能；提供对象内省（在对象前或后加上问号“?”，可显示有关该对象的相关信息；在函数后加上双问号“??”，可显示函数的源代码）；提供各种宏命令（宏命令以 % 开头，如 %timeit 显示运行指定函数的时间，%hist 显示已输入的历史代码等，IPython 中所有文档都可通过 %run 命令当作 Python 程序运行）。此外，Histroy log 选项卡也会显示控制台中的历史代码。

2.2.4 Jupyter Notebook 的使用

Jupyter Notebook 是一个基于网页的交互式文本编辑器，是唐纳德·克努特（Donald Knuth）1984 年提出的文字表达化编程形式的具体体现，其用户界面如图 2.7 所示。

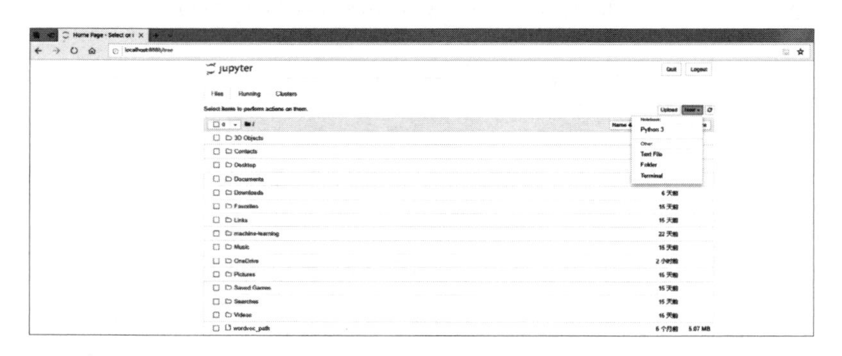

图2.7 Jupyter Notebook用户界面

JSON（JavaScript Object Notation）格式是一种独立于编程语言的文本格式。简洁和清晰的层次结构使得JSON成为目前最为理想的通用数据交换格式。

Jupyter Notebook 的前身是 IPython Notebook，主要特点是支持在程序代码中直接添加程序说明文档，而不必另外单独撰写。Jupyter Notebook 本质是一个 Web 应用程序，可实现程序开发（编程时具有语法高亮、缩进、tab 键代码补全功能）和代码执行（支持 Python 等多种编程语言，形成扩展名为 .ipynb 的 JSON 格式文件），运行结果和可视化图形展示（直接显示在代码块下方），文字和丰富格式文本（包括 Latex 格式数学公式，Markdown 语法格式文本，超链接等多种元素）编辑和输出等，有助于呈现和共享可再现的研究过程和成果。

Markdown是一种纯文本格式的标记语言。通过简单的标记语法，可以使普通文本内容具有一定的格式。

图 2.7 显示的是默认目录（C 盘“用户”下的目录）下的文件夹和文件名列表。

Jupyter Notebook 一般从默认端口启动并通过浏览器链入。浏览器地址栏的默认地址为 http://localhost:8888。其中，localhost 为域名指代本机（IP 地址为 127.0.0.1），8888 是端口号。同时，在弹出的黑色命令行窗口中会实时显示本地的服务请求和工作日志等信息，使用 Jupyter Notebook 过程中不要关闭该窗口。

Jupyter Notebook 使用简单，这里仅给出编写一个 Python 程序的操作示例。

首先，鼠标单击图 2.7 右上的菜单项 New，在下拉菜单中选择 Python 3，新建默认文件名为 Untitle1.ipynb 的 Python 程序。在图 2.8 所示窗口的第一行单元格（默认类型为“代码”）中输入程序代码并运行该单元格。在第二行单元格中输入代码说明文档（该单元格的类型应指定为“标记”（markdown））。

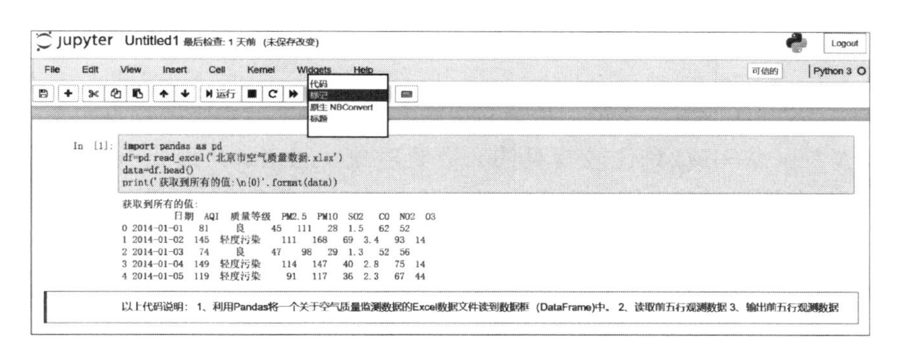

图2.8　Jupyter Notebook使用示例

为便于阅读，后续本书将采用 Jupyter Notebook 编写执行 Python 3 程序。

2.3　Python 第三方程序包的引用

Python 在机器学习领域得到广泛使用的重要原因之一是，Python 拥有庞大而活跃的第三方程序包。依托和引用这些程序包，用户能够方便快速地完成绝大多数机器学习任务。

包（Package）由一个或多个相关模块组成。模块（Module）是包含程序语句的文件，文件扩展名为 .py。模块中包括很多函数、类等。模块可以是系统内嵌自带的，也可以是第三方专业人员开发的，用以处理常见的通用问题或解决某个专业领域的特定问题。导入和使用模块可以极大地提高程序开发效率。

引用第三方包或包中模块的基本函数是：import 函数。之后可在自己编写的 Python 程序中直接调用已引用包和模块中的函数，通过代码重用（重复使用）的方式快速实现某种特定功能。

模块导入的一般语法格式为：

- import 包名或模块名：导入指定包或模块。
- import 包名 . 模块名：导入指定包中的指定模块。
- from 模块名 import 函数名：导入指定模块中的指定函数。
- from 模块名 import 函数名 1，函数名 2，…：导入指定模块中的若干个指定函数。
- from 模块名 import *：导入指定模块中的所有函数。

以上语句的最后可增加：as 别名。例如：import numpy as np，表示导入 numpy 并指定别名为 np。指定别名可以有效避免不同模块有相同函数名的问题。

NumPy、Pandas、SciPy、Matplotlib、Scikit-learn 等第三方程序包在数据组织、科学计算、可视化、机器学习等方面有着极为成熟、丰富和卓越的表现。本章后续以示例代码和综合应用的形式，对 Python 机器学习中最常用的 NumPy、Pandas、Matplotlib 做必要介绍。

2.4　NumPy 使用示例

NumPy 是 Numerical Python 的英文缩写，是最常用的 Python 包之一。主要特点如下：

第一，NumPy 以 N 维（$N=1$或2是比较常见的）数组对象（ndarray）形式组织数据集，其中要求数据集中各变量的类型相同。NumPy 的 1 维数组对应向量，2 维数组对应矩阵。数据访问简单灵活，仅需通过指定位置编号（也称索引，从 0 开始编号）就可访问相应行列位置上的元素。

第二，NumPy 拥有丰富的数学运算和统计函数，能够方便地进行基本统计分析和各种矩阵运算等。

以下将通过示例代码（文件名：chapter2-1.ipynb）对 NumPy 的使用进行介绍。为便于阅读，我们将代码运行结果直接放置在相应代码行下方。

2.4.1　NumPy 数组的创建和访问

NumPy 以 N 维（$N=1$或2是比较常见的）数组对象（ndarray）形式组织数据集。一般可采用将 Python 列表转换为 NumPy 数组的方式创建 NumPy 数组。以下将首先给出 NumPy 数组创建和访问的示例，然后再对 Python 的列表做必要说明。

1. 创建和访问NumPy的1维数组和2维数组

应重点关注：如何利用 Python 列表创建 NumPy；如何使用 NumPy 数组下标访问数

组元素。

行号	代码和说明
1	import numpy as np # 导入 NumPy 包，并指定别名为 np
2	data = np.array([1,2,3,4,5,6,7,8,9]) # 创建 NumPy 的 1 维数组
3	print('NumPy 的 1 维数组 :\n{0}'.format(data)) # 显示数组内容 Numpy的1维数组: [1 2 3 4 5 6 7 8 9]
4	print(' 数据类型 :%s'%data.dtype) # 显示数组的数据类型 数据类型:int32
5	print('1 维数组中各元素扩大 10 倍 :\n{0}'.format(data*10)) # 将每个数组元素扩大 10 倍 1维数组中各元素扩大10倍: [10 20 30 40 50 60 70 80 90]
6	print(' 访问第 2 个元素：{0}'.format(data[1])) # 访问相应位置上的数组元素 访问第2个元素：2
7	data = np.array([[1,3,5,7,9],[2,4,6,8,10]]) # 创建 NumPy 的 2 维数组
8	print('NumPy 的 2 维数组 :\n{0}'.format(data)) Numpy的2维数组: [[1 3 5 7 9] [2 4 6 8 10]]
9	print(' 访问 2 维数组中第 1 行第 2 列元素：{0}'.format(data[0,1])) 访问2维数组中第1行第2列元素：3
10	print(' 访问 2 维数组中第 1 行第 2 至 4 列元素：{0}'.format(data[0,1:4])) 访问2维数组中第1行第2至4列元素：[3 5 7]
11	print(' 访问 2 维数组中第 1 行上的所有元素：{0}'.format(data[0,:])) 访问2维数组中第1行上的所有元素：[1 3 5 7 9]

■ 代码说明

（1）以 # 开头的部分为代码的说明信息，对代码执行结果没有影响。

（2）第 2 行：基于 Python 列表（list）创建一个名为 data 的 NumPy 的 1 维数组，即数组中的数据元素来自 Python 的列表。Python 列表通过方括号“[]”和逗号将各数据元素组织在一起，是 Python 组织数据的最常见方式。np.array 可将列表转换为 NumPy 的 *N* 维数组。

（3）第 4 行：显示数组的数据类型。.dtype 是 NumPy 数组的属性之一，存储了数组的数据类型。其中，int32 是 Python 的数据类型之一，表示包含符号位在内的 32 位整型数。还有 int64、float32、float64 等 64 位整型数、标准 32 位单精度浮点数、标准 64 位双精度浮点数等。

（4）第 5 行：将数组中的每个元素均扩大 10 倍。NumPy 的数据计算非常方便，只需通过+ − * /等算术运算符就可完成对数组元素的统一批量计算。也可实现两个数组中相同位置上元素的算术运算。

（5）第 6 行：通过指定位置编号（也称索引），访问相应位置上的元素。索引需放置在数组名后的方括号内。注意：索引从 0 开始编号。索引 0 对应第 1 个位置，其余以此类推。

（6）第 7 行：创建名为 data 的 NumPy 的 2 维数组，该 2 维数组由 2 行 5 列组成，也称数组形状为 2 行 5 列。数组元素同样来自 Python 的列表。

访问 2 维数组元素时需给出两个索引，以逗号分隔并放置在方括号内。第 1 个索引指定行，第 2 个索引指定列。可通过冒号“：”指定索引范围（这里的索引取值为 1，2，3）。

2. NumPy数组的数据来源：Python列表

列表是 Python 非常重要的数据组织形式，也是 NumPy 数组数据的重要来源。以下展示了代码创建列表并将其转换为 NumPy 数组。这里，应重点关注列表和数组的异同：列表中元素的数据类型可以不同，但 NumPy 数组中的元素应有相同的数据类型。

行号	代码和说明
1	data = [[1,2,3,4,5,6,7,8,9],['A','B','C','D','E','F','G','H','I']] # 创建名为 data 的 Python 列表
2	print('data 是 Python 的列表 (list):\n{0}'.format(data)) data是Python的列表(list): [[1, 2, 3, 4, 5, 6, 7, 8, 9], ['A', 'B', 'C', 'D', 'E', 'F', 'G', 'H', 'I']]
3	MyArray1 = np.array(data) # 将列表 data 转为 NumPy 的 2 维数组
4	print('MyArray1 是 Numpy 的 N 维数组 :\n%s\nMyarray1 的形状 :%s'%(MyArray1,MyArray1.shape)) MyArray1是Numpy的N维数组: [['1' '2' '3' '4' '5' '6' '7' '8' '9'] ['A' 'B' 'C' 'D' 'E' 'F' 'G' 'H' 'I']] Myarray1的形状:(2, 9)

■ **代码说明**

（1）这里的 Python 列表为 2 维列表。列表中各元素的数据类型可以不同。例如本例中既有 1，2，3 等数值型，也有 'A' 'B' 'C' 等字符型。此外，元素个数也可以不同。

（2）第 3 行：将 data 列表转换为 2 行 9 列的 NumPy 数组。通过 np.array 将列表转成数组时，因数组要求各元素的数据类型一致，所以这里自动将 1，2，3 等数值型数据转换为 '1' '2' '3' 等字符型数据。

（3）第 4 行：显示数组内容和数组形状。.shape 是 NumPy 数组对象的属性，存储着数组的行数和列数。

2.4.2 NumPy 的计算功能

从数据建模和分析角度看，NumPy 数组建立好后的重要工作，是对数据进行必要的整理和加工计算，包括计算基本描述统计量、加工生成新变量等。此外，还会涉及矩阵运算等方面。

1. NumPy数组的计算

这里将给出如何对 NumPy 数组中的数据计算基本描述统计量，以及如何在现有数据基础上加工生成新变量等。

行号	代码和说明
1	MyArray2 = np.arange(10) # 创建数组元素是 0 至 9 的 1 维数组，共包含 10 个元素
2	print('MyArray2:\n{0}'.format(MyArray2)) MyArray2: [0 1 2 3 4 5 6 7 8 9]

3	print('MyArray2 的基本描述统计量:\n 均值: %f, 标准差: %f, 总和: %f, 最大值: %f'%(MyArray2.mean(),MyArray2.std(),MyArray2.sum(),MyArray2.max())) MyArray2的基本描述统计量: 均值: 4.500000, 标准差: 2.872281, 总和: 45.000000, 最大值: 9.000000
4	print('MyArray2 的累计和: {0}'.format(MyArray2.cumsum())) # 计算当前累计和 MyArray2的累计和: [0 1 3 6 10 15 21 28 36 45]
5	print('MyArray2 开平方 :{0}'.format(np.sqrt(MyArray2))) # 对数组元素开平方 MyArray2开平方:[0. 1. 1.41421356 1.73205081 2. 2.23606798 2.44948974 2.64575131 2.82842712 3.]
6	np.random.seed(123) # 指定随机数种子
7	MyArray3 = np.random.randn(10) # 生成服从标准正态分布的 10 个随机数
8	print('MyArray3:\n{0}'.format(MyArray3)) MyArray3: [-1.0856306 0.99734545 0.2829785 -1.50629471 -0.57860025 1.65143654 -2.42667924 -0.42891263 1.26593626 -0.8667404]
9	print('MyArray3 排序结果 :\n{0}'.format(np.sort(MyArray3))) # 对数组元素按升序排序 MyArray3排序结果: [-2.42667924 -1.50629471 -1.0856306 -0.8667404 -0.57860025 -0.42891263 0.2829785 0.99734545 1.26593626 1.65143654]
10	print('MyArray3 四舍五入到最近整数 :\n{0}'.format(np.rint(MyArray3))) MyArray3四舍五入到最近整数: [-1. 1. 0. -2. -1. 2. -2. -0. 1. -1.]
11	print('MyArray3 各元素的正负号 :{0}'.format(np.sign(MyArray3))) MyArray3各元素的正负号:[-1. 1. 1. -1. -1. 1. -1. -1. 1. -1.]
12	print('MyArray3 各元素非负数的显示 " 正 ", 负数显示 " 负 ":\n{0}'.format(np.where(MyArray3>0,' 正 ',' 负 '))) MyArray3各元素非负数的显示"正",负数显示"负": ['负' '正' '正' '负' '负' '正' '负' '负' '正' '负']
13	print('MyArray2+MyArray3 的结果 :\n{0}'.format(MyArray2+MyArray3)) # 将两个数组相同位置上的元素相加 MyArray2+MyArray3的结果: [-1.0856306 1.99734545 2.2829785 1.49370529 3.42139975 6.65143654 3.57332076 6.57108737 9.26593626 8.1332596]

■ **代码说明**

(1)第 1 行中的 arange 是 NumPy 中最常用的函数之一,用于生成默认从 0 开始的指定个数的整数,也可生成指定范围内的整数。例如,np.arange(1,5) 表示生成由 1,2,3,4 组成的 1 维数组。

(2)第 3 行:对数组元素计算基本描述统计量。其中 .mean()、.std()、.sum()、.max() 均是数组对象的方法,分别表示计算数组元素的均值、标准差、总和、最大值。

(3)可利用数组方法 .cumsum() 和 NumPy 的 sqrt() 函数分别计算数组元素的累计和与开方。此外,还可以对数组元素计算对数、指数、三角函数等。

(4)第 6 行:利用 NumPy 函数 seed() 指定随机数种子。指定种子的目的是确保每次运行代码时生成的随机数可以再现。否则,每次运行代码生成的随机数会不相同。

(5)第 7 行:利用 NumPy 函数 random.randn() 生成服从均值为 0、标准差为 1 的标准正态分布的随机数。

(6)可利用 NumPy 的 sort() 函数对数组元素排序,rint() 函数对数组元素做四舍五入处理。注意排序和处理结果均不覆盖原数组内容。

(7)第 11 行:利用 NumPy 的 sign() 函数求数组元素的正负符号。1 表示正号,-1 表示负号。

（8）第 12 行：利用 NumPy 的 where() 函数依次对数组元素进行逻辑判断。where() 一般需指定三个参数：判断条件（如>0），满足条件的返回第二个参数值（如'正'），否则返回第三个参数值（如'负'）。若省略第二和第三个参数，例如，where(Myarray3>0) 将给出满足条件的元素索引号。

2. 创建矩阵和矩阵乘法

创建矩阵和矩阵乘法是机器学习数据建模过程中较为常见的运算。这里给出了相关示例代码。

行号	代码和说明
1	np.random.seed(123) # 指定随机数种子
2	X = np.floor(np.random.normal(5,1,(2,5))) # 生成矩阵 X
3	print('X:\n{0}'.format(X)) X: [[3. 5. 5. 3. 4.] [6. 2. 4. 6. 4.]]
4	Y = np.eye(5) # 生成一个 5 行 5 列的单位阵 Y
5	print('Y:\n{0}'.format(Y)) Y: [[1. 0. 0. 0. 0.] [0. 1. 0. 0. 0.] [0. 0. 1. 0. 0.] [0. 0. 0. 1. 0.] [0. 0. 0. 0. 1.]]
6	print('X 和 Y 的点积：\n{0}'.format(np.dot(X,Y))) X和Y的点积： [[3. 5. 5. 3. 4.] [6. 2. 4. 6. 4.]]

■ **代码说明**

（1）第 2 行：做两件事情，得到一个 2 维数组 X，本质是个矩阵。

首先，利用 NumPy 的 random.normal() 函数生成 2 行 5 列的 2 维数组，数组元素服从均值为 5、标准差为 1 的正态分布。然后，利用 floor 函数得到距各数组元素最近的最大整数。

（2）第 3 行：利用 eye() 函数生成 5 行 5 列的单位阵 Y（对角元素等于 1，其余元素均等于 9）。

（3）第 6 行：利用 dot() 函数计算矩阵 X 和矩阵 Y 的矩阵乘积，将得到 2 行 5 列的矩阵。

3. 矩阵运算初步

除矩阵乘法之外，数据建模中还有一些较为重要的矩阵运算。如求矩阵的逆、特征值和对应的单位特征向量以及对矩阵进行奇异值分解等，如以下示例代码所示。因代码执行结果较多，故略去。

行号	代码和说明
1	from numpy.linalg import inv,svd,eig,det # 导入 NumPy 的 linalg 模块中有关矩阵运算的函数
2	np.random.seed(123) # 指定随机数种子
3	X = np.random.randn(5,5) # 生成 5 行 5 列的 2 维数组即矩阵 X，数组元素服从标准正态分布
4	mat = X.T.dot(X) # X.T 是求 X 的转置，并与矩阵 X 相乘得到矩阵 mat

5	print('矩阵 mat 的逆：\n{0}'.format(inv(mat))) # 计算矩阵 mat 的逆矩阵
6	print('矩阵 mat 的行列式值：\n{0}'.format(det(mat))) # 计算矩阵 mat 的行列式值
7	print('矩阵 mat 的特征值和特征向量：\n{0}'.format(eig(mat))) # 计算矩阵 mat 的特征值和对应的单位特征向量
8	print('对矩阵 mat 做奇异值分解：\n{0}'.format(svd(mat))) # 对矩阵 mat 做奇异值分解

2.5 Pandas 使用示例

Pandas 是 Python data analysis 的英文简写。Pandas 提供了快速便捷地组织和处理结构化数据的数据结构和大量功能丰富的函数，使 Python 拥有强大而高效的数据处理和分析环境。目前，Pandas 已广泛应用于统计、金融、经济学、数据分析等众多领域，成为数据科学中重要的 Python 库。Pandas 的主要特点如下：

第一，Pandas 是基于 NumPy 构建的。数据组织上，Pandas 在 NumPy 的 N 维数组的基础上，增加了用户自定义索引，构建了一套特色鲜明的数据组织方式。其中，序列（Series）对应 1 维数组，数据类型可以是整型数、浮点数、字符串、布尔型等；数据框（DataFrame）对应 2 维表格型数据结构，可视为多个序列的集合（因此也称数据框为序列的容器）。其中各列元素的数据类型可以相同，也可以不同。

第二，Pandas 数据框是存储机器学习数据集的常用形式。Pandas 数据框的行对应数据集中的样本观测，列对应变量，依实际问题各变量的存储类型可以相同，也可以不同。Pandas 对数据框的访问方式与 NumPy 类似，但因其具备复杂精细的索引，因而通过索引能够更方便地实现数据子集的选取和访问等。此外，Pandas 提供了丰富的函数和方法，能够便捷地完成数据的预处理、加工和基本分析。

以下将通过示例代码（文件名：chapter2-2.ipynb）对 Pandas 的基础知识及数据加工处理进行介绍。为便于阅读，我们将代码运行结果直接放置在相应代码行下方。

2.5.1 Pandas 的序列和索引

序列是 Pandas 组织数据的常见方式，其中索引是访问序列的关键，如以下示例代码所示。

行号	代码和说明
1	import numpy as np # 导入 NumPy 且指定别名为 np
2	import pandas as pd # 导入 Pandas 且指定别名为 pd
3	from pandas import Series,DataFrame # 导入 Pandas 中的序列和数据框
4	data = Series([1,2,3,4,5,6,7,8,9],index = ['ID1','ID2','ID3','ID4','ID5','ID6','ID7','ID8','ID9']) # 生成名为 data 的序列

5	print('序列中的值 :\n{0}'.format(data.values)) # 显示序列的值（保存在 .values 属性中） 序列中的值： [1 2 3 4 5 6 7 8 9]
6	print('序列中的索引 :\n{0}'.format(data.index)) # 显示序列的索引（保存在 .index 属性中） 序列中的索引： Index(['ID1', 'ID2', 'ID3', 'ID4', 'ID5', 'ID6', 'ID7', 'ID8', 'ID9'], dtype='object')
7	print('访问序列的第 1 和第 3 上的值 :\n{0}'.format(data[[0,2]])) 访问序列的第1和第3上的值： ID1 1 ID3 3 dtype: int64
8	print('访问序列索引为 ID1 和 ID3 上的值 :\n{0}'.format(data[['ID1','ID3']])) 访问序列索引为ID1和ID3上的值： ID1 1 ID3 3 dtype: int64
9	print('判断 ID1 索引是否存在 :%s；判断 ID10 索引是否存在 :%s'%('ID1' in data,'ID10' in data)) 判断ID1索引是否存在:True；判断ID10索引是否存在:False

■ **代码说明**

（1）第 4 行：利用 Pandas 的函数 Series() 生成一个包含 9 个元素（取值为 1 至 9）的序列 data，且指定各元素的索引名依次为 ID1,ID2 等。后续可通过索引名访问相应元素。

（2）第 7 行：利用索引号（从 0 开始）访问指定元素。应以列表形式（如 [0,2]）指定多个索引号。

（3）第 8 行：利用索引名访问指定元素。索引名应用单引号括起来。应以列表形式（如 ['ID1','ID3']）指定多个索引名。

（4）第 9 行：利用 Python 运算符 in，判断是否存在某个索引名。若存在判断结果为 True（真），否则为 False（假）。True 和 False 是 Python 的布尔型变量的两个仅有取值。

2.5.2 Pandas 的数据框

数据框是 Pandas 另一种重要的数据组织方式，尤其适合组织二维表格式的数据，且在数据访问方面优势明显。以下给出相关示例。

行号	代码和说明
1	import pandas as pd # 导入 Pandas 且指定别名为 pd
2	data = pd.read_excel('北京市空气质量数据.xlsx') # 将指定的 Excel 文件读入到数据框 data 中
3	print('date 的类型：{0}'.format(type(data))) # 显示 data 的类型 date的类型：<class 'pandas.core.frame.DataFrame'>
4	print('数据框的行索引：{0}'.format(data.index)) # 显示数据框 data 的行索引取值范围 数据框的行索引：RangeIndex(start=0, stop=2155, step=1)
5	print('数据框的列名：{0}'.format(data.columns)) # 显示数据框 data 的列名（列索引名） 数据框的列名：Index(['日期', 'AQI', '质量等级', 'PM2.5', 'PM10', 'SO2', 'CO', 'NO2', 'O3'], dtype='object')
6	print('访问 AQI 和 PM2.5 所有值：\n{0}'.format(data[['AQI','PM2.5']])) 访问AQI和PM2.5所有值： AQI PM2.5 0 81 45 1 145 111 2 74 47 3 149 114 4 119 91 ... ... 2150 183 138 2151 175 132 2152 30 7 2153 40 13 2154 73 38 [2155 rows x 2 columns]

<table>
<tr><td>7</td><td>print('访问第 2 至 3 行的 AQI 和 PM2.5：\n{0}'.format(data.loc[1:2,['AQI','PM2.5']]))
<pre>
访问第2至3行的AQI和PM2.5：
   AQI PM2.5
1 145   111
2   74   47
</pre></td></tr>
<tr><td>8</td><td>print('访问行索引 1 至索引 2 的第 2 和 4 列：\n{0}'.format(data.iloc[1:3,[1,3]]))
<pre>
访问行索引1至索引2的第2和4列：
   AQI PM2.5
1 145   111
2   74   47
</pre></td></tr>
<tr><td>9</td><td>data.info() # 显示数据框 data 的行索引、列索引名以及数据类型等信息
<pre>
<class 'pandas.core.frame.DataFrame'>
RangeIndex: 2155 entries, 0 to 2154
Data columns (total 9 columns):
日期   2155 non-null datetime64[ns]
AQI   2155 non-null int64
质量等级   2155 non-null object
PM2.5   2155 non-null int64
PM10   2155 non-null int64
SO2   2155 non-null int64
CO   2155 non-null float64
NO2   2155 non-null int64
O3   2155 non-null int64
dtypes: datetime64[ns](1), float64(1), int64(6), object(1)
memory usage: 151.6+ KB
</pre></td></tr>
</table>

■ **代码说明**

（1）第 2 行：利用 Pandas 函数 read_excel() 将一个 Excel 文件（这里为北京市空气质量数据 .xlsx）读入到数据框 data 中。

（2）第 3 行：利用 Python 函数 type() 浏览对象 data 的类型，结果显示为数据框。

（3）第 4 和 5 行：数据框的 .index 和 .columns 属性中存储着数据框的行索引和列索引名。行索引默认取值范围是 0 至样本量 $N-1$。列索引名默认为数据文件（这里是 Excel 文件）中第一行上的变量名。

（4）第 6 行：利用列索引名访问指定变量。多个列索引名应以列表形式（['AQI', 'PM2.5']）放在方括号中。

（5）第 7 行：利用数据框的 .loc 属性访问指定行索引和变量名上的元素。

（6）第 8 行：利用数据框的 .iloc 属性访问指定行索引和列索引号上的元素。由于数据框对应二维表格，应给出行列两个索引。注意：这里行索引 1:3 的冒号后的行是不包括在内的。

2.5.3　Pandas 的数据加工处理

Pandas 拥有强大的数据加工处理能力。以下将通过示例展示 Pandas 的数据集合并、缺失值诊断和插补功能。为省略篇幅和便于阅读，这里将代码执行结果一并横排在代码下方。

行号	代码和说明
1	import numpy as np # 导入 NumPy 且指定别名为 np
2	import pandas as pd # 导入 Pandas 且指定别名为 pd
3	from pandas import Series,DataFrame # 导入 Pandas 的 Series 和 DataFrame
4	df1 = DataFrame({'key':['a','d','c','a','b','d','c'],'var1':range(7)}) # 创建 df1 数据框
5	df2 = DataFrame({'key':['a','b','c','c'],'var2':[0,1,2,2]}) # 创建 df2 数据框
6	df = pd.merge(df1,df2,on = 'key',how = 'outer') # 将 df1 和 df2 依照 key 的取值合并为 df
7	df.iloc[0,2] = np.NaN # 指定 df 第 1 行第 3 列上的元素为缺失值
8	df.iloc[5,1] = np.NaN # 指定 df 第 6 行第 2 列上的元素为缺失值

9	print(' 合并后的数据 :\n{0}'.format(df))
10	df = df.drop_duplicates() #删除重复行
11	print(' 删除重复数据行后的数据 :\n{0}'.format(df))
12	print(' 判断是否为缺失值 :\n{0}'.format(df.isnull())) #判断是否为缺失值
13	print(' 判断是否不为缺失值 :\n{0}'.format(df.notnull())) #判断是否不是缺失值
14	print(' 删除缺失值后的数据 :\n{0}'.format(df.dropna()))
15	fill_value = df[['var1','var2']].apply(lambda x:x.mean()) #计算各列的均值
16	print(' 以均值替换缺失值 :\n{0}'.format(df.fillna(fill_value)))

```
合并后的数据:
  key  var1  var2
0   a   0.0   NaN
1   a   3.0   0.0
2   d   1.0   NaN
3   d   5.0   NaN
4   c   2.0   2.0
5   c   NaN   2.0
6   c   6.0   2.0
7   c   6.0   2.0
8   b   4.0   1.0

删除重复数据行后的数据:
  key  var1  var2
0   a   0.0   NaN
1   a   3.0   0.0
2   d   1.0   NaN
3   d   5.0   NaN
4   c   2.0   2.0
5   c   NaN   2.0
6   c   6.0   2.0
8   b   4.0   1.0

判断是否为缺失值:
     key   var1   var2
0  False  False   True
1  False  False  False
2  False  False   True
3  False  False   True
4  False  False  False
5  False   True  False
6  False  False  False
8  False  False  False

判断是否不为缺失值:
    key   var1   var2
0  True   True  False
1  True   True   True
2  True   True  False
3  True   True  False
4  True   True   True
5  True  False   True
6  True   True   True
8  True   True   True

删除缺失值后的数据:
  key  var1  var2
1   a   3.0   0.0
4   c   2.0   2.0
6   c   6.0   2.0
8   b   4.0   1.0

以均值替换缺失值:
  key  var1  var2
0   a   0.0   1.4
1   a   3.0   0.0
2   d   1.0   1.4
3   d   5.0   1.4
4   c   2.0   2.0
5   c   3.0   2.0
6   c   6.0   2.0
8   b   4.0   1.0
```

■ 代码说明

（1）第4和5行：基于Python字典建立数据框。

数据框中的数据不仅可来自Python列表，也可来自Python字典。字典也是Python组织数据的重要方式之一，优势在于引入键，并通过键更加灵活地访问数据。字典由“键”（key）和“值”（value）两部分组成，“键”和“值”一一对应。语法上以大括号“{}”形式表述。

例如，第4行的大括号即为字典，包括key和var1两个键，key的键值取自'a' 'b' 'c' 'd'，var的键值为0至6（Python函数range(7)默认生成0至6的整数）。从数据集的组织角度看，key和var1两个键对应两个变量，即数据集的两个列。两组键值对应数据集两列上的取值。换言之，本例中数据框df1对应的数据集有7行（7个样本观测）2列（2个变量），其行索引取值范围为0至6，一一对应每个样本观测。列索引名为key和var1，分别对应两个变量。

需要说明的是：字典本身并不要求各个键的值的个数相等（例如这里df1的key键和var1键都包含7个键值），但当指定数据框的数据来自字典时则要求各个键的值的个数相等。

（2）第6行：利用Pandas函数merge()将两个数据框依指定关键字做横向合并，生成一个新数据框。

这里，将数据框df1和df2按变量key的取值做横向“全合并”。合并后的数据框df，其中的变量和样本观测是df1和df2的并集。若某个样本观测（例如df1第3行）在某个变量（例如var2）上没有取值，默认为缺失值，以NaN表示。

（3）第7和8行：人为指定某样本观测的某变量值为NumPy中的NaN。NaN在NumPy中有特定含义，表示缺失值。一般默认缺失值是不参与数据建模分析的。

（4）第10行：利用Pandas函数drop_duplicates()剔除数据框中在全部变量上均重复取值（取相同值）的样本观测。

（5）第12和13行：利用数据框的.isnull()和.notnull()方法，对数据框中的每个元素判断其是否为NaN或不是NaN，结果为True或False。

（6）第14行：利用数据框.dropna()方法剔除取NaN的样本观测。

（7）第15行：利用.apply()方法以及匿名函数计算各个变量的均值，并存储在名为fill_value的序列中。

apply方法的本质是实现循环处理，匿名函数告知了循环处理的步骤。例如，df[['var1','var2']].

apply(lambda x:x.mean()) 的意思是：循环即依次对数据框 df 中变量 var1 和 var2（均为序列）做匿名函数指定的处理。匿名函数是一种最简单的用户自定义函数。其中 x 为函数所需的参数（参数将依次取值为 var1 和 var2）。处理过程是对 x 计算平均值。

（8）第 16 行：利用数据框的 .fillna() 方法，将所有 NaN 替换为指定值（这里为 fill_value）。

用户自定义函数是相对系统函数而言的。Python 系统内置的函数均为系统函数。用户为完成特定计算而自行编写的函数称为用户自定义函数。

2.6 NumPy 和 Pandas 的综合应用：空气质量监测数据的预处理和基本分析

本节将以表 1.1 所示的北京市空气质量监测数据为例，聚焦利用 Python（文件名：chapter2-3.ipynb）实现数据建模中的数据预处理和基本分析，综合展示 NumPy 和 Pandas 的数据读取、数据分组、数据重编码、分类汇总等数据加工处理功能。

2.6.1 空气质量监测数据的预处理

本节利用 NumPy 和 Pandas 实现空气质量监测数据的预处理，实现如下目标：

第一，根据空气质量监测数据的日期，生成对应的季度标志变量。

第二，对空气质量指数 AQI 分组，获得对应的空气质量等级。

Python 代码如下。为便于阅读，我们将代码运行结果直接放置在相应代码行下方。

行号	代码和说明
1	import numpy as np
2	import pandas as pd
3	data = pd.read_excel(' 北京市空气质量数据 .xlsx') # 读入 Excel 格式数据到数据框 data
4	data = data.replace(0,np.NaN) # 利用 replace() 将数据框中的 0（表示无监测结果）替换为缺失值 NaN
5	data[' 年 '] = data[' 日期 '].apply(lambda x:x.year)
6	month = data[' 日期 '].apply(lambda x:x.month)
7	quarter_month = {1:' 一季度 ',2:' 一季度 ',3:' 一季度 ', 4:' 二季度 ',5:' 二季度 ',6:' 二季度 ', 7:' 三季度 ',8:' 三季度 ',9:' 三季度 ', 10:' 四季度 ',11:' 四季度 ',12:' 四季度 '}
8	data[' 季度 '] = month.map(lambda x:quarter_month[x]) # 数据的映射对应
9	bins = [0,50,100,150,200,300,1000] # 生成用于指定分组组限的列表
10	data[' 等级 '] = pd.cut(data['AQI'],bins,labels = [' 一级优 ',' 二级良 ',' 三级轻度污染 ',' 四级中度污染 ',' 五级重度污染 ',' 六级严重污染 ']) # 依据 bins 对 AQI 进行分组

11	data[['日期','AQI','等级','季度']] # 显示数据框中的指定变量内容

	日期	AQI	等级	季度
0	2014-01-01	81.0	二级良	一季度
1	2014-01-02	145.0	三级轻度污染	一季度
2	2014-01-03	74.0	二级良	一季度
3	2014-01-04	149.0	三级轻度污染	一季度
4	2014-01-05	119.0	三级轻度污染	一季度
...	...	...	...	...
2150	2019-11-22	183.0	四级中度污染	四季度
2151	2019-11-23	175.0	四级中度污染	四季度
2152	2019-11-24	30.0	一级优	四季度
2153	2019-11-25	40.0	一级优	四季度
2154	2019-11-26	73.0	二级良	四季度

2155 rows × 4 columns

■ **代码说明**

（1）第 5 和 6 行：利用 .apply() 方法以及匿名函数，基于数据框 data 中的“日期”变量得到每个样本观测的年份和月份。

数据框 data 中的“日期”为 Python 的 datetime 型，专用于存储日期和时间格式变量。Python 有整套处理日期 datetime 型数据的函数或方法或属性。.year 和 .month 两个属性分别存储年份和月份。

（2）第 7 行：建立一个关于月份和季度的字典 quarter_month。

（3）第 8 行：利用 Python 函数 map()，依据字典 quarter_month，将序列 month 中的 1、2、3 等月份映射（对应）到相应的季度标签变量上。

map() 对一个给定的可迭代（Iterable）的对象（如字符串、列表、序列等都可通过索引独立访问其中的元素，为可迭代的对象。数值 1、2、3 等为不可迭代的对象），依据指定的函数，对其中的各个元素进行处理。

例如，这里对可迭代序列 month，对序列中的每个元素进行处理。处理方法由匿名函数指定，即输出字典 quarter_month 中给定键对应的值。

```
1  from collections import Iterable
2  isinstance(month,Iterable)     #判断month是否为可迭代的对象
3

True
```

以上通过导入 collections 中的 Iterabel 函数，以及 Python 函数 isinstance() 判断 month 是否为可迭代的。结果为 True，为可迭代的。

（4）第 9 行：生成一个列表 bins 后续用于对 AQI 分组。它描述了 AQI 和空气质量等级的数值对应关系。

（5）第 10 行：利用 Pandas 的 cut() 方法对 AQI 进行分组。

cut() 方法用于对连续数据分组，也称对连续数据进行离散化处理。这里，利用 cut()，依分组标准即列表 bins，对变量 AQI 进行分组并给出分组标签。AQI 在(0,50]的为一组，组标签为“一级优”；(50,100]的为一组，组标签为“二级良”；等等。生成的“等级”变量（与数据集中原有的“质量等级”一致）为分类型（有顺序的）变量。

2.6.2 空气质量监测数据的基本分析

在 2.6.1 节的基础上，利用 Pandas 的数据分类汇总、列联表编制等功能，对空气质量监测数据进行基本分析，实现如下目标：

第一，计算各季度 AQI 和 $PM_{2.5}$ 的均值等描述统计量。

第二，找到空气质量较差的若干天的数据，以及各季度中空气质量较差的若干天的数据。

第三，计算季度和空气质量等级的交叉列联表。

第四，派生空气质量等级的虚拟变量。

第五，数据集的抽样。

1. 基本描述统计

这里，利用 Pandas 实现前三个目标。为便于阅读，我们将代码运行结果直接放置在相应代码行下方。

行号	代码和说明
1	print(' 各季度 AQI 和 PM2.5 的均值 :\n{0}'.format(data.loc[:,['AQI','PM2.5']].groupby(data[' 季度 ']).mean()))
2	print(' 各季度 AQI 和 PM2.5 的描述统计量 :\n',data.groupby(data[' 季度 '])['AQI','PM2.5'].apply(lambda x:x.describe()))
3	def top(df,n = 10,column = 'AQI'):
4	return df.sort_values(by = column,ascending = False)[:n]
5	print(' 空气质量最差的 5 天 :\n',top(data,n = 5)[[' 日期 ','AQI','PM2.5',' 等级 ']])
6	print(' 各季度空气质量最差的 3 天 :\n',data.groupby(data[' 季度 ']).apply(lambda x:top(x,n = 3)[[' 日期 ','AQI','PM2.5',' 等级 ']]))
7	print(' 各季度空气质量情况 :\n',pd.crosstab(data[' 等级 '],data[' 季度 '],margins = True,margins_name = ' 总计 ',normalize = False))

```
各季度AQI和PM2.5的均值:
              AQI      PM2.5
季度
一季度  109.327778  77.225926
三季度   98.911071  49.528131
二季度  109.369004  55.149723
四季度  109.612403  77.195736
```

```
各季度AQI和PM2.5的描述统计量:
                    AQI       PM2.5
季度
一季度 count  540.000000  540.000000
       mean   109.327778   77.225926
       std     80.405408   73.133857
       min     26.000000    4.000000
       25%     48.000000   24.000000
       50%     80.000000   53.000000
       75%    145.000000  109.250000
       max    470.000000  454.000000
三季度 count  551.000000  551.000000
       mean    98.911071   49.528131
       std     45.484516   35.394897
       min     28.000000    3.000000
       25%     60.000000   23.000000
       50%     95.000000   41.000000
       75%    130.500000   67.000000
       max    252.000000  202.000000
二季度 count  542.000000  541.000000
       mean   109.369004   55.149723
       std     49.608042   35.918345
```

```
空气质量最差的5天:
              日期    AQI  PM2.5      等级
1218  2017-05-04  500.0    NaN  六级严重污染
723   2015-12-25  485.0  477.0  六级严重污染
699   2015-12-01  476.0  464.0  六级严重污染
1095  2017-01-01  470.0  454.0  六级严重污染
698   2015-11-30  450.0  343.0  六级严重污染
各季度空气质量最差的3天:
                   日期    AQI  PM2.5      等级
季度
一季度 1095  2017-01-01  470.0  454.0  六级严重污染
       45    2014-02-15  428.0  393.0  六级严重污染
       55    2014-02-25  403.0  354.0  六级严重污染
三季度 186   2014-07-06  252.0  202.0  五级重度污染
       211   2014-07-31  245.0  195.0  五级重度污染
       183   2014-07-03  240.0  190.0  五级重度污染
二季度 1218  2017-05-04  500.0    NaN  六级严重污染
       1219  2017-05-05  342.0  181.0  六级严重污染
       103   2014-04-14  279.0  229.0  五级重度污染
四季度 723   2015-12-25  485.0  477.0  六级严重污染
       699   2015-12-01  476.0  464.0  六级严重污染
       698   2015-11-30  450.0  343.0  六级严重污染
```

```
各季度空气质量情况:
季度          一季度  三季度  二季度  四季度    总计
等级
一级优          145     96     38    108     387
二级良          170    209    240    230     849
三级轻度污染     99    164    152     64     479
四级中度污染     57     72     96     33     258
五级重度污染     48     10     14     58     130
六级严重污染     21      0      2     23      46
总计            540    551    542    516    2149
```

■ 代码说明

（1）第 1 行：利用数据框的 groupby() 方法，计算各季度 AQI 和 $PM_{2.5}$ 的平均值。

groupby() 方法用于将数据按指定变量分组（如季度）。之后可对各个分组做进一步的计算（如计算均值等）。

（2）第 2 行：计算各个季度 AQI 和 $PM_{2.5}$ 的基本描述统计量（均值、标准差、最小值、四分位数、最大值）。

这里，将 groupby、apply 以及匿名函数集中在一起使用。首先将数据按季度分组；然后，依次对分组后的 AQI 和 $PM_{2.5}$，分别根据匿名函数指定的处理步骤处理（计算基本描述统计量）。

（3）第 3 和 4 行：定义了一个名为 top 的用户自定义函数，目的是对给定的数据框，按指定变量列（默认 AQI 列）值的降序排序，并返回排在前 n（默认 10）条的数据。

（4）第 5 行：调用用户自定义函数 top，对 data 数据框按 AQI 值的降序排序并返回前 5 条数据，也即空气质量最差的 5 天的日期、AQI、$PM_{2.5}$ 以及等级。

（5）第 6 行：首先对数据按季度分组，依次对各个分组调用用户自定义函数 top，得到各季度 AQI 最高的 3 天数据。

（6）第 7 行：利用 Pandas 函数 crosstab() 对数据按季度和空气质量等级交叉分组，并给出各个组的样本量。

如 2014—2019 年 11 月间的 2 149 天中，空气质量为严重污染的天数为 46 天，集中分布在第一季度和第四季度的冬天供暖季，分别是 21 天和 23 天。

crosstab() 可方便地编制两个分类变量的列联表。列联表单元格中的数据既可以是频数，也可以是百分比 (normalize=False/True)。此外，还可指定是否添加行列合计 (margins=True/False) 等。

2. 派生虚拟自变量

这里，利用 Pandas 派生空气质量等级的虚拟变量。

虚拟变量，也称哑变量，是统计学处理分类型数据的一种常用方式。对具有 K 个类别的分类型变量 X，可生成 K 个变量如 X_0，X_1，…，X_K，且每个变量仅有 0 和 1 两个取值。这些变量称为分类型变量 X 的虚拟变量。其中，1 表示是某个类别，0 表示不是某个类别。

虚拟变量在数据预测建模中将起到非常重要的作用。Pandas 生成虚拟变量的实现如下所示。

行号	代码和说明
1	pd.get_dummies(data[' 等级 ']) # 生成关于 " 等级 " 的虚拟变量
2	data.join(pd.get_dummies(data[' 等级 '])) # 将原始数据与 " 等级 " 的虚拟变量进行合并

	日期	AQI	质量等级	PM2.5	PM10	SO2	CO	NO2	O3	年	季度	等级	一级优	二级良	三级轻度污染	四级中度污染	五级重度污染	六级严重污染
0	2014-01-01	81.0	良	45.0	111.0	28.0	1.5	62.0	52.0	2014	一季度	二级良	0	1	0	0	0	0
1	2014-01-02	145.0	轻度污染	111.0	168.0	69.0	3.4	93.0	14.0	2014	一季度	三级轻度污染	0	0	1	0	0	0
2	2014-01-03	74.0	良	47.0	98.0	29.0	1.3	52.0	56.0	2014	一季度	二级良	0	1	0	0	0	0
3	2014-01-04	149.0	轻度污染	114.0	147.0	40.0	2.8	75.0	14.0	2014	一季度	三级轻度污染	0	0	1	0	0	0
4	2014-01-05	119.0	轻度污染	91.0	117.0	36.0	2.3	67.0	44.0	2014	一季度	三级轻度污染	0	0	1	0	0	0
...	...	...	...	...	...	...	...	...	...	...	...	...	...	...	...	...	...	...
2150	2019-11-22	183.0	中度污染	138.0	181.0	9.0	2.4	94.0	5.0	2019	四季度	四级中度污染	0	0	0	1	0	0
2151	2019-11-23	175.0	中度污染	132.0	137.0	6.0	1.6	69.0	34.0	2019	四季度	四级中度污染	0	0	0	1	0	0
2152	2019-11-24	30.0	优	7.0	30.0	3.0	0.2	11.0	58.0	2019	四季度	一级优	1	0	0	0	0	0
2153	2019-11-25	40.0	优	13.0	30.0	3.0	0.4	32.0	29.0	2019	四季度	一级优	1	0	0	0	0	0
2154	2019-11-26	73.0	良	38.0	72.0	6.0	0.8	58.0	14.0	2019	四季度	二级良	0	1	0	0	0	0

2155 rows × 18 columns

■ 代码说明

（1）第 1 行：利用 Pandas 的 get_dummies() 得到分类型变量“等级”的虚拟变量。

例如，数据中的“等级”为有 6 个类别的分类型变量。相应的 6 个虚拟变量依次表示：是否为一级优，是否为二级良，等等。如 2014 年 1 月 1 日等级为二级良，是否为二级良的虚拟变量值等于 1，其他虚拟变量值等于 0。

（2）第 2 行：利用数据框的 join() 方法，将原始数据和虚拟变量数据按行索引进行横向合并。使用

join() 进行数据的横向合并时，应确保两份数据的样本观测在行索引上是一一对应的，否则会出现张冠李戴的错误。

3. 数据集的抽样

数据集的抽样在数据建模中极为普遍，因此掌握 NumPy 的抽样实现方式是非常必要的。以下利用 NumPy 对空气质量监测数据进行了两种策略的抽样：第一，简单随机抽样；第二，依条件抽样。

行号	代码和说明
1	np.random.seed(123) # 指定随机数种子
2	sampler = np.random.randint(0,len(data),10) # 在指定范围内 (0 至样本量N−1) 随机抽取 10 个整数作为索引号，其对应的样本观测后续将被抽中
3	print(sampler)
	[1346 1122 1766 2154 1147 1593 1761 96 47 73]
4	sampler = np.random.permutation(len(data))[:10] # 对数据随机打乱重排后再获得前 10 个样本观测的索引号，其对应的样本观测后续将被抽中
5	print(sampler)
	[1883 326 43 1627 1750 1440 993 1469 1892 865]
6	data.take(sampler) # 获得由随机抽取的索引号对应的样本观测组成的随机数据子集
7	data.loc[data['质量等级']=='优',:] # 抽取满足指定条件（这里是"质量等级"等于优）行的数据子集

	日期	AQI	质量等级	PM2.5	PM10	SO2	CO	NO2	O3	年	季度	等级
7	2014-01-08	27.0	优	15.0	25.0	13.0	0.5	21.0	53.0	2014	一季度	一级优
8	2014-01-09	46.0	优	27.0	46.0	19.0	0.8	35.0	53.0	2014	一季度	一级优
11	2014-01-12	47.0	优	27.0	47.0	27.0	0.7	39.0	59.0	2014	一季度	一级优
19	2014-01-20	35.0	优	8.0	35.0	6.0	0.3	15.0	65.0	2014	一季度	一级优
20	2014-01-21	26.0	优	18.0	25.0	27.0	0.7	34.0	50.0	2014	一季度	一级优
...	...	...	...	...	...	...	...	...	...	...	...	...
2122	2019-10-25	30.0	优	8.0	20.0	2.0	0.4	24.0	55.0	2019	四季度	一级优
2131	2019-11-03	48.0	优	33.0	48.0	3.0	0.6	34.0	33.0	2019	四季度	一级优
2135	2019-11-07	47.0	优	24.0	47.0	3.0	0.5	37.0	44.0	2019	四季度	一级优
2152	2019-11-24	30.0	优	7.0	30.0	3.0	0.2	11.0	58.0	2019	四季度	一级优
2153	2019-11-25	40.0	优	13.0	30.0	3.0	0.4	32.0	29.0	2019	四季度	一级优

387 rows × 12 columns

2.7 Matplotlib 的综合应用：空气质量监测数据的图形化展示

Matplotlib 是 Python 中最常用的绘图模块。主要特点如下：

第一，Matplotlib 的 Pyplot 子模块与 Matlab 非常相似，可以方便地绘制各种常见统计图形，是用户进行探索式数据分析的重要图形工具。

第二，可通过各种函数设置图形中的图标题、线条样式、字符形状、颜色、轴属性以及字体属性等。

由于 Matplotlib 内容丰富，以下（文件名：chapter2-4.ipynb）仅以空气质量监测数据的图形化探索分析为例，展示 Matplotlib 的主要功能和使用方法。

2.7.1 AQI 的时序变化特点

本节将基于空气质量监测数据，利用 Matplotlib 的线图展示 2014—2019 年每日 AQI 的时序变化特点，代码如下。

行号	代码和说明
1	import numpy as np
2	import pandas as pd
3	import matplotlib.pyplot as plt # 导入 Matplotlib 的 Pyplot 子模块，指定别名为 plt
4	%matplotlib inline # 指定立即显示所绘图形
5	plt.rcParams['font.sans-serif'] = ['SimHei'] # 解决中文显示乱码问题
6	plt.rcParams['axes.unicode_minus'] = False # 解决中文显示乱码问题
7	data = pd.read_excel('北京市空气质量数据.xlsx')
8	data = data.replace(0,np.NaN)
9	plt.figure(figsize = (10,5)) # 说明图形的一般特征，这里指定整幅图的宽为 10，高为 5
10	plt.plot(data['AQI'],color = 'black',linestyle = '-',linewidth = 0.5) # 绘制 AQI 的序列折线图并指定折线颜色（color）、线形（linestyle）、线宽（linewidth）
11	plt.axhline(y = data['AQI'].mean(),color = 'red', linestyle = '-',linewidth = 0.5,label = 'AQI 总平均值') # 在参数 y 指定位置上 (AQI 均值) 画一条平行于横坐标的直线并给定直线图例文字（label）。plt.axvline 可在参数 x 指定的位置上画一条平行于纵坐标的直线
12	data['年'] = data['日期'].apply(lambda x:x.year)
13	AQI_mean = data['AQI'].groupby(data['年']).mean().values # 计算各年 AQI 的平均值
14	year = ['2014 年','2015 年','2016 年','2017 年','2018 年','2019 年']
15	col = ['red','blue','green','yellow','purple','brown']
16	for i in range(6):
17	plt.axhline(y = AQI_mean[i],color = col[i], linestyle = '--',linewidth = 0.5,label = year[i])
18	plt.title('2014 年至 2019 年 AQI 时间序列折线图') # 设置图标题
19	plt.xlabel('年份') # 设置横坐标标题
20	plt.ylabel('AQI') # 设置纵坐标标题
21	plt.xlim(xmax = len(data), xmin = 1) # 设置横坐标取值范围的最大值和最小值
22	plt.ylim(ymax = data['AQI'].max(),ymin = 1) # 设置纵坐标取值范围的最大值和最小值
23	plt.yticks([data['AQI'].mean()],['AQI 平均值']) # 指定纵坐标刻度位置上的刻度标签
24	plt.xticks([1,365,365*2,365*3,365*4,365*5],['2014','2015','2016','2017','2018','2019']) # 指定横坐标刻度位置上的刻度标签
25	plt.legend(loc = 'best') # 在指定位置（这里 best 表示最优位置）显示图例
26	plt.text(x = list(data['AQI']).index(data['AQI'].max()),y = data['AQI'].max()-20,s = '空气质量最差日',color = 'red') # 在指定的行列位置上显示指定文字
27	plt.show() # 本次绘图结束

所绘制图形如图 2.9 所示。

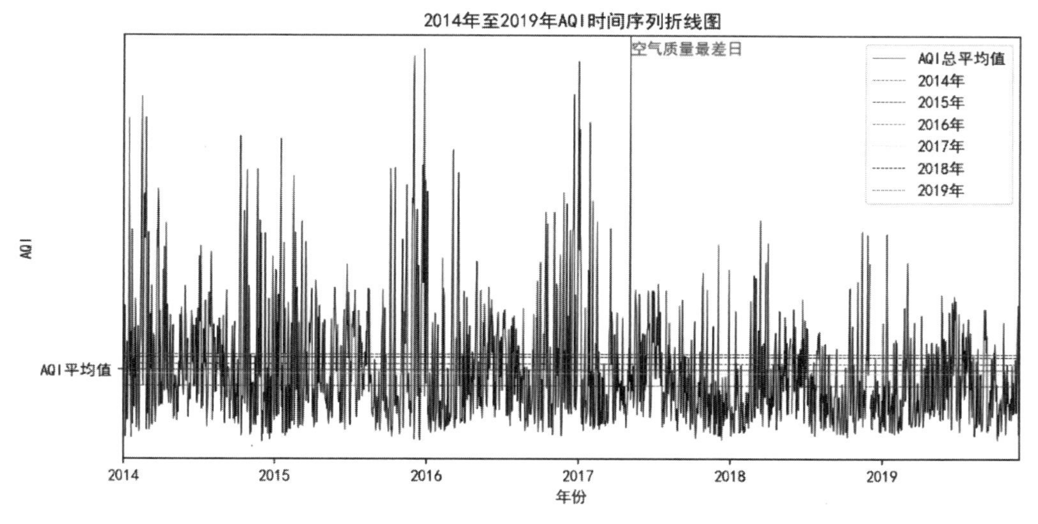

图2.9　2014—2019年日AQI变化序列图*

图 2.9 显示，AQI 呈明显的季节波动性特点，且 2018—2019 年 AQI 呈下降趋势。

2.7.2 AQI 的分布特征及相关性分析

本节将利用 Matplotlib，对空气质量监测数据做如下图形化展示：

第一，利用线图展示 2014—2019 年年均 AQI 的变化特点。

第二，利用直方图展示 2014—2019 年 AQI 的整体分布特征。

第三，利用散点图展示 AQI 和 $PM_{2.5}$ 的相关性。

第四，利用饼图展示空气质量等级的分布特征。

本例目标是在一幅图中绘制多张刻画空气质量状况的统计图形，Python 代码如下。

行号	代码和说明
1	import warnings # 导入 warnings 模块
2	warnings.filterwarnings(action = 'ignore') # 指定忽略代码运行过程中的警告信息
3	fig,axes = plt.subplots(nrows = 2,ncols = 2,figsize = (10,5)) # 将绘图区域分成 2 行 2 列 4 个单元并说明绘图区域的宽和高。结果将赋值给 fig 和 axes 对象。可通过 fig 对整个图的特征进行设置，axes 对应各个单元格对象
4	axes[0,0].plot(AQI_mean,color = 'black',linestyle = '-',linewidth = 0.5) # 通过图形单元索引指定绘图单元。axes[0,0] 表示在第 1 行第 1 列的单元上画图
5	axes[0,0].set_title(' 各年 AQI 均值折线图 ') # 设置第 1 行第 1 列单元的图标题
6	axes[0,0].set_xticks([0,1,2,3,4,5,6]) # 设置第 1 行第 1 列单元的横坐标标题
7	axes[0,0].set_xticklabels(['2014','2015','2016','2017','2018','2019']) # 设置第 1 行第 1 列单元的横坐标刻度标签

* Python绘制的图形多为彩色，由于本书为双色印刷，无法显示更多颜色，请扫描图旁的二维码查看原始图形。——出版者注

8	axes[0,1].hist(data['AQI'],bins = 20) # 在第 1 行第 2 列单元上画直方图，图中包含 20 个柱形条，即将数据分成 20 组
9	axes[0,1].set_title('AQI 直方图 ')
10	axes[1,0].scatter(data['PM2.5'],data['AQI'],s = 0.5,c = 'green',marker = '.') # 在第 2 行第 1 列单元上画散点图，可指定点的大小（s）、颜色（c）和形状（marker）
11	axes[1,0].set_title('PM2.5 与 AQI 散点图 ')
12	axes[1,0].set_xlabel('PM2.5')
13	axes[1,0].set_ylabel('AQI')
14	tmp = pd.value_counts(data[' 质量等级 '],sort = False) # 计算饼图各组成部分的频数
15	share = tmp/sum(tmp) # 计算饼图各组成部分的占比
16	labels = tmp.index # 指定饼图中各组成部分的标签
17	explode = [0, 0.2, 0, 0, 0,0.2,0] # 指定饼图各组成部分距图中心的距离，距离大表示需拉出突出显示
18	axes[1,1].pie(share, explode = explode,labels = labels, autopct = '%3.1f%%',startangle = 180, shadow = True) # 在第 2 行第 2 列单元上画饼图
19	axes[1,1].set_title(' 空气质量整体情况的饼图 ')

■ 代码说明

（1）第 14 至 17 行：在第 18 行利用 pie() 绘制饼图之前，需事先计算饼图各组成部分的占比、距饼图中心位置的距离（哪些组成部分需拉出突出显示）、标签以及第一个组成部分摆放的起始位置等。

（2）还可以利用 subplot 划分绘图单元格并绘图。

例如，subplot(2,2,1) 表示将绘图区域分成 2 行 2 列 4 个单元，且下一副图将在第 1 个单元显示。subplot(2,2,2) 表示将绘图区域分成 2 行 2 列 4 个单元，且下一副图将在第 2 个单元显示。

（3）可利用 subplots_adjust 调整各绘图单元行和列之间的距离。例如：fig.subplots_adjust(hspace=0.5)；fig.subplots_adjust(wspace=0.5)。所绘制图形如图 2.10 所示。

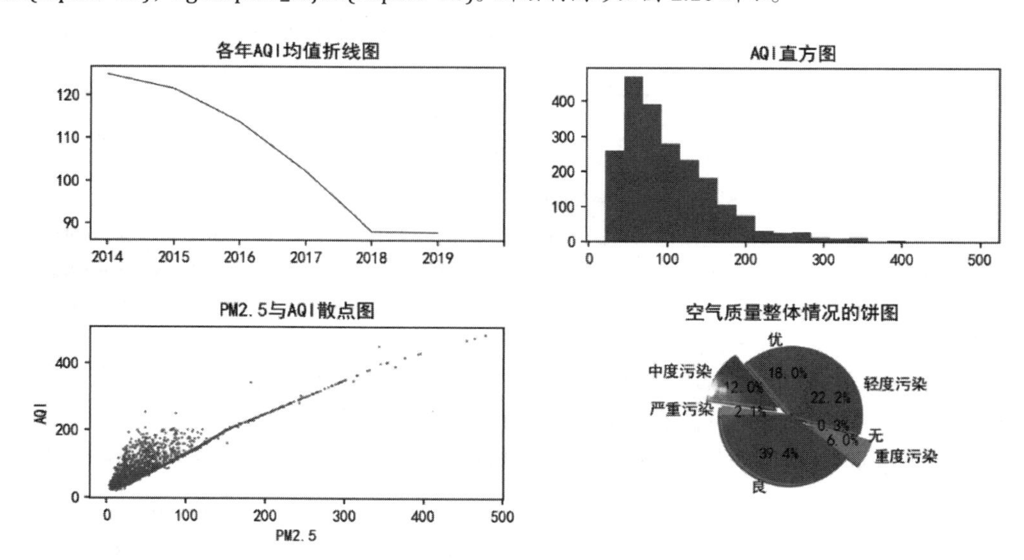

图2.10　空气质量状况统计图形

图 2.10 左上图显示，2014—2019 年间，AQI 的年均值呈快速下降趋势。2018 年 AQI 较低，且 2019 年仍继续保持空气质量良好的状态。右上图显示，AQI 呈不对称分布。可见，整体上 AQI 取值水平主要集中在 100 以下，但因出现了少量天数的重度污染（AQI 值很高），从而导致 AQI 分布为右偏分布。左下图是 $PM_{2.5}$ 和 AQI 的散点图。图形表明，$PM_{2.5}$ 与 AQI 存在一定程度的正的线性相关。右下图为 2014—2019 年各空气质量等级的饼图。可见，6 年中严重污染的天数占比为 2.1%。空气质量良的占比为 39.4%，占比最高。空气质量为优的占比为 18%。存在 0.3% 的缺失数据。

本章讨论至此告一段落。最后需要说明的是，Scikit-learn 是专门面向机器学习的 Python 第三方程序包，可支持数据预处理、数据降维、数据的分类和回归建模、聚类、模型评价和选择等各种机器学习建模应用。因涉及机器学习的相关理论，所以 Scikit-learn 包的使用将在后续章节一一详细介绍。

• 本章相关函数列表 •

一、Python列表基本操作

功能	函数或方法	解释	示例
添加列表元素	列表名.append()	在列表最后添加一个元素	L=[] L.append(1) L [1]
	列表名.extend()	在列表最后添加多个元素	L.extend((2,3,4)) L [1, 2, 3, 4]
	列表名.insert()	在列表指定位置添加指定元素。位置是索引号(从0开始)	L=[1,2,3,4] L.insert(2,4) L [1, 2, 4, 3, 4]
删减列表中的元素	列表名.remove()	移除列表里的指定元素	L=[1,2,3,4] L.remove(2) L [1, 3, 4]
	列表名.pop()	删除并返回列表的最后一个元素	L=[1,2,3,4] L.pop() 4 L [1, 2, 3]
获取列表中的指定元素	列表名[n]	获取列表索引为*n*处的元素	L=[1,2,3,4] L[0] 1
列表切片	列表名[A:B]	获取列表索引A至B-1的元素	L=[1,2,3,4] L[1:3] [2, 3]
列表操作符	+	多个列表的拼接	L1=[1,2,3,4] L2=[5,6,7] L1+L2 [1, 2, 3, 4, 5, 6, 7]

续表

功能	函数或方法	解释	示例
列表操作符	*	列表复制和添加	L=[1,2,3,4] L*2 [1, 2, 3, 4, 1, 2, 3, 4]
	>，<，<=，>=	数值型列表元素比较，还可添加逻辑运算符（and,or,not），进行列表之间的逻辑判断	L2=[1,2,3] L1=[1,2,3,5] L1<L2 False
	and，or，not	列表的逻辑运算	L1 [1, 2, 3, 5] L2 [1, 2, 3] L3=[3,2,1] L1>L2 and L1>L3 False L1>L2 and L1<L3 True L1>L2 or not(L1<L3) True
其他常见操作	列表名.count(A)	元素A在列表中出现的次数	L=[1,2,3,2,5,4] L.count(2) 2
	列表名.index(A)	元素A在列表首次出现的索引	L.index(4) 5
	列表名.reverse()	将列表元素位置前后翻转	L [1, 2, 3, 2, 5, 4] L.reverse() L [4, 5, 2, 3, 2, 1]
	列表名.sort()	列表元素升序排序	L.sort() L [1, 2, 2, 3, 4, 5]
列表复制	列表名1=列表名2	列表复制后两个列表指向相同地址单元，内容同步变化	L=[1,2,3,4] L1=L L1[2]=5 L1 [1, 2, 5, 4] L [1, 2, 5, 4]
	列表名1=列表名2[:]	列表复制后两个列表指向不同地址单元，内容不同步变化	L=[1,2,3,4] L1=L[:] L1[2]=5 L1 [1, 2, 5, 4] L [1, 2, 3, 4]

二、NumPy常用函数

NumPy 的重要数据组织方式是数组（Array）。

功能	函数或方法	解释	示例
生成数组	np.arange(n)	生成从0到$n-1$的步长为1的1维数组	np.arange(5) array([0, 1, 2, 3, 4])
	np.random.randn(n)	随机生成n个服从标准正态分布的数组	np.random.randn(2) array([-0.44344398, 0.43497892])

续表

功能	函数或方法	解释	示例
描述数组属性	数组名.ndim	返回数组的维度	arr = np.array([[1,2,3],[4,5,6]]) arr.ndim 2
	数组名.shape	返回数组各维度的长度	arr = np.array([[1,2,3],[4,5,6]]) arr.shape (2, 3)
	数组名.dtype	返回数组元素的数据类型	arr = np.array([[1,2,3],[4,5,6]]) arr.dtype dtype('int32')
常用统计函数	np.sum(数组名)	数组各元素求和	arr = np.array([[1,2,3],[4,5,6]]) np.sum(arr) 21
	np.mean(数组名)	数组各元素求均值	arr = np.array([[1,2,3],[4,5,6]]) np.mean(arr) 3.5
	np.max(数组名)	数组各元素求最大值	arr = np.array([[1,2,3],[4,5,6]]) np.max(arr) 6
	np.min(数组名)	数组各元素求最小值	arr = np.array([[1,2,3],[4,5,6]]) np.min(arr) 1
	np.cumsum(数组名)	数组各元素累积求和	arr = np.array([1,2,3,4]) np.cumsum(arr) array([1, 3, 6, 10], dtype=int32)
	np.sqrt(数组名)	数组各元素求根号	arr = np.array([[1,2],[3,4]]) np.sqrt(arr) array([[1. , 1.41421356], [1.73205081, 2.]])
矩阵运算	np.dot(数组名)	矩阵乘法	arr1 = np.array([2,3]) arr2 = np.array([1,2]) np.dot(arr1,arr2) 8
	数组名.T	矩阵转置	arr = np.arange(6).reshape(2,3) arr.T array([[0, 3], [1, 4], [2, 5]])
	np.linalg.inv(数组名)	矩阵求逆	arr = np.array([[1,2],[3,4]]) np.linalg.inv(arr) array([[-2. , 1.], [1.5, -0.5]])
	np.linalg.det(数组名)	计算行列式	arr = np.array([[1,2],[3,4]]) np.linalg.det(arr) -2.0000000000000004
	np.linalg.eig(数组名)	求特征值和特征向量	arr = np.diag([1,2,3]) np.linalg.eig(arr) (array([1., 2., 3.]), array([[1., 0., 0.], [0., 1., 0.], [0., 0., 1.]]))
	np.linalg.svd(数组名)	奇异值分解	arr = np.diag([1,2,3]) u,s,vh = np.linalg.svd(arr) u.shape,s.shape,vh.shape ((3, 3), (3,), (3, 3))

续表

功能	函数或方法	解释	示例
其他常见操作	np.sort(数组名)	数组各元素排序	arr = np.array([4,5,3,2,6]) np.sort(arr) array([2, 3, 4, 5, 6])
	np.rint(数组名)	数组各元素四舍五入取整	arr = np.array([3.2,1.4,3.7,6.8]) np.rint(arr) array([3., 1., 4., 7.])
	np.sign(数组名)	数组各元素取符号值	arr = np.array([-1.8,1.4,2,-3]) np.sign(arr) array([-1., 1., 1., -1.])
	np.where(条件,x,y)	满足条件返回x，不满足条件则返回y	arr = np.array([0,1,2,3,4]) np.where(arr <= 2, arr, 2*arr) array([0, 1, 2, 6, 8])

三、Pandas常用函数

Pandas 的重要数据组织方式是数据框（DataFrame）。

功能	函数或方法	解释	示例
文件读取	pd.read_excel(文件名)	读取excel文件	pd.read_excel("~/test.xlsx") Year Month DayofMonth 0 2006 7 6 1 1997 3 2 2 1994 5 2
描述数据框属性	数据框名.values	返回数据框的值	df A B C 0 0 1 2.0 1 3 4 4.0 2 7 9 NaN df.values array([[0., 1., 2.], [3., 4., 4.], [7., 9., nan]])
	数据框名.ndim	返回数据框的维度	df A B C 0 0 1 2.0 1 3 4 4.0 2 7 9 NaN df.ndim 2
	数据框名.shape	返回数据框各维长度	df A B C 0 0 1 2.0 1 3 4 4.0 2 7 9 NaN df.shape (3, 3)
	数据框名.columns	返回数据框的列名	df A B C 0 0 1 2.0 1 3 4 4.0 2 7 9 NaN df.columns Index(['A', 'B', 'C'], dtype='object')
常用统计函数	数据框名.sum()	数据框中各列元素求和	df A B C 0 0 1 2.0 1 3 4 4.0 2 7 9 NaN df.sum() A 10.0 B 14.0 C 6.0 dtype: float64

续表

功能	函数或方法	解释	示例
常用统计函数	数据框名.mean()	数据框中各列元素求均值	df A B C 0 0 1 2.0 1 3 4 4.0 2 7 9 NaN df.mean() A 3.333333 B 4.666667 C 3.000000 dtype: float64
	数据框名.max()	数据框中各列元素求最大值	df A B C 0 0 1 2.0 1 3 4 4.0 2 7 9 NaN df.max() A 7.0 B 9.0 C 4.0 dtype: float64
	数据框名.min()	数据框中各列元素求最小值	df A B C 0 0 1 2.0 1 3 4 4.0 2 7 9 NaN df.min() A 0.0 B 1.0 C 2.0 dtype: float64
	pd.crosstab()	交叉表频数统计	df A B 0 Linda Right 1 Amy Left 2 Peter Left 3 Peter Right 4 Linda Right pd.crosstab(df.A,df.B) B Left Right A Amy 1 0 Linda 0 2 Peter 1 1

空值操作	pd.isnull(数据框名)	判断数据框内元素是否为空值	df
			   A B C
			0 5 4 4.0
			1 3 9 NaN
			pd.isnull(df)
			   A B C
			0 False False False
			1 False False True

	pd.notnull(数据框名)	判断数据框内元素是否不为空值	df
			   A B C
			0 5 4 4.0
			1 3 9 NaN
			pd.notnull(df)
			   A B C
			0 True True True
			1 True True False

	数据框名.dropna()	删除含有空数据的全部行（可通过指定axis=1删除含有空数据的全部列）	df
			   A B C
			0 5 4 4.0
			1 3 9 NaN
			df.dropna()
			   A B C
			0 5 4 4.0

其他常见操作	数据框名.groupby()	数据框按指定列进行分组计算	df
			   A B C
			0 0 9 3
			1 0 4 4
			2 2 3 4
			obj = df.groupby(['A'])
			obj.mean()
			   B C
			A
			0 6.5 3.5
			2 3.0 4.0

续表

功能	函数或方法	解释	示例

其他常见操作	数据框名.sort_values()	数据框按指定列的数值大小进行排序	df
			   A B C
			0 0 9 3
			1 0 4 4
			2 2 3 4
			df.sort_values(by = 'B')
			   A B C
			2 2 3 4
			1 0 4 4
			0 0 9 3

	数据框名.apply()	对数据框中的列进行特定运算	df A B C 0 0 9 3 1 0 4 4 2 2 3 4 df.apply(np.mean) A 0.666667 B 5.333333 C 3.666667 dtype: float64

	数据框名.drop_duplicates()	去除指定列下面的重复行	df
			   A B C
			0 0 9 3
			1 0 4 4
			2 2 3 4
			df.drop_duplicates('C')
			   A B C
			0 0 9 3
			1 0 4 4

	数据框名.replace()	数值替换	df
			   A B C
			0 5 4 4.0
			1 3 9 NaN
			df.replace([5,4,4],1)
			   A B C
			0 1 1 1.0
			1 3 9 NaN

	pd.merge()	数据框合并	df1
			     key value
			0 Betty 1
			1 Annie 2
			2 Amy 3
			3 Sam 5
			df2
			     key value
			0 Betty 5
			1 Annie 6
			2 John 7
			3 Alice 8
			pd.merge(df1,df2,on='key',how='inner')
			     key value_x value_y
			0 Betty 1 5
			1 Annie 2 6

	pd.cut()	把一组数据分割成离散的区间	pd.cut(np.array([1, 4, 6, 2, 3, 5]), 3, labels = ['low','medium','high']) [low, medium, high, low, medium, high] Categories (3, object): [low < medium < high]
	pd.get_dummies()	将分类变量转化为0/1的虚拟变量	pd.get_dummies(['a','b','c','c']) a b c 0 1 0 0 1 0 1 0 2 0 0 1 3 0 0 1

四、其他编程要点

（1）Python 的 for 循环是实现程序循环控制的常见途径。for 循环的基本格式：

```
for 变量 in 序列:
    循环体
```

变量将依次从序列中取值，控制循环次数并多次执行循环体的处理工作。

（2）用户自定义函数：用户自行编写的可实现某特定计算功能的程序段。该程序段具有一定的通用性，会被主程序经常调用。需首先以独立程序段的形式，定义用户自定义函数，然后才可在主程序中调用。定义用户自定义函数的基本格式：

```
def 函数名(参数):
    函数体
```

其中，def 为用户自定义函数的关键字；函数名是函数调用的依据；参数是需向函数体提供的数据；函数体用于定义函数的具体处理流程。

（3）匿名函数：一种很简单短小的用户自定义函数，一般可直接嵌在主程序中。

定义匿名函数的基本格式：

```
lambda 参数: 函数表达式
```

其中，lambda 为匿名函数的关键字。

• 本章习题 •

1. Python 编程：输出以下九九乘法表。

```
1*1=1
1*2=2  2*2=4
1*3=3  2*3=6   3*3=9
1*4=4  2*4=8   3*4=12  4*4=16
1*5=5  2*5=10  3*5=15  4*5=20  5*5=25
1*6=6  2*6=12  3*6=18  4*6=24  5*6=30  6*6=36
1*7=7  2*7=14  3*7=21  4*7=28  5*7=35  6*7=42  7*7=49
1*8=8  2*8=16  3*8=24  4*8=32  5*8=40  6*8=48  7*8=56  8*8=64
1*9=9  2*9=18  3*9=27  4*9=36  5*9=45  6*9=54  7*9=63  8*9=72  9*9=81
```

2. Python 编程：随机生成任意一个 10×10 的矩阵，计算其对角线元素之和。

3. Python 编程：学生成绩数据的处理和基本分析。

有 60 名学生的两个课程成绩的数据文件（文件名为：ReportCard1.txt，ReportCard2.txt），分别记录了学生的学号、性别以及不同课程的成绩。请将数据读入 Pandas 数据框，并做如下预处理和基本分析：

（1）将两个数据文件按学号合并为一个数据文件，得到包含所有课程成绩的数据文件。

（2）计算每名学生的各门课程的总成绩和平均成绩。

（3）将数据按总成绩的降序排序。

（4）按性别分别计算各门课程的平均成绩。

（5）按优、良、中、及格和不及格，对平均成绩进行分组。

（6）按性别统计优、良、中、及格和不及格的人数。

（7）生成性别的虚拟自变量。

4．Python 编程：学生成绩数据的图形化展示。

对包含所有课程成绩的数据文件（同习题3），做如下图形化展示：

（1）绘制总成绩的直方图。

（2）绘制平均成绩的优、良、中、及格和不及格的饼图。

（3）绘制总成绩和数学成绩（math）的散点图。

第 3 章　数据预测中的相关问题

学习目标

1. 掌握回归预测的一般线性模型、分类预测的 Logistic 模型的基本原理、几何理解、基本评价方法及其在 Python 中的应用。
2. 了解各种损失函数以及模型参数估计的一般策略。
3. 掌握预测建模中基于数据集划分的泛化误差估计方法。
4. 了解预测模型选择中涉及的模型拟合、偏差和方差等基本概念。

机器学习通过向数据集学习完成数据预测任务。作为数据预测的纲领性章节，本章将关注数据预测过程涉及的重要方面，完整阐述数据预测的基本框架和脉络，旨在为读者顺利学习和理解后续章节的各种具体算法奠定理论基础。

数据预测，简而言之就是基于已有数据集，归纳出输入变量和输出变量之间的数量关系，并通过预测模型的形式体现。基于预测模型，一方面，可发现对输出变量产生重要影响的输入变量；另一方面，在预测模型所体现的数量关系具有普适性和未来不变的假设下，可对新数据输出变量取值进行预测。

参照 1.1.1 节机器学习的编程范式，输入变量对应“数据”，输出变量对应“答案”，输入变量和输出变量的取值规律对应“规则”。“规则”是隐藏于数据集中的，需要基于一定的学习策略归纳出来，并通过预测模型的形式体现，该过程称为预测建模。预测建模是数据预测的核心任务。

对数值型输出变量的预测称为回归预测，相应的预测模型称为回归预测模型。对分类型输出变量的预测称为分类预测，相应的预测模型称为分类预测模型。

预测建模涉及如下方面的问题：

第一，预测模型基础。预测模型基础主要涉及以下方面：首先，预测模型通常以数学形式表现，也可以更易理解的推理规则的形式表现，还可以更为直观的图形化形式表现。其次，明确预测模型的几何含义，对深层理解预测建模的思想有重要的指导意义。最后，客观评价预测模型的预测效果，即准确估计模型的预测精度或预测误差，无疑也是预测建模中的重要环节。本章将对这些问题展开讨论。

第二，参数估计方法。模型参数是预测模型的“灵魂”。有很多模型参数估计的理论和方法，但对于机器学习基本理论的入门学习者来说，掌握其中普遍采用的参数估计方法，对构建机器学习的知识体系是极为必要的。

第三，模型选择。可能存在多个预测精度或预测误差接近的预测模型，应以怎样的策略选出其中的“佼佼者”并加以应用，是预测建模中关注的重要问题。模型选择已成为预测建模中不能忽视的重要一环。“佼佼者”具有哪些特征，不同模型选择策略有哪些特点，后续将做详细论述。

3.1 线性回归预测模型

预测模型通常以数学形式展现，以精确刻画和表述输入变量和输出变量取值之间的数量关系。可细分为回归预测模型（简称回归模型）和分类预测模型（简称分类模型），分别解决回归预测问题和分类预测问题。

本节将从最基础的线性回归预测模型说起，依次讨论回归预测模型的数学形式和含义、几何理解以及回归预测模型的评价等问题。

3.1.1 线性回归预测模型的含义

1. 线性回归预测模型的形式

最常见的回归预测模型为线性回归预测模型，简称线性回归模型，其数学形式为：

$$y=\beta_0+\beta_1X_1+\beta_2X_2+\cdots+\beta_pX_p+\varepsilon \tag{3.1}$$

该模型属于统计学的一般线性模型范畴。其中，y 为数值型的输出变量。X_1，X_2，$\cdots$，X_p 为输入变量。$p=1$时称为一元线性回归模型，$p>1$时称为多元线性回归模型。得名“线性模型”的原因是其刻画了输入变量变动对输出变量的线性影响。$\beta_i\ (i=0，1，2，\cdots，p)$为模型参数，且$\beta_0$称为截距项，$\beta_i\ (i=1，2，\cdots，p)$为回归系数。$\beta_i\ (i\neq 0)$度量了其他输入变量 $X_j\ (j\neq i)$ 取值不变的条件下，X_i取值的单位变化给 y 带来的线性变化量。ε 为随机误差项，体现了模型之外的其他输入变量对 y 的影响。

例如，若采用式（3.1）的线性回归模型解决 1.3.1 节问题一（SO_2、CO、NO_2、O_3 哪些是影响 $PM_{2.5}$ 浓度的重要因素？），则 $PM_{2.5}$ 浓度应为y，其他 4 种污染物浓度为$X_i\ (i=1，2，3，4)$。而其他影响 $PM_{2.5}$ 的因素都一并归入ε中。

2. 用于预测的回归方程

若将式（3.1）写为：

$$y = \beta_0 + \beta_1 X_1 + \beta_2 X_2 + \cdots + \beta_p X_p + \varepsilon = f(\boldsymbol{X}) + \varepsilon$$

则 $f(\boldsymbol{X})$ 刻画的是输入变量全体和输出变量间的真实数量关系，是隐藏在数据中的未知量，即 $\beta_i\ (i=0,1,2,\cdots,p)$ 是未知的参数。预测建模的目的就是要通过向数据学习得到 $f(\boldsymbol{X})$ 的估计，记为 $\hat{f}(\boldsymbol{X})$，并将其应用于对未来新数据的预测。$\hat{f}(\boldsymbol{X})$ 具体表示为：

$$\hat{f}(\boldsymbol{X}) = \hat{\beta}_0 + \hat{\beta}_1 X_1 + \hat{\beta}_2 X_2 + \cdots + \hat{\beta}_p X_p \hat{y}_i \quad (i=1,\ 2,\ \cdots,\ N) \tag{3.2}$$

称为估计的回归方程，本质是对给定输入变量取值下的输出变量均值进行预测。其中，$\hat{\beta}_i$ 是在某种估计原则（后续将详细讨论该问题）下，基于数据集得到的模型未知参数 β_i 的估计值。

由式（3.1）和式（3.2）可知，回归预测模型不等同于回归方程，但实际应用中往往并不严格区分且统称为预测模型。

进一步，基于式（3.2）可对新数据的输出变量值进行预测，即将某个新数据的输入变量值代入式（3.2）的右侧计算，所得结果便是其输出变量的预测值，通常记为 $\hat{y}$，即 $\hat{y} = \hat{f}(\boldsymbol{X})$。

3.1.2 线性回归预测模型的几何理解

从几何角度讲，可将数据集中的 N 个样本观测数据，视为 m 维实数空间 $\mathbb{R}^m$ 中的 N 个点。m 的取值与输入变量个数及类型有关。例如，若 p 个输入变量均为数值型变量，则 $m=p+1$，p 个输入变量和 1 个输出变量分别对应一个实数坐标。但若输入变量为分类型变量，因通常需用一组实数的排列组合（例如虚拟变量）表示某个分类类别，所以一个分类型输入变量将对应多个实数坐标，此时 $m>p+1$。为简化问题，以下仅讨论输入变量均为数值型的情况。

对于式（3.2），若 $p=1$，即 $\hat{y} = \hat{f}(X_1) = \hat{\beta}_0 + \hat{\beta}_1 X_1$，显然，几何上它与二维平面中的一条直线相对应，该直线称为回归直线。$\hat{\beta}_0$、$\hat{\beta}_1$ 分别为回归直线的截距和斜率；若 $p=2$，即 $\hat{y} = \hat{f}(\mathbf{X}) = \hat{\beta}_0 + \hat{\beta}_1 X_1 + \hat{\beta}_2 X_2$，几何上它与三维平面中的一个平面相对应，该平面称为回归平面。$p>2$ 时的回归平面称为回归超平面。从这个角度讲，建立线性回归预测模型的过程也是在 m 维空间中寻找和确定回归直线、回归平面或回归超平面的过程。

3.1.3 线性回归预测模型的评价

评价线性回归预测模型的预测效果，一般有以下两个常用指标。

1. 均方误差

评价线性回归预测模型的预测效果，最直接的做法是计算预测误差。首先，计算每个样本观测输出变量的实际值 $y_i\ (i=1,\ 2,\ \cdots,\ N)$ 与其预测值 $\hat{y}_i$ 的差，即残差，记为 $e_i = y_i - \hat{y}_i$。然后，计算总残差平方和 $\sum_{i=1}^{N} e_i^2 = \sum_{i=1}^{N} (y_i - \hat{y}_i)^2$，这里取平方的目的是消除计算总和过程中残差正负抵消的问题。最后，需通过平均的方式消除样本量N和输入变量个数对总残差平方和数值大小的影响，即计算$\frac{1}{N-p-1}\sum_{i=1}^{N}e_i^2$，称为均方误差（Mean-Square Error, MSE）。MSE 越小表明整体上回归预测的误差越小，回归预测模型的预测效果越理想。

均方误差的不足在于没有明确的取值上限，不利于直观应用。为此可采用以下讨论的拟合优度 R 方。

2. 拟合优度R方

R 方（R^2）简单定义为样本观测输出变量实际值 $y_i\ (i=1, 2, \cdots, N)$ 与预测值 $\hat{y}_i\ (i=1, 2, \cdots, N)$ 的简单相关系数 r 的平方，记为 $R^2=r^2$。统计学常用简单相关系数 r 度量变量 x 和变量 y 之间的线性相关程度。如果 $x_i=y_i\ (i=1, 2, \cdots N)$，则 x 和 y 的相关系数 r 取最大值 1，此时R^2也取最大值：$R^2=r^2=1$。如果 $r=0$，表示变量 x 和变量 y 之间不具有线性相关性。

在评价回归预测模型预测效果时，如果 $R^2 \to 1$，表明输出变量的预测值 $\hat{y}_i\ (i=1, 2, \cdots, N)$ 与实际值 $y_i\ (i=1, 2, \cdots, N)$ 具有强的线性相关性，回归模型的预测效果比较理想。如果 $R^2 \to 0$，表明输出变量的预测值 $\hat{y}_i\ (i=1, 2, \cdots, N)$ 与实际值 $y_i\ (i=1, 2, \cdots, N)$ 不具有线性相关性，回归模型的预测效果极不理想。

3.1.4 Python 应用实践：$PM_{2.5}$ 浓度预测

本节将讨论如何利用 Python 构建线性回归模型，并通过案例说明线性回归模型的实际应用价值。首先应导入 Python 的相关包或模块。为避免重复，这里将本章需要导入的包或模块一并列出如下，# 后面给出了简短的功能说明。

```
1  #本章需导入:
2  import numpy as np
3  import pandas as pd
4  import matplotlib.pyplot as plt
5  import sklearn.linear_model as LM #建立线性预测模型
6  from sklearn.model_selection import train_test_split,KFold,LeaveOneOut,LeavePOut # 数据集划分
7  from sklearn.model_selection import cross_val_score,cross_validate  #交叉验证
8  from sklearn.metrics import confusion_matrix,f1_score,roc_curve, auc, precision_recall_curve,accuracy_score #模型评价指标
9  from mpl_toolkits.mplot3d import Axes3D  #绘制3维图形
10 %matplotlib inline
11 plt.rcParams['font.sans-serif']=['SimHei']  #解决中文显示乱码问题
12 plt.rcParams['axes.unicode_minus']=False
13 import warnings
14 warnings.filterwarnings(action = 'ignore')
```

1. 示例1：建立一元线性回归模型

对于 1.3.1 节问题一（SO_2、CO、NO_2、O_3 哪些是影响 $PM_{2.5}$ 浓度的重要因素？），这里仅考虑一个输入变量 CO 的情况，建立一元线性回归预测模型。主要步骤如下：

（1）首先，建立一元线性回归模型：$PM_{2.5}=\beta_0+\beta_1 CO+\varepsilon$，并基于数据集得到估计的回归方程：$\widehat{PM_{2.5}}=\hat{\beta}_0+\hat{\beta}_1 CO$。

（2）绘制 $PM_{2.5}$ 和 CO 的散点图，并在由 $PM_{2.5}$ 和 CO 组成的二维平面上，画出 $\widehat{PM_{2.5}}=\hat{\beta}_0+\hat{\beta}_1 CO$ 对应的回归直线。

（3）计算该一元线性回归模型的 MSE 和 R 方。

Python 代码（文件名：chapter3-1.ipynb）如下。为便于阅读，我们将代码运行结果直接放置在相应代码行下方。

行号	代码和说明
1	data = pd.read_excel('北京市空气质量数据.xlsx') # 读入 Excel 格式数据
2	data = data.replace(0,np.NaN) # 将所有 0（表示没有相关数据）替换为缺失值
3	data = data.dropna() # 剔除所有包含缺失值的样本观测
4	data = data.loc[(data['PM2.5']< = 200) & (data['SO2']< = 20)] # 仅抽取 PM2.5 小于 200 且 SO2 小于 20 的数据
5	X = data[['CO']] # 通过列表形式指定输入变量 CO(仅有一个输入变量）并得到仅包含输入变量的数据子集 X
6	y = data['PM2.5'] # 指定输出变量 PM2.5 并得到仅包含输出变量的数据子集 y
7	modelLR = LM.LinearRegression() # 调用 LM 模块中的 LinearRegression 指定建立线性回归模型 modelLR
8	modelLR.fit(X,y) # 基于输入输出变量子集估计模型 modelLR 中的未知参数 β
9	print("一元线性回归模型的截距项:%f"%modelLR.intercept_) # 显示模型的截距项 一元线性回归模型的截距项:0.955268
10	print("一元线性回归模型的回归系数:",modelLR.coef_) # 显示模型的回归系数 一元线性回归模型的回归系数: [60.58696023]
11	plt.scatter(data['CO'],data['PM2.5'],c = 'green',marker = '.') # 绘制 CO 和 PM2.5 的散点图
12	plt.plot(data['CO'],modelLR.predict(X),linewidth = 0.8) # 绘制回归直线，predcit(X) 表示计算给定 X 下的预测值 $\hat{y}$
13	plt.title('PM2.5 与 CO 散点图和回归直线 (MSE = %f,R 方 = %.2f)'%((sum((y-modelLR.predict(X))**2)/(len(y)-1-1)),modelLR.score(X,y))) # 指定图标题，计算 MSE 和 R 方并显示在图标题中。modelLR.score(X,y) 表示计算模型的预测得分，这里即为 R 方
14	plt.xlabel('CO') # 指定横坐标标题
15	plt.ylabel('PM2.5') # 指定纵坐标标题
16	plt.xlim(xmax = 4, xmin = 1) # 指定横坐标取值范围
17	plt.ylim(ymax = 300,ymin = 1) # 指定纵坐标取值范围
18	plt.show() # 绘图结束

■ 代码说明

（1）第 7 行：利用 LinearRegression 建立线性回归模型。

（2）第 9 和 10 行：.intercept_ 和 .coef_ 分别存储回归方程的截距项和回归系数的估计值。

得到的一元线性回归方程为：$\widehat{PM_{2.5}}=0.96+60.59CO$，其含义是：其他污染物浓度不变的条件下，CO 浓度每增加 1 个单位将使 $PM_{2.5}$ 浓度平均增加 60.59 个单位。所绘制的图形如图 3.1 所示。

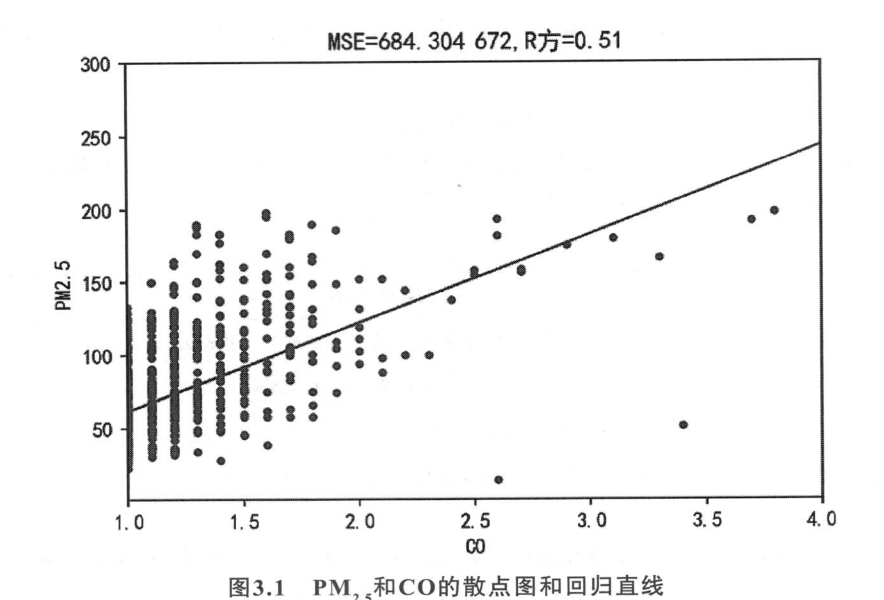

图3.1　$PM_{2.5}$和CO的散点图和回归直线

依据回归方程，给定 CO 浓度下 $PM_{2.5}$ 的预测值均落在回归直线上。由图可知，实际数据集中较多样本观测点落在回归直线上方，表明其输出变量的实际值大于预测值。也有较多的样本观测点落在回归直线下方，表明其输出变量实际值小于预测值。该模型的预测误差较大，MSE 较大，等于 684.3，R 方较小，等于 0.51。为减少预测误差，可考虑将 SO_2 引入回归模型。

2. 示例2：建立多元线性回归模型

对于 1.3.1 节问题一（SO_2、CO、NO_2、O_3 哪些是影响 $PM_{2.5}$ 浓度的重要因素？），为使示例 1 中预测模型的 MSE 减小、R 方增大，这里考虑两个输入变量 CO 和 SO_2 的情况，建立多元线性回归模型。主要步骤如下：

（1）首先，建立多元线性回归模型：$PM_{2.5} = \beta_0 + \beta_1 SO_2 + \beta_2 CO + \varepsilon$，并基于数据集得到估计的回归方程：$\widehat{PM_{2.5}} = \hat{\beta}_0 + \hat{\beta}_1 SO_2 + \hat{\beta}_2 CO$。

（2）绘制 $PM_{2.5}$ 和 SO_2、CO 的散点图，并在由 $PM_{2.5}$ 和 SO_2、CO 组成的三维平面上，画出$\widehat{PM_{2.5}} = \hat{\beta}_0 + \hat{\beta}_1 SO_2 + \hat{\beta}_2 CO$对应的回归平面。

（3）计算该多元线性回归模型的 MSE 和 R 方。

Python 代码（文件名：chapter3-1.ipynb）如下。为便于阅读，我们将代码运行结果直接放置在相应代码行下方。

行号	代码和说明
1	X = data[['SO2','CO']] # 通过列表形式指定输入变量 SO2 和 CO 并得到仅包含输入变量的数据子集 X
2	y = data['PM2.5'] # 指定输出变量 PM2.5 并得到仅包含输出变量的数据子集 y
3	modelLR = LM.LinearRegression() # 调用 LM 模块中的 LinearRegression 指定建立线性回归模型 modelLR

```
4   modelLR.fit(X,y) # 基于输入输出变量子集估计模型 modelLR 中的未知参数 β
5   print(" 多元线性回归模型的截距项 :%f"%modelLR.intercept_) # 显示模型的截距项
    多元线性回归模型的截距项:-1.249076
6   print(" 多元线性回归模型的回归系数 :",modelLR.coef_)
    多元线性回归模型的回归系数: [ 0.85972339 56.85521851]
7   ax = Axes3D(plt.figure(figsize = (9, 6))) # 定义 9 x 6 大小的三维图形对象
8   ax.scatter(data[['SO2']],data[['CO']],y,c = 'green',marker = '.',s = 100,alpha = 0.3) # 绘制 PM2.5
    和 SO2、CO 的三维散点图
9   ax.set_xlabel('SO2') # 指定 x 轴的标题
10  ax.set_ylabel('CO') # 指定 y 轴的标题
11  ax.set_zlabel('PM2.5') # 指定 z 轴的标题
12  ax.set_title('PM2.5 与 SO2、CO 散点图和回归平面 (MSE = %f,R 方 = %.2f)'%((-
    sum((y-modelLR.predict(X))**2)/(len(y)-2-1)),modelLR.score(X,y))) # 指定图标题，计算 MSE 和
    R 方并显示在图标题中
13  X1 = np.arange(data[['SO2']].values.min(), data[['SO2']].values.max(), 0.1) # 准备绘制回归平面的
    数据：指定三维图中 x 轴的取值范围
14  X2 = np.arange(data[['CO']].values.min(), data[['CO']].values.max(), 0.1) # 准备绘制回归平面的数
    据：指定三维图中 y 轴的取值范围
15  X1, X2 = np.meshgrid(X1, X2) # 准备绘制回归平面的数据：利用 meshgrid 得到三维图中 x 和 y 取值的交叉点
16  Y = modelLR.intercept_+ modelLR.coef_[0]*X1 + modelLR.coef_[1]*X2 # 准备绘制回归平面的数据：
    计算三维图中 z 轴的取值，即输出变量的预测值
17  ax.plot_surface(X1,X2,Y, rstride = 1, cstride = 1, color = 'skyblue') # 利用 plot_surface 绘制回归平面
```

■ 代码说明

（1）这里得到的多元线性回归方程为：$\widehat{PM_{2.5}}=-1.25+0.86SO_2+56.86CO$，其含义是：$SO_2$ 浓度不变的条件下，CO 浓度每增加 1 个单位将使 $PM_{2.5}$ 浓度平均增加 56.86 个单位；CO 浓度不变的条件下，SO_2 浓度每增加 1 个单位将使 $PM_{2.5}$ 浓度平均增加 0.86 个单位。CO 对 $PM_{2.5}$ 的影响大于 SO_2。

（2）第 13 至 15 行：为绘制回归平面准备数据。

由于回归平面位于 SO_2（x 轴）、CO（y 轴）和 $PM_{2.5}$（z 轴）所构成的三维空间中，绘图时需要提供 SO_2、CO 任意取值下 $PM_{2.5}$ 的预测值。为此，这里指定 SO_2 在其最小值到最大值范围内均匀取 100 个值，CO 也在其最小值到最大值范围内均匀取 100 个值。进一步，利用 meshgrid 函数得到 100×100 个 SO_2 和 CO 的成对取值点。

（3）第 16 行：依据回归方程计算给定 SO_2 和 CO 任意取值下 $PM_{2.5}$ 的预测值。

（4）第 17 行：利用 plot_surface 函数，给出三维空间中 x 轴、y 轴、z 轴的取值，绘制三维图，这里即为回归平面，如图 3.2 所示。

依据回归方程，给定 SO_2 和 CO 浓度下 $PM_{2.5}$ 的预测值均落在回归平面上。由图 3.2 可知，数据集中有些样本观测点落在回归平面上方，其输出变量的实际值大于预测值；有些落在回归平面下方，其输出变量实际值小于预测值。该模型的 MSE 等于 673.17，预测误差小于一元线性回归模型，且从实际问题出发引入 SO_2 也具有合理性。

需要说明的是，不应将多元回归模型的 R 方与上述一元模型的 R 方进行直接对比，原因是多元模型中输入变量个数的多少会对 R 方值大小产生影响，导致它们之间不再具有直接可比性。应采用调整的 R 方，对此统计学有更为详尽的论证，这里不做讨论。

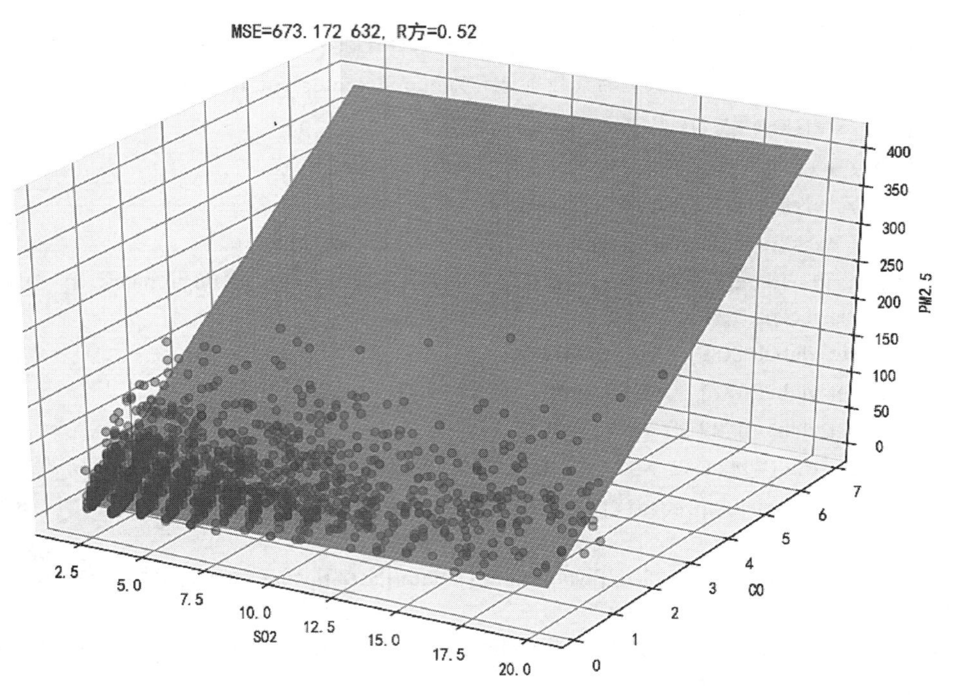

图3.2　$PM_{2.5}$和SO_2、CO的散点图及回归平面

3. 启示和探究

从示例 1 的一元线性回归模型到示例 2 的多元线性回归模型，可以发现，后者的预测误差小于前者，且后者的模型复杂度高于前者。模型复杂度可以通过模型中的未知参数个数来衡量。后者有 3 个未知参数，前者有 2 个。得到的启示是：可通过提高模型的复杂度降低模型的预测误差。

以下将通过模拟数据，基于 Python 编程对该问题做进一步印证。基本思路是：

（1）模拟生成 100 个样本观测数据，其中，输入变量 x 在 0.1 至 10 之间均匀取值，并假设输入变量 x 与输出变量 y 的真实关系 $f(x)$ 已知，为 $f(x)=10\sin(4x)+10x+20\log(x)+30\cos(x)$。受随机因素的影响，观察到的输出变量为 $y=f(x)+\varepsilon$，ε 为服从均值为 0、标准差为 5 的正态分布。

（2）分别建立预测输出变量y的如下 6 个多项式回归预测模型：$y=\beta_0+\beta_1x$；$y=\beta_0+\beta_1x+\beta_2x^2$；$y=\beta_0+\beta_1x+\beta_2x^2+\beta_3x^3$；$y=\beta_0+\beta_1x+\beta_2x^2+\beta_3x^3+\beta_4x^4$；$y=\beta_0+\beta_1x+\beta_2x^2+\beta_3x^3+\beta_4x^4+\beta_5x^5$；$y=\beta_0+\beta_1x+\beta_2x^2+\beta_3x^3+\beta_4x^4+\beta_5x^5+\beta_6x^6$。可依次将$x$，$x^2$，…，$x^6$分别记为$x_1$，$x_2$，…，$x_6$，则这 6 个回归预测模型就是典型的线性回归预测模型，且模型参数由 2 依次增加至 7，模型复杂度依次提高。

（3）观察 6 个模型对应的回归线对样本数据点的拟合情况，计算 MSE 并观察随模型复杂度提高预测误差的变化情况。

Python 代码（文件名：chapter3-2.ipynb）如下。

行号	代码和说明
1	np.random.seed(123) # 指定随机数种子
2	N = 100 # 指定样本量 N
3	x = np.linspace(0.1,10, num = N) # 指定输入变量 x 的取值，从 0.1 到 10 之间均匀取 100 个数
4	y = [] # 指定 y 存储输出变量
5	z = [] # 指定 z 存储输入变量和输出变量的真实关系
6	for i in range(N): # 依据指定规则生成输出变量 y
7	tmp = 10*np.math.sin(4*x[i])+10*x[i]+20*np.math.log(x[i])+30*np.math.cos(x[i])
8	z.append(tmp)
9	y.append(z[i]+np.random.normal(0,5))
10	fig,axes = plt.subplots(nrows = 1,ncols = 2,figsize = (15,6)) # 将绘图区域划分为 1 行 2 列并指定图形大小
11	axes[0].scatter(x,y,s = 15) # 绘制 y 和 x 的散点图
12	axes[0].plot(x,z,'k-',label = " 真实关系 ") # 绘制代表 y 和 x 真实关系的曲线
13	X = x.reshape(N,1) # 将输入变量 x 的数据格式转化为建模需要的格式并保存到 X 中
14	modelLR = LM.LinearRegression() # 指定建立线性回归模型
15	linestyle = ['-','--','-.',':','-','--','-.']
16	MSEtrain = [] # 指定 MSEtrain 存储 6 个模型的 MSE
17	for i in np.arange(1,7): # 依次建立 6 个线性回归模型，绘制对应的回归线，计算和保存 MSE
18	modelLR.fit(X,y) # 基于输入变量数据 X 和输出变量数据 y 估计模型参数 β
19	axes[0].plot(x,modelLR.predict(X),linestyle = linestyle[i-1],label = ' 线性模型 ' if i = = 1 else str(i)+" 项式回归模型 ") # 绘制模型对应的回归线
20	MSEtrain.append(np.sum((y-modelLR.predict(X))**2)/(N-(i+1))) # 计算保存各模型的 MSE
21	tmp = pow(x,i+1).reshape(N,1) # 这里 pow 用来计算 x 的 i+1 次方
22	X = np.hstack((X,tmp)) # 这里通过 hstack 依次得到每个模型的输入变量数据集
23	axes[0].legend() # 输出图例
24	axes[0].set_title(" 真实关系和不同复杂度模型的拟合情况 ",fontsize = 14) # 指定图标题
25	axes[0].set_xlabel(" 输入变量 X",fontsize = 14) # 指定横坐标标题
26	axes[0].set_ylabel(" 输出变量 y",fontsize = 14) # 指定纵坐标标题
27	axes[1].plot(np.arange(2,8),MSEtrain,marker = 'o',label = ' 预测误差 ') # 绘制各模型 MSE 的变化曲线
28	axes[1].set_title(" 不同复杂度模型的预测误差 ",fontsize = 14) # 指定图标题
29	axes[1].set_xlabel(" 模型复杂度 (未知参数个数)",fontsize = 14) # 指定横坐标标题
30	axes[1].set_ylabel("MSE",fontsize = 14) # 指定纵坐标标题

■ 代码说明

（1）第 10 行：利用 subplots 函数将绘图区域划分为 1 行（nrows=1）2 列（ncols=2）的 2 个绘图单元，并指定图形大小（figsize=(15,6)）。后续可通过 axes[索引] 的方式，例如 axes[0] 或 axes[1] 指定在第 1 单元或第 2 单元上画图。

（2）第 22 行：利用 NumPy 的 hstack() 函数实现两组或多组数据水平按列向拼接。

所绘制的图形如图 3.3 所示。

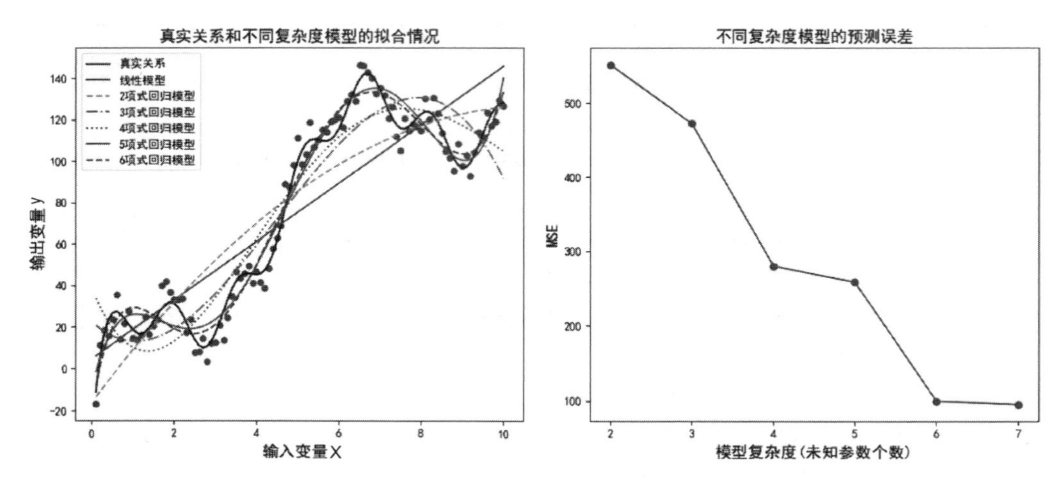

图3.3　模型对样本观测点的拟合情况以及MSE变化情况

图 3.3 中左图显示，随着模型复杂度的提高，各模型对应的回归线越来越接近样本观测点，即对样本观测点的拟合越来越好，且回归线从直线变成曲线。但 5 项式模型和 6 项式模型对应的回归线基本重合。图 3.3 中右图显示，模型的预测误差随模型复杂度的提高单调下降。但当模型参数从 6（5 项式模型）增加至 7（6 项式模型）时，MSE 的下降已不明显，预测误差变化很小。可见，提高模型复杂度可以有效降低模型的预测误差，但当复杂度达到一定程度后再继续提高就不再有意义了。此外，可通过适当增加样本量 N 的方式降低 MSE。

3.2　认识线性分类预测模型

预测模型分为回归预测模型和分类预测模型，分别解决回归预测问题和分类预测问题。以下将对分类预测模型，依次讨论常见的数学形式和含义、几何理解、评价指标和工具以及 Python 应用示例。

3.2.1　线性分类模型的含义

1. 线性分类预测模型的形式

常见的分类预测模型为二分类预测模型，应用最广的模型数学形式为：

$$\log(\frac{P}{1-P}) = \beta_0 + \beta_1 X_1 + \beta_2 X_2 + \cdots + \beta_p X_p + \varepsilon \tag{3.3}$$

该模型被称为二项 Logistic 回归模型，适用于解决输出变量 y 取 0、1 两个类别值的二分类预测问题。

例如，基于顾客的历史购买行为，如购买某类商品的次数（X_1）、平均购买金额（X_2）等，预测是否参与（输出变量 y）本次对该类商品的促销（$y=0$表示不参与，$y=1$ 表示参与），就是一个典型的二分类预测问题，可采用式（3.3）的二分类预测模型进行研究。

再如，对于1.3.1节提出的问题二（$PM_{2.5}$、PM_{10}、SO_2、CO、NO_2、O_3浓度对空气质量等级大小的贡献不尽相同，哪些污染物的减少将有效降低空气质量等级？），研究时可将其简化为一个二分类预测问题。如将一级优、二级良合并为一类，令其类别值为0（无污染）。将三级轻度污染、四级中度污染、五级重度污染、六级严重污染合并为一类，令其类别值为1（有污染）。于是，该问题就可借助式（3.3），以其他6种污染物浓度为输入变量X_1，X_2，$\cdots$，X_6，有无污染（对应1和0两个类别值）为输出变量y的二分类预测模型寻找答案。

式（3.3）中，log表示以e为底的自然对数。P表示输出变量y取类别值1的概率，完整记为：$P(y=1)$。X_1，X_2，$\cdots$，X_p为输入变量，$\beta_i\,(i=0,1,2,\cdots,p)$为模型参数，且称$\beta_0$为截距项，$\beta_i\,(i=1,2,\cdots,p)$为回归系数。$\beta_i\,(i\neq 0)$度量了其他输入变量$X_j\,(j\neq i)$取值不变的条件下，$X_i$取值的单位变化给等号左侧$\log\left(\frac{P}{1-P}\right)$带来的线性变化量。$\varepsilon$为随机误差项，体现了模型之外的其他输入变量对$\log\left(\frac{P}{1-P}\right)$的影响。

如不特殊说明，本书均为自然对数。

通常将$\log\left(\frac{P}{1-P}\right)$记为LogitP，意为对$P$做二元Logistic变换。此时可将式（3.3）改写为：LogitP=$\log\left(\frac{P}{1-P}\right)=\beta_0+\beta_1X_1+\beta_1X_2+\cdots+\beta_pX_p+\varepsilon=f(\boldsymbol{X})+\varepsilon$，它与式（3.1）代表的一般线性模型形式相同，称为广义线性模型。

式（3.3）中，$\frac{P}{1-P}$称为优势（Odds），即$P(y=1)$与$1-P(y=1)=P(y=0)$之比，泛指某事件发生（如参与促销，有污染）概率与不发生概率（如不参与促销，无污染）之比。基于优势派生出的优势比（Odds Ratio，OR）有广泛的应用价值，通常可用于风险对比分析。

例如，对于空气污染的预测问题，假设输入变量$PM_{2.5}$为顺序型分类变量，有1和2两个类别（水平）值。在其他污染物浓度不变的条件下，若$PM_{2.5}$浓度在1水平时出现空气污染的概率为$P(y=1|PM_{2.5}=1)=0.1$，在2水平时的概率为$P(y=1|PM_{2.5}=2)=0.75$，则两水平的优势比为$OR=\frac{P(y=1\,|\,PM_{2.5}=2)}{1-P(y=1\,|\,PM_{2.5}=2)}/\frac{P(y=1\,|\,PM_{2.5}=1)}{1-P(y=1\,|\,PM_{2.5}=1)}=3/\frac{1}{9}=27$，表示其他污染物浓度不变的条件下，$PM_{2.5}$浓度在2水平的优势是1水平的27倍。在一定条件下，优势比近似等于相对风险$\frac{P(y=1\,|\,PM_{2.5}=2)}{P(y=1\,|\,PM_{2.5}=1)}$，即意味着其他污染物浓度不变的条件下，$PM_{2.5}$浓度在2水平出现污染的概率近似是1水平的27倍。

不难发现，优势比或相对风险恰好是关于二项Logistic模型回归参数的函数。例如，对空气污染的预测问题建立二项Logistic回归模型为：$\log(\frac{P}{1-P})=\beta_0+\beta_1 PM_{2.5}+\varepsilon$。当$PM_{2.5}=1$水平时，模型为$\log(\frac{P}{1-P})=\beta_0+\beta_1+\varepsilon$，优势记为$\Omega$：$\Omega=\frac{P}{1-P}=\exp(\beta_0+\beta_1+\varepsilon)$；当$PM_{2.5}=2$水平时，模型为$\log(\frac{P}{1-P})=\beta_0+2\beta_1+\varepsilon$，优势记为$\Omega^*$：$\Omega^*=\exp(\beta_0+2\beta_1+\varepsilon)$。此时优势比$OR=\frac{\Omega^*}{\Omega}=\exp(\beta_1)$，$\beta_1$恰为模型输入变量$PM_{2.5}$前的回归系数。

可见，对于二项Logistic回归模型，$\exp(\beta_i)$的实际含义比β_i更直观，它度量的是其他输入变量（包含ε）取值不变的条件下，输入变量X_i的单位变化将使得$P(y=1)$近似是变化前的$\exp(\beta_i)$倍。

2. 用于预测的分类方程

因为$\log(\frac{P}{1-P})=\beta_0+\beta_1X_1+\beta_1X_2+\cdots+\beta_pX_p+\varepsilon=f(\boldsymbol{X})+\varepsilon$，所以$f(\boldsymbol{X})$刻画的是输入变量全体和$\log(\frac{P}{1-P})$间的真实数量关系，是隐藏在数据中的未知量，即$\beta_i$ $(i=0，1，2，\cdots，p)$是未知的参数。建立二分类预测建模的目的就是要通过向数据学习得到$f(\boldsymbol{X})$的估计$\hat{f}(\boldsymbol{X})$，并将其用于对未来新数据的预测。

与前述线性回归方程类似，用于预测的二项Logistic回归方程为：

$$\log(\frac{\hat{P}}{1-\hat{P}})=\hat{f}(\mathbf{X})=\hat{\beta}_0+\hat{\beta}_1X_1+\hat{\beta}_2X_2+\cdots+\hat{\beta}_pX_p \tag{3.4}$$

本质是对给定输入变量取值下的$\log(\frac{P}{1-P})$均值进行预测。式中，$\hat{P}$是基于数据集得到的P的估计值，也称概率预测值；$\log(\frac{\hat{P}}{1-\hat{P}})$称为模型预测值；$\hat{\beta}_i$是模型未知参数$\beta_i$的估计值。

由于$\hat{P}=\frac{1}{1-\exp(-\hat{f}(\boldsymbol{X}))}$，式（3.4）意味着$\hat{P}$是关于输入变量$X_1$，$X_2$，…，$X_p$的非线性函数，且这里的非线性是对现实问题的很好刻画。

例如，顾客参与促销的概率$P(y=1)$，通常不是其购买次数（X_1）和平均购买金额（X_2）的线性函数。换言之，参与促销的概率$P(y=1)$并不会随购买次数和平均购买金额的增加永远保持相同速度的增加或减少，其变化往往是非线性的。事实上，若$P(y=1)$随输入变量线性增加或减少，将致使$P(y=1)>1$或$P(y=1)<0$，超出概率的合理取值范围。

基于式（3.4），对于1.3.1节提出的问题二，将$PM_{2.5}$、PM_{10}、SO_2、CO、NO_2、O_3代入式（3.4）右侧，所得计算结果是模型预测值$\log(\frac{\hat{P}}{1-\hat{P}})$，很容易就可计算出有污染的概率预测值$\hat{P}$。$\hat{P}$越大，预测为有污染（$y$=1）的把握越大；反之，$\hat{P}$越小，预测为有污染的把握越小。通常，$\hat{P}>0.5$，$\hat{y}=1$；$\hat{P}<0.5$，$\hat{y}=0$。进一步，比较$PM_{2.5}$、$PM_{10}$、$SO_2$、CO、$NO_2$、$O_3$前的回归系数$\hat{\beta}_i$ $(i=1，2，3，4)$值的大小，便可知道哪些污染物对有无污染有较大影响。

3.2.2 线性分类模型的几何理解

从几何角度讲，可将数据集中的 N 个样本观测数据，视为m维实数空间$\mathbb{R}^m$中的 N 个点。m 的取值与输入变量个数及类型有关。例如，若p个输入变量均为数值型变量，则$m=p$，p个输入变量分别对应一个实数坐标。输入变量为分类型变量的情况比较复杂，此时$m>p$。为简化问题，以下仅讨论输入变量均为数值型的情况。

首先，基于p个输入变量，将数据集中的 N 个样本观测数据视为 $m=p$ 维空间中的 N 个点。然后，由于 N 个样本观测输出变量的类别取值不同，相应的样本观测点可用不同颜色或形状表示。

例如，对前述有无污染的二分类预测问题，将 N=2 096 个样本观测（共有 2 096 天的完整监测数据）视为六维空间中的 2 096 个点。为便于直观理解，这里仅考虑 $PM_{2.5}$、PM_{10} 两个输入变量的二维情况。2 096 天中，有 1 204 天无污染，892 天有污染，它们对应的点分别用灰色加号和浅蓝色圆圈表示，如图 3.4 所示。浅蓝色圆圈对应输出变量 $y=0$（无污染），灰色加号对应输出变量 y=1（有污染）。

本书为双色印刷，无法显示计算机输出图中的更多色彩。

二分类预测建模的目的，就是找到一条能够将不同形状或颜色的样本观测点有效分开的分类线，即分类边界，如图 3.4 所示的蓝色虚直线。在该分类直线一侧大部分的点有相同的形状或颜色（输出变量的取值相同），在另一侧大部分的点有其他的形状或颜色。

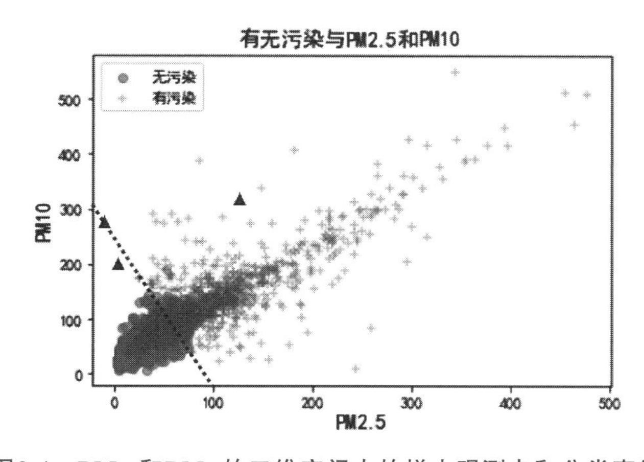

图3.4 $PM_{2.5}$和PM_{10}的二维空间中的样本观测点和分类直线

图 3.4 中，分类直线可用直线方程 $\beta_0+\beta_1\mathrm{PM}_{2.5}+\beta_2\mathrm{PM}_{10}=0$ 表示，参数 β_i $(i=0，1，2)$决定了直线在平面中的位置。所以，建立二分类预测模型的本质，是基于数据集得到模型参数 β_i $(i=0，1，2)$ 的良好估计值 $\hat{\beta}_i$ $(i=0，1，2)$，使得 $\hat{\beta}_0+\hat{\beta}_1\mathrm{PM}_{2.5}+\hat{\beta}_2\mathrm{PM}_{10}=0$ 代表的直线处在正确的位置上，即处在可将两类点有效分开的位置上。

一旦确定好分类直线的位置，便可基于它对新数据的输出变量类别值进行预测。例如，对图 3.4 中的 3 个三角形（对应 3 个样本观测点），位于分类直线的哪一侧，其输出变量就应预测为相应侧多数点形状对应的类别值。例如，对右上侧的三角形，其输出变量应预测为灰色加号形状对应的类别值，即 $\hat{y}=1$（有污染）。对左下侧的三角形，其输出变量应预测为浅蓝色圆圈对应的类别值，即 $\hat{y}=0$（无污染）。无法确定落在分类直线（延长线）上的三角形其输出变量的类别值。

值得注意的是，直线方程等号左侧项正是二项 Logistic 回归方程的右侧项，即 $\log(\frac{\hat{P}}{1-\hat{P}})=\hat{\beta}_0+\hat{\beta}_1\text{PM}_{2.5}+\hat{\beta}_2\text{PM}_{10}$，因此其几何上对应的是一条分类直线，即 Logistic 回归模型给出的分类边界为直线边界。进一步，当考虑 $\text{PM}_{2.5}$、PM_{10} 和 SO_2 三个输入变量时，分类直线将演变为一个分类平面，平面方程为：$\hat{\beta}_0+\hat{\beta}_1\text{PM}_{2.5}+\hat{\beta}_2\text{PM}_{10}+\hat{\beta}_3\text{SO}_2=0$。在更多输入变量的高维情况下，分类平面将演变成一个超平面，一般化表示为：$\beta_0+\beta_1X_1+\beta_2X_2+\cdots+\beta_pX_p=0$。

总之，从几何角度讲，分类预测建模的目的是基于数据集，给出分类直线、平面或超平面参数的良好估计值，旨在实现对两类或多类样本观测点的有效分开。

3.2.3 分类预测模型的评价

分类预测模型中的输出变量为类别值，若仿照回归预测模型，计算预测类别值与实际类别值的差以评价预测效果，通常是不可取的，因此往往采用基于混淆矩阵派生的评价指标。

1. 混淆矩阵

混淆矩阵通过矩阵表格形式展示预测类别值与实际类别值的差异程度或一致程度。这里首先讨论二分类预测模型的评价。表 3.1 为输出变量取 0/1 两个类别的二分类混淆矩阵。

表3.1　二分类预测问题的混淆矩阵

实际类别值	预测类别值	
	1	0
1	*TP*	*FN*
0	*FP*	*TN*

通常将二分类中的 1 类称为正类，0 类称为负类。实际应用中应根据研究需要设置 1 类和 0 类。例如，对有无空气污染进行预测时，若重点关注的是有污染，需将有污染设为 1 类，无污染设为 0 类。反之，若重点关注的是无污染，需将无污染设为 1 类，有污染设为 0 类。表格中的字母均为英文缩写。其中，*TP* 表示“真正”（True Positive），代表预测类别值和实际类别值均为 1 的样本观测数；*FN* 表示“假负”（False Negative），代表预测类别值为 0 但实际类别值为 1 的样本观测数；*FP* 表示“假正”（False Positive），代表预测类别值为 1 但实际类别值为 0 的样本观测数；*TN* 表示“真负”（True Negtive），代表预测

类别值和实际类别值均为 0 的样本观测数。$TP+TN+FN+FP=N$。$TP+TN$ 为预测正确的样本量，$FN+FP$ 为预测错误的样本量。

2. 分类模型的评价指标

基于混淆矩阵，可派生出如下取值范围在 [0,1] 的分类模型评价指标。

（1）总正确率 $=\dfrac{TP+TN}{N}$。

总正确率越大越接近 1，表明模型的预测总误差越小，反之越大。

（2）总错判率 $=\dfrac{FN+FP}{N}$。

错判指模型对输出变量的类别给出了错误的预测值，即预测错误。总错判率越大越接近 1，表明模型的预测总误差越大，反之越小。

（3）敏感性 $TPR=\dfrac{TP}{TP+FN}$。

敏感性（Sensitivity）是实际类别值等于 1 的样本中被模型预测为 1 类的比率，记为 TPR（True Positive Ratio），也称真正率。该值越大越接近 1，表明模型对 1 类的预测误差越小，反之预测误差越大。TPR 度量了预测模型对 1 类的预测效果。

（4）特异性 $TNR=\dfrac{TN}{TN+FP}$。

特异性（Specificity）是实际类别值等于 0 的样本中被模型判为 0 类的比率，记为 TNR（True Negative Ratio）。进一步，称 $1-TNR$ 为假正率，记为 FPR（False Positive Ratio）。TNR 越大越接近 1，即 FPR 越小越接近 0，表明模型对 0 类的预测误差越小，反之预测误差越大。TNR 或 FPR 度量了预测模型对 0 类的预测效果。

（5）查准率 $P=\dfrac{TP}{TP+FP}$ 和查全率 $R=\dfrac{TP}{TP+FN}$。

查准率 P（Precision）和查全率 R（Recall，也称召回率）提出时专用于评价信息检索算法的性能。从检索角度看，总希望与检索内容相关的信息能被尽量多地检索出来，即查全率 R 越高越好。同时，检索结果中的绝大部分是真正想要的检索内容，即查准率 P 越高越好。查准率 P 是模型预测为 1 类的样本中实际确为 1 类的比率。查全率 R 等价于敏感性。目前，查准率 P 和查全率 R 已被广泛用于分类预测模型的评价。查准率 P 度量了模型正确命中 1 类的能力，查全率 R 度量了模型覆盖 1 类的能力。

应该注意的是，分类预测模型无法使查准率 P 和查全率 R 同时达到最大。例如，为让查全率 R 达到最大值 1，则模型可将所有样本观测均预测为 1 类，但此时查准率 P 一定是最低的。既然模型无法使两者同时达到最大，那么使两者之和或均值达到最大应是较为理想的。为此，又派生出 F_1 分数等其他评价指标。

（6）F_1 分数 $=\dfrac{2\times P\times R}{P+R}=\dfrac{2\times TP}{N+TP-TN}$。

F_1 分数（F_1 Score）是查准率 P 和查全率 R 的调和平均值。调和平均值也称倒数平均值，是倒数的算术平均数。$\dfrac{1}{F_1}=\dfrac{1}{2}(\dfrac{1}{P}+\dfrac{1}{R})$ 的倒数为 F_1 分数，值越大越接近 1 越好。

进一步，实际应用中，有时可能希望分类预测模型有较高的查准率 P 而弱化查全率 R，或者有较高的查全率 R 而弱化查准率 P。为此，可在计算 F_1 分数时引入权重 $\beta>0$，即 $\frac{1}{F_\beta}=\frac{1}{1+\beta^2}(\frac{1}{P}+\frac{\beta^2}{R})$，有 $F_\beta=\frac{(1+\beta^2)\times P\times R}{\beta^2\times P+R}$。$\beta<1$（如 β^2 接近 0）时，F_β 的大小主要取决于查准率 P，以查准率 P 为侧重点评价模型时应令 $\beta<1$；$\beta>1$（如 $\beta^2\to\infty$）时，查全率 R 将对 F_β 有更大影响，以查全率 R 为侧重点评价模型时应令 $\beta>1$。$\beta=1$ 即为 F_1 分数，查准率 P 和查全率 R 对评估结果有同等权重的影响。

基于二分类混淆矩阵的评价指标可推广到多分类预测建模中。通常多分类预测可间接通过多个二分类预测实现，可采用 1 对 1（one-versus-one）或 1 对多（one-versus-all）两种策略。

对输出变量有 K 个类别的多分类预测问题，1 对 1 策略是：令第 k 类为一类记为 1 类，其余类依次记为 0 类，分别构建 M=() 个二分类预测模型。1 对多策略是：令第 k 类为一类记为 1 类，其余 $K-1$ 个类别合并为一大类，记为 0 类，分别构建 $M=K$ 个二分类预测模型。预测时依据“少数服从多数”原则，由 M 个二分类模型投票最终确定类别预测值。

无论采用哪种策略都会产生 M 个二分类的混淆矩阵。一方面，可首先依据各混淆矩阵的 TP_i，FN_i，FP_i，TN_i $(i=1，2，\cdots，M)$ 计算其均值 $\overline{TP}$，$\overline{FN}$，$\overline{FP}$，$\overline{TN}$，然后依据均值计算上述评价指标（如查准率 P 和查全率 R）。由此得到的评价指标统称为微平均（Micro-averaged）意义下的评价指标（如微查准率 P、微查全率 R 等）。另一方面，可首先分别计算每个混淆矩阵的评价指标（如查准率 $P_i(i=1，2，\cdots，M)$ 和查全率 $R_i(i=1，2，\cdots，M)$），然后计算 M 个评价指标的平均（如 $\bar{P}$ 和 $\bar{R}$），由此得到的评价指标统称为宏平均（Macro-averaged）意义下的评价指标（如宏查准率 P、宏查全率 R 等）。

3.2.4 Python 应用实践：空气质量等级预测

1. 示例1：建立简单的二分类预测模型

对于 1.3.1 节提出的问题二（$PM_{2.5}$、PM_{10}、SO_2、CO、NO_2、O3 浓度对空气质量等级大小的贡献不尽相同，哪些污染物的减少将有效降低空气质量等级？），这里将其简化为一个二分类预测问题，且只考虑 $PM_{2.5}$ 和 PM_{10} 两个输入变量，建立二项 Logistc 回归模型。基本思路如下：

（1）首先，进行数据预处理。将一级优、二级良合并为一类，令其类别值为 0（无污染）。将三级轻度污染、四级中度污染、五级重度污染、六级严重污染合并为一类，令其类别值为 1（有污染），为建立有无污染（对应 1 和 0 两个类别值）的二分类预测模型做准备。

（2）建立二项 Logistic 回归模型：$\text{LogitP}=\beta_0+\beta_1\text{PM}_{2.5}+\beta_2\text{PM}_{10}+\varepsilon$，并基于数据集得到估计的二项 Logistic 回归方程：$\widehat{\text{LogitP}}=\hat{\beta}_0+\hat{\beta}_1\text{PM}_{2.5}+\hat{\beta}_2\text{PM}_{10}$。

（3）绘制二项 Logistic 回归模型给出的分类边界。

（4）计算分类模型的评价指标。

Python 代码（文件名：chapter3-3.ipynb）如下。为便于阅读，我们将代码运行结果直接放置在相应代码行下方。以下将分段对 Python 代码做说明。

行号	代码和说明
1	data = pd.read_excel('北京市空气质量数据.xlsx') # 读入 Excel 格式数据到 data 数据框
2	data = data.replace(0,np.NaN) # 将所有 0（表示没有观察到相关数据）替换为缺失值
3	data = data.dropna() # 剔除所有包含缺失值的样本观测
4	data['有无污染'] = data['质量等级'].map({'优':0,'良':0,'轻度污染':1,'中度污染':1,'重度污染':1,'严重污染':1})# 利用数据框的 map 方法进行数据映射变换，"有无污染"为取 1 和 0 的二分类变量
5	print(data['有无污染'].value_counts()) # 计算有无污染的天数。无污染 1 204 天，有污染 892 天 0　　1204 1　　892 Name: 有无污染, dtype: int64
6	fig,axes = plt.subplots(nrows = 1,ncols = 2,figsize = (15,6)) # 将绘图区域划分成 1 行 2 列 2 个的绘图单元
7	axes[0].scatter(data.loc[data['有无污染'] = = 0,'PM2.5'],data.loc[data['有无污染'] = = 0,'PM10'],c = 'cornflowerblue',marker = 'o',label = '无污染',alpha = 0.6) # 在第 1 单元上画无污染的点
8	axes[0].scatter(data.loc[data['有无污染'] = = 1,'PM2.5'],data.loc[data['有无污染'] = = 1,'PM10'],c = 'grey',marker = '+',label = '有污染',alpha = 0.4) # 在第 1 单元上画有污染的点
9	axes[0].set_title('有无污染与 PM2.5 和 PM10',fontsize = 14) # 设置第 1 单元的图标题
10	axes[0].set_xlabel('PM2.5',fontsize = 14) # 设置第 1 单元横坐标标题
11	axes[0].set_ylabel('PM10',fontsize = 14) # 设置第 1 单元纵坐标标题
12	axes[0].legend() # 将图例显示在第 1 单元

所绘图形如图 3.5 所示。

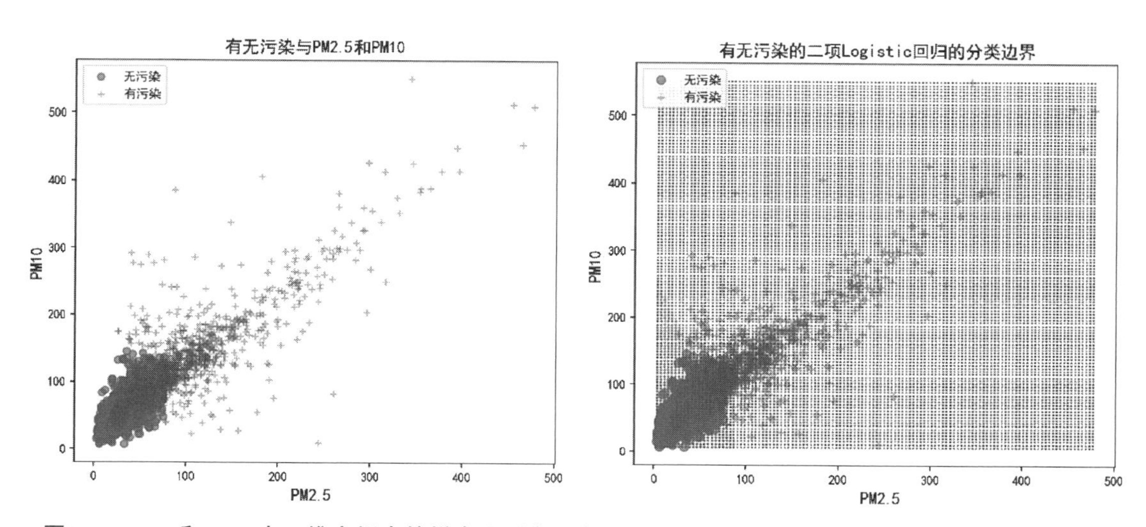

图3.5　$PM_{2.5}$和PM_{10}在二维空间中的样本观测点和有无污染的Logistic回归的分类边界

进一步，建立二项 Logistc 回归模型，绘制分类边界。代码行号续前。

行号	代码和说明
13	X = data[['PM2.5','PM10']] # 指定输入变量数据集 X
14	y = data['有无污染'] # 指定输出变量数据集 y
15	modelLR = LM.LogisticRegression() # 指定建立二项 Logistic 回归模型 modelLR
16	modelLR.fit(X,y) # 基于输入变量 X 和输出变量 y 数据集估计 modelLR 的模型参数
17	print("截距项 :%f"%modelLR.intercept_) # 显示截距项 截距项:-4.858429
18	print("回归系数 :",modelLR.coef_) # 显示回归系数 回归系数: [[0.05260358 0.01852681]]
19	print("优势比 {0}".format(np.exp(modelLR.coef_))) # 显示 PM2.5 和 PM10 的优势比 优势比[[1.05401173 1.0186995]]
20	axes[1].scatter(data.loc[data['有无污染'] = = 0,'PM2.5'],data.loc[data['有无污染'] = = 0,'PM10'],c = 'cornflowerblue',marker = 'o',label = '无污染', s = 50,alpha = 0.6) # 在第 2 单元中画无污染点
21	axes[1].scatter(data.loc[data['有无污染'] = = 1,'PM2.5'],data.loc[data['有无污染'] = = 1,'PM10'],c = 'grey',marker = '+',label = '有污染',s = 50,alpha = 0.4) # 在第 2 单元中画有污染点
22	X1 = np.linspace(data[['PM2.5']].values.min(), data[['PM2.5']].values.max(),200) # 为绘制分类边界准备数据
23	X2 = np.linspace(data[['PM10']].values.min(), data[['PM10']].values.max(), 200) # 为绘制分类边界准备数据
24	X1, X2 = np.meshgrid(X1, X2) # 为绘制分类边界准备数据
25	X0 = np.hstack((X1.reshape(40000,1),X2.reshape(40000,1))) # 为绘制分类边界准备数据
26	DataNew = pd.DataFrame(np.hstack((X0,modelLR.predict(X0).reshape(40000,1)))) # 得到包含预测类别值的数据框
27	for k,c,m in [(0,'cornflowerblue','o'),(1,'grey','+')]: # 绘制分类边界
28	axes[1].scatter(DataNew.loc[DataNew[2] = = k,0],DataNew.loc[DataNew[2] = = k,1],color = c,marker = m,s = 1)
29	axes[1].set_title('有无污染的二项 Logistic 回归的分类边界',fontsize = 14) # 设置第 2 单元图标题
30	axes[1].set_xlabel('PM2.5',fontsize = 14) # 设置第 2 单元横坐标标题
31	axes[1].set_ylabel('PM10',fontsize = 14) # 设置第 2 单元纵坐标标题
32	axes[1].legend() # 将图例显示在第 2 单元中
33	print("总错判率 :%f"%(1-modelLR.score(X,y))) # 显示模型的总错判率 总错判率:0.153149

■ **代码说明**

（1）第 17 至 18 行：给出了模型参数的估计值，据此得到的二项 Logistc 回归方程为 $\text{LogitP}=-4.86+0.05\text{PM}_{2.5}+0.02\text{PM}_{10}$，表明当 PM_{10} 浓度保持不变时，$\text{PM}_{2.5}$ 浓度每增加一个单位将导致 LogitP 增加 0.05 个单位，当 $\text{PM}_{2.5}$ 浓度保存不变时，PM_{10} 浓度每增加一个单位将导致 LogitP 增加 0.02 个单位。由于含义不够直观，需关注第 19 行的优势比即近似相对风险。

（2）第 19 行：分别给出了 $PM_{2.5}$ 和 PM_{10} 的优势比。结果表明，当 PM_{10} 浓度保存不变时，$PM_{2.5}$ 浓度每增加一个单位将导致出现污染的概率约是之前的 1.05 倍；当 $PM_{2.5}$ 浓度保存不变时，PM_{10} 浓度每增加一个单位将导致出现污染的概率约是之前的 1.02 倍。可见，$PM_{2.5}$ 浓度对空气污染的影响更大。

（3）第 20 至 23 行：为绘制分类边界准备数据。

绘制分类边界的基本思路是：利用所建立的模型对新数据的输出变量类别值进行预测，根据预测类别值分别在图中画出不同形状和颜色的点，两种颜色的相交处即为分类边界。对此需要首先指定新数据。第 20 和 21 行分别指定新数据 $PM_{2.5}$ 和 PM_{10} 的值，分别均匀取自数据集 $PM_{2.5}$ 和 PM_{10} 最小值和最大值间的 120 个值，共计 14 400 个新数据点，存储在 X0 中。

（4）第 24 行：基于所建模型 modelLR，利用 predcit 预测 X0 中新数据的类别值，并将输入变量和预测类别值一并保存到 DataNew 数据框中。

（5）第 25 至 26 行：利用循环分别在图中以不同颜色和形状绘制预测类别是 0 和 1 的点。

（6）第 27 至 28 行：将数据集中的所有数据添加到图形中。

所绘图形如图 3.5 中的左图所示。其中两种颜色区域的相交处即二项 Logistic 回归模型给出的分类边界，是一条直线。落入右上灰色区域的数据点，其输出变量预测类别值为$\hat{y}=1$；落入左下蓝色区域的数据点，其输出变量预测类别值为$\hat{y}=0$。由图可知，许多数据集中的灰色点落入了蓝色区域，表明模型对这些点的预测类别值是错误的。

（7）第 33 行：利用 score 计算 modelLR 的总正确率。1-modelLR.score(X,y) 为总错判率。该分类模型的总错判率为 15.3%，模型并不理想，还有较大的改进空间。

2. 示例2：建立较复杂的二分类预测模型

为减少示例 1 中预测模型的总错判率，这里考虑 $PM_{2.5}$、PM_{10}、SO_2、CO、NO_2、O_3 共 6 个输入变量的情况，重新建立二项 Logistic 回归模型。主要思路如下：

（1）建立二项 Logistic 回归模型：$\text{LogitP}=\beta_0+\beta_1 PM_{2.5}+\beta_2 PM_{10}+\beta_3 SO_2+\beta_4 CO+\beta_5 NO_2+\beta_6 O_3+\varepsilon$，并基于数据集估计得到二项 Logistic 回归方程。

（2）评价模型：计算模型的混淆矩阵、总正确率、F_1 分数。

（3）评价模型：采用二分类模型评价的图形化方式 ROC 曲线和 PR 曲线评价模型。具体含义见后。

部分 Python 代码（文件名：chapter3-3.ipynb）如下。为便于阅读，我们将代码运行结果直接放置在相应代码行下方。

行号	代码和说明
1	`X1 = data[['PM2.5','PM10','SO2','CO','NO2','O3']]` #指定输入变量数据集 X1
2	`y = data[' 有无污染 ']` #指定输出变量数据集 y
3	`modelLR1 = LM.LogisticRegression()` #指定建立二项 Logistic 回归模型 modelLR1
4	`modelLR1.fit(X1, y )` #基于输入变量 X1 和输出变量 y 数据集估计 modelLR1 的模型参数
5	`print(' 混淆矩阵 :\n',confusion_matrix(y,modelLR1.predict(X1)))` 混淆矩阵： [[1128 76] [88 804]]
6	`print(' 总正确率 ',accuracy_score(y,modelLR1.predict(X1)))` 总正确率 0.9217557251908397

7	print(' 总错判率 :',1-modelLR1.score(X1, y)) 总错判率：0.0782442748091603
8	print('F1-score:',f1_score(y,modelLR1.predict(X1),pos_label = 1)) # 通过 pos_label = 1 表示对 1 类计算 F1 得分 F1-score: 0.90744920993228
9	fpr1,tpr1,thresholds1 = roc_curve(y,modelLR1.predict_proba(X1)[:,1],pos_label = 1) # 为绘制 modelLR1 的 ROC 曲线图准备数据
10	fpr,tpr,thresholds = roc_curve(y,modelLR.predict_proba(X)[:,1],pos_label = 1) # 为绘制示例 1 的 modelLR 的 ROC 曲线图准备数据
11	fig,axes = plt.subplots(nrows = 1,ncols = 2,figsize = (10,4))
12	axes[0].plot(fpr1, tpr1, color = 'r',linewidth = 2, label = ' 示例 2 的 ROC curve (area = %0.5f)' % auc(fpr1,tpr1)) # 绘制 modelLR1 的 ROC 曲线图
13	axes[0].plot(fpr, tpr, color = 'r',linewidth = 2, label = ' 示例 1 的 ROC curve (area = %0.5f)' % auc(fpr,tpr)) # 绘制示例 1 的 modelLR 的 ROC 曲线图
…	……# 图标题设置等，略去
21	pre1, rec1, thresholds1 = precision_recall_curve(y,modelLR1.predict_proba(X1)[:,1],pos_label = 1) # 为绘制 modelLR1 的 PR 曲线图准备数据
22	pre, rec, thresholds = precision_recall_curve(y,modelLR.predict_proba(X)[:,1],pos_label = 1) # 为绘制示例 1 的 modelLR 的 PR 曲线图准备数据
23	axes[1].plot(rec1, pre1, color = 'r',linewidth = 2, label = ' 示例 2 的总正确率 = %0.3f)' % accuracy_score(y,modelLR1.predict(X1))) # 绘制 modelLR1 的 PR 曲线图，显示总正确率
24	axes[1].plot(rec, pre, color = 'g',linewidth = 2,linestyle = '-.',label = ' 示例 1 的总正确率 = %0.3f)' % accuracy_score(y,modelLR.predict(X))) # 绘制示例 1 的 modelLR 的 PR 曲线图，显示总正确率
…	……# 图标题设置等，略去

■ **代码说明**

（1）以上省略号部分在之前代码中重复出现过且不影响对原理的理解，故略去以节约篇幅。完整 Python 程序请参见本书配套代码。

（2）第 5 至 8 行：第 5 行输出的混淆矩阵表明：第一行为无污染（$y=0$）共 1 204 天，其中 1 128 天预测为无污染（$\hat{y}=0$），76 天预测为有污染（$\hat{y}=1$）；第二行为有污染（$y=1$）共 892 天，其中 88 天预测为无污染（$\hat{y}=0$），804 天预测为有污染（$\hat{y}=1$）。第 6 至 7 行利用不同的 Python 语句计算总正确率和总错判率，分别为 92.2% 和 7.8%。第 8 行给出了模型评价的 F_1 得分为 0.9，比较理想。从预测精度看该模型的预测效果优于示例 1 模型。

（3）第 9 至 13 行：绘制示例 2 和示例 1 的 ROC 曲线图。所绘图形如图 3.6 中的左图所示。

（4）第 21 至 24 行：绘制示例 2 和示例 1 的 PR 曲线图。所绘图形如图 3.6 中的右图所示。

ROC曲线最初应用在第二次世界大战时期飞机检测雷达信号的分析中，后来被大量应用于心理学和医学试验等方面。

接受者操作特征（Receiver Operating Characteristic，ROC）曲线是机器学习中常用的二分类预测模型图形化评价的重要工具。

分类预测模型会给出每个样本观测的概率预测值 $\hat{P}_i(y_i=1)$，$i=1, 2, \cdots, N$，并与概率阈值 P_c（取值在 0 至 1）做比较进而确定 $\hat{y}_i$。

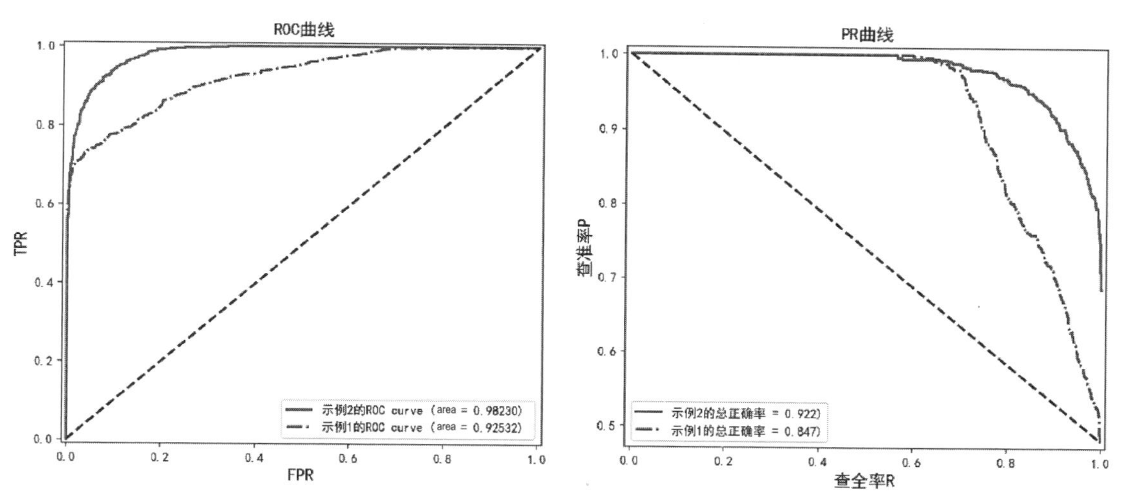

图3.6　两个Logistic回归模型的ROC曲线图和PR曲线图

通常默认 $P_c = 0.5$。若 $\hat{P}_i(y_i = 1) > P_c = 0.5$，即模型预测 $\hat{y}_i = 1$ 正确的把握程度大于 50%，则输出变量的预测类别值为 1；若 $\hat{P}_i(y_i = 1) < P_c = 0.5$，即模型预测 $\hat{y}_i = 1$ 正确的把握程度小于 50%，则输出变量的预测类别值为 0。

可见，概率阈值 P_c 取值表征了预测置信度（Confidence Level）。一方面，$\hat{P}_i$ 较大且大于 P_c，则 $\hat{y}_i = 1$ 正确的置信度较大，错误预测的可能性较低；$\hat{P}_i$ 较小且小于 P_c，$\hat{y}_i = 1$ 正确的置信度较小，错误预测的可能性较高。另一方面，若提高 P_c（如极端情况下令 $P_c = 0.99$），因只有那些 $\hat{P}_i > P_c$ 的样本观测其 $\hat{y}_i = 1$，预测是在高置信度水平下进行的，错判的可能性低。同理，若降低 P_c（如极端情况下令 $P_c \to 0$），由于 $\hat{P}_i > P_c$ 很容易满足，预测是在较低置信度水平下进行的，$\hat{y}_i = 1$ 错判的可能性高。显然，P_c 可以取不同值并由此得到不同的混淆矩阵。

为全面评价预测模型，可借助 ROC 曲线观察随概率阈值 P_c 由大逐渐变小的过程中，模型真正率 *TPR* 和假正率 *FPR* 的变化情况。首先将 $\hat{P}_i$ $(i = 1, 2, \cdots, N)$ 按降序排序，并依次令 $P_c = \hat{P}_i$。显然，随着 P_c 的降低，越来越多的样本观测 $\hat{y}_i = 1$ 并导致假正率 *FPR* 增大。在 P_c 降低的初期，预测性能良好的模型其真正率 *TPR* 会很快达到一个较高水平，假正率 *FPR* 增大不多。性能不好的模型其真正率 *TPR* 水平较低且假正率 *FPR* 较高。

ROC 曲线的纵坐标为 *TPR*，横坐标为 *FPR*。图 3.6 中曲线从左往右表征了概率阈值 P_c 由大逐渐变小过程中 *TPR* 和 *FPR* 的变化情况。示例 2 和示例 1 的 ROC 曲线如图 3.6 中的左图所示。其中，(0, 0) 点对应概率阈值 $P_c = 1$ 时的 *TPR* 和 *FPR*，均等于零。之后概率阈值 P_c 逐渐降低，*TPR* 和 *FPR* 也逐渐增加。当概率阈值 $P_c = \min(\hat{P}_i)$ 取最小值时，所有样本观测的 $\hat{y}_i = 1$，*TPR* 和 *FPR* 同时达到最大值 1，对应 (1，1) 点。蓝色对角线为基准线，在其上方并越远离它的模型越优。

示例 2 的预测效果优于示例 1，原因是示例 2 的实线“包裹”住了示例 1 的虚线，即当两个模型 *FPR* 相等时，示例 2 的 *TPR* 均大于示例 1。当示例 2 的实线与示例 1 的虚线出现交叉时，可计算两条 ROC 曲线下的面积，即 AUC 值。这里示例 2 的 AUC 值（0.98）比示例 1 大（0.93），也表明示例 2 模型的预测效果优于示例 1。

也可借助 PR 曲线观察随概率阈值 P_c 由大到小过程中，模型查准率 P 和查全率 R 的变化情况。PR 曲线是基于查准率 P 和查全率 R 绘制的曲线，也是一种评价分类预测模型整体预测性能的图形化工具。PR 曲线的纵坐标为查准率 P，横坐标为查全率 R。

与 ROC 曲线类似，首先将 $\hat{P}_i\,(i=1,\ 2,\ \cdots,\ N)$ 按降序排序，并依次令 $P_c=\hat{P}_i$。显然，随着 P_c 的降低，越来越多的样本观测 $\hat{y}_i=1$ 并导致查全率 R 增大。在 P_c 减少的初期，随着查全率 R 增大，预测性能良好的模型其查准率 P 应可持续保持在较高水平，性能不好的模型其查准率 P 会快速下降。示例 2 和示例 1 的 PR 曲线如图 3.6 右图所示。蓝色对角线为基准线，在其上方并越远离它的模型越优。图形显示示例 2 优于示例 1。原因是示例 2 的实线“包裹”住了示例 1 的虚线，即当两个模型查全率 R 相等时，示例 2 的查准率均大于等于示例 1。

3. 启示和探究

从示例 1 包含 2 个输入变量的二项 Logistic 回归模型到示例 2 包含 6 个输入变量的二项 Loigistic 回归模型，可以发现，后者的预测误差小于前者，且后者的模型复杂度高于前者。得到的启示是：可通过提高模型的复杂度减少分类模型的预测误差。

3.3 从线性预测模型到非线性预测模型

并非所有情况下回归平面都能对样本观测点有好的拟合，也并非所有情况下分类平面都能将不同类别的样本观测点有效分开，如图 3.7 所示。

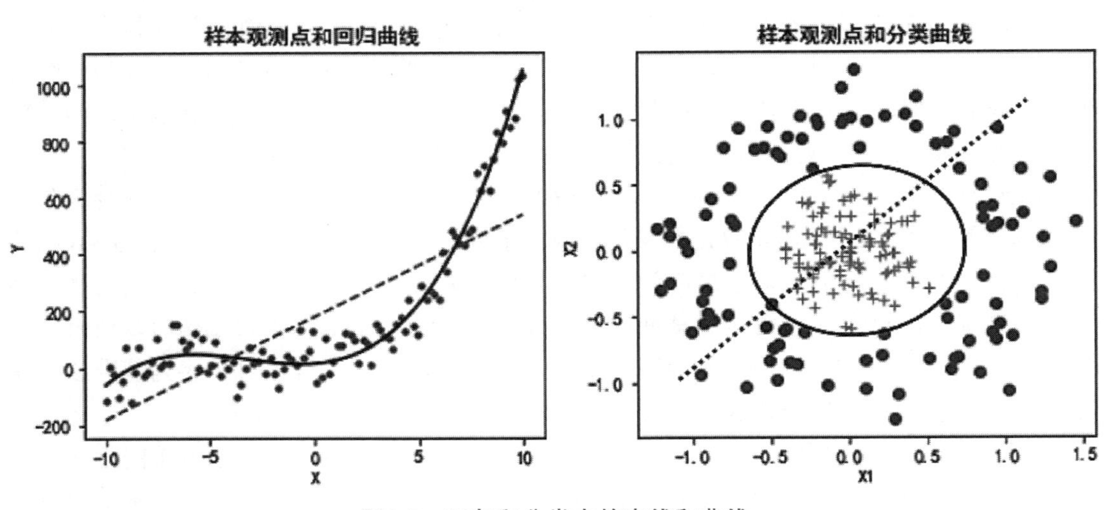

图3.7　回归和分类中的直线和曲线

图3.7中的左图表明，虚直线代表的回归直线无法较好地拟合样本观测点，但实线代表的回归曲线可以，此例属于非线性回归问题。图3.7中的右图表明，虚直线代表的分类直线无法将圆圈和加号两类样本观测点分开，但实线代表的分类曲线可以，这是个典型的非线性分类问题。因此，预测建模需从线性模型拓展到非线性模型，从而获得有更好预测性能的回归曲面或分类曲面。

机器学习在建立非线性模型方面有明显优势。可从两个角度看待回归曲面或分类曲面。第一，曲面是许多个平面平滑连接的结果。第二，I 维空间$\mathbb{R}^I$中的曲面是高维 $G\,(G>I)$ 维空间 $\mathbb{R}^G$ 中平面的一种呈现。由此将非线性回归和非线性分类问题转换为线性回归和线性分类问题。具体方法将在后续章节讨论。

3.4 预测模型的参数估计

回归预测建模需要基于数据集，给出回归预测模型中未知参数的良好估计值，使得回归平面能够较好地拟合样本观测点。同理，分类预测建模需要基于数据集，给出分类预测模型中未知参数的良好估计值，使得分类平面能够将两类或多类样本观测点有效分开。

为此，需设置一个包含模型未知参数且可度量上述目标尚未达成程度的函数，一般称为损失函数（Loss Function），记为 L。损失函数的具体形式因研究问题、算法策略的不同而不同，但共性在于：

第一，预测建模的参数估计一般以损失函数最小为目标，属于机器学习的有监督学习范畴。

第二，预测建模的参数估计通常需借助特定的参数搜索策略，通过不断迭代得到。

3.4.1 损失函数与有监督学习

首先，参照1.1.1节机器学习的编程范式，其中的“数据”即为预测建模中的输入变量，“答案”为输出变量，“规则”可由模型参数的估计值体现。可见，寻找“规则”的过程不仅需要“答案”已知，更需要“答案”参与。换言之，需在输出变量的“监督”或指导下进行。

一般未知参数的估计可以损失函数最小为目标进行。通常，损失函数 L 是误差 e 的函数，记为$L(e)$，与 e 成正比，用于度量预测模型对数据的拟合误差。

1. 回归预测模型中的损失函数

回归预测模型中的误差 e 通过残差来估计。样本观测 $\boldsymbol{X}_i$ 的 e_i 是其输出变量实际值 y_i 和预测值 $\hat{y}_i$ 的差 $e_i=y_i-\hat{y}_i\ (i=1,\ 2,\ \cdots,\ N)$。为有助于后续评价预测模型对数据全体的拟合效果，解决误差正负抵消问题，损失函数通常采用平方误差的形式。样本观测 $\boldsymbol{X}_i$ 的损失函数为：

$$L(e_i)=L(y_i,\ \hat{y}_i)=(y_i-\hat{y}_i)^2 \tag{3.5}$$

称为平方损失函数，是回归建模中最常见的损失函数。于是，样本观测的总损失为 $\sum_{i=1}^{N}L(y_i,\ \hat{y}_i)=\sum_{i=1}^{N}(y_i-\hat{y}_i)^2$。

2. 分类预测模型中的损失函数

分类预测建模中，因输出变量为分类型，误差 e 通常不直接采用实际类别和预测类别差的形式，损失函数的定义相对复杂。对 K 分类的预测模型，常见的损失函数为概率的对数形式，称为交叉熵（Cross-entropy）：

$$L(y_i,\ \hat{P}_{y_i}(\boldsymbol{X}_i))=-\sum_{k=1}^{K}I(y_i=k)\log(\hat{P}_k(\boldsymbol{X}_i))=-\log\hat{P}_{y_i}(\boldsymbol{X}_i) \tag{3.6}$$

式（3.6）为样本观测 $\boldsymbol{X}_i$ 的损失函数。式中，y_i 为样本观测 $\boldsymbol{X}_i$ 输出变量的实际类别，类别取值范围为 1，2，…，K。$\hat{P}_k(\mathbf{X}_i)=\hat{P}(\hat{y}_i=k\,|\,\mathbf{X}_i)$ 为样本观测 $\boldsymbol{X}_i$ 输出变量预测为 $k\ (k=1,\ 2,\ \cdots,\ K)$ 类的概率，且满足 $\sum_{k=1}^{K}\hat{P}_k(\boldsymbol{X}_i)=1$。$I()$ 称为示性函数，仅取 0 和 1 两个值，其后面圆括号中为判断条件，条件成立函数值等于 1，否则等于 0。这里，若 $y_i=k$ 成立则 $I(y_i=k)=1$，若 $y_i=k$ 不成立则 $I(y_i=k)=0$。所以，求和项的最终结果为样本观测 $\boldsymbol{X}_i$ 输出变量的预测类别等于实际类别 y_i 的概率 $\hat{P}(\hat{y}_i=y_i\,|\,\boldsymbol{X}_i)$ 的对数，记为 $\log\hat{P}_{y_i}(\boldsymbol{X}_i)$。这里负号的作用是使损失函数非负。显然，若模型预测性能良好使得 $\hat{P}_{y_i}(\boldsymbol{X}_i)$ 越大，则其损失函数值越小，且样本观测的总损失 $\sum_{i=1}^{N}L(y_i,\ \hat{P}_k(\boldsymbol{X}_i))=-\sum_{i=1}^{N}\log\hat{P}_{y_i}(\boldsymbol{X}_i)$ 也就越小。

具体到 y_i 取 1 和 0 的二分类情况，样本观测 $\boldsymbol{X}_i$ 的损失函数简化为：$L(y_i,\ \hat{P}_{y_i}(\boldsymbol{X}_i))=y_i\log\hat{P}(\boldsymbol{X}_i)+(1-y_i)\log(1-\hat{P}(\boldsymbol{X}_i))$。$\hat{P}(\boldsymbol{X}_i)$ 表示预测类别等于 1 的概率。针对式（3.4）的 Logistic 回归方程，由于 $\hat{P}(\boldsymbol{X}_i)=\dfrac{1}{1+\exp(-\hat{f}(\boldsymbol{X}_i))}$，代入整理后的损失函数为：

$$L(y_i,\ \hat{f}(\boldsymbol{X}_i))=-y_i\hat{f}(\boldsymbol{X}_i)+\log(1+\exp(\hat{f}(\boldsymbol{X}_i))) \tag{3.7}$$

称为二项偏差损失函数（Binomal Deviance Loss Function）。此外，样本观测 $\boldsymbol{X}_i$ 的损失函数还可以表示为：

$$L(y_i,\ \hat{f}(\boldsymbol{X}_i))=\exp(-y_i\hat{f}(\boldsymbol{X}_i)) \tag{3.8}$$

称为指数损失函数（Exponential Loss Function）（$y_i=+1$ 或 -1），等等。对 $K>2$ 的多分类问题，若建立关于第 k 类的二分类预测模型，则样本观测 $\boldsymbol{X}_i$ 的损失函数可定义为：

$$L(y_i,\ \hat{f}_k(\boldsymbol{X}_i))=-\sum_{k=1}^{K}I(y_i=k)\log\left(\frac{\exp(\hat{f}_k(\boldsymbol{X}_i))}{\sum_{l=1}^{K}\exp(\hat{f}_l(\boldsymbol{X}_i))}\right) \tag{3.9}$$

也称 $\frac{\exp(\hat{f}_k(\boldsymbol{X}_i))}{\sum_{l=1}^{K}\exp(\hat{f}_l(\boldsymbol{X}_i))}$ 为 softmax 函数。

综上，以损失函数最小为目标的参数估计过程离不开输出变量 y_i，参数的估计值是在输出变量 y_i 的“监督”或指导下获得的。有很多算法可以实现该目标，统称为有监督学习（Supervised Learning）算法。

3.4.2　参数搜索策略

损失函数是关于输出变量实际值和模型参数的函数。

例如：回归预测模型中总平方损失函数可进一步细化为：

$$\sum_{i=1}^{N}L(y_i,\hat{y}_i)=\sum_{i=1}^{N}L(y_i,\ \hat{f}(\boldsymbol{X}_i))=\sum_{i=1}^{N}(y_i-(\hat{\beta}_0+\hat{\beta}_1X_{i1}+\hat{\beta}_2X_{i2}+\cdots+\hat{\beta}_pX_{ip}))^2 \tag{3.10}$$

损失函数是模型参数 β_0，β_1，β_2，…，β_p 的二次函数，存在最小值。为求损失函数最小下的参数估计值 $\hat{\beta}_0$，$\hat{\beta}_1$，$\hat{\beta}_2$，…，$\hat{\beta}_p$，只需对参数求偏导，令偏导数等于零并解方程组得到：

$$\begin{cases}\left.\frac{\partial L}{\partial\beta_0}\right|_{\beta_0=\hat{\beta}_0}=-2\sum_{i=1}^{N}(y_i-\hat{\beta}_0-\hat{\beta}_1X_{i1}-\hat{\beta}_2X_{i2}-\cdots-\hat{\beta}_pX_{ip})=0\\ \left.\frac{\partial L}{\partial\beta_1}\right|_{\beta_1=\hat{\beta}_1}=-2\sum_{i=1}^{N}(y_i-\hat{\beta}_0-\hat{\beta}_1X_{i1}-\hat{\beta}_2X_{i2}-\cdots-\hat{\beta}_pX_{ip})X_{i1}=0\\ \left.\frac{\partial L}{\partial\beta_2}\right|_{\beta_2=\hat{\beta}_2}=-2\sum_{i=1}^{N}(y_i-\hat{\beta}_0-\hat{\beta}_1X_{i1}-\hat{\beta}_2X_{i2}-\cdots-\hat{\beta}_pX_{ip})X_{i2}=0\\ \cdots\cdots\\ \left.\frac{\partial L}{\partial\beta_p}\right|_{\beta_p=\hat{\beta}_p}=-2\sum_{i=1}^{N}(y_i-\hat{\beta}_0-\hat{\beta}_1X_{i1}-\hat{\beta}_2X_{i2}-\cdots-\hat{\beta}_pX_{ip})X_{ip}=0\end{cases} \tag{3.11}$$

这种参数求解方法称为最小二乘法。它有以下特点：

第一，要求 $N\geqslant p+1$，即样本量 N 不少于模型中待估参数的个数。如果数据集的样本量 N 较大，输入变量相对较少，该要求通常可以满足。

第二，损失函数是模型参数 β_0，β_1，β_2，…，β_p 的二次函数，即要求预测模型为线性模型。如果输入变量和输出变量的取值关系，不是线性模型形式或无法转换为线性模型形式，而是某种非线性形式，则损失函数可能就是模型参数的更复杂的形式，上述方式不一定能够得到损失函数最小下的参数估计值。

因此，机器学习常在预测模型参数解空间中采用一定的搜索策略得到参数的估计值。

简单地讲，预测模型参数解空间（Solution Space）是由所有模型参数的解构成的，通常是一个高维空间。这里的模型参数不局限于一般线性模型或广义线性模型中的参数，还包括其他任意非线性模型中的参数。如果将机器学习视为一个学习系统，则预测建模过程可用图 3.8 示意。

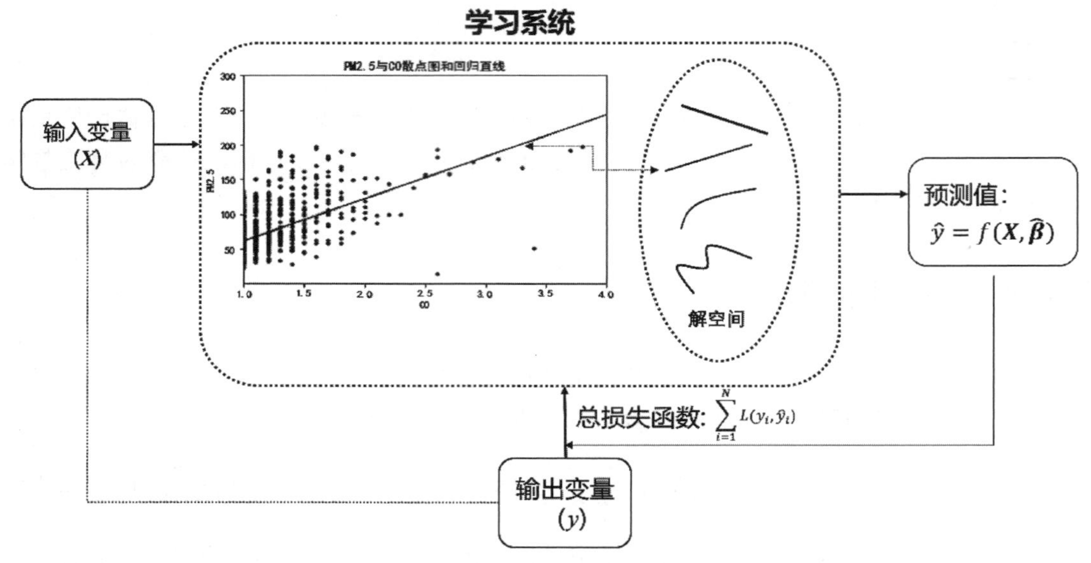

图3.8 机器学习的预测建模过程示意图

首先，输入变量 X 和输出变量 y 值均“喂入”机器学习系统。然后，学习系统在解空间所有可能的解集 $f(\boldsymbol{X},\mathcal{B})$ 中，搜索与系统的输入和输出数量关系较为接近的第 j 组参数解 $\hat{\boldsymbol{\beta}}(j)$，并给出该模型参数下的预测值 $\hat{y}=\hat{f}(\boldsymbol{X})=f(\boldsymbol{X},\hat{\boldsymbol{\beta}}(j))$。计算损失函数“喂入”机器学习系统，继续在解空间中搜索更贴近输入和输出数量关系的参数解。该过程将不断反复多次，直至损失函数达到最小为止。此时，参数估计值为 $\hat{\boldsymbol{\beta}}$，模型的预测值为 $\hat{f}(\boldsymbol{X})=f(\boldsymbol{X},\hat{\boldsymbol{\beta}})$，相应的“规则”对数据集有最好拟合。然而，在整个解空间搜索并确保得到损失函数最小下的参数解，通常不一定具有计算或时间上的可行性，需要一定的搜索策略。

例如，梯度下降法就是最常用的一种搜索策略。假设总损失 $\sum_{i=1}^{N}L(y_i,f(\boldsymbol{X}_i,\hat{\boldsymbol{\beta}}))$ 为一个连续函数，且在二维参数空间中以如图 3.9 所示的曲面呈现。

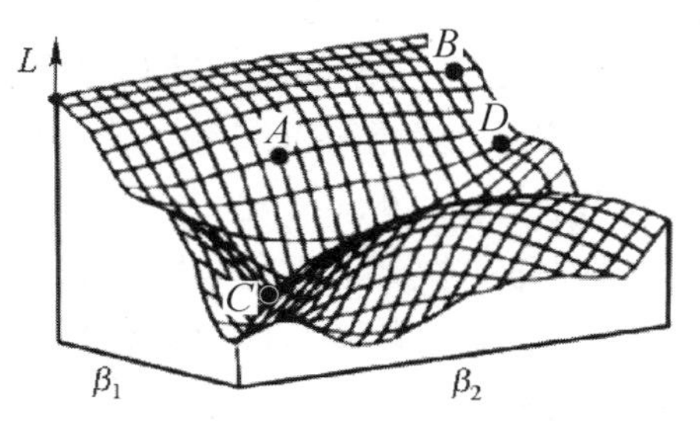

图3.9 以损失函数为指导的参数搜索过程示意图

图 3.9 展示了仅包含 β_1，β_2 两个待估参数的总损失函数曲面。其预测模型为一个复杂模型。梯度下降法认为，参数解搜索的优化路径应是能够快速抵达损失最小（曲面波谷）处，即应一直沿着损失函数曲面下降最快的路径走。当然，“起点”不同（图 3.9 所示 A、

*B*两个点），所获得的参数解也可能不同。可能为全局最小处的解，称为全局最优解（如图3.9中*C*点所示）；也可能仅是局部最小处的解，称为局部最优解（如图3.9中的*D*点所示）。

再如，贪心搜索策略。在参数解空间搜索时，贪心搜索策略反复采用“局部择优”原则，通过不断找到“当前最优解”来努力获得全局最优解。但并非所有场合都适合采用贪心搜索策略，除非能够确保基于所有的“当前最优解”一定可获得全局最优解。

有多种既有共性也有特性的预测建模方法以及参数搜索策略，详细内容将在后续章节讨论。

3.5 预测模型的选择

预测模型将应用到对新数据的预测中。应用之前需首先对模型未来的预测精度或误差进行客观评估，并选择未来预测精度高也即未来预测误差小的预测模型。可以采用前面讨论的度量预测模型误差的常用指标，但存在的问题是：我们仅能度量预测模型在当前数据集上的预测误差，而无法得知其未来的预测误差。如何估计预测模型未来的预测性能，是本节要重点讨论的主要问题之一。

3.1.4节和3.2.4节的示例启示是：提高模型的复杂度可以降低模型的预测误差，但若仅倾向选择复杂模型会导致哪些问题，应如何解决，是本节要重点讨论的另一个重要问题。

围绕以上两点，需首先明确两个重要概念：

第一，训练误差。训练误差是指预测模型对训练集中各样本观测输出变量的实际值与预测值不一致程度的数值化度量。对于回归预测模型，可采用3.1.3节讨论的MSE或1−R方。对于分类预测模型，可采用3.2.3节讨论的总错判率、3.4.1节讨论的损失函数值等。

第二，泛化误差。泛化误差（Generalization Error）是指预测模型对未来新数据集进行预测时，所给出的预测值和实际值不一致程度的数值化度量，测度了模型在未来新数据集上的预测性能。若泛化误差较小，说明模型具有一般预测场景下的普适性和推广性，模型有较高的泛化能力。

训练误差和泛化误差的不同在于：预测建模时可直接计算出预测模型的训练误差，但泛化误差聚焦对预测模型未来表现的评价，且建模时未来新数据集是未知的，因此无法直接计算得到，而只能给出泛化误差的估计值。

3.5.1 泛化误差的估计

围绕泛化误差的估计，以下将对训练误差、测试误差以及基于测试误差的泛化误差估计等问题进行详细讨论。

1. 训练误差

如前所述，训练误差是指预测模型对训练集中各样本观测输出变量的实际值与预测值不一致程度的数值化度量。所谓训练集（Training Set），即用于估计预测模型参数（也称训练预测模型）的数据集，其中的样本观测称为"袋内观测"。换句话说，"袋内观测"是参与预测模型训练的样本观测。

回归预测中典型的训练误差是基于训练集（训练样本量为$N_{training} < N$）的 MSE：

$$\overline{err} = E(L(y_i, \hat{f}(\boldsymbol{X}_i)) = \frac{1}{N_{training} - p - 1}\sum_{i=1}^{N_{training}}(y_i - \hat{y}_i)^2 \tag{3.12}$$

式中，p为线性回归预测模型中输入变量个数。二分类预测模型中常见的训练误差是基于训练集的交叉熵：

$$\overline{err} = E(L(y_i, \hat{P}(\boldsymbol{X}_i)) = -\frac{1}{N_{training}}\sum_{i=1}^{N_{training}}\log \hat{P}_{y_i}(\boldsymbol{X}_i) \tag{3.13}$$

如前所述，训练误差的大小与模型复杂度和训练样本量有关。一方面，在恰当的训练样本量下，提高模型的复杂度会带来训练误差的降低。原因是高复杂度模型对数据中隐藏规律的刻画更细致从而使得训练误差减小。另一方面，模型复杂度确定的条件下，训练误差会随样本量增加而减小。原因是较小规模的训练集无法全面囊括输入变量和输出变量取值的规律性，建立在其上的预测模型因不具备"充分学习"的数据条件导致训练误差较大。随样本量的增加，这种情况会得到有效改善。训练样本量和训练误差的理论关系如图 3.10 所示。

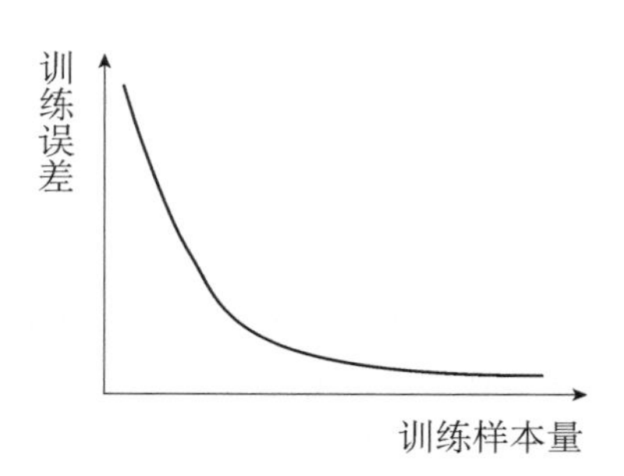

图3.10 训练误差和样本量的关系

2. 测试误差和泛化误差估计

能否将训练误差作为泛化误差的估计呢？答案是否定的。

首先，在建模当下，未来新数据集是不可能进入训练集的。相对于"袋内观测"，新数据都是"袋外观测"（Out of Bag，OOB）。泛化误差是基于"袋外观测"的误差，称为 OOB 误差，而非训练误差。其次，损失函数最小原则下的模型参数估计策略决定了训练误差是基于"袋内观测"的当下最小值，对基于 OOB 的误差来讲，它是个偏低的估计。

换言之，训练误差是泛化误差的一个偏低的乐观估计。

为实现具有 OOB 误差特点的泛化误差估计，预测建模时通常可以只随机抽取数据集中的部分样本观测组成训练集（这里记为T）并训练预测模型，而将剩余的样本观测作为未来新数据集的“模拟”，称为测试集（Test Set）（这里记为$\bar{T}$）。预测模型在测试集$\bar{T}$上的误差称为测试误差（Test Error）。因测试误差是基于 OOB 计算的，通常将其作为模型泛化误差的估计。

例如，回归预测中典型的测试误差是针对测试集$\bar{T}$（测试样本量为$N_{test}<N$）的 MSE：

$$Err_{\bar{T}}=E\left(L(y_i,\hat{f}^{\mathrm{T}}(\boldsymbol{X}_i))\right)=\frac{1}{N_{test}-p-1}\sum_{i=1}^{N_{test}}(y_i-\hat{y}_i)^2 \tag{3.14}$$

式中，T为训练集，$\boldsymbol{X}_i\in\bar{T}$，$\hat{f}^{T}(\boldsymbol{X}_i)$表示基于$T$得到预测模型$\hat{f}$并用于对$\boldsymbol{X}_i$的预测。因此$Err_{\bar{T}}$是对基于训练集$T$所建模型$\hat{f}$泛化能力的估计。进一步，训练集$T$是数据集的随机抽样结果，训练集$T$不同可能导致$\hat{f}$不同，从而使得$Err_{\bar{T}}$有不同的计算结果。为此，可计算测试误差$Err_{\bar{T}}$的期望：

$$Err=E\left(Err_{\bar{T}}\right) \tag{3.15}$$

Err是对训练集所有可能情况下的测试误差$Err_{\bar{T}}$的平均，是对预测模型f泛化误差的理论估计。

随着模型复杂度的提高，测试误差和训练误差将表现出不同的变化形态，因此专门引入测试误差是必要的。对此将在后续详细讨论。

3. 数据集的划分策略

为计算测试误差并估计泛化误差，需要在预测建模时模拟生成未来的新数据。一般实现手段是将现有样本量为N的数据集$\boldsymbol{S}$随机划分为训练集T和测试集$\bar{T}$。在训练集T上训练预测模型，记为$\hat{f}^{T}$，在测试集$\bar{T}$上计算模型$\hat{f}^{T}$的测试误差，进而估计模型的泛化误差，评价模型的预测性能。

数据集划分的随机性会使训练集T（或测试集$\bar{T}$）出现随机性差异，并可能导致测试误差计算结果因$\hat{f}^{T}$和$\hat{f}^{T}(\boldsymbol{X}_i)$$(\boldsymbol{X}_i\in\bar{T})$的不同而不同。对此，可将测试误差完整定义为：

$$CV(\hat{f},\alpha)=\frac{1}{N_{test}}\sum_{i=1}^{N_{test}}L(y_i,\hat{f}_{\alpha}(\boldsymbol{X}_i)) \tag{3.16}$$

式中，α表示不同的数据集划分策略。α不同导致训练集不同并将最终体现在预测模型上，为此将预测模型记为$\hat{f}_{\alpha}$。可见，讨论数据集的随机划分策略是必要的。

通常，数据集的随机划分策略主要有：旁置法（Hold out）、留一法（Leave One Out，LOO）和K折交叉验证法（K Cross-validation）等。

● 旁置法。

旁置法是将样本量为N的数据集$\boldsymbol{S}$随机划分为两个部分。一部分作为训练集T（通常包含数据集$\boldsymbol{S}$的 60% ～ 70% 的样本观测），用于训练预测模型$\hat{f}_{\alpha}$。剩余的样本观测组成测

试集 $\bar{T}$，用于计算测试误差 $CV(\hat{f}, \alpha)$。具体如图 3.11 所示。

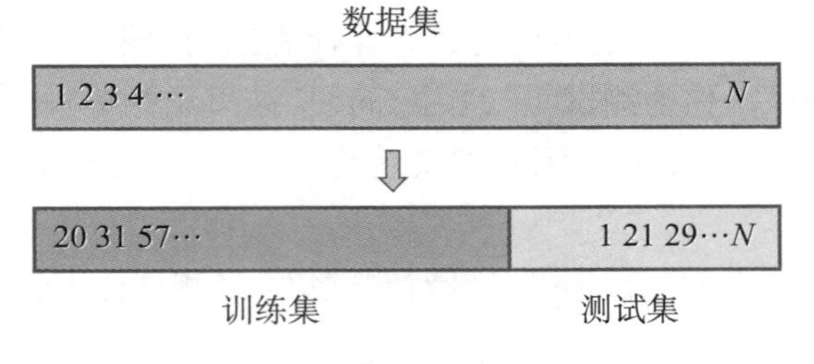

图3.11　旁置法示意图

图 3.11 中，1，2，3 等为样本观测的编号。通过随机划分形成橙色部分的训练集，以及浅蓝色部分的测试集。

旁置法适合数据集的样本量 N 较大的情况。样本量 N 较小时训练集会更小，此时模型不具备“充分学习”的数据条件，将出现测试误差偏大而高估模型泛化误差的悲观倾向。为此可采用留一法。

- 留一法。

留一法是用 N−1 个样本观测作为训练集 T 用于训练预测模型，用剩余的一个样本观测作为测试集 $\bar{T}$ 用于计算测试误差。该过程需重复 N 次，将建立 N 个预测模型（如图 3.12 所示）。

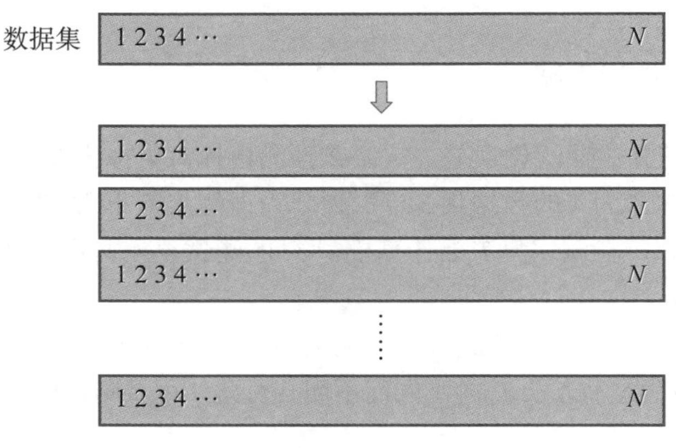

图3.12　留一法示意图

图 3.12 中红色数字表示测试集合。留一法中每次均有 N−1 个样本观测（绝大多数观测）参与建模。样本量较小时，留一法下的训练集大于旁置法。因没有破坏“充分学习”的条件，由此计算的测试误差低于旁置法，是模型泛化误差的近似无偏估计。但是计算成本较高，尤其在样本量 N 较大时。为此可采用 K 折交叉验证法。

- K 折交叉验证法。

K 折交叉验证法首先将数据集 $\boldsymbol{S}$ 随机近似等分为不相交的 K 份，称为 K 折；然后，令其中的 K−1 份为训练集 T 用于训练预测模型，剩余的 1 份为测试集 $\bar{T}$ 用于计算测试误差。

该过程需重复 K 次，将建立 K 个预测模型。针对 K 折交叉验证法，训练样本量近似等于 $(K-1)\frac{N}{K}$。事实上，K 是一个人为可调整的参数。例如 $K=10$ 验证即为 10 折交叉验证，如图 3.13 所示。

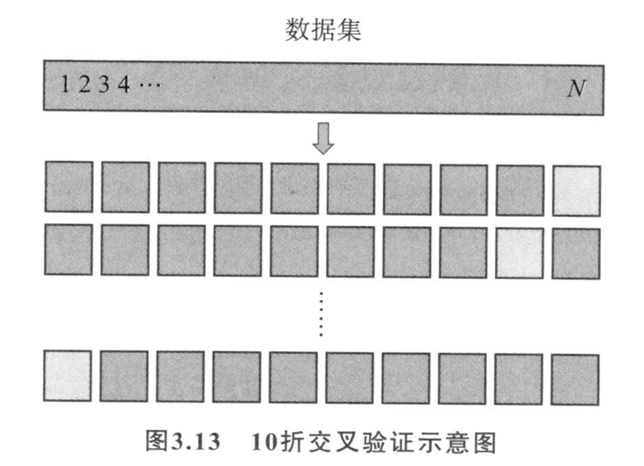

图3.13　10折交叉验证示意图

图 3.13 中的橙色部分为训练集 T，浅灰色部分为测试集 $\bar{T}$。

K 折交叉验证法与留一法有联系也有区别。首先，当 $K=N$ 时，K 折交叉验证法就是留一法，留一法即为 $K=N$ 折交叉验证法，或称 N 折交叉验证法。其次，留一法（N 折交叉验证法）中的 N 个训练集差异很小，都是原数据集 $\boldsymbol{S}$ 的近似，所以留一法是对 $Err_{\bar{T}}$ 的估计。K 折交叉验证法中，K 个训练集中的每个训练集都可能与原数据集 $\boldsymbol{S}$ 有较大不同，K 折交叉验证法是对 $Err_{\bar{T}}$ 的期望 Err 的估计。一般采用 10 折交叉验证。

3.5.2 Python 模拟和启示：理解泛化误差

1. 示例1：利用旁置法划分数据集并探究随模型复杂度提高，训练误差和测试误差的变化趋势和形态

我们在 3.1.4 节“启示和探究”中模拟生成的数据基础上，展现数据集划分的随机性导致的训练误差和测试误差计算结果的不同。主要思路如下：

（1）对数据集进行 20 次的旁置法随机划分，得到 20 组训练集和测试集。

（2）同 3.1.4 节，对每组训练集建立从一元线性回归模型到 2 项式、3 项式至 6 项式的，模型复杂度依次提高的回归模型。

（3）计算不同复杂度模型下的 20 组训练误差和测试误差及其均值并绘制变化曲线，以直观展示随模型复杂度提高训练误差和测试误差的变化趋势和形态。

部分 Python 代码（文件名：chapter3-2-1.ipynb。该程序前半部分同 3.1.4 节的 chapter3-2.ipynb，目的是基于相同的模拟数据和相同的预测模型进行讨论）如下。

行号	代码和说明
1	plt.figure(figsize = (9,7)) # 指定图形大小
2	modelLR = LM.LinearRegression() # 指定建立线性回归预测模型
3	MSEtrain = [] # 保存 20 次旁置法下不同复杂度模型下的训练误差
4	MSEtest = [] # 保存 20 次旁置法下不同复杂度模型下的测试误差
5	np.random.seed(123) # 指定随机数种子以再现数据集随机划分结果
6	for j in range(20): # 利用循环进行 20 次旁置法划分训练集和测试集
7	x_train, x_test, y_train, y_test = train_test_split(x,y,train_size = 0.70) # 对输入变量数据集 x 和输出变量数据 y 指定 70% 为训练集进行旁置法划分
8	Ntraining = len(y_train) # 计算训练集样本量
9	Ntest = len(y_test) # 计算测试集样本量
10	msetrain = [] # 保存单次旁置法下不同复杂度模型下的训练误差
11	msetest = [] # 保存单次旁置法下不同复杂度模型下的测试误差
12	X_train = x_train.reshape(Ntraining,1) # 指定训练集的输入变量数据集
13	X_test = x_test.reshape(Ntest,1) # 指定测试集的输入变量数据集
14	modelLR = LM.LinearRegression() # 指定建立线性回归预测
15	for i in np.arange(1,10): # 利用循环依次建立线性、2 项式至 9 项式的回归预测模型
16	modelLR.fit(X_train,y_train) # 基于指定的数据变量数据集和输出变量，估计模型参数
17	msetrain.append(np.sum((y_train-modelLR.predict(X_train))**2)/(Ntraining-(i+1))) # 计算训练误差并保存
18	msetest.append(np.sum((y_test-modelLR.predict(X_test))**2)/(Ntest-(i+1))) # 计算测试误差并保存
19	tmp = pow(x_train,i+1).reshape(Ntraining,1) # 对训练集计算指定项式的输入变量值
20	X_train = np.hstack((X_train,tmp)) # 指定训练集的输入变量数据集
21	tmp = pow(x_test,i+1).reshape(Ntest,1) # 对测试集计算指定项式的输入变量值
22	X_test = np.hstack((X_test,tmp)) # 指定测试集的输入变量数据集
23	plt.plot(np.arange(2,11),msetrain,marker = 'o',linewidth = 0.8,c = 'lightcoral',linestyle = '-') # 绘制不同复杂度下的训练误差变化曲线
24	plt.plot(np.arange(2,11),msetest,marker = '*',linewidth = 0.8,c = 'lightsteelblue',linestyle= '-.') # 绘制不同复杂度下的测试误差变化曲线
25	MSEtrain.append(msetrain) # 保存本次旁置法的训练误差
26	MSEtest.append(msetest) # 保存本次旁置法的测试误差
27	plt.plot(np.arange(2,11),np.mean(MSEtrain,0),marker = 'o',linewidth = 1.5,c = 'red',linestyle= '-',label = " 训练误差的平均值 ") # 绘制不同复杂度下的训练误差平均值的变化曲线
28	plt.plot(np.arange(2,11),np.mean(MSEtest,0),marker = '*',linewidth = 1.5,c = 'blue',linestyle= '-',label = " 测试误差的平均值 ") # 绘制不同复杂度下的测试误差平均值的变化曲线
…	……# 图标题设置等，略去

■ 代码说明

（1）以上省略号部分在之前代码中重复出现过且不影响对原理的理解，故略去以节约篇幅。完整 Python 程序请参见本书配套代码。

（2）第 7 行利用 train_test_split 进行旁置法下的数据集划分，其中参数 train_size 用于指定训练集样本量的占比，返回结果依次为训练集的输入变量集、测试集的输入变量集、训练集的输出变量集和测试集的输出变量集。示例所绘图形如图 3.14 所示。

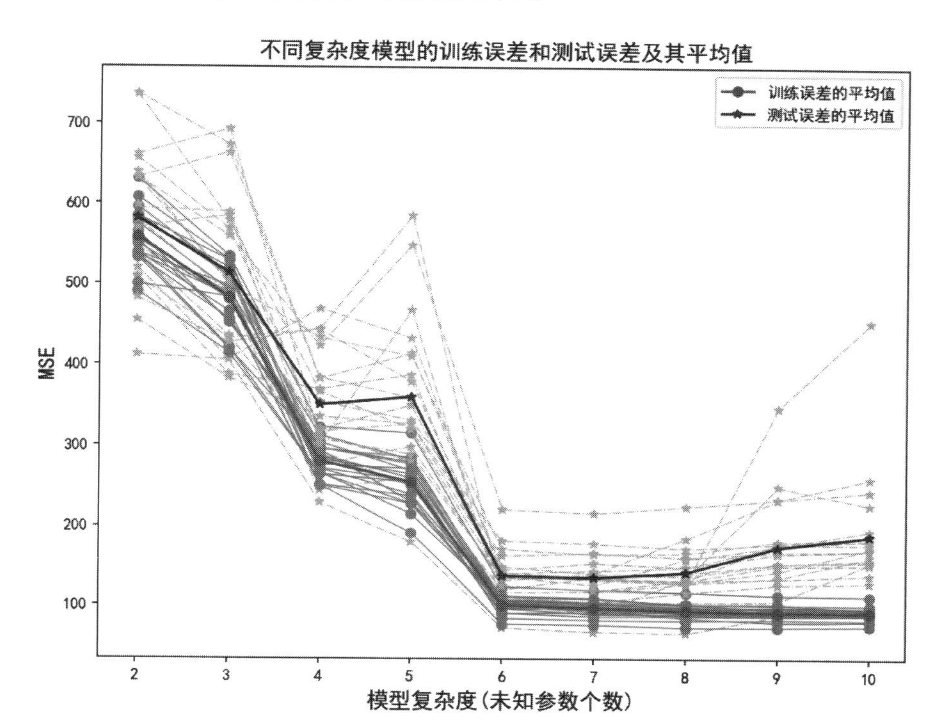

图3.14　不同复杂度模型的训练误差和测试误差

如前所述，测试误差 $Err_{\bar{T}}$ 结果会因测试集 $\bar{T}$ 的随机性变化而不同。图 3.14 中，横坐标为模型复杂度，纵坐标为 MSE；浅红色实线和浅蓝色点线分别对应 20 组不同训练集和测试集下预测模型的训练误差 $\overline{err}$ 和测试误差 $Err_{\bar{T}}$。深红色实线和深蓝色点线分别为 $\overline{err}$ 和 Err_{T} 的均值线。均值线表明，训练误差是模型复杂的单调减函数。模型复杂度提高初期，训练误差快速下降，但后期下降，较小并基本保持不变。测试误差也是模型复杂度的函数，并在模型复杂度提高初期快速下降，但 8 项式和 9 项式模型的测试误差并没有继续下降而是开始增加。测试误差变化曲线大致呈 U 形。

训练误差和测试误差随预测模型复杂度提高而变化的一般理论形态特征如图 3.15 所示。

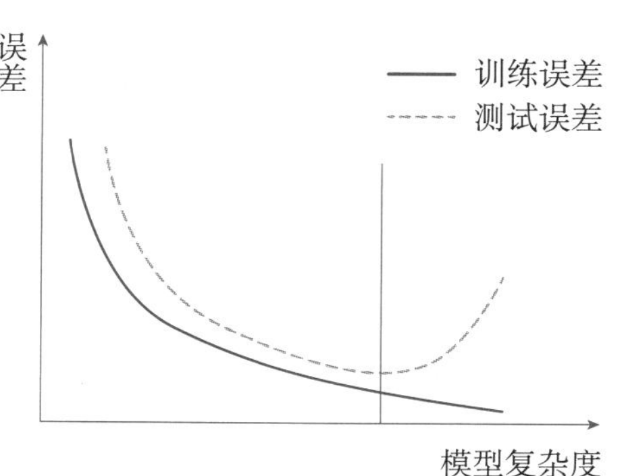

图3.15　预测模型的训练误差和测试误差

在图 3.15 中，模型复杂度提高到竖线以后，蓝色实线表示的训练误差仍降低，但蓝色虚线表示的测试误差开始增加。由此得到的启示是：

第一，训练误差是对泛化误差的偏低估计，应采用测试误差估计泛化误差。

第二，训练误差最小时，测试误差不一定最小，即训练误差最小的预测模型，其泛化能力不一定最强。

第三，理想的预测模型应是泛化能力最强的模型，即测试误差最小的模型。

2. 示例2：数据集划分策略和测试误差计算的Python实现

在前述示例 1 的基础上，进一步给出其他数据集划分策略的 Python 实现方法，以及如何利用 Python 方便计算 K 折交叉验证下的测试误差。Python 代码（文件名：chapter3-2-1.ipynb，其前半部分同 3.1.4 节的 chapter3-2.ipynb，目的是基于相同的模拟数据和相同的预测模型进行讨论）如下。为便于阅读，我们将代码运行结果直接放置在相应代码行下方。

行号	代码和说明
1	loo = LeaveOneOut() # 留一法数据集划分
2	for train_index, test_index in loo.split(X): # 利用循环查看每次留一法划分训练集和测试集的观测编号
3	print(" 留一法训练集的样本量：%s；测试集的样本量：%s" % (len(train_index), len(test_index))) # 显示单次划分的训练集和测试集的观测编号 留一法训练集的样本量：99；测试集的样本量：1
4	break # 强制跳出循环，不再查看其他次的划分结果
5	kf = KFold(n_splits = 5,shuffle = True,random_state = 123) #K 折交叉验证的数据集划分，指定将数据集随机打乱顺序 (shuffle = True) 后进行 5 折划分 (n_splits = 5)。随机数种子指定为 123
6	for train_index, test_index in kf.split(X): # 利用循环查看每次 5 折交叉验证划分训练集和测试集的观测编号
7	print("5 折交叉验证法的训练集：",train_index,"\n 测试集：",test_index) 5折交叉验证法的训练集： [1 2 3 6 7 9 10 11 12 13 14 15 16 17 18 19 20 21 22 25 26 27 29 30 31 32 33 34 35 36 37 39 40 41 43 44 45 46 47 48 49 51 52 53 54 55 57 58 59 61 62 64 66 67 68 69 71 72 73 74 78 79 80 83 84 85 86 87 88 89 90 91 92 93 94 95 96 97 98 99] 测试集： [0 4 5 8 23 24 28 38 42 50 56 60 63 65 70 75 76 77 81 82]
8	break # 强制跳出循环，不再查看其他次的划分结果
9	modelLR = LM.LinearRegression() # 建立线性回归预测模型 modelLR
10	X = x.reshape(N,1) # 指定输入变量数据集 X
11	k = 10 # 指定以下将计算 10 折交叉验证下的测试误差
12	CVscore = cross_val_score(modelLR,X,y,cv = k,scoring = 'neg_mean_squared_error') # 计算 modelLR 的 10 折 (cv = k) 交叉验证的负的测试 MES

13	print("k = 10 折交叉验证的测试 MSE:",-1*CVscore.mean()) # 显示测试误差
	k=10折交叉验证的测试MSE： 743.4337161081726

14	scores = cross_validate(modelLR, X,y,scoring = 'neg_mean_squared_error',cv = k, return_train_score = True) # 计算 modelLR 的 10 折交叉验证的负的测试 MES

15	print("k = 10 折交叉验证的测试 MSE:",-1*scores['test_score'].mean()) # 显示保存在字典中的测试误差
	k=10折交叉验证的测试MSE： 743.4337161081726

16	CVscore = cross_val_score(modelLR, X,y,cv = N,scoring = 'neg_mean_squared_error') # 计算 modelLR 留一法的负的测试 MES
17	print("LOO 的测试 MSE:",-1*CVscore.mean()) LOO的测试MSE： 558.9016209082702

■ 代码说明

（1）第 12 行：参数 scoring 指定为 'neg_mean_squared_error'，表示计算负的 MSE，是对模型预测精度的度量，称为模型得分。可以利用 sklearn.metrics.SCORERS.keys() 查看其他评价指标的参数写法。

（2）第 14 行：与第 12 行的 cross_val_score 功能类似，但 cross_validate 在计算 K 折交叉验证法下的测试误差的同时还计算训练误差，并以 Python 字典形式保存在 scores 中。

（3）第 16 行：参数 cv 指定为样本量 N 时，K 折交叉验证划分方法即为留一法。

3.5.3 预测模型的过拟合问题

如前示例 1 所述，随着模型复杂度的提高，预测模型的训练误差单调下降，而测试误差是先下降后上升。以下将对导致测试误差变化曲线大致呈 U 形的原因进行讨论。

不断提高模型复杂度可能带来的负面问题是预测模型过拟合（Over-fitting）。所谓预测模型过拟合，是指在基于训练集，以损失函数最小为原则训练模型时，可能出现预测模型偏离输入变量和输出变量的真实关系，从而导致预测模型在新数据集上有较大预测误差的现象。以图 3.16 为例加以说明。

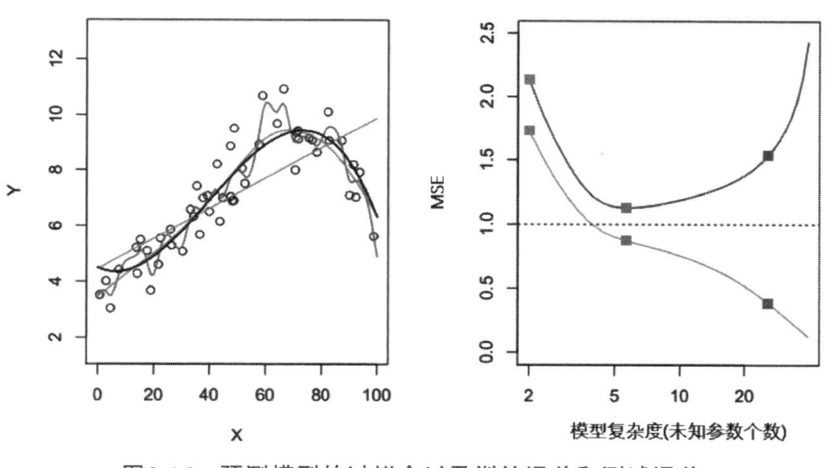

图3.16 预测模型的过拟合以及训练误差和测试误差

资料来源：Gareth James, Daniela Witten, Trevor Hastie, and Robert Tibshirani. An Introduction to Statistical Learning with Applications in R. Springer Pubishing, 2013.

图 3.16 的左图中的点代表训练集中的样本观测，黑实线表示了输入变量X和输出变量Y的真实系统关系（假设已知）。建立回归预测模型的最终目标是基于已有的样本数据，找到逼近黑实线的回归线。对此建立了三个模型。首先，建立一元线性回归预测模型，回归线是图中黄色直线，它对数据点的拟合效果不理想；其次，建立 2 项式回归预测模型，回归线是图中浅蓝色曲线，它对数据点的拟合效果得到了较大提升；最后，进一步建立更加复杂的回归预测模型，回归线是图中绿色曲线，它对数据点的拟合效果有所提升，是三个模型中最好的。三个预测模型的训练误差逐渐降低，训练误差随模型复杂度提高的变化曲线如图 3.16 的右图中的灰色曲线所示。但应注意的是，从图 3.16 右图红色曲线所示的测试误差变化曲线看，尽管第三个复杂模型的训练误差小于 2 项式模型，但它的测试

误差却大于 2 项式模型，也即它的泛化误差高于 2 项式模型。再观察图 3.16 的左图发现，第三个复杂模型对应的回归线逼近黑实线的程度不及 2 项式对应的回归线，且偏离了输入变量和输出变量的真实关系（黑实线），这是其测试误差（泛化误差）较大的原因所在，该模型是一个过拟合的预测模型。而 2 项式回归模型对应的回归曲线基本与黑实线重合，由于该模型"抓住"了输入变量和输出变量间的真实系统关系，其泛化误差最低，是一个较为理想的预测模型。

实际预测建模中，输入变量和输出变量间的真实系统关系是未知的，应如何判断模型是否出现过拟合呢？由图 3.16 的右图可知，预测模型的训练误差较小但测试误差较大，是模型过拟合的重要特征。因此可依据该特征进行判断，测试误差变化的 U 形曲线右边拐点对应的模型是过拟合模型。由此可知，图 3.14 中的 8 项式和 9 项式模型是过拟合模型。

需要说明的是，与模型过拟合相对立的另一种情况是模型欠拟合。模型欠拟合是指预测模型远远偏离输入变量和输出变量的真实关系，表现为模型在训练集和测试集上均有较大的预测误差。

3.5.4 模型选择：偏差和方差

上述讨论给出的启示是：建立预测模型时，并不是模型复杂度越高越好，因为高复杂度的预测模型可能是过拟合的。应选择复杂度适中的预测模型，原因是该模型的训练误差在可接受范围内且测试误差较低，泛化能力较强。

该模型选择策略体现了经典的奥克姆剃刀（Occam's Razor）原则。奥克姆剃刀原则的基本内容是，如果对于同一现象有两种不同的假说，应该采取比较简单的那一种。应用到预测建模中体现为以下方面：

奥克姆剃刀原则常被称为简约原则（Principle of Parsimony），由14世纪最有影响力的哲学家奥克姆的威廉（William of Occam）提出，已被公认为科学建模和理论的基础。

第一，在所有可能选择的模型中，应选择能够较好地解释已知数据且简单的模型。若存在多个预测精度或误差接近的预测模型，应选择其中复杂度较低的模型。因为简单模型不仅需要的输入变量较少，待估计的未知参数较少，且更易被正确解释和应用。

第二，通常简单模型的训练误差高于复杂模型，但若其泛化误差低于复杂模型，则应选择简单模型。因为泛化误差较低的模型在预测中将有更好的表现。

第三，理想的预测模型不仅要训练误差在可接受的范围内，而且具有较强的预测稳健性。

以下将对什么是模型的预测稳健性，应如何度量其稳健性等问题，从预测模型的偏差（Bias）和方差（Variance）出发进行讨论。

1. 概念和直观理解

预测模型中的“佼佼者”，不仅应有较低的泛化误差，这决定了它在未来预测中将有较高的预测性能，还应能给出稳健性较高的预测，即模型应具有鲁棒性（Robustness）。鲁棒性较强的预测模型给出的预测值波动较小，其泛化误差仅在一个很小范围内波动。

鲁棒性原为统计学术语，现多见于控制论研究中。鲁棒性是指控制系统在一定特征或参数摄动下，仍维持某些性能的特性，用以表征控制系统对特性或参数摄动的不敏感性。

预测模型的复杂度与鲁棒性及其泛化误差有怎样的关系，是本节讨论的主要问题。这里将引入模型的预测偏差和方差，旨在从理论上给出这些问题的答案。

模型的预测偏差（Bias）是指对新数据集中的样本观测$\boldsymbol{X}_0$（是OOB观测），模型$\hat{f}_\alpha$（α表示数据集划分策略，将导致数据集的随机性差异）给出的多个预测值$\hat{y}_0(\alpha)$的期望$E(\hat{y}_0(\alpha))$与其实际值y_0的差。预测偏差测度了预测值与实际值的不一致程度。理论上，预测偏差越小越好，表明模型泛化误差小。

模型的预测方差是指对新数据集中的样本观测$\boldsymbol{X}_0$，模型$\hat{f}_\alpha$给出的多个预测值$\hat{y}_0(\alpha)$的方差。预测方差测度了预测值的波动程度。理论上，预测方差越小越好，表明模型具有强鲁棒性，建模时给出的泛化误差估计具有可靠性。

以下以一名射击选手的多次射击为例，直观讲解预测偏差和方差的含义。一名优秀的射击选手在射击比赛时，应具备高的命中准确性和稳定性，即在比赛中（多次射击机会）会枪枪射中靶心且击中点基本重合。这里，枪枪命中靶心表示高准确性，对应模型的低预测偏差；击中点基本重合表示高稳定性，对应模型的低预测方差。图3.17刻画了多次射击的结果。

图3.17中，小圆点为10次射击结果，靶心为最内圈。左上图枪枪射中靶心且很多击中点重合，对应模型的低偏差和低方差情况。右上图10次均射在靶心内但击中点不重合，对应模型的低偏差和高方差情况。左下图均射在靶心之外但很多击中点重合，对应模型的高偏差和低方差情况。右下图均射在靶心之外且击中点不重合，对应模型的高偏差和高方差情况。通常人们希望模型的预测偏差和方差都较低。

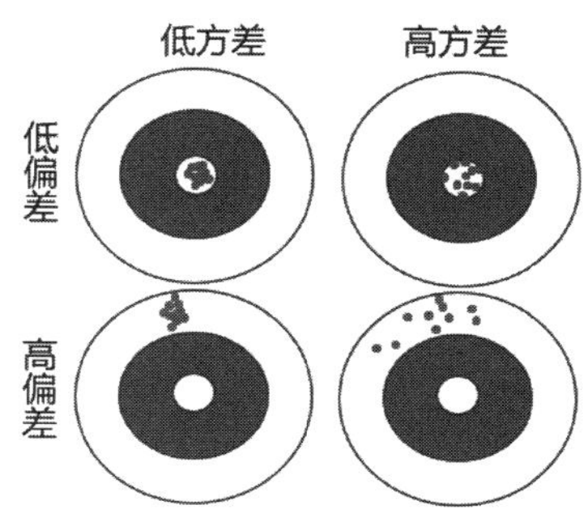

图3.17 偏差和方差的直观理解

2. 理论定义和直观理解

这里以回归预测为例讨论。输入变量和输出变量取值的数量关系可表示为$y=f(\boldsymbol{X})+\varepsilon$，其中假定$\varepsilon$独立于$\boldsymbol{X}$且期望和方差分别为$E(\varepsilon)=0$，$\mathrm{Var}(\varepsilon)=\sigma_\varepsilon^2$。对样本观测$\boldsymbol{X}_0$的MSE记为$Err(\boldsymbol{X}_0)$，做如下的偏差－方差分解（Bias-Variance Decomposition）：

$$Err(\boldsymbol{X}_0)=E(y_0-\hat{y}_0(\alpha))^2=E(f(\boldsymbol{X}_0)+\varepsilon-\hat{f}_\alpha(\boldsymbol{X}_0))^2=E(f(\boldsymbol{X}_0)-\hat{f}_\alpha(\boldsymbol{X}_0))^2+\mathrm{Var}(\varepsilon)$$

$$=(E(\hat{f}_\alpha(\boldsymbol{X}_0))-f(\boldsymbol{X}_0))^2+E(\hat{f}_\alpha(\boldsymbol{X}_0)-E(\hat{f}_\alpha(\boldsymbol{X}_0)))^2+\sigma_\varepsilon^2$$

$$=(\mathrm{Bias}(\hat{y}_0))^2+\mathrm{Var}(\hat{y}_0)+\sigma_\varepsilon^2 \qquad (3.17)$$

式中，第三项为随机误差项的方差。通常无论怎样调整模型都无法使第三项 σ_ε^2为0；第一项为预测偏差的平方，度量了多个预测值的平均值与真实值的差；第二项为预测方差，度量了多个预测值和期望值间的平均性差异。

结合射击的例子，$\boldsymbol{X}_0$ 表示射击选手；$f(\boldsymbol{X}_0)$表示该选手自身已具备的真实的射击成绩；$\hat{f}_\alpha(\boldsymbol{X}_0)$ 表示一次射击成绩；$E(\hat{f}_\alpha(\boldsymbol{X}_0))$ 表示比赛中多次射击的平均成绩。ε和σ_ε^2 表示比赛时的外界随机干扰因素及其变化。可见，偏差度量了这次比赛成绩和该选手自身具备的真实成绩间的差异，方差度量了该选手比赛时发挥的稳定性，$Err(\boldsymbol{X}_0)$ 刻画了该选手比赛时的综合表现（不足）。只有与真实成绩间的差异小（偏差小）且发挥稳定（方差小），该选手比赛的综合不足才会低。

因实际预测建模中，真实值 $f(\boldsymbol{X}_0)$ 是未知的，且只能得到一个预测模型 $\hat{f}_\alpha$ 给样本观测 $\boldsymbol{X}_0$ 的一个预测值 $\hat{f}_\alpha(\boldsymbol{X}_0)$，所以式（3.17）是一个理论表达，实际中用测试误差来度量。

人们总希望 $Err(\boldsymbol{X}_0)$ 越小越好。一方面，由前面的论述可知，提高模型复杂度可减小偏差 $(\mathrm{Bias}(\hat{y}_0))^2$ 并为降低 $Err(\boldsymbol{X}_0)$ 做出贡献。但因 $Err(\boldsymbol{X}_0)\geqslant\sigma_\varepsilon^2$，$Err(\boldsymbol{X}_0)$ 的最小值为 σ_ε^2，无论多么优秀的预测模型也无法使 $Err(\boldsymbol{X}_0)$ 小于 σ_ε^2。另一方面，提高模型复杂度减小 $(\mathrm{Bias}(\hat{y}_0))^2$ 的同时，方差 $\mathrm{Var}(\hat{y}_0)$ 会有怎样的变化呢？

方差 $\mathrm{Var}(\hat{y}_0)$ 刻画了多个预测结果 $\hat{f}_\alpha(\boldsymbol{X}_0)$ 的差异，预测结果的差异源于具有随机性差异的训练集。如果预测模型比较简单，训练集中样本观测数据的随机性变化很难导致模型参数估计值的变化。例如，二项 Logistic 回归模型给出的直线分类边界的位置，基本不会随训练集中样本观测数据的随机性变化而移动，使得 $\hat{f}_\alpha(\boldsymbol{X}_0)$ 不会发生变化进而 $\mathrm{Var}(\hat{y}_0)=0$；如果预测模型比较复杂，训练集中样本观测数据的随机性变化很容易导致模型参数估计值的变化。例如，后面将会讨论的一些复杂分类模型，由于其给出的分类边界是极不规则的曲线，曲线的局部形状或位置会对训练集中样本观测数据的随机性变化十分敏感，并会随之发生变化或移动，进而使得 $\hat{f}_\alpha(\boldsymbol{X}_0)$ 发生变化导致 $\mathrm{Var}(\hat{y}_0)$ 较大。可见，通常简单模型具有低方差性但其预测偏差较高，而复杂模型具有高方差性但其预测偏差较小。所以不可能实现式（3.17）中第一项和第二项同时小，即低的预测偏差和方差是无法同时满足的。

图 3.16 中的右图的测试误差变化曲线大致呈 U 形的原因是：从一元线性回归模型到 2 项式模型，预测偏差大幅下降，式（3.17）第一项较小。由于 2 项式模型的复杂度提高较小（比一元线性回归模型增加了一个未知参数），使得方差增加很小，第一项（偏差）减小的幅度远大于第二项（方差）增大的幅度，两项之和小于一元线性回归模型，从而测试误差曲线随模型复杂度提高而下降。但从 2 项式模型到更复杂的模型，预测偏差的幅度很小，但方差却大幅增大，使得式（3.17）第一项（偏差）的减小值不能抵消第二项（方差）的增大值，此时复杂模型的两项之和比 2 项式大，测试误差随模型复杂度提高开始增

大，后续大致呈U形。

总之，模型复杂度提高带来$(\text{Bias}(\hat{y}_0))^2$减少的同时，方差$\text{Var}(\hat{y}_0)$会随之增加。如果偏差的减小可以抵消方差的增大，$Err(\boldsymbol{X}_0)$会继续降低。但如果偏差的减小无法抵消方差的增大，$Err(\boldsymbol{X}_0)$则会上升。

简单模型具有高偏差和低方差，模型的预测稳健性高。例如，对于1.3.1节提出的问题一，预测$PM_{2.5}$浓度的最简单模型是不考虑任何输入变量（其他各污染物浓度）的取值，并直接令预测值均为$PM_{2.5}$均值。显然，这个偏差一定很大，但因为预测值都相等，使得方差为0是最小的。这意味着训练集可以变化，但只要$PM_{2.5}$均值不变就不会对预测结果产生任何影响，模型具有最强的鲁棒性。

复杂模型具有低偏差和高方差，模型的预测稳健性低。因为复杂模型的特点是“紧随数据点”，训练集的微小变化都可能使模型参数的估计结果产生较大波动，从而使得预测值有较大不同（高方差），模型鲁棒性较差。

低偏差和低方差是不可兼得的。理论上，训练误差、测试误差以及偏差和方差的关系如图3.18所示。

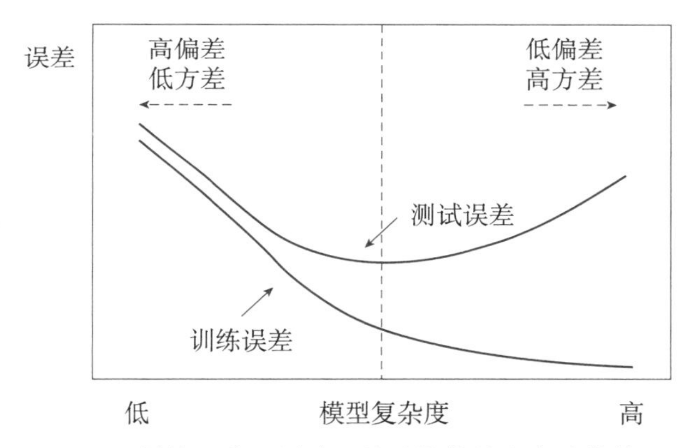

图3.18 训练误差、测试误差以及偏差和方差的关系

图3.18蓝色虚线右侧的模型是过拟合的，预测的稳健性低，鲁棒性差。总之，预测模型中的佼佼者应是在泛化误差最小的蓝色虚线处、具有中等复杂度、训练误差在可接受水平、具有预测稳健性的模型。

• 本章相关函数列表 •

围绕本章学习，应重点掌握Python模块中的以下函数。函数的具体格式参见Python帮助手册。

一、Python建立线性模型的函数

（1）modelLR=LM.LinearRegression()；modelLR.fit(X,Y)；modelLR.predict(X)；modelLR. score(X,Y)。

（2）modelLR=LM.LogisticRegression()；modelLR.fit(X,Y)；modelLR.predict(X)；modelLR. score(X,Y)；modelLR.predict_proba(X)。

二、Python的数据集划分函数和计算基于交叉验证的测试误差函数

（1）train_test_split()；LeaveOneOut()；KFold()。

（2）cross_val_score()；cross_validate()。

三、绘制分类边界时数据点的生成

np.meshgrid()。

四、Python的各种模型评价函数

（1）confusion_matrix()；f1_score()；accuracy_score()。

（2）roc_curve()；auc(fpr,tpr)；precision_recall_curve()。

• 本章习题 •

1．请给出回归预测中常用的一般线性回归模型的数学形式，并解释模型参数的实际含义。

2．请简述 Logistic 回归模型的一般应用场景，并解释模型参数的实际含义。

3．回归模型和分类模型的常用评价指标有哪些？

4．什么是 ROC 曲线和 PR 曲线？优秀的二分类预测模型，其 ROC 曲线有怎样的特点？

5．训练误差和泛化误差有怎样的联系和不同？

6．数据集划分的意义是什么？

7．什么是模型的预测偏差和方差？两者有怎样的关系？

8．Python 编程题：基于空气质量监测数据，给出一个最优的 $PM_{2.5}$ 回归预测模型（提示：从模型泛化能力角度考虑）。

第4章　数据预测建模：贝叶斯分类器

学习目标

1. 掌握朴素贝叶斯分类器的基本原理；了解朴素贝叶斯分类器的分类边界和Logistic回归分类边界的不同特点。
2. 掌握朴素贝叶斯分类器的Python实现。
3. 了解基本的文本分析思路以及朴素贝叶斯分类器在文本分类中的应用。

贝叶斯方法是一种研究不确定性问题的决策方法。通过概率描述不确定性，引入效用函数并采用效用函数最大的决策，实现对不确定性问题的推理。目前贝叶斯方法已广泛应用于数据的分类预测建模。

如果数据分类预测是基于贝叶斯方法实现的，该分类预测模型称为贝叶斯分类器。本章将从以下方面讨论贝叶斯分类器的基本原理：

第一，贝叶斯概率和贝叶斯法则。

第二，贝叶斯和朴素贝叶斯分类器。

第三，朴素贝叶斯分类的决策边界。

本章将结合Python编程对上述问题进行直观讲解，并基于Python给出贝叶斯分类器的实现和应用实践示例。

4.1　贝叶斯概率和贝叶斯法则

要理解贝叶斯分类器的基本原理，应首先了解贝叶斯概率和贝叶斯法则。

4.1.1　贝叶斯概率

贝叶斯概率（Bayesian Probability）是一种主观概率，有别于频率学派的频率概率。

数理统计领域有两大学派：频率学派（古典学派）和贝叶斯学派。两个学派对世界的认知有着本质不同。频率学派认为事物的某个特征是确定性的，存在恒定不变（常量）的特征真值。研究的目标就是找到真值或真值所在的范围。贝叶斯学派则认为事物的某个特征的真值具有不确定性，是服从某种概率分布的随机变量。首先需要对分布有个预判，然后通过观察学习不断对预判做出调整。研究的目的是要找到该概率分布的最优表达。

例如，对抛硬币正面朝上的概率 P 问题，频率学派认为应从频率概率入手进行研究。频数概率的定义是，在 N 次重复独立投币的试验中，硬币正面朝上的频率 $\frac{N_{正面}}{N}$（$N_{正面}$为正面朝上的次数），将在常数 α 附近波动，且随着 N 的增大波动幅度会越来越小。于是正面朝上的概率 $P=\alpha$。可见，频率概率是事物“物理属性”的体现，是事件某个特征的客观反映，不会随人们主观认识的改变而改变。由于频率概率需基于大量的独立重复试验，对许多现实问题来讲可能是无法实现的。

贝叶斯概率是人们对某事物发生概率的信任程度的度量，是一种主观概率，取决于对事物的先验认知，以及新信息加入后对先验认知的不断修正。因此，贝叶斯概率会随主观认知的改变而改变。

例如，对于抛硬币问题，贝叶斯概率反映的是人们相信有一定的概率正面朝上的把握程度。既取决于先验认知，如假设正面朝上的概率等于 π，同时也取决于若干次投币试验的结果 D。显然，投币结果 D 会对可能不尽正确的先验认识 π 进行调整，使之趋于正确。

总之，贝叶斯概率是首先通过先于试验数据的概率描述最初的不确定性 π，然后与试验数据 D 相结合得到一个由试验数据修正的概率。

4.1.2 贝叶斯法则

贝叶斯法则（Bayes Rule）是对贝叶斯概率的理论表达。

首先，贝叶斯法则基于概率论的基本运算规则。设 $P(X)$ 和 $P(Y)$ 分别是随机事件 X 和 Y 发生的概率。若事件 X 独立于事件 Y，则事件 X 和 Y 同时发生的概率 $P(XY)=P(X)P(Y)$；若事件 X 不独立于事件 Y，则 $P(XY)=P(X)P(Y|X)=P(Y)P(X\mid Y)$。

于是，基于基本运算规则，贝叶斯法则为：如果有 K 个互斥事件 y_1，y_2，…，y_K，且 $P(y_1)+P(y_2)+\cdots+P(y_K)=1$，以及一个可观测到的事件 X，有

$$P(y_k\mid X)=\frac{P(Xy_k)}{P(X)}=\frac{P(y_k)P(X\mid y_k)}{P(X)}，k=1，2，\cdots，K \tag{4.1}$$

式中：

- $P(y_k)$ 称为先验概率（Prior），是未见到事件 X 前对事件 y_k 发生概率的假设，测度了未见到试验数据前对事物的先验认知程度。
- 条件概率 $P(y_k\mid X)$ 称为后验概率（Posterior），是事件 X 发生条件下事件 y_k 发生的概率，测度了见到试验数据后对事物的后验认知程度。
- 条件概率 $P(X\mid y_k)$ 称为数据似然（Likelihood），是事件 y_k 发生条件下事件 X 发生的概率。该值越大表明事件 y_k 发生越助于事件 X 发生。数据似然测度了在先验认知下

观察到当前试验数据的可能性，值越大表明先验认知对试验数据的解释程度越高。

进一步，依据全概率公式，y_1，y_2，…，y_K 构成一个完备事件组且均有正概率，根据式（4.1），有

$$P(y=y_k|X)=\frac{P(Xy_k)}{P(X)}=\frac{P(y_k)P(X|y_k)}{P(X)}=\frac{P(y_k)P(X|y_k)}{\sum_{k=1}^{K}P(y_k)P(X|y_k)} \tag{4.2}$$

可见，后验概率是数据似然对先验概率的修正结果。

4.2 朴素贝叶斯分类器

4.2.1 从顾客行为分析看朴素贝叶斯分类器

贝叶斯法则刻画了两事件发生概率和条件概率之间的关系，将其应用到数据的分类预测中的典型代表是贝叶斯分类器（Bayes Classifier）。这里，以表 4.1 的顾客数据为例讨论。

表4.1 顾客特征和是否购买的数据

性别（X_1）	1	1	0	1	0	0	0	0	1	0	1	1	0	0
年龄段（X_2）	B	A	A	C	B	B	C	C	C	A	B	A	A	C
是否购买（y）	yes	yes	yes	no	yes	yes	yes	yes	no	no	yes	no	no	yes

表 4.1 是顾客特征和是否购买某种商品的示例数据。其中，性别（X_1，二分类变量，取值为 1，0）和年龄段（X_2，多分类变量，取值为 A，B，C）为输入变量。是否购买（y，二分类变量，yes 表示购买，no 表示不购买）为输出变量。现采用贝叶斯分类器，对性别等于 1 且年龄段为 A 的顾客是否购买进行预测。

解决此问题的直观考虑是：该类顾客有购买和不购买两种可能，预测时应考虑两方面的影响因素：

第一，如果目前市场上大部分顾客都购买该商品，商品的大众接受度高，则该类顾客也购买的概率会较高。

第二，如果购买的顾客中，很大部分都和该类顾客有相同的特征，即有同样的性别和年龄段，则该顾客也会有较大的概率购买。反之，该顾客可能不属于此商品的消费群体，购买的可能性较低。

当然，以上两因素结合也会导致不同的结果。例如，如果市场上大部分顾客没有购买该商品，但购买顾客中的绝大多数和该类顾客有相同的特征，则该顾客也有可能购买。或者，购买顾客中的绝大多数和该类顾客没有相同的特征，但市场上大部分顾客购买了该商品，则该顾客也有可能购买。

贝叶斯分类器应能体现和刻画上述方面。若输出变量 y 为具有 K 个类别的分类型变量，K 个类别值记为 y_1，y_2，…，y_K，$\boldsymbol{X}$ 为输入变量，式（4.2）可写为如下贝叶斯分类器：

$$P(y=y_k \mid \mathbf{X})=\frac{P(y=y_k)P(\mathbf{X} \mid y=y_k)}{\sum_{k=1}^{K} P(y=y_k)P(\mathbf{X} \mid y=y_k)} \tag{4.3}$$

式中，$P(y=y_k)$ 为先验概率；$P(\mathbf{X} \mid y=y_k)$ 为数据似然；$P(y=y_k \mid \mathbf{X})$ 为后验概率。

可依据式（4.3）分别计算 $P(y=y_k \mid \mathbf{X})$，$k=1$，2，…，K。若将式（4.3）视为一种效用函数，依据贝叶斯方法的基本决策原则——采用效用函数最大的决策，则输出变量的预测类别应为后验概率最大的类别：$\arg\max_{y_k} P(y=y_k \mid \boldsymbol{X})=\dfrac{P(y=y_k)P(\boldsymbol{X} \mid y=y_k)}{\sum_{k=1}^{K} P(y=y_k)P(\boldsymbol{X} \mid y=y_k)}$。该原则称为最大后验概率（Maximum a Posteriori，MAP）原则。

式（4.3）中，先验概率 $P(y=y_k)$ 和数据似然 $P(\boldsymbol{X} \mid y=y_k)$ 均可通过以下极大似然估计（Maximum Likelihood Estimation，MLE）得到：

$$P(y=y_k)=\hat{P}(y=y_k)=\frac{N_{y_k}}{N} \tag{4.4}$$

$$P(\boldsymbol{X}=\boldsymbol{X}^m \mid y=y_k)=\hat{P}(\boldsymbol{X}=\boldsymbol{X}^m \mid y=y_k)=\frac{N_{y_k \boldsymbol{X}^m}}{N_{y_k}} \tag{4.5}$$

式中，N 为训练集的样本量；N_{y_k} 为训练集中输出变量 $y=y_k$ 的样本量；$N_{y_k \boldsymbol{X}^m}$ 为训练集中输出变量 $y=y_k$ 且输入变量 $\boldsymbol{X}=\boldsymbol{X}^m$ 的样本量。

具体到表 4.1，$\boldsymbol{X}=(X_1, X_2)$，$K=2$，$y_1=\text{yes}$，$y_2=\text{no}$，是个二分类预测问题。分别计算该类顾客购买和不购买的概率。购买的概率为：

$$\begin{aligned}
&P(y=\text{yes} \mid X_1=1,\ X_2=\text{A}) \\
&=\frac{P(y=\text{yes})P(X_1=1,\ X_2=\text{A} \mid y=\text{yes})}{P(y=\text{yes})P(X_1=1,\ X_2=\text{A} \mid y=\text{yes})+P(y=\text{no})P(X_1=1,\ X_2=\text{A} \mid y=\text{no})} \\
&=\frac{P(y=\text{yes})P(X_1=1,\ X_2=\text{A} \mid y=\text{yes})}{\sum_{k=1}^{K} P(y=y_k)P(X_1=1,\ X_2=\text{A} \mid y=y_k)}
\end{aligned}$$

这里假设对于给定的购买行为，性别和年龄段条件独立，则有

$$\begin{aligned}
P(y=\text{yes} \mid X_1=1,\ X_2=A)&=\frac{P(y=\text{yes})P(X_1=1 \mid y=\text{yes})P(X_2=\text{A} \mid y=\text{yes})}{\sum_{k=1}^{K} P(y=y_k)P(X_1=1,\ X_2=\text{A} \mid y=y_k)} \\
&=\frac{\frac{9}{14}\times\frac{3}{9}\times\frac{2}{9}}{\frac{9}{14}\times\frac{3}{9}\times\frac{2}{9}+\frac{5}{14}\times\frac{3}{5}\times\frac{3}{5}}=\frac{10}{37}
\end{aligned}$$

同理，计算不购买的概率：

$$P(y=\text{no}|X_1=1, X_2=A)=\frac{P(y=\text{no})P(X_1=1|y=\text{no})P(X_2=\text{A}|y=\text{no})}{\sum_{k=1}^{K}P(y=y_k)P(X_1=1, X_2=\text{A}\mid y=y_k)}$$

$$=\frac{\frac{5}{14}\times\frac{3}{5}\times\frac{3}{5}}{\frac{9}{14}\times\frac{3}{9}\times\frac{2}{9}+\frac{5}{14}\times\frac{3}{5}\times\frac{3}{5}}=\frac{27}{37}$$

根据最大后验概率原则，该类顾客不购买的概率大于购买的概率，应预测为不购买（no）。

至此，总结如下：

第一，贝叶斯分类器中的先验概率度量了上述第一方面的因素，第二方面因素通过数据似然测度。

第二，最大后验概率原则下不必计算式（4.3）分母的值。后验概率正比于分子，$P(y=y_k\mid \boldsymbol{X})\propto P(y=y_k)P(\boldsymbol{X}\mid y=y_k)$，只需计算和比较分子的大小即可进行决策。

第三，该示例中假设性别和年龄段对于给定购买行为条件独立，即 $P(X_1, X_2\mid y_k)=P(X_1\mid y_k)P(X_2\mid y_k)$。在假定输入变量对于给定输出变量条件独立下，该分类器称为朴素贝叶斯分类器（Naïve Bayes Classifier）。尽管假定输入变量条件独立并不一定合理，但大量应用实践证明，朴素贝叶斯分类器在很多分类场景（如文本分类）中都有较好的表现。

第四，对于数值型输入变量 $\boldsymbol{X}$，数据似然一般采用高斯分布密度函数。例如，当只有一个输入变量 X 时，密度函数 $f(X\mid y=y_k)=\frac{1}{\sqrt{2\pi}\sigma}\mathrm{e}^{-\frac{(X-\bar{X})^2}{2\sigma^2}}$，$\bar{X}$ 和 σ^2 分别为 X 的期望和方差。相应分类器称为高斯朴素贝叶斯（Gaussian Naïve Bayes，GNB）分类器。

第五，关于先验概率。对于顾客购买的预测问题，任一顾客都有购买或不购买两种可能。在获取数据之前，即在没有观测到顾客的购买行为和特征之前，先验概率是具有不确定性的。如何给定先验概率是个比较关键的问题。

通常情况下，先验概率 $P(y=y_k)$ 是根据训练集计算得到的（如这里的 9/14，5/14），但有时也可根据实际情况人为指定。例如，本例中如果认为先验概率的把握程度不高，可指定两个先验概率均等于 1/2。再如，本例中如果错误地将不购买预测为购买（yes）造成的损失，比错误地将购买预测为不购买（no）更高些，为规避高损失，可通过权重的形式体现，指定前者的先验概率高于后者。

4.2.2 Python 模拟和启示：认识朴素贝叶斯分类器的分类边界

为直观分析朴素贝叶斯分类器的分类边界的特点，这里将基于 Python 编程，分别对模拟数据建立朴素贝叶斯分类器和二项 Logistic 回归模型，绘制两个模型的分类边界并进行对比。

首先导入 Python 的相关包或模块。为避免重复，这里将本章需要导入的包或模块一并列出如下，# 后面给出了简短的功能说明。

```
1  #本章需导入:
2  import numpy as np
3  import pandas as pd
4  import matplotlib.pyplot as plt
5  %matplotlib inline
6  plt.rcParams['font.sans-serif']=['SimHei']  #解决中文显示乱码问题
7  plt.rcParams['axes.unicode_minus']=False
8  import warnings
9  warnings.filterwarnings(action = 'ignore')
10 import sklearn.linear_model as LM  #建立线性预测模型
11 from sklearn.naive_bayes import GaussianNB #建立朴素贝叶斯分类器
12 from sklearn.model_selection import cross_val_score,cross_validate,train_test_split #数据集划分, 计算测试误差
13 from sklearn.metrics import classification_report  #计算各种评价指标
14 from sklearn.metrics import roc_curve, auc,accuracy_score,precision_recall_curve #模型图形化评价
15 from scipy.stats import beta #统计学中的概率函数
```

基本思路如下：

（1）生成样本量 N 为 50 的模拟数据，有 2 个输入变量 X_1，X_2，分别有 25 个样本观测的输出变量 y 取 0 和 1 两个类别值。在 X_1，X_2 的二维空间中以不同颜色和形状展示两个类别样本观测点。

（2）分别建立二项 Logistic 回归模型和朴素贝叶斯分类器。

（3）分别绘制二项 Logistic 回归模型和朴素贝叶斯分类器的分类边界。

（4）分别计算二项 Logistic 回归模型和朴素贝叶斯分类器的 10 折交叉验证下的测试误差，并进行对比。

Python 代码（文件名：chapter4-2.ipynb）如下。为便于阅读，我们将代码运行结果直接放置在相应代码行下方。以下将分段对 Python 代码做说明。

1. 生成模拟数，建立二项Logistic回归模型和朴素贝叶斯分类器，完成以上思路（1）至（3）

行号	代码和说明
1	np.random.seed(123) # 指定随机数种子，使随机生成的模拟数据可以重现
2	N = 50 # 指定样本量
3	n = int(0.5*N) # 指定输出变量 y = 0 的样本量 n
4	X = np.random.normal(0,1,size = 100).reshape(N,2) # 生成样本量等于 50 的输入变量 X1,X2 服从标准正态分布的输入变量数据集 X, 其中 X1 = X[0];X2 = X[1]
5	y = [0]*n+[1]*n # 指定前 n 个样本观测的 y = 0, 后 n 个样本观测的 y = 1
6	X[0:n] = X[0:n]+1.5 # 调整前 n 个样本观测的输入变量取值
7	fig,axes = plt.subplots(nrows = 1,ncols = 2,figsize = (15,6)) # 将绘图区域划分成 1 行 2 列两个单元
8	axes[0].scatter(X[:n,0],X[:n,1],color = 'black',marker = 'o') # 将 y = 0 的点绘制在第 1 单元中
9	axes[0].scatter(X[n:N,0],X[n:N,1],edgecolors = 'magenta',marker = 'o',c = '') # 将 y = 1 的点绘制在第 1 单元中
…	……# 图标题设置等，略去
13	modelNB = GaussianNB() # 指定建立朴素贝叶斯模型 modelNB
14	modelNB.fit(X, y) # 基于输入变量数据集 X 和输出变量 y 数据集估计 modelNB 模型参数

```
15  modelLR = LM.LogisticRegression()# 指定建立二项 Logistic 回归模型 modelLR
16  modelLR.fit(X,y) # 基于输入变量数据集 X 和输出变量 y 数据集估计 modelLR 模型参数
17  Data = np.hstack((X,np.array(y).reshape(N,1))) # 将输入变量 X 和输出变量 y 合并成 Data
18  Data = np.hstack((Data,modelNB.predict(X).reshape(N,1))) # 将 Data 与 modelNB 的预测值合并
19  Data = pd.DataFrame(Data) # 将 Data 转成数据框供后续画图使用
20  X01,X02 = np.meshgrid(np.linspace(X[:,0].min(),X[:,0].max(),100), np.linspace(X[:,1].
    min(),X[:,1].max(),100)) # 为绘图分类边界准备新数据
21  New = np.hstack((X01.reshape(10000,1),X02.reshape(10000,1))) # 为绘图分类边界准备新数据 New
22  DataNew = np.hstack((New,modelNB.predict(New).reshape(10000,1))) # 利用 modelNB 预测 New
    中的 y 并与 New 合并成 DataNew
23  DataNew = np.hstack((DataNew,modelLR.predict(New).reshape(10000,1))) # 利用 modelLR 预
    测 New 中的 y 并与 DataNew 合并
24  DataNew = d.DataFrame(DataNew) # 将 DataNew 转成数据框供后续画图使用
25  for k,c in [(0,'silver'),(1,'red')]: # 利用循环在第 2 绘图单元中绘制 modelNB 的分类边界
26      axes[1].scatter(DataNew.loc[DataNew[2] = = k,0],DataNew.loc[DataNew[2] = = k,1],col-
    or = c,marker = 'o',s = 1)
27  for k,c in [(0,'silver'),(1,'mistyrose')]: # 利用循环在第 2 单元中绘制 modelLR 的分类边界
28      axes[1].scatter(DataNew.loc[DataNew[3] = = k,0],DataNew.loc[DataNew[3] = = k,1],col-
    or = c,marker = 'o',s = 1)
29  for k,c in [(0,'black'),(1,'magenta')]: # 利用循环将 Data 中的数据添加到第 2 单元中
30      axes[1].scatter(Data.loc[Data[2] = = k,0],Data.loc[Data[2] = = k,1],color = c,marker = '+')
31      axes[1].scatter(Data.loc[(Data[2] = = k) & (Data[3] = = k),0],Data.loc[(Data[2] = = k) &
        (Data[3] = = k),1],color = c,marker = 'o')  # 重画 modelNB 预测正确的点
32  axes[1].set_title(" 朴素贝叶斯分类器 ( 误差 %.2f) 和 Logistic 回归模型 ( 误差 %.2f) 的分
    类边界 "%(1-modelNB.score(X,y),1-modelLR.score(X,y)),fontsize = 14) # 计算 modelNB 和 mod-
    elLR 的预测误差
…   ……# 图标题设置等，略去
```

■ 代码说明

（1）以上省略号部分在之前代码中重复出现过且不影响对原理的理解，故略去以节约篇幅。完整 Python 程序请参见本书配套代码。

（2）第 13 行：建立朴素贝叶斯分类器。其中，输入变量假设服从高斯分布，先验概率默认依据样本计算得到。所绘图形如图 4.1 所示。

图 4.1 左图中的所有点为训练集的样本观测点，训练集的样本量 $N=50$。颜色表示输出变量的实际类别值，空心圆圈（紫色）表示 1 类，实心圆圈（黑色）表示 0 类。现要找到一个可将两类点分开的分类线以实现分类预测。

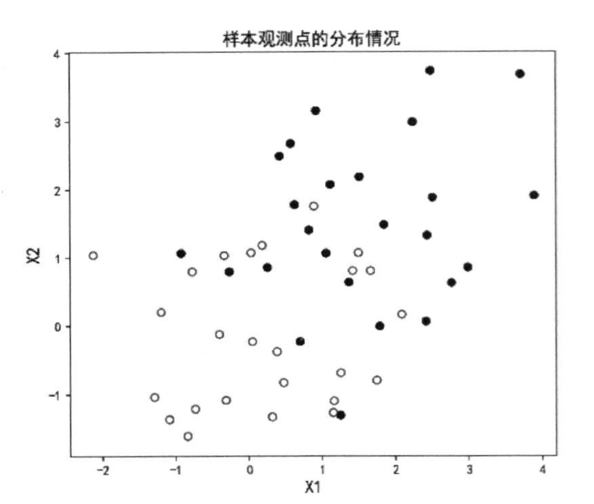

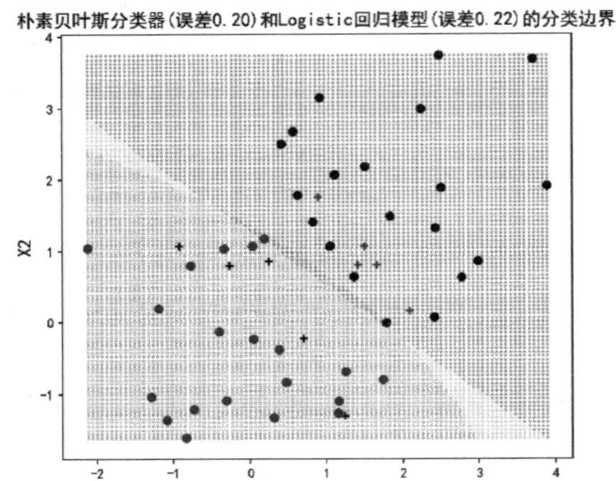

图4.1　样本观测点和两个分类边界

图 4.1 右图中展示了采用贝叶斯分类器和二项 Logistic 回归模型的分类预测情况。与左图类似，颜色仍表示点的实际类别，但这里规定：实心圆表示朴素贝叶斯分类器正确预测的点，加号（+）表示预测错误的点。这里有 5 个 1 类点（紫色）和 5 个 0 类点（黑色）被预测错误。

图中两种颜色的交接为分类边界。深粉色区域下方和上方区域间的弧形边界线为贝叶斯分类器的分类边界，也称贝叶斯决策边界。首先，基于训练集建立朴素贝叶斯分类器，然后利用该分类器对图中所示位置上的任意点预测其类别，从而得到贝叶斯决策边界。落入决策边界右上区域的观测点将被预测为 0 类，落入左下区域将被预测为 1 类。可见，有 5 个 1 类点（紫色）和 5 个 0 类点（黑色）落入了错误的区域，总的预测错误率为 $\frac{5+5}{50}=20\%$。浅粉色区域和灰色区域间的直线边界线为 Logistic 回归的分类直线。首先，基于训练集建立 Logistic 回归模型，然后利用该模型对图中所示位置上的任意点预测其类别，从而得到 Logistic 决策边界。落入直线下方和上方的点将分别预测为 1 类和 0 类。Logistic 回归模型的总预测错误率等于 $\frac{5+6}{50}=22\%$。

本例中的朴素贝叶斯决策边界是一条曲线，Logistic 决策边界为一条直线。这表明朴素贝叶斯分类器能够解决非线性分类问题，模型的复杂度高于 Logistic 回归模型。

2. 计算二项Logistic回归模型和朴素贝叶斯分类器的10折交叉验证误差，完成以上思路(4)

计算两个分类预测模型的 10 折交叉验证的训练误差和测试误差。

行号	代码和说明
1	k = 10 # 指定交叉验证的折数为 10
2	CVscore = cross_validate(modelNB,X,y,cv = k,scoring = 'accuracy',return_train_score = True) # 计算 modelNB 的 10 折交叉验证下的训练误差和测试误差

3	print(' 朴素贝叶斯分类器 10 折交叉验证：训练错误率 :%.4f 测试错误率：%.4f' %(1-CVscore['train_score'].mean(),1-CVscore['test_score'].mean())) 朴素贝叶斯分类器10折交叉验证：训练错误率:0.2133 测试错误率：0.2000
4	CVscore = cross_validate(modelLR,X,y,cv = k,scoring = 'accuracy',return_train_score = True) # 计算 modelLR 的 10 折交叉验证下的训练误差和测试误差
5	print("Logistic 回归 10 折交叉验证：训练错误率 :%.4f 测试错误率：%.4f" %(1-CVscore['train_score'].mean(),1-CVscore['test_score'].mean())) Logistic回归10折交叉验证：训练错误率:0.2156 测试错误率：0.2200

■ **代码说明**

第 2 行和第 4 行：分别计算朴素贝叶斯分类器和二项 Logistic 回归模型 10 折交叉验证的训练误差和测试误差。朴素贝叶斯分类器 10 折交叉验证的训练误差和测试误差分别为 21.33% 和 20%，Logistic 回归模型分别 21.56% 和 22%。贝叶斯分类器的预测性能略高于 Logistic 回归，且没有出现模型过拟合。

此外，两个分类模型对图 4.1 中 1 号点的预测结果不一致。Logistic 回归模型预测为 0 类（落入分类边界上方）预测错误，但朴素贝叶斯分类器预测为 1 类（落入分类边界下方）预测正确，这是两模型分类边界（模型不同）不同导致的。此外，图中有些样本观测点紧贴分类边界。若训练数据的随机变动导致分类边界出现微小移动，便会得到截然不同的预测结果，即预测方差大。如何找到尽量远离样本观测点的分类边界，使预测更为稳健，是需进一步探讨的问题。该问题将在第 9 章集中讨论。

4.2.3 Python 应用实践：空气质量等级预测

本节将基于空气质量监测数据，通过 Python 编程，利用朴素贝叶斯分类器，对是否出现空气污染进行二分类预测，并采用各种方式对预测模型进行评价。基本思路如下：

（1）读入空气质量监测数据，进行数据预处理，转化成二分类问题。

（2）建立朴素贝叶斯分类器，根据 $PM_{2.5}$、PM_{10}、SO_2、CO、NO_2、O_3（输入变量 X）的浓度对是否出现污染（二分类输出变量 y）进行二分类预测，并计算模型评价指标。

（3）建立二项 Logistic 回归模型，利用 ROC 曲线和 PR 曲线对比朴素贝叶斯分类器和二项 Logistic 回归模型的预测效果。

Python 代码（文件名：chapter4-3.ipynb）如下。为便于阅读，我们将代码运行结果直接放置在相应代码行下方。以下将分段对 Python 代码做说明。

1. 读入数据并进行数据预处理，建立朴素贝叶斯分类器，完成以上思路（1）和（2）

行号	代码和说明
1	data = pd.read_excel(' 北京市空气质量数据 .xlsx') # 读入 Excel 格式数据
2	data = data.replace(0,np.NaN) # 将所有 0（表示没有相关数据）替换为缺失值
3	data = data.dropna() # 剔除所有包含缺失值的样本观测

4	data['有无污染'] = data['质量等级'].map({'优':0,'良':0,'轻度污染':1,'中度污染':1,'重度污染':1,'严重污染':1}) # 将空气质量等级做二分类变换，转化为二分类问题
5	X = data.loc[:,['PM2.5','PM10','SO2','CO','NO2','O3']] # 指定输入变量数据集 X
6	Y = data.loc[:,'有无污染'] # 指定输出变量数据集 y
7	modelNB = GaussianNB() # 指定建立高斯朴素贝叶斯分类器 modelNB
8	modelNB.fit(X, Y) # 基于输入变量 X 和输出变量 y 估计模型 modelNB 的模型参数
9	print('评价模型结果：\n',classification_report(Y,modelNB.predict(X))) # 计算 modelNB 的评价指标

```
评价模型结果：
              precision    recall  f1-score   support

           0       0.86      0.94      0.90      1204
           1       0.90      0.79      0.84       892

    accuracy                           0.88      2096
   macro avg       0.88      0.87      0.87      2096
weighted avg       0.88      0.88      0.87      2096
```

■ 代码说明

第 9 行：计算各种模型评价指标，对朴素贝叶斯分类器进行评价。直接采用函数 classification_report()，基于输出变量的实际类别和预测类别，计算总正确率（0.88）、查准率 P、查全率 R、F_1 分数以及各类的样本量。这里关注对 1 类（有污染）的评价。对实际出现污染的 892 天，模型的查准率 P、查全率 R 分别为 0.90 和 0.79，F_1 分数为 0.84。评价结果中的 macro avg 为宏意义上的评价指标，这里为 0、1 两类评价结果的平均值。例如：$\frac{1}{2}(0.86+0.90)=0.88$等。

2. 建立二项Logistic回归模型并与朴素贝叶斯分类器进行对比，完成以上思路(3)

行号	代码和说明
1	modelLR = LM.LogisticRegression() # 指定建立二项 Logistic 回归模型 modelLR
2	modelLR.fit(X,Y) # 基于输入变量 X 和输出变量 y 估计模型 modelLR 的模型参数
3	fig,axes = plt.subplots(nrows = 1,ncols = 2,figsize = (15,6)) # 将绘图区域分成 1 行 2 列两个单元
4	fpr,tpr,thresholds = roc_curve(Y,modelNB.predict_proba(X)[:,1],pos_label = 1) # 为绘制 modelNB 的 ROC 曲线图准备数据
5	fpr1,tpr1,thresholds1 = roc_curve(Y,modelLR.predict_proba(X)[:,1],pos_label = 1) # 为绘制 modelLR 的 ROC 曲线图准备数据
6	pre, rec, thresholds = precision_recall_curve(Y,modelNB.predict_proba(X)[:,1],pos_label = 1) # 为绘制 modelNB 的 PR 曲线图准备数据
7	pre1, rec1, thresholds1 = precision_recall_curve(Y,modelLR.predict_proba(X)[:,1],pos_label = 1) # 为绘制 modelLR 的 PR 曲线图准备数据
8	axes[0].plot(fpr, tpr, color = 'r',label = '贝叶斯 ROC(AUC = %0.5f)' % auc(fpr,tpr)) # 绘制 modelNB 的 ROC 曲线图，计算 AUC 值
9	axes[0].plot(fpr1, tpr1, color = 'blue',linestyle = '-.',label = 'Logistic 回归 ROC(AUC = %0.5f)' % auc(fpr1,tpr1)) # 绘制 modelLR 的 ROC 曲线图，计算 AUC 值

…	……# 图标题设置等，略去
17	axes[1].plot(rec, pre, color = 'r',label = ' 贝叶斯总正确率 = %0.3f)' % accuracy_score(Y,modelNB.predict(X))) # 绘制 modelNB 的 PR 曲线图，计算总正确率
18	axes[1].plot(rec1, pre1, color = 'blue',linestyle = '-.',label = 'Logistic 回归总正确率 = %0.3f)' % accuracy_score(Y,modelLR.predict(X))) # 绘制 modelLR 的 PR 曲线图，计算总正确率
…	……# 图标题设置等，略去

■ 代码说明

以上省略号部分在之前代码中重复出现过且不影响对原理的理解，故略去以节约篇幅。完整 Python 程序请参见本书配套代码。所绘图形如图 4.2 所示。

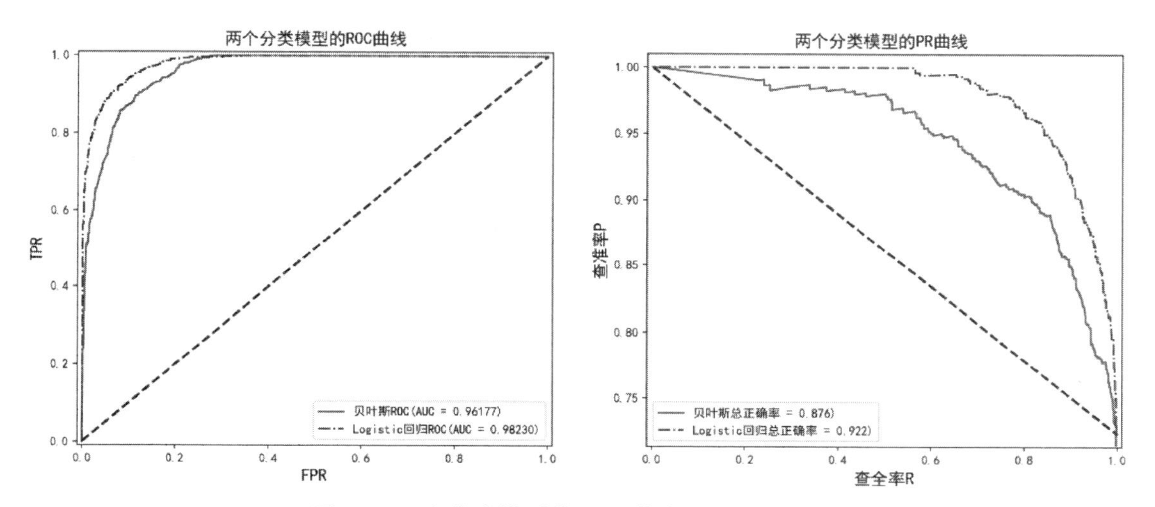

图4.2 两个分类模型的ROC曲线图和PR曲线图

图 4.2 左图显示，朴素贝叶斯分类器和二项 Logistic 回归模型的 ROC 曲线均远离基准线，且曲线下的面积分别约等于 0.96 和 0.98，表明朴素贝叶斯模型较好实现了二分类预测，但整体性能略低于二项 Logistic 回归模型。图 4.2 右图的 PR 曲线中，随查全率 R 的增大，Logistic 回归模型的查准率 P 并没有快速下降，优于朴素贝叶斯分类器，且前者的预测总正确率（0.92）高于后者（0.88）。可见，对该问题二项 Logistic 回归模型有更好的表现。

4.3 朴素贝叶斯分类器在文本分类中的应用

机器学习在文本分析中发挥着重要作用。例如，裁判文书是人民法院公开审判活动、裁判理由、裁判依据和裁判结果的重要载体，反映案件审理过程中的裁判过程、事实、理由和判决依据等，是一种典型的文本数据。利用机器学习自动提取案件描述中的重要事实，即案情要素，对裁判文书司法摘要的自动化生成、可解释性的类案推送等均有重要意义。

本节将以中国裁判文书网公开的有关婚姻家庭领域的 2 665 份裁判文书为例，基于文书句子文本和每个句子对应的要素标签（多分类），探索朴素贝叶斯分类器在文本分类中的应用。

文本分类的目的是依据文本内容，建立分类模型预测文本所属的类别。例如，通过新闻文本的内容判断其是娱乐新闻、体育新闻或是社会新闻等。文本分类是文本挖掘研究的重要组成部分，其中的数据预处理极为关键。文本是文字形式的，一般无法直接进行分类预测。因此文本数据预处理的关键步骤是文本的量化处理。需首先得到量化的文本，然后才可以进行分类建模。后续会对量化文本的最常规方法进行讨论。

此外，文本的描述性分析也是必不可少的。文本描述性分析的主要目的是计算和展示文本中的词频特征，可通过词云图进行可视化。此外，还可从词的重要性角度分析文本间的相似性。

为便于直观理解，本节先讲解一个简短的文本分析示例，然后再讨论裁判文书的贝叶斯分类问题。以下为本节 Python 代码中新增的导入模块，# 后面给出了简单的功能说明。

```
16  #本节增加导入的模块
17  import jieba   #用于文本分词和分析
18  import jieba.analyse   #用于文本量化计算
19  from wordcloud import WordCloud   #用于绘制词云图
20  from sklearn.feature_extraction.text import  TfidfVectorizer #用于量化文本的特征提取
21  import json   #用于处理JSON格式文件
22  from sklearn.naive_bayes import MultinomialNB #用于建立多分类的朴素贝叶斯分类器
23  from collections import Counter   #用于计数计算
```

4.3.1 Python 文本数据的预处理：文本分词和量化计算

1. 文本分词

文本是由句子组成的。例如，“中国的发展是开放的发展”，“中国经济发展的质量在稳步提升，人民生活在持续改善”，等等。机器学习在解决文本分类问题时，分析对象并非文本句子而是文本中的词。也就是说，需首先将句子分割成若干个词，该过程称为分词。

例如，上述两个句子的分词是：“中国 / 的 / 发展 / 是 / 开放 / 的 / 发展”,“中国 / 经济 / 发展 / 的 / 质量 / 在 / 稳步 / 提升 /，/ 人民 / 生活 / 在 / 持续 / 改善”。这里以“/”作为各个词的分隔符。

此外，对不同领域文本的分词会涉及专用词汇问题。例如，对“故宫的著名景点包括乾清宫、太和殿和黄琉璃瓦等”进行分词时，需指定“乾清宫”“太和殿”“黄琉璃瓦”等为专用词汇，即不能在这些词中间做分割。

目前有多种中文分词工具，其中结巴（jieba）是使用较为普遍的 Python 中文分词组件之一。作为第三方库，结巴尚未进入 Anaconda 的内置库，需单独下载和安装。这里介绍一种在 Anaconda 环境下安装结巴的基本操作。

（1）在官网（https://pypi.org/project/jieba/）下载结巴安装压缩包，如 jieba 0.42.1。

（2）将安装压缩包解压到 Anaconda 的 pkgs 目录下。

（3）从 Windows“开始”处启动 Anaconda Prompt，利用 cd 命令进入 anaconda/pkgs/jieba-0.42.1 目录，可以看到一个名为 setup.py 的程序文件。

（4）输入命令“python setup.py install”，即可完成安装。

以下对一个简短的小文本数据集，给出相应的 Python 处理分析代码（文件名：chapter4-4.ipynb）。为便于阅读，我们将代码运行结果直接放置在相应代码行下方。

行号	代码和说明
1	documents = [" 中国的发展是开放的发展 "," 中国经济发展的质量在稳步提升，人民生活在持续改善 "," 从集市、超市到网购，线上年货成为中国老百姓最便捷的硬核年货 "," 支付体验的优化以及物流配送效率的提升，线上购物变得越来越便利 "]
2	documents = [" ".join(jieba.cut(item)) for item in documents] # 分词
3	print(" 文本分词结果：\n",documents) 文本分词结果： ['中国 的 发展 是 开放 的 发展', '中国 经济 发展 的 质量 在 稳步 提升 ， 人民 生活 在 持续 改善', '从 集市 、 超市 到 网购 ， 线上 年货 成为 中国 老百姓 最 便捷 的 硬核 年货', '支付 体验 的 优化 以及 物流配送 效率 的 提升 ， 线上 购物 变得 越来越 便利']

■ 代码说明

（1）第 1 行：以列表（名为 documents）形式组织 4 个小文本，形成一个文本数据集。

（2）第 2 行：利用循环对 documents 中的每个小文本（列表元素 item），采用 jieba.cut 函数进行分词，分词结果以空格分隔并重新保存到 documents 中。

2. 词的量化计算

文本量化的本质是词的量化，量化后的词将作为分类模型的输入变量。

直观上，可将词在文本中出现的次数作为一个基本量化指标，通常认为出现次数越多的词对文本分类越有意义。但是，诸如“的”“地”“得”等字的出现次数很多，但它们对文本分类并没有帮助。因此，文本分析中多采用 TF-IDF 作为词的基本量化指标。

TF-IDF（Term Frequency-Inverse Document Frequency），TF 是词频，IDF 是逆文本频率，两者结合用于度量词对于某篇文本的重要程度。通常，词的重要程度随其在所属文本中出现次数的增加而增加，同时也随其在文本集合中出现次数的增加而降低。例如，“游戏”这个词在一个文本中多次出现，可认为“游戏”是该文本的典型代表词。但如果“游戏”也在其他多个文本中多次出现，就不能认为“游戏”是该文本的典型代表词了。TF-IDF 很好地兼顾了这两个方面。

一方面，词 j 在文本 i 中的 TF 定义为：

$$\mathrm{TF}_{ij}=\frac{N_{ij}}{\sum_{k=1}^{K}N_{ik}} \tag{4.6}$$

式中，N_{ij} 表示词 j 在文本 i 中出现的次数。文本 i 共包含 K 个不同的词，$\sum_{k=1}^{K}N_{ik}$ 表示文本 i 的总词数。TF_{ij} 越大，词 j 对文本 i 可能越重要。

另一方面，词 j 的 IDF 定义为：

$$\mathrm{IDF}_j=\log\left(\frac{\text{总文本数}}{\text{包含词 } j \text{ 的文本数}+1}\right) \tag{4.7}$$

式中，分母中的 1 是防止包含词 j 的文本数等于 0 的特例。IDF_j 越大，词 j 可能越重要。词 j 在文本 i 中的 TF-IDF 定义为：

$$\text{TF-IDF}_{ij}=\mathrm{TF}_{ij}\times\mathrm{IDF}_j \tag{4.8}$$

TF-IDF_{ij} 越大，词 j 对文本 i 越重要。例如，词 j 是“游戏”，该词在文本 i 中多次出现，TF_{ij} 较大。如果“游戏”也在其他多个文本中出现，其 IDF_j 就较小。此时 TF-IDF_{ij} 也会较小，即不能认为“游戏”是文本 i 的典型代表词。

文本量化时应计算各个文本中的各个词的 TF-IDF。通常选择若干 TF-IDF 较大的词作为该批文本的典型代表词，称为特征词，并将特征词的 TF-IDF 值作为输入变量参与文本的分类建模，组织格式如表 4.2 所示。

表4.2　文本分类中的数据组织

	特征词 1	特征词 2	…	特征词 K	文本类别
文本 1	TF-IDF_{11}	TF-IDF_{12}	…	TF-IDF_{1K}	2
文本 2	TF-IDF_{21}	TF-IDF_{22}	…	TF-IDF_{2K}	1
…	…	…	…	…	…
文本 N	TF-IDF_{N1}	TF-IDF_{N2}	…	TF-IDF_{NK}	1

表 4.2 中，共有 N 篇文本 K 个特征词。若词 j 未出现在文本 i 中，则 $\text{TF-IDF}_{ij}=0$。前 K 列将作为输入变量，最后一列为输出变量。

需要注意的是，如果分词结果包含很多对文本分类没有意义的词，将会影响 TF-IDF 的计算结果并对后续的分类建模产生负面作用。通常将意义模糊的词、语气助词等对文本分类没有意义的词称为停用词。可事先准备停用词表并指定过滤掉文本中的停用词后再计算 TF-IDF。

Python 代码（文件名：chapter4-4.ipynb）如下。为便于阅读，我们将代码运行结果直接放置在相应代码行下方。

行号	代码和说明
1	vectorizer = TfidfVectorizer() # 定义 TF-IDF 对象
2	X = vectorizer.fit_transform(documents) # 对 documents 计算 TF-IDF，结果保存在 X 中
3	print(“文本量化表的形状：” ,X.shape) # 显示 X 的行列数
	文本量化表的形状：(4, 30)
4	words = vectorizer.get_feature_names() # 得到 4 个小文本的特征词，这里是 TF 从大到小的 30 个词
5	print(“特征词表：\n” ,words) # 显示特征词
	特征词表： ['中国', '人民', '以及', '优化', '体验', '便利', '便捷', '发展', '变得', '年货', '开放', '成为', '持续', '提升', '支付', '改善', '效率', '物流配送', '生活', '硬核', '稳步', '线上', '经济', '网购', '老百姓', '质量', '购物', '超市', '越来越', '集市']

6	print(“idf:\n” ,vectorizer.idf_) # 显示 30 个特征词的 IDF 值
7	print(X) # 显示文本量化结果，这里只给出了第 1 个和第 2 个小文本中特征词的 TF-IDF 值
8	X = X.toarray() # 将 X 转换为稀疏矩阵的形式
9	print(X) # 显示文本量化结果，这里只给出了第 1 个和第 2 个小文本中特征词的 TF-IDF
10	for i in [0]: # 显示 X 中第 1 个小文本的情况，若 for i in range(len(X)) 则显示每个小文本的情况
11	for j in range(len(words)): # 利用循环显示文本 i 的词 j 的 TF-IDF 值
12	print(words[j],X[i][j])

Line 6 output:

```
idf:
 [1.22314355 1.91629073 1.91629073 1.91629073 1.91629073 1.91629073
 1.91629073 1.51082562 1.91629073 1.91629073 1.91629073 1.91629073
 1.91629073 1.51082562 1.91629073 1.91629073 1.91629073 1.91629073
 1.91629073 1.91629073 1.91629073 1.51082562 1.91629073 1.91629073
 1.91629073 1.91629073 1.91629073 1.91629073 1.91629073 1.91629073]
```

Line 7 output:

```
(0, 10)    0.5067738969102946
(0, 7)     0.7990927223856119
(0, 0)     0.32346721385745636
(1, 15)    0.3399984933818611
(1, 12)    0.3399984933818611
(1, 18)    0.3399984933818611
(1, 1)     0.3399984933818611
(1, 13)    0.2680587174477245
(1, 20)    0.3399984933818611
(1, 25)    0.3399984933818611
(1, 22)    0.3399984933818611
(1, 7)     0.2680587174477245
(1, 0)     0.21701663412516095
```

Line 9 output:

```
[[0.32346721 0.         0.         0.         0.         0.
  0.         0.79909272 0.         0.         0.5067739  0.
  0.         0.         0.         0.         0.         0.
  0.         0.         0.         0.         0.         0.
  0.         0.         0.         0.         0.         0.        ]
 [0.21701663 0.33999849 0.         0.         0.         0.
  0.         0.26805872 0.         0.         0.         0.
  0.33999849 0.26805872 0.         0.33999849 0.         0.
  0.33999849 0.         0.33999849 0.         0.33999849 0.
  0.         0.33999849 0.         0.         0.         0.        ]
```

Line 12 output:

```
中国 0.32346721385745636
人民 0.0
以及 0.0
优化 0.0
体验 0.0
便利 0.0
便捷 0.0
发展 0.7990927223856119
变得 0.0
年货 0.0
开放 0.5067738969102946
成为 0.0
持续 0.0
提升 0.0
支付 0.0
```

■ 代码说明

（1）第 2 行：对文本列表 documents 中的每个小文本，计算词的 TF-IDF，结果保存在 X 中。结合第 3 行的显示结果可知，X 对应 4 行 30 列的文本量化数据。这里，4 行对应 4 个小文本，30 列对应 30 个特征词。默认情况下，Python 自动根据文本集合中各词的 TF 值，从大到小取若干词作为特征词。

（2）第 4 至 6 行：得到并显示特征词和对应的 IDF 值。如这里的“中国”“人民”等，IDF 值分别为 1.22 和 1.92 等。显然，因词“中国”的 IDF 小于词“人民”，后者更重要些。

（3）第 7 至 9 行：显示上述 X 的结果。

第 7 行中（0,10）（0,7）等的第 1 个数 0 表示索引等于 0 即指第 1 个小文本，第 2 个数 10，7 也为索引，依次指第 11 个和第 8 个特征词为“开放”和“发展”。对第 1 个小文本，词“发展”的重要性高于词“开放”。第 8 行是将 X 转换成表 4.2 所示的二维表形式，这种形式的表格有较高的稀疏性，即有很多列的数值等于 0，意味着词 j（如“人民”）未出现在文本i（如第 1 个小文本）中。

（4）第 10 至 12 行：利用循环显示各个小文本在特征词上的 TF-IDF 值。这里只给出了第 1 个小文本的情况。

4.3.2 Python 文本描述性分析：词云图和文本相似性

文本描述性分析的主要目的是计算和展示文本中的词频特征，可通过词云图进行可视化。以下先给出计算文本词频的 Python 代码（文件名：chapter4-4.ipynb）。为便于阅读，我们将代码运行结果直接放置在相应代码行下方。

行号	代码和说明
1	WordsList = ' '.join(documents).split(' ') # 将列表 documents 转成以空格分隔的字符串 WordsList 供词频统计使用
2	word_counts = Counter(WordsList) # 计算 WordsList 中各个词的词频，结果保留到 word_counts 中
3	word_counts_df = pd.DataFrame(data = { “Word” :list(word_counts.keys()),” Freq” :list(word_counts.values())})# 为便于浏览，将词和词频组织成数据框 word_counts_df
4	word_counts_df.head(5) # 浏览 word_counts_df 的前 5 行 Word Freq 0 中国 3 1 的 6 2 发展 3 3 是 1 4 开放 1

上述词频统计中包含了停用词（如“的”“是”等）的统计结果。以下是绘制词云图的 Python 代码（文件名：chapter4-4.ipynb），其中剔除了文本中的停用词。

行号	代码和说明
1	with open('./停用词表.txt', 'r', encoding = 'utf-8') as f_stop: # 读取停用词文件
2	stpwrdlst = [line.strip() for line in f_stop.readlines()] # 将停用词文件中的停用词组织到列表 stpwrdlst 中
3	f_stop.close() # 关闭停用词文件
4	path = 'C:/Windows/Fonts/simkai.ttf' # 指定词云图的字体文件
5	WC = WordCloud(font_path = path,max_words = 500,height = 400,width = 400, background_color = 'white',mode = 'RGB',stopwords = stpwrdlst) # 设置词云图对象属性
6	wordcloud = WC.generate(' '.join(documents)) # 指定绘制 documents 的词云图
7	plt.subplots(figsize = (10,9)) # 设置图形大小
8	plt.imshow(wordcloud) # 显示词云图

■ 代码说明

utf-8是目前使用最为广泛的一种万国码（unicode）实现方式。

（1）第 1 行：停用词可以文本文件（这里文件名为：停用词.txt）的形式保存。利用 Python 的 open 语句以读（'r'）的方式访问该文件（编码方式是 utf-8）。

（2）第 2 行：利用循环逐行读入（readlines）文件中的每个停用词（一个停用词一行），截取尾部空格（line.strip）组织到列表 stpwrdlst 中。

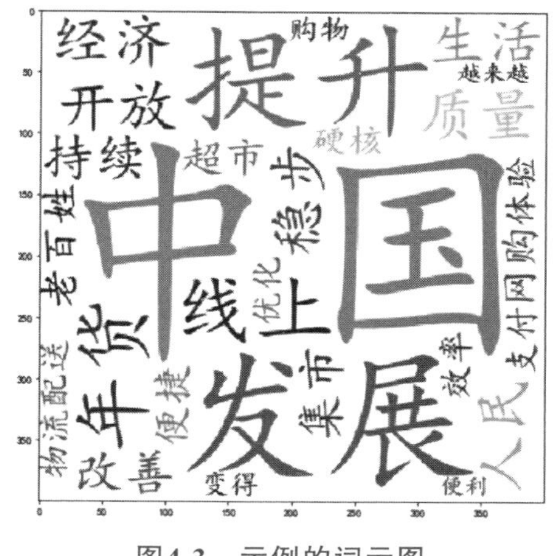

图4.3　示例的词云图

（3）第5行：设置词云图对象属性。font_path 指定字体文件的目录；max_words 指定词云图中仅包含词频最高的多少个词；height，width，background_color，mode 依次指定词云图的高度、宽度、背景色和词的色系；stopwords 指定词云图中不包含停用词表中的停用词。

所绘制的词云图如图4.3所示。

图4.3中，字词的大小由词频决定，词频越高字号越大。可见，“中国”“发展”“提升”是词频最高的三个词。

此外，还可从词的重要性角度，通过计算夹角余弦度量各文本间的相似性。Python 代码（文件名：chapter4-4.ipynb）如下。我们将代码运行结果直接放置在相应代码行下方。

行号	代码和说明

1	`[[1.          0.28440154 0.0595294  0.        ]`
	` [0.28440154 1.          0.03993873 0.06302868]`
	` [0.0595294  0.03993873 1.          0.05344984]`
	` [0.          0.06302868 0.05344984 1.        ]]` # 小文本的余弦相似性

■ 代码说明

应以表4.2的数据（最后一列除外）为研究对象（记为X），将一行视为一个向量，计算第 i 行和第 j 行的夹角余弦值：$\mathrm{COS}_{(i,j)}=\frac{\sum_{k=1}^{K}X_{ik}X_{jk}}{\sqrt{\sum_{k=1}^{K}X_{ik}^2}\sqrt{\sum_{k=1}^{K}X_{jk}^2}}$。由于一行数据是一个小文本在特征词上的取值，因此可以从不同小文本在特征词上的取值相似性角度度量小文本间的相似性。夹角余弦值越大，相似性越高。这里输出的是相似性矩阵，其中第 i 行第 j 列是第 i 个小文本和第 j 个小文本的夹角余弦值。可见，第1个小文本与第2个小文本的相似性最高。

4.3.3　Python 文本分析综合应用：裁判文书的要素提取

本节将以中国裁判文书网公开的有关婚姻家庭领域的2 665份裁判文书为例，基于文书句子文本和每个句子对应的要素标签（多分类），探索朴素贝叶斯分类器在文本分类中的应用。2 665份裁判文本和对应的要素标签存储在JSON格式的文本文件中，节选如下。

[{"labels": [], "sentence": "原告林某某诉称：我与被告经人介绍建立恋爱关系，于1995年在菏泽市民政局办理结婚登记手续。"}, {"label
15日生次女李某丙，2007年11月生一女李某丁。"}, {"labels": [], "sentence": "双方婚后因生活琐事产生矛盾。"}, {"labels": [], "sentenc
[{"labels": [], "sentence": "原告黄某某诉称：婚后，我们未能建立起夫妻感情，被告方某甲脾气暴躁，经常酗酒后殴打辱骂我。"}, {"labe
离婚。"}, {"labels": [], "sentence": "案件受理费100元，由原告黄某某负担。"}]

分析的基本思路如下：

（1）首先，读入JSON格式的裁判文书数据，并以Python的字典组织数据。

由于案例中每个句子可能对应多个要素标签（如 'DV1' 'DV2' 'DV10' 等），也可能没有要素标签，为简化问题，我们剔除没有要素标签的句子，且仅处理只有一个标签的情况，对要素标签进行多分类预测。

（2）其次，对裁判文书进行分词处理，以特征词的 TF-IDF 值作为输入变量。关于文本的描述性分析与 4.3.2 节类似，因篇幅所限不再赘述。

（3）利用旁置法按 7 : 3 的比例划分训练集和测试集。

（4）基于训练集，利用朴素贝叶斯分类器建立多要素标签的预测模型。

（5）计算训练误差和测试误差，并对比预测模型对不同要素标签的预测情况。

Python 代码（文件名：chapter4-4.ipynb）如下。为便于阅读，我们将代码运行结果直接放置在相应代码行下方。以下将分段对 Python 代码做说明。

1. 裁判文书的读入、处理和文本量化，完成以上思路（1）和（2）

行号	代码和说明
1	alltext = [] # 存储裁判文书到列表 alltext 中
2	label = [] # 存储裁判文书中每个句子的要素标签
3	fenceText = [] # 存储裁判文书的分词结果
4	fn = open('./ 离婚诉讼文本 .json', 'r',encoding = 'utf-8') # 读取 JSON 格式的裁判文本文件
5	line = fn.readline() # 逐行读入 JSON 格式的文本
6	while line: # 利用循环对每行文本 (line) 进行如下处理
7	data = json.loads(line) # 将 line 转成字典。其中，labels、sentence 分别是要素标签和裁判文本的键
8	for sent in data: # 对字典中的每行进行如下处理
9	if len(sent['labels']) = = 1: # 只处理仅有一个标签的情况
10	alltext.append(sent['sentence'])
11	label.append(sent['labels'])
12	line = fn.readline() # 继续读入下一行的 JSON 格式的文本
13	fn.close() # 关闭裁判文本文件
14	fenceText = [" ".join(jieba.cut(item)) for item in alltext # 逐条对裁判文本进行分词保存到列表 fenceText 中
15	with open('./ 停用词表 .txt', 'r', encoding = 'utf-8') as f_stop: # 以读的方式访问停用词文件
16	stpwrdlst = [line.strip() for line in f_stop.readlines()] # 将停用词组织成列表形式
17	f_stop.close() # 关闭停用词文件
18	vectorizer = TfidfVectorizer(stop_words = stpwrdlst,max_features = 400) # 定义 TF-IDF 对象，指定停用词表并提取 400 个特征词
19	X = vectorizer.fit_transform(fenceText) # 对 fenceText 计算 TF-IDF，结果保存在 X 中
20	print("文本量化表的形状：" ,X.shape) # 显示 X 的行列数
	文本量化表的形状： (2665, 400)

■ 代码说明

（1）第 6 至 12 行：对 JSON 格式的裁判文本进行处理。

本示例中的裁判文本的句子是可变长度的，每个句子的字数都不相同，是一种典型的半结构化数据。对此通常采用 JSON 格式组织文本和对应的文本分类标签。JSON（JavaScript Object Notation）是一种典型的便于数据共享的格式文本，在 Python 中与字典结构相对应。

正如第 2 章所讨论的，Python 字典由多个键（key）- 值（value）对组成。例如：namebook={" 张三 ":"001"," 李四 ":"002"," 王五 ":"003"} 即为关于学生姓名和学号的字典。其中，张三、李四、王五为键，001，002，003 为对应的值，用 : 隔开，整体用 {} 括起来。键不仅是字符串，也可以是数值或元组等。可通过键快速访问对应的值。

本示例中，裁判文本和要素标签对应的字典示例为：{"labels": [], "sentence": " 原告林某某诉称：我与被告经人介绍建立恋爱关系，于 1995 年在菏泽市民政局办理结婚登记手续。"}。其中，labels、sentence 是要素标签和句子文本内容的键；: 后为键对应的值，且键 labels 对应的值有时为空 []，有时为在 'DV1' 'DV2' … 'DV20' 中的一个或多个值。

（2）第 20 行：显示了裁判文本量化后的数据表 X 的形状，为 2 665 行 400 列，分别对应 2 665 份裁判文本和 400 个特征词。X 将作为输入变量。

2. 划分数据集，建立朴素贝叶斯分类器，完成以上思路（3）至（5）

接下来，将数据集划分成训练集和测试集，并建立朴素贝叶斯分类器，进行多要素标签的分类预测。

<table>
<tr><th>行号</th><th>代码和说明</th></tr>
<tr><td>1</td><td>X_train, X_test, y_train, y_test = train_test_split(X,label,train_size = 0.70, random_state = 123) # 利用旁置法按 7 : 3 比例随机划分训练集和测试集</td></tr>
<tr><td>2</td><td>modelNB = MultinomialNB() # 建立服从多项式分布的朴素贝叶斯分类器 modelNB</td></tr>
<tr><td>3</td><td>modelNB.fit(X_train, y_train) # 基于训练集估计 modelNB 的参数</td></tr>
<tr><td>4</td><td>print(“朴素贝叶斯分类器的训练误差 :%.3f” %(1-modelNB.score(X_train,y_train)))
朴素贝叶斯分类器的训练误差:0.192</td></tr>
<tr><td>5</td><td>print(' 训练样本的评价结果：\n',classification_report(y_train,modelNB.predict(X_train)))
<pre>
训练样本的评价结果:
              precision   recall f1-score   support

         DV1   0.82   0.97   0.89   571
        DV10   0.91   0.79   0.85   136
        DV11   0.83   0.18   0.29   57
        DV13   1.00   0.07   0.14   54
        DV14   0.00   0.00   0.00   16
        DV15   1.00   0.19   0.32   32
        DV16   0.00   0.00   0.00   25
        DV17   1.00   0.31   0.47   36
        DV18   0.00   0.00   0.00   9
         DV2   0.00   0.00   0.00   6
        DV20   0.00   0.00   0.00   28
         DV3   0.71   0.94   0.81   402
         DV4   0.00   0.00   0.00   2
         DV5   0.00   0.00   0.00   14
         DV6   0.81   0.86   0.83   158
         DV7   0.87   0.97   0.92   199
         DV9   0.93   0.89   0.91   120

    accuracy   0.81   1865
   macro avg   0.52   0.36   0.38   1865
weighted avg   0.78   0.81   0.76   1865
</pre></td></tr>
<tr><td>6</td><td>print(“朴素贝叶斯分类器的测试误差 :%.3f” %(1-modelNB.score(X_test,y_test)))
朴素贝叶斯分类器的测试误差:0.213</td></tr>
<tr><td>7</td><td>print(' 测试样本的评价结果：\n',classification_report(y_test,modelNB.predict(X_test)))
<pre>
测试样本的评价结果:
              precision   recall f1-score   support

         DV1   0.78   0.96   0.86   240
        DV10   0.94   0.81   0.87   58
        DV11   0.00   0.00   0.00   22
        DV13   0.50   0.05   0.09   20
        DV14   0.00   0.00   0.00   11
        DV15   1.00   0.08   0.14   13
        DV16   0.00   0.00   0.00   12
        DV17   0.88   0.58   0.70   12
        DV18   0.00   0.00   0.00   3
         DV2   0.00   0.00   0.00   4
        DV20   0.00   0.00   0.00   14
         DV3   0.70   0.90   0.79   191
         DV5   0.00   0.00   0.00   6
         DV6   0.84   0.78   0.81   69
         DV7   0.85   0.99   0.91   81
         DV9   0.88   0.86   0.87   44

    accuracy   0.79   800
   macro avg   0.46   0.38   0.38   800
weighted avg   0.72   0.79   0.74   800
</pre></td></tr>
</table>

■ **代码说明**

（1）第 1 行：本示例并没有对训练集和测试集分别独立进行文本量化处理，而是统一量化处理后再进行训练集和测试集的划分。由此可能导致“数据泄露”问题，即测试集的文本量化信息会“泄露”给模型，使得测试集不再是真正意义上的“袋外观测”。这里这样的处理是为了避免训练集的特征词未出现在测试集中而导致模型无法预测的情况。

（2）第 2 行：建立多项式朴素贝叶斯分类器（MultinomialNB）。该分类器适合基于计数的整型（离散型）输入变量。尽管这里的输入变量（TF-IDF）是小数（连续型），但也可将其视为基于词频计算的特殊的小数型计数。

（3）第 4 至 5 行：本例的文本分类预测模型的训练误差为 19.2%。这与本例是个多分类问题有关。从训练集的评价结果看，模型对 DV10、DV13、DV15、DV17 和 DV9 的查准率 P 较高，对 DV1、DV3 和 DV7 的查全率 R 较高，对 DV7 和 DV9 的 F_1 得分较高。

（4）第 6 至 7 行：给出了模型在测试集上的表现。测试误差为 21.3%。

对本示例还可进行很多优化处理。例如，可优化分词和 TF-IDF 计算，补充法律专业用词，完善停用词表等。此外，TF-IDF 量化文本并非最佳方案。目前，较为流行的文本量化方式是采用基于 word2vec 等的词向量。有兴趣的读者可参考相关资料，同时也可进一步尝试采用其他的分类算法，如目前较为流行的基于深度学习的算法等。

• 本章相关函数列表 •

围绕本章学习，应重点掌握 Python 模块中的以下函数。函数的具体格式参见 Python 帮助。

一、建立朴素贝叶斯分类器

modelNB = GaussianNB()；modelNB.fit(X, Y)。

二、绘制分类边界时数据点的生成

np.meshgrid()。

三、分类模型的综合评价

classification_report()。

• 本章习题 •

1. 朴素贝叶斯分类器的基本假设是什么？
2. 贝叶斯分类器的先验概率、数据似然和后验概率有怎样的联系？
3. 为什么说朴素贝叶斯分类器可以解决非线性分类问题？
4. Python 编程题：优惠券核销预测。

有超市部分顾客购买液态奶和使用优惠券的历史数据（文件名：优惠券核销数据.csv），包括：性别（Sex: 女 1/ 男 2），年龄段（Age: 中青年 1/ 中老年 2），液态奶品类（Class: 低端 1/ 中档 2/ 高端 3），单均消费额（AvgSpending），是否核销优惠券（Accepted: 核销 1/ 未核销 0）。现要进行新一轮的优惠券推送促销，为实现精准营销需确定有大概率核销优惠券的顾客群。

请分别采用 Logistic 回归模型和朴素贝叶斯分类器，对奶制品优惠券是否核销进行二分类预测，并分析哪些因素是影响优惠券核销的重要因素。

5. Python 编程题：药物的适用性推荐。

有大批患有同种疾病的不同病人，服用五种药物中的一种（Drug，分为 Drug A、Drug B、Drug C、Drug X、Drug Y）之后都取得了同样的治疗效果。案例数据（文件名为：药物研究.txt）是随机挑选的部分病人服用药物前的基本临床检查数据，包括：血压（BP，分为高血压 High、正常 Normal、低血压 Low）、胆固醇（Cholesterol，分为正常 Normal 和高胆固醇 High）、血液中钠元素（Na）和钾元素（K）含量、病人年龄（Age）、性别（Sex，包括男 M 和女 F）等。现需发现以往药物处方适用的规律，给出不同临床特征病人更适合服用哪种药物的推荐建议，从而为医生开具处方提供参考。

请分别采用 Logistic 回归模型和朴素贝叶斯分类器，从多分类预测角度对药物的适用性进行研究，并分析哪些因素是影响药物适用性的重要因素。

第 5 章　数据预测建模：近邻分析

学习目标

1. 掌握近邻分析的基本原理。
2. 掌握 K- 近邻法中参数 K 的意义及对模型的影响。
3. 掌握 K- 近邻法的 Python 实现。

一般线性回归模型、二项 Logistic 回归模型以及贝叶斯分类器都是数据预测建模的常用方法。这些方法的共同特点是需要满足某些假定。例如，一般线性回归模型需假定输入变量全体和输出变量具有线性关系；二项 Logistic 回归模型需假定输入变量全体和 LogitP 具有线性关系；朴素贝叶斯分类器需假定输入变量条件独立，计算数据似然时需假定数值型输入变量服从高斯分布，离散型输入变量服从多项式分布等。

如果无法确定假定能否满足，应如何进行预测建模呢？近邻分析法正是这样一种无须假设且简单有效的预测方法，本章将重点讨论 K- 近邻法和加权 K- 近邻法。同时，结合 Python 编程对问题进行直观讲解，并基于 Python 给出近邻分析的实现以及应用实践示例。

5.1　近邻分析：K- 近邻法

近邻分析实现数据预测的基本思想是：为预测样本观测 $\boldsymbol{X}_0$ 输出变量 y_0 的取值，首先，在训练集中找到与 $\boldsymbol{X}_0$ 相似的若干个样本观测，记为 $(\boldsymbol{X}_1, \boldsymbol{X}_2, \cdots)$。称这些样本观测为 $\boldsymbol{X}_0$ 的近邻。然后，根据近邻 $(\boldsymbol{X}_1, \boldsymbol{X}_2, \cdots)$ 的输出变量值 $(y_1, y_2, \cdots)$，对样本观测 $\boldsymbol{X}_0$ 的输出变量 y_0 进行预测。

典型的近邻分析法是 K- 近邻法（K-Nearest Neighbor，KNN）。它将训练集中的 N 个样本观测看成 p 维（p 个数值型输入变量）空间 $\mathbb{R}^p$ 中的点，并根据 $\boldsymbol{X}_0$ 的 K 个近邻 $(\boldsymbol{X}_1, \boldsymbol{X}_2, \cdots, \boldsymbol{X}_K)$ 的 $(y_1, y_2, \cdots, y_K)$ 依函数 $f(y_1, y_2, \cdots, y_k)$ 计算 $\hat{y}_0$。通常，对于回归预

测问题，函数 f 定义为：

$$\hat{y}_0 = f(y_1, y_2, \cdots, y_K) = \frac{1}{K}\sum_{i=1}^{K} y_i \tag{5.1}$$

式中，回归预测值 $\hat{y}_0$ 是 K 个近邻输出变量值 $(y_1, y_2, \cdots, y_K)$ 的均值。对于分类预测问题，函数 f 定义为：

$$\hat{y}_0 = \text{mode}(y_1, y_1, \cdots, y_K) \tag{5.2}$$

式中，mode(.)表示取众数，即分类预测值 $\hat{y}_0$ 是 K 个近邻输出变量值 $(y_1, y_2, \cdots, y_K)$ 的众数。

可见，近邻分析（K- 近邻法）很好地体现了“近朱者赤，近墨者黑”的朴素思想。它不需要假定输入变量和输出变量之间关系的具体形式，只需指定 $\hat{y}_0$ 是 $(y_1, y_2, \cdots, y_K)$ 的函数 $\hat{y}_0 = f(y_1, y_2, \cdots, y_K)$ 即可。

K- 近邻法涉及如下两个核心问题：

第一，依怎样的标准测度任意样本观测点 $\boldsymbol{X}_i$ 与 $\boldsymbol{X}_0$ 的近邻关系，即如何确定 $(\boldsymbol{X}_1, \boldsymbol{X}_2, \cdots, \boldsymbol{X}_K)$。

第二，依怎样的原则确定 K 的取值，即应找到 $\boldsymbol{X}_0$ 的几个近邻。

5.1.1 距离：K- 近邻法的近邻度量

K- 近邻法将样本观测点看成 p 维（p 个数值型输入变量）空间 $\mathbb{R}^p$ 中的点，可在空间 $\mathbb{R}^p$ 中定义某种距离，并依此作为测度样本观测点与 $\boldsymbol{X}_0$ 近邻关系的依据。

常用的距离有：闵可夫斯基距离（Minkowski Distance）、欧氏距离（Euclidean Distance）、曼哈顿距离（Manhattan Distance）、切比雪夫距离（Chebychev Distance）、夹角余弦距离（Cosine Distance）等。

对两样本观测点 $\boldsymbol{X}_i$ 和 $\boldsymbol{X}_j$，若 X_{ik} 和 X_{jk} 分别是 $\boldsymbol{X}_i$ 和 $\boldsymbol{X}_j$ 的第 k 个输入变量值。两样本观测点 $\boldsymbol{X}_i$ 和 $\boldsymbol{X}_j$ 的上述距离定义如下。

1. 闵可夫斯基距离

两样本观测点 $\boldsymbol{X}_i$ 和 $\boldsymbol{X}_j$ 间的闵可夫斯基距离，是两点 p 个输入变量值绝对差的 m 次方和的 m 次方根（m 可以任意指定），数学表达为：

$$d_{Minkowski}(\boldsymbol{X}_i, \boldsymbol{X}_j) = \sqrt[m]{\sum_{k=1}^{p} |X_{ik} - X_{jk}|^m} \tag{5.3}$$

2. 欧氏距离

两样本观测点 $\boldsymbol{X}_i$ 和 $\boldsymbol{X}_j$ 间的欧氏距离，是两点 p 个输入变量值之差的平方和的开方，数学表达为：

$$d_{Euclidean}(\boldsymbol{X}_i, \boldsymbol{X}_j)=\sqrt{\sum_{k=1}^{p}(X_{ik}-X_{jk})^2} \tag{5.4}$$

欧氏距离是闵可夫斯基距离在 $m=2$ 时的特例。

3. 曼哈顿距离

两样本观测点 $\boldsymbol{X}_i$ 和 $\boldsymbol{X}_j$ 间的曼哈顿距离，是两点 p 个输入变量值绝对差的和，数学表达为：

$$d_{Manhattan}(\boldsymbol{X}_i, \boldsymbol{X}_j)=\sum_{k=1}^{p}\left|X_{ik}-X_{jk}\right| \tag{5.5}$$

曼哈顿距离是闵可夫斯基距离在 $m=1$ 时的特例。

4. 切比雪夫距离

两样本观测点 $\boldsymbol{X}_i$ 和 $\boldsymbol{X}_j$ 间的切比雪夫距离，是两点 p 个输入变量值绝对差的最大值，数学表达为：

$$d_{Chebychev}(\boldsymbol{X}_i, \boldsymbol{X}_j)=\max(\left|X_{ik}-X_{jk}\right|),\ k=1, 2, \cdots, p \tag{5.6}$$

5. 夹角余弦距离

两样本观测点 $\boldsymbol{X}_i$ 和 $\boldsymbol{X}_j$ 间的夹角余弦距离的数学表达为：

$$d_{Cosine}(\boldsymbol{X}_i, \boldsymbol{X}_j)=\frac{\sum_{k=1}^{p}(X_{ik}X_{jk})}{\sqrt{\sum_{k=1}^{p}X_{ik}^2}\sqrt{\sum_{k=1}^{p}X_{jk}^2}} \tag{5.7}$$

夹角余弦距离从两样本观测的变量整体结构相似性角度测度距离。夹角余弦距离越大，结构相似度越高。4.3.2 节曾利用夹角余弦度量两个文本的相似性。

值得注意的是，若 p 个输入变量取值存在数量级差异，数量级较大的变量对距离计算结果的贡献会大于数量级较小的变量。为使各输入变量对距离有“同等”贡献，计算距离前应对数据进行预处理以消除数量级差异。常见的预处理方法是极差法和标准分数法。

若 X_{*k} 是样本观测点 $\boldsymbol{X}_*$ 第 k 个输入变量值，对 X_{*k} 做标准化处理。采用极差法：

$$X'_{*k}=\frac{X_{*k}-\min(X_{1k}, X_{2k}, \cdots, X_{Nk})}{\max(X_{1k}, X_{2k}, \cdots, X_{Nk})-\min(X_{1k}, X_{2k}, \cdots, X_{Nk})} \tag{5.8}$$

式中，max() 和 min() 分别表示求最大值和最小值。采用标准分数法：

$$X'_{*k} = \frac{X_{*k} - \bar{X}_k}{\sigma_{X_k}} \tag{5.9}$$

式中，$\bar{X}_k$ 和 σ_{X_k} 分别表示第 k 个输入变量的均值和标准差。

综上，计算训练集中样本观测点 $\boldsymbol{X}_i(i=1, 2, \cdots)$ 到 $\boldsymbol{X}_0$ 的距离 $d_i = d(\boldsymbol{X}_i, \boldsymbol{X}_0)$，并根据距离的大小确定是否与 $\boldsymbol{X}_0$ 有近邻关系。距离小（夹角余弦距离越大）表明与 $\boldsymbol{X}_0$ 具有相似性，存在近邻关系。距离大（夹角余弦距离越小）表明与 $\boldsymbol{X}_0$ 不具有相似性，不存在近邻关系。

5.1.2 参数 K：1- 近邻法和 K- 近邻法

尽管距离是确定 $\boldsymbol{X}_0$ 近邻关系的重要指标，但更重要的是选择距离较近的几个样本观测参与对 y_0 的预测，也即如何确定 K。

当参数 $K=1$ 时，称为 1- 近邻法，即只找到距离 $\boldsymbol{X}_0$ 最近的一个近邻 $\boldsymbol{X}_i$，以最近一个近邻的输出变量值作为 y_0 的预测值 $\hat{y}_0 = y_i$。当参数 $K>1$ 时，称为 K- 近邻法，即找到距离 $\boldsymbol{X}_0$ 最近的 K 个近邻 $(\boldsymbol{X}_1, \boldsymbol{X}_2, \cdots, \boldsymbol{X}_K)$，并根据近邻的输出变量值 $(y_1, y_2, \cdots, y_K)$ 依式（5.1）或式（5.2）计算得到 y_0 的预测值 $\hat{y}_0$。

当 K 取最小值 1 时，由于只根据 $\boldsymbol{X}_0$ 的单个近邻进行预测，预测结果会受近邻随机性差异的影响，预测稳健性低。增加近邻个数 K 可有效解决该问题，但若 K 取一个很大的不合理值，则可能意味着训练集中的所有样本观测点都是 $\boldsymbol{X}_0$ 的近邻，此时通过距离度量近邻关系就不再有意义。因此，K 是 K- 近邻法的关键参数。

以下将分别从回归预测建模和分类预测建模两个方面，讨论参数 K 对预测模型的影响。

5.2 回归预测中的 K- 近邻法

以下将利用 Python 生成的模拟数据，分别采用线性回归模型、1- 近邻法和 K- 近邻法建立回归预测模型，绘制相应的回归线或回归面。通过各回归线或回归面展示回归预测中 1- 近邻法和 K- 近邻法的特点，探讨参数 K 对回归预测的影响。

首先导入 Python 的相关包或模块。为避免重复，这里将本章需要导入的包或模块一并列出如下，# 后面给出了简短的功能说明。

```
1  #本章需导入:
2  import numpy as np
3  import pandas as pd
4  import matplotlib.pyplot as plt
5  import warnings
6  warnings.filterwarnings(action = 'ignore')
7  %matplotlib inline
8  plt.rcParams['font.sans-serif']=['SimHei']  #解决中文显示乱码问题
9  plt.rcParams['axes.unicode_minus']=False
10 from mpl_toolkits.mplot3d import Axes3D  #绘制三维图形
11 import sklearn.linear_model as LM  #建立线性模型
12 from sklearn.metrics import classification_report  #分类模型评价
13 from sklearn.model_selection import cross_validate,train_test_split  #划分数据集，交叉验证
14 from sklearn import neighbors,preprocessing  #K-近邻法，数据预处理
15 from sklearn.datasets import make_regression  #生成用于回归建模的模拟数据
```

5.2.1 Python 模拟和启示：认识 K- 近邻回归线

这里，首先讨论最简单的仅有一个输入变量的回归预测问题。基本思路如下：

（1）随机生成样本量 $N=5$ 的仅有一个输入变量 X 的模拟数据，用于训练回归预测模型。

（2）绘制模拟数据的散点图。

（3）分别建立基于一元线性回归模型、1- 近邻法和 3- 近邻法的回归预测模型，并绘制对应的回归线，以对比各个回归线的特点。

Python 代码（文件名：chapter5-1-1.ipynb）如下。

行号	代码和说明
1	N = 5 # 读入样本量 N 为 5
2	X = np.array([1,10,25,30,50]) # 指定输入变量 X 的 5 个取值
3	np.random.seed(123) # 指定随机数种子，使以下随机生成的模拟数据 y 可以重现
4	y = 0.5*np.log10(2*X)+np.random.normal(10,10) # 生成输出变量 y 的值，y 和 x 的系统关系为非线性关系，并随机添加服从均值和标准差均等于 10 的正态分布的随机误差项
5	plt.figure(figsize = (9,6)) # 指定图形大小
6	plt.scatter(X,y,edgecolors = 'black',marker = 'o',c = '',s = 80) # 绘制所生成的 5 个样本观测的散点图
7	plt.xlim(xmax = 60,xmin = -10) # 指定图中横坐标的取值范围
8	X = X.reshape(N,1) # 将 X 的形状变成 N 行 1 列为后续回归建模服务
9	modelLR = LM.LinearRegression() # 指定建立一元线性回归模型 modelLR
10	modelLR.fit(X,y) # 基于输入变量 X 和输出变量 y 估计 modelLR 的模型参数
11	model1NN = neighbors.KNeighborsRegressor(n_neighbors = 1) # 指定建立基于 1- 近邻法的回归模型 model1NN
12	model1NN.fit(X,y) # 基于输入变量 X 和输出变量 y 估计 model1NN 的模型参数
13	modelKNN = neighbors.KNeighborsRegressor(n_neighbors = 3) # 指定建立基于 3- 近邻法的回归模型 modelKNN
14	modelKNN.fit(X,y) # 基于 X 和 y 估计 modelKNN 的模型参数
15	X0 = np.linspace(-10,60,200).reshape(200,1) # 为绘制回归线准备未来新数据的输入变量 X0
16	plt.plot(X0,modelLR.predict(X0),linestyle = '--',label = '一元线性回归模型') # 对 X0 预测并绘制 modelLR 的回归线
17	plt.plot(X0,model1NN.predict(X0),linestyle = '-',label = '1- 近邻法') # 对 X0 预测并绘制 model1NN 的回归线
18	plt.plot(X0,modelKNN.predict(X0),linestyle = '-.',label = '3- 近邻法') # 对 X0 预测绘制 modelKNN 的回归线
19	plt.title("回归预测中的一元线性回归模型(训练误差:%.2f)\n1- 近邻法(训练误差:%.2f)\n3- 近邻法(训练误差:%.2f)"%(1-modelLR.score(X,y),1-model1NN.score(X,y),1-modelKNN.score(X,y)),fontsize = 14) # 指定图标题，计算 3 个模型的训练误差
…	……# 图标题设置等，略去

■ 代码说明

（1）以上省略号部分在之前代码中重复出现过且不影响对原理的理解，故略去以节约篇幅。完整 Python 程序请参见本书配套代码。

（2）第 11 行和第 13 行：利用 KNeighborsRegressor 建立基于 K- 近邻法的回归预测模型，其中 n_neighbors 为参数 K。所绘图形如图 5.1 所示。

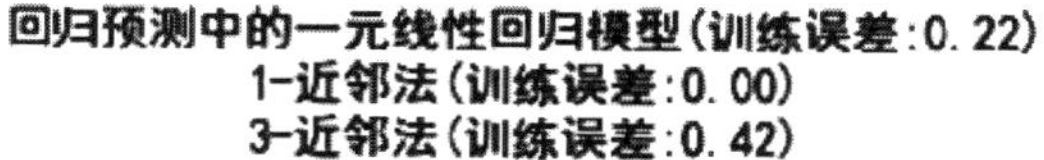

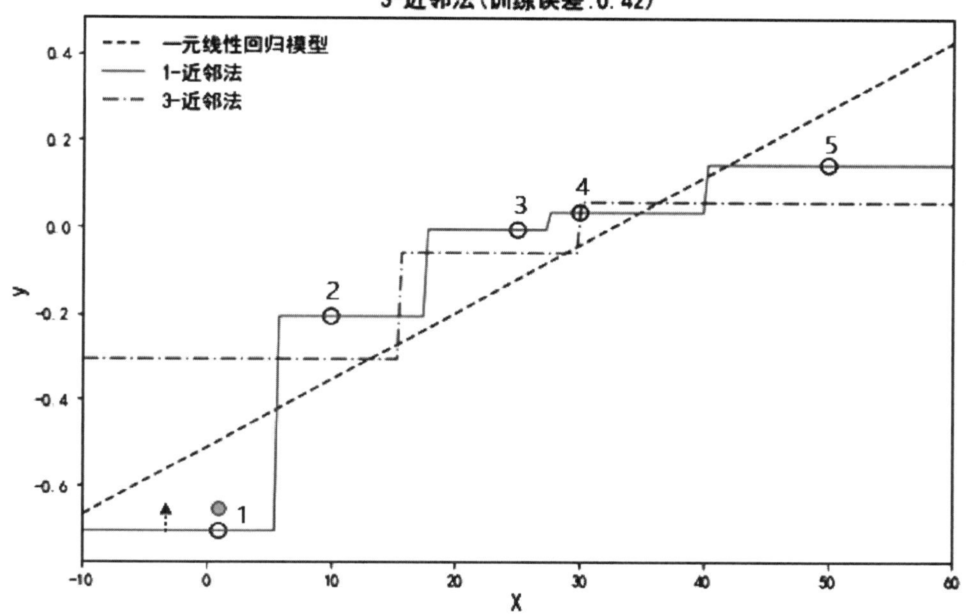

图5.1　回归预测中的一元线性回归模型、1-近邻法和3-近邻法的回归线

图 5.1 中 5 个空心圆圈表示模拟生成的 5 个样本观测点，其中：

- 蓝色虚线为一元线性回归模型对应的回归线（直线），模型训练误差（MSE）等于 0.22。黄色实线是 1- 近邻法的回归线（折线），模型的训练误差等于 0。最下方第一条黄色实线线段表示：当输入变量 X 在 [−10，5] 范围内取值时，输出变量的预测值 $\hat{y}$ 等于它们的 1- 近邻法即 1 号点的 y，预测值落在该线段上；第二条黄色实线线段表示：当输入变量 X 在 (5，17.5] 范围内取值时，输出变量的预测值 $\hat{y}$ 等于它们的 1- 近邻法即 2 号点的 y，预测值落在该线段上；类似地，最上方黄色实线线段表示：当输入变量 $X > 40$时，输出变量的预测值 $\hat{y}$ 等于它们的 1- 近邻法即 5 号点的 y，预测值落在该线段上。黄色实线经平滑处理后会成为一条不规则的曲线。
- 绿色点虚线是 3- 近邻法的回归线（折线），模型的训练误差等于 0.42，误差高于 1- 近邻法，也高于一元线性回归模型。最上方绿色点虚线段表示：当输入变量 $X > 30$时，输出变量的预测值 $\hat{y}$ 等于它们的 3- 近邻法即 3，4，5 号点 y 的均值，预测值落在该线段上；等等。绿色点虚线经平滑处理后也会成为一条不规则的曲线，但不规则程度低于黄色线的平滑线。

由此得到如下启示：

（1）基于 K- 近邻法建立回归预测模型可以实现非线性回归预测，K- 近邻法是对线性回归模型应用的重要补充。

（2）模型的训练误差随参数 K 的增大而增大。事实上，1- 近邻模型的复杂度高于 3- 近邻模型，参数 K 越大，K- 近邻模型的复杂度越低，进而导致其训练误差越高。

（3）1- 近邻法的黄色实线会随样本观测点位置的微小移动而移动。例如，1 号点向上移到灰色圆圈的位置时，最下方第一条黄色实线线段也会同步向上平移。但 3- 近邻法的绿色点虚线则不易移动，这将导致 1- 近邻法的预测稳健性低于 3- 近邻法，预测方差更大。

为充分说明 K- 近邻法中参数 K 对回归预测的影响，以下进一步讨论多个输入变量的场景。

5.2.2 Python 模拟和启示：认识 K- 近邻回归面

为便于观察，这里讨论仅有两个输入变量的回归预测问题。基本思路如下：

（1）随机生成样本量 $N=30$ 的有两个输入变量 X_1，X_2 的模拟数据，用于训练回归预测模型。

（2）分别建立基于多元线性回归模型、1- 近邻法和 K- 近邻法（K=10）的回归预测模型。

（3）绘制模拟数据的三维散点图，绘制上述 3 个回归面，以对比各个回归面的特点。

Python 代码（文件名：chapter5-1-1.ipynb）如下。为便于阅读，我们将代码运行结果直接放置在相应代码行下方。

行号	代码和说明
1	N = 30 # 读入样本量 N 为 30
2	X,y = make_regression(n_samples = N,n_features = 2,n_informative = 2,noise = 20,random_state = 123) # 随机生成样本量为 N、2 个输入变量（n_features）且均对输出变量 y 有线性影响（n_informative）、随机误差项服从均值为 0 标准差为 20（noise）的正态分布的数据集。其中，X 为输入变量集，y 为输出变量
3	modelLR = LM.LinearRegression() # 指定建立线性回归模型 modelLR
4	modelLR.fit(X,y) # 基于 X 和 y 估计 modelLR 的模型参数
5	print(' 线性回归模型的训练误差：%.3f'%(1-modelLR.score(X,y))) 线性回归模型的训练误差：0.035
6	model1NN = neighbors.KNeighborsRegressor(n_neighbors = 1) # 指定建立基于 1- 近邻法的回归模型 model1NN
7	model1NN.fit(X,y) # 基于 X 和 y 估计 model1NN 模型参数
8	print('1- 近邻法的训练误差：%.3f'%(1-model1NN.score(X,y))) 1-近邻法的训练误差：0.000
9	modelKNN = neighbors.KNeighborsRegressor(n_neighbors = 10) # 指定建立基于 K- 近邻法（K=10）的回归模型 modelKNN
10	modelKNN.fit(X,y) # 基于 X 和 y 估计 modelKNN 模型参数

```
11   print('K- 近邻法的训练误差：%.3f'%(1-modelKNN.score(X,y)))
     K-近邻法的训练误差：0.187
12   X01,X02 = np.meshgrid(np.linspace(X[:,0].min(),X[:,0].max(),20), np.linspace(X[:,1].
     min(),X[:,1].max(),20)) # 为绘制回归面准备数据
13   X0 = np.hstack((X01.reshape(400,1),X02.reshape(400,1))) # 新数据集 X0 中包含 400 个样本观测
14   def Myplot(y0hat,title,yhat): # 定义用户自定义函数 Myplot 用于在三维空间中绘制 3 个模型的回归面
15       ax = Axes3D(plt.figure(figsize = (9,6))) # 定义三维绘图对象
16       ax.scatter(X[y> = yhat,0],X[y> = yhat,1],y[y> = yhat],c = 'red',marker = 'o',s = 100) # 绘制
     y_i≥ŷ_i 的样本观测点
17       ax.scatter(X[y<yhat,0],X[y<yhat,1],y[y<yhat],c = 'grey',marker = 'o',s = 100) # 绘制 y_i<ŷ_i
     的样本观测点
18       ax.plot_surface(X01,X02,y0hat.reshape(20,20), alpha = 0.6) # 绘制基于 X0 和其预测值的回归面
19       ax.plot_wireframe(X01,X02,y0hat.reshape(20,20),linewidth = 0.5) # 绘制基于 X0 和其预测值
     的网格图
…    ……# 图标题设置等，略去
24   Myplot(y0hat = modelLR.predict(X0),title = ” 线性回归平面”,yhat = modelLR.predict(X))
     # 调用 Myplot 函数，绘制 modelLR 的回归面
25   Myplot(y0hat = model1NN.predict(X0),title = ” 1- 近邻法的回归面”,yhat = model1NN.
     predict(X)) # 调用 Myplot 函数，绘制 model1NN 的回归面
26   Myplot(y0hat = modelKNN.predict(X0),title = ” K- 近邻法的回归面”,yhat = modelKNN.
     predict(X)) # 调用 Myplot 函数，绘制 modelKNN 的回归面
```

■ 代码说明

（1）以上省略号部分在之前代码中重复出现过且不影响对原理的理解，故略去以节约篇幅。完整 Python 程序请参见本书配套代码。

（2）第 14 行：为减少代码重复，定义一个名为 Myplot 的用户自定义函数，用于绘制回归面，需要给出 3 个参数。第 1 个参数是新数据集 $\boldsymbol{X}_0$ 的预测值 $\hat{\boldsymbol{y}}_0$，将依据 $\boldsymbol{X}_0$ 和 $\hat{\boldsymbol{y}}_0$ 绘制回归面；第 2 个参数是所绘图形的标题；第 3 个参数是数据集 $\boldsymbol{X}$ 的预测值 $\hat{\boldsymbol{y}}$，将比较实际值 y 和预测值 $\hat{y}$ 并决定散点图中点的颜色，以便直观展示样本观测点和回归面上下的位置关系。这里指定，$y \geq \hat{y}$ 时点为红色，$y < \hat{y}$ 时点为灰色。所绘图形如图 5.2 所示。

图 5.2 中：

- 第一幅图是多元线性回归面（平面），模型训练误差（MSE）等于 0.035。
- 第二幅图是基于 1- 近邻法的回归面，模型训练误差等于 0。图中每个小平面表示：当输入变量 X_1，X_2 在对应区域取值时，输出变量的预测值 $\hat{y}$ 等于它们的 1 个近邻的 y，预测值落在该平面上。该回归面经平滑处理后将是一个起伏不规则的回归曲面。
- 第三幅图是基于 K- 近邻法（K=10）的回归面，模型训练误差等于 0.187，误差高于 1- 近邻法也高于多元线性回归模型。同理，图中每个小平面表示：当输入变量 X_1，X_2 在对应区域取值时，输出变量的预测值 $\hat{y}$ 等于它们的 10 个近邻 y 的平均值，预测值落在该平面上。该回归面经平滑处理后也将是一个起伏不规则的回归曲面，但不规则程度低于第二幅图的平滑曲面。

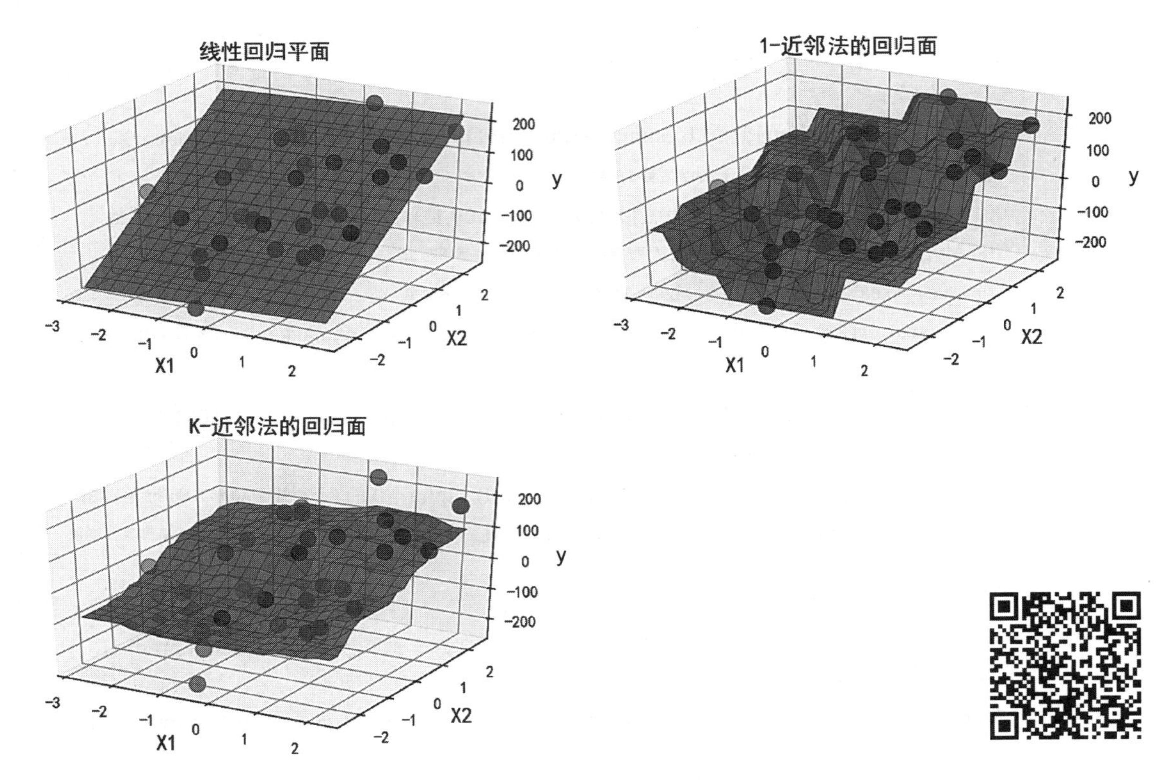

图5.2　回归预测中的多元线性回归模型、1-近邻法和K=10的K-近邻法的回归面

由此进一步证实了 5.2.1 节的结论：基于 K- 近邻法建立回归预测模型可以实现非线性回归预测。1- 近邻模型的复杂度最高，随参数 K 的增大，模型复杂度逐渐降低，训练误差逐渐增大。应注意的是，尽管参数 K 较小的高复杂度模型，其训练误差小，但预测方差较大且可能出现过拟合；而参数 K 较大的低复杂度模型，虽然其预测方差较小，但训练误差较大且可能是欠拟合的。可见，参数 K 起到了平衡模型复杂度和误差，即平衡模型预测方差和偏差的作用。因此选择一个合理的参数 K 对回归预测建模是非常重要的。通常可采用旁置法或 K 折交叉验证法，找到测试误差最小下的参数 K。

以测试误差作为参数 K 选择的依据，是为了避免 3.5.3 节讨论的模型过拟合问题。对于 K- 近邻法，测试误差是指对测试集的每个样本观测寻找其在训练集中的 K 个近邻，并进行预测和计算得到的误差。

5.3　分类预测中的 K- 近邻法

本节将以二分类预测为例，讨论 K- 近邻法如何实现分类预测。重点是基于 Python 编程分析 K- 近邻法中参数 K 对二分类边界的影响。

5.3.1 基于1-近邻法和K-近邻法的分类

为预测新样本观测点$\boldsymbol{X}_0$的输出变量y_0的类别值，最简单的是1-近邻法，即找到距离$\boldsymbol{X}_0$最近的一个近邻$\boldsymbol{X}_i$，以最近一个近邻的输出变量值作为y_0的预测值：$\hat{y}_0 = y_i$（如图5.3左图所示）。

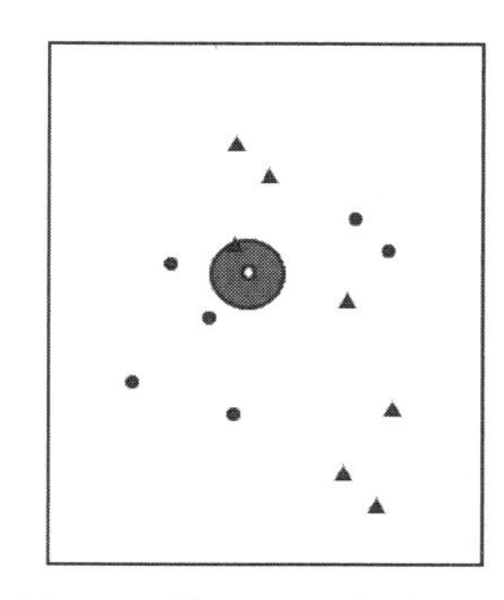
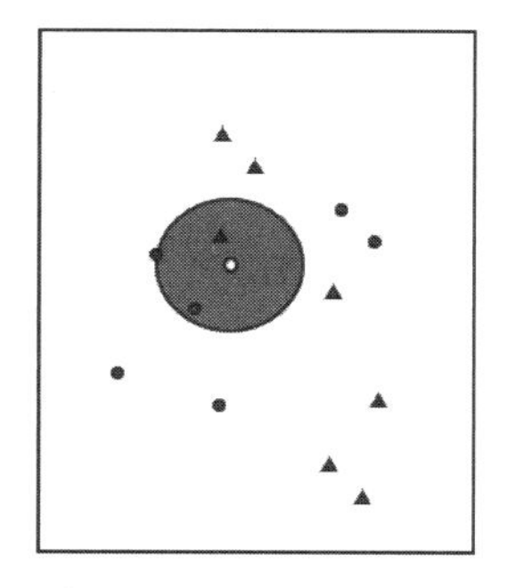

图5.3 基于1-近邻法和3-近邻法的分类预测示意图

图5.3中的左图为2个输入变量下的1-近邻法示意图。实心圆圈和三角分别表示输出变量的两个类别（如0类和1类），现希望预测图中空心圆圈位置上的样本观测点$\boldsymbol{X}_0$属于哪类。设$\boldsymbol{X}_i$与$\boldsymbol{X}_0$的距离为d_{0i}（$d_{0i} \geqslant 0$，$d_{0i} \in \mathbb{R}$）。依据1-近邻法，将以$\boldsymbol{X}_0$为圆心，以$\min(d_{0i})$为半径画圆，得到除$\boldsymbol{X}_0$之外只包含一个样本观测点$\boldsymbol{X}_i$的邻域圆。这里，对$\boldsymbol{X}_0$的预测结果为三角类。

1-近邻法的优势是简单且训练误差低。1967年科弗（Cover）和哈特（Hart）的研究表明，1-近邻法的错判率不高于贝叶斯分类器错判率的2倍。若输出变量共有K个类别，k^*是众数类，$P_k(\boldsymbol{X})$表示$\boldsymbol{X}$属于k类的概率。贝叶斯分类器错判率为$1-P_{k^*}(\boldsymbol{X})$。1-近邻法的错判率为：$\sum_{k=1}^{K} P_k(\boldsymbol{X})(1-P_k(\boldsymbol{X})) \geqslant 1-P_{k^*}(\boldsymbol{X})$。对于二分类预测问题来说，1-近邻法对$\boldsymbol{X}_0$的预测类别仅取决于$\boldsymbol{X}_0$的一个近邻。若该近邻以$P_1(\boldsymbol{X})$的概率取类别1，则预测$\boldsymbol{X}_0$的类别为1犯错的概率为$1-P_1(\boldsymbol{X})$；若该近邻以$P_0(\boldsymbol{X})$的概率取类别0，则预测$\boldsymbol{X}_0$的类别为0犯错的概率为$1-P_0(\boldsymbol{X})$。假设$k^*=1$，1-近邻法的错判率为$2P_{k^*}(\boldsymbol{X})(1-P_{k^*}(\boldsymbol{X})) \leqslant 2(1-P_{k^*}(\boldsymbol{X}))$，不高于贝叶斯方法的2倍。

Cover, T. and Hart, P. Nearest neighbor pattern classification, IEEE Transactions on Information Theory, 1967.

1-近邻法的不足之处在于只根据$\boldsymbol{X}_0$的单个近邻进行预测，预测结果会受近邻随机性差异的影响，预测稳健性低。增加近邻个数K可有效解决该问题。图5.3中的右图为$K=3$也即3-近邻法的示意图。依据3-近邻法，得到以空心圆圈$\boldsymbol{X}_0$为圆心、以$Top3(d_{0i})$为半径的$\boldsymbol{X}_0$邻域圆。因邻域内实心圆圈占多数，所以$\boldsymbol{X}_0$的预测结果为实心圆圈类。

需要说明的是，可能出现在以 $\boldsymbol{X}_0$ 为圆心、以 $Top\,K(d_{0i})$ 为半径的邻域圆内，样本观测点集合 $N_K(\boldsymbol{X}_0)$ 的样本量大于 K 的情况。主要原因是：样本观测点 $\boldsymbol{X}_i$ 和 $\boldsymbol{X}_j$ 与 $\boldsymbol{X}_0$ 的距离相等：$d_{0i}=d_{0j}\ (i\neq j)$。此时一般处理策略有两个：第一，在所有 $d_{0i}=d_{0j}\ (i\neq j)$ 中随机抽取一个样本观测点参与预测；第二，$N_K(\boldsymbol{X}_0)$ 中的全部观测均参与预测。

5.3.2 Python 模拟和启示：参数 K 和分类边界

本节将利用 Python 生成的模拟数据，分别采用 1- 近邻法和 K- 近邻法建立分类预测模型，绘制随参数 K 变化的分类边界，直观展示分类预测中 1- 近邻法和 K- 近邻法分类边界的特点，探讨参数 K 对分类预测的影响。基本思路如下：

（1）为便于对比，仍基于 4.2.2 节的模拟数据，分别建立基于 1- 近邻法、5- 近邻法、30- 近邻法和 49- 近邻法的分类预测模型。

（2）分别绘制各分类边界，以对比随参数 K 的增加，其分类边界的变化特点。

Python 代码（文件名：chapter5-1.ipynb）如下。

行号	代码和说明
1	np.random.seed(123) # 指定随机数种子，使随机生成的模拟数据可以重现
2	N = 50 # 指定样本量
3	n = int(0.5*N) # 指定输出变量 y = 0 的样本量 n
4	X = np.random.normal(0,1,size = 100).reshape(N,2) # 生成样本量等于 50 的输入变量 X1,X2 服从标准正态分布的输入变量数据集 X, 其中 X1 = X[0];X2 = X[1]
5	y = [0]*n+[1]*n # 指定前 n 个样本观测的 y = 0, 后 n 个样本观测的 y = 1
6	X[0:n] = X[0:n]+1.5 # 调整前 n 个样本观测的输入变量取值
7	X01,X02 = np.meshgrid(np.linspace(X[:,0].min(),X[:,0].max(),100), np.linspace(X[:,1].min(),X[:,1].max(),100)) # 为绘制分类边界准备新数据 X0
8	X0 = np.hstack((X01.reshape(10000,1),X02.reshape(10000,1)))
9	fig,axes = plt.subplots(nrows = 2,ncols = 2,figsize = (15,12)) # 将绘图区域划分成 2 行 2 列 4 个单元
10	for K,H,L in [(1,0,0),(5,0,1),(30,1,0),(49,1,1)]: # 利用循环分别建立 4 个基于 K- 近邻法的分类预测模型
11	modelKNN = neighbors.KNeighborsClassifier(n_neighbors = K) # 指定建立基于 K- 近邻法的分类预测模型 modelKNN
12	modelKNN.fit(X,Y) # 基于 X 和 y 估计 modelKNN 的模型参数
13	Y0hat = modelKNN.predict(X0) # 利用 modelKNN 对新数据 X0 进行分类预测
14	for k,c in [(0,'silver'),(1,'red')]: # 根据预测结果绘图
15	axes[H,L].scatter(X0[Y0hat = = k,0],X0[Y0hat = = k,1],color = c,marker = 'o',s = 1)
16	axes[H,L].scatter(X[:n,0],X[:n,1],color = 'black',marker = '+') # 将训练集中的 0 类点添加到图中
17	axes[H,L].scatter(X[n:N,0],X[n:N,1],color = 'magenta',marker = 'o') # 将训练集中的 1 类点添加到图中
18	axes[H,L].set_title(“%d- 近邻法分类边界（训练误差 :%.2f)”%((K,1-modelKNN.score(X,Y))),fontsize = 14) # 设置图标题，计算训练误差
…	……# 图标题设置等，略去

■ 代码说明

（1）以上省略号部分在之前代码中重复出现过且不影响对原理的理解，故略去以节约篇幅。完整 Python 程序请参见本书配套代码。

（2）第 10 行开始的循环中，依次指定参数K分别为1，5，30，49。H 和 L 分别为四幅图在整幅画板上的坐标。不同预测类别的点将用不同的颜色表示。

（3）第 11 行：利用 KNeighborsClassifier(n_neighbors=K) 建立基于 K- 近邻法的分类预测模型。参数 n_neighbors 指定为近邻数。

所绘图形如图 5.4 所示。

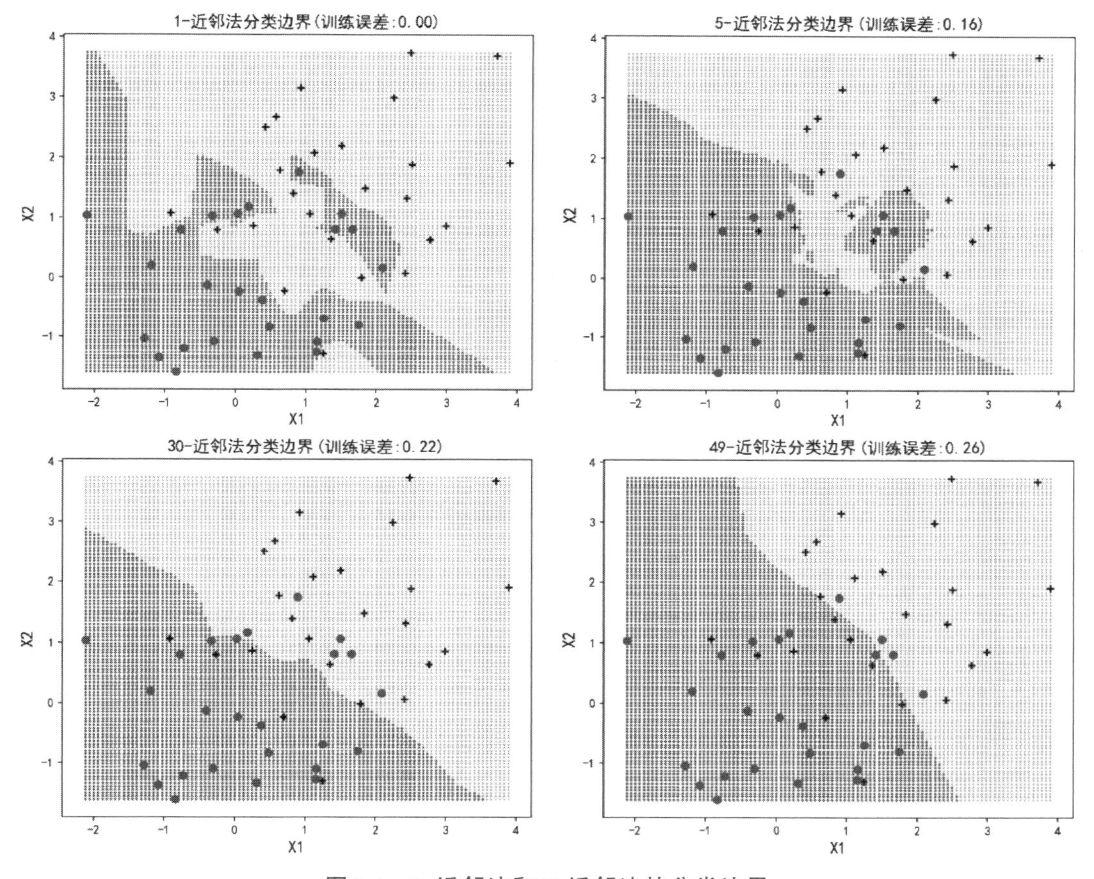

图5.4　1-近邻法和K-近邻法的分类边界

图 5.4 展示了基于 4.2.2 节的模拟数据，依次采用 1- 近邻法、5- 近邻法、30- 近邻法、49- 近邻法进行分类预测的分类边界。图中的粉色圆圈和黑色加号分别表示输出变量的两个类别——1 类和 0 类。粉色区域和灰色区域的边界为分类边界（曲线）。若样本观测点落入粉色区域，类别值预测为 1。落入灰色区域，类别值预测为 0。除左上图的 1- 近邻法之外，其他三幅图中均存在预测错误的点。

图 5.4 中，1- 近邻法给出了三条分类边界且形状很不规则，是高复杂度模型“紧随数据点”的典型表现。同时，所有粉色圆圈和黑色加号均落入了应落入的区域，对训练集的预测 100% 正确（训练误差等于 0）。可见，1- 近邻法特别适用于样本观测的实际类别

边界极不规则的情况。随着参数K由小增大，分类边界越来越趋于规则和平滑，边界不再“紧随数据点”，模型复杂度由高到低，训练误差由小到大。例如，本例中 5- 近邻法的训练误差为 16%，30- 近邻法为 22%，49- 近邻法为 26%。

此外，当训练集出现随机性变动时，因 1- 近邻法“紧随数据点”，预测偏差仍应是最小的。但由于其分类边界对训练集变化最为“敏感”，很可能导致预测结果（尤其对处在分类边界附近的点）随训练集的随机变动而变动，即预测方差较大，鲁棒性低。训练集的随机变动对参数K较大（如这里$K=49$）的分类边界不会产生较大影响，其预测方差低但偏差会较大。总之，参数K不能过小或过大。参数K过小则模型复杂度高，很可能出现模型过拟合且预测不稳健。参数K过大则模型太简单，尽管预测稳健性高，但很可能出现模型欠拟合，预测性能低下。可采用旁置法或K折交叉验证法，找到测试误差最小时的参数K。

进一步，从如图 4.1 所示的二项 Logistic 回归模型的分类边界以及朴素贝叶斯分类器的分类边界不难看出，基于K- 近邻法的分类预测模型复杂度更高（K较小时），更适合解决非线性分类问题。其次，相对二项 Logistic 回归模型和朴素贝叶斯分类器而言，K- 近邻法是一种基于局部的学习。无论二项 Logistic 回归模型还是朴素贝叶斯分类器，都需要基于训练集的全部样本观测，估计模型参数并实现分类预测。而K- 近邻法仅需基于部分样本观测就可直接完成预测，是一种基于以$\boldsymbol{X}_0$为圆心、以较短长度为半径的邻域圆（或球）的局部方法（Local Methods）。

5.4 基于观测相似性的加权 K- 近邻法

K- 近邻法预测时，$\boldsymbol{X}_0$的K个近邻对$\boldsymbol{X}_0$的预测有同等的影响力度。直观上，距$\boldsymbol{X}_0$近的近邻对预测的贡献应大于距离较远的近邻，是较为合理的。为此，2004 年克劳斯 · 赫琴比切勒（Klaus Hechenbichler）对K- 近邻法进行了改进，提出了加权K- 近邻法。

加权K- 近邻法中的权重是针对样本观测$\boldsymbol{X}_i$的权重。权重值的大小取决于$\boldsymbol{X}_i$与$\boldsymbol{X}_0$的相似性。其核心思想是：将相似性定义为$\boldsymbol{X}_i$与$\boldsymbol{X}_0$距离的某种非线性函数。距离越近，$\boldsymbol{X}_i$与$\boldsymbol{X}_0$的相似性越强，权重值越高，预测时的影响力度越大。

如何设置权重，加权K- 近邻法的分类边界和预测效果如何，是以下讨论的主要问题。

5.4.1 加权 K- 近邻法的权重

设$\boldsymbol{X}_i$与$\boldsymbol{X}_0$的距离为d_{0i} ($d_{0i}\geqslant 0$, $d_{0i}\in\mathbb{R}$)。若函数$K(d_{0i})$可将距离d_{0i}转换为$\boldsymbol{X}_i$与$\boldsymbol{X}_0$的相似性，则函数$K(d_{0i})$应有以下三个主要特性：

第一，$K(d_{0i})\geqslant 0$；

第二，$d_{0i}=0$时，$K(d_{0i})$取最大值，即零距离时相似性最大；

第三，$K(d_{0i})$是d_{0i}的单调减函数，即距离越大，相似性越小。

显然，d_{0i}的倒数函数符合这些特性。此外，核函数（Kernel Function）也符合这些特性。核函数是关于样本观测距离的一类函数的总称。常用的核函数有均匀核（Uniform Kernel）函数和高斯核（Gauss Kernel）函数。

设函数 $I(d_{0i})$ 为示性函数，只有 0 和 1 两个值：

$$I(d_{0i})=\begin{cases}1, & |d_{0i}|\leqslant 1\\ 0, & |d_{0i}|>1\end{cases}$$

均匀核函数定义为：

$$K(d_{0i})=\frac{1}{2}\cdot I(|d_{0i}|\leqslant 1) \tag{5.10}$$

高斯核函数定义为：

$$K(d_{0i})=\frac{1}{\sqrt{2\pi}}\exp(-\frac{d_{0i}^2}{2})\cdot I(|d_{0i}|\leqslant 1) \tag{5.11}$$

以下通过 Python 代码（文件名：chapter5-2.ipynb）直观展示均匀核函数和高斯核函数的特点。

行号	代码和说明
1	d = np.linspace(-3,3,100) # 指定 d 的取值范围，实际中距离 d ≥ 0，但为完整展示函数特点，允许 d<0
2	y1 = [0.5]*100 # 指定式（5.10）中忽略示性函数时的函数值
3	y2 = 1/np.sqrt(2*np.pi)*np.exp(-d*d/2) # 指定式（5.11）中忽略示性函数时的函数值
4	y1,y2 = np.where(d< = -1,0,(y1,y2)) # 依据式（5.10）和式（5.11）计算示性函数值等于 1 时的函数值（左半边）
5	y1,y2 = np.where(d> = 1,0,(y1,y2)) # 依据式（5.10）和式（5.11）计算示性函数值等于 1 时的函数值（右半边）
6	plt.figure(figsize = (9,6)) # 指定图形大小
7	plt.plot(d,y1,label = ” 均匀核”,linestyle = '-') # 绘制均匀核函数曲线
8	plt.plot(d,y2,label = ” 高斯核 (I(.) = 1)”,linestyle = '-.') # 绘制高斯核函数曲线
9	plt.title(“两种核函数”,fontsize = 14) # 设置图标题
10	plt.legend(fontsize = 12) # 显示图例

■ 代码说明

第 4 至 5 行：利用 np.where 函数实现依条件的分支处理。

例如，y1,y2=np.where(d<-1,0,(y1,y2)) 表示：若 $d<-1$ 成立函数值等于 0，否则函数值等于 y_1 和 y_2。这里对 np.where 的结果进行元组解包依次赋值给 y_1 和 y_2。所绘制的两个核函数曲线如图 5.5 所示。

图 5.5 中，横坐标为距离 d_{0i}。因距离 $d_{0i}\geqslant 0$ 应仅有图的右半部分。实线表示均匀核函数，虚线表示高斯核函数。$|d_{0i}|\leqslant 1$ 时：均匀核函数表示，无论 d_{0i} 值大或小，$\boldsymbol{X}_i$ 与 $\boldsymbol{X}_0$ 的相似性都等于 0.5。对于基于观测相似性的加权 K- 近邻法来说，即为等权重，等同于不做加权处理，即普通的 K- 近邻法。高斯核函数表示，$\boldsymbol{X}_i$ 与 $\boldsymbol{X}_0$ 的相似性是 d_{0i} 的非线性单调减函数。$|d_i|>1$时：均匀核函数和高斯核函数定义的相似性都等于 0，意味着此时的 $\boldsymbol{X}_i$ 不是 $\boldsymbol{X}_0$ 的近邻。

为满足 $\boldsymbol{X}_0$ 的 K 个近邻与 $\boldsymbol{X}_0$ 的距离 $|d_i|\leqslant 1$，通常还需找到 $\boldsymbol{X}_0$ 的 $K+1$ 个近邻，并采用式（5.12）调整距离的取值范围。调整后的距离记为 D_{0i}：

$$D_{0i}=\frac{d(\boldsymbol{X}_i,\boldsymbol{X}_0)}{d(\boldsymbol{X}_{(K+1)},\boldsymbol{X}_0)},\quad i=1,2,\cdots K \tag{5.12}$$

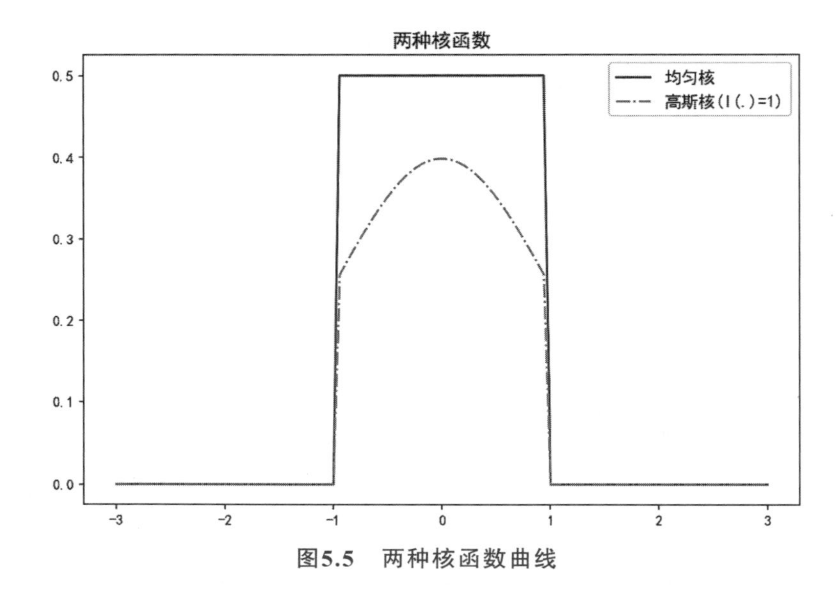

图5.5 两种核函数曲线

式中，$d(\boldsymbol{X}_i,\boldsymbol{X}_0)$ 表示 $\boldsymbol{X}_0$ 的 K 近邻 $\boldsymbol{X}_i$ 与 $\boldsymbol{X}_0$ 的距离 d_{0i}。$\boldsymbol{X}_{(K+1)}$ 为 $\boldsymbol{X}_0$ 的第 $K+1$ 个近邻，$d(\boldsymbol{X}_{(K+1)},\boldsymbol{X}_0)$ 表示第 $K+1$ 个近邻与 $\boldsymbol{X}_0$ 的距离。第 $K+1$ 个近邻距 $\boldsymbol{X}_0$ 更远些，可保证 $0\leqslant D_i\leqslant 1$。尽管需要找出 $\boldsymbol{X}_0$ 的 $K+1$ 个近邻，但第 $K+1$ 个近邻并不参与预测。

最终，核函数是关于 D_{0i} 的函数 $K(D_{0i})$，$\boldsymbol{X}_0$ 的第 i 个近邻的权重为：$w_i=K(D_{0i})$。

利用加权 K- 近邻法预测时，回归预测中：

$$\hat{y}_0=\frac{1}{K}\left(\sum_{i=1}^{K}w_iy_i\right) \tag{5.13}$$

预测值是近邻输出变量 y_i $(i=1, 2, \cdots, K)$ 的加权平均值。分类预测中：

$$\hat{y}_0=\arg\max_{C}\sum_{i=1}^{K}w_iI(y_i=C) \tag{5.14}$$

式中，$I()$ 仍为示性函数。若 $\boldsymbol{X}_0$ 的 K 个近邻中属于 C 类的近邻权重之和最大，则预测结果 $\hat{y}_0$ 为 C 类。概率为：

$$P(\hat{y}_0=C)=\frac{\sum_{i=1}^{K}w_iI(y_i=C)}{\sum_{i=1}^{K}w_i}$$

5.4.2 Python 模拟和启示：认识加权 K- 近邻法的分类边界

本节将利用 Python 生成的模拟数据，分别采用不同权重和参数 K 建立分类预测模型，绘制对应的分类边界。基本思路如下：

（1）为便于对比，仍基于 4.2.2 节的模拟数据，分别采用倒数权和高斯核函数权，建立基于 30- 近邻法、40- 近邻法的分类预测模型。

（2）分别绘制各个分类边界，以对比不同权重和参数 K 对分类边界的影响。

Python 代码（文件名：chapter5-3.ipynb）如下。

行号	代码和说明
1	def guass(x): # 定义用户自定义函数 guass, 指定加权 K- 近邻法中的权重策略
2	x = preprocessing.scale(x) # 对数据进行标准化处理消除量级
3	output = 1/np.sqrt(2*np.pi)*np.exp(-x*x/2) # 计算高斯函数值
4	return output # 返回函数值
…	……# 同 5.3.2 节 Python 代码的第 1 至 9 行，略去
14	for W,K,H,L,T in [('distance',30,0,0,' 倒数加权 '),(guass,30,0,1,' 高斯加权 '),('distance',40,1,0,' 倒数加权 '),(guass,40,1,1,' 高斯加权 ')]: # 利用循环建立基于不同权重和参数 K 的加权 K- 近邻法分类模型
15	modelKNN = neighbors.KNeighborsClassifier(n_neighbors = K,weights = W) # 建立基于权重 W 和参数 K 的加权 K- 近邻法分类模型 modelKNN
16	modelKNN.fit(X,Y) # 基于 X 和 y 估计 modelKNN 的模型参数
…	……# 同 5.3.2 节 Python 代码的第 13 行及后，略去

■ 代码说明

（1）以上省略号部分在之前代码中重复出现过且不影响对原理的理解，故略去以节约篇幅。完整 Python 程序请参见本书配套代码。

（2）从第 14 行开始的循环，用于建立不同加权策略和不同参数K下的加权 K- 近邻法预测模型，并绘制分类边界。

可直接利用函数 neighbors.KNeighborsClassifier()，并指定 weight 参数实现基于加权 K- 近邻法的分类预测。weight='distance' 为倒数加权，也可指定为一个用户自定义函数，如这里的 guass，实现高斯加权。所绘图形如图 5.6 所示。

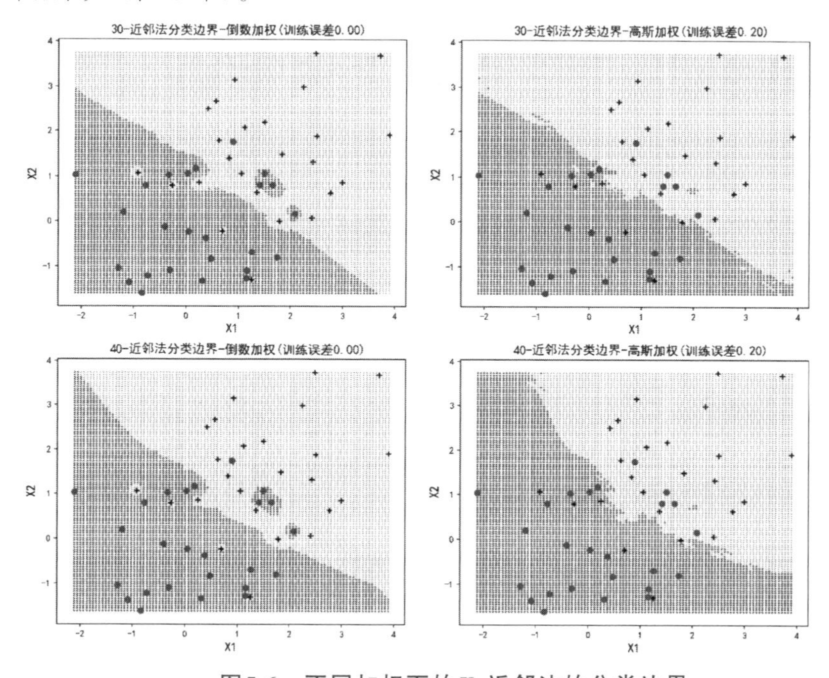

图5.6　不同加权下的K-近邻法的分类边界

说明：左上图分类边界上方独立粉色点所在区域为粉色，粉色区域被粉色圆圈覆盖。

与图 5.4 中训练误差为 22% 的普通 30- 近邻法相比，采用倒数加权的 30- 近邻法的分类边界（左上图）不规则，且粉色和灰色分别在对方区域中“开辟”了属于自己的新区域，训练误差得到有效降低，降为 0，与普通 1- 近邻法比肩。采用高斯核函数加权的 30- 近邻法（右上图），训练误差也有所下降，降低到 20%。加权 40- 近邻法也有类似的特点。可见，这里的加权 *K*- 近邻法不仅预测效果与普通 1- 近邻法持平，较为理想，而且更重要的是能够有效弥补普通 1- 近邻法方差大、鲁棒性低的不足。

5.5 *K*- 近邻法的 Python 应用实践

本节将通过两个应用案例，展示如何利用 *K*- 近邻法解决实际应用中多分类预测问题和回归预测问题。其中一个应用案例是基于空气质量监测数据对空气质量等级进行分类预测，另一个应用案例是基于国产电视剧播放数据对电视剧的大众评分进行回归预测。

5.5.1 空气质量等级的预测

本节将基于空气质量监测数据，采用基于倒数加权的 *K*- 近邻法，对空气质量等级进行多分类预测。其中重点聚焦如何基于测试误差确定最优参数*K*。基本思路如下：

（1）读入空气质量监测数据，剔除缺失数据。

（2）指定输入变量 $\boldsymbol{X}$，包括 $PM_{2.5}$、PM_{10}、SO_2、CO、NO_2、O_3。输出变量 y 为空气质量等级，为多分类变量。

Python 代码（文件名：chapter5-4.ipynb）如下。为便于阅读，我们将代码运行结果直接放置在相应代码行下方。

行号	代码和说明
1	data = pd.read_excel('北京市空气质量数据.xlsx') # 读取 Excel 格式数据文件
2	data = data.replace(0,np.NaN) # 将 0 替换为缺失值
3	data = data.dropna() # 剔除带有缺失值的样本观测数据
4	X = data.loc[:,['PM2.5','PM10','SO2','CO','NO2','O3']] # 指定输入变量 X
5	y = data.loc[:,'质量等级'] # 指定输出变量 y
6	testErr = [] # 存储测试误差
7	X_train, X_test, y_train, y_test = train_test_split(X,y,train_size = 0.70, random_state = 123) # 采用旁置法按 7 : 3 划分训练集和测试集
8	Ntrain = len(y_train) # 获得训练集的样本量 Ntrain
9	K = np.arange(1,int(Ntrain*0.10),10) # 确定参数 K 的取值范围，从 1 开始以步长 10 增至 Ntrain
10	for k in K: # 利用循环建立参数 K 从小到大的基于加权 K– 近邻法的分类预测模型
11	modelKNN = neighbors.KNeighborsClassifier(n_neighbors = k,weights = 'distance') # 指定倒数加权，建立基于加权 K– 近邻法的分类预测模型 modelKNN
12	modelKNN.fit(X_train,y_train) # 基于训练集估计 modelKNN 的模型参数

```
13      testErr.append(1-modelKNN.score(X_test,y_test)) # 计算测试误差，保存不同参数 K 下的测试误差
14  bestK = K[testErr.index(np.min(testErr))] # 找到测试误差最小时的参数 K, 为最优参数 K
15  plt.figure(figsize = (9,6)) # 指定图形大小
16  plt.plot(K,testErr,marker = '.') # 绘制测试误差随参数 K 增加而变化的曲线
…   ……# 图标题设置等，略去
25  modelKNN = neighbors.KNeighborsClassifier(n_neighbors = bestK,weights = 'distance') # 建立最优参数 K 下的分类模型 modelKNN
26  modelKNN.fit(X_train,y_train) # 基于训练集估计 modelKNN 的模型参数
27  print(' 评价模型结果：\n',classification_report(y,modelKNN.predict(X)))
```

```
评价模型结果：
              precision    recall  f1-score   support

        严重污染       0.98      0.98      0.98        43
        中度污染       0.95      0.95      0.95       252
          优       0.99      0.98      0.98       377
          良       0.98      0.99      0.98       827
        轻度污染       0.97      0.97      0.97       470
        重度污染       0.98      0.93      0.96       127

    accuracy                           0.98      2096
   macro avg       0.97      0.97      0.97      2096
weighted avg       0.98      0.98      0.98      2096
```

■ 代码说明

（1）以上省略号部分在之前代码中重复出现过且不影响对原理的理解，故略去以节约篇幅。完整 Python 程序请参见本书配套代码。

（2）第 10 行开始的循环，用于建立参数 K 从小到大的基于加权 K- 近邻法的分类预测模型，并计算测试误差，目的是找到使测试误差最小的参数 K。测试误差随参数 K 增加而变化的曲线如图 5.7 所示。

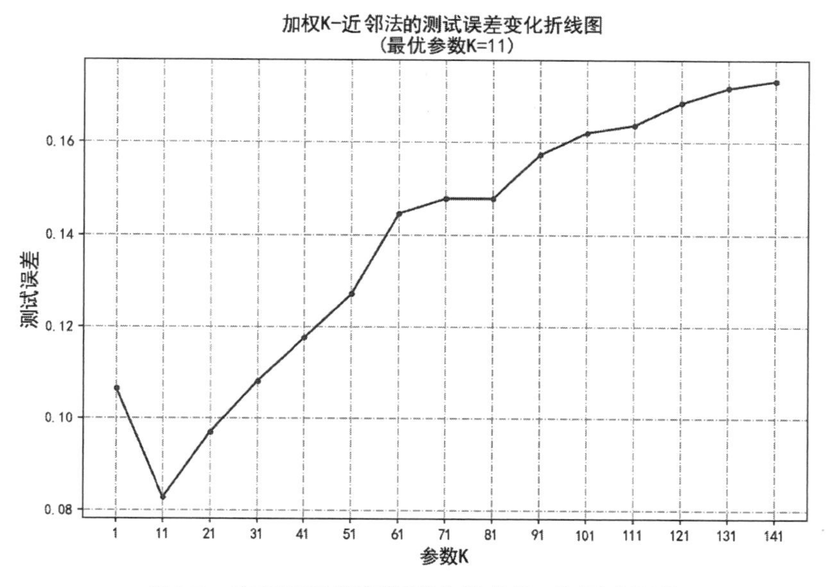

图5.7　空气质量等级预测中的参数K和测试误差

图 5.7 显示，随参数 K 从最小值逐步增大，模型复杂度不断降低，测试误差呈先下降后上升的特点。当 $K=11$时测试误差最小。K 大于 11 后测试误差上升，表明此时出现了模型过拟合。因此参数 K 的最优值应设置为 11。

（3）第 25 至 27 行：基于训练集建立最优参数 K 下的 K- 近邻分类预测模型，并评价分类预测模型在整个数据集上的表现。结果表明：该分类预测模型的总的预测精度为 98%。相比较而言，模型对中度污染的预测稍逊一筹，查准率 P、查全率 R 和 F_1 分数均等于 0.95。在重度污染预测中，模型的查准率 P 较高查全率 R 略低。

5.5.2 国产电视剧大众评分预测

本节将基于某段时间国产电视剧的播放和大众评分数据，采用 K- 近邻法，通过观众给出的点赞数和差评数，对电视剧的大众评分进行回归预测，并与一般线性回归模型进行对比。基本思路如下：

（1）读取大众评分数据，进行预测预处理。采用旁置法划分数据集。

（2）建立基于 K- 近邻法的回归预测模型，计算训练误差和测试误差，找到测试误差最小时的最优参数 K。这里，误差采用 $1-R^2$。$(1-R^2)\rightarrow 0$，表明模型预测效果理想。

（3）建立基于最优参数的 K- 近邻法回归预测模型，计算测试误差和在数据集上的总误差。

（4）基于训练集建立线性回归模型，计算训练误差和测试误差。

（5）对比基于 K- 近邻法的回归模型和线性回归模型，并进行成因分析。

Python 代码（文件名：chapter5-5.ipynb）如下。为便于阅读，我们将代码运行结果直接放置在相应代码行下方。

行号	代码和说明
1	data = pd.read_excel('电视剧播放数据.xlsx') # 读入 Excel 格式数据
2	data = data.replace(0,np.NaN) # 指定 0 为缺失值
3	data = data.dropna() # 剔除含有缺失值的样本观测
4	data = data.loc[(data['点赞']< = 2000000) & (data['差评']< = 2000000)] # 指定数据范围，仅对点赞数和差评数低于 200 万以下的电视剧进行分析
5	data.head() # 显示前 5 行样本观测数据

	剧名	类型	播放量	点赞	差评	得分
0	花千骨2015	言情剧\n\n穿越剧\n\n网络剧	3.07亿	992342	357808.0	7.3
1	还珠格格2015	古装剧\n\n\n喜剧\n\n\n网络剧	73.3万	2352	7240.0	2.5
2	天局	武侠剧\n\n古装剧\n\n悬疑剧\n\n网络剧	3454万	38746	3593.0	9.2
3	明若晓溪	青春剧\n\n言情剧\n\n偶像剧	1.57亿	518660	72508.0	8.8
4	多情江山	言情剧\n\n古装剧\n\n宫廷剧	1126万	22553	6955.0	7.6

行号	代码和说明
6	X = data.loc[:,['点赞','差评']] # 指定输入变量 X 数据
7	y = data.loc[:,'得分'] # 指定输出变量 y 数据
8	testErr = [] # 存储测试误差
9	X_train, X_test, y_train, y_test = train_test_split(X,y,train_size = 0.70, random_state = 123) # 采用旁置法按 7 : 3 划分训练集和测试集
10	K = np.arange(1,30,2) # 指定 K- 近邻法的参数 K 在 1 ～ 30 步长 2 的范围取值
11	for k in K: # 利用循环建立参数 K 不同取值下的回归预测模型
12	modelKNN = neighbors.KNeighborsRegressor(n_neighbors = k) # 建立基于 K- 近邻法的回归模型 modelKNN

```
13        modelKNN.fit(X_train,y_train)  # 基于训练集估计 modelKNN 的模型参数
14        testErr.append(1-modelKNN.score(X_test,y_test)) # 计算测试误差（这里为 1-R 方）
15    bestK = K[testErr.index(np.min(testErr))] # 得到测试误差最小时的参数 K 作为最优参数
16    print(' 最优参数 K:',bestK)
      最优参数K: 3
17    modelKNN = neighbors.KNeighborsRegressor(n_neighbors = bestK) # 建立基于最优参数的 K- 近邻
      法回归预测模型 modelKNN
18    modelKNN.fit(X_train,Y_train)  # 基于训练集估计 modelKNN 的模型参数
19    print('K- 近邻法：测试误差 = %.3f; 总预测误差 = %.3f'%(1-modelKNN.score(X_test,y_
      test),1-modelKNN.score(X,y)))
      K-近邻法：测试误差=0.004;总预测误差=0.002
20    modelLR = LM.LinearRegression() # 建立线性回归预测模型 modelLR
21    modelLR.fit(X_train,y_train)  # 基于训练集估计 modelLR 的模型参数
22    print(' 线性回归模型：测试误差 = %.3f; 总预测误差 = %.3f'%(1-modelLR.score(X_test,y_
      test),1-modelLR.score(X,y)))
      线性回归模型：测试误差=0.820;总预测误差=0.824
```

■ **代码说明**

（1）第 11 至 15 行：利用循环最终确定测试误差最小时的最优参数 K。这里的最优参数 K 等于 3。

（2）第 19 行：计算基于最优参数的 K- 近邻法回归预测模型的测试误差和在数据集上的总误差。两个误差都接近 0，表明 K- 近邻法回归预测模型的预测效果理想。

（3）第 20 行：计算线性回归模型的测试误差和在数据集上的总误差。两个误差都大于 0.80，表明线性回归预测模型的预测效果极不理想。

事实上，本例选择线性回归模型，即假设“得分”与“点赞”和“差评”之间存在线性关系是不恰当的。而基于 K- 近邻法的回归预测并不需要做这样的假设，而且预测效果理想，体现了 K- 近邻法在非线性数据预测中的优势。

• 本章相关函数列表 •

围绕本章学习，应重点掌握 Python 模块中的以下函数。函数的具体格式参见 Python 帮助。

一、建立基于K-近邻法的分类预测模型

（1）modelKNN=neighbors.KNeighborsClassifier(n_neighbors=K)。

（2）modelKNN.fit(X,Y)；modelKNN.predict(X)。

二、建立基于加权K-近邻法的分类预测模型

（1）modelKNN=neighbors.KNeighborsClassifier(n_neighbors=K,weight='')。

（2）modelKNN.fit(X,Y)；modelKNN.predict(X)。

三、建立基于*K*-近邻法的回归预测模型

（1）KNNregr=neighbors.KNeighborsRegressor(n_neighbors=K)。

（2）KNNregr.fit(X,Y)。

• 本章习题 •

1．什么是*K*-近邻法？为什么说*K*-近邻法具有更广泛的应用场景？

2．请简述*K*-近邻法的参数*K*的含义，并论述参数*K*从小变大对预测模型产生的影响。

3．什么是基于样本观测的加权*K*-近邻法？

4．请简述*K*-近邻法的适用条件。

5．Python编程题：探究*K*-近邻法。

（1）自行生成用于二分类预测研究的模拟数据。

（2）采用*K*-近邻法对模拟数据进行分类预测。

（3）探讨参数*K*对模型预测偏差和方差的影响。

6．Python编程：在5.5.2节案例的基础上，考虑电视剧播放量对国产电视剧的大众评分预测可能产生的影响，建立基于*K*-近邻法的回归预测模型，分析电视剧播放量是不是影响得分预测的重要因素。

提示：（1）应注意消除数量级对模型的影响。（2）可从增加或剔除输入变量对MSE的影响角度，考察输入变量的重要性。

第 6 章　数据预测建模：决策树

学习目标

1. 掌握决策树的基本概念和深层含义。
2. 掌握树深度对决策树和预测建模的影响。
3. 掌握决策树生长的原理和决策树剪枝的作用。
4. 掌握分类回归树的 Python 实现。

决策树（Decision Tree）是机器学习的核心算法之一，也是目前应用最为广泛的回归预测和分类预测方法。决策树很好地规避了一般线性模型、广义线性模型以及贝叶斯分类器等经典方法对数据分布的要求，在无分布限制的“宽松”条件下，找出数据中输入变量和输出变量取值间的逻辑对应关系或规则，并实现对新数据输出变量取值的预测，特别适合输入变量为分类型变量的场景。

本章将从以下方面讨论决策树的基本原理：

第一，决策树的基本概念和深层含义。

第二，回归预测中的决策树及对应的回归面有哪些特点。

第三，分类预测中的决策树及对应的分类边界有哪些特点。

第四，决策树的生长过程和剪枝过程。

第五，决策树中的经典算法分类回归树。

本章将结合 Python 编程对上述问题进行直观讲解，并基于 Python 给出决策树的实现以及应用实践示例。

6.1　决策树的基本概念

决策树的基本概念主要涉及什么是决策树以及决策树的深层含义等。

6.1.1 什么是决策树

作为一种经典的数据预测建模算法，决策树得名于其分析结果的展示方式类似一棵树根在上、树叶在下的倒置的树。决策树又细分为回归树和分类树，分别实现回归预测和分类预测。

这里，以图 6.1 所示的分类树为例讲解决策树。图中的分类树是基于空气质量监测数据建立的，用于预测空气质量等级。其中的输入变量 $\boldsymbol{X}$ 包括 $PM_{2.5}$、PM_{10} 等污染物浓度，输出变量 y 为空气质量等级，是个多分类变量。

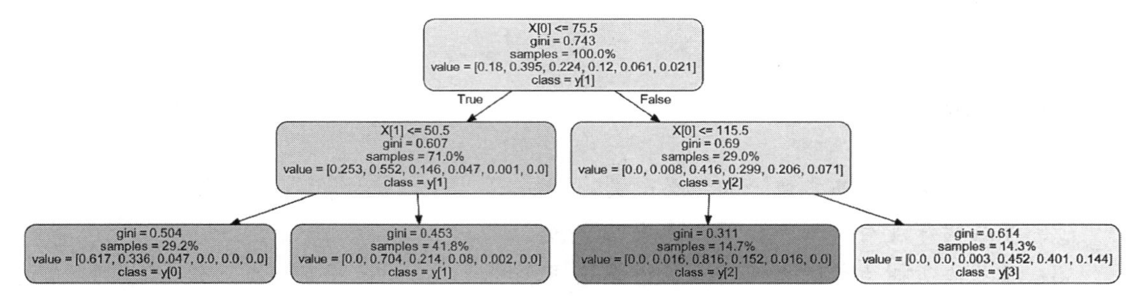

图6.1 决策树示意图

1. 树深度

图 6.1 中是一棵树深度等于 2 的决策树。树深度是树根到树叶的最大层数，通常作为决策树模型复杂度的一种度量。

2. 树节点和树分枝

图 6.1 中的一个方圆框表示树的一个节点，相关说明信息显示在方圆框中。有向箭头将各层节点连在一起构成树的一个分枝（这里共有 4 个分枝）。一个分枝中的下层节点称为相邻上层节点的子节点，上层节点称为相邻下层节点的父节点。每个父节点下均仅有两个子节点的决策树称为 2 叉树（这里为 2 叉树），有两个以上子节点的称为多叉树。因 2 叉树较为常见，故后续仅讨论 2 叉树。

根据节点所在层，节点由上至下分为根节点、中间节点和叶节点。根节点是仅有子节点、没有父节点的节点，其中包含了训练集的全部样本观测（样本量最大）。中间节点是既有父节点又有子节点的节点，仅包含其父节点中的部分样本观测；叶节点是仅有父节点、没有子节点的节点，也仅包含其父节点中的部分样本观测。

例如，图 6.1 最上层的框为根节点，包含训练集的 100% 的样本观测（显示 samples=100.0%）。空气质量等级（一级优，二级良，…，六级严重污染）由低至高的样本观测占比依次为 18%，39.5%，22.4%，12%，6.1% 和 2.1%（显示 value=[0.18,0.395,0.224,0.12,0.061,0.021]）。因二级良的占比最高即众数类，根节点中输出变量的预测类别应为二级良（显示 class=y[1]）。

这里显示的是Python从0开始的索引号。

图 6.1 有两个位于第一层的中间节点（根节点的子节点）。例如，根节点的右侧子节点，包含训练集 29.0% 的样本观测。空气质量各等级的样本观测占比依次为 0.0%，0.8%，41.6%，29.9%，20.6% 和 7.1%。因三级轻度污染的占比最高即为众数类，该节点中输出变量的预测类别应为三级轻度污染（class=y[2]）。

图 6.1 有四个位于第二层的叶节点。例如，最左侧的叶节点，包含训练集 29.2% 的样本观测，空气质量各等级的样本观测占比依次为 61.7%，33.6%，4.7%，0.0%，0.0% 和 0.0%。因一级优的占比最高，该节点中输出变量的预测类别为一级优（class=y[0]）。框中其他信息的含义后续再做说明。

6.1.2 决策树的深层含义

虽然决策树的外观简单直观，但体现了决策树的基本建模思想，蕴含着对数据预测来说非常重要的深层含义。

1. 决策树是数据反复分组的图形化体现

例如，图 6.1 的根节点是以 $PM_{2.5}$ 小于 75.5（X[0]<75.5）为组限，将训练集全体分成左右两组，完成第一次的树分枝生长，形成第一层的两个子节点（分别称为左子节点和右子节点），样本量分别占总样本量的 71.0% 和 29.0%。接下来，将第一层左子节点中的样本观测，以 PM_{10} 低于 50.5（X[1]<50.5）为组限，分成第二层左侧分枝中的左右两个子节点，样本量分别占总样本量的 29.2% 和 41.8%，完成第二次的树分枝生长。同理，将第一层右子节点中的样本观测，以 $PM_{2.5}$ 小于 115.5（X[0]<115.5）为组限，分成第二层右侧分枝中的左右两个子节点，样本量分别占总样本量的 14.7% 和 14.3%，完成第三次树分枝生成。最终得到训练集的四个分组，对应四个叶节点。

计量单位为微克/立方米。

输入变量X[0]为$PM_{2.5}$。

计量单位为微克/立方米。

输入变量X[1]为PM_{10}。

事实上，这样的数据分组还可以继续下去。于是将会得到更细的分组和树深度更大的决策树。

2. 决策树是推理规则的图形化展示

决策树中每个节点都有一条推理规则，决策树是推理规则集的图形化展示。推理规则通过逻辑判断的形式反映输入变量和输出变量之间的取值规律。

规则置信度仅针对分类预测。

例如，图 6.1 第一层左侧中间节点对应的推理规则是：如果 $PM_{2.5}$ 小于 75.5 则空气质量等级为一级优。规则置信度等于众数类占比 0.552。再如，图 6.1 最左侧叶节点对应的推理规则是：如果 $PM_{2.5}$ 小于 75.5 且 PM_{10} 小于 50.5，则空气质量等级为一级优。规则置信度等于众数类占比 0.617，等等。

可见，节点越靠近根节点，对应的推理规则越简单。越靠近叶节点，对应的推理规则越复杂。决策树的树深度越大、分枝越多，叶节点的推理规则越复杂，推理规则集越庞大。

3. 决策树的预测

决策树基于叶节点的推理规则，实现对新数据的回归预测和分类预测。

对样本观测 $\boldsymbol{X}_0$ 的输出变量值进行预测时，需从根节点开始依次根据输入变量取值，沿着决策树的不同分枝“进入”相应的叶节点记为 $Lnode_k$，它是一个包含 n_k 个样本观测的数据子集（分组）。对于回归树，样本观测 $\boldsymbol{X}_0$ 输出变量的预测值为 $\hat{y}_0=\frac{1}{n_k}\sum_{i:\boldsymbol{X}_i\in Lnode_k} y_i$，即 $Lnode_k$ 中输出变量的均值；对于分类树，样本观测 $\boldsymbol{X}_0$ 输出变量的预测类别为 $\hat{y}_0=\text{mode}(y_i)$，$i:X_i\in Lnode_k$，即 $Lnode_k$ 中输出变量的众数类 y_k，且置信度为众数类的占比 $\frac{n_{y_k}}{n_k}$，n_{y_k} 为众数类的样本量。

6.2 回归预测中的决策树

决策树用于回归预测和分类预测，几何上对应着回归线（面）以及分类边界。决策树的回归线（面）和分类边界有怎样的特点，会受哪些因素的影响，是需要重点讨论的问题。本节将集中讨论决策树的回归面。

6.2.1 决策树的回归面

如前所述，决策树是数据反复分组的结果。在回归预测中的几何理解就是对 p 个输入变量构成的 p 维实数空间进行反复划分，形成多个不相交的小区域。每个小区域是一个数据分组，对应决策树的一个叶节点。其中输出变量的预测值为相应分组内输出变量的均值，对应一个新增维度，构成 $p+1$ 维空间（如图 6.2 所示）。

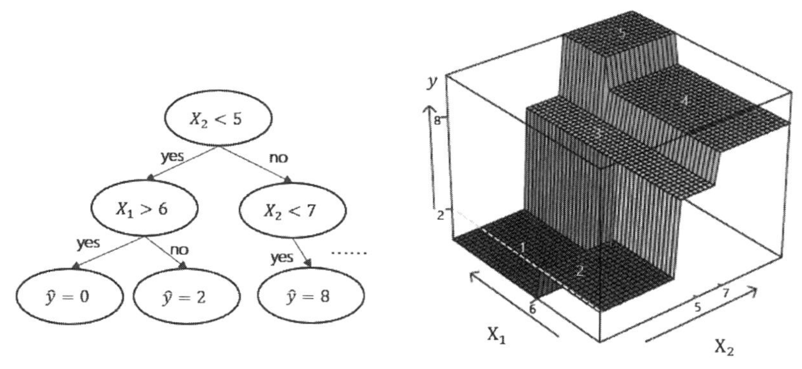

图6.2　回归树和回归树的空间划分示例

图 6.2 中的左图为基于两个输入变量（X_1，X_2）和输出变量 y 进行回归预测的决策树，右图为分别依据 X_1，X_2取值进行$p = 2$维区域划分，以及最终的决策树在 $p+1=3$维空间中的呈现情况。其中，1 号小平面表示：当输入变量$X_2 < 5$，$X_1 > 6$时，y 的预测值 $\hat{y} = 0$，是该区域（分组）内输出变量的均值，预测值落在 1 号小平面上。2 号小平面表示：当输入变量$X_2 < 5$，$X_1 < 6$时，y 的预测值 $\hat{y} = 2$，也是该区域（分组）内输出变量的均值，预测值落在 2 号小平面上。同理，当输入变量$5 < X_2 < 7$，时 y 的预测值 $\hat{y} = 8$，预测值落在 3 号小平面上，等等。可见，输入变量不同取值区域（分组）都与一个小平面相对应，小平面水平位置的高低取决于相应分组内输出变量均值的大小。

若对X_1，X_2做更细的分组，对应的决策树的树深度会更大，将得到更多不相交的区域和对应的小平面。这些小平面的平滑连接将形成一个不规则的曲面，该曲面就是决策树给出的用于回归预测的回归面。

决策树的树深度越大，所形成的回归面越不规则起伏。以下将对该问题进行详细讨论。

6.2.2　Python 模拟和启示：树深度对回归面的影响

决策树的树深度越大，所形成的回归面将越不规则起伏。本节将基于模拟数据，通过 Python 代码对这个问题做直观说明。首先导入 Python 的相关包或模块。为避免重复，这里将本章需要导入的包或模块一并列出如下，# 后面给出了简短的功能说明。

```
1  #本章需导入:
2  import numpy as np
3  import pandas as pd
4  import matplotlib.pyplot as plt
5  from mpl_toolkits.mplot3d import Axes3D #绘制三维图形
6  import warnings
7  warnings.filterwarnings(action = 'ignore')
8  %matplotlib inline
9  plt.rcParams['font.sans-serif']=['SimHei']  #解决中文显示乱码问题
10 plt.rcParams['axes.unicode_minus']=False
11 import sklearn.linear_model as LM #建立线性模型
12 from sklearn.metrics import classification_report #分类模型评价
13 from sklearn.model_selection import cross_val_score,train_test_split,KFold #划分数据集，交叉验证
14 from sklearn.datasets import make_regression #生成用于回归建模的模拟数据
15 from sklearn import tree #决策树算法
16 from sklearn.preprocessing import LabelEncoder  #数据重编码
```

基本思路如下：

（1）随机生成样本量$N=30$的有两个输入变量X_1，X_2的模拟数据，用于训练回归预测模型。为便于对比，该模拟数据同 5.2.2 节。

（2）分别建立树深度等于 1、2、5 的决策树实现回归预测。

（3）绘制模拟数据的三维散点图，绘制上述 3 个决策树的回归面，以直观展示各个回归面的特点。

Python 代码（文件名：chapter6-1.ipynb）如下。

行号	代码和说明
1	N = 30 # 读入样本量 N 为 30
2	X,y = make_regression(n_samples = N,n_features = 2,n_informative = 2,noise = 20,random_state = 123) # 随机生成样本量为 N、2 个输入变量（n_features）且均对输出变量 y 有线性影响（n_informative）、随机误差项服从均值为 0、标准差为 20（noise）的正态分布的数据集。其中，X 为输入变量集，y 为输出变量
3	X01,X02 = np.meshgrid(np.linspace(X[:,0].min(),X[:,0].max(),20), np.linspace(X[:,1].min(),X[:,1].max(),20)) # 为绘制回归面准备数据
4	X0 = np.hstack((X01.reshape(400,1),X02.reshape(400,1))) # 新数据集 X0 中包含 400 个样本观测
5	def Myplot(y0hat,title,yhat): # 定义用户自定义函数 Myplot 用于在三维空间中绘制 3 个模型的回归面
6	ax = Axes3D(plt.figure(figsize = (9,6))) # 定义三维绘图对象
7	ax.scatter(X[y> = yhat,0],X[y> = yhat,1],y[y> = yhat],c = 'red',marker = 'o',s = 100) # 绘制$y_i \geqslant \hat{y}_i$的样本观测点
8	ax.scatter(X[y<yhat,0],X[y<yhat,1],y[y<yhat],c = 'grey',marker = 'o',s = 100) # 绘制$y_i < \hat{y}_i$的样本观测点
9	ax.plot_surface(X01,X02,y0hat.reshape(20,20), alpha = 0.6) # 绘制基于 X0 和其预测值的回归面
10	ax.plot_wireframe(X01,X02,y0hat.reshape(20,20),linewidth = 0.5) # 绘制基于 X0 和其预测值的网格图
…	……# 图标题设置等，略去
15	for d in [1,2,5]: # 利用循环建立树深度等于 1，2，5 的决策树
16	modelDTC = tree.DecisionTreeRegressor(max_depth = d,random_state = 123) # 建立基于决策树的回归模型 modelDTC，参数 max_depth 为树深度 d
17	modelDTC.fit(X,y) # 基于 X 和 y 估计 modelDTC 的模型参数
18	Myplot(y0hat = modelDTC.predict(X0),title = " 决策树（深度 = %d) 的回归面，预测误差 (1-R 方) = %.2f"%(d,1-modelDTC.score(X,y)),yhat = modelDTC.predict(X)) # 计算预测误差，调用函数 Myplot 绘制不同决策树的回归面

■ 代码说明

（1）以上省略号部分在之前代码中重复出现过且不影响对原理的理解，故略去以节约篇幅。完整 Python 程序请参见本书配套代码。

（2）第 5 行：为减少代码重复，定义一个名为 Myplot 的用户自定义函数，用于绘制回归面，需要给出 3 个参数。第 1 个参数是新数据集$\boldsymbol{X}_0$的预测值$\hat{\boldsymbol{y}}_0$，将依据$\boldsymbol{X}_0$和$\hat{\boldsymbol{y}}_0$绘制回归面；第 2 个参数是所绘图形的标题；第 3 个参数是数据集$\boldsymbol{X}$的预测值$\hat{\boldsymbol{y}}$，将比较实际值y和预测值$\hat{y}$并决定散点图中点的颜色，以便直观地展示样本观测点和回归面的上下位置关系。这里指定，$y \geqslant \hat{y}$时点为红色，$y < \hat{y}$时点为灰色。所绘

图形如图 6.3 所示。

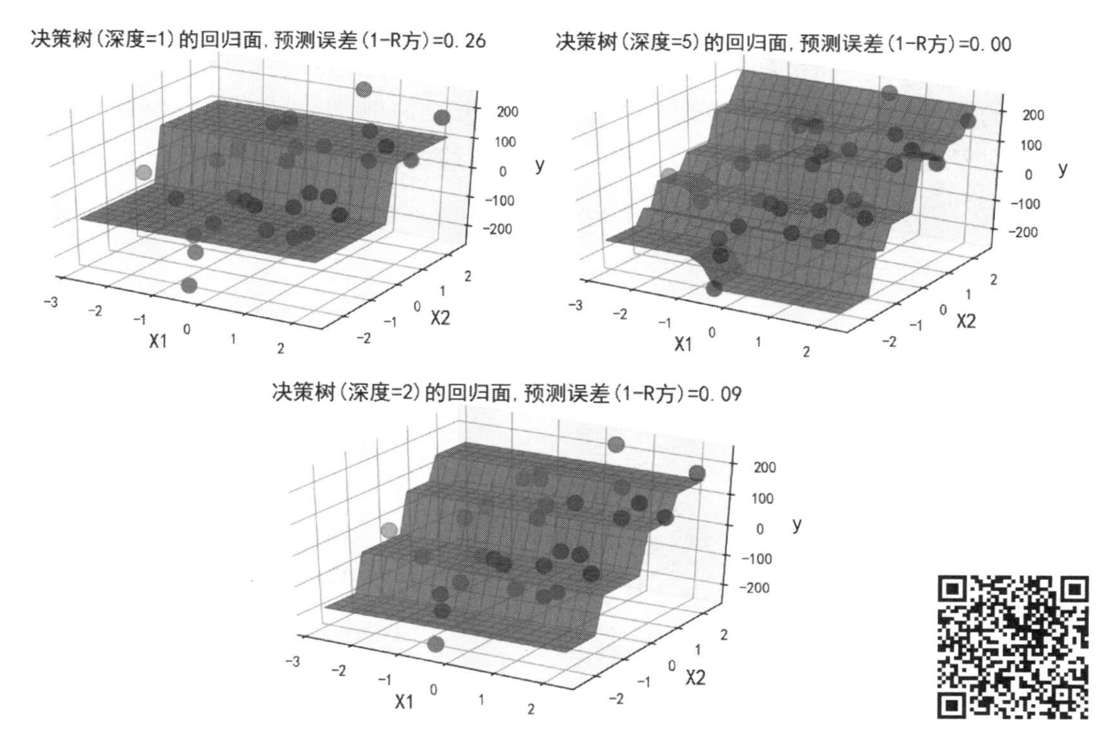

图6.3　不同树深度下的决策树回归面

（3）第 16 行：利用 DecisionTreeRegressor(max_depth=d,random_state=123)，建立基于决策树的回归预测模型。其中参数 max_depth 用于指定树深度；参数 random_state 用于指定随机数种子以使决策树分析结果可以重现，这是 Python 中提高算法效率的一种策略，6.5.1 节会详细讲解。

图 6.3 是对模拟数据分别采用树深度等于 1、2、5 情况下的回归面，经平滑处理后是一个回归曲面。可见，随着树深度的增加，决策树模型的复杂度提高，模型的训练误差 $(1-R^2)$ 越来越小，对应的回归面越来越起伏不规则。由此得到的启示是：

第一，树深度是决策树的重要参数，起到了平衡模型复杂度和误差的作用。

第二，决策树各个子节点以及分枝决定了 p 维空间划分的先后顺序和位置。决策树的树深度越大，得到的小平面就越多。这些小平面的平滑连接将形成一个起伏极不规则的回归曲面，可有效解决非线性回归预测问题。

如何确定空间划分的先后顺序和位置是决策树（回归树）算法的核心。后续将集中讨论。

6.3　分类预测中的决策树

决策树用于回归预测和分类预测，几何上对应着回归线（面）以及分类边界。决策树的回归线（面）和分类边界有怎样的特点，会受哪些因素的影响，是需要重点讨论的问题。本节将集中讨论决策树的分类边界。

6.3.1 决策树的分类边界

如前所述，决策树是数据反复分组的结果。在分类预测中的几何理解是对 p 个输入变量构成的 p 维实数空间进行反复划分，形成多个不相交的小区域。每个小区域是一个数据分组，对应决策树的一个叶节点，其中输出变量的预测值为相应分组内输出变量的众数，如图 6.4 所示。

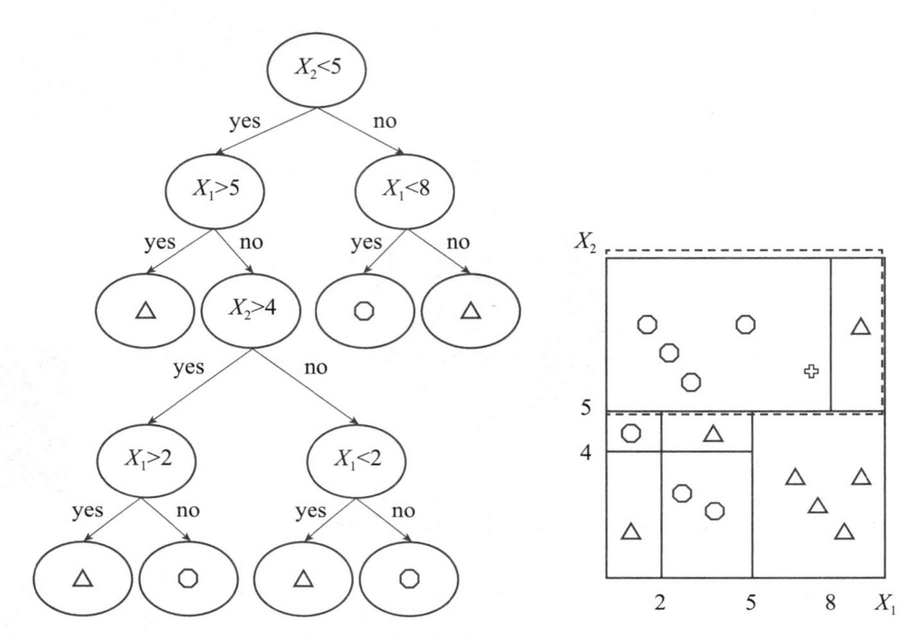

图6.4 分类树和分类树的空间划分示例

图 6.4 中的右图是基于两个输入变量（X_1，X_2）和输出变量 y 进行分类预测的决策树。叶节点中的三角形和圆圈表示输出变量的两个类别。左图展示了 $p=2$ 维空间输入变量 X_1，X_2 不同取值区域中，各样本观测输出变量的类别分布情况。

首先，左图的决策树依 $X_2<5$ 生成第一层左右两个子节点，分别对应右图 $X_2=5$ 水平线分割形成的上下两个区域。之后，对于第一层的右子节点依 $X_1<8$ 生成第二层左右两个子节点，分别对应右图虚线区域 $X_1=8$ 垂直线分割形成的左右两个区域。左侧区域输出变量的预测类别为圆圈，右侧为三角形。其他同理。可见，经过决策树的 6 次分枝得到 7 个叶节点，对应形成 7 个不相交的矩形区域。进一步，可对右图中小十字所在位置上的样本观测点的类别进行预测。由于该点处在圆圈类别区域内，因此应预测为圆圈。

如前所述，决策树的本质是推理规则集。一条推理规则几何上对应一条分类直线，实现对 p 维空间两个区域的划分。多条推理规则对应多条分类直线，将 p 维空间划分成若干个小的、平行于某个坐标轴的矩形区域。这些矩形区域边界的连接，便形成整棵决策树的分类边界。

决策树的树深度越大，所形成的分类边界越不规则。以下将对该问题进行详细讨论。

6.3.2 Python 模拟和启示：树深度对分类边界的影响

决策树的树深度越大，所形成的分类边界越不规则。本节将基于模拟数据，通过 Python 代码对这个问题做直观说明。基本思路如下：

（1）生成样本量 N 为 50 的模拟数据，有 2 个输入变量 X_1，X_2，分别有 25 个样本观测的输出变量 y 取 0 和 1 两个类别值。在 X_1，X_2 的二维空间中以不同颜色和形状展示两个类别样本观测点。为便于对比，该模拟数据同 4.2.2 节。

（2）分别建立树深度等于 2、4、6、8 的决策树实现分类预测。

（3）绘制模拟数据的散点图，绘制上述 4 个决策树的分类边界，以直观展示各个分类边界的特点。

Python 代码（文件名：chapter6-2.ipynb）如下。

行号	代码和说明
1	np.random.seed(123) # 指定随机数种子，使随机生成的模拟数据可以重现
2	N = 50 # 指定样本量
3	n = int(0.5*N) # 指定输出变量 y = 0 的样本量 n
4	X = np.random.normal(0,1,size = 100).reshape(N,2) # 生成样本量等于 50 的输入变量 X1,X2 服从标准正态分布的输入变量数据集 X, 其中 X1 = X[0];X2 = X[1]
5	y = [0]*n+[1]*n # 指定前 n 个样本观测的 y = 0, 后 n 个样本观测的 y = 1
6	X[0:n] = X[0:n]+1.5 # 调整前 n 个样本观测的输入变量取值
7	X01,X02 = np.meshgrid(np.linspace(X[:,0].min(),X[:,0].max(),100), np.linspace(X[:,1].min(),X[:,1].max(),100)) # 为绘图分类边界准备数据
8	X0 = np.hstack((X01.reshape(10000,1),X02.reshape(10000,1))) # 为绘图分类边界准备新数据 X0
9	fig,axes = plt.subplots(nrows = 2,ncols = 2,figsize = (15,12)) # 将绘图区域划分成 2 行 2 列的 4 个单元
10	for K,H,L in [(2,0,0),(4,0,1),(6,1,0),(8,1,1)]: # 利用循环建立 4 棵决策树并绘制分类边界
11	modelDTC = tree.DecisionTreeClassifier(max_depth = K,random_state = 123) # 建立树深度等于 K 的决策树（分类树）modelDTC
12	modelDTC.fit(X,y) # 基于 X 和 y 估计 modelDTC 的模型参数
13	Y0hat = modelDTC.predict(X0) # 对 X0 输出变量的类别进行预测
14	for k,c in [(0,'silver'),(1,'red')]: # 绘制分类边界，预测类别不同的点采用不同的颜色
15	axes[H,L].scatter(X0[Y0hat = = k,0],X0[Y0hat = = k,1],color = c,marker = 'o',s = 1)
16	axes[H,L].scatter(X[:n,0],X[:n,1],color = 'black',marker = '+') # 将 0 类点添加到图中
17	axes[H,L].scatter(X[n:N,0],X[n:N,1],color = 'magenta',marker = 'o') # 将 1 类点添加到图中
18	axes[H,L].set_title("%d 层决策树（训练误差 %.2f)"%((K,1-modelDTC.score(X,y))),fontsize = 14) # 计算预测误差，设置图标题
19	axes[H,L].set_xlabel("X1",fontsize = 14) # 设置横坐标标题
20	axes[H,L].set_ylabel("X2",fontsize = 14) # 设置纵坐标标题

■ 代码说明

（1）本例采用与第 4、5 章相同的模拟数据，目的是方便读者直观对比不同算法给出的分类边界的特点。

（2）第 11 行：利用 DecisionTreeClassifier(max_depth=K, random_state=123)，建立基于决策树的分类预测模型。其中参数 max_depth 用于指定树深度；参数 random_state 用于指定随机数种子以使决策树分析可以重现，这是 Python 中提高算法效率的一种策略，6.5.1 节会详细讲解。

所绘制的图形如图 6.5 所示。

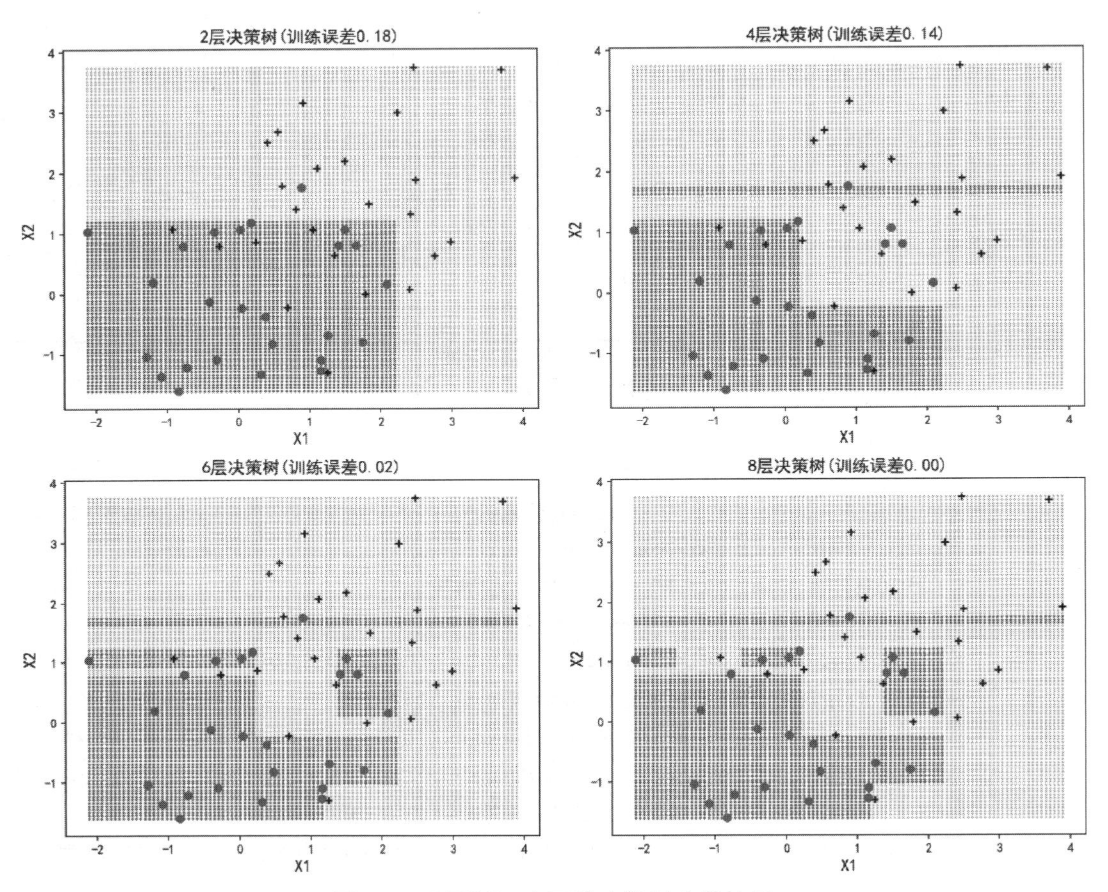

图6.5　不同树深度下的决策树分类边界

图 6.5 展示了对与图 4.1 相同的模拟数据，采用不同树深度的决策树进行分类预测时，二维空间划分所形成的多个矩形区域以及所构成的分类边界。树深度为 2 时整体分类边界比较规则，训练误差为 18%，较高。树深度为 4 和 6 时，区域划分更加细致，分类边界增加且整体上逐渐复杂，训练误差分别为 14% 和 2%。树深度为 8 时，区域划分进一步细致，整体上分类边界复杂，训练误差降至 0。可见，随着树深度的增加，决策树模型的复杂度提高，模型的训练误差越来越小，形成的分类边界越不规则。由此得到的启示是：

第一，树深度是决策树的重要参数，起到了平衡模型复杂度和误差的作用。

第二，决策树各个子节点以及分枝决定了 p 维空间划分的先后顺序和位置。决策树的树深度越大，相邻的矩形区域就越多。这些矩形区域边界（直线）的平滑连接将形成一个极不规则的分类边界（曲线），可有效解决非线性分类预测问题。

如何确定空间划分的先后顺序和位置是决策树（分类树）算法的核心。后续将集中讨论。

6.4 决策树的生长和剪枝

同大自然中的树木类似，决策树是“长”出来的，也需要不断“剪枝”，这些对于回归预测和分类预测有怎样的意义，对理解决策树算法是非常重要的。决策树有两大核心问题：

第一，决策树的生长，即如何基于训练集建立决策树。

第二，决策树的剪枝，即如何对决策树进行必要精简，得到具有恰当复杂度的推理规则集。

6.4.1 决策树的生长

决策树的生长过程是对训练集的不断分组过程。决策树的各个分枝是在数据不断分组过程中逐渐生长出来的。当某组数据的继续分组不再有意义时，它所对应的分枝便不再生长；当所有数据组的继续分组均不再有意义时，决策树生长结束。此时将得到一棵完整的决策树。因此，决策树生长的关键有两点：第一，确定数据分组的基本原则；第二，确定决策树继续生长的条件。

1. 确定数据分组的基本原则

无论分类树还是回归树，数据分组的基本原则是：使每次分组所得的两个组内的输出变量取值的异质性尽量低。应依据该原则从众多输入变量中选择一个当前的“最佳”分组变量和组限值。

对于回归预测的决策树而言，直观上，每一步空间划分时应同时兼顾由此形成的两个区域。应努力使两区域包含的观测点的输出变量的取值差异尽量小，也称异质性（Impurity）尽量低。原因在于，低异质性下的回归预测误差小，由此得到的两个区域是使离差平方和（或 MES）最小的两个区域，数学表示为：

$$\min \sum_{i:\boldsymbol{X}_i \in R_1} (y_i - \hat{y}_{R_1})^2 + \sum_{i:\boldsymbol{X}_i \in R_2} (y_i - \hat{y}_{R_2})^2 \tag{6.1}$$

式中，R_1，R_2 分别表示划分所得的两个区域；$\hat{y}_{R_1}$，$\hat{y}_{R_2}$ 为两个区域输出变量的预测值。

例如，图 6.2 中根节点选择以输入变量 X_2 为分组变量、组限值等于 5 的原因是，与其他分组方案相比，这样划分所得两个区域内的输出变量取值的异质性是最低的。

对于分类预测的决策树而言，直观上，每一步空间划分时应同时兼顾由此形成的两个区域。应努力使两区域包含的样本观测点的形状尽量“纯正”，异质性低。一个区域中多数样本观测点有相同的形状，尽量少地掺杂其他形状的点，即应使得同一区域中样本观测点的输出变量尽可能取同一类别值。原因在于，低异质性下的分类预测错判率低，推理规则的置信度高，这是优秀分类预测模型必备的重要特征之一。

例如，图 6.4 中根节点选择以输入变量X_2为分组变量、组限值等于 5 的原因是，与其他分组方案相比，这样划分所得的上下两个区域内的输出变量类别（圆圈或三角形）的异质性是最低的。之后，对于上半区域，选择以输入变量X_1为分组变量、组限值等于 8，是因为这样划分所得的两个区域内，输出变量的类别均相同。

需做以下两点说明：

（1）借助数据分组，决策树能够给出输入变量的重要性排序。从根节点开始，若 X_i 比X_j“更早”成为“最佳”分组变量，说明当下X_i降低输出变量异质性的能力强于X_j，X_i对预测的重要性高于X_j。

（2）决策树的输入变量可以是数值型，也可以是多分类型。

首先，决策树生长将自动完成对数值型输入变量的离散化（分组）。因为这是在输出变量“监督”下进行的分组，所以，也称有监督分组。其次，决策树生长将自动完成对多分类型输入变量的类合并。例如，若输入变量有 A、B、C 三个类别，对于 2 叉树而言，分组时需判断应将 A、B 合并为一类，还是将 A、C 或 B、C 合并为一类。决策树在处理分类型输入变量方面具有优势。

2. 确定决策树继续生长的条件

若不加限制条件，决策树会不断生长，树深度会不断增加。如前所述，树生长过程是回归面或分类边界不规则度不断增加、模型复杂度不断提高、训练误差不断降低的过程。

决策树生长的极端情况是对N个样本观测做$N-1$次分枝得到N个组对应N个叶节点。此时，决策树的树深度达到最大，叶节点最多，推理规则最多且最为复杂，回归面或分类边界最不规则，预测模型的复杂度最高，由此可能导致模型过拟合问题。

避免上述问题的有效方式是预设参数值，限制树的“过度”生长。通常有最大树深度、最小样本量、最小异质性下降值三个预设参数。

（1）可事先指定决策树的最大树深度，到达指定深度后就不再继续生长。

（2）可事先指定节点的最小样本量。节点样本量不应低于最小值，否则相应节点将不能继续分枝。

（3）可事先指定相邻节点中输出变量异质性下降的最小值。异质性下降不应低于最小值，否则相应节点将不能继续分枝。

一般将通过预设参数值限制树生长的策略，称为对决策树做预修剪（Pre-pruning）。预修剪能够有效阻止决策树的充分生长，但要求对数据有较为精确的了解，需反复尝试预设参数值的大小。否则，很可能因参数值不合理导致决策树深度过小、模型复杂度过低、预测性能低下，或者决策树深度仍过大，模型复杂度高仍存在模型过拟合。因此，通常的做法是粗略给出预设参数值，待决策树生长完毕后再进行剪枝。

6.4.2 决策树的剪枝

决策树的剪枝是指对所得的决策树，按照从叶节点向根节点的方向，逐层剪掉某些节点分枝的过程。相对于预剪枝，这里的剪枝也称为后剪枝（Post-pruning）。剪枝后的决策树，树深度减小，叶节点的推理规则不再那么复杂。

决策树剪枝的过程是模型复杂度不断降低的过程，涉及的关键问题是采用怎样的策略剪枝，以及何时停止剪枝。不同决策树算法的剪枝策略不尽相同，6.5 节将详细讨论这个问题。这里仅通过图 6.6 展示树深度和误差之间的关系，讨论停止剪枝的理论时刻。

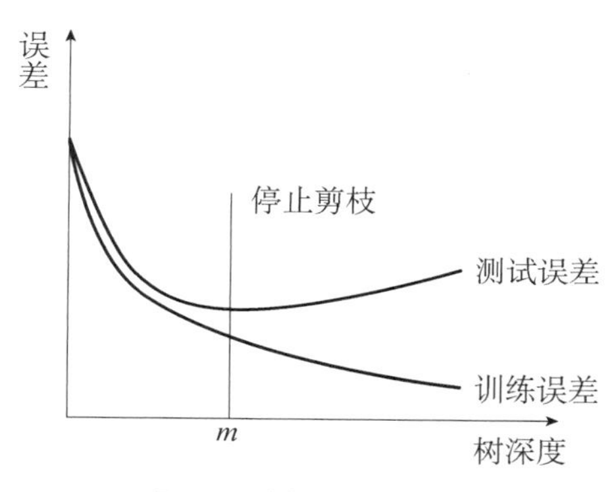

图6.6 树深度和误差

图 6.6 中，横坐标为树深度，测度了决策树模型的复杂度。纵坐标为误差，有训练误差和测试误差两条误差曲线。首先，从决策树生长过程看，生长初期训练误差和测试误差均快速减小。但随树深度的增加，训练误差和测试误差的减小速度开始放缓。当树深度大于 m 后，训练误差仍继续缓慢降低，但测试误差却开始增大。树深度大于 m 的决策树出现了典型的模型过拟合特征，即随模型复杂度提高，训练误差单调下降，而测试误差先降后升呈 U 形。因此，通过适当剪枝降低模型的复杂度，使过拟合模型不再过拟合是极为必要的。

其次，从右向左的决策树剪枝过程看，训练误差会随树深度的减少、模型复杂度的下降而单调上升。但测试误差会先下降再上升。这意味着虽然需对决策树进行剪枝但不能“过度”剪枝。停止剪枝的时刻应是测试误差达到最低的时刻。

综上，决策树的核心问题讨论至此，仍存在需进一步细致论述的方面。例如，如何度量输出变量的异质性，决策树剪枝的具体策略如何，等等。目前，有很多决策树算法，其中应用较广的是分类回归树（Classification and Regression Tree，CART）和 C4.5、C5.0 算法系列等。不同算法对上述问题的处理策略略有不同，以下将重点讨论分类回归树。

分类回归树是由莱奥·布莱曼（Leo Breiman）等学者于1984年提出的，同年出版了相关专著*Classification and Regression Trees*。

C4.5和C5.0算法系列是人工智能专家昆兰（Quinlan）对鼻祖级决策树ID3算法的延伸。

6.5 经典决策树算法：分类回归树

分类回归树（CART）是最为经典的决策树算法，它将形成一棵 2 叉树，并可细分为回归树和分类树。CART 算法同样涉及树生长和剪枝两个阶段。

6.5.1 CART 的生长

贪心算法是一种不断寻找当前局部最优解的算法。

相对上图而言，下图即是一种递归二分策略（引自 Gareth James, An Introduction to Statistical Learning with Applications in R）。

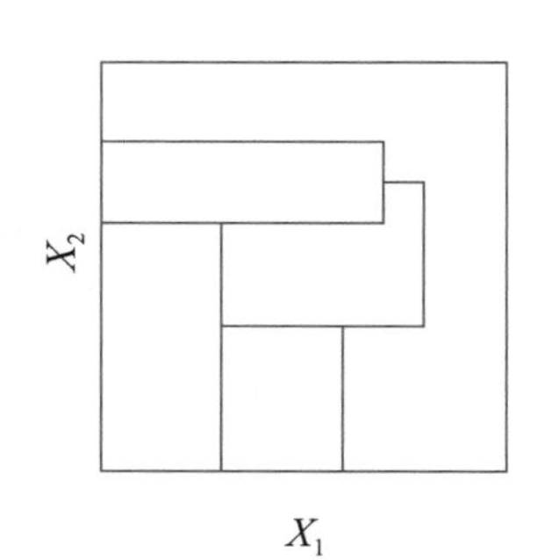

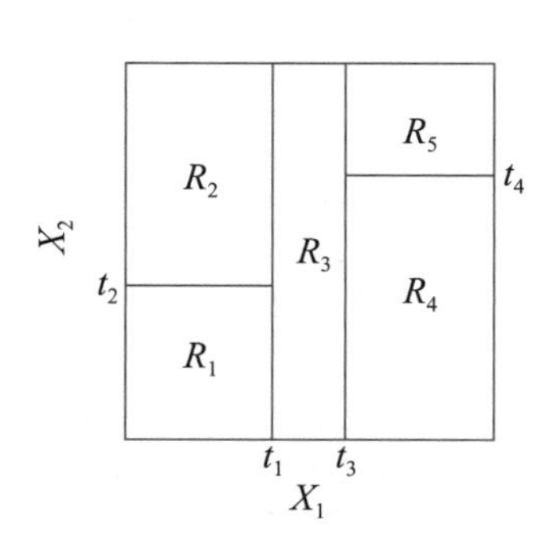

从算法效率角度考虑，CART 的树生长过程采用贪心算法，确定当前“最佳”分组变量和组限值，并通过自顶向下的递归二分策略实现空间区域的划分。因 CART 的回归树和分类树研究的输出变量类型不同，树生长中测度输出变量异质性的指标不同，以下将分别讨论。

1. 回归树的异质性测度

回归树的输出变量为数值型，通常采用方差度量异质性。回归树节点 t 的方差的数学定义为：

$$S^2(t) = \frac{1}{N_t}\sum_{i=1}^{N_t}(y_i(t) - \bar{y}(t))^2 \tag{6.2}$$

式中，$y_i(t)$ 为节点 t 样本观测 $\boldsymbol{X}_i$ 的输出变量值；$\bar{y}(t)$ 为节点 t 输出变量的平均值。

若节点 t 为父节点，分枝时应依据树生长中确定数据分组的基本原则，找到使 t 的左子节点 t_{left} 的方差 $S^2(t_{left})$ 及右子节点 t_{right} 的方差 $S^2(t_{right})$ 均取最小时的分组变量和分组组限。由于通常无法确保两者同时最小，因此只需两者的加权平均值 $\frac{N_{t_{left}}}{N_t}S^2(t_{left}) + \frac{N_{t_{right}}}{N_t}S^2(t_{right})$ 最小即可。$N_{t_{left}}$，$N_{t_{right}}$，N_t 分别为左右子节点的样本量和父节点的样本量，样本量占比为权重。可见，从父节点到子节点，输出变量的异质性下降等于：

$$\Delta S^2(t) = S^2(t) - (\frac{N_{t_{left}}}{N_t}S^2(t_{left}) + \frac{N_{t_{right}}}{N_t}S^2(t_{right})) \tag{6.3}$$

“最佳”分组变量和组限应是使 $\Delta S^2(t)$ 最大的输入变量和组限值。

2. 分类树的异质性测度

分类树的输出变量为分类型，通常采用基尼（Gini）系数和熵（Entropy）度量异质性。

（1）基尼系数。

分类树节点 t 的基尼系数的数学定义为：

$$G(t)=1-\sum_{k=1}^{K}P^2(k|t)=\sum_{k=1}^{K}P(k|t)(1-P(k|t)) \tag{6.4}$$

式中，K 为输出变量的类别数；$P(k|t)$ 是节点 t 中输出变量取第 k 类的概率。

当节点 t 中输出变量均取同一类别值，输出变量没有取值异质性时，基尼系数等于 0。当各类别取值概率相等，输出变量取值的异质性最大时，基尼系数取最大值 $1-\frac{1}{K}$。换言之，基尼系数等于 0 意味着节点 t 中输出变量没有异质性，取最大值意味着节点 t 中输出变量的类别有着最大的不一致。

若节点 t 为父节点，分枝时应依据树生长中确定数据分组的基本原则，找到使 t 的左子节点 t_{left} 的基尼系数 $G(t_{left})$ 及右子节点 t_{right} 的基尼系数 $G(t_{right})$ 均取最小时的分组变量和分组组限。由于通常无法确保两者同时最小，因此只需两者的加权平均 $\frac{N_{t_{left}}}{N_t}G(t_{left})+\frac{N_{t_{right}}}{N_t}G(t_{right})$ 最小即可。$N_{t_{left}}$，$N_{t_{right}}$，N_t 分别为左右子节点的样本量和父节点的样本量，样本量占比为权重。可见，从父节点到子节点，输出变量的异质性下降等于：

$$\Delta G(t)=G(t)-(\frac{N_{t_{left}}}{N_t}G(t_{left})+\frac{N_{t_{right}}}{N_t}G(t_{right})) \tag{6.5}$$

“最佳”分组变量和组限应是使 $\Delta G(t)$ 最大的输入变量和组限值。

（2）熵。

熵也称信息熵。1948 年香农（C.E. Shannon）借用热力学的热熵概念，提出用信息熵度量信息论中信息传递过程中的信源不确定性。可将信源 U 视为某种随机过程。若其发送的信息为 $u_i(i=1, 2, \cdots, K)$，发送信息 u_i 的概率为 $P(u_i)$，且 $\sum_{i=1}^{K}P(u_i)=1$，熵的数学定义为：

热熵是度量分子状态混乱程度的物理量。

$$Ent(U)=-\sum_{i=1}^{K}P(u_i)\log_2 P(u_i) \tag{6.6}$$

熵为非负数。如果 $Ent(U)=0$ 最小，表示只存在唯一的信息发送方案——$P(u_i)=1$，$P(u_j)=0$，$j\neq i$，意味着没有信息发送的不确定性。如果信源的 K 个信息有相同的发送概率——$P(u_i)=\frac{1}{K}$，此时信息发送的不确定性最大，熵达到最大 $Ent(U)=-\log_2\frac{1}{K}$。所以，信息熵越大表示平均不确定性越大。反之，信息熵越小表示平均不确定性越小。

在 CART 中，熵等于 0 意味着节点 t 中输出变量没有异质性，取最大值 $-\log_2 \frac{1}{K}$ 意味着节点 t 中输出变量的类别有着最大异质性。若父节点 t 的熵记为 $Ent(t)$，左右子节点的熵记为 $Ent(t_{left})$ 和 $Ent(t_{right})$，“最佳”分组变量和组限应是使

$$\Delta Ent(t) = Ent(t) - (\frac{N_{t_{left}}}{N_t} Ent(t_{left}) + \frac{N_{t_{right}}}{N_t} Ent(t_{right})) \tag{6.7}$$

最大的输入变量和组限值。$N_{t_{left}}$，$N_{t_{right}}$，N_t 分别为左右子节点的样本量和父节点的样本量，样本量占比作为左右子节点熵的权重。$\Delta Ent(t)$ 也称为信息增益。

图 6.7 的左图是二分类预测中，输出变量等于 1 的概率 $P(y=1)$ 从 0 变化至 1 时的基尼系数和熵的计算结果曲线。右图为基尼系数和信息熵归一化处理后的情况。处理后两测度曲线基本重合，差异不明显。这里略去 Python 代码（文件名：chapter6-3.ipynb），有兴趣的读者请参阅本书配套代码。

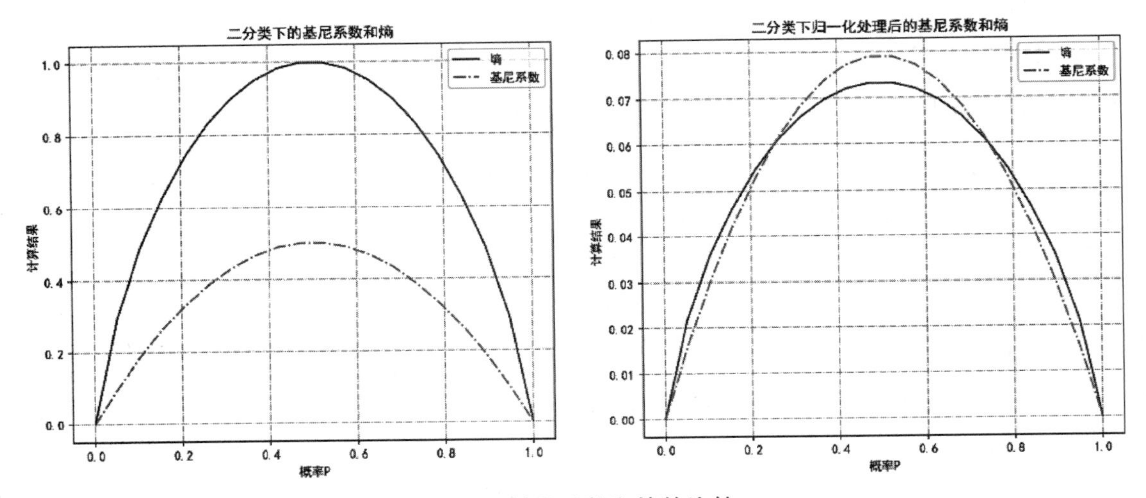

图6.7 基尼系数和熵的比较

综上，决策树生长的关键是在输入变量集合中不断选出当前最佳分组变量和分组组限。需要说明的是，这种策略的算法效率会受输入变量个数的影响，且需要完成所有输入变量的遍历之后才可确定。为解决这个问题，Python 采用在输入变量的随机子集中选出当前最佳分组变量和分组组限的改进策略，目的是提高算法效率。这也是 6.2.2 节第 16 行 Python 代码、6.3.2 节第 11 行 Python 代码通过参数 random_state 设置随机数种子的原因，本质是使输入变量的随机子集可以重现。

6.5.2 CART 的后剪枝

决策树剪枝是对所得的决策树，按照从叶节点向根节点的方向，逐层剪掉某些节点分枝的过程。相对于预剪枝，这种剪枝也称为后剪枝。剪枝后的决策树，树深度减小，叶节

点的推理规则不再那么复杂。

CART 的后剪枝采用最小代价复杂度剪枝法（Minimal Cost Complexity Pruning，MCCP），目的是得到一棵树深度合理、模型复杂度恰当、预测偏差和方差均不大的最优决策树。为此，CART 的后剪枝法首先构造了一个名为代价复杂度的指标，用于综合度量决策树的优劣。然后依据代价复杂度的变化进行树修剪。最终的最优决策树是代价复杂度最小时的决策树。

1. 代价复杂度和最小代价复杂度

决策树剪枝的目标是希望得到一棵大小“恰当”的树。决策树的低误差是以高复杂度为代价的，而过于简单的决策树无法给出满意的预测效果。复杂度和误差之间的权衡在决策树剪枝中非常关键。既要使修剪后的决策树不再有高复杂度，又要保证其误差不明显高于修剪之前的树。

可借助叶节点的个数测度决策树的复杂程度，叶节点个数与决策树的复杂度成正比。如果将误差看作决策树的“预测代价”，以叶节点个数作为树复杂度的度量，则树 T 的代价复杂度 $R_\alpha(T)$ 定义为：

$$R_\alpha(T) = R(T) + \alpha\left|\tilde{T}\right| \tag{6.8}$$

式中，$\left|\tilde{T}\right|$ 表示树 T 的叶节点个数；α 为复杂度参数（Complexity Parameter，简称 CP 参数），表示每增加一个叶节点所带来的复杂度单位，取值范围为 $[0,\infty]$；$R(T)$ 表示树 T 的测试误差。测试误差是基于测试集的，即计算误差时输出变量的实际值 y_i 来自测试集，但预测值是基于训练集的预测结果。对于回归树，$R(T)$ 为均方误差或离差平方和，展开表述为：

$$\sum_{m=1}^{\left|\tilde{T}\right|}\sum_{i:x_i\in R_m}(y_i-\hat{y}_{R_m})^2+\alpha\left|\tilde{T}\right| \tag{6.9}$$

式中，R_m 表示区域 m；y_i 来自测试集；$\hat{y}_{R_m}$ 是基于训练集的预测结果。对于分类树，$R(T)$ 可以是错判率等。

通常，希望预测模型的测试误差（$R(T)$）和模型的复杂度（$\alpha\left|\tilde{T}\right|$）都比较低。但因测试误差 $R(T)$ 低的模型复杂度 $\alpha\left|\tilde{T}\right|$ 高，复杂度 $\alpha\left|\tilde{T}\right|$ 低的模型测试误差 $R(T)$ 大，$R(T)$ 和 $\alpha\left|\tilde{T}\right|$ 不可能同时小。所以只要 $R(T)+\alpha\left|\tilde{T}\right|$ 即代价复杂度 $R_\alpha(T)$ 较小即可。代价复杂度最小的树是最优树。

式（6.8）中树 T 的代价复杂度 $R_\alpha(T)$ 是 α 的函数。CP 参数 α 等于 0 表示不考虑复杂度对 $R_\alpha(T)$ 的影响。基于代价复杂度最小的树是最优树的原则，此时的“最优树”是叶节点最多的树，因为其测试误差是最小的（在未出现过拟合时）。CP 参数 α 逐渐增大时，复杂度对 $R_\alpha(T)$ 的影响也随之增加。当 CP 参数 α 足够大时，$R(T)$ 对 $R_\alpha(T)$ 的影响可以忽略，此时的“最优树”是只有一个根节点的树，因为其复杂度是最低的。显然，最优树与 CP 参数 α 的取值大小有关。$\alpha=0$ 和 $\alpha=\infty$ 时的树都不是真正的最优树。但通过调整 CP 参数 α 的取值，会得到一系列的子树，真正的最优树就在其中。

2. CART的后剪枝过程

在从叶节点逐渐向根节点方向剪枝的过程中，会涉及先剪哪一枝的问题。换言之，在CP 参数α当前取值下可否剪枝。判断能否剪掉中间节点$\{t\}$下的子树T_t时，应计算中间节点$\{t\}$和其子树T_t的代价复杂度，树结构如图 6.8 所示。

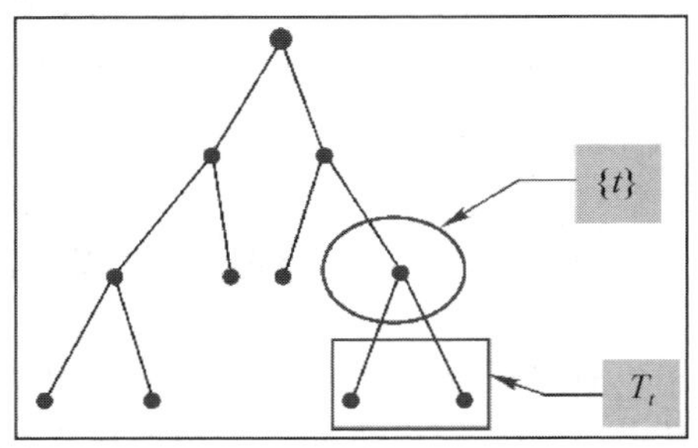

图6.8 中间节点$\{t\}$和它的子树T_t

首先，中间节点$\{t\}$的代价复杂度$R_\alpha(\{t\})$，通常视为减掉其所有子树T_t后的代价复杂度：

$$R_\alpha(\{t\}) = R(\{t\}) + \alpha \tag{6.10}$$

式中，$R(\{t\})$为中间节点$\{t\}$对应推理规则的测试误差。此时仅有一个叶节点。其次，中间节点$\{t\}$的子树T_t的代价复杂度$R_\alpha(T_t)$定义为：

$$R_\alpha(T_t) = R(T_t) + \alpha\left|\tilde{T}_t\right| \tag{6.11}$$

式中，$R(T_t)$是左右两个子节点对应推理规则的测试误差的加权平均值（权重为左右两个子节点的样本量占比）。

基于代价复杂度最小的树是最优树的原则，当给定 CP 参数α时，如果$R_\alpha(T_t) < R_\alpha(\{t\})$，则应该保留子树$T_t$，此时有$\alpha < \dfrac{R(\{t\}) - R(T_t)}{\left|\tilde{T}_t\right| - 1}$成立；如果$R_\alpha(T_t) \geqslant R_\alpha(\{t\})$，应剪掉子树$T_t$，有$\alpha \geqslant \dfrac{R(\{t\}) - R(T_t)}{\left|\tilde{T}_t\right| - 1}$成立。从另一个角度看，如果$\dfrac{R(\{t\}) - R(T_t)}{\left|\tilde{T}_t\right| - 1}$较大且大于当前的 CP 参数$\alpha$，则说明子树$T_t$对降低测试误差的贡献很大，应保留子树$T_t$；反之，如果$\dfrac{R(\{t\}) - R(T_t)}{\left|\tilde{T}_t\right| - 1}$较小且小于当前的$\alpha$，则说明子树$T_t$对降低测试误差的贡献很小，应剪掉子树$T_t$。可见，CP 参数$\alpha$可控制树的剪枝。

为实现决策树的自动剪枝，CART 剪枝过程分为两个阶段：第一阶段，通过不断从小到大调整 CP 参数α，控制树剪枝并得到一系列子树。第二阶段，在一系列子树中选出最优树作为最终的剪枝结果。

（1）第一阶段。

- 首先令$\alpha = \alpha_1 = 0$：因$\alpha < \dfrac{R(\{t\}) - R(T_t)}{\left|\tilde{T}_t\right| - 1}$成立，当前“最优树”为未剪枝的最大树（除非过拟合），记为T_{α_1}。
- 逐渐增大 CP 参数α：会导致$R_\alpha(\{t\})$和$R_\alpha(T_t)$同时增大。尽管子树T_t的叶节点多，式（6.11）的第二项复杂度大于其父节点，即$\alpha\left|\tilde{T}_t\right| > \alpha$，但因$\alpha$较小，第一项的$R(T_t)$和$R(\{t\})$分别对$R_\alpha(T_t)$和$R_\alpha(\{t\})$起决定性作用。若此时第一项的$R(T_t) << R(\{t\})$使得$R_\alpha(T_t) < R_\alpha(\{t\})$，不能剪掉子树$T_t$。
- 继续增大 CP 参数α的取值，从α_1增大至α_2：若$R_\alpha(\{t\}) \leqslant R_\alpha(T_t)$，子树$T_t$的代价复杂度开始大于$\{t\}$，则应剪掉子树$T_t$，得到一个“次茂盛”的子树，记为$T_{\alpha_2}$。

● 重复上述步骤，直到树只剩下一个根节点记为T_{α_K}为止。此时$\alpha_1<\alpha_2<\alpha_3<\cdots<\alpha_K$，并一一对应若干具有包含关系的一系列子树$T_{\alpha_1}$，$T_{\alpha_2}$，…，$T_{\alpha_K}$。它们的叶节点个数依次减少。

（2）第二阶段。

在K个一系列子树T_{α_1}，T_{α_2}，…，T_{α_K}中确定最优树T_{opt}作为最终的剪枝结果。T_{opt}的代价复杂度$R(T_{opt})\leqslant\min_k(R_\alpha(T_{\alpha_k})+m\times SE(R(T_{\alpha_k})))$，$k=1$，2，…，$K$。其中，$m$称为放大因子，$SE(R(T_{\alpha_k}))$为子树$T_{\alpha_k}$测试误差的标准误，定义为：

$$SE(R(T_{\alpha_k}))=\sqrt{\frac{R(T_{\alpha_k})(1-R(T_{\alpha_k}))}{N'}} \tag{6.12}$$

式中，N'为测试集的样本量。$m\times SE(R(T_{\alpha_k}))$是对子树$T_{\alpha_k}$测试误差的真值进行区间估计时的边界误差①。

图 6.9 为代价②、复杂度以及代价复杂度随树深度增加的理论曲线。$m=0$时，最优树$T_{opt(m=0)}$是K棵树中代价复杂度最小者，即图中虚线箭头所指位置上的树。$m>0$时，最优树$T_{opt(m>0)}$的代价复杂度$R(T_{opt(m>0)})>R(T_{opt(m=0)})$。尽管虚线箭头左右两侧的树均满足$R(T_{opt(m>0)})>R(T_{opt(m=0)})$，但依据奥卡姆剃刀原则，$T_{opt(m>0)}$应在树集合 1 中。

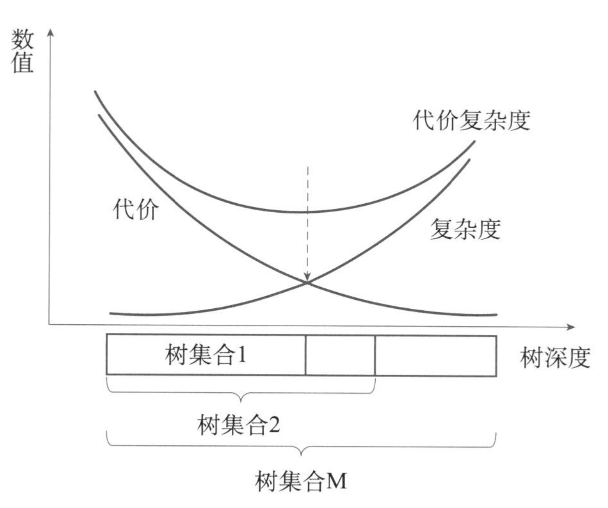

图6.9　树深度和代价复杂度

① 推论统计中，总体参数的置信区间为[样本统计量±边界误差]。例如，总体均值的置信区间为$\left[\bar{X}\pm Z_{\frac{\alpha}{2}}\times\frac{S}{\sqrt{N}}\right]$，$\bar{X}$为样本均值，$\frac{S}{\sqrt{N}}$为样本均值的标准误，$Z_{\frac{\alpha}{2}}$为正态分布的临界值，与置信水平$\alpha$有关。再例如，总体比例的置信区间为$\left[P\pm Z_{\frac{\alpha}{2}}\times\sqrt{\frac{P(1-P)}{N}}\right]$，$P$为样本比例，$\sqrt{\frac{P(1-P)}{N}}$为样本比例的标准误。

② 这里的代价采用指数损失函数形式：$\exp(-y_i\hat{f}(\boldsymbol{X}_i))$。

6.6 决策树的 Python 应用实践

本节通过两个应用案例，展示如何利用决策树解决实际应用中回归预测问题和多分类预测问题。一个应用案例是基于空气质量监测数据，分别建立关于 $PM_{2.5}$ 浓度的回归预测模型和空气质量等级的分类预测模型；另一个应用案例是关于医疗大数据应用领域中的药物适用性研究。

6.6.1 $PM_{2.5}$ 浓度的预测

本节将基于空气质量监测数据，以 SO_2 和 CO 为输入变量 X，$PM_{2.5}$ 为输出变量 y，建立基于决策树的回归预测模型，实现对 $PM_{2.5}$ 浓度的预测。重点聚焦如何确定树深度，如何对比 SO_2 和 CO 对 $PM_{2.5}$ 浓度的影响。基本思路是：

（1）读入空气质量监测数据，进行数据预处理。

（2）划分训练集和测试集，基于测试误差，确定合理的树深度参数。

（3）根据 SO_2 和 CO 对 $PM_{2.5}$ 的重要性评分，判断哪种污染物对 $PM_{2.5}$ 浓度的影响更大。

（4）绘制合理树深度下的决策树回归面，绘制树深度较大的过拟合模型的决策树回归面，直观对两个回归面进行对比。

Python 代码（文件名：chapter6-4.ipynb）如下。为便于阅读，我们将代码运行结果直接放置在相应代码行下方。

行号	代码和说明
1	data = pd.read_excel('北京市空气质量数据.xlsx') # 读入 Excel 格式数据
…	……# 数据预处理，略去
5	X = data[['SO2','CO']] # 指定输入变量 X
6	y = data['PM2.5'] # 指定输出变量 y
7	X_train, X_test, y_train, y_test = train_test_split(X,y,train_size = 0.70, random_state = 123) # 采用旁置法按 7 : 3 随机划分训练集和测试集
8	trainErr = [] # 存储不同树深度模型的训练误差
9	testErr = [] # 存储不同树深度模型的测试误差
10	CVErr = [] # 存储不同树深度模型的交叉验证测试误差
11	Deep = np.arange(2,15) # 指定树深度的取值范围
12	for d in Deep: # 利用循环建立不同树深度的决策树
13	modelDTC = tree.DecisionTreeRegressor(max_depth = d,random_state = 123) # 建立树深度为 d 的回归树 modelDTC
14	modelDTC.fit(X_train,y_train) # 基于训练集估计 modelDTC 的模型参数
15	trainErr.append(1-modelDTC.score(X_train,y_train)) # 计算并保存训练误差
16	testErr.append(1-modelDTC.score(X_test,y_test)) # 计算并保存测试误差
17	Err = 1-cross_val_score(modelDTC,X,y,cv = 5,scoring = 'r2') # 计算 5 折交叉验证的测试误差
18	CVErr.append(Err.mean()) # 计算并保存 5 折交叉验证的测试误差

19	bestDeep = Deep[testErr.index(np.min(testErr))] # 找到旁置法测试误差最小的树深度作为最优树深度
20	modelDTC = tree.DecisionTreeRegressor(max_depth = bestDeep,random_state = 123) # 建立最优树深度的回归树 modelDTC
21	modelDTC.fit(X,y) # 基于训练集估计 modelDTC 的模型参数 print(" 输入变量重要性：",modelDTC.feature_importances_) # 显示输入变量重要性得分 输入变量重要性： [0. 1.]
…	……# 绘制不同树深度下的训练误差、测试误差、5 折交叉验证误差的变化曲线，略去
…	……# 准备绘图数据，绘制最优深度下决策树的回归面和树深度等于 5 的回归面，略去

■ 代码说明

（1）以上省略号部分在之前代码中重复出现过且不影响对原理的理解，故略去以节约篇幅。完整 Python 程序请参见本书配套代码。

（2）第 22 行：feature_importances_ 中依输入变量顺序（这里是 SO_2、CO）保存它们对输出变量的重要性得分，重要性得分之和等于 1。可见，CO 是影响 $PM_{2.5}$ 的重要变量。相比之下 SO_2 的影响非常小。

（3）第 23 行开始绘制不同树深度下的训练误差、测试误差、5 折交叉验证误差的变化曲线。第 32 行开始绘制最优树（树深度等于 3）的回归面和树深度等于 5 的回归面。所绘制的图形如图 6.10 所示。

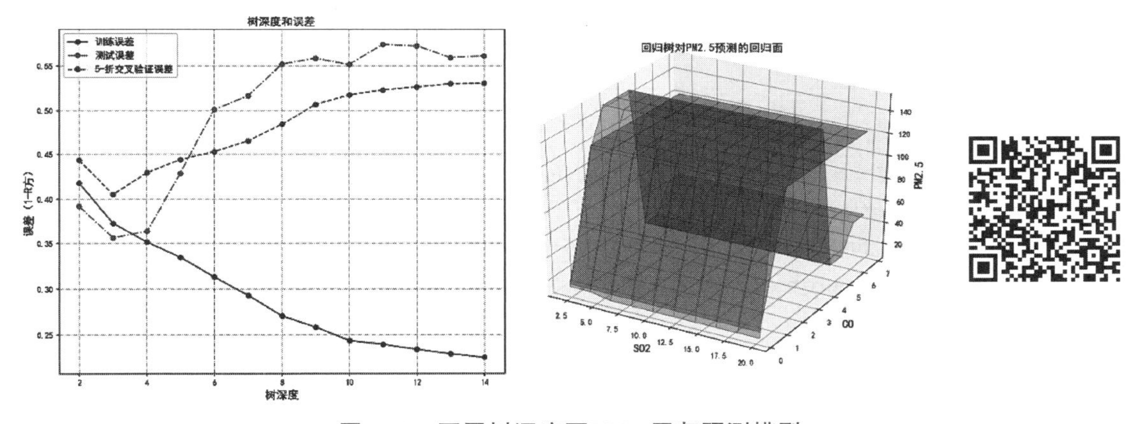

图6.10 不同树深度下$PM_{2.5}$回归预测模型

图 6.10 中左图的横坐标为树深度，纵坐标是误差，这里采用的是$1-R^2$。三条曲线分别为利用旁置法计算的训练误差和测试误差，以及 5 折交叉验证下的测试误差。可见，训练误差随树深度增加单调下降，但测试误差先降后升。最优树深度等于 3，树深度大于 3 的决策树都是过拟合的。右图给出了最优树深度和深度等于 5 的两个回归面。相对树深度等于 3 的回归面（浅蓝色曲面），树深度等于 5 的回归面（棕黄色曲面）更“曲折”，模型复杂度高。尽管其训练误差较低，但过拟合模型的泛化能力较弱。

6.6.2 空气质量等级的预测

本节将基于空气质量监测数据，以 $PM_{2.5}$、PM_{10}、SO_2、CO、NO_2 为输入变量 X，空气质量等级为输出变量 y，建立基于决策树的分类预测模型，目的是找到对空气质量等级有重要影响的因素，并聚焦决策树推理规则的输出和树的图形化输出。基本思路是：

（1）读入空气质量监测数据，确定输入变量和输出变量。

（2）建立树深度等于 2 的决策树。由于本示例的目的找到对空气质量等级有重要影响的因素，如前所述，因越接近树根的输入变量越重要，所以这里的树深度无须较大。

（3）输出推理规则。

（4）图形化输出决策树。

Python 代码（文件名：chapter6-4-1.ipynb）如下。为便于阅读，我们将代码运行结果直接放置在相应代码行下方。

行号	代码和说明
1	data = pd.read_excel(' 北京市空气质量数据 .xlsx') # 读入 Excel 格式数据
…	……# 数据预处理，略去
4	X = data.iloc[:,3:-1] # 指定输入变量为从索引 3 开始的列至最后 1 列
5	y = data[' 质量等级 '] # 指定输出变量
6	print(" 输入变量 :\n",X.columns) # 显示输入变量名 输入变量： Index(['PM2.5', 'PM10', 'SO2', 'CO', 'NO2'], dtype='object')
7	print(y.value_counts()) # 显示空气质量等级的分布情况 良 827 轻度污染 470 优 377 中度污染 252 重度污染 127 严重污染 43
8	modelDTC = tree.DecisionTreeClassifier(max_depth = 2,random_state = 123) # 建立树深度为 2 的决策树（分类树）modelDTC
9	modelDTC.fit(X, y) # 基于 X 和 y 估计 modelDTC 的模型参数
10	print(tree.export_text(modelDTC)) # 输出推理规则集 Name: 质量等级, dtype: int64 |--- feature_0 <= 75.50 | |--- feature_1 <= 50.50 | | |--- class: 优 | |--- feature_1 > 50.50 | | |--- class: 良 |--- feature_0 > 75.50 | |--- feature_0 <= 115.50 | | |--- class: 轻度污染 | |--- feature_0 > 115.50 | | |--- class: 中度污染
11	fig = plt.figure(figsize = (18,6))
12	print(np.unique(y)) # 输出变量取值和顺序 ['严重污染' '中度污染' '优' '良' '轻度污染' '重度污染']
13	tree.plot_tree(modelDTC,feature_names = list(X),class_names = np.unique(y),filled = True) # 决策树的图形化输出

■ 代码说明

（1）以上省略号部分在之前代码中重复出现过且不影响对原理的理解，故略去以节约篇幅。完整 Python 程序请参见本书配套代码。

（2）第 10 行：输出推理规则集，是决策树的文本化表达。

文本化表达是以字符形式展示决策树的构成，树根在左，树叶在右。规则集包含 4 条推理规则。例如，$PM_{2.5}$ 浓度低于 75.5 且 PM_{10} 不大于 50.5 时，空气质量等级为一级优，等等。

（3）第 13 行：决策树的图形化输出。其中：feature_names 用于指定输入变量名，class_names 用于指定输出变量类别，filled=True 表示树节点用颜色填充。所绘制的图形如图 6.11 所示。

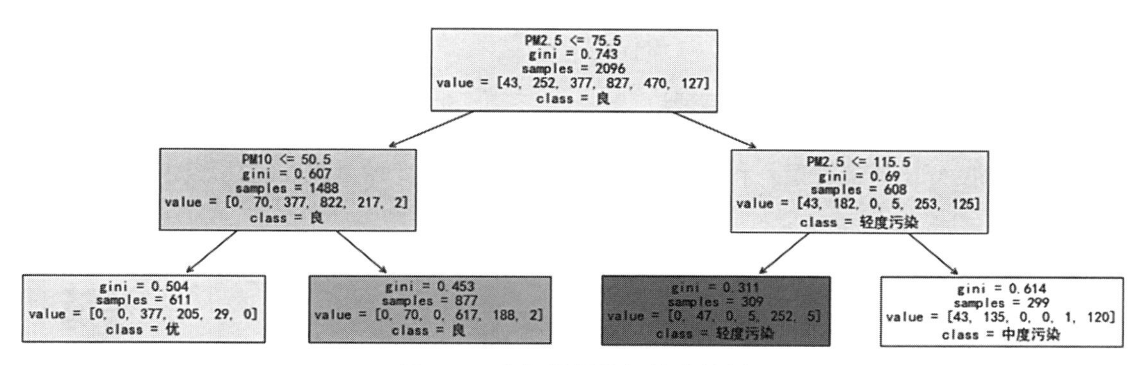

图6.11　空气质量等级的决策树

图 6.11 中，每个树节点中各行文字的含义依次为：分组变量和组限、基尼系数、样本量、输出变量的类别分布和众数。例如，根节点的含义是：根节点包含 2 096 个样本观测（全体数据）；空气质量等级的基尼系数等于 0.743；按照第 12 行代码显示的“严重污染”“中度污染”“优”“良”“轻度污染”“重度污染”的顺序给出空气质量等级的分布，这里，严重污染 43 天，中度污染 252 天，等等；根节点的众数类是“良”（827 天）；依据 $PM_{2.5} \leqslant 75.5$，将根节点中的全体数据分为两组（样本量分别是 1 488 和 608），分别对应根节点的左右两个子节点。$PM_{2.5}$ 和 PM_{10} 是距根节点最近的两个输入变量，所以是影响空气质量等级的最重要的两个因素。

6.6.3　药物适用性研究

大批患有同种疾病的不同病人服用五种药物中的一种（Drug，分为 Drug A、Drug B、Drug C、Drug X、Drug Y）之后，都取得了同样的治疗效果。案例数据（文件名为：药物研究 .txt）是随机挑选的部分病人服用药物前的基本临床检查数据，包括：血压（BP，分为高血压 High、正常 Normal、低血压 Low）、胆固醇（Cholesterol，分为正常 Normal 和高胆固醇 High）、血液中钠元素（Na）和钾元素（K）含量、年龄（Age）、性别（Sex，包括男 M 和女 F）等。现需找到以往药物处方适用的规律，给出不同临床特征病人更适合服用哪种药物的推荐建议，从而为医生开具处方提供参考。

建立基于决策树的多分类预测模型，并找到影响药物适用性的重要影响因素。基本思路如下：

（1）读取数据，进行数据预处理。输入变量包括血压、胆固醇、年龄、性别，以及钠与钾的比值（不直接采用钠和钾），输出变量为药物。

（2）确定合理的树深度。

（3）建立最优树深度下的分类树，发现影响药物适用性的重要因素。

（4）模型评价，给出药物适用性的推理规则。

因篇幅所限且代码均在前文出现过，故这里不再给出 Python 代码（文件名：chapter6-5.ipynb），读者可自行阅读本书配套代码。这里仅给出部分图形结果、模型评价以及推理规则集等。

1. 确定树深度和变量重要性

随树深度变化的训练误差和测试误差曲线，以及输入变量重要性的柱形图，如图 6.12 所示。

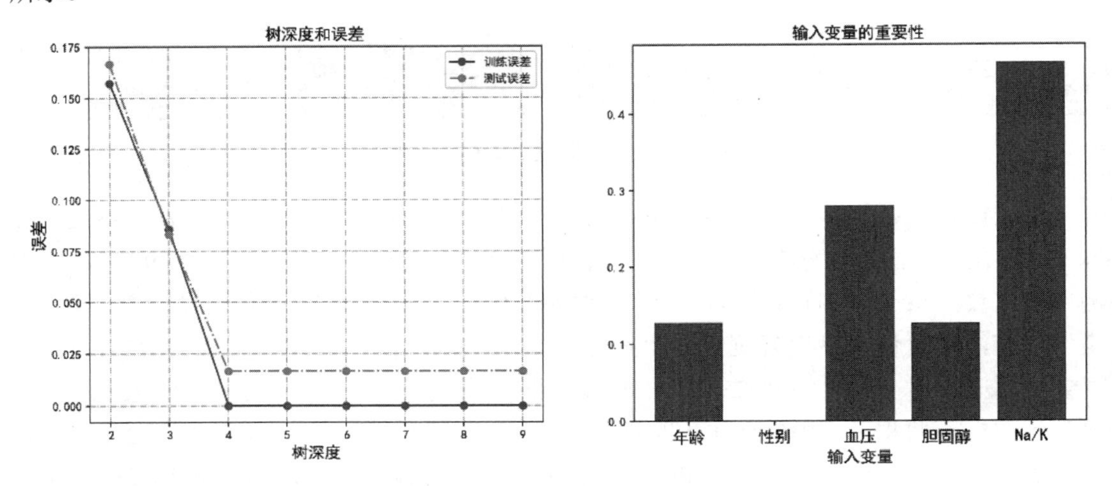

图6.12 随树深度变化的误差曲线和输入变量重要性的柱形图

图 6.12 中的左图显示，树深度等于 4 时，训练误差和测试误差均达到最小，最优树深度为 4。图 6.12 中的右图显示，根据最优树分析，影响药物适用性的最重要的变量是钠钾之比，其次是血压，性别对此没有影响。

2. 模型评价，获得药物适用性的推理规则

评价预测模型在整个数据集上的分类效果，获得最优树给出的药物适用性的推理规则集合，如下所示：

```
|--- feature_4 <= 14.83
|   |--- feature_2 <= 0.50
|   |   |--- feature_0 <= 49.50
|   |   |   |--- class: drugA
|   |   |--- feature_0 >  49.50
|   |   |   |--- class: drugB
|   |--- feature_2 >  0.50
|   |   |--- feature_2 <= 1.50
|   |   |   |--- feature_3 <= 0.50
|   |   |   |   |--- class: drugC
|   |   |   |--- feature_3 >  0.50
|   |   |   |   |--- class: drugX
|   |   |--- feature_2 >  1.50
|   |   |   |--- class: drugX
|--- feature_4 >  14.83
|   |--- class: drugY
```

```
模型的评价：
              precision    recall  f1-score   support

       drugA       1.00      0.96      0.98        23
       drugB       0.94      1.00      0.97        16
       drugC       1.00      1.00      1.00        16
       drugX       1.00      1.00      1.00        54
       drugY       1.00      1.00      1.00        91

    accuracy                           0.99       200
   macro avg       0.99      0.99      0.99       200
weighted avg       1.00      0.99      1.00       200
```

上述结果表明，决策树的整体预测正确率为 99%。对 Drug B 的查准率 P 相对较低，但整体的查准率 P 和查全率 R 均到达 99%，模型的分类预测性能理想。推理规则集显

示，钠与钾的比值（feature_4）高于 14.83 时最佳适用性药物为 Drug Y。钠与钾的比值（feature_4）低于 14.83 时需再考察血压（feature_2）情况：Drug X 适用于血压正常的患者；Drug A 对年龄（feature_0）49.5 岁以下的高血压患者更具适用性，49.5 岁以上的高血压患者倾向推荐 Drug B。

• 本章相关函数列表 •

围绕本章学习，应重点掌握 Python 模块中的以下函数。函数的具体格式参见 Python 帮助。

一、建立基于分类树的分类预测模型

modelDTC = tree.DecisionTreeRegressor()；modelDTC.fit(X,Y)。

二、建立基于回归树的回归预测模型

modelDTC = tree.DecisionTreeRegressor()；modelDTC.fit(X,Y)。

三、生成用于回归预测的模拟数据

X,Y=make_regression()。

• 本章习题 •

1. 如何理解决策树的生长过程是对变量空间的反复划分过程？
2. 请简述决策树生长的基本原则。
3. 请简述决策树预剪枝和后剪枝的意义。
4. 什么是最小代价复杂度剪枝法？其含义是什么？
5. Python 编程题：优惠券核销预测。

有超市部分顾客购买液态奶和使用优惠券的历史数据（文件名：优惠券核销数据 .csv），包括：性别（Sex：女 1/ 男 2），年龄段（Age：中青年 1/ 中老年 2），液态奶品类（Class：低端 1/ 中档 2/ 高端 3），单均消费额（AvgSpending），是否核销优惠券（Accepted：核销 1/ 未核销 0）。现要进行新一轮的优惠券推送促销，为实现精准营销需确定有大概率核销优惠券的顾客群。

请采用决策树算法找到优惠券核销人群的特点和规律。

6. Python 编程题：电信用户流失预测。

有关于某电信运营商用户手机号码的某段时间的使用数据（文件名：电信客户数据 .xlsx），包括：使用月数（某段时间用户使用服务月数）；是否流失（观测期内用户是否已经流失，1= 是，0= 否）；套餐金额（用户购买的月套餐金额，1 为 96 元以下，2 为

96 ～ 225 元，3 为 225 元以上）；额外通话时长（实际通话时长减去套餐内通话时长的月均值（分钟），这部分需要额外交费）；额外流量（实际流量减去套餐内流量的月均值（兆），这部分需要额外交费）；改变行为（是否更改过套餐金额，1= 是，0= 否）；服务合约（是否与运营商签订过服务合约，1= 是，0= 否）；关联购买（用户在移动服务中是否同时办理其他业务（主要是固定电话和宽带业务），1= 同时办理一项其他业务，2= 同时办理两项其他业务，0= 没有办理其他业务）；集团用户（办理的是不是集团业务，相比个人业务，集体办理的号码在集团内拨打有一定优惠。1= 是，0= 否）。

请采用决策树算法对用户流失进行预测，并分析具有哪些特征的用户易流失。

第 7 章　数据预测建模：集成学习

学习目标

1. 掌握袋装法的基本原理。
2. 掌握基于提升策略的建模原理。
3. 了解梯度提升树的基本原理。
4. 掌握各种集成学习方法的特点和 Python 实现。

决策树具有“天然”的高方差特征。如何通过某种机器学习策略，在不增加决策树预测误差的同时降低预测方差，克服决策树的高方差性，是本章讨论的重点之一。解决预测高方差问题的一般方法是集成学习（Ensemble Learning）。此外，通过集成学习还可得到预测性能更理想的预测模型。本章将从以下方面讨论：

第一，集成学习概述。我们将重点讨论集成学习的意义，以及集成学习能够解决哪些问题。

第二，基于重抽样自举法的集成学习。围绕减少模型预测方差的问题，重点讨论基于重抽样自举法的袋装法和随机森林。

第三，从弱模型到强模型的构建。集成学习的重要优势是具有较高的预测精度。本章将通过对弱模型到强模型的讨论，探究集成学习具有该优势的成因。

第四，梯度提升树。梯度提升树是当前应用最为广泛的决策树算法。在前面讨论的基础上，进一步认识梯度提升树具有重要的实践意义。

第五，XGBoost 算法。XGBoost 算法的计算效率更高，也是当下决策树算法的热点。理解 XGBoost 算法的基本原理和特点，是正确应用 XGBoost 算法的前提。

本章将结合 Python 编程对上述问题进行直观讲解，并基于 Python 给出集成学习的实现以及应用实践示例。

从循序渐进的学习角度看，相比之前的章节，本章的理论性有较大提升，学习难度也增大许多。为此建议读者首先聚焦方法主要解决什么问题，以怎样的核心思路解决问题。阅读本章的 Python 代码将对此有很大帮助。然后，在有能力的条件下可进一步深入理论细节，探讨原理背后的深层次问题。

7.1 集成学习概述

集成学习的基本思路是：建模阶段，基于一组独立的训练集，分别建立与之对应的一组回归或分类预测模型。称这里的每个预测模型为基础学习器（Base Learner）。预测阶段，基础学习器将分别给出各自的预测结果。对各预测结果进行平均或投票，确定最终的预测结果。

一方面，集成学习可以解决预测模型的高方差问题。另一方面，集成学习可将一组弱模型联合起来，使其成为一个强模型。

7.1.1 高方差问题的解决途径

集成学习能够解决高方差问题，其基本信念源于统计学。统计学指出，对来自同一总体、方差等于σ^2的随机变量观测值 Z_1，Z_2，…，均值 $\bar{Z}=\sum_{i=1}^{N}Z_i$ 的方差等于σ^2/N，即样本量等于N的一组随机变量均值的方差是其总体方差的$1/N$，样本量 N 越大，$\bar{Z}$ 的方差越小。

借鉴该思想，集成学习认为，若能够基于来自同一总体的多个独立的训练集，建立多个基础学习器，得到对样本观测$\boldsymbol{X}_0$的多个方差等于σ^2回归预测值 $\hat{f}^{(1)}(\boldsymbol{X}_0)$，$\hat{f}^{(2)}(\boldsymbol{X}_0)$，…，则其中 B 个回归预测值的平均值，即它们的集成结果 $\hat{f}_{avg}(\boldsymbol{X}_0)=\frac{1}{B}\sum_{i=1}^{B}\hat{f}^{(i)}(\boldsymbol{X}_0)$，其方差将降低到$\sigma^2/B$。需特别指出的是，这里的 B 个预测模型是彼此独立的。

当然，实际中人们无法获得 B 个独立的训练集，通常会采用某种策略模拟生成并训练预测模型。回归预测中，若$\boldsymbol{X}_0$的 B 个回归预测值记为$\hat{f}^{*(1)}(\boldsymbol{X}_0)$，$\hat{f}^{*(2)}(\boldsymbol{X}_0)$，…，$\hat{f}^{*(B)}(\boldsymbol{X}_0)$，$\boldsymbol{X}_0$ 的集成回归预测结果为 $\hat{f}^{*}_{avg}(\boldsymbol{X}_0)=\frac{1}{B}\sum_{i=1}^{B}\hat{f}^{*(i)}(\boldsymbol{X}_0)$，该预测结果的方差也将降低到$\sigma^2/B$。同理，分类预测中，$\boldsymbol{X}_0$的集成分类预测值是 B 个分类预测值的“投票”结果，一般为众数类。

模拟生成 B 个独立训练集的常见策略是采用重抽样自举法（Bootstrap）。而基于重抽样自举法的常见集成学习法有袋装（Bagging）法和随机森林（Random Forests）法。

7.1.2 从弱模型到强模型的构建

复杂模型会导致高方差及模型过拟合。为解决这个问题，集成学习的另一种策略是将一组弱模型组成一个“联合委员会”并最终成为

例如，二分类预测中的随机猜测误差等于0.5。

强模型。弱模型一般指比随机猜测的误差略低的模型。

零模型（Zero Model）就是一种典型的弱模型，是一种只关注输出变量取值本身而不考虑输入变量的模型。例如，零模型对 $PM_{2.5}$ 浓度的回归预测值，等于训练集中 $PM_{2.5}$ 的均值，并不考虑 SO_2、CO 等对 $PM_{2.5}$ 有重要影响的输入变量。再例如，零模型对空气质量等级的分类预测值，等于训练集中空气质量等级的众数类，也不考虑 $PM_{2.5}$、PM_{10} 等对空气质量等级有重要影响的输入变量。

比零模型略好的弱模型考虑了输入变量，但因模型过于简单等，训练误差较高且不会出现模型过拟合。借鉴“三个臭裨匠顶个诸葛亮”的朴素思想，集成学习认为：将多个弱模型集成起来，让它们进行联合预测，将会得到理想的预测效果。即一组弱模型的联合将变成训练误差较低的强模型，且这个强模型不会像单个复杂模型那样存在过拟合问题。

为此，可将基于不同训练集的 B 个弱模型（这里弱模型即为基础学习器）组成一个“联合委员会”进行联合预测。回归预测中，若 B 个弱模型对$\boldsymbol{X}_0$的回归预测值分别为 $\hat{f}^{*(1)}(\boldsymbol{X}_0)$，$\hat{f}^{*(2)}(\boldsymbol{X}_0)$，…，$\hat{f}^{*(B)}(\boldsymbol{X}_0)$，则“联合委员会”的联合预测结果为 $f_{\alpha}^{*}(\boldsymbol{X}_0)=\alpha_1\hat{f}^{*(1)}(\boldsymbol{X}_0)+\alpha_2\hat{f}^{*(2)}(\boldsymbol{X}_0)+\cdots+\alpha_B\hat{f}^{*(B)}(\boldsymbol{X}_0)$，$\alpha_i\ (i=1, 2, \cdots, B)$为模型权重。同理，分类预测中，“联合委员会”的联合预测结果是 B 个弱模型分类预测值的加权“投票”结果，为权重之和最大的类别。

从弱模型到强模型的常见集成学习法有提升（Boosting）法和梯度提升树等。需特别指出的是，与 7.1.1 节不同的是，这里的 B 个弱模型具有顺序（Sequential）相关性。对此将在后续详细讨论。

7.2 基于重抽样自举法的集成学习

重抽样自举法是模拟生成 B 个独立训练集的常见策略。常见的基于重抽样自举法的集成学习法有袋装法和随机森林。

7.2.1 重抽样自举法

重抽样自举法，也称 0.632 自举法。对样本量为N的数据集S，重抽样自举法的基本做法是：对S做有放回随机抽样，共进行B次，分别得到B个样本容量均为N的随机样本$S_b^*\ (b=1, 2, \cdots, B)$。称$S_b^*$为一个自举样本，$B$为自举次数。

对样本观测 $\boldsymbol{X}_i$，一次被抽中进入 S_b^* 的概率为$\frac{1}{N}$，未被抽中的概率为$1-\frac{1}{N}$。当N较大时，N次均未被抽中的概率为$(1-\frac{1}{N})^N\approx\frac{1}{\mathrm{e}}=0.368$（e 是自然对数的基数 2.718 3）。这意味着整体上有约$1-0.368=63.2\%$的样本观测可进入自举样本，这是重抽样自举法也称为 0.632 自举法的原因。

重抽样自举法在统计学中的最常见应用是估计统计量的标准误（Standard Errors）。例如，在没有任何理论假定下，估计线性回归模型中回归系数估计值$\hat{\beta}_i$ $(i=0, 1, \cdots, p)$的标准误。具体做法是：首先基于B个自举样本S_b^* $(b=1, 2, \cdots, B)$分别建立B个回归模型，得到回归系数β_i的B个估计值$\hat{\beta}_i^{*(b)}$ $(b=1, 2, \cdots, B)$；然后计算$\hat{\beta}_i^{*(b)}$的标准差$\sqrt{\frac{1}{B-1}\sum_{b=1}^{B}(\hat{\beta}_i^{*(b)}-\bar{\beta}_i^*)^2}$，（$\bar{\beta}_i^*=\frac{1}{B}\sum_{b=1}^{B}\hat{\beta}_i^{*(b)}$）即为$\hat{\beta}_i$ $(i=0, 1, \cdots, p)$的标准误，并由此得到回归系数真值的置信区间。

机器学习中，重抽样自举法用于模拟生成前述的独立训练集。B个自举样本S_b^* $(b=1, 2, \cdots, B)$对应B个独立的训练集，后续将被应用于袋装法和随机森林中。

7.2.2 袋装法的基本思想

袋装法的英文 Bagging 是 Bootstrap Aggregating 的缩写。袋装法是一种基于重抽样自举法的常见集成学习策略，在单个学习器具有高方差和低偏差的情况下非常有效。

袋装法涉及基于B个自举样本S_b^* $(b=1, 2, \cdots, B)$的建模、预测和模型评估，以及输入变量重要性的度量等方面。

1. 袋装法的建模

基于B个自举样本S_b^* $(i=1, 2, \cdots, B)$建模的核心是训练B个基础学习器。通常基础学习器是训练误差较低的相对复杂的模型。回归预测中可以是一般线性模型、K- 近邻法以及回归树等。分类预测中可以是二项 Logistic 回归模型、贝叶斯分类器、K- 近邻法以及分类树等。本章仅指回归树和分类树。

2. 袋装法的预测

回归预测中，基于B个自举样本S_b^* $(b=1, 2, \cdots, B)$建立回归树，得到$\boldsymbol{X}_0$的B个回归预测值$\hat{T}^{*(b)}(\boldsymbol{X}_0)(b=1, 2, \cdots, B)$，$\hat{T}^{*(b)}$表示第$b$棵回归树。计算$\hat{T}^{*(b)}(\boldsymbol{X}_0)$的均值，得到$\boldsymbol{X}_0$的袋装预测值：

$$\hat{f}_{bag}^*(\boldsymbol{X}_0)=\frac{1}{B}\sum_{b=1}^{B}\hat{T}^{*(b)}(\boldsymbol{X}_0) \tag{7.1}$$

K分类预测中，基于B个自举样本S_b^* $(b=1, 2, \cdots, B)$建立分类树，得到$\boldsymbol{X}_0$的B个分类预测类别$\hat{T}^{*(b)}(\boldsymbol{X}_0)$ $(b=1, 2, \cdots, B)$。$\boldsymbol{X}_0$的袋装预测类别是B个预测类别的众数：

$$\hat{G}_{bag}^*(\boldsymbol{X}_0)=\text{mode}(T^{*(1)}(\boldsymbol{X}_0), T^{*(2)}(\boldsymbol{X}_0), \cdots, T^{*(B)}(\boldsymbol{X}_0)) \tag{7.2}$$

即得票数最高的类别。

以决策树（如分类回归树）为基础学习器，基于袋装法实现分类预测的原理如图 7.1 所示。图 7.1 中，基于B个自举样本建立B棵分类回归树，并共同对 4 个样本观测进行分类预测。投票结果表明其中 3 个样本观测应预测为实心类。应注意的是，图 7.1 中每棵树的“外观”是不同的，后续还将对此进行说明。

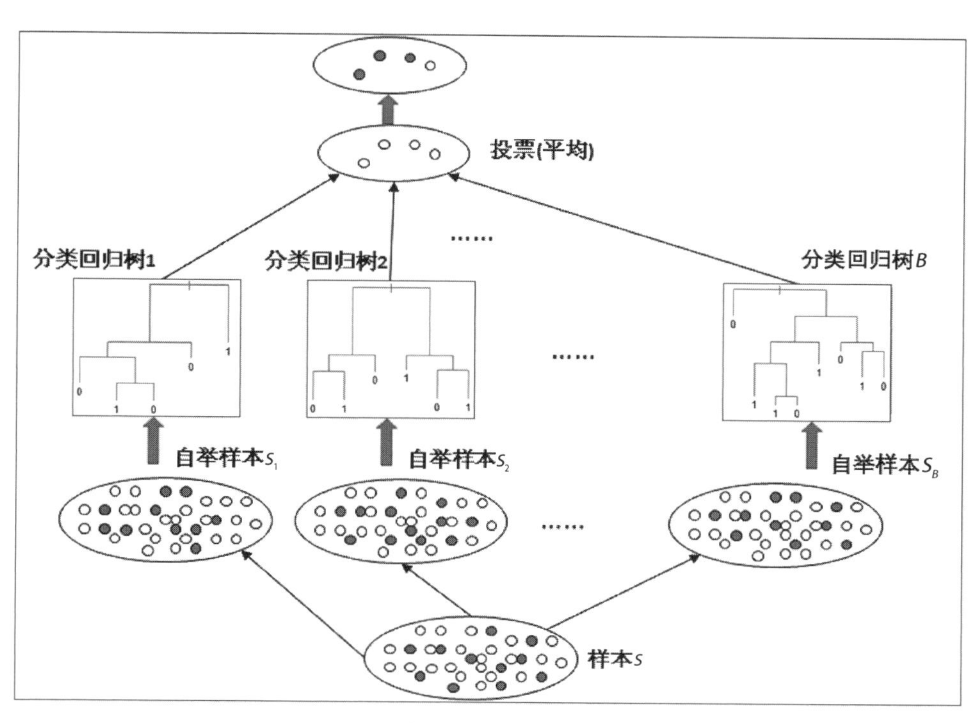

图7.1　袋装法分类预测示意图

无论是回归预测中求均值，还是分类预测中的投票，本质都是对多个基础学习器预测结果进行平滑，目的是消除自举样本的随机性差异对预测结果带来的影响。理论上，经平均或投票所得的预测结果是真值的无偏估计。由此计算所得的测试误差也是泛化误差真值的无偏估计。

无偏估计是推论统计中衡量一个估计是否为好估计的标准之一。待估参数的真值记为θ，估计值记为$\hat{\theta}$。若$E\left(\hat{\theta}\right)=\theta$，$E()$表示期望，则$\hat{\theta}$是$\theta$的无偏估计。

3. 袋装法的测试误差

计算基于袋装法的测试误差时，应特别注意测试误差应基于“袋外观测”（OOB）计算的特征。这里，基础学习器$\hat{T}^{*(b)}$的 OOB 是未出现在S_b^*内的样本观测。计算测试误差时，应对每个样本观测$\boldsymbol{X}_i$ $(i=1, 2, \cdots, N)$，得到其作为 OOB 时基础学习器给出的预测结果。即若$\boldsymbol{X}_i$ $(i=1, 2, \cdots, N)$在建模过程中有q $(q<B)$次作为 OOB，则只有q个基础学习器提供预测值，最终预测结果是这q个值的均值或投票。在此基础上计算的误差是具有 OOB 特征的测试误差。

4. 袋装法中的输入变量重要性的度量

对于单棵决策树，越接近根节点的输入变量（作为分组变量），重要性越高。袋装法度量输入变量重要性需基于多棵树。一般度量方法是：每个输入变量作为最佳分组变量，都会使输出变量的异质性下降。计算B棵树异质性下降的总和。总和最大值对应的输入变量重要性最高，总和最小值对应的输入变量重要性最低。

7.2.3 随机森林的基本思想

随机森林也是一种基于重抽样自举法的集成学习方法。顾名思义，随机森林是用随机方式建立包含多棵决策树的森林。其中每棵树都是一个基础学习器，“整片”森林对应着集成学习。

与袋装法类似，随机森林中的多棵树将共同参与预测。不同的是，随机森林通过随机，努力使每棵树的“外观”因彼此“看上去不相同”而不相关。

袋装法可降低预测方差的基本理论依据是：来自同一总体的方差等于σ^2的B个预测值$\hat{T}^{*(b)}(X_0)$，因彼此独立使得其均值$\hat{f}^*_{bag}(\boldsymbol{X}_0)$的方差降至$\sigma^2/B$。若放松独立的限制允许相关，且假设预测值两两相关系数均等于ρ，则方差等于$\rho\sigma^2+\frac{1-\rho}{B}\sigma^2$。

统计学证明：对来自总体方差等于σ^2的总体的N个随机观测$Z_i(i=1,2,\cdots,N)$，若两两相关系数等于ρ，均值$\bar{Z}$的方差为：

$$\mathrm{var}(\bar{Z})=\mathrm{var}\left(\frac{1}{N}\sum_{i=1}^{N}Z_i\right)$$
$$=\frac{1}{N^2}\left(N\sigma^2+N(N-1)\rho\sigma^2\right)$$
$$=\frac{\sigma^2+(N-1)\rho\sigma^2}{N}$$
$$=\rho\sigma^2+\frac{1-\rho}{N}\sigma^2$$

$\rho=0$时，$\mathrm{var}(\bar{Z})=\frac{\sigma^2}{N}$。

可见，随B的增加第二项趋于0，仅剩下第一项。此时方差的降低取决于相关系数ρ的大小（σ^2已确定）。若相关系数ρ较大，方差也会较高。随机森林通过减少预测值的相关性，换言之，通过降低树间的相似性（高相似的决策树必然给出高相关的预测值）的策略降低方差，它是对袋装法的有效补充。

降低树间相似性的基本策略是采用多样性增强。所谓多样性增强，就是在机器学习过程中增加随机性扰动，包括对训练数据增加随机性扰动、对输入变量增加随机性扰动以及对算法参数增加随机性扰动等。

随机森林涉及如何实现多样性增强，以及度量输入变量重要性等方面。

1. 随机森林的算法策略

随机森林采用多样性增强策略，对训练数据以及输入变量增加随机性扰动以降低树间的相似性。其中，重抽样自举是实现对训练数据增加随机性扰动的最直接的方法。对输入变量增加随机性扰动的具体实现策略是：决策树建立过程中的当前“最佳”分组变量，是来自输入变量的一个随机子集Θ_b的变量。于是分组变量具有了随机性。多样性增强策略可以使多棵树“看上去不相同”。

具体讲，需进行$b=1, 2, \cdots, B$次如下迭代，得到包括B棵树的随机森林。

第一步，对样本量等于N的数据集进行重抽样自举，得到自举样本S_b^*。

第二步，基于自举样本S_b^*建立回归树或分类树$\hat{T}^{*(b)}$。决策树从根节点开始按如下方式不断生长，直到满足树的预修剪参数为止：

（1）从p个输入变量中随机选择m个输入变量，构成输入变量的一个随机子集Θ_b。通常，$m=\left[\sqrt{p}\right]$或者$m=\left[log_2 p\right]$。[]表示取正整。

（2）从Θ_b中确定当前"最佳"分组变量，分组并生成两个子节点。

第三步，输出包括B棵树$\left\{\hat{T}^{*(b)}\right\}^B$的随机森林。

第四步，预测。回归预测结果为$\hat{f}_{rf}^*(\boldsymbol{X}_0)=\frac{1}{B}\sum_{b=1}^{B}\hat{T}^{*(b)}(\boldsymbol{X}_0)$；分类预测结果为得票数最高的类别。

随机森林的预测性能评价也需计算基于OOB的测试误差。

2. 随机森林中的输入变量重要性的度量

随机森林通过添加随机噪声的方式度量输入变量的重要性。基本思路是：若某输入变量对输出变量预测有重要作用，那么在模型OOB的该输入变量上添加随机噪声，将显著影响模型OOB的计算结果。首先，对$\hat{T}^{*(b)}$ ($b=1$，2，…，B)计算基于OOB的误差，记为$e(\hat{T}^{*(b)})$。然后，为测度第j个输入变量对输出变量的重要性，进行如下计算：

（1）随机打乱$\hat{T}^{*(b)}$的OOB在第j个输入变量上的取值顺序，重新计算$\hat{T}^{*(b)}$的基于OOB的误差，记为$e^j(\hat{T}^{*(b)})$。

（2）计算第j个输入变量添加噪声前后$\hat{T}^{*(b)}$的OOB误差的变化：$c_{\hat{T}^{*(b)}}^j=e^j(\hat{T}^{*(b)})-e(\hat{T}^{*(b)})$。

重复上述步骤B次，得到B个$c_{\hat{T}^{*(b)}}^j$ ($b=1$，2，…，B)。计算均值$\frac{1}{B}\sum_{b=1}^{B}c_{\hat{T}^{*(b)}}^j$，为第$j$个输入变量添加噪声导致的随机森林总的OOB误差变化，变化值越大，第j个输入变量越重要。

7.2.4 Python应用实践：基于袋装法和随机森林预测$PM_{2.5}$浓度

本节将针对空气质量监测数据，基于集成学习策略，分别采用袋装法和随机森林对$PM_{2.5}$浓度进行集成回归预测。首先导入Python的相关包或模块。为避免重复，这里将本章需要导入的包或模块一并列出如下，#后面给出了简短的功能说明。

```
1  #本章需导入:
2  import numpy as np
3  import pandas as pd
4  import warnings
5  warnings.filterwarnings(action = 'ignore')
6  import matplotlib.pyplot as plt
7  %matplotlib inline
8  plt.rcParams['font.sans-serif']=['SimHei']  #解决中文显示乱码问题
9  plt.rcParams['axes.unicode_minus']=False
10 from sklearn.model_selection import train_test_split,KFold,cross_val_score #划分训练集和测试集，交叉验证误差
11 from sklearn import tree #建立决策树
12 import sklearn.linear_model as LM  #建立线性回归模型
13 from sklearn import ensemble  #集成学习
14 from sklearn.datasets import make_classification,make_circles,make_regression #生成模拟数据
15 from sklearn.metrics import zero_one_loss,r2_score,mean_squared_error #模型评价
16 import xgboost as xgb #xgboost算法
```

基本思路如下：

（1）读入数据，进行数据预处理。指定输入变量包括：SO_2、CO、NO_2、O_3，输出变量为 $PM_{2.5}$。

（2）利用旁置法和 10 折交叉验证法，找到单棵回归树的最佳树深度，确定最优树。

（3）建立单棵最优树（回归树），计算单棵树的 10 折交叉验证测试误差。

（4）指定最优树为基础学习器，采用袋装法和随机森林进行集成学习，计算各自的 OOB 误差。绘制袋装法和随机森林的 OOB 误差随树棵数增加的变化曲线，对比两种集成策略的效果。

（5）绘制随机森林中变量重要性得分的条形图，找到对 $PM_{2.5}$ 有重要影响的输入变量。

Python 代码（文件名：chapter7-1.ipynb）如下。以下将分段对 Python 代码做说明。

1. 确定最优回归树，完成以上思路（1）至（2）

行号	代码和说明
1	data = pd.read_excel('北京市空气质量数据.xlsx') # 读入 Excel 格式数据
2	data = data.replace(0,np.NaN);data = data.dropna();data = data.loc[(data['PM2.5']< = 200) & (data['SO2']< = 20)]; # 数据预处理
3	X = data[['SO2','CO','NO2','O3']];y = data['PM2.5'] # 指定输入变量和输出变量
4	X0 = np.array(X.mean()).reshape(1,-1) # 指定新数据 X0
5	X_train, X_test, y_train, y_test = train_test_split(X,y,train_size = 0.70, random_state = 123) # 旁置法划分数据集
6	trainErr = [];testErr = [];CVErr = [] # 存储不同树深度下的训练误差、测试误差和 10 折交叉验证误差
7	Deep = np.arange(2,15) # 指定树深度的取值范围是 2 ~ 14
8	for d in Deep: # 利用循环建立不同树深度的回归树
9	modelDTC = tree.DecisionTreeRegressor(max_depth = d,random_state = 123) # 建立树深度等于 d 的回归树 modelDTC
10	modelDTC.fit(X_train,y_train) # 基于训练集估计 modelDTC 的模型参数
11	trainErr.append(1-modelDTC.score(X_train,y_train)) # 计算 modelDTC 的训练误差
12	testErr.append(1-modelDTC.score(X_test,y_test)) # 计算 modelDTC 的测试误差
13	Err = 1-cross_val_score(modelDTC,X,y,cv = 10,scoring = 'r2') # 得到 modelDTC 的 10 折交叉验证误差
14	CVErr.append(Err.mean()) # 计算 10 折交叉验证误差
15	bestDeep = Deep[testErr.index(np.min(testErr))] # 获得旁置法测试误差最小时的最优树深度
…	……# 绘制回归树训练误差、测试误差和 10 折交叉验证误差随树深度变化的曲线，图标题设置等，略去

■ 代码说明

以上省略号部分在之前代码中重复出现过且不影响对原理的理解，故略去以节约篇幅。完整 Python 程序请参见本书配套代码。所绘制的图形如图 7.2 的左图所示。

在图 7.2 的左图中，横坐标为树深度，纵坐标为误差，这里采用$1-R^2$。图形显示，随着树深度的增加，训练误差单调下降，但基于旁置法和 10 折交叉验证的测试误差均呈现先下降后上升的U形，出现了模型过拟合问题。图形显示，树深度等于5的树为最优树。

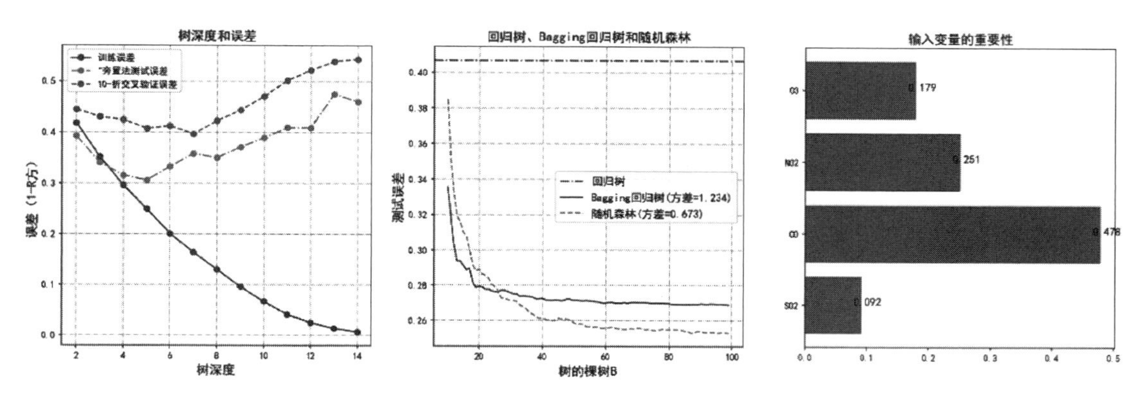

图7.2　$PM_{2.5}$预测中的袋装法和随机森林

2. 建立单棵最优回归树，实现基于袋装法和随机森林的集成学习，完成以上思路(3)至(5)(行号续前)

行号	代码和说明
25	modelDTC = tree.DecisionTreeRegressor(max_depth = bestDeep,random_state = 123) # 建立最优树 modelDTC
26	dtrErr = 1-cross_val_score(modelDTC,X,y,cv = 10,scoring = 'r2') # 计算最优树的 10 折交叉验证误差
27	BagY0 = [];bagErr = [];rfErr = [];rfY0 = []# 存储对 X0 的预测结果，袋装法和随机森林的 OOB 误差
28	B = np.arange(10,100) # 指定集成学习所包含的基础学习器的数量，这里为决策树的棵数，取值在 10 ～ 99 棵
29	for b in B: # 利用循环实现不同决策树棵数下的集成学习
30	Bag = ensemble.BaggingRegressor(base_estimator = modelDTC,n_estimators = b,oob_score = True,random_state = 123,bootstrap = True) # 以最优树为集成学习器，建立袋装策略下的集成学习对象 Bag，树棵数 (n_estimators) 为 b，计算 OOB 得分 (oob_score = True)，训练集为自举样本 (bootstrap = True)
31	Bag.fit(X,y) # 估计 Bag 参数
32	bagErr.append(1-Bag.oob_score_) # 计算 Bag 的 OOB 误差并保存
33	BagY0.append(float(Bag.predict(X0))) # 利用 Bag 对 X0 预测并保存预测结果
34	RF = ensemble.RandomForestRegressor(n_estimators = b,oob_score = True,random_state = 123,bootstrap = True,max_features = 'sqrt') # 建立随机森林的集成学习对象 RF，树棵数 (n_estimators) 为 b，计算 OOB 得分 (oob_score = True)，训练集为自举样本 (bootstrap = True)，输入变量随机子集包含$\sqrt{p}$个输入变量
35	RF.fit(X,y) # 估计 RF 参数
36	rfErr.append(1-RF.oob_score_) # 计算 RF 的 OOB 误差并保存
37	rfY0.append(float(RF.predict(X0))) # 利用 RF 对 X0 预测并保存预测结果
…	……# 绘制最优树 10 折交叉验证误差线，绘制 Bag 和 RF 的 OOB 误差随树棵树增加变化的曲线，图标题设置等，略去

■ 代码说明

（1）以上省略号部分在之前代码中重复出现过且不影响对原理的理解，故略去以节约篇幅。完整Python程序请参见本书配套代码。

（2）第 30 行：指定袋装法中的基础学习器（base_estimator）为单棵最优树，基于重抽样自举样本实现集成学习。

（3）第 34 行：实现基于重抽样自举样本的随机森林集成学习策略。随机森林中每棵树的预修剪参数同单棵决策树（详见 6.4.1 节）。

最优树 10 折交叉验证误差线，Bag 和 RF 的 OOB 误差随树棵数增加的变化曲线如图 7.2 的中间图所示。其中，点虚线是单棵最优回归树测试误差的 10 折交叉验证估计。实线和虚线分别是以最优回归树的袋装法和随机森林，树棵数B从 10 增至 99 过程中的 OOB 误差曲线。可以看出，随树棵数（也称迭代次数）的增加，袋装法和随机森林的 OOB 误差呈断崖式下降后逐渐趋于平稳，两者的测试误差均明显低于单棵最优树的测试误差，具有比单棵树更强的泛化能力，且随机森林优于袋装法。

此外，袋装法的预测方差（1.234）和随机森林的预测方差（0.673）均小于单棵最优回归树的预测方差，有效降低了预测方差。再有，迭代次数（树棵数）约 60 以后，袋装法和随机森林的 OOB 误差曲线基本平稳（均仅有很微小的变化），表现出泛化误差估计的一致性，表明迭代充分算法已收敛，即增加基础学习器也无益于继续有效降低预测误差。

一致性估计也是推论统计中衡量一个估计是否为好估计的标准之一。待估参数的真值记为θ，估计值记为$\hat{\theta}$。若$\lim_{N\to\infty}P\left(\left(\left|\theta-\hat{\theta}\right|\right)<\epsilon\right)=1$，即不断增加样本量，估计值$\hat{\theta}$和真值$\theta$之差小于一个很小的正数$\epsilon$的概率等于1，则$\hat{\theta}$是$\theta$的一致性估计。

（4）随机森林的变量重要性得分柱形图如图 7.2 的右图所示。图形表明：CO 对预测 $PM_{2.5}$ 浓度有最为重要的影响，其次是 NO_2，SO_2 的重要性最低。需要说明的是，这里的变量重要性得分是归一化后的结果。

由此得到两个启示，以袋装法和随机森林为代表的基于重抽样自举法的集成学习：

第一，能够有效降低预测方差。随机森林引入了多样性增加机制，在降低预测方差上有更好的表现。

第二，能够有效降低预测误差，给出性能更理想的预测模型。随机森林尤其适合输入变量较多的情况（读者可自行减少本例中的输入变量，例如只引入 SO_2 和 CO 这两个输入变量，对比随机森林在两个和上述四个输入变量下的测试误差情况）。

需要说明的是，随机森林中的单棵树都是依在输入变量的随机子集中确定最佳分组变量和组限而“生长”出来的。这种随机性将导致单棵树的预测性能一般不会很理想，而它们的集成使随机森林具有了整体上的优秀表现，原因可直观解释为“三个臭裨匠顶个诸葛亮”。

7.3 从弱模型到强模型的构建：提升法

集成学习的另一种策略是：将 B 个具有顺序相关性的弱模型组成一个“联合委员会”并最终成为强模型。借鉴“三个臭裨匠顶个诸葛亮”的朴素思想，这种集成学习策略认为，若将多个弱模型（即基础学习器，可以是树深度很小的决策树等）集成起来，让它们联合预测，将会得到理想的预测效果，即一组弱模型的联合将变成训练误差较低的强模型，且这个强模型不会像单个复杂模型那样存在过拟合问题。

回归预测中，若B个弱模型对$\boldsymbol{X}_0$的回归预测值分别为$\hat{f}^{*(1)}(\boldsymbol{X}_0)$，$\hat{f}^{*(2)}(\boldsymbol{X}_0)$，…，$\hat{f}^{*(B)}(\boldsymbol{X}_0)$，则其“联合委员会”的联合预测结果为$\hat{f}^*_\alpha(\boldsymbol{X}_0)=\alpha_1\hat{f}^{*(1)}(\boldsymbol{X}_0)+\alpha_2\hat{f}^{*(2)}(\boldsymbol{X}_0)+\cdots+\alpha_\beta\hat{f}^{*(B)}(\boldsymbol{X}_0)$，$\alpha_i\ (i=1,\ 2,\ \cdots,\ B)$为模型权重。同理，分类预测中，“联合委员会”的联合预测结果是B个弱模型预测类别的加权“投票”，即为权重之和最大的类别。

随机森林正是一个从B个弱模型到整体强模型构建的典型特例，其中各模型权重相等。除此之外，从弱模型到强模型构建的其他典型策略还有提升法和梯度提升树等。本节讨论提升法。

7.3.1 提升法的基本思路

提升法是一类集成学习策略的统称，其中的经典是适应性提升法（Adaptive Boosting，AdaBoost）。算法提出时主要用于解决输出变量仅有−1和+1两个类别，即$y\in\{-1,+1\}$的分类预测问题。AdaBoost 通过多次迭代实现B个弱模型到一个强模型的构建。这里以−1和+1的二分类预测为例，给出 AdaBoost 的基本框架和思路，如图 7.3 所示。

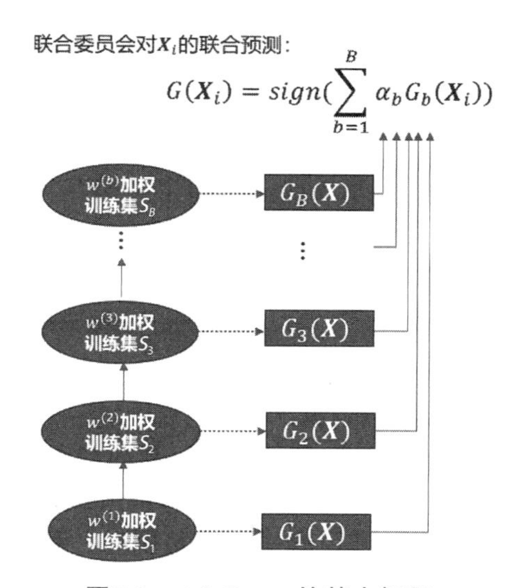

图7.3 AdaBoost的基本框架

图 7.3 表示了 AdaBoost 的B次迭代建模的过程。设 S 为样本量等于N的数据集。第一次迭代，基于权重$\boldsymbol{w}^{(1)}$对 S 做随机抽样，得到样本量为N的训练集S_1，建立弱模型$G_1(\boldsymbol{X})$，然后基于$\boldsymbol{w}^{(1)}$得到更新的$\boldsymbol{w}^{(2)}$；第二次迭代，基于权重$\boldsymbol{w}^{(2)}$对 S 做随机抽样，得到样本量为N的训练集S_2，建立弱模型$G_2(\boldsymbol{X})$，然后基于$\boldsymbol{w}^{(2)}$得到更新的$\boldsymbol{w}^{(3)}$；第三次迭代，仍基于权重$\boldsymbol{w}^{(3)}$对 S 做随机抽样，得到样本量为N的训练集S_3，建立弱模型$G_3(\boldsymbol{X})$，然后再基于$\boldsymbol{w}^{(3)}$得更新的$\boldsymbol{w}^{(4)}$；等等。适应性提升法的特点主要表现在：基于$\boldsymbol{w}^{(b-1)}$得到$\boldsymbol{w}^{(b)}$。

经过B次迭代，将得到由B个弱模型$G_1(\boldsymbol{X})$，$G_2(\boldsymbol{X})$，$G_3(\boldsymbol{X})$，…，$G_B(\boldsymbol{X})$组成的“联合委员会”。样本观测$\boldsymbol{X}_i$的类别预测结果是“联合委员会”中B个弱模型预测结果$G_1(\boldsymbol{X}_i)$，$G_2(\boldsymbol{X}_i)$，$G_3(\boldsymbol{X}_i)$，…，$G_B(\boldsymbol{X}_i)$的加权$\sum_b^B \alpha_b G_b(\boldsymbol{X}_i)$。其中，$\alpha_b$ $(b=1，2，\cdots B)$为联合预测中的模型权重，α_b $(b=1，2，\cdots B)$越大，$G_b(\boldsymbol{X}_i)$对预测结果的影响越大。由于预测值$G_b(\boldsymbol{X}_i)\in\{-1，+1\}$，所以只需根据$\sum_b^B \alpha_b G_b(\boldsymbol{X}_i)$的正负符号，记为$sign(\sum_b^B \alpha_b G_b(\boldsymbol{X}_i))$，便可得到联合预测的类别$G(\boldsymbol{X}_i)$。符号为正，预测类别为+1；符号为负，预测类别为–1。

可见，以上建模迭代过程涉及两个重要的权重——权重$\boldsymbol{w}^{(b)}$和权重α_b，是算法的核心。

最终，AdaBoost 框架构成的集成学习器的训练误差为$err=\frac{1}{N}\sum_{i=1}^N I(y_i \neq G(\boldsymbol{X}_i))$，$I()$为示性函数。预测错误时$y_i \neq G(\boldsymbol{X}_i)$成立，函数值等于 1；预测正确时$y_i \neq G(\boldsymbol{X}_i)$不成立，函数值等于 0。测试误差仍为基于 OOB 计算的误差。

B个弱模型的“联合委员会”有着较高的预测性能，以下将通过 Python 编程进行讨论。

7.3.2 Python 模拟和启示：弱模型联合成为强模型

AdaBoost 框架下的B个弱模型的“联合委员会”可否成为一个有着较高预测性能的强模型？这里将借助基于模拟数据的 Python 编程进行直观探讨。基本思路如下：

（1）随机生成样本量$N=800$、2 个输入变量、输出变量取 1 或 0 两个类别的非线性分类模拟数据。

（2）建立单棵树深度等于 1 的最简单的决策树并计算误差。

（3）建立单棵树深度等于 5 的较为复杂的决策树并计算误差。

（4）采用 AdaBoost 框架，以树深度等于 1 的最简单的决策树为基础学习器，迭代 100 次即由 100 个基础学习器构成“联合委员会”实现集成学习，并计算误差。

（5）绘制单棵简单和复杂决策树的误差曲线，绘制 AdaBoost 集成学习随迭代次数增加的误差变化曲线，以对比三个模型的效果。

Python 代码（文件名：chapter7-2.ipynb）如下。

行号	代码和说明
1	N = 800 # 指定样本量 N = 800
2	X,y = make_circles(n_samples = N,noise = 0.2,factor = 0.5,random_state = 123) # 随机生成两类别的模拟数据
3	fig,axes = plt.subplots(nrows = 1,ncols = 2,figsize = (15,6)) # 将绘图区域分成 1 行 2 列，指定图形大小
4	colors = plt.cm.Spectral(np.linspace(0,1,len(set(y)))) # 指定两个类别的绘图颜色
5	markers = ['o','*'] # 指定两个类别的绘图形状
6	for k,col,m in zip(set(y),colors,markers): # 以不同颜色和形状绘制两类样本观测点
7	axes[0].scatter(X[y = = k,0],X[y = = k,1],color = col,s = 30,marker = m)
…	……# 图标题设置等，略去

11	dt_stump = tree.DecisionTreeClassifier(max_depth = 1,random_state = 123) # 建立树深度为 1 的树 dt_stump
12	dt_stump.fit(X, y) # 基于 X 和 y 估计 dt_stump 的模型参数
13	dt_stump_err = 1.0 - dt_stump.score(X, y) # 计算 dt_stump 的训练误差
14	dt = tree.DecisionTreeClassifier(max_depth = 5, random_state = 123) # 建立树深度为 5 的树 dt
15	dt.fit(X, y) # 基于 X 和 y 估计 dt 的模型参数
16	dt_err = 1.0 - dt.score(X, y) # 计算 dt 的训练误差
17	B = 100 # 指定迭代次数为 100
18	ada = ensemble.AdaBoostClassifier(base_estimator = dt_stump,n_estimators = B,random_state = 123) # 建立基础学习器为 dt_stump 的 AdaBoost 集成学习对象 ada
19	ada.fit(X, y) # 基于 X 和 y 估计 ada 的模型参数
20	ada_err = np.zeros((B,)) # 保存不同迭代次数下的训练误差
21	for i,yhat in enumerate(ada.staged_predict(X)): # 利用循环计算不同迭代次数下的训练误差
22	ada_err[i] = zero_one_loss(yhat, y) # 计算训练误差（总错判率）并保存
…	……# 绘制 dt_stump、dt 和 ada 的误差曲线，图标题设置等，略去

■ 代码说明

（1）以上省略号部分在之前代码中重复出现过且不影响对原理的理解，故略去以节约篇幅。完整 Python 程序请参见本书配套代码。

（2）第 2 行：利用 make_circles 随机生成包含 2 个输入变量的非线性的二分类（$y=1/0$）模拟数据。这里的分类边界近似为圆。参数 noise=0.2 指定对每类点添加服从均值为 0、标准差为 0.2 的正态分布的噪声信息；参数 factor=0.5 指定两类样本观测点的重合程度；通过指定 random_state 使随机结果可以重现。

（3）第 18 行：利用 AdaBoostClassifier() 实现基于 AdaBoost 的集成学习分类预测。其中，参数 base_estimator 指定基础学习器；参数 n_estimators 指定“联合委员会”的成员个数。

（4）第 20 行：利用 np.zeros((B,)) 生成 B 个值均等于 0 的 1 维 NumPy 数组，是模型误差的初始值。后续还会沿用此方式。

（5）第 21 行：其中的 .staged_predict() 表示阶段性预测，即 B=1 时的“联合委员会”预测，B=2 时的“联合委员会”预测，等等。

（6）第 22 行：利用 zero_one_loss 计算输出变量为分类型变量情况下预测模型的总错判率。

模拟数据的样本观测点的分布情况如图 7.4 中的左图所示。单棵决策树和不同迭代次数下的 AdaBoost 集成学习的训练误差曲线如图 7.4 中的右图所示。

图 7.4 中的左图展示了模拟数据集中 800 个样本观测点在X_1，X_2两个输入变量上的联合分布情况。红色圆圈和蓝色五角星分别代表输出变量的两个类别。两类边界近似为一个圆圈，是一个典型的非线性分类问题。现利用以决策树为基础学习器的集成学习方法进行二分类预测。图 7.4 的右图中，点虚线表示单个弱模型（树深度等于 1）的训练误差；虚线表示单个较为复杂模型（树深度等于 5）的训练误差；实线为决策树深度等于 1 的基础学习器个数从 1 增加至 100（迭代次数）过程中，AdaBoost 集成学习训练误差的变化曲线。显然，单个弱模型的误差最高，复杂模型有效降低了误差。尽管单个弱模型误差很高，但它们组成的“联合委员会”，当“成员数 B”达到约 30 时，误差已降至复杂模型的水平，之后甚至比复杂模型的误差还低。可见，弱模型“联合委员会”可以成为一个有着较高预测性能的强模型。此外，该示例也证明决策树可以较好地解决非线性分类问题。

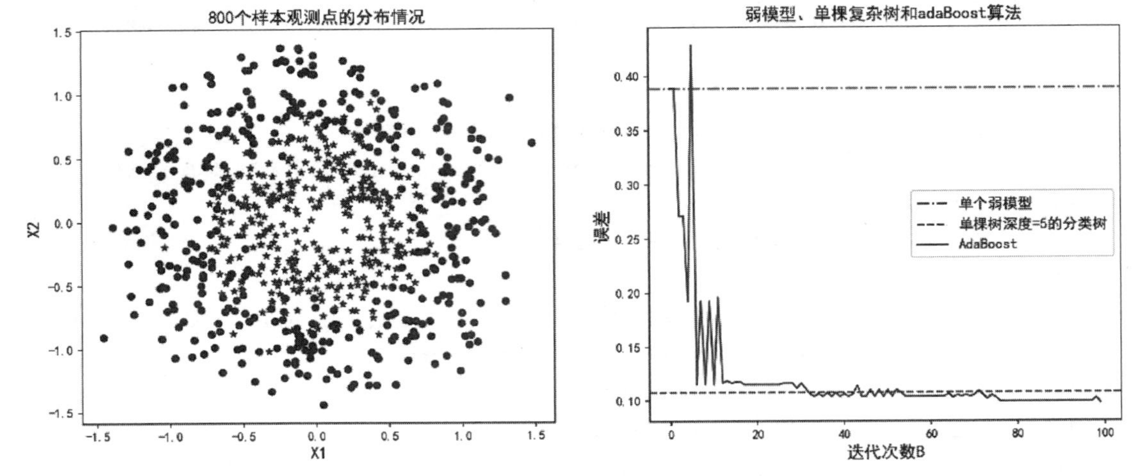

图7.4　模拟数据、弱模型和集成学习的预测对比

7.3.3　分类预测中的提升法：AdaBoost.M1 算法

事实上，7.3.2 节中 Python 程序采用的是 AdaBoost 集成学习中应用最为广泛的 AdaBoost.M1 分类预测算法，该算法是 1997 年由弗罗因德（Freund）和夏皮雷（Schapire）提出的。以下将通过对 AdaBoost.M1 算法的讲解，进一步明确 AdaBoost 集成学习的核心内容：迭代过程中的两个重要权重，即权重$\boldsymbol{w}^{(b)}$和权重α_b。

1. AdaBoost.M1算法的基本内容

AdaBoost.M1也可解决多分类预测问题，但多应用于二分类预测。

AdaBoost.M1 算法主要用于解决二分类预测问题。其中将输出变量的两个类别分别用−1和+1表示，即$y \in \{-1,+1\}$。AdaBoost.M1 算法是 AdaBoost 的具体体现，基本框架同图 7.3。这里首先结合图 7.3，详细说明其中的两个重要权重——权重$\boldsymbol{w}^{(b)}$和权重α_b，然后给出算法的基本步骤。

（1）每个样本观测在每次迭代中都有自己的权重$\boldsymbol{w}^{(b)}=(w_1^{(b)}, w_2^{(b)}, \cdots, w_N^{(b)})$。

（2）第一次迭代时，权重$\boldsymbol{w}^{(1)}=(w_1^{(1)}, w_2^{(1)}, \cdots, w_N^{(1)})$都等于初始值$\frac{1}{N}$。依据 AdaBoost 基本框架，权重相等等同于不加权，因此权重$\boldsymbol{w}^{(1)}$下的训练集S_1就是数据集 S，由此将得到弱模型$G_1(\boldsymbol{X})$。

接下来需基于$\boldsymbol{w}^{(1)}$得到更新的$\boldsymbol{w}^{(2)}$：

- 首先，计算弱模型$G_1(\boldsymbol{X})$的训练误差：$err^{(1)}=\frac{1}{N}\sum_{i=1}^{N}I(y_i \neq$

$$G_1(\boldsymbol{X}_i))=\frac{\sum_{i=1}^{N}w_i^{(1)}I(y_i\neq G_1(\boldsymbol{X}_i))}{\sum_{i=1}^{N}w_i^{(1)}}<0.5。$$

二分类预测中，因随机猜测误差等于0.5，所以弱模型的训练误差小于0.5。

- 然后，依据训练误差$err^{(1)}$设置联合预测中$G_1(\boldsymbol{X})$的模型权重：$\alpha_1=\log(\frac{1-err^{(1)}}{err^{(1)}})$。可见，$\alpha_1>0$，且训练误差$err^{(1)}$越小，权重$\alpha_1$越大，$G_1(\boldsymbol{X})$对预测结果的影响越大。

最后，基于α_1和$\boldsymbol{w}^{(1)}$得到更新的$\boldsymbol{w}^{(2)}$：$w_i^{(2)}=w_i^{(1)}\exp(\alpha_1 I(y_i\neq G_1(\boldsymbol{X}_i)))$，$i=1, 2, \cdots, N$。若$G_1(\boldsymbol{X})$对$\boldsymbol{X}_i$的预测正确，则$w_i^{(2)}=w_i^{(1)}$，权重不变。若预测错误，则$w_i^{(2)}=w_i^{(1)}\times\frac{1-err^{(1)}}{err^{(1)}}$，$w_i^{(2)}>w_i^{(1)}$，权重增大。可见，被$G_1(\boldsymbol{X})$预测错误的样本观测的权重大于预测正确的。

因模型权重和样本观测权值分别采用对数和指数形式，消去了模型权值α_b。采用其他形式时，模型权值α_b将直接影响样本观测的权值。

（3）第二次迭代时，依$\boldsymbol{w}^{(2)}$对S进行随机抽样，得到样本量等于N的训练集S_2。显然，$G_1(\boldsymbol{X})$预测错误的样本观测有更大的概率进入S_2。换言之，S_2中的样本观测大多是$G_1(\boldsymbol{X})$没有正确预测的。基于S_2建立$G_2(\boldsymbol{X})$，因此模型$G_2(\boldsymbol{X})$关注的是$G_1(\boldsymbol{X})$没有正确预测的样本。从这个角度看，$G_1(\boldsymbol{X})$和$G_2(\boldsymbol{X})$存在前后的顺序相关性。

接下来仍需计算模型$G_2(\boldsymbol{X})$的训练误差$err^{(2)}$，并依此计算模型权重α_2和基于$\boldsymbol{w}^{(2)}$得到更新的$\boldsymbol{w}^{(3)}$。

（4）第三次至第B次的迭代同理。由于$G_b(\boldsymbol{X})$关注的是$G_{b-1}(\boldsymbol{X})$没有正确预测的观测，$G_b(\boldsymbol{X})$和$G_{b-1}(\boldsymbol{X})$存在前后的顺序相关性。

AdaBoost.M1算法的基本步骤如下：

首先初始化每个样本观测的权值：$w_i^{(1)}=\frac{1}{N}$，$i=1, 2, \cdots, N$。然后进行$b=1, 2, \cdots, B$次如下迭代：

第一步，基于权重$\boldsymbol{w}^{(b)}$下的训练集S_b建立弱模型$G_b(\boldsymbol{X})$

第二步，计算$G_b(\boldsymbol{X})$的训练误差：

$$err^{(b)}=\frac{\sum_{i=1}^{N}w_i^{(b)}I(y_i\neq G_b(\boldsymbol{X}_i))}{\sum_{i=1}^{N}w_i^{(b)}} \tag{7.3}$$

预测错误的样本观测，其权重$w_i^{(b)}$越大，对$err^{(b)}$的贡献越大。这里分母的作用是确保各样本观测对$err^{(b)}$的权重之和等于1（$\sum_{i=1}^{N}w_i^{(b)}=1$）。

第三步，设置联合预测中$G_b(\boldsymbol{X})$的模型权重：

$$\alpha_b=\log(\frac{1-err^{(b)}}{err^{(b)}}) \tag{7.4}$$

α_b是$err^{(b)}$的单调减函数。$err^{(b)}$越小，权重越大。应满足权重$\alpha_b>0$，需$err^{(b)}<0.5$成立，$G_b(\boldsymbol{X})$应是个弱模型。

第四步，基于$w_i^{(b)}$得到更新的$w_i^{(b+1)}$：

$$w_i^{(b+1)} = w_i^{(b)} \exp(\alpha_b I(y_i \neq G_b(\boldsymbol{X}_i)))，\ i = 1，2，\cdots，N \tag{7.5}$$

被$G_b(\boldsymbol{X})$错误预测的样本观测的权重将是正确预测的$\exp(\alpha_b I(y_i \neq G_b(\boldsymbol{X}_i))) = \frac{1-err^{(b)}}{err^{(b)}}$倍。同理应满足$\frac{1-err^{(b)}}{err^{(b)}} > 1$，即要求$err^{(b)} < 0.5$，$G_b(\boldsymbol{X})$应是个弱模型。由于错误预测的样本观测有较高的权重，在$b+1$次迭代时将有更大的概率进入训练集S_{b+1}。

迭代结束时会得到包括B个弱模型的"联合委员会"。将依据$sign(\sum_{b=1}^{B}\alpha_b G_b(\boldsymbol{X}_i))$正负符号预测$\boldsymbol{X}_i$的类别。

2. AdaBoost.M1算法的理论陈述

如上所述，对样本观测$\boldsymbol{X}_i$的联合预测结果取决于$\sum_{b}^{B}\alpha_b G_b(\boldsymbol{X}_i)$的正负符号。若将$\sum_{b}^{B}\alpha_b G_b(\boldsymbol{X}_i)$记为$f_B(\boldsymbol{X}_i)$，提升法的预测过程可表述如下：

$$f_B(\boldsymbol{X}_i) = \sum_{b=1}^{B}\alpha_b G_b(\boldsymbol{X}_i) = \sum_{b=1}^{B-1}\alpha_b G_b(\boldsymbol{X}_i) + \alpha_B G_B(\boldsymbol{X}_i) = f_{B-1}(\boldsymbol{X}_i) + \alpha_B G_B(\boldsymbol{X}_i)$$

一般写法为：

$$f_b(\boldsymbol{X}_i) = f_{b-1}(\boldsymbol{X}_i) + \alpha_b G_b(\boldsymbol{X}_i) \tag{7.6}$$

即迭代次数每增加一次，就有一个新的弱模型以权重形式$\alpha_b G_b(\boldsymbol{X}_i)$添加到当前的"联合委员会"中并参与预测，体现了向前式分步可加建模（Forward Stagewise Additive Modeling）策略。

向前式分步可加建模的基本特征是：迭代过程是模型成员$G_b(\boldsymbol{X})$不断进入"联合委员会"的过程。先前进入"联合委员会"的模型$G_b(\boldsymbol{X})$参数和模型权重α_b不受后续进入模型的影响，且每次迭代仅需估计当前模型的参数和权重。

AdaBoost.M1 算法是向前式分步可加建模的具体体现。其中，模型$\boldsymbol{G}_b(\boldsymbol{X})$的参数集合记为$\boldsymbol{\gamma}_b$，包括每棵树（弱模型）的最佳分组变量和组限等。于是，可将 AdaBoost.M1 算法模型化为：

$$f_B(\boldsymbol{X}) = \sum_{b=1}^{B}\beta_b G_b(\boldsymbol{X};\ \boldsymbol{\gamma}_b) = f_{B-1}(\boldsymbol{X}) + \beta_B G_B(\boldsymbol{X};\ \boldsymbol{\gamma}_B) \tag{7.7}$$

第 b 次迭代时：

$$f_b(\boldsymbol{X}) = f_{b-1}(\boldsymbol{X}) + \beta_b G_b(\boldsymbol{X};\ \boldsymbol{\gamma}_b) \tag{7.8}$$

式中，β_b为模型系数，是式（7.6）中模型权重α_b的函数。

进一步，若将第b次迭代时的总损失记为$\sum_{i=1}^{N}L(y_i，f_{b-1}(\boldsymbol{X}_i) + \beta_b G_b(\boldsymbol{X}_i;\ \boldsymbol{\gamma}_b))$，则$G_b(\boldsymbol{X}_i;\ \boldsymbol{\gamma}_b)$

模型的待估参数γ_b和待估模型系数β_b应为损失函数最小下的值，即

$$(\beta_b,\gamma_b)=\arg\min_{\beta,\gamma}\sum_{i=1}^{N}L(y_i,f_{b-1}(\boldsymbol{X}_i)+\beta G_b(\boldsymbol{X}_i;\gamma)) \tag{7.9}$$

因为待估参数γ_b由决策树算法决定，所以这里只需估计β_b。由于AdaBoost.M1中$y\in\{-1,+1\}$，算法采用指数损失函数：$L(y,f)=\exp(-yf(\boldsymbol{X}))$。于是式（7.9）的具体形式为：

分类预测中还有其他损失函数，如2.1.3节的对数损失函数。

$$(\beta_b,\gamma_b)=\arg\min_{\beta,\gamma}\sum_{i=1}^{N}\exp(-y_i(f_{b-1}(\boldsymbol{X}_i)+\beta G_b(\boldsymbol{X}_i;\gamma)))$$

$$=\arg\min_{\beta,\gamma}\sum_{i=1}^{N}w_i^{(b)}\exp(-\beta y_i G_b(\boldsymbol{X}_i;\gamma)) \tag{7.10}$$

式中，$w_i^{(b)}=\exp(-y_i f_{b-1}(\boldsymbol{X}_i))$，仅取决于$b-1$次迭代的结果。进一步，因$G_b(\boldsymbol{X}_i;\ \gamma)\in\{-1,\ +1\}$，有

$$\sum_{i=1}^{N}w_i^{(b)}\exp(-\beta y_i G_b(\boldsymbol{X}_i;\ \gamma))=\mathrm{e}^{-\beta}\sum_{y_i=G(\boldsymbol{X}_i)}w_i^{(b)}+\mathrm{e}^{\beta}\sum_{y_i\neq G(\boldsymbol{X}_i)}w_i^{(b)} \tag{7.11}$$

式中，第一项求和为预测正确的样本观测的权重之和，第二项求和为预测错误的样本观测的权重之和，即

$$(\mathrm{e}^{\beta}-\mathrm{e}^{-\beta})\sum_{i=1}^{N}w_i^{(b)}I(y_i\neq G(\boldsymbol{X}_i))+\mathrm{e}^{-\beta}\sum_{i=1}^{N}w_i^{(b)} \tag{7.12}$$

对β求导并令导数等于零，可解得式（7.12）最小化时的$\beta_b=\frac{1}{2}\log\left(\frac{1-err^{(b)}}{err^{(b)}}\right)$，$err^{(b)}=\frac{\sum_{i=1}^{N}w_i^{(b)}I(y_i\neq G_b(\boldsymbol{X}_i))}{\sum_{i=1}^{N}w_i^{(b)}}$，且有$f_b(\boldsymbol{X})=f_{b-1}(\boldsymbol{X})+\beta_b G_b(\boldsymbol{X};\ \gamma_b)$。各样本观测权重下一次迭代为：

$$w_i^{(b+1)}=w_i^{(b)}\exp(-\beta_b y_i G_b(\boldsymbol{X}_i;\ \gamma_b)) \tag{7.13}$$

因$-y_i G_b(\boldsymbol{X}_i)=2\cdot I(y_i\neq G_b(\boldsymbol{X}_i))-1$，有

$$w_i^{(b+1)}=w_i^{(b)}\exp(2\beta_b I(y_i\neq G_b(\boldsymbol{X}_i)))\exp(-\beta_b) \tag{7.14}$$

由于每个样本观测的权重都乘以相同的$\exp(-\beta_b)$，对差异化观测权重并没有影响，可略去，于是有$w_i^{(b+1)}=w_i^{(b)}\exp(\alpha_b I(y_i\neq G_b(\boldsymbol{X}_i)))$。其中，$\alpha_b=2\beta_b$即为式（7.8）中的模型权重$\alpha_b=\log(\frac{1-err^{(b)}}{err^{(b)}})$。

可见，AdaBoost.M1算法是一种最小化指数损失函数的向前式分步可加建模方法。指数损失函数对参数估计值变化的敏感程度大于训练误差，应用更为广泛。

综上，AdaBoost.M1的核心是通过不断改变样本观测的权重调整训练集，使得模型可依顺序关注以前模型无法正确预测的样本，并通过“联合委员会”得到最终的预测结果。

7.3.4 Python 模拟和启示：认识 AdaBoost.M1 算法中高权重样本

AdaBoost.M1 算法的核心是通过不断改变样本观测的权重调整训练集，使得模型可依顺序关注以前模型无法正确预测的样本。本节将基于模拟数据，直观展示算法迭代过程中样本观测权重的变化，并展现高权重样本观测的特点。基本思路如下：

（1）随机生成样本量 $N=800$、两个输入变量、输出变量取 1 或 0 两个类别的非线性分类模拟数据。为保持讲解的连贯性，这里的模拟数据同 7.3.2 节。

（2）以树深度为 1 的决策树为基础学习器，基于 AdaBoost.M1 算法实现集成学习，分类预测的“联合委员会”由 100 个基础学习器构成。

（3）依据式（7.5）更新各个样本观测的权重，并利用图形展示迭代次数为 5、10、15、90 次时各样本观测的权重变化。

Python 代码（文件名：chapter7-3.ipynb）如下。

行号	代码和说明
1	N = 800 # 指定样本量 N = 800
2	X,y = make_circles(n_samples = N,noise = 0.2,factor = 0.5,random_state = 123) # 随机生成两类别的模拟数据
3	data = np.hstack((X.reshape(N,2),y.reshape(N,1))) # 将输入变量 X 和输出变量 y 合并到 data 中
4	data = pd.DataFrame(data); data.columns = ['X1','X2','y'] # 将 data 转换为数据框并命名列
5	data['Weight'] = [1/N]*N # 指定各个观测的初始权重均为 1/N
6	dt_stump = tree.DecisionTreeClassifier(max_depth = 1, min_samples_leaf = 1) # 指定基础学习器
7	B = 100 # 指定迭代次数
8	ada = ensemble.AdaBoostClassifier(base_estimator = dt_stump,n_estimators = B,algorithm = 'SAMME',random_state = 123) # 构建 AdaBoost 集成学习对象 ada
9	ada.fit(X, y) # 基于 X 和 y 估计 ada 的模型参数
10	fig = plt.figure(figsize = (15,12)) # 指定图形大小
11	colors = plt.cm.Spectral(np.linspace(0,1,len(set(y)))) # 指定两个类别的绘图颜色
12	markers = ['o','*'] # 指定两个类别的绘图形状
13	for b,yhat in enumerate(ada.staged_predict(X)): # 利用循环计算不同迭代次数下的样本观测权重
14	data['yhat'] = yhat # 保存当前迭代次数下的预测值
15	data.loc[data['y']! = data['yhat'],'Weight']* = (1.0-ada.estimator_errors_[b])/ada.estimator_errors_[b] # 预测错误则更新权重
16	if b in [4,9,14,89]: # 迭代次数为 5，10，15 和 90 时，图形展示各样本观测的权重 (b 为从 0 开始的索引)
17	axes = fig.add_subplot(2,2,[4,9,14,89].index(b)+1) # 将绘图区域划分为 2 行 2 列 4 个单元并在指定单元绘图
18	for k,col,m in zip(set(y),colors,markers): # 以不同颜色和形状绘制两类样本观测点
19	tmp = data.loc[data['y'] = = k,:] # 得到两类样本观测点的权重
20	tmp['Weight'] = 10+tmp['Weight']/(tmp['Weight'].max()-tmp['Weight'].min())*100 # 为便于画图调整权重的取值范围
21	axes.scatter(tmp['X1'],tmp['X2'],color = col,s = tmp['Weight'],marker = m) # 绘制点且点的大小等于权重
…	……# 图标题设置等，略去

■ 代码说明

（1）以上省略号部分在之前代码中重复出现过且不影响对原理的理解，故略去以节约篇幅。完整 Python 程序请参见本书配套代码。

（2）第 20 行：希望以图中点的大小展示样本权重的大小，为便于展示，调整各个样本观测权重的取值范围：各点的大小默认为 10，在此基础上再加上经极差法调整后的权重值。

所绘制的图形如图 7.5 所示。

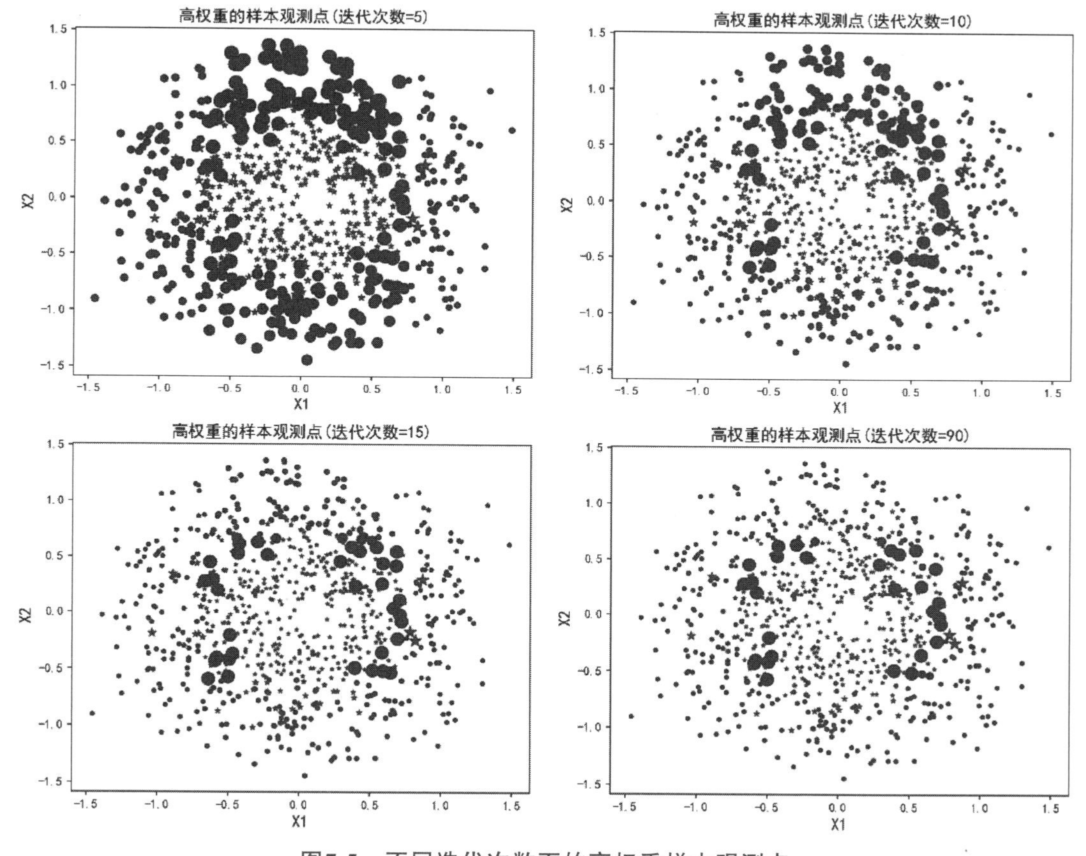

图7.5　不同迭代次数下的高权重样本观测点

图 7.5 展示了不同迭代次数下高权重样本观测点的分布情况。红色圆圈和蓝色五角星代表两个类别。这里用符号（圆圈或五角星）的大小表示样本观测 $\boldsymbol{X}_i$ 在第 b 次迭代时的更新权重 $w_i^{(b+1)}$。符号越大，进入训练集合 S_{b+1} 的概率越大。四幅图依次展示了 5、10、15、90 次迭代时各样本观测权重的大小。较大的点都是之前的弱模型没有正确预测的点，基本集中在两类的边界处。随迭代次数的增加，这个特点愈发明显。

7.3.5　回归预测中的提升法

回归预测中的提升法通常采用杜拉克（H.Drucker）等学者于 1997 年提出的算法。该算法是 AdaBoost.R 的改进算法，整体框架与 AdaBoost 类似。具体过程不再赘述，这里重点讨论以下几个关键点。

1. 损失函数

若已进行第 b 次迭代，此时样本观测 $\boldsymbol{X}_i$ 的预测值为 $\hat{y}_i^{(b)}$。定义三种损失函数，并确保损失函数值在 $[0,1]$ 间取值。

（1）线性损失函数：$L_i=\dfrac{\left|\hat{y}_i^{(b)}-y_i\right|}{D}$，其中，$D=\max\limits_{L_i}(L_i=\left|\hat{y}_i^{(b)}-y_i\right|)$。

（2）平方损失函数：$L_i=\dfrac{\left|\hat{y}_i^{(b)}-y_i\right|^2}{D^2}$。

（3）指数损失函数：$L_i=1-\exp(\dfrac{-\left|\hat{y}_i^{(b)}-y_i\right|}{D})$。

基于上述损失函数定义，计算平均损失 $\bar{L}=\sum\limits_{i=1}^{N}L_i p_i$。其中，$p_i=\dfrac{w_i^{(b-1)}}{\sum\limits_{i=1}^{N}w_i^{(b-1)}}$，为归一化的样本观测的权重。

2. 预测置信度

基于平均损失，构造第 b 次迭代后的预测置信度 $\dfrac{1}{\beta_b}$，其中，$\beta_b=\dfrac{\bar{L}}{1-\bar{L}}$，$0<\beta_b<1$。可见，$\bar{L}$ 越小，β_b 越小，预测置信度 $\dfrac{1}{\beta_b}$ 越高。反之，$\bar{L}$ 越大，β_b 越大，预测置信度 $\dfrac{1}{\beta_b}$ 越低。

3. 样本观测的权值更新

基于 $w_i^{(b)}$ 得到更新的 $w_i^{(b+1)}$：$w_i^{(b+1)}=w_i^{(b)}\beta_b^{\exp(1-L_i)}$，$(i=1，2，\cdots，N)$。可见，损失 L_i 越小，$w_i^{(b+1)}$ 越小，观测进入训练集 S_{b+1} 的概率越小。所以，预测误差大的样本观测比预测误差小的观测有更大的概率进入 S_{b+1}。

4. 联合预测

迭代结束后，B 个弱模型组成的“联合委员会”对样本观测 $\boldsymbol{X}_i$ 进行联合预测。B 个弱模型各自的预测值记为 $\hat{\boldsymbol{y}}_i=(\hat{y}_i^{(1)}，\hat{y}_i^{(2)}，\cdots，\hat{y}_i^{(B)})$，模型权重记为 $\boldsymbol{\alpha}_b=(\alpha_1，\alpha_2，\cdots，\alpha_B)=(\dfrac{1}{\beta_1}，\dfrac{1}{\beta_2}，\cdots，\dfrac{1}{\beta_B})$，预测值等于以 $\boldsymbol{\alpha}_b$ 为权重的 $\hat{\boldsymbol{y}}_i$ 的加权中位数。

首先，将 $(\hat{y}_i^{(1)}，\hat{y}_i^{(2)}，\cdots，\hat{y}_i^{(B)})$ 按升序排序，权重 $(\dfrac{1}{\beta_1}，\dfrac{1}{\beta_2}，\cdots，\dfrac{1}{\beta_B})$ 也随之排序；然后，对排序后的权重计算累计的 $\log(\dfrac{1}{\beta_b})$，即 $\sum\limits_{b=1}^{t}\log(\dfrac{1}{\beta_b})$，$t$ 是满足 $\sum\limits_{b=1}^{t}\log(\dfrac{1}{\beta_b})\geqslant\dfrac{1}{2}\sum\limits_{b=1}^{B}\log(\dfrac{1}{\beta_b})$

时的最小值。联合预测结果为$\hat{y}_i = \hat{y}_i^{(t)}$。可见，若$B$个弱模型的权重相等，预测值就是$(\hat{y}_i^{(1)}, \hat{y}_i^{(2)}, \cdots, \hat{y}_i^{(B)})$的中位数。

7.3.6 Python应用实践：基于AdaBoost预测$PM_{2.5}$浓度

本节将针对空气质量监测数据，采用AdaBoost集成学习策略，对$PM_{2.5}$浓度进行回归预测，重点聚焦提升法在回归预测中的损失函数选择问题。基本思路如下：

（1）读入数据，进行数据预处理。指定输入变量包括：SO_2、CO、NO_2、O_3，输出变量为$PM_{2.5}$。

（2）指定基础学习器是树深度等于1的回归树。

（3）基于AdaBoost集成学习策略，分别采用不同的损失函数，建立包含25个基础学习器的“联合委员会”进行回归预测。

（4）计算集成学习基于OOB的误差。通过对比不同损失函数下的OOB误差，确定适合本例的损失函数。

Python代码（文件名：chapter7-1-1.ipynb）如下。

行号	代码和说明
1	data = pd.read_excel('北京市空气质量数据.xlsx') # 读入Excel格式数据
2	data = data.replace(0,np.NaN);data = data.dropna();data = data.loc[(data['PM2.5']< = 200) & (data['SO2']< = 20)]; # 数据预处理
3	X = data[['SO2','CO','NO2','O3']];y = data['PM2.5'] # 指定输入变量和输出变量
4	dt_stump = tree.DecisionTreeRegressor(max_depth = 1,random_state = 123) # 基础学习器为树深度为1的最简单的回归树
5	B = 25 # 指定迭代25次
6	Loss = ['linear', 'square', 'exponential'] # 指定三种损失函数的参数名
7	LossName = ['线性损失','平方损失','指数损失'] # 指定三种损失函数名称
8	Lines = ['-','-.','--'] # 以不同线形绘制不同损失函数曲线
9	plt.figure(figsize = (9,6)) # 指定图形大小
10	for lossname,loss,lines in zip(LossName,Loss,Lines): # 利用循环实现不同损失函数的集成回归预测
11	ErrAdaB = np.zeros((B,)) # 存储各迭代次数下的误差
12	adaBoost = ensemble.AdaBoostRegressor(base_estimator = dt_stump,n_estimators = B,loss = loss,random_state = 123) # 创建AdaBoost回归预测对象adaBoost
13	adaBoost.fit(X,y) # 基于X和y估计adaBoost的模型参数
14	for b,yhat in enumerate(adaBoost.staged_predict(X)): # 计算各迭代次数下的预测值
15	ErrAdaB[b] = 1-r2_score(y,yhat) # 计算各迭代次数下的误差并保存；r2_score计算R方
16	plt.plot(np.arange(B),ErrAdaB,marker = 'o',linestyle = lines,label = '%s: 模型权重%s'%(lossname,adaBoost.estimator_weights_[0:2]),linewidth = 1) # 绘制误差随迭代次数增加的变化曲线，显示前2次迭代的2个基础学习器的权重
…	……# 图标题设置等，略去

■ 代码说明

（1）以上省略号部分在之前代码中重复出现过且不影响对原理的理解，故略去以节约篇幅。完整 Python 程序请参见本书配套代码。

（2）第 16 行：属性 estimator_weights_ 存储各基础学习器的模型权重；此外，属性 estimator_errors_ 存储各基础学习器的误差。随着迭代次数的增加，因后续模型仅关注之前未能正确预测的样本观测，所以这些模型的误差较高，权重较低。

所绘制的图形如图 7.6 所示。

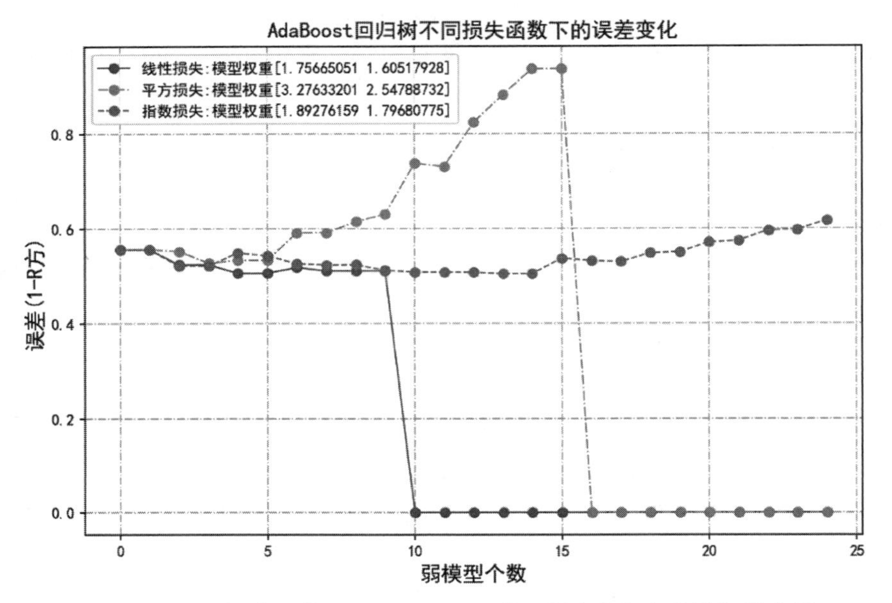

图7.6 不同损失函数下AdaBoost预测误差随迭代次数增加的曲线

图 7.6 中，横坐标为迭代次数（0~24 为索引），即弱模型个数。纵坐标为预测误差。图 7.6 显示，随迭代次数的增加，线性损失函数和平方损失函数下的联合预测误差快速下降，分别在第 11 和 17 次达到 0，采用线性损失函数的模型收敛速度更快。指数损失函数下，模型误差减少不明显。可见，对本例来说应选择线性损失函数。

此外，杜拉克等学者的研究表明，AdaBoost 集成算法在大多数情况下优于袋装回归树。

至此，从弱模型到强模型的集成学习讨论告一段落。需要强调的是：该集成学习的核心思想是基于 AdaBoost 的提升法。所谓提升，主要针对样本观测的权重$\boldsymbol{w}^b$而言。即不断迭代以不断调整样本观测的权重，从而不断确定各弱模型建模的侧重对象（训练集），并通过“联合委员会”得到最终的预测结果。

7.4 梯度提升树

作为梯度提升算法（Gradient Boosting Algorithm）的典型代表，梯度提升树（Gradient Boosting Decision Tree，GBDT）是当下最为流行的集成学习算法之一，是 2001 年弗里德曼（J. H. Friedman）提出的。梯度提升树采用向前式分步可加建模方式。

Jerome H. Friedman. Greedy Function Approximation: A Gradient Boosting Machine. *The Annals of Statistics*, 2001, 29 (5).

一方面，采用提升法，迭代过程中模型成员不断进入“联合委员会”。先前进入“联合委员会”的模型不受后续进入模型的影响，且每次迭代仅需估计当前模型。

另一方面，迭代过程中基于损失函数，采用梯度下降策略，找到使损失函数下降最快的模型（基础学习器或弱模型）。

以下将首先讨论梯度提升算法，然后分别讨论梯度提升分类树和梯度提升回归树。

7.4.1 梯度提升算法

下面从以下几个方面讨论梯度提升算法：第一，提升的含义；第二，梯度下降和模型参数；第三，梯度提升算法的参数优化过程。

1. 提升的含义

与 AdaBoost 不同的是，这里的提升是针对预测模型而言的。梯度提升算法沿用向前式分步可加方式，提升过程是通过不断迭代，不断将预测模型添加到“联合委员会”，进而不断对当前预测值进行调整的过程。最终的预测结果是经过“联合委员会”成员多次调整的结果。以下以输出变量为数值型的情况为例讨论。

迭代开始前，令当前预测值$f_0(\boldsymbol{X})=0$。然后开始$b=1$，2，…，B次迭代。其间模型“联合委员会”成员（即基础学习器）不断增加，对样本观测$\boldsymbol{X}_i$的预测值不断调整：$f_1(\boldsymbol{X}_i)=f_0(\boldsymbol{X}_i)+\beta_1 h(\boldsymbol{X}_i;\gamma_1)$，$f_2(\boldsymbol{X}_i)=f_1(\boldsymbol{X}_i)+\beta_2 h(\boldsymbol{X}_i;\gamma_2)$，$f_3(\boldsymbol{X}_i)=f_2(\boldsymbol{X}_i)+\beta_3 h(\boldsymbol{X}_i;\gamma_3)$，等等。

$$f_b(\boldsymbol{X}_i)=f_{b-1}(\boldsymbol{X}_i)+\beta_b h(\boldsymbol{X}_i;\gamma_b) \tag{7.15}$$

B次迭代结束时的预测值为：$f_B(\boldsymbol{X}_i)=\sum_{b=1}^{B}\beta_b h(\boldsymbol{X}_i;\gamma_b)$。其中，$h(\boldsymbol{X}_i;\gamma_b)$是基础学习器，组成模型的“联合委员会”。$\gamma_b$为基础学习器的参数集合。如果$h$为决策树，则$\gamma_b$为决策树参数集合，包括“最佳”分组变量、组限值以及树深度等。系数β_b决定$h(\boldsymbol{X}_i;\gamma_b)$对预测结果的实际影响大小。该过程可形象地用图 7.7 表示。

图 7.7 形象地展示了对样本观测$\boldsymbol{X}_i$预测的提升过程。用最上方深蓝色矩形面积表示输出变量y_i的取值大小，浅蓝色矩形面积表示当前预测值。可见每次迭代预测值都增加$\beta_b h(\boldsymbol{X}_i;\gamma_b)$，从而使浅蓝色矩形面积不断接近深蓝色矩形面积。从这个角度看，$\beta_b h(\boldsymbol{X}_i;\gamma_b)$的本质是修正当前预测值的增量函数（Incremental Functions）。

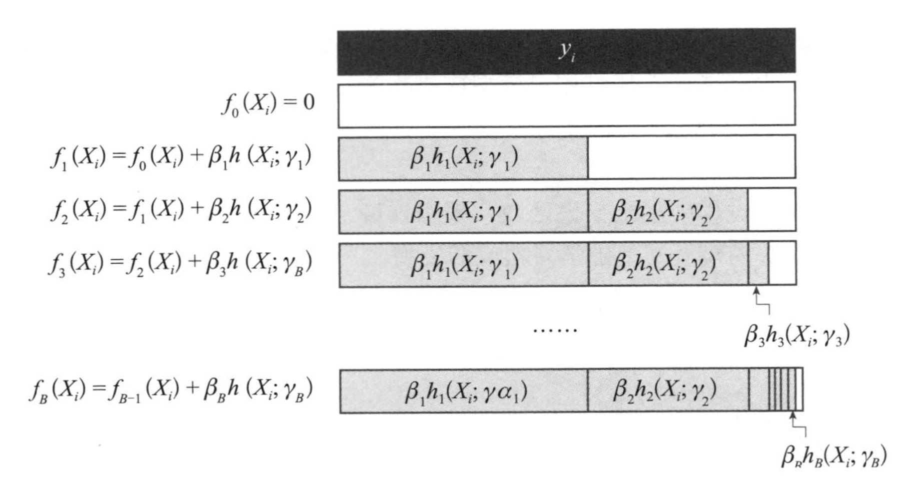

图7.7　梯度提升算法中的提升过程

2. 梯度下降和模型参数

如何确定模型参数和模型系数呢？正如 3.4 节论述的，应以损失函数最小为原则确定 $\beta_b h(\boldsymbol{X}_i;\ \boldsymbol{\gamma}_b)$。具体而言，基于训练集进行第$b$次迭代的目的是要找到损失函数最小时由参数集合$\boldsymbol{\gamma}_b$决定的模型$h(\boldsymbol{X}_i;\ \boldsymbol{\gamma})$以及$\beta_b$，即

$$(\beta_b,\ \boldsymbol{\gamma}_b)=\arg\min_{\beta,\gamma}\sum_{i=1}^{N}L(y_i,\ f_{b-1}(\boldsymbol{X}_i)+\beta h(\boldsymbol{X}_i;\ \boldsymbol{\gamma}))\tag{7.16}$$

并在此基础上得到更新后的预测值：$f_b(\boldsymbol{X})=f_{b-1}(\boldsymbol{X})+\beta_b h(\boldsymbol{X};\ \boldsymbol{\gamma}_b)$。

如果式（7.16）中的基础学习器或损失函数比较复杂，一般的求解方法是：基于训练集，在给定$f_{b-1}(\boldsymbol{X})$的条件下，采用梯度下降法在函数$h(\boldsymbol{X};\ \boldsymbol{\gamma})$集合中寻找使当前损失函数最小的$h(\boldsymbol{X};\ \boldsymbol{\gamma}_b)$。

如 3.4 节论述的那样，梯度下降法通常是用于估计复杂模型参数的一种优化方法。为便于理解，通过一个简单例子进行说明。

假设有函数$f(w)=w^2+1$，现需要求解$f(w)$最小时的w的值，如图 7.8 左图所示。

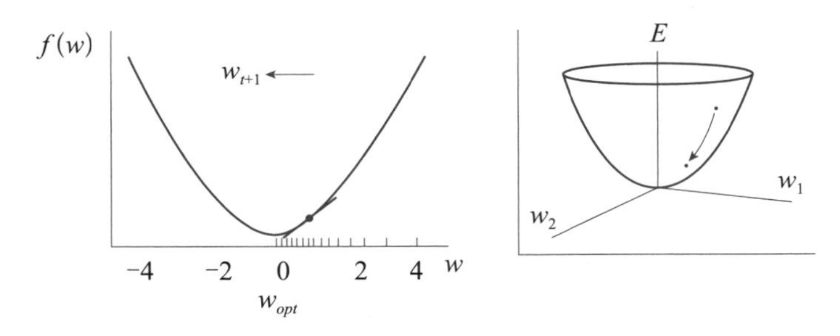

图7.8　一维和二维情况下的梯度下降法示意

模型$f(w)$很简单，图形仅是一条开口向上的抛物线。可以通过对w求导并令导数等于0的方法直接计算出w的值。显然，最优解为$w_{opt}=0$，此时$f(w)$达到最小。当然，这种方法只适合$f(w)$具有单峰的情况。更一般的情况是采用多次迭代，计算$f(w)$在w_b处的导数并不断更新w的方法求解。

例如，若图中w的初始值为4，记为$w(0)=4$。计算$f(w)$在$w(0)$处导数的导数：$\left[\frac{\partial f(w)}{\partial w}\right]_{w=4}=8>0$，意味着$w=4$时$f(w)$的斜率为正。此时只有降低$w$的值，才可能得到更小的$f(w)$。所以$\left[\frac{\partial f(w)}{\partial w}\right]_{w=4}$的符号决定了$w$更新的方向（如这里是向右还是向左）是与$\left[\frac{\partial f(w)}{\partial w}\right]_{w=4}$符号相反的方向。进一步，若确定了$w$更新的“步伐”$\Delta w$，便可以得到一个更新的$w$：$w(1)=w(0)-\Delta w=w(0)-\rho\left[\frac{\partial f(w)}{\partial w}\right]_{w=w(0)}$。其中$\rho$称为学习率。若假设$\rho=0.1$，3次迭代结果为依次为：

$$w(1)=4-0.1\times(2\times)=3.2$$

$$w(2)=3.2-0.1\times(2\times3.2)=2.56$$

$$w(3)=2.56-0.1\times(2\times2.56)=2.04$$

可见，随w的不断更新，$f(w)$逐渐逼近曲线最低处的最小值，最终$w=w_{opt}$为最优解。该过程即为一个参数优化过程。

在二维$\boldsymbol{w}=(w_1, w_2)$情况下，$w_1$，$w_2$不同取值下都会对应一个$f(\boldsymbol{w})$值。$w_1$，$w_2$多个不同取值的组合将对应很多的$f(\boldsymbol{w})$值，它们将形成一个面，即图7.8中左图的抛物线会演变成图7.8中右图类似“碗”的形状（“碗”的纵切面是抛物线，横切面一般是椭圆）。同样需要找到$f(\boldsymbol{w})$降低最快的方向，这个方向即为$f(\boldsymbol{w})$的负梯度方向。同理，更高维$\boldsymbol{w}=(w_1, w_2, \cdots, w_p)$下，第$t$次迭代时$\boldsymbol{w}$更新的方向是$f(\boldsymbol{w})$在$\boldsymbol{w}_{t-1}$处的负梯度方向。

梯度方向是函数值增加最快的方向，负梯度方向是函数值减小最快的方向。

需要说明的是，学习率ρ会影响$\Delta\boldsymbol{w}$，不可以太大或太小。若ρ太大会导致$\boldsymbol{w}$更新的“步伐”过大，呈现如图7.9所示的情况。$\boldsymbol{w}(t)$在$\boldsymbol{w}_{opt}$两侧不断“震荡”但无法到达$\boldsymbol{w}_{opt}$。若太小会导致$\boldsymbol{w}$更新的“步伐”过小，$\boldsymbol{w}(t)$不能很快到达$\boldsymbol{w}_{opt}$。

在预测模型的参数求解中，上述$\boldsymbol{w}$对应模型的参数，$f(\boldsymbol{w})$对应损失函数$L(y, f(\boldsymbol{X};\boldsymbol{w}))$。这就是梯度下降法在估计模型参数中的基本思路。

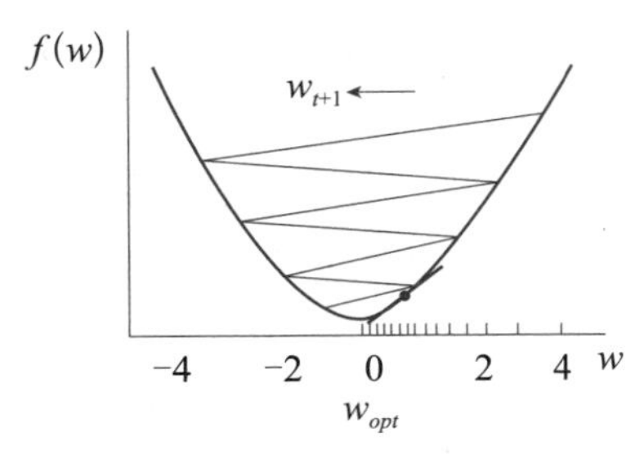

图7.9 学习率对w求解的影响

3. 梯度提升算法的参数优化过程

回到梯度提升算法。与上述参数优化过程相对应，也可将$f_b(\boldsymbol{X}_i)=f_{b-1}(\boldsymbol{X}_i)+\beta_b h(\boldsymbol{X}_i;\boldsymbol{\gamma}_b)$视为一个优化过程，但这里是模型的优化过程：在$f_{b-1}(\boldsymbol{X}_i)$基础上，通过增加更新值$\beta_b h(\boldsymbol{X}_i;\boldsymbol{\gamma}_b)$得到一个更新的$f_b(\boldsymbol{X}_i)$的过程。

按照梯度下降的思路，$\beta_b h(\boldsymbol{X}_i;\boldsymbol{\gamma}_b)$取决于损失函数$L(y_i,f(\boldsymbol{X}_i))$在$f_{b-1}(\boldsymbol{X}_i)$处的负梯度和学习率$\rho$，即

$$\beta_b h(\boldsymbol{X}_i;\boldsymbol{\gamma}_b)=-\rho_b g_b(\boldsymbol{X}_i) \tag{7.17}$$

式中，负号表示负梯度方向。对样本观测$\boldsymbol{X}_i$：$-g_b(\boldsymbol{X}_i)=-\left[\frac{\partial L(y_i,f(\boldsymbol{X}_i))}{\partial f(\boldsymbol{X}_i)}\right]_{f(\boldsymbol{X}_i)=f_{b-1}(\boldsymbol{X}_i)}$。对$N$个样本观测：$-\boldsymbol{g}_b(\boldsymbol{X}_i)=(-g_b(\boldsymbol{X}_1),-g_b(\boldsymbol{X}_2),\cdots,-g_b(\boldsymbol{X}_N))$，是已知的。

事实上，尽管当前模型h的参数$\boldsymbol{\gamma}_b$和β_b是未知的，但可参照最小二乘法，求解在$-g_b(\boldsymbol{X}_i)$与$\beta h(\boldsymbol{X}_i;\boldsymbol{\gamma})$离差平方和最小时的参数：

$$\boldsymbol{\gamma}_b=\arg\min_{\gamma,\beta}\sum_{i=1}^{N}(-g_b(\boldsymbol{X}_i)-\beta h(\boldsymbol{X}_i;\ \boldsymbol{\gamma}))^2 \tag{7.18}$$

若$\tilde{y}_i=-g_b(\boldsymbol{X}_i)$，则$\boldsymbol{\gamma}_b=\arg\min_{\gamma,\beta}\sum_{i=1}^{N}(\tilde{y}_i-\beta h(\boldsymbol{X}_i;\ \boldsymbol{\gamma}))^2$。一般称$\tilde{y}$为伪响应（Pseudoresponses）变量。

输出变量又称为响应变量。

此外，学习率ρ_b可通过线搜索（Line Search）获得：

线搜索是求解最优化问题中的重要迭代算法。迭代过程为$x_{k+1}=x_k+\alpha_k p_k$。α_k和p_k分别表示搜索步长和搜索方向。线搜索需关注如何求解步长和确定搜索方向。该内容超出本书范围，读者可参考优化算法的相关文献。

$$\rho_b=\arg\min_{\rho}\sum_{i=1}^{N}L(y_i,\ f_{b-1}(\boldsymbol{X}_i)+\rho h(\boldsymbol{X}_i;\ \boldsymbol{\gamma}_b)) \tag{7.19}$$

此时将得到一个近似更新：$f_b(\boldsymbol{X})=f_{b-1}(\boldsymbol{X})+\rho_b h(\boldsymbol{X};\ \boldsymbol{\gamma}_b)$。

以上就是梯度提升算法的基本思路，总结如下。

迭代开始前，令当前预测值$f_0(\boldsymbol{X})=0$。然后进行$b=1,\cdots,B$次的如下迭代：

第一步，计算伪响应变量：$\tilde{y}_i=-g_b(\boldsymbol{X}_i)=-\left[\frac{\partial L(y_i,f(\boldsymbol{X}_i))}{\partial f(\boldsymbol{X}_i)}\right]_{f(\boldsymbol{X}_i)=f_{b-1}(\boldsymbol{X}_i)}$

$(i=1, 2, \cdots, N)$。

第二步，求解模型参数：$\gamma_b=\arg\min\limits_{\gamma,\beta}\sum\limits_{i=1}^{N}(\tilde{y}_i-\beta h(\boldsymbol{X}_i;\ \gamma))^2$。

第三步，线搜索学习率：$\rho_b=\arg\min\limits_{\rho}\sum\limits_{i=1}^{N}L(y_i, f_{b-1}(\boldsymbol{X}_i)+\rho h(\boldsymbol{X}_i;\gamma_b))$。

第四步，更新：$f_b(\boldsymbol{X})=f_{b-1}(\boldsymbol{X})+\rho_b h(\boldsymbol{X};\gamma_b)$。

算法结束。

7.4.2 梯度提升回归树

梯度提升回归树用于回归预测。将梯度提升算法具体到回归预测中有两个特点：

第一，损失函数一般定义为平方损失：$L(y_i,f(\boldsymbol{X}_i))=\frac{1}{2}(y_i-f(\boldsymbol{X}_i))^2$。于是伪响应变量 $\tilde{y}_i=y_i-f(\boldsymbol{X}_i)$，就是当前的残差。

第二，基于损失函数的定义，上述梯度提升算法第三步中的ρ即为β。

基于上述两点，回归预测中的梯度提升算法总结如下。

迭代开始前，令当前预测值 $f_0(\boldsymbol{X})=\bar{y}$（为提高算法效率，初始值可设置为输出变量 y 的均值）。然后进行$b=1, 2, \cdots, B$次的如下迭代：

第一步，计算伪响应变量：$\tilde{y}_i=y_i-f_{b-1}(\boldsymbol{X}_i)$, $(i=1, 2, \cdots, N)$。

第二步，求解模型参数：$(\gamma_b, \rho_b)=\arg\min\limits_{\gamma,\rho}\sum\limits_{i=1}^{N}(\tilde{y}_i-\rho h(\boldsymbol{X}_i;\gamma))^2$。

第三步，更新：$f_b(\boldsymbol{X})=f_{b-1}(\boldsymbol{X})+\rho_b h(\boldsymbol{X};\gamma_b)$

算法结束。

对于梯度提升回归树，基础学习器 $h(\boldsymbol{X};\ \gamma_b)$ 为含有 J 个叶节点的回归树，可表示为：

$$h(\boldsymbol{X};\{b_j, R_j\}^J)=\sum_{j=1}^{J}b_j I(\boldsymbol{X}\in R_j) \tag{7.20}$$

式中，$I()$为示性函数。回归树将输入变量和输出变量y构成的空间划分成J个不相交的区域$\{R_j\}^J$。结合示性函数，若假定样本观测点$\boldsymbol{X}_i$落入第j个区域R_j，则$b_j I(\boldsymbol{X}\in R_j)=b_j$。同时，因样本观测点$\boldsymbol{X}_i$一定不落入其他区域$R_i$ $(i\neq j)$，所以$b_i I(\boldsymbol{X}\in R_i)=0$，因此，$\sum\limits_{j=1}^{J}b_j I(\boldsymbol{X}\in R_j)=b_j+0+0+\cdots=b_j$，即为 $\boldsymbol{X}_i$ 的预测值 $\hat{y}_i=f(\boldsymbol{X}_i)$。

进一步，梯度提升回归树经第 b 次迭代后的预测值将更新为：

$$f_b(\boldsymbol{X})=f_{b-1}(\boldsymbol{X})+\rho_b\sum_{j=1}^{J}b_{jb}I(\boldsymbol{X}\in R_{jb}) \tag{7.21}$$

式中，R_{jb}为第b次迭代时，对输入变量和伪响应变量$\tilde{y}$构成空间进行划分的第j个区域，显然，$b_{jb}=\text{ave}_{\boldsymbol{X}_i\in R_{jb}}\tilde{y}_i$，即落入$R_{jb}$区域的样本观测点的$\tilde{y}_i$的均值。$\rho_b$为线搜索所得。令$\gamma_{jb}=\rho_b b_{jb}$，则式（7.21）可写为：

$$f_b(\boldsymbol{X}) = f_{b-1}(\boldsymbol{X}) + \sum_{j=1}^{J}\gamma_{jb}I(\boldsymbol{X} \in R_{jb}) \tag{7.22}$$

这意味着，可将每次迭代的更新视为J个参数为γ_{jb}的基础学习器的叠加，应找到损失函数最小时的J个γ_{jb}，记为$\{\gamma_{jb}\}^J$：

$$\{\gamma_{jb}\}^J = \arg\min_{\{\gamma_j\}^J}\sum_{i=1}^{N}L(y_i, f_{b-1}(\boldsymbol{X}_i) + \sum_{j=1}^{J}\gamma_j I(\boldsymbol{X} \in R_{jb})) \tag{7.23}$$

由于J个区域不相交，对每个区域均要求：

$$\gamma_{jb} = \arg\min_{\gamma}\sum_{\boldsymbol{X}_i \in R_{jb}} L(y_i, f_{b-1}(\boldsymbol{X}_i) + \gamma) \tag{7.24}$$

即$\gamma_{jb} = \arg\min_{\gamma}\sum_{\boldsymbol{X}_i \in R_{jb}}(\tilde{y}_i - \gamma)^2$。显然，$\gamma_{jb} = \text{ave}_{\boldsymbol{X}_i \in R_{jb}}\tilde{y}_i$当$\rho_b$=1时。

7.4.3 Python 模拟和启示：认识梯度提升回归树

梯度提升回归树通常具有良好的预测性能，本节将基于 Python 的编程，通过对随机生成的模拟数据的回归预测，对比梯度提升回归树和 AdaBoost 的回归预测效果。基本思路如下：

（1）随机生成样本量$N = 500$包含 10 个输入变量的用于回归预测的模拟数据（输出变量y为数值型变量）。

（2）以树深度等于 1 的决策树（回归树）为基础学习器，依据 AdaBoost 策略实现由 150 个基础学习器组成的集成学习，并计算误差。

（3）分别以树深度等于 1 和 3 为基础学习器，依据梯度提升策略实现由 150 个基础学习器组成的集成学习，并计算误差。

（4）对比上述三个集成学习随迭代次数增加的误差变化情况，以展示不同集成策略的特点。

Python 代码（文件名：chapter7-4.ipynb）如下。

行号	代码和说明
1	N = 500 # 指定样本量 N
2	X,y = make_regression(n_samples = N,n_features = 10,random_state = 123) # 生成有 10 个输入变量的用于回归预测的随机数据
3	B = 150 # 指定迭代次数
4	dt_stump = tree.DecisionTreeRegressor(max_depth = 1,random_state = 123) # 指定基础学习器为树深度等于 1 的回归树 dt_stump
5	ErrAdaB = np.zeros((B,)) # 存储 AdaBoost 的测试误差
6	adaBoost = ensemble.AdaBoostRegressor(base_estimator = dt_stump,n_estimators = B,loss = 'linear',random_state = 123) # 构建基于 dt_stump 的 AdaBoost 回归预测对象 adaBoost
7	adaBoost.fit(X,y) # 基于 X 和 y 估计 adaBoost 的模型参数
8	for b,yhat in enumerate(adaBoost.staged_predict(X)): # 利用循环计算当前迭代次数下的 adaBoost 预测值

9	ErrAdaB[b] = 1-r2_score(y,yhat) # 计算当前迭代次数下 adaBoost 的误差
10	plt.figure(figsize = (7,5)) # 指定图形大小
11	plt.plot(np.arange(B),ErrAdaB,linestyle = '--',label = 'AdaBoost 回归树 ') # 绘制 adaBoost 误差随迭代次数增加的变化曲线
12	for d,lty in zip([1,3],['-.','-']): # 利用循环构建基础学习器为树深度 1 和 3 时的梯度提升回归树
13	GBRT = ensemble.GradientBoostingRegressor(loss = 'ls',n_estimators = B,max_depth = d,random_state = 123) # 创建基础学习器为树深度 d，损失函数为线性损失函数的梯度提升回归树 GBRT
14	GBRT.fit(X,y) # 基于 X 和 y 拟合 GBRT 的模型参数
15	ErrGBRT = np.zeros((B,)) # 存储 GBRT 的测试误差
16	for b,yhat in enumerate(GBRT.staged_predict(X)): # 利用循环计算当前迭代次数下的 GBRT 预测值
17	ErrGBRT[b] = 1-r2_score(y,yhat) # 计算当前迭代次数下 GBRT 的误差
18	plt.plot(np.arange(B),TestErrGBRT,linestyle = lty,label = ' 梯度提升回归树 (树深度 =%d)'%d) # 绘制 GBRT 误差随迭代次数增加的变化曲线
…	……# 图标题设置等，略去

■ 代码说明

以上省略号部分在之前代码中重复出现过且不影响对原理的理解，故略去以节约篇幅。完整 Python 程序请参见本书配套代码。所绘制的图形如图 7.10 所示。

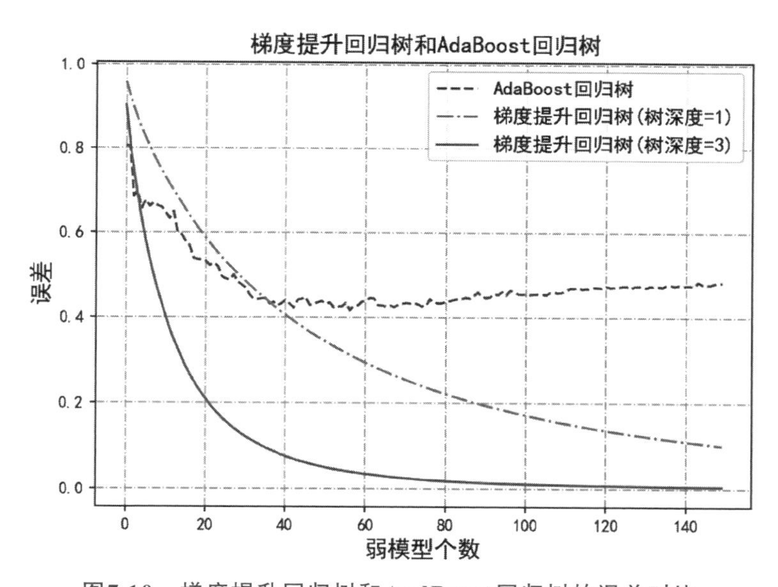

图7.10 梯度提升回归树和AadBoost回归树的误差对比

图 7.10 中，虚线表示 AadBoost 回归树的误差，大约 40 次迭代后误差基本保持不变；点虚线表示树深度为 1 的梯度提升回归树的误差，随迭代次数的增加，误差呈缓慢下降趋势，这是梯度提升树的算法机理决定的，梯度提升回归树优于 AadBoost。进一步，提高梯度提升算法中基础学习器的复杂度（这里指定树深度等于 3），误差用实线表示。显然，此时模型误差在迭代次数较少（大约 40 次）时就能快速下降到一个较低水平，预测性能优于 AdaBoost。

7.4.4 梯度提升分类树

梯度提升分类树用于分类预测。这里仅对$y \in \{-1,+1\}$的二分类预测问题进行讨论。

首先，将梯度提升算法具体到$y \in \{-1,+1\}$的二分类预测时，损失函数一般定义为：

$$L(y_i, f(\boldsymbol{X}_i)) = \log(1+\exp(-2y_i f(\boldsymbol{X}_i))) \tag{7.25}$$

称为负二项对数似然（Negative Binomial Log-Likelihood）损失。其中，$f(\boldsymbol{X}_i)=\frac{1}{2}\log\left[\frac{P(y_1=1|\boldsymbol{X}_i)}{P(y_1=-1|\boldsymbol{X}_i)}\right]$，为二项 Logisic 回归中 LogitP 的函数。于是，伪响应变量为：

$$\tilde{y}_i = -\left[\frac{\partial L(y_i, f(\boldsymbol{X}_i))}{\partial(\boldsymbol{X}_i)}\right]_{f(\boldsymbol{X})=f_{b-1}(\boldsymbol{X})} = 2y_i/(1+\exp(2y_i f_{b-1}(\boldsymbol{X}_i))) \tag{7.26}$$

其次，与梯度提升回归树类似，分类树也将空间划分成J个不相交区域，所以对每个区域有$\gamma_{jb} = \arg\min\limits_{\gamma} \sum\limits_{\boldsymbol{X}_i \in R_{jb}} L(y_i, f_{b-1}(\boldsymbol{X}_i)+\gamma)$。因采用式（7.25）的损失函数，有

$$\gamma_{jb} = \arg\min_{\gamma} \sum_{\boldsymbol{X}_i \in R_{jb}} \log(1+\exp(-2y_i(f_{b-1}(\boldsymbol{X}_i)+\gamma)))$$

依据弗里德曼的论文，其近似解为：$\gamma_{jb} = \sum\limits_{\boldsymbol{X}_i \in R_{jb}} \tilde{y}_i \Big/ \sum\limits_{\boldsymbol{X}_i \in R_{jb}} |\tilde{y}_i|(2-|\tilde{y}_i|)$。

学习率仍通过线搜索获得：

$$\rho_b = \arg\min_{\rho} \sum_{i=1}^{N} \log(1+\exp(-2y_i(f_{b-1}(\boldsymbol{X}_i)+\rho h(\boldsymbol{X}_i;\ \gamma_b)))) \tag{7.27}$$

二分类预测的梯度提升分类树算法总结如下。

迭代开始前，令当前预测值$f_0(\boldsymbol{X}) = \frac{1}{2}\log\frac{1+\bar{y}}{1-\bar{y}}$。然后进行$b=1,2,\cdots,B$次的如下迭代。

第一步，计算伪响应变量：$\tilde{y}_i = \frac{2y_i}{1+\exp(2y_i f_{b-1}(\boldsymbol{X}_i))}$，$i=1,2,\cdots,N$。

第二步，求解模型参数：$\gamma_{jb} = \sum\limits_{\boldsymbol{X}_i \in R_{jb}} \tilde{y}_i \Big/ \sum\limits_{\boldsymbol{X}_i \in R_{jb}} |\tilde{y}_i|(2-|\tilde{y}_i|)$。

第三步，更新：$f_b(\boldsymbol{X}) = f_{b-1}(\boldsymbol{X}) + \sum\limits_{j=1}^{J} \gamma_{jb} I(\boldsymbol{X} \in R_{jb})$。

算法结束。最终的预测结果为$f_B(\boldsymbol{X}_i) = \frac{1}{2}\log\left[\frac{P(y_1=1|\boldsymbol{X}_i)}{P(y_1=-1|\boldsymbol{X}_i)}\right]$。

进一步，可依据$f_B(\boldsymbol{X}_i)$计算$\boldsymbol{X}_i$输出变量取+1类和−1类的概率：$\hat{P}(y_i=1|\boldsymbol{X}_i)=\frac{1}{1+\exp(-2f_B(\boldsymbol{X}_i))}$，$\hat{P}(y_i=-1|\boldsymbol{X}_i)=\frac{1}{1+\exp(2f_B(\boldsymbol{X}_i))}$。若$\hat{P}(y_i=1|\boldsymbol{X}_i) > \hat{P}(y_i=-1|\boldsymbol{X}_i)$，则预测类别为+1类，否则为−1类。

7.4.5 Python 模拟和启示：认识梯度提升分类树

梯度提升分类树有较为优秀的分类预测效果。本节将基于 Python 的编程，对随机生

成的模拟数据进行分类预测，并对比梯度提升分类树和AdaBoost的分类预测效果。基本思路如下：

（1）随机生成样本量$N=800$、两个输入变量、输出变量取1或0两个类别的非线性分类模拟数据。为保持讲解的连贯性，这里的模拟数据同7.3.2节。

（2）建立由100个基础学习器（树深度等于1）构成的AdaBoost分类树。

（3）分别指定基础学习器为树深度等于1和3的分类树，并建立梯度提升分类树。

（4）绘制AdaBoost分类树和梯度提升分类树错判率随迭代次数增加的曲线，以展示不同集成策略的特点。

Python代码（文件名：chapter7-2-1.ipynb）如下。

行号	代码和说明
1	N = 800 # 指定样本量 N = 800
2	X,y = make_circles(n_samples = N,noise = 0.2,factor = 0.5,random_state = 123) # 随机生成两类别的模拟数据
3	B = 100 # 制定迭代次数
4	dt_stump = tree.DecisionTreeClassifier(max_depth = 1,random_state = 123) # 指定基础学习器为树深度等于 1 的分类树 dt_stump
5	ada = ensemble.AdaBoostClassifier(base_estimator = dt_stump,n_estimators = B,algorithm = 'SAMME',random_state = 123) # 构建基于 dt_stump 的 AdaBoost 分类预测对象 ada
6	ada.fit(X, y) # 基于 X 和 y 估计 ada 的模型参数
7	ada_err = np.zeros((B,)) # 存储 ada 的误差
8	for b,yhat in enumerate(ada.staged_predict(X)): # 利用循环计算不同迭代次数下的预测值
9	ada_err[b] = zero_one_loss(y,yhat) # 计算当前迭代次数下的总错判率
10	plt.figure(figsize = (7,5)) # 指定图形大小
11	plt.grid(True, linestyle = '-.') # 指定网格线
12	plt.plot(np.arange(B),ada_err,linestyle = '--',label = "AdaBoost 分类树 ") # 绘制 ada 总错判率随迭代次数增加的变化曲线
13	for d,lty in zip([1,3],['-.','-']): # 利用循环分别建立基于树深度为 1 和 3 的基础学习器的梯度提升树
14	GBDT = ensemble.GradientBoostingClassifier(loss = 'exponential',n_estimators = B,max_depth = d,random_state = 123) # 创建基础学习器为树深度 d 的梯度提升分类树 GBDT
15	GBDT.fit(X,y) # 基于 X 和 y 估计 GBDT 的模型参数
16	GBDT_err = np.zeros((B,)) # 存储 GBDT 的误差
17	for b,yhat in enumerate(GBDT.staged_predict(X)): # 利用循环计算当前迭代次数下的预测类别
18	GBDT_err[b] = zero_one_loss(y,yhat) # 计算当前迭代次数下的总错判率
19	plt.plot(np.arange(B),GBDT_err,linestyle = lty,label = ' 梯度提升分类树 (树深度 = %d)'%d) # 绘制错判率随迭代次数增加的曲线
…	……# 图标题设置等，略去

■ **代码说明**

（1）以上省略号部分在之前代码中重复出现过且不影响对原理的理解，故略去以节约篇幅。完整Python程序请参见本书配套代码。

（2）第 14 行：利用 GradientBoostingClassifier 建立梯度提升分类树，其中参数 loss 用于指定损失函数，'exponential' 代表式（7.25）的指数损失函数，此外还可以设置为 'deviance'，表示采用 Logistic 回归的损失函数（似然比卡方），可用于二分类或多分类的预测场景。

所绘制的图形如图 7.11 所示。

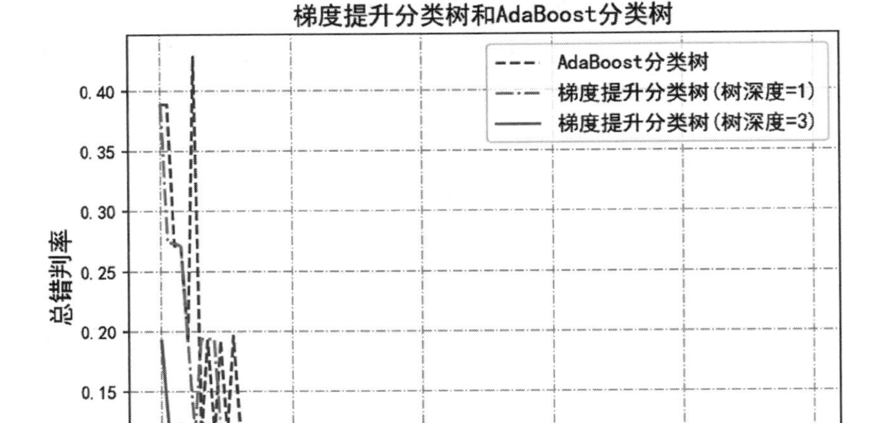

图7.11　梯度提升分类树和AadBoost分类树的总错判率对比

图 7.11 中，虚线表示 AadBoost 分类树的总错判率，点虚线表示树深度为 1 的梯度提升分类树的总错判率。可见，大约 20 次迭代后，两者的总错判率均基本保持不变。提高梯度提升算法中基础学习器的复杂度（这里指定树深度等于 3），总错判率用实线表示。显然，此时模型总错判率随迭代次数的增加持续下降并可以达到一个较低水平，整体预测性能优于 AdaBoost。此外，这里的模拟数据是一个典型的非线性分类数据，梯度提升分类树具有解决非线性分类问题的优势。

至此，梯度提升树的讨论告一段落。综上，梯度提升树采用向前式分步可加建模方式，基于损失函数采用梯度下降法，通过不断迭代最终获得理想的预测模型。

7.5　XGBoost 算法

XGBoost 也是目前流行的集成学习算法之一。与梯度提升树类似，同样采用向前式分步可加建模方式，且基础学习器为包含 J 个叶节点的决策树，数学表示形式与式（7.22）相同。为便于讨论，将式（7.22）重新记为：

$$f_b(\boldsymbol{X}) = f_{b-1}(\boldsymbol{X}) + \sum_{j=1}^{J} \gamma_{jb} I(\boldsymbol{X} \in R_{jb}) = f_{b-1}(\boldsymbol{X}) + \Theta_b(\boldsymbol{X}) \tag{7.28}$$

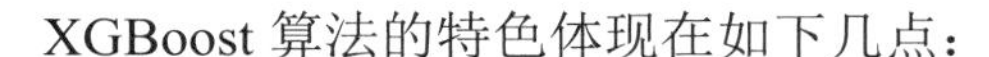

XGBoost 算法的特色体现在如下几点：

第一，每次迭代均针对目标函数进行。

第二，通过泰勒展开得到损失函数的近似表达。

第三，依据结构分数最小求解决策树。

这些也是 XGBoost 算法的核心内容。以下将逐一讨论。

7.5.1 XGBoost 的目标函数

XGBoost 算法每次迭代，不再仅仅以损失函数最小为目标求解决策树参数，而是构造目标函数（Object Function），求得目标函数最小时的决策树。目标函数由损失函数和复杂度函数两个部分组成，表示为：

$$obj_B(\boldsymbol{\Theta}) = \sum_{i=1}^{N} L(y_i, f_B(\boldsymbol{X}_i)) + \Omega(f_B(\boldsymbol{X})) \tag{7.29}$$

式中，$\boldsymbol{\Theta}$ 表示所有参数集合；$L(y_i, f_B(\boldsymbol{X}_i))$为损失函数，回归预测可采用平方损失函数，分类预测可采用交叉熵等；$\Omega(f_B(\boldsymbol{X}))$为模型（这里为决策树）$f_B(\boldsymbol{X})$的复杂度。对第$b$次迭代，目标函数可拆解为：

$$obj_b(\boldsymbol{\Theta}) = \sum_{i=1}^{N} L(y_i, f_{b-1}(\boldsymbol{X}_i) + \Theta_b(\boldsymbol{X})) + \Omega(f_{b-1}(\boldsymbol{X})) + \Omega(f_b(\boldsymbol{X})) \tag{7.30}$$

式中，$\Omega(f_{b-1}(\boldsymbol{X}))$为$b-1$次迭代完成后$f_{b-1}(\boldsymbol{X})$的复杂度；$\Omega(f_b(\boldsymbol{X}))$为第$b$次迭代模型的复杂度。XGBoost 以损失函数和复杂度之和最小为目标，每次迭代的目的是要找到目标函数最小时的新增决策树。

求解目标函数最小时的模型参数，充分体现了兼顾预测模型误差和复杂度的基本建模原则。由于不易获得误差和复杂度两者同时最小的模型，通常误差小、复杂度高，复杂度低、误差大，因此需要平衡两者，找到它们之和最小时的模型。

7.5.2 目标函数的近似表达

XGBoost 算法通过泰勒展开得到损失函数在$f_b(\boldsymbol{X})$处的近似值，并得到b次迭代结束后目标函数的近似表达。

首先，设函数$F(x)$在x_0处可导且高阶导数存在，则$F(x)$的泰勒展开为：

$$F(x_0 + \Delta x) = F(x_0) + \left[\frac{\partial F(x)}{\partial x}\right]_{x=x_0} (\Delta x) + \left[\frac{\partial^2 F(x)}{\partial x^2}\right]_{x=x_0} \frac{(\Delta x)^2}{2!} + \cdots$$

式中，$\left[\frac{\partial F(x)}{\partial x}\right]_{x=x_0}$和$\left[\frac{\partial^2 F(x)}{\partial x^2}\right]_{x=x_0}$分别为$F(x)$在$x_0$处的一阶导数和二阶导数。泰勒展开可通过以导数值为系数构建多项式，得到函数$F(x)$在$x_0 + \Delta x$处的近似值。

这里，$F(x)$对应单个损失$L(y_i, f_{b-1}(\boldsymbol{X}_i) + \Theta_b(\boldsymbol{X}_i))$。$x$对应$f_{b-1}(\boldsymbol{X}_i)$，$\Delta x$对应$\Theta_b(\boldsymbol{X}_i)$。若

损失函数在 $f_{b-1}(\boldsymbol{X}_i)$ 处可导且高阶导数存在，对 $L(y_i, f_{b-1}(\boldsymbol{X}_i)+\Theta_b(\boldsymbol{X}_i))$ 做泰勒展开，就可得到损失函数在 $f_{b-1}(\boldsymbol{X}_i)+\Theta_b(\boldsymbol{X}_i)$ 处的近似值。

若 $L(y_i, f_{b-1}(\boldsymbol{X}_i)+\Theta_b(\boldsymbol{X}_i))$ 在 $f_{b-1}(\boldsymbol{X}_i)$ 处的一阶导数记为 $g_i=\left[\frac{\partial L(y_i, f(\boldsymbol{X}_i))}{\partial f(\boldsymbol{X}_i)}\right]_{f(\boldsymbol{X}_i)=f_{b-1}(\boldsymbol{X}_i)}$，二阶导数记为 $h_i=\left[\frac{\partial^2 L(y_i, f(\boldsymbol{X}_i))}{\partial f(\boldsymbol{X}_i)^2}\right]_{f(\boldsymbol{X}_i)=f_{b-1}(\boldsymbol{X}_i)}$，则 b 次迭代结束时损失函数的近似为：

$$L(y_i, f_{b-1}(\boldsymbol{X}_i))+g_i\Theta_b(\boldsymbol{X}_i)+\frac{1}{2}h_i\left[\Theta_b(\boldsymbol{X}_i)\right]^2 \tag{7.31}$$

于是，b 次迭代的目标函数近似为：

$$obj_b(\boldsymbol{\Theta})\approx\sum_{i=1}^{N}\left[L(y_i, f_{b-1}(\boldsymbol{X}_i))+g_i\Theta_b(\boldsymbol{X}_i)+\frac{1}{2}h_i\left[\Theta_b(\boldsymbol{X}_i)\right]^2\right]+\Omega(f_{b-1}(\boldsymbol{X}))+\Omega(f_b(\boldsymbol{X}))$$

式中，$L(y_i, f_{b-1}(\boldsymbol{X}_i))$ 和 $\Omega(f_{b-1}(\boldsymbol{X}))$ 取决于前 $b-1$ 次迭代，与第 b 次迭代无关可以略去。于是目标函数近似为：

$$obj_b(\boldsymbol{\Theta})\approx\sum_{i=1}^{N}\left[g_i\Theta_b(\boldsymbol{X}_i)+\frac{1}{2}h_i\left[\Theta_b(\boldsymbol{X}_i)\right]^2\right]+\Omega(f_b(\boldsymbol{X})) \tag{7.32}$$

可见，目标函数值取决于损失函数的一阶和二阶导数在每个样本观测 $\boldsymbol{X}_i$ 上的取值，以及第 b 次迭代模型的复杂度 $\Omega(f_b(\boldsymbol{X}))$。

进一步，XGBoost 算法定义的模型复杂度为：

$$\Omega(f_b(\boldsymbol{X}))=\omega J+\frac{1}{2}\lambda\sum_{j=1}^{J}\gamma_{jb}{}^2 I(\boldsymbol{X}\in R_{jb}) \tag{7.33}$$

式中，J 为叶节点个数；γ_{jb} 为第 b 次迭代的决策树的 j 个叶节点的预测得分；ω 为复杂度系数，度量了每增加一个叶节点对模型复杂度的影响，可指定为某特定值；λ 为收缩参数，应指定为一个合理值。第二项的作用是便于目标函数的后续化简且最终使复杂度表示为 ωJ。于是，目标函数近似为：

$$\begin{aligned}obj_b(\boldsymbol{\Theta})&\approx\sum_{i=1}^{N}\left[g_i\Theta_b(\boldsymbol{X}_i)+\frac{1}{2}h_i\left[\Theta_b(\boldsymbol{X}_i)\right]^2\right]+\omega J+\frac{1}{2}\lambda\sum_{j=1}^{J}\gamma_{jb}{}^2 I(\boldsymbol{X}_i\in R_{jb})\\&=\sum_{i=1}^{N}\left[g_i\sum_{j=1}^{J}\gamma_{jb}I(\boldsymbol{X}_i\in R_{jb})+\frac{1}{2}h_i\left[\sum_{j=1}^{J}\gamma_{jb}I(\boldsymbol{X}_i\in R_{jb})\right]^2\right]+\omega J+\frac{1}{2}\lambda\sum_{j=1}^{J}\gamma_{jb}{}^2\\I(\boldsymbol{X}_i\in R_{jb})&=\sum_{j=1}^{J}\left[\gamma_{jb}I(\boldsymbol{X}_i\in R_{jb})\sum_{\boldsymbol{X}_i\in\{j\}}g_i+\gamma_{jb}{}^2 I(\boldsymbol{X}_i\in R_{jb})\frac{1}{2}(\sum_{\boldsymbol{X}_i\in\{j\}}h_i+\lambda)\right]+\omega J\end{aligned}$$

式中，$\boldsymbol{X}_i\in\{j\}$ 表示被分组归入第 j 个叶节点的样本观测。进一步，记 $G_j=\sum_{\boldsymbol{X}_i\in\{j\}}g_i$，$H_j=\sum_{\boldsymbol{X}_i\in\{j\}}h_i$，$\gamma_{jb}I(\boldsymbol{X}_i\in R_{jb})=\Theta_{jb}$，有

$$obj_b(\boldsymbol{\Theta})\approx\sum_{j=1}^{J}\left[G_j\Theta_{jb}+\frac{1}{2}(H_j+\lambda)\Theta_{jb}{}^2\right]+\omega J \tag{7.34}$$

7.5.3 决策树的求解

由式（7.34）可知，G_j和H_j已知，$G_j\Theta_{jb}+\frac{1}{2}(H_j+\lambda)\Theta_{jb}^2$是$\Theta_{jb}$的二次函数，且存在最小值。于是可对$\Theta_{jb}$求导并令导数等于0，求得

$$\Theta_{jb}=-\frac{G_j}{H_j+\lambda} \tag{7.35}$$

即$\Theta_{jb}=-\frac{G_j}{H_j+\lambda}$时，目标函数最小等于：

$$obj_b(\boldsymbol{\Theta})\approx-\frac{1}{2}\sum_{j=1}^{J}\frac{G_j^2}{H_j+\lambda}+\omega J \tag{7.36}$$

称为新增决策树的结构分数。显然，决策树的结构分数越低，说明该树的结构越合理。图7.12为一个计算示意图。

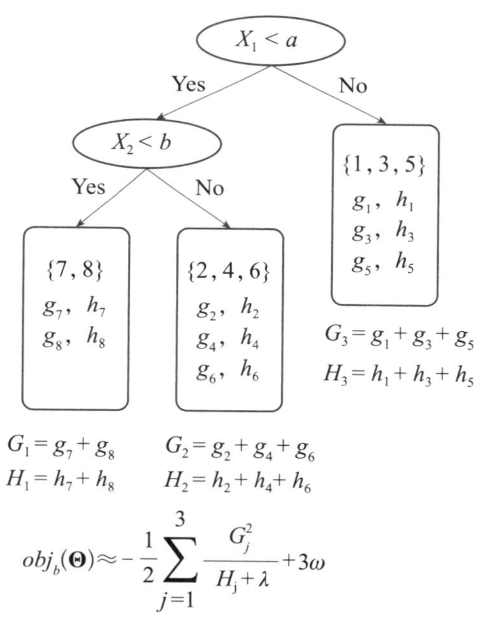

图7.12　决策树的结构分数计算示意图

图7.12中，假设训练样本的样本量$N=8$。若决策树首先以$X_1<a$，再以$X_2<b$为分组依据，将样本观测分成3组，得到图7.12所示的包含3个叶节点的决策树。分别计算每个叶子的G_j和H_j，并计算决策树的结构分数。如果该树的结构分数小于任何其他树的结构分数，则该树就为当前新增最优树。

树生长过程中，XGBoost通过贪心算法，在预修剪参数确定（如最大树深度、叶节点样本量、结构分数下降的最小值等）的条件下，依据结构分数下降最大为标准，确定当前最佳分组变量（如图7.12中是先按X_1还是X_2）和组限（如图7.12中是按a，b或是其他等），进而确定结构分数最小时的决策树，作为新增决策树的解。为提高算法效率，通常

依据式（7.36），计算父节点的结构分数与子节点的结构分数之差 L_{split}（为广义上的信息增益），找到使 L_{split} 最大的输入变量和组限，作为当前最佳分组变量和组限值：

$$L_{split}=\frac{1}{2}\left[\frac{G_{left}^2}{H_{left}+\lambda}+\frac{G_{right}^2}{H_{right}+\lambda}-\frac{G_j^2}{H_j+\lambda}\right]-\varpi \tag{7.37}$$

式中，G_j^2 表示父节点样本观测一阶导数之和的平方，H_j 为其二阶导数之和；G_{left}^2 和 G_{right}^2 分别为父节点的左右两个子节点的一阶导数之和平方，H_{left} 和 H_{right} 分别为二阶导数之和；对于单个节点 $\omega J=\omega$，父节点到子节点复杂度增加 ω。式（7.37）度量了相对于父节点来说，其新“长出”的子节点所带来的目标函数的减少程度。显然，该值越大越好。当前最佳分组变量和组限值所带来的 L_{split} 应至少大于某个阈值。

7.5.4 Python 应用实践：基于 XGBoost 预测空气质量等级

本节将聚焦 XGBoost 算法的 Python 实现，基于空气质量监测数据，采用 XGBoost 算法以及其他集成学习算法，对空气质量等级进行多分类预测。通过误差对比图的方式，展现各种集成学习算法在空气质量等级分类中的预测性能和算法特点。基本思路如下：

（1）以树深度等于 3 的分类树为基础学习器，构建 AdaBoost 分类模型。

（2）以树深度等于 3 的分类树为基础学习器，建立梯度提升分类树。

（3）以树深度等于 3 的分类树为基础学习器，实现袋装法集成学习分类，同时采用随机森林建立分类模型。

（4）指定最大树深度等于 3，建立 XGBoost 分类树。

（5）计算各集成算法的误差，通过可视化图形对比各算法的预测性能。

需要说明的是，目前 XGBoost 算法尚未内置在 Python 的 Scikit-learn 包中，需首先在 Anaconda Prompt 下输入：pip install xgboost 进行在线安装（如图 7.13 所示）。之后按常规方式导入 xgboost 模块并使用。

```
(base) C:\Users\xuewe>pip install xgboost
Collecting xgboost
  Downloading https://files.pythonhosted.org/packages/68/38/fc6b5c3c69b3ed31ed316b83a7baf02dd3b70b58
/xgboost-1.1.0-py3-none-win_amd64.whl (37.7MB)
     |████████████████████████████████| 37.7MB 92kB/s
Requirement already satisfied: numpy in d:\anaconda3\lib\site-packages (from xgboost) (1.16.5)
Requirement already satisfied: scipy in d:\anaconda3\lib\site-packages (from xgboost) (1.3.1)
Installing collected packages: xgboost
Successfully installed xgboost-1.1.0
```

图7.13 XGBoost的在线安装

Python 代码（文件名：chapter7-5.ipynb）如下。

行号	代码和说明
1	data = pd.read_excel('北京市空气质量数据.xlsx') #读入 Excel 格式数据
2	data = data.replace(0,np.NaN);data = data.dropna() #数据预处理
3	X = data.iloc[:,3:-1];y = data['质量等级'] #指定输入变量 X 和输出变量 y

```
4   B = 100 # 指定迭代次数
5   ErrGBDT = np.zeros((B,));ErrAdaB = np.zeros((B,));ErrBag = np.zeros((B,));ErrRF = np.zeros((B,)) # 分别存储各集成学习算法误差
6   GBDT = ensemble.GradientBoostingClassifier(loss = 'deviance',n_estimators = B,max_depth = 3,random_state = 123) # 创建梯度提升分类树 GBDT，最大树深度为 3，采用 Logistic 损失函数，迭代 B 次
7   GBDT.fit(X,y) # 基于 X 和 y 估计 GBDT 的模型参数
8   for b,yhat in enumerate(GBDT.staged_predict(X)): # 计算当前迭代次数下 GBDT 的联合预测值
9       ErrGBDT[b] = zero_one_loss(y,yhat) # 计算当前迭代次数下 GBDT 的总错判率
10  dt_stump = tree.DecisionTreeClassifier(max_depth = 3,random_state = 123) # 创建树深度 3 的基础学习器 dt_stump
11  adaBoost = ensemble.AdaBoostClassifier(base_estimator = dt_stump,n_estimators = B,random_state = 123) # 创建 AdaBoost 分类对象 adaBoost，基础学习器为 dt_stump，迭代 B 次
12  adaBoost.fit(X,y) # 基于 X 和 y 估计 adaBoost 的模型参数
13  for b,yhat in enumerate(adaBoost.staged_predict(X)): # 计算当前迭代次数下 adaBoost 的联合预测值
14      ErrAdaB[b] = zero_one_loss(y,yhat) # 计算当前迭代次数下 adaBoost 的总错判率
15  for b in np.arange(B): # 利用循环建立不同迭代次数下基于袋装法和随机森林的集成学习
16      Bag = ensemble.BaggingClassifier(base_estimator = dt_stump,n_estimators = b+1,oob_score = True,random_state = 123,bootstrap = True) # 创建当前迭代次数 b+1(b 为从 0 开始的索引）下的袋装对象 Bag，基础学习器为 dt_stump
17      Bag.fit(X,y) # 基于 X 和 y 估计 Bag 的模型参数
18      ErrBag[b] = zero_one_loss(y,Bag.predict(X)) # 计算 Bag 的总错判率
19      RF = ensemble.RandomForestClassifier(max_depth = 3,n_estimators = b+1,oob_score = True, random_state = 123,bootstrap = True,max_features = "sqrt")# 创建当前迭代次数 b+1(b 为从 0 开始的索引）下的随机森林对象 RF，最大树深度为 3，输入变量随机子集包含√p个输入变量
20      RF.fit(X,y) # 基于 X 和 y 估计 RF 的模型参数
21      ErrRF[b] = zero_one_loss(y,RF.predict(X)) # 计算 RF 的总错判率
22  modelXGB = xgb.XGBClassifier(max_depth = 3, n_estimators = B,objective = 'multi:softmax',random_state = 123) # 创建 XGBoost 对象 modelXGB，最大树深度为 3，迭代 B 次，本例为多分类问题指定学习任务为 softmax
23  modelXGB.fit(X,y,eval_set = [[X, y]]) # 基于 X 和 y 估计 modelXGB 的模型参数
24  ErrXGB = modelXGB.evals_result() # 获得 modelXGB 各迭代次数下的误差
…   ……# 绘制各集成算法的误差曲线，图标题设置等，略去
```

■ 代码说明

（1）以上省略号部分在之前代码中重复出现过且不影响对原理的理解，故略去以节约篇幅。完整 Python 程序请参见本书配套代码。

（2）第 22 行：实现 XGBoost 算法。因本例对空气质量等级进行多分类预测，因此需指定参数 objective 为 multi，且指定输出经 softmax 函数处理的总和等于 1 的预测类别概率。

（3）第 23 行：基于输入变量 X 和输出变量 y 估计 modelXGB 的模型参数。其中，参数 eval_set 用于指定依据哪些数据计算模型评价指标（默认为总错判率），这里为 X 和 y。若有测试集或新数据集，也可在这里一并给出，格式为：eval_set=[[X, y],[X0,y0]]。

（4）第 24 行：可通过 .evals_result() 获得 modelXGB 各迭代次数下的误差并保存到 ErrXGB 中。这里，误差以 Python 字典形式存储，默认包含 1 个名为 'validation_0' 的键，其键值也是包含键 'merror' 的字典，'merror' 的键值是各迭代次数下的误差。可通过 ErrXGB['validation_0']['merror'] 浏览各迭代次数下的误差值。

所绘制的图形如图 7.14 所示。

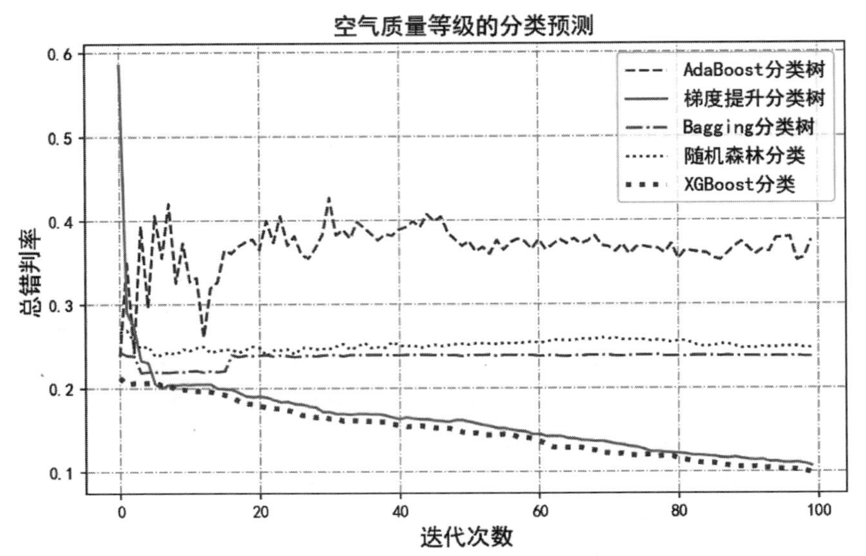

图7.14　空气质量等级预测的集成学习算法错判率曲线

图 7.14 中给出了各集成学习算法的错判率随迭代次数增加的变化曲线。可见，对于本例，错判率下降最快且错判率最小的算法是 XGBoost，其错判率曲线为图中最下方粗的点线。

此外，Python 还给出了 XGBoost 的输入变量重要性得分。一般有两个评价标准：第一，以成为最佳分组变量的次数为标准，次数越多，变量重要性得分越高。第二，以式（7.37）的信息增益 L_{split} 的均值大小为标准，均值越大，变量重要性得分越高。可通过以下 Python 代码绘制本例的变量重要性得分柱形图。

行号	代码
1	xgb.plot_importance(modelXGB,title = ' 输入变量重要性 ',ylabel = ' 输入变量 ',xlabel = ' 分组次数 ',importance_type = 'weight',show_values = False)
2	xgb.plot_importance(modelXGB,title = ' 输入变量重要性 ',ylabel = ' 输入变量 ',xlabel = ' 信息增益 ',importance_type = 'gain',show_values = False)

■ 代码说明

第 1 行和第 2 行，均利用 plot_importance() 绘制变量重要性得分柱形图。应首先指定模型对象名（这里为 modelXGB），分别设置图形标题（title）、纵坐标标题（ylabel）和横坐标标题（xlabel）；参数 importance_type 可设置为 'weight' 或 'gain'，分别对应以上两种评价标准；show_values 为 True 或 False，表示是否在图中显示得分值。所绘制的图形如图 7.15 所示。

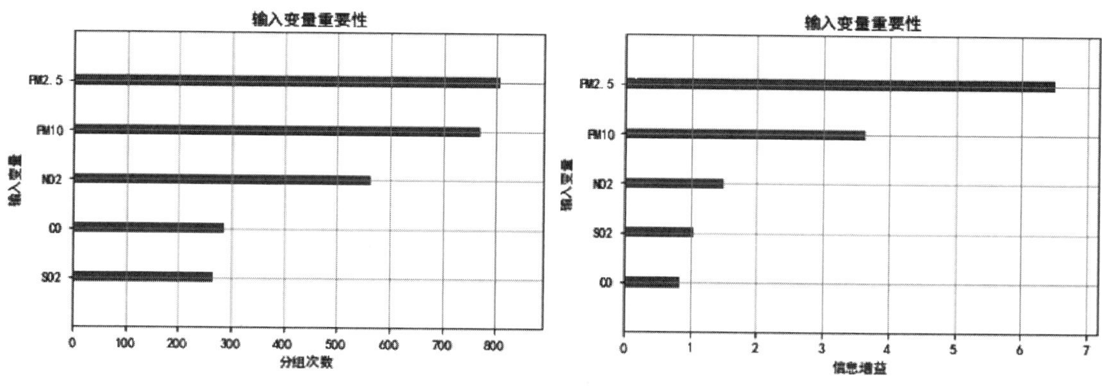

图7.15 输入变量的重要性评价

图 7.15 中的左图以成为最佳分组变量的次数为标准，$PM_{2.5}$ 的重要性最高，SO_2 最低。右图从分组有效性角度评价，依信息增益大小，$PM_{2.5}$ 的重要性最高，CO 最低。

• 本章相关函数列表 •

围绕本章学习，应重点掌握 Python 模块中的以下函数。函数的具体格式参见 Python 帮助。

一、建立基于袋装法的回归树和分类树

（1）Bag=ensemble.BaggingRegressor()；Bag.fit(X,Y)。

（2）Bag=ensemble.AdaBoostClassifier；Bag.fit(X,Y)。

二、建立随机森林实现回归预测和分类预测

（1）RF=ensemble.RandomForestRegressor()；RF.fit(X,Y)。

（2）RF=ensemble.RandomForestClassifier()；RF.fit(X,Y)。

三、建立提升法的回归预测和分类预测模型

（1）Ada=ensemble.AdaBoostClassifier()；Ada.fit(X,Y)。

（2）Ada=ensemble.AdaBoostRegressor()；Ada.fit(X,Y)。

（3）获得各迭代次数下的预测模型：Ada.staged_predict()。

四、建立梯度提升树

（1）GBRT=ensemble.GradientBoostingRegressor()；GBRT.fit(X,Y)。

（2）GBRT=ensemble.GradientBoostingClassifier()；GBRT.fit(X,Y)。

五、建立XBGoost分类树和回归树

（1）XGB=xgb.XGBClassifier();XGB.fit(X,Y)。

（2）XGB=xgb.XGBRegressor ();XGB.fit(X,Y)。

六、生成用于分类预测的模拟数据

（1）X,Y=make_circles()。

（2）X,Y=make_classification()。

• 本章习题 •

1．袋装法是目前较为流行的集成学习策略之一。请简述袋装法的基本原理，并说明其有怎样的优势。

2．请简述随机森林与袋装法的联系和不同，并说明为什么随机森林可以有效降低预测方差。

3．请简述 AdaBoost 算法的基本原理，并说明 AdaBoost 算法迭代过程中各模型间的关系。

4．请简述梯度提升算法的基本原理。

5．请说明 XGBoost 算法的目标函数，并论述目标函数的一阶导数和二阶导数在 XGBoost 中的意义。

6．Python 编程题：植物物种的分类。

据统计，目前仅植物学家记录的植物物种就有 25 万种之多。植物物种的正确分类对保护和研究植物多样性具有重要意义。这里以 kaggle (www.kaggle.com) 上的植物叶片数据集为研究对象，希望基于叶片特征通过机器学习自动实现植物物种的分类。数据集（文件名：叶子形状 .csv）是关于 990 张植物叶片灰度图像（如下图所示）的转换数据。

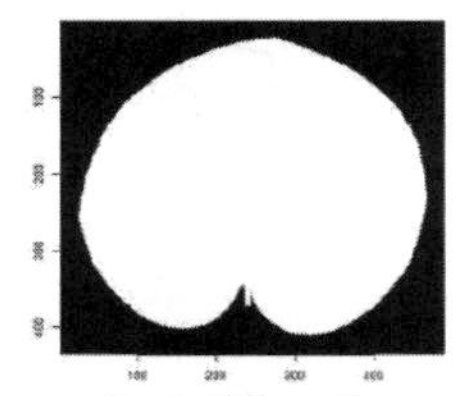
Cercis_Siliquastrum

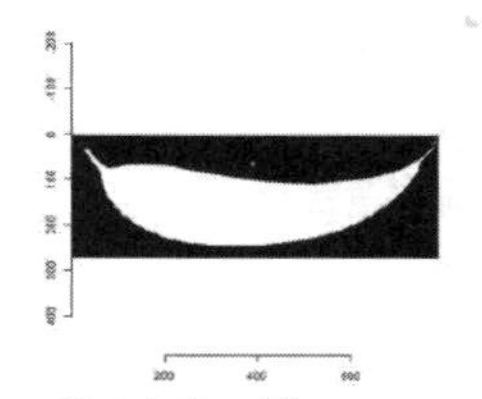
Eucalyptus_Glaucescens

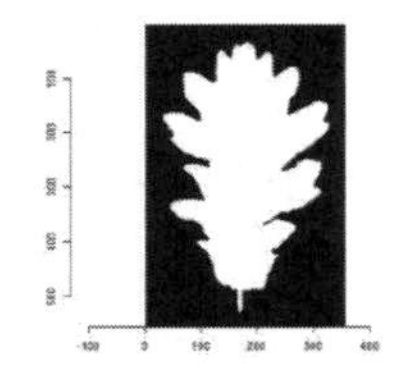
Quercus_Pubescens

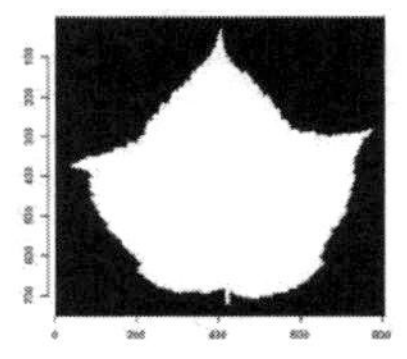
Acer_Rufinerve

数据中各有 64 个数值型变量分别描述植物叶片的边缘（margin）、形状（shape）、纹理（texture）特征。此外，还有 1 个分类型变量记录了每张叶片所属的植物物种（species）。总共有 193 个变量。请首先建立单棵回归树的分类模型，然后采用各种集成算法进行分类预测，并基于单棵回归树和集成学习的误差对比，选出最优预测模型。

第 8 章　数据预测建模：人工神经网络

学习目标

1. 掌握人工神经网络的基本构成以及各层节点的作用。
2. 掌握人工神经网络中节点加法器和激活函数的意义。
3. 掌握二层感知机网络的权重更新过程。
4. 理解三层或多层感知机网络中隐藏节点的意义。
5. 掌握人工神经网络的 Python 实现。

神经网络起源于生物神经元的研究，研究对象是人脑。人脑是一个高度复杂的非线性并行处理系统，具有联想推理和判断决策能力。对人脑活动机理的研究一直是一大挑战。

研究发现，人脑大约拥有 10^{11} 个相互连接的生物神经元（如图 8.1 所示）。通常认为，人脑智慧的核心在于生物神经元的连接机制。大量神经元的巧妙连接使得人脑成为一个高度复杂的大规模非线性自适应系统。婴儿出生后大脑不断发育，本质为通过外界刺激信号不断调整或加强神经元之间的连接及强度，最终形成成熟稳定的连接结构。

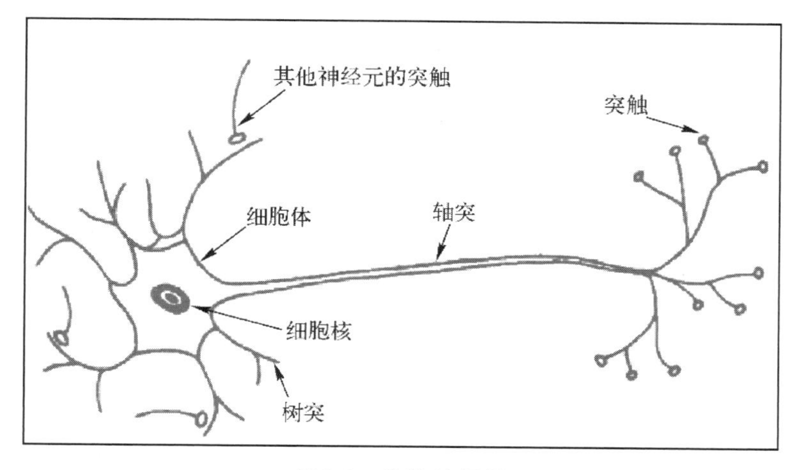

图8.1　生物神经元

人工神经网络（Artificial Neural Network, ANN）是一种人脑的抽象计算模型，是一种模拟人脑思维的计算机建模方式。自 20 世纪 40 年代，人们开始对人工神经网络进行研究。随着计算机技术的迅猛发展，人们希望通过计算机程序实现对人脑系统的模拟。通过类似于生物神经元的处理单元，以及处理单元之间的有机连接，解决现实世界的模式识别、联想记忆、优化计算等复杂问题。目前，人工神经网络在聚焦人工智能应用领域的同时，也成为机器学习中解决数据预测问题的重要的黑箱（Black Box）方法。

黑箱方法是把研究对象作为黑箱，在不直接观察研究对象内部结构的前提下，仅仅通过考察对象的输入和输出特征，探索和揭示其内在结构机理的研究方法。

本章重点围绕人工神经网络如何实现数据预测展开讨论，将涉及如下方面：

第一，人工神经网络的基本概念。人工神经网络的基本概念是人工神经网络学习的基础，应关注不同网络的拓扑结构，以及网络节点的实际意义。

第二，感知机网络。感知机网络是人工神经网络中的经典网络，其核心思想尤其是网络权重的更新策略，被广泛推广应用到后续很多的复杂网络中。理解感知机网络的基本原理是学习其他复杂网络的基础。

第三，多层感知机及 B-P 反向传播算法。多层感知机网络是一种更具实际应用价值的感知机网络。应重点关注多层感知机中隐藏节点的意义，以及预测误差的反向传播机制。

本章将结合 Python 编程对上述问题进行直观讲解，并基于 Python 给出人工神经网络的实现以及应用实践示例。

8.1 人工神经网络的基本概念

8.1.1 人工神经网络的基本构成

与人脑类似，人工神经网络由相互连接的神经元，这里称为节点或处理单元组成。人脑神经元的连接和连接强弱，在人工神经网络中体现为节点间的连线（称为连接或边）以及连接权重的大小。

人工神经网络种类繁多。根据网络的层数，从拓扑结构上人工神经网络可分为：两层神经网络、三层神经网络或多层神经网络。图 8.2（a）和图 8.2（b）所示的就是经典的两层神经网络和三层神经网络。图 8.2 中，神经网络的底层称为输入层（Input Layer），顶层称为输出层（Output Layer），中间层称为隐藏层（Hidden Layers）。两层网络没有隐藏层，三层网络具有一个隐藏层，是多层网络即具有两层及以上的隐藏层的特例。因绘图时还可以将神经网络倒置或旋转 90 度，为便于论述，后续统称接近输入层的层为上层，接近输出层的层为下层。

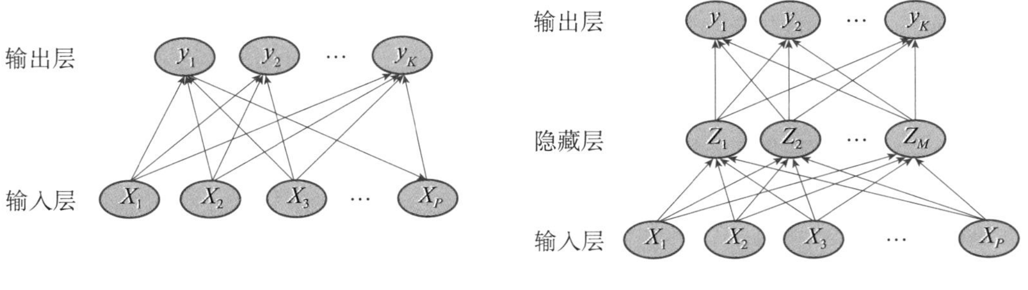

（a）两层神经网络图　　（b）三层神经网络图

图8.2　人工神经网络

图中的椭圆表示节点，有向线段表示节点之间的连接。连接的方向是由上至下，即从输入层到隐藏层再到输出层。带这种方向性连接的网络也称前馈式网络。各层的节点之间是全连接的，是一种全连接网络。

图 8.2（a）所示的是最早的名为感知机（Perception）的网络。它通过模拟人脑神经元对刺激信号的激活反应和传导机制，解决输入变量不相关时的回归和分类预测问题。感知机的预测能力有限，于是后续又出现了如图 8.2（b）所示的三层网络以及包含更多隐藏层的多层网络，称为多层感知机（Multiple Layers Perception），它们能够解决更为复杂的回归和分类预测问题。

目前流行的深度学习框架中的卷积网络和循环网络等是对上述网络的进一步拓展。首先，网络层数可高达千层，节点数量最大的达到上亿个。其次，节点间的连接不仅有由上至下的全连接，还有反向连接、部分连接以及同层节点间的侧向连接等，主要用于解决图像识别和语音识别等人工智能中的复杂问题。

如微软研究院的ResNet卷积神经网络等。

如谷歌的AlphaGo等。

本章将以感知机和多层感知机为对象，重点对其实现回归预测和分类预测的基本原理进行说明。

8.1.2　人工神经网络节点的功能

如图 8.2 所示，人工神经网络中的节点按层次分布于神经网络的输入层、隐藏层和输出层中，因而得名输入节点、隐藏节点和输出节点，它们有各自的职责。

1. 输入节点

图 8.2 中标为 X_1，X_2，…，X_P 的椭圆即为输入节点，负责接收和传送刺激信号。这里的刺激信号为训练集中样本观测 $\boldsymbol{X}_i$ 的 P 个输入变量 $(X_{i1}, X_{i2}, \cdots, X_{iP})$，$i=1, 2, \cdots, N$。输入节点将以一次仅接收一个样本观测的方式接收数据，然后按“原样”将其分别传送给与其连接的下层节点。对于两层网络直接传送给输出节点，对于三次或多层网络传送给隐藏节点。输入节点的个数取决于输入变量的个数。通常一个数值型输入变量对应一个输入节点，一个分类型变量依类别个数对应多个输入节点。

2. 隐藏节点

图 8.2 中标为 Z_1，Z_2，…，Z_M 的椭圆即为隐藏节点，负责对所接收的刺激信号进行加工处理，并将处理结果传送出去。在三层网络中，刺激信号是输入节点传送的样本观测 $\boldsymbol{X}_i$ 的 P 个输入变量 $(X_{i1}, X_{i2}, \cdots, X_{iP})$，$i=1, 2, \cdots, N$。在多层网络中是上个隐藏层传送的处理结果。统一讲就是，上层节点输出的处理结果就是下层节点的输入。

从预测建模角度看，隐藏节点将通过对输入的某种计算，完成非线性样本的线性变换，或输入变量相关时的特征提取等。之后再将计算结果即自身的输出，分别传送给与其连接的下层隐藏节点或输出节点。通常可依所建模型的预测误差调整隐藏层的层数和隐藏节点个数。层数和节点个数越多，预测模型越复杂。

3. 输出节点

图 8.2 中标为 y_1，y_2，…，y_K 的椭圆即为输出节点。与隐藏节点类似，输出节点也将上层节点的输出作为自身的输入，并对输入加工处理后给出输出。对于预测建模，输出即为预测值。

输出节点的个数取决于进行的是回归预测还是分类预测。回归预测（针对仅一个输出变量的情况）时只有一个输出节点，处理结果为样本观测 $\boldsymbol{X}_i$ 输出变量的预测值 $\hat{y}_i$。分类预测时，通常输出节点的个数等于 K，每个输出节点对应一个类别 k $(k=1, 2, \cdots, K)$，处理结果为样本观测 $\boldsymbol{X}_i$ 属于类别 k 的概率：$\hat{P}(y=k \mid \boldsymbol{X})$。

节点之间的连接权重是人工神经网络的重点，也是人工神经网络能够实现数据预测的核心所在。为有助于理解，以下将从最简单的感知机网络开始讨论。

8.2 感知机网络

如图 8.2（a）所示，感知机是一种最基本的前馈式两层神经网络模型，仅由输入层和输出层构成。虽然感知机处理问题的能力有限，但其核心原理却在人工神经网络的众多改进模型中得到广泛应用。

8.2.1 感知机网络中的节点

节点是感知机网络的核心。生物神经元会对不同类型和强度的刺激信号呈现出不同的反应状态（State）或激活水平（Activity Level）。同理，感知机的节点也会对不同的输入给出不同的输出。如图 8.3 所示，其中大圆圈部分展示了节点的内部构成情况。

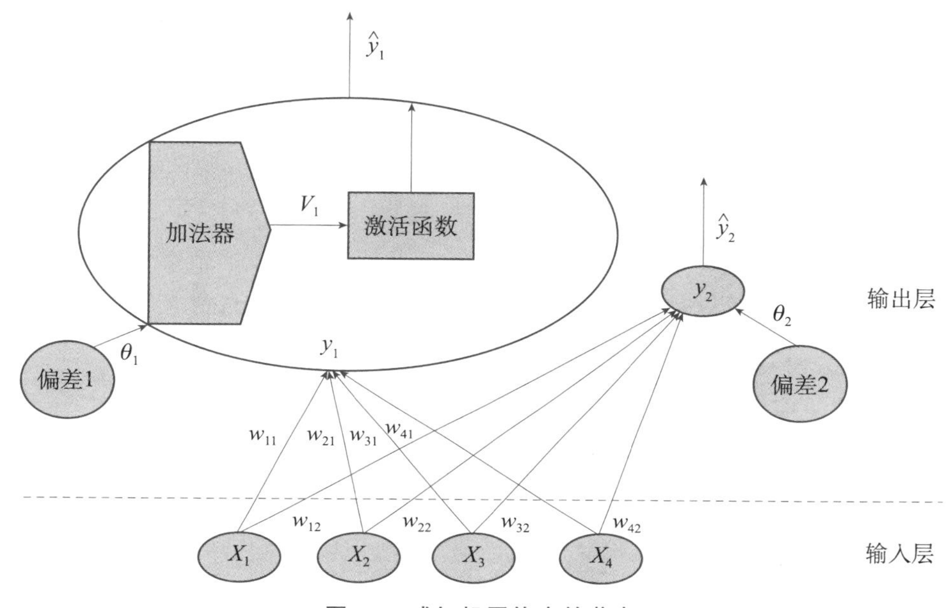

图8.3 感知机网络中的节点

图 8.3 为一个感知机的示意图。输入层包含 X_1，X_2，X_3，X_4 4 个输入节点，分别对应 4 个输入变量。有 y_1，y_2 两个输出节点，每个输出节点都有各自的输出（预测结果），记为 $\hat{y}_1$，$\hat{y}_2$。输入节点和输出节点连接上的 w_{11}，w_{12} 等，表示输入节点与输出节点间的连接权重。例如，w_{11} 表示第 1 个输入节点与第 1 个输出节点间的连接权重，w_{21} 表示第 2 个输入节点与第 1 个输出节点间的连接权重等。

此外，除输入节点外，图中的输出节点 y_1，y_2 都另有一个统称为偏差的节点与之相连接。例如，偏差 1 和偏差 2，θ_1 和 θ_2 称为偏差节点的连接权重，简称偏差权重。事实上，为简化问题，若将每个输出节点的偏差节点均视为一种“虚拟”的输入节点 X_0 且 $X_0 \equiv 1$，则 θ_1 和 θ_2 的含义便无异于 w_{11}，w_{12}等。

输入节点没有计算功能不做讨论，我们只需关注输出节点。输出节点将上层节点的输出作为自身的输入并进行计算。计算包括两部分：第一，加法器；第二，激活函数（Activation Function）。如图 8.3 中的大圆圈部分所示。

8.2.2 感知机节点中的加法器

感知机节点中的加法器是对生物神经元接收的刺激信号的模拟。在图 8.3 所示的感知中，输出节点y_1的加法器记为V_1，定义为：$V_1 = w_{11}X_1 + w_{21}X_2 + w_{31}X_3 + w_{41}X_4 + \theta_1 = \sum_{p=1}^{P} w_{p1}X_p + \theta_1$，这里$P=4$。同理，若节点$y_2$的加法器记为$V_2$，则有$V_2 = w_{12}X_1 + w_{22}X_2 + w_{32}X_3 + w_{42}X_4 + \theta_2 = \sum_{p=1}^{P} w_{p2}X_p + \theta_2$。

推广到一般情况，输出节点 y_k 的加法器记为：$V_k = \sum_{p=1}^{P} w_{pk}X_p + \theta_k$，$P$为输入变量个数。从定义可知，加法器是$P$个输入变量$X_1$，$X_2$，…，$X_P$的线性组合，连接权重$w_{pk}$为线性组合的系数，$\theta_k$为常数项，都是未知的模型参数。当然，若将偏差节点视为一种“虚拟”的输入节点X_0，$X_0 \equiv 1$，并令$w_{0k} = \theta_k$，则节点y_k的加法器也可统一表示为：$V_k = \sum_{p=0}^{P} w_{pk}X_p = \boldsymbol{w}_k^{\mathrm{T}}\boldsymbol{X}$。$\boldsymbol{w}_k^{\mathrm{T}}$为连接权重的行向量。

需要说明的是：输入变量的不同量级会对加法器的计算结果产生重要影响。通常可通过数据的标准化处理消除这种影响。例如，对样本观测$\boldsymbol{X}_i$中的变量值X_{ip}进行标准化处理：$Z_{ip} = \frac{X_{ip} - \bar{X}_p}{\sigma_{X_p}}$，$\bar{X}_p$和$\sigma_{X_p}$分别为变量$X_p$的均值和标准差。

以下将从分类预测和回归预测两个方面讨论加法器的实际意义。

1. 分类预测

分类预测中，假设加法器$V_k = \sum_{p=1}^{P} w_{pk}X_p + \theta_k = 0$，即$w_{1k}X_1 + w_{2k}X_2 + \cdots + w_{Pk}X_P + \theta_k = 0$。正如 3.1.2 节讨论的，$w_{1k}X_1 + w_{2k}X_2 + \cdots + w_{Pk}X_P + \theta_k = 0$表示的是$P$维输入变量空间中的一个超平面。该超平面就是分类平面，平面的位置取决于连接权重w_{pk} $(p=1, 2, \cdots, P)$和偏差权重θ_k。

从这个意义上看，感知机解决分类预测问题，每个输出节点在几何上与一个超平面对应，将空间划分成两个区域，实现二分类预测。K个输出节点与K个超平面对应，将空间至少划分为$K+1$个区域，实现多分类预测。

例如，图 8.3 中的网络可用于三分类预测。两个输出节点y_1，y_2的输出$\hat{y}_1$，$\hat{y}_2$将共同决定最终的分类预测结果。如输出结果$(\hat{y}_1 = 0, \hat{y}_2 = 1)$代表预测结果为 1 类，$(\hat{y}_1 = 1, \hat{y}_2 = 0)$代表 2 类，$(\hat{y}_1 = 1, \hat{y}_2 = 1)$代表 3 类，等等。对此样本观测$\boldsymbol{X}_i$的输出变量的实际值$y_i$也需用$(y_{i1}, y_{i2})$两个值表示。对多分类问题，样本观测$\boldsymbol{X}_i$的输出变量的实际值$y_i$需拆分为多个变量值：$(y_{i1}, y_{i2}, \cdots, y_{iK})$，对应的输出单元的预测值为$(\hat{y}_{i1}, \hat{y}_{i2}, \cdots, \hat{y}_{iK})$。

进一步，感知机中输入节点不同时刻的输入是不同的，时刻t节点y_k的加法器记为：$V_k(t) = \sum_{p=1}^{P} w_{pk}(t)X_p + \theta_k(t) = \boldsymbol{w}_k^{\mathrm{T}}(t)\boldsymbol{X} + \theta_k(t)$。其中，$t$的取值范围与样本量$N$和训练周期（Training Epoch）有关（详见 8.2.5 节）。$w_{pk}(t)$和$\theta_k(t)$表明不同时刻t的连接权重w_{pk}和偏差权重θ_k不尽相等，意味着分类平面在不同时刻t的位置是不同的，会随输入节点不断接收和传递数据而不断移动。

再进一步，对于样本观测点$\boldsymbol{X}_i$，代入t时刻节点y_k的加法器，计算结果为：$V_{ik}(t)=\sum_{p=1}^{P}w_{pk}(t)X_{ip}+\theta_k(t)=\boldsymbol{w}_k^{\mathrm{T}}(t)\boldsymbol{X}_i+\theta_k(t)$。若$V_{ik}(t)=0$，表明点$\boldsymbol{X}_i$落在分类平面上；若$V_{ik}(t)>0$，表明点$\boldsymbol{X}_i$落在分类平面一侧；若$V_{ik}(t)<0$，表明点$\boldsymbol{X}_i$落在分类平面另一侧。可见，$V_{ik}(t)$反映了$t$时刻样本观测点$\boldsymbol{X}_i$与分类平面的位置关系。

2. 回归预测

正如3.1.2节讨论的，回归预测中$V_k=\sum_{p=1}^{P}w_{pk}X_p+\theta_k$表示的是一个回归平面，$V_k$就是回归预测值$\hat{y}_k$。由此可知，感知机进行回归预测时仅需一个输出节点。当然，对于多个输出变量的回归预测问题则需要多个输出节点。

同理，时刻t节点y_k的加法器记为：$V_k(t)=\boldsymbol{w}_k^{\mathrm{T}}(t)\boldsymbol{X}+\theta_k(t)$。表明不同时刻$t$的连接权重$w_{pk}$和偏差权重$\theta_k$不尽相等，意味着回归平面在不同时刻$t$的位置是不同的，会随输入节点不断接收和传递数据而不断移动。对于样本观测点$\boldsymbol{X}_i$，代入t时刻节点y_k的加法器，计算结果为：$V_{ik}(t)=\boldsymbol{w}_k^{\mathrm{T}}(t)\boldsymbol{X}_i+\theta_k(t)$。若$V_{ik}(t)=0$，表明点$\boldsymbol{X}_i$落在回归平面上；若$V_{ik}(t)>0$，表明点$\boldsymbol{X}_i$落在回归平面一侧；若$V_{ik}(t)<0$，表明点$\boldsymbol{X}_i$落在回归平面另一侧。可见，$V_{ik}(t)$同样反映了$t$时刻样本观测点$\boldsymbol{X}_i$与回归平面的位置关系。

8.2.3 感知机节点中的激活函数

感知机节点中的激活函数是对生物神经元的状态或激活水平的模拟。节点y_k的激活函数定义为：$\hat{y}_k=f(V_k)$。其中，$\hat{y}_k$是激活函数值，也是节点y_k的输出；f是激活函数，是关于加法器V_k的函数。

有多种形式的激活函数，总结起来大致有离散型激活函数和连续型激活函数两大类。通常前者应用于分类预测；后者既可以应用于分类预测，也可以应用于回归预测，但含义不同。

1. 离散型激活函数

典型的离散型激活函数是$[0,1]$型阶跃函数（Step Function），定义为：

$$f(V_k)=\begin{cases}1, & V_k>0\\ 0, & V_k<0\end{cases} \tag{8.1}$$

$[0,1]$型阶跃函数的图像如图8.4所示。

图8.4中，横坐标为加法器V_k，纵坐标为激活函数。$V_k>0$时，$\hat{y}_k=f(V_k)=1$；$V_k<0$时，$\hat{y}_k=f(V_k)=0$。

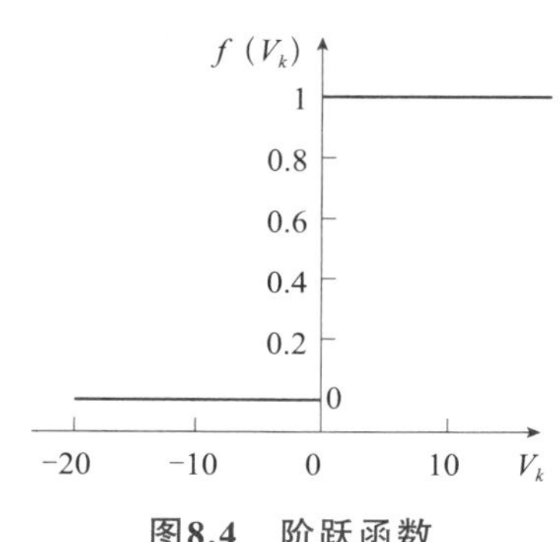

图8.4 阶跃函数

2. 连续型激活函数

常见的连续型激活函数，包括 Logistic 函数、双曲正切（tanh）函数和流线性单元（Rectified Linear Unit，ReLU）或修正线性单元激活函数等。

- Logistic 函数：感知机中最常用的连续型激活函数。定义为：$f(V_k)=\frac{1}{1+e^{-V_k}}$。Logistic 函数是统计学中 Logistic 随机变量的累计分布函数，函数图像如图 8.5 中左图所示。

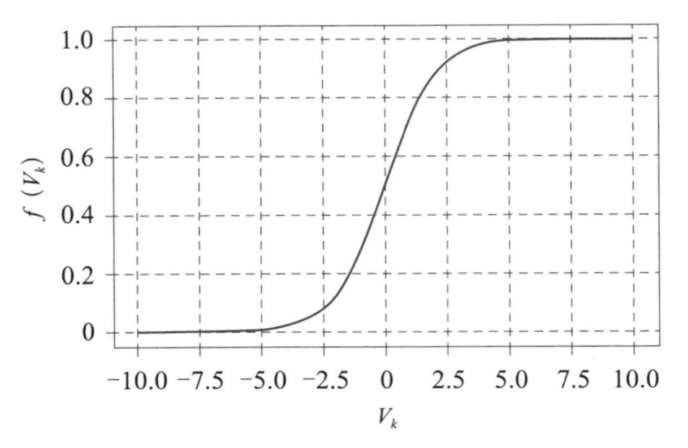

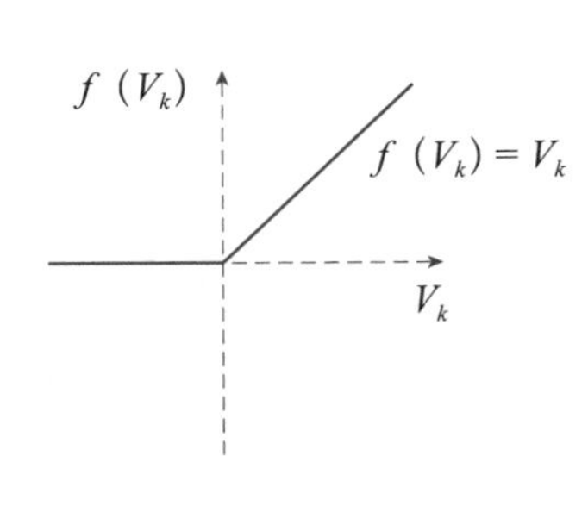

图8.5 Logistic激活函数和ReLU激活函数

图 8.5 的左图中，横坐标为加法器V_k，纵坐标为激活函数，取值在 0 至 1 之间。Logistic 函数是加法器的非线性函数，大致呈 S 形曲线。$V_k=0$时，$\hat{y}_k=f(V_k)=0.5$；$V_k>0$时，$\hat{y}_k=f(V_k)>0.5$；$V_k<0$时，$\hat{y}_k=f(V_k)<0.5$。

- 双曲正切（tanh）也是感知机中较为常用的激活函数，定义为：$f(V_k)=\frac{e^{V_k}-e^{-V_k}}{e^{V_k}+e^{-V_k}}$，取值在 0 至 1 之间，同样也是加法器的非线性函数，稍后将基于 Python 编程给出函数图像。
- ReLU 激活函数是为了解决深层人工神经网络可能出现的问题而提出的，定义为：$f(V_k)=\max(V_k,0)$，是加法器 V_k 的分段线性函数。$V_k>0$时，$f(V_k)=V_k$；$V_k\leqslant 0$时，$f(V_k)=0$，函数图像如图 8.5 中的右图所示。

8.2.4 Python 模拟和启示：认识激活函数

感知机的激活函数对于分类预测和回归预测来说非常重要，本节将通过 Python 编程，直观展示常见激活函数的特点。首先导入 Python 的相关包或模块。为避免重复，这里将本章需要导入包或模块一并列出如下，# 后面给出了简短的功能说明。

基本思路如下：

（1）为便于观察，仅考虑X_1，X_2两个输入变量的情况。

（2）指定 t 时刻的加法器为：$V_k(t)=\theta_k(t)+w_{1k}(t)X_1+w_{2k}(t)X_2=0.5+\frac{1}{\sqrt{2}}X_1+\frac{1}{\sqrt{2}}X_2$。

（3）绘制三种连续型激活函数随X_1，X_2取值变化的函数曲线图，以直观对比各激活函数的特点。

```
1  #本章需导入：
2  import numpy as np
3  import pandas as pd
4  import matplotlib.pyplot as plt
5  from pylab import *
6  import matplotlib.cm as cm
7  import warnings
8  warnings.filterwarnings(action = 'ignore')
9  %matplotlib inline
10 plt.rcParams['font.sans-serif']=['SimHei']  #解决中文显示乱码问题
11 plt.rcParams['axes.unicode_minus']=False
12 from mpl_toolkits.mplot3d import Axes3D  #绘制三维图形
13 from sklearn.datasets import make_circles  #生成模拟数据
14 from sklearn.model_selection import train_test_split  #旁置法样本集划分
15 from sklearn.metrics import zero_one_loss,classification_report  #评价模型指标
16 import sklearn.neural_network as net  #人工神经网络
17 from sklearn.model_selection import GridSearchCV  #参数的网格搜索
```

Python代码（文件名：chapter8-1.ipynb）如下。

行号	代码和说明
1	X1 = np.linspace(-5,5,20);X2 = np.linspace(-5,5,20) # 指定X1,X2的取值范围
2	X01,X02 = np.meshgrid(np.linspace(X1.min(),X1.max(),20), np.linspace(X2.min(),X2.max(),20)) # 为绘图准备数据
3	w = [1/np.sqrt(2),1/np.sqrt(2)] # 指定t时刻加法器的两个权重w1,w2
4	V = w[0] * X01 + w[1] * X02 + 0.5 # 计算t时刻加法器的值
5	f1 = np.zeros((V.shape)) # 设置[0,1]型阶跃函数的初始值为0
6	f1[np.where(V>0)] = 1 # 计算[0,1]型阶跃函数，将加法器大于0的激活函数值设置为1
7	f2 = 1/(1+np.exp(-V)) # 计算Logistic激活函数
8	f3 = (np.exp(V)-np.exp(-V))/(np.exp(V)+np.exp(-V)) # 计算tanh激活函数
9	f4 = np.zeros((V.shape)) # 设置ReLU函数的初始值为0
10	f4[np.where(V>0)] = V[np.where(V>0)] # 计算ReLU激活函数，大于0的函数值为加法器值
11	fig = plt.figure(figsize = (25,6)) # 指定图形大小
12	def MyPlot(id,f,title): # 定义绘图的用户自定义函数，参数id指定绘图单元，f指定激活函数，title指定图标题
13	fig.subplots_adjust(wspace = 0) # 调整各绘图单元的列间距
14	ax = fig.add_subplot(1,4,id, projection = '3d') # 创建1行4列的三维图形对象，在id单元画图
15	ax.plot_wireframe(X01,X02,f,linewidth = 0.5) # 绘制关于激活函数的网格图
16	ax.plot_surface(X01,X02,f,alpha = 0.3) # 绘制关于激活函数的表面图
…	……# 图标题设置等，略去
21	MyPlot(id = 1,f = f1,title = '[0,1]型阶跃函数') # 调用MyPlot函数绘制[0,1]型阶跃函数的函数图像
22	MyPlot(id = 1,f = f2,title = 'Logistic激活函数') # 调用MyPlot函数绘制Logistic激活函数的函数图像
23	MyPlot(id = 2,f = f3,title = 'tanh激活函数') # 调用MyPlot函数绘制tanh激活函数的函数图像
24	MyPlot(id = 3,f = f4,title = 'ReLU激活函数') # 调用MyPlot函数绘制ReLU激活函数的函数图像

■ 代码说明

以上省略号部分在之前代码中重复出现过且不影响对原理的理解，故略去以节约篇幅。完整Python程序请参见本书配套代码。所绘制的图形如图8.6所示。

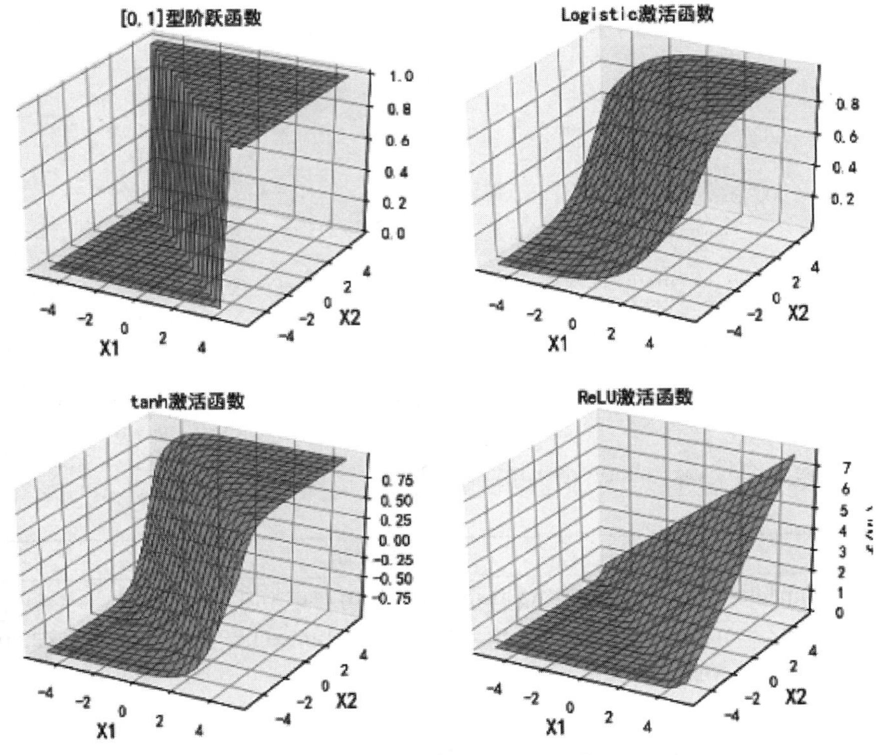

图8.6　几种常见的激活函数

图 8.6 分别展示了 [0,1] 型阶跃函数、Logistic 激活函数、tanh 激活函数以及 ReLU 激活函数随输入变量取值变化，即随加法器取值变化的函数曲线。[0,1] 型阶跃函数为不连续函数。Logistic 激活函数和 tanh 激活函数是加法器的非线性函数，ReLU 激活函数是加法器的分段线性函数。以下将讨论激活函数在分类预测中的作用。

这里连续是Python绘图所致。

1. [0,1]型阶跃函数在分类预测中的作用

感知机解决分类预测问题时常采用[0,1]型阶跃函数。对应生物神经元来说，[0,1]型阶跃函数刻画了神经元对不同强度刺激信号的不同反应状态。

根据定义$f(V_k)=\begin{cases}1, & V_k>0\\0, & V_k<0\end{cases}$可知，对于 t 时刻的样本观测点 $\boldsymbol{X}_i$，若加法器$V_{ik}(t)>0$，意味着点$\boldsymbol{X}_i$落在分类平面 $V_k(t)=\sum_{p=1}^{P}w_{pk}(t)X_p+\theta_k(t)=0$ 的一侧，[0,1]型阶跃函数值等于 0 意味着将$\boldsymbol{X}_i$的类别预测值$\hat{y}_i$指派为 1 类；若 $V_{ik}(t)<0$，即点$\boldsymbol{X}_i$落在平面 $V_k(t)=\sum_{p=1}^{P}w_{pk}(t)X_p+\theta_k(t)=0$的另

一侧，[0,1]型阶跃函数将$\boldsymbol{X}_i$的类别预测值$\hat{y}_i$指派为 0 类；若$V_{ik}(t)=0$即点$\boldsymbol{X}_i$落在平面上，则无法确定$\boldsymbol{X}_i$的类别预测值。可见，分类预测中 [0,1] 型阶跃函数的作用，是依据$V_{ik}(t)$所反映的点$\boldsymbol{X}_i$与t时刻分类平面的位置关系，直接预测$\boldsymbol{X}_i$所属的类别。

需要说明的是，感知机中的偏差节点具有实际意义。在没有偏差节点的情况下，如果$\boldsymbol{X}_i=0$，则$V_{ik}(t)=0$一定成立，点$\boldsymbol{X}_i$必然落在平面上，与$\boldsymbol{w}_k(t)$无关，显然是不合理的。加法器中引入偏差节点就是要解决这个问题。它模拟生物神经元对刺激信号的激活门槛（Activity Threshold）反应机制，只有输入水平达到$-\theta_k$这个门槛值，即$V_{ik}=\sum_{p=1}^{P}w_{pk}X_{ip}=-\theta_k$时，点$\boldsymbol{X}_i$才落在平面上。$V_{ik}=\sum_{p=1}^{P}w_{pk}X_{ip}>-\theta_k$或$V_{ik}=\sum_{p=1}^{P}w_{pk}X_{ip}<-\theta_k$，点$\boldsymbol{X}_i$落在平面的两侧，分别指派为 1 类或 0 类。若无特殊说明，后续加法器均包含偏差节点。

[0,1] 型阶跃函数是个非连续函数，不适用于回归预测问题。

2. Logistic激活函数在分类预测中的作用

3.2.1 节讨论的二项 Logistic 回归曾出现过 Logistic 函数的形式，即$P=\frac{1}{1-\exp(-f(\boldsymbol{X}))}$，其中，$f(\mathbf{X})=\beta_0+\beta_1X_1+\beta_2X_2+\cdots+\beta_pX_p$，这与 Logistic 激活函数$P=\frac{1}{1+\mathrm{e}^{-V_k}}=\frac{1}{1+\mathrm{e}^{-(w_{1k}X_1+w_{2k}X_2+\cdots+w_{pk}X_p+\theta_k)}}$是相同的。因此，输出节点中激活函数$f(V_k)=P(y=1|\boldsymbol{X})$，即为输出变量等于 1 的概率值。

通常若$P(y=1)>0.5$，则预测类别为 1；若$P(y=1)<0.5$，则预测类别等于 0。对感知机的输出节点y_k而言，对于t时刻的样本观测点$\boldsymbol{X}_i$，若加法器$V_{ik}(t)>0$，意味着$f(V_{ik})=P(y=1|\boldsymbol{X}_i)>0.5$，应将$\boldsymbol{X}_i$的类别预测值$\hat{y}_i$指派为 1 类（点$\boldsymbol{X}_i$落在分类平面一侧）；若加法器$V_{ik}(t)<0$，意味着$f(V_{ik})=P(y=1|\boldsymbol{X}_i)<0.5$，应将$\boldsymbol{X}_i$的类别预测值$\hat{y}_i$指派为 0 类（点$\boldsymbol{X}_i$落在分类平面一侧）；若$V_{ik}(t)=0$，因$P(y=1|\boldsymbol{X}_i)=0.5$，无法确定类别（点$\boldsymbol{X}_i$落在平面上）。可见，[0,1] 型 Logistic 函数在分类预测中的作用，是依据$V_{ik}(t)$所反映的点$\boldsymbol{X}_i$与分类平面的位置关系，给出$\boldsymbol{X}_i$的类别预测值$\hat{y}_i=1$的概率，并刻画概率与输入变量之间的非线性关系，如图 8.6 中右上图所示。

双曲正切激活函数在分类预测中的作用与 Logistic 激活函数是类似的，从图 8.6 中左下图可知，其比 Logistic 激活函数的变化率大。ReLU 函数的取值范围决定了其不适合直接应用在分类预测中。

总之，分类预测中，加法器给出了样本观测点与当前超平面的相对位置，激活函数依据这个位置关系，将位于超平面两侧的样本观测点指派为不同的类别，或给出属于某类的概率。

8.2.5 感知机的权重训练

人工神经网络建立的过程是通过恰当的网络结构，探索输入变量和输出变量间的数量关系，并体现于连接权重中的过程。因此，神经网络训练的核心是连接权重的不断迭代更新。

1. 连接权重迭代更新的一般步骤

首先，就单个输出节点 y_k 而言，感知机将首先初始化连接权重向量 $\boldsymbol{w}_k$。初始值默认为来自均值为 0、取值区间较小的均匀分布的随机数。令初始权重均值为 0 的原因是，对于 Logistic 激活函数而言，迭代初始阶段的节点模型会退化为近似线性的模型。因此，模型训练是从简单的接近线性的模型开始，然后随连接权重的调整逐步演变成相对复杂的非线性模型。初始权重取值区间较小的原因是避免各节点间连接权重差异过大，以确保各节点学习进度的均衡与协调，各权重大致同时达到稳态。

对于分类预测而言，初始时，因输出节点 y_k 对应的超平面的位置由随机取值的连接权重 $\boldsymbol{w}_k$ 决定，无法保证训练集中的大部分样本观测点落入分类平面的正确一侧，很可能出现两个或多个类别的样本观测点均落在分类平面的一侧，进而导致较高的错判率。对于回归预测而言，同样无法保证由回归面决定的预测值（预测值均落在回归面上）与实际值吻合或误差较小。

所以，后续感知机需不断向训练样本学习，通过不断迭代的方式，基于训练集和当前的误差情况，在 t 时刻 $\boldsymbol{w}_k(t)$ 的基础上，得到更新后 $t+1$ 时刻的 $\boldsymbol{w}_k(t+1)$。迭代的过程是超平面不断移动的过程。以分类预测为例，对于实际类别 $y_i=0$ 的样本观测点 $\boldsymbol{X}_i$，若 t 时刻落在超平面的上方且该侧的指派类别为 1 类，说明点 $\boldsymbol{X}_i$ 落入了错误的一侧。此时，只有将超平面继续向上方移动，不断靠近并最终跨过点 $\boldsymbol{X}_i$ 使得样本观测点 $\boldsymbol{X}_i$ 落在超平面的下方，才会得到正确的分类预测结果。可见，迭代过程是超平面不断向错误点（错误分类或有较大的回归预测误差的点）移动靠近和跨越的过程。最终应将超平面定位到整体错判率或 MSE 最小的位置上。

对仅包含单个输出节点的感知机而言，其连接权重的迭代更新步骤如下：

第零步，初始化所有连接权重。

第一步，计算输出节点的加法器和激活函数，给出输出结果，即对样本观测的预测值。

第二步，计算样本观测的预测值与实际值间的误差，根据误差重新调整各连接权重。

然后反复执行上述两步。其间将依次向每个样本观测学习。对所有样本观测学习结束后，如果模型误差仍然较大，则需重新开始新一轮（周期）的学习。如果第二轮学习后仍不理想，还需进行第三轮、第四轮的学习等，直到满足迭代终止条件为止。迭代结束后将得到一组合理的连接权重和与其对应的理想超平面。后续将依据超平面进行预测。

以上是训练连接权重的大体过程，其中会涉及的细致问题包括：第一，如何度量误差；第二，如何通过迭代逐步调整网络权重。以下将详细讨论这两个问题。

2. 如何度量误差

理想的超平面应是总误差最小时的超平面。正如 3.4.1 节所讨论的，理想的超平面应是损失函数最小时的超平面。

在回归预测中，对于样本观测点$\boldsymbol{X}_i$，损失函数常采用平方损失：$L(y_i,\hat{y}_i)=(y_i-\hat{y}_i)^2$。感知机中为方便计算，一般采用$L(y_i,\hat{y}_i)=\frac{1}{2}(y_i-\hat{y}_i)^2$的形式。于是，总损失为$\sum_{i=1}^{N}L(y_i,\hat{y}_i)=\frac{1}{2}\sum_{i=1}^{N}(y_i-\hat{y}_i)^2$。因此，对输出节点$y$，其连接和偏差权重的最优解应为：

$$(\hat{\boldsymbol{w}},\hat{\theta})=\arg\min_{\boldsymbol{w},\theta}\sum_{i=1}^{N}\frac{1}{2}(y_i-f(\boldsymbol{w}^{\mathrm{T}}\boldsymbol{X}+\theta))^2 \tag{8.2}$$

式（8.2）中，通常$f(\boldsymbol{w}^{\mathrm{T}}\boldsymbol{X}+\theta)=\boldsymbol{w}^{\mathrm{T}}\boldsymbol{X}+\theta$。对$y\in\{0,1\}$的二分类预测问题，损失函数一般为：$L(y_i,\hat{P}_{y_i}(\boldsymbol{X}_i))=y_i\log\hat{P}(\boldsymbol{X}_i)+(1-y_i)\log(1-\hat{P}(\boldsymbol{X}_i))$，$\hat{P}(\boldsymbol{X}_i)$为预测类别为1类的概率。该损失函数适合采用Logistic等激活函数且可给出概率的情况，而不适合采用阶跃函数的情况。为此，感知机采用基于错误分类的样本观测点定义损失函数，并将输出变量类别值重新编码为$y_i\in\{-1,+1\}$。

具体讲，感知机输出节点y对应的超平面方程为$\theta+\boldsymbol{w}^{\mathrm{T}}\boldsymbol{X}=0$，重新指定激活函数为$[+1,-1]$型阶跃函数：

$$\hat{y}_i=f(V)=\begin{cases}+1, & \theta+\boldsymbol{w}^{\mathrm{T}}\boldsymbol{X}_i>0\\ -1, & \theta+\boldsymbol{w}^{\mathrm{T}}\boldsymbol{X}_i<0\end{cases} \tag{8.3}$$

于是，对正确分类的样本观测有$y_i(\theta+\boldsymbol{w}^{\mathrm{T}}\boldsymbol{X}_i)>0$成立；对错误分类的样本观测有$y_i(\theta+\boldsymbol{w}^{\mathrm{T}}\boldsymbol{X}_i)<0$成立。样本观测点$\boldsymbol{X}_i$到超平面的距离$d_i=\frac{|\theta+\boldsymbol{w}^{\mathrm{T}}\boldsymbol{X}_i|}{\|\boldsymbol{w}\|}$，其中，$\|\boldsymbol{w}\|=\sqrt{\boldsymbol{w}^{\mathrm{T}}\boldsymbol{w}}$，且错误分类的样本观测点$\boldsymbol{X}_i$到超平面的距离$d_i=\frac{|\theta+\boldsymbol{w}^{\mathrm{T}}\boldsymbol{X}_i|}{\|\boldsymbol{w}\|}=\frac{-y_i(\theta+\boldsymbol{w}^{\mathrm{T}}\boldsymbol{X}_i)}{\|\boldsymbol{w}\|}>0$。于是，将总的损失函数定义为：

$$\sum_{\boldsymbol{X}_i\in\boldsymbol{E}}L(y_i,\boldsymbol{w},\theta)=-\sum_{\boldsymbol{X}_i\in\boldsymbol{E}}y_i(\theta+\boldsymbol{w}^{\mathrm{T}}\boldsymbol{X}_i) \tag{8.4}$$

$\boldsymbol{E}$表示错误分类的样本观测集合。可见，总的损失函数值越大，表示错误分类的样本观测越多，或者错误分类的样本观测点到超平面的距离越大。对输出节点y，其连接和偏差权重的最优解应为：

$$(\hat{\boldsymbol{w}},\hat{\theta})=\arg\min_{\boldsymbol{w},\theta}(-\sum_{\boldsymbol{X}_i\in\boldsymbol{E}}y_i(\theta+\boldsymbol{w}^{\mathrm{T}}\boldsymbol{X}_i)) \tag{8.5}$$

当然，若将训练集的所有样本观测都包括进来，按照式（8.4）的定义，正确分类的样本观测将贡献负损失。

3. 如何通过迭代逐步调整连接权重

对包含K个输出节点y_1，y_2，…，y_K的感知机，其中输出节点y_k的连接权重$\boldsymbol{w}_k=(w_{1k}，w_{2k}，…，w_{Pk})$迭代更新过程如下。

第零步，迭代开始前即 0 时刻，初始化各个连接权重和偏差权重，记为：$\boldsymbol{w}_k(0)=(w_{1k}(0), w_{2k}(0),\cdots,w_{Pk}(0))$ 和 $\theta_k(0)$。

第一步，t 时刻输入节点接收并传递一个样本观测 $\boldsymbol{X}_i$ 给下层节点。此时 y_k 的连接权重记为 $\boldsymbol{w}_k(t)$，偏差权重记为 $\theta_k(t)$，输出节点 y_k 依据加法器和激活函数计算预测结果：$\hat{y}_{ik}(t)=f(\sum_{p=1}^{P}w_{pk}(t)X_{ip}+\theta_k(t))$。

第二步，计算 t 时刻输出节点 y_k 的损失：

$$E_i(t)=L(y_{ik},\ \hat{y}_{ik}(t)) \tag{8.6}$$

应注意，这里的损失函数仅为 t 时刻读入的样本观测 $\boldsymbol{X}_i$ 的损失。

第三步，在 $\boldsymbol{w}_k(t)$ 和 $\theta_k(t)$ 的基础上，得到更新的连接权重 $\boldsymbol{w}_k(t+1)$ 和 $\theta_k(t+1)$。

正如 7.4.1 节讨论的那样，可采用梯度下降法，权重更新应基于损失函数在 $\boldsymbol{w}_k(t)$ 处的负梯度，即 $\boldsymbol{w}_k(t+1)=\boldsymbol{w}_k(t)-\rho\left[\frac{\partial E(t)}{\partial \boldsymbol{w}_k}\right]_{\boldsymbol{w}_k=\boldsymbol{w}_k(t)}$，$\theta_k(t+1)=\theta_k(t)-\rho\left[\frac{\partial E(t)}{\partial \theta_k}\right]_{\theta_k=\theta_k(t)}$。其中，负号表示负梯度方向，$\rho$ 为学习率。有时这两个式子的第一项也可分别为 $\alpha\boldsymbol{w}_k(t)$ 和 $\alpha\theta_k(t)$，其中 α 称为冲量，可加快参数 $\boldsymbol{w}_k$ 和 $\theta_k(t)$ 收敛的速度并避免局部最优。

对于回归预测中的平方损失函数，有

$$\boldsymbol{w}_k(t+1)=\boldsymbol{w}_k(t)+\rho e_{ik}(t)\boldsymbol{X}_i \tag{8.7}$$

$$\theta_k(t+1)=\theta_k(t)+\rho e_{ik}(t) \tag{8.8}$$

式中，$e_{ik}(t)=y_{ik}-\hat{y}_{ik}(t)$，为输出节点 y_k 的残差。如果将偏差节点看作输入变量 X_0 等于常数 1 的特殊输入节点，那么偏差权重的更新方法与连接权重的更新方法相同。以后将不再重复给出偏差权重的更新。

对于分类预测中式（8.4）的损失函数，有 $\boldsymbol{w}_k(t+1)=\boldsymbol{w}_k(t)+\rho y_{ik}\boldsymbol{X}_i$。因 $y_{ik}\in\{-1,+1\}$，等价为：

$$\boldsymbol{w}_k(t+1)=\boldsymbol{w}_k(t)+\frac{1}{2}\rho e_{ik}(t)\boldsymbol{X}_i \tag{8.9}$$

式（8.7）和式（8.9）等号右侧的第二项为权重的调整量，记为 $\Delta\boldsymbol{w}(t)$，有 $\boldsymbol{w}_k(t+1)=\boldsymbol{w}(t)+\Delta\boldsymbol{w}(t)$。这种连接权重的更新规则是 delta 规则的具体体现，即权重的调整量应与损失及节点的输入成正比。

第四步，判断是否满足迭代终止条件。如果满足，则算法终止。否则回到第一步，直到满足终止条件为止。

迭代终止条件一般包括：迭代次数等于指定的迭代次数；或者训练周期等于指定的次数；或者权重的最大调整量小于一个指定值，权重基本稳定；或者 $\sum_{i=1}^{N}E_i(t)<\varepsilon$，$\varepsilon$ 为一个很小的正数。其中一个条件满足即结束迭代。

用一个简单的回归预测示例说明以上计算过程。表 8.1 中，X_1，X_2，X_3 为输入变量，y

为数值型输出变量，样本量$N=3$。

表8.1 连接权重更新计算示例数据

样本观测	X_1	X_2	X_3	y
1	1	1	0.5	0.7
2	−1	0.7	−0.5	0.2
3	0.3	0.3	−0.3	0.5

为便于计算，设$\rho=0.1$，激活函数$f=V$。对如图8.7所示的感知机，0时刻连接权重$\boldsymbol{w}(0)=\{0.5,-0.3,0.8\}$。

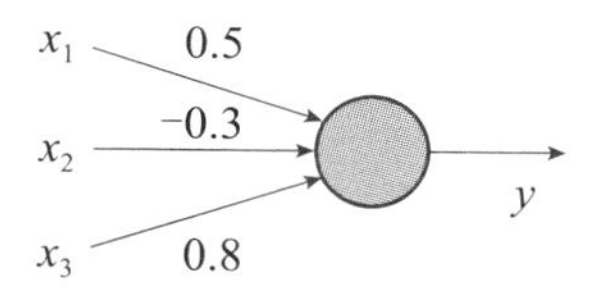

图8.7 连接权重调整示例

于是：$V(0)=0.5\times1+(-0.3)\times1+0.8\times0.5=0.6$，预测值$\hat{y}(0)=f(0.6)=0.6$，残差$e(0)=y(0)-\hat{y}(0)=0.7-0.6=0.1$。$t=1$时刻各连接权重更新为：

$$\Delta w_1(1)=0.1\times0.1\times1=0.01，\ w_1(1)=w_1(0)+\Delta w(1)=0.5+0.01=0.51$$

$$\Delta w_2(1)=0.1\times0.1\times1=0.01，\ w_2(1)=w_2(0)+\Delta w(1)=-0.3+0.01=-0.29$$

$$\Delta w_3(1)=0.1\times0.1\times0.5=0.005，\ w_3(1)=w_3(0)+\Delta w(1)=0.8+0.005=0.805$$

同理，可依据第2、3个样本观测进行第2、3次迭代。第2、3次迭代后的权重更新值为：$\boldsymbol{w}(2)=\{0.6,-0.35,0.85\}$，$\boldsymbol{w}(3)=\{0.45,-0.25,0.78\}$。此时总的损失为1.165。后续可能还需新一轮的学习等。

连接权重的更新导致超平面移动。这里以分类预测为例，通过近似度量错误分类点$\boldsymbol{X}_i$到超平面$\boldsymbol{w}_k^{\mathrm{T}}\boldsymbol{X}+\theta_k=0$的距离变化，进一步证明前文所述的超平面移动的方向。设$d_i(t+1)$，$d_i(t)$分别为权重调整之后和之前，错误分类点$\boldsymbol{X}_i$到超平面的距离。当学习率ρ很小时，距离的变化量为：

$$\begin{aligned}\Delta d_i&=d_i(t+1)-d_i(t)=\frac{-y_i(\theta_k(t+1)+\boldsymbol{w}_k^{\mathrm{T}}(t+1)\boldsymbol{X}_i)}{\|\boldsymbol{w}_k(t+1)\|}-\frac{-y_i(\theta_k(t)+\boldsymbol{w}_k^{\mathrm{T}}(t)\boldsymbol{X}_i)}{\|\boldsymbol{w}_k(t)\|}\\&\approx-\frac{y_i}{\|\boldsymbol{w}_k(t)\|}((\boldsymbol{w}_k^{\mathrm{T}}(t+1)-\boldsymbol{w}_k^{\mathrm{T}}(t))\boldsymbol{X}_i+(\theta_k(t+1)-\theta_k(t)))\\&=-\frac{y_i}{\|\boldsymbol{w}_k(t)\|}(\rho y_i\boldsymbol{X}_i^{\mathrm{T}}\cdot\boldsymbol{X}_i+\rho y_i)=-\frac{\rho y_i^2}{\|\boldsymbol{w}_k(t)\|}(\boldsymbol{X}_i^{\mathrm{T}}\cdot\boldsymbol{X}_i+1)<0\end{aligned}\tag{8.10}$$

可见，经过一次迭代后错误分类的样本观测点更接近新的超平面，所以连接权重更新的过程是将超平面向错误分类的样本观测点移动的过程。

此外需要说明的是，由于连接权重和偏差权重的初始值是随机的，因此相同迭代策略下迭代结束时的权重最终值可能是不等的，有些可能是最优解，有些可能仅是局部最优解（如图 8.8 所示）。

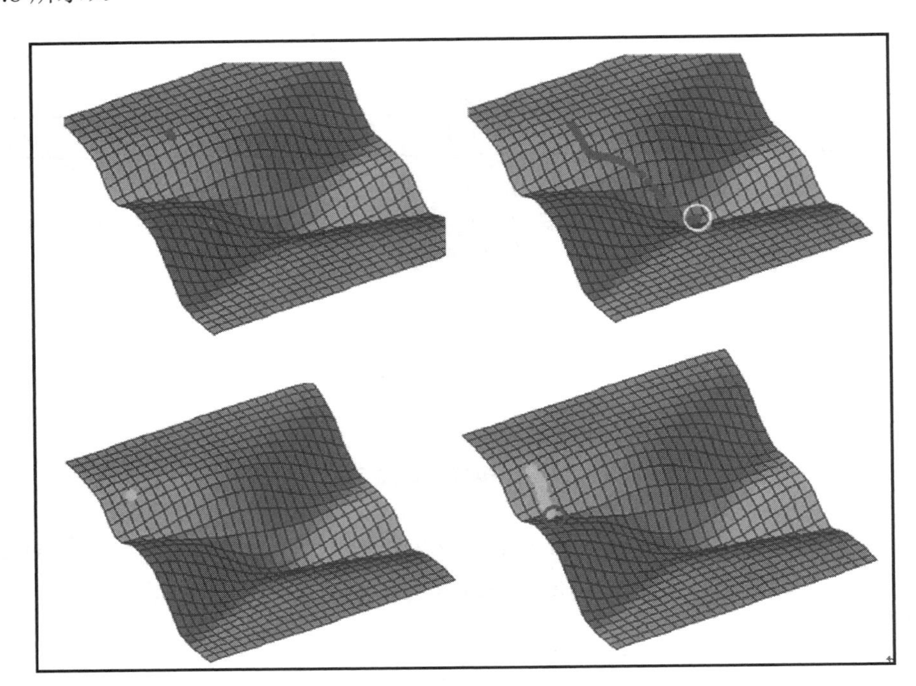

图8.8　不同参数初始值下的解

连接权重的迭代更新，每步都应沿着如图 8.8 所示的曲面，朝使损失函数下降最快的方向移动。左上图和左下图中，损失曲面上的两个起点位置（取决于权重的初始值）不同，最终所得的解也不同。左上图达到了损失函数的最低处，得到的是右上图所示的全局最优解。右下图只是局部最优解。一般可通过迭代的多次重启动方式解决这个问题。

4. 在线更新、批量更新和随机梯度下降

以上连接权重更新的策略称为在线（On-line）更新，即每次迭代的损失定义为当前 t 时刻输入的单个样本观测的损失。因这里的权重更新只与当前输入的单个样本观测有关，且针对每个样本观测都实时进行一次权重更新，因此称为在线更新。由于样本观测输入的顺序是随机的，导致损失函数的梯度值具有随机性，这种方法被视为随机梯度下降法（Stochastic Gradient Descent，SGD）的特例。

随机梯度下降法是指基于随机抽取的部分样本（可指定样本量$n<N$）的损失更新参数。在线更新策略是$n=1$时的 SGD，故称真 SGD 策略。这里，当每个样本观测均参与过一次权重更新，即在所有训练数据上均迭代一次时，称为完成了一个训练周期或轮次（Training Epoch）。在线更新策略中的学习率 ρ 通常是迭代次数t的非线性减函数，迭代次数 $t\to\infty$，$\rho\to 0$。

在线更新的计算效率很高，但存在的问题是基于单个样本观测的损失$E_i(t)=L(y_{ik},\ \hat{y}_{ik}(t))$更新输出节点$y_k$的连接权重，并不一定使总损失$E(t)=\sum_{i=1}^{N}L(y_{ik},\ \hat{y}_{ik}(t))$下降最快，会导致每一次更新不一定准确。为此应采用批量（Batch）更新策略。

批量更新策略下每次迭代需基于训练集全体的总损失，即式（8.7）的损失函数改为：

$$E(t)=\sum_{i=1}^{N}L(y_{ik},\ \hat{y}_{ik}(t)) \tag{8.11}$$

批量更新策略下，每个训练周期只更新一次权重，可指定进行多周期的训练。批量更新策略下的学习率ρ通常为常数，整个训练期保持不变。

尽管批量更新策略下每次的权重更新更加准确，但计算代价很高。为兼顾计算效率和准确性两个方面，可采用小批量随机梯度下降法（Mini-Batch Stochastic Gradient Descent）。小批量 SGD 是针对真 SGD 而言的，其中随机样本的样本量$n<N$且$n>1$。每个训练周期更新N/n次权重，可指定进行多个周期的训练。有很多有关随机梯度下降法的改进算法，如带动量的 SGD、Adagrad、RMSProp 等。因相关内容属优化算法的范畴，超出本书范围，有兴趣的读者可自行参考相关资料学习。

8.3　多层感知机网络

多层感知机网络一般为图 8.2（b）所示的前馈式三层网络，以及包含更多隐藏层的多层网络。多层感知机是对感知机的有效拓展，基本原理大致相同，但有很多新的亮点。本节将首先对多层感知机的结构做简单说明，然后重点讨论网络中隐藏层的意义。

8.3.1　多层感知机网络的结构

最简单的多层感知机网络是如图 8.9 所示的三层网络。其中增加了一个包含Z_1，Z_2两个隐藏节点的隐藏层，偏差节点θ_1，θ_2分别与两个隐藏节点相连。隐藏层数和隐藏节点个数决定了网络的复杂程度。层数和节点个数越少，网络越简单，训练误差越高。反之，层数和节点个数越多，网络越复杂，训练误差越低，但也可能出现过拟合。因此两者的权衡是值得关注的。实验表明，一般较为简单的预测问题建议采用仅包含一个隐藏层的三层网络。图中输入节点和隐藏节点连接上的w_{11}，w_{12}等，表示输入节点与隐藏节点间的连接权重。

图 8.9 中输出节点有y_1，y_2，计算结果分别记为$\hat{y}_1$，$\hat{y}_2$，偏差节点θ_3，θ_4分别与输出节点相连。隐藏节点和输出节点连接上的$(v_{11},\ v_{12})$，$(v_{21},\ v_{22})$表示隐藏节点与输出节点间的连接权重。

与两层感知机网络类似，多层感知机网络中的隐藏节点也由加法器V和激活函数f组成。图 8.9 中，t 时刻隐藏节点Z_m $(m=1,\ 2)$的输出可表示为：$Z_m(t)=f(\sum_{p=1}^{P}w_{pm}(t)X_p+\theta_m(t))=f(\boldsymbol{w}_m^{\mathrm{T}}(t)\boldsymbol{X}+\theta_m(t))$，$P=4$。

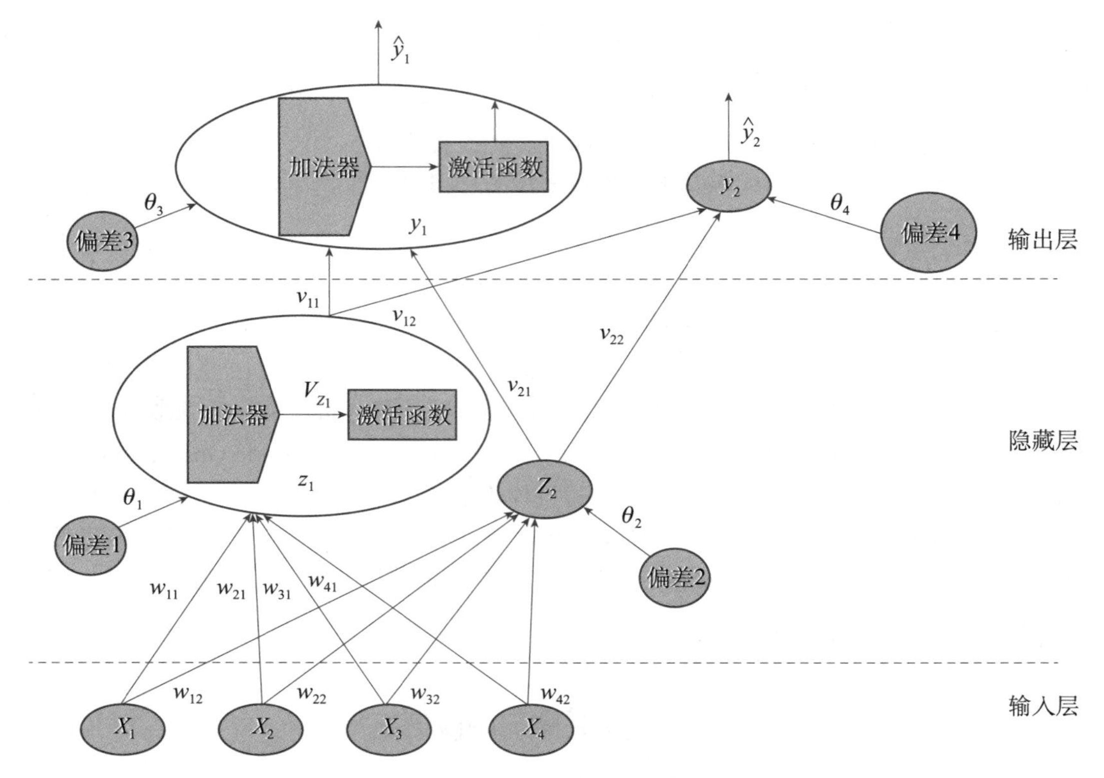

图8.9 多层感知机网络

对有多个隐藏层的更一般情况，t时刻对上层有L个隐藏节点与其连接的隐藏节点Z_m，输出可表示为：

$$Z_m(t) = f(\sum_{l=1}^{L} w_{lm}(t)O_l(t) + \theta_m(t)) = f(\boldsymbol{w}_m^{\mathrm{T}}(t)\boldsymbol{O}(t) + \theta_m(t)) \tag{8.12}$$

式中，$O_l(t)$表示t时刻上层第l个隐藏节点的输出。

多层感知机网络的输出节点，如图 8.9 中的y_1，y_2所示，也由加法器V和激活函数f组成。分类预测中，输出节点的激活函数多采用式（8.13）所示的 softmax 函数。设输出节点y_k ($k=1$，2，…，K)的上层有M个隐藏节点与之相连（图 8.9 中$K=2$，$M=2$），t时刻输出节点y_k的输出为：

$$\hat{y}_k(t) = f(V_{y_k}(t)) = \frac{\mathrm{e}^{V_{y_k}(t)}}{\sum_{k=1}^{K}\mathrm{e}^{V_{y_k}(t)}} = \frac{\mathrm{e}^{\left[\boldsymbol{v}_k^{\mathrm{T}}(t)\boldsymbol{Z}(t)+\theta_{y_k}(t)\right]}}{\sum_{k=1}^{K}\mathrm{e}^{\left[\boldsymbol{v}_k^{\mathrm{T}}(t)\boldsymbol{Z}(t)+\theta_{y_k}(t)\right]}} \tag{8.13}$$

式中，$V_{y_k}(t)$为t时刻输出节点y_k的加法器；$\theta_{y_k}(t)$为t时刻输出节点y_k的偏差权重。因计算结果在(0, 1)之间，可视为输出变量预测为类别k的概率。

通常回归预测中激活函数$f=V$，t时刻输出节点y_k的输出为：

$$\hat{y}_k(t) = f\left(\sum_{m=1}^{M} v_{mk}Z_m(t) + \theta_{y_k}(t)\right) = \boldsymbol{v}_k^{\mathrm{T}}(t)\boldsymbol{Z}(t) + \theta_{y_k}(t) \tag{8.14}$$

式中，激活函数 f 为一个线性函数，也可视为未设置激活函数。

8.3.2　多层感知机网络中的隐藏节点

多层感知机网络的重要特征之一是包含隐藏层。无论在分类预测还是回归预测中，隐藏层中的隐藏节点均有非常重要的作用。以下将分别讨论。

1. 隐藏节点在分类预测中的作用

在分类预测中，隐藏层节点可实现非线性样本的线性变换。

在分类预测中，对 P 维输入变量空间的两类样本，若能找到一个超平面将两类分开，则该样本为线性样本，否则为非线性样本。

实际问题中的非线性样本普遍存在。例如，表 8.2 所示就是典型的二维非线性样本。

表8.2　二维非线性样本

X_1	X_2	y
0	0	0
0	1	1
1	0	1
1	1	0

X_1，X_2 输入变量空间中的 4 个样本观测点的分布如图 8.10 所示。其中，实心点表示 0 类，空心点表示 1 类，且无法找到一条直线将实心点和空心点分开。

解决非线性样本的分类问题的一般方式是通过一定数据变换，将非线性样本变成在另一新空间中的线性样本，然后再做线性分类。多层感知机网络中的隐藏节点的意义就在于此。为阐明这个问题，仍以表 8.2 中的数据为例。设三层网络结构为：2 个输入节点，分别对应输入变量 X_1，X_2；1 个隐藏层，包含 2 个隐藏节点 Z_1，Z_2；1 个输出节点 y；3 个偏差节点，如图 8.11 所示。

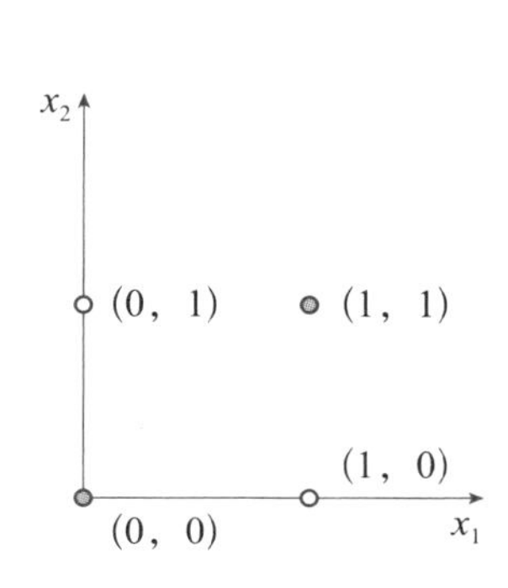

图8.10　非线性样本示例

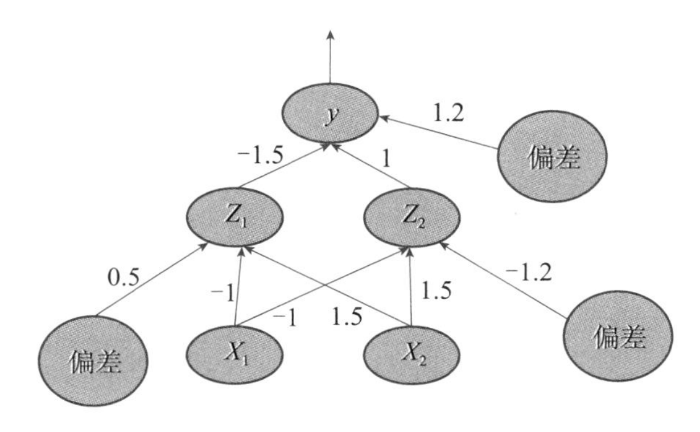

图8.11　非线性样本的线性变换

图 8.11 中的连接权重和偏差权重是迭代结束后的结果。为便于理解，激活函数采用 $[0,1]$型阶跃函数。对于样本观测点 $(X_1=1,\ X_2=1)$，有

- Z_1节点的输出为：$f(V_{Z_1})=f((-1)\times1+1.5\times1+0.5)=1$；
- Z_2节点的输出为：$f(V_{Z_2})=f((-1)\times1+1.5\times1-1.2)=0$；
- y 节点的输出为：$f(V_y)=f(-1.5\times1+1\times0+1.2)=0$。

可见，样本观测点 $(X_1=1,\ X_2=1)$经过隐藏节点 Z_1 和 Z_2 的处理，最终使得输出节点 y 的输出结果为 0，与其实际类别一致。

同理，对于样本观测点 $(X_1=0,\ X_2=1)$，有

- Z_1 节点的输出为：$f(V_{Z_1})=f((-1)\times0+1.5\times1+0.5)=1$；
- Z_2 节点的输出为：$f(V_{Z_2})=f((-1)\times0+1.5\times1-1.2)=1$；
- y 节点的输出为：$f(V_y)=f(-1.5\times1+1\times1+1.2)=1$。

可见，样本观测点 $(X_1=0,\ X_2=1)$ 经过隐藏节点 Z_1 和 Z_2 的处理，最终使得输出节点 y 的输出结果为 1，也与其实际类别一致。

其他类似。事实上，正如前文所述，隐藏节点 Z_1，Z_2 分别代表两个超平面（这里为直线），将输入变量 $(X_1,\ X_2)$ 构成的空间划分为 3 个区域，如图 8.12 中左图所示。

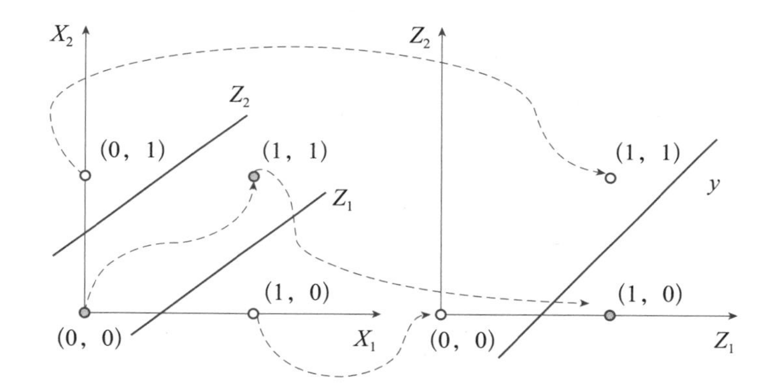

图8.12　隐藏节点的空间变换以及超平面

在输入变量$(X_1,\ X_2)$空间中，两个隐藏节点对应的两条直线 Z_1，Z_2将 4 个样本观测点划分在 3 个区域内：

- 点 $(X_1=0,\ X_2=0)$ 和点 $(X_1=1,\ X_2=1)$ 落入两条直线 Z_1，Z_2 的中间区域，两个隐藏节点的输出分别为$(f(V_{Z_1})=1,\ f(V_{Z_2})=0)$。
- 点 $(X_1=0,\ X_2=1)$ 和点 $(X_1=1,\ X_2=0)$ 落入两条直线 Z_1，Z_2 外侧区域，两个隐藏节点的输出分别为 $(f(V_{Z_1})=1,\ f(V_{Z_2})=1)$ 和 $(f(V_{Z_1})=0,\ f(V_{Z_2})=0)$。

将 $(X_1,\ X_2)$ 空间中的点变换到 $(Z_1,\ Z_2)$ 空间中，如图 8.12 中右图所示。其中，点 $(X_1=0,\ X_2=0)$ 和点 $(X_1=1,\ X_2=1)$ 在 Z_1，Z_2 空间中重合为一个点 $(Z_1=1,\ Z_2=0)$。可见，在 Z_1，Z_2 空间中节点 y 可将两类样本分开。原 $(X_1,\ X_2)$ 空间中的非线性样本变换为 $(Z_1,\ Z_2)$ 空间中的线性样本。

可见，隐藏节点的作用是将原空间中的样本观测点投影到由其连接权重决定的一个方

向上，多个隐藏节点将样本观测点投影到由多组连接权重决定的多个方向上。隐藏节点的输出就是样本观测点在由多个方向决定的新空间中的坐标。如上述原(X_1, X_2)空间中的样本观测点(1, 1)在(Z_1, Z_2)空间中的坐标为(1, 0)。通过多个隐藏节点的空间变换作用，多层感知机能够很好地解决非线性分类预测问题。后面还将通过 Python 编程对这个问题做进一步的说明

2. 隐藏节点在回归预测中的作用

在回归预测中，隐藏节点可实现统计学中的非线性投影寻踪回归（Projection Pursuit Regression，PPR）。

投影寻踪回归是美国斯坦福大学的弗里德曼（Friedman）和塔克（Tukey）在1974年首次提出的。

投影寻踪回归是处理和分析高维数据的一类统计方法，其基本思想是通过数据变换，将样本观测点投影到一个待估计的新空间中。确定最优新空间的依据是：在该空间便于找到变换后的输入变量和输出变量间的线性数量关系，且回归预测的误差较小。投影寻踪回归的模型形式为：

$$f(\boldsymbol{X})=\sum_{k=1}^{K} g_k(\boldsymbol{w}_k^{\mathrm{T}}\boldsymbol{X}) \tag{8.15}$$

式（8.15）表明，首先，将原空间中的样本观测点投影到包含P个（P个输入变量）元素的单位向量 $\boldsymbol{w}_k^{\mathrm{T}}$ $(k=1, 2, \cdots, K)$ 决定的第 k 个方向上，该方向由 $(w_{1k}, w_{2k}, \cdots, w_{pk})$ 决定且样本观测点在其上的坐标为$\boldsymbol{w}_k^{\mathrm{T}}\boldsymbol{X}=w_{1k}X_1+w_{2k}X_2+\cdots+w_{Pk}X_P$。然后，依据$g_k()$（称为岭函数（Ridge Function））对$\boldsymbol{w}_k^{\mathrm{T}}\boldsymbol{X}$ 进行非线性变换 $g_k(\boldsymbol{w}_k^{\mathrm{T}}\boldsymbol{X})$，$k=1, 2, \cdots, K$。最终，投影寻踪回归模型表示为 K 个 $g_k(\boldsymbol{w}_k^{\mathrm{T}}\boldsymbol{X})$，$k=1, 2, \cdots, K$ 的线性可加形式，即输出变量的预测值 $\hat{y}=f(\boldsymbol{X})$ 为 K 个非线性变换的线性组合，系数均等于 1。可见，投影寻踪回归的关键是确定$\boldsymbol{w}_k^{\mathrm{T}}$ $(k=1, 2, \cdots, K)$，且可适合输入变量和输出变量间的非线性关系回归预测。

回到如图 8.13 所示的多层感知机网络，为简化问题，这里不考虑偏差节点。

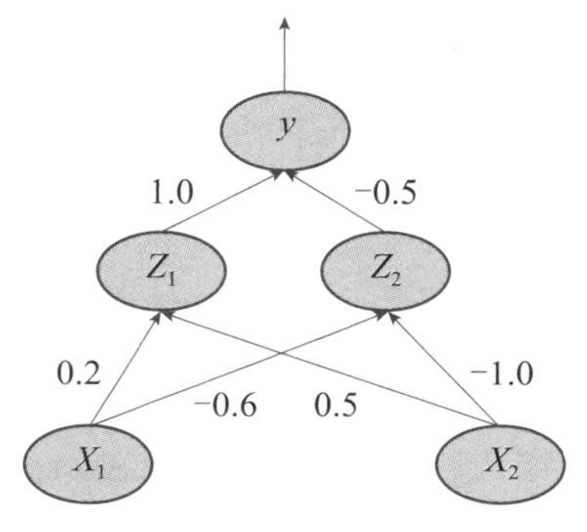

图8.13 隐藏节点的空间变换以及回归预测

假设隐藏节点的激活函数为 Logistic 函数，且 t 时刻样本观测点为 $(X_1=1, X_2=0.5)$。首先，隐藏节点 Z_1，Z_2的输出分别为$f(V_{z_1})=f(1\times0.2+0.5\times0.5)=0.61$，$f(V_{z_2})=f(1\times(-0.6)+0.5\times(-1.0))=0.25$。从投影寻踪角度看，意味着将$(X_1, X_2)$空间中的样本观测点$(X_1=1, X_2=0.5)$非线性投影到$(Z_1, Z_2)$空间中且坐标为$(Z_1=0.61, Z_2=0.25)$。其中，两组连接权重对应$\boldsymbol{w}_k^{\mathrm{T}}(k=1, 2)$：$\boldsymbol{w}_1^{\mathrm{T}}=(0.2, 0.5)$，$\boldsymbol{w}_2^{\mathrm{T}}=(-0.6, -1.0)$，激活函数对应函数$g_k()$：$g_1(V_{z_1})=\dfrac{1}{1+\mathrm{e}^{-V_{z_1}}}$，$g_2(V_{z_2})=\dfrac{1}{1+\mathrm{e}^{-V_{z_2}}}$。

接下来，计算输出节点 y 的输出 $\hat{y}=0.61\times1.0+0.25\times(-0.5)=0.485$，即为回归预测结果，与投影寻踪回归的 K 个 $g_k(\boldsymbol{w}_k^{\mathrm{T}}\boldsymbol{X})$，$k=1, 2, \cdots, K$ 的线性可加形式对应，因此可将投影寻踪回归视为三层感知机网络中隐藏层到输出层的所有连接权重均等于 1 的特例。

综上，多层感知机因引入了隐藏节点，能够有效揭示输入变量和输出变量间的非线性关系，实现非线性回归预测。而网络权重的训练过程就是不断寻找恰当的投影方向的过程。

8.3.3 Python 模拟和启示：认识隐藏节点

多层感知机网络的重要特征是拥有隐藏层。隐藏层的本质是可以实现数据的非线性空间变换，并在此基础上通过建立线性分类模型或线性回归模型，间接实现原空间中的非线性样本的分类预测和非线性回归预测。本节将通过 Python 编程，基于模拟数据，对隐藏层的作用做进一步的直观展示。基本思路如下：

（1）随机生成样本量$N=800$、两个输入变量、输出变量取 1 或 0 两个类别的非线性分类模拟数据。为便于对比，这里的模拟数据同 7.3.2 节。

（2）建立隐藏节点分别是 1、2、4 和 30 个的三层感知机网络。计算 4 个网络的误差。

（3）绘制 4 个网络的分类边界，以展示不同网络的特点，以及具有隐藏层的网络可非线性分类的特点。

Python 代码（文件名：chapter8-2.ipynb）如下。

行号	代码和说明
1	N = 800 # 指定样本量 N = 800
2	X,y = make_circles(n_samples = N,noise = 0.2,factor = 0.5,random_state = 123) # 随机生成两类别的模拟数据，是一个典型的非线性样本
3	X01,X02 = np.meshgrid(np.linspace(X[:,0].min(),X[:,0].max(),50),np.linspace(X[:,1].min(),X[:,1].max(),50)) # 为绘制分类边界准备数据
4	X0 = np.hstack((X01.reshape(len(X01)*len(X02),1),X02.reshape(len(X01)*len(X02),1))) # 为绘制边界的新数据 X0
5	fig,axes = plt.subplots(nrows = 2,ncols = 2,figsize = (15,12)) # 将绘图区域划分为 2 行 2 列 4 个单元并指定图形大小
6	colors = plt.cm.Spectral(np.linspace(0,1,2)) # 指定两类点的颜色
7	markers = ['o','*'] # 指定两类点的形状
8	for hn,H,L in [(1,0,0),(2,0,1),(4,1,0),(30,1,1)]: # 通过循环建立有 1，2，4，30 个隐藏节点的三层感知机
9	NeuNet = net.MLPClassifier(hidden_layer_sizes = (hn,),random_state = 123) # 建立隐藏节点为 hn 个的三层感知机网络对象 NeuNet，为随机梯度下降等优化策略指定随机数种子
10	NeuNet.fit(X,y) # 基于 X 和 y 估计 NeuNet 的模型参数
11	y0hat = NeuNet.predict(X0) # 基于 NeuNet 对 X0 进行预测

12	axes[H,L].set_title('多层感知机的分类边界(层数 = %d, 隐藏节点数 = %d, 错误率 = %.2f)'%(NeuNet.n_layers_,hn,1-NeuNet.score(X,y)),fontsize = 14) # 设置图标题并计算误差；.n_layers 中存储着网络层数
13	axes[H,L].scatter(X0[np.where(y0hat = = 0),0],X0[np.where(y0hat = = 0),1],c = 'mistyrose') # 对 X0 的预测类别是 0 类的点画图
14	axes[H,L].scatter(X0[np.where(y0hat = = 1),0],X0[np.where(y0hat = = 1),1],c = 'lightgray') # 对 X0 的预测类别是 1 类的点画图
…	……# 图标题设置等，略去
17	for k,col,m in zip(set(y),colors,markers): # 将两类点以不同颜色和形状添加到图上
18	axes[H,L].scatter(X[y = = k,0],X[y = = k,1],color = col,s = 30,marker = m)

■ 代码说明

（1）以上省略号部分在之前代码中重复出现过且不影响对原理的理解，故略去以节约篇幅。完整 Python 程序请参见本书配套代码。

（2）第 9 行：利用 MLPClassifier() 建立基于多层感知机网络的分类预测模型。

- 参数 hidden_layer_sizes=(hn,) 表示建立具有 1 个隐藏层（包含 hn 个隐藏节点）的三层感知机网络。参数的个数对应隐藏层的个数，例如 hidden_layer_sizes=(5,10,) 表示具有两个隐藏层（分别包含 5 个和 10 个隐藏节点）；
- 可指定参数 activation 为 'identity''logistic''tanh''relu'，指定激活函数为线性函数（即不设置激活函数）、Logistic 函数、tanh 函数和 ReLU 函数，默认值为 'ReLU'；
- 可指定参数 solver 为 'sgd'，表示采用随机梯度下降法训练网络权重，默认值为 'adam'，是一种性能更良好的优化方法。
- 学习率默认为常数，可指定参数 learning_rate 为 'adaptive'，当采用 'sgd' 策略时算法可根据学习周期和总损失自动调整学习率大小。

Diederik P. Kingma, Jimmy Lei Ba. Adam: A Method for Stochastic Optimization, ICLR 2015.

所绘制的图形如图 8.14 所示。

这里的模拟数据同 7.3.2 节。图 8.14 中，不同颜色和符号（圆圈和星）的点分别代表输出变量的两个类别（0 和 1 类，各占约 50%），显然这是一个非线性样本。这里采用三层感知机进行分类预测。四幅图中背景为浅粉色和浅灰色的两块区域分别代表预测类别为 0 类和 1 类的区域。第一行两幅图为隐藏节点数分别等于 1 和 2 的情况。尽管两模型的训练误差都等于 0.5，但左图将整个区域都预测为 1 类并没有给出分类边界，而右图给出了分类边界，但显然有相当多的 0 类和 1 类点分别落入了 1 类和 0 类区域。左下图的预测效果明显改善，其隐藏节点数等于 4，分类边界也从右上图的直线变成了曲线，训练误差降低到 0.16。右下图为隐藏节点为 30 个时的情况，分类边界近似为圆圈，错误率降至 0.11。可见，本例中随隐藏节点的增加，分类边界从直线逐步变为曲线和圆圈，较好地实现了非线性样本的分类。

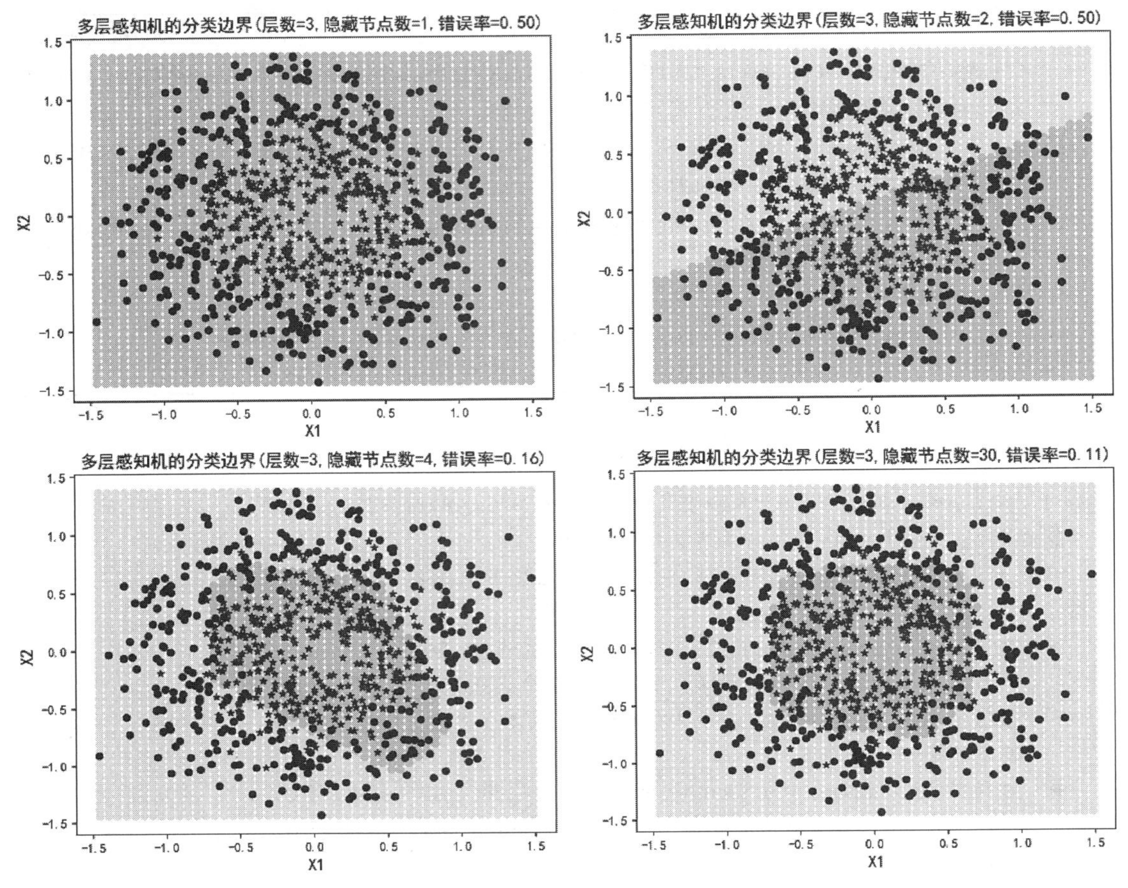

图8.14 多层感知机隐藏节点在分类中的意义

此外，隐藏节点的个数远远小于输入变量的个数时，隐藏节点可起到降维作用，并可类似主成分回归那样解决原始输入变量存在相关性的非线性预测问题。

8.4 B-P 反向传播算法

连接权重的训练是多层感知机网络建模的关键。因多层感知机网络的连接权重更新通常采用反向传播算法，所以有时也称多层感知机网络为 B-P（Back-propagation）反向传播网络。本节将对连接权重（包括偏差权重）的反向传播更新策略做详细讨论。

8.4.1 反向传播算法的基本思想

反向传播是多层网络权重更新的重要特点。正如 8.2.5 节讨论的那样，输入节点和输出节点之间的权重更新是基于输出节点的误差。二层感知机网络中输出变量的实际值已知，误差可直接计算并用于权重更新。但该策略无法直接应用于三层或多层网络，原因在于隐藏节点并没有“实际输出”。为此，多层网络引入反向传播机制回传输出节点的误差并由此实现连接权重的更新。

B-P 反向传播算法包括正向传播和反向传播两个阶段。

所谓正向传播阶段，是指样本信息从输入层开始，由上至下逐层经隐藏节点计算处理，上层节点的输出作为下层节点的输入，最终样本信息被传播到输出层节点，得到预测结果和预测误差。正向传播，传播的是样本信息，其间网络的所有连接权重保持不变。

预测误差计算出来后便进入反向传播阶段。所谓反向传播阶段，是指将输出节点的预测误差反方向逐层传播到上层隐藏节点。反向传播，传播的是误差，其间网络的连接权重会逐层更新，包括输出节点和隐藏节点、隐藏节点和隐藏节点、隐藏节点和输入节点间的连接权重，均全部更新。

一次正向传播过程和反向传播过程的结束意味着一次迭代的结束。这样的迭代会不断反复进行，可能需经历多个周期，直到满足迭代终止条件为止。

8.4.2 局部梯度和权重更新

这里以图 8.9 所示的三层感知机网络为例，讨论 B-P 反向传播算法在回归预测中的权重更新过程，包括：输出层和隐藏层间的连接权重更新，以及隐藏层和输入层间的连接权重更新。为实现误差的反向传播，这里将引入包括误差信息在内的局部梯度的概念。

1. 输出层和隐藏层间的权重更新

与两种感知机网络类似，隐藏节点 Z_m 和输出节点 y_k 间的连接权重 v_{mk} 在 t 时刻的更新仍可表示为：$v_{mk}(t+1)=v_{mk}(t)+\Delta v_{mk}(t)$。

对于真 SDG 而言，为计算 $\Delta v_{mk}(t)$，仅需计算 t 时刻样本观测 $\boldsymbol{X}_i$ 单个损失 $E_i(t)=L(y_{ik},\hat{y}_{ik}(t))$ 的梯度，且因 $L(y_i,\hat{y}_i)=\frac{1}{2}(y_i-\hat{y}_i)^2$ 并根据微分链式法则，有

$$\left[\frac{\partial E_i(t)}{\partial v_{mk}}\right]_{v_{mk}=v_{mk}(t)}=-(y_{ik}-\hat{y}_{ik})f'(\boldsymbol{v}_k^{\mathrm{T}}\boldsymbol{Z}_i)Z_{im}$$

令

$$\delta_{ik}=(y_{ik}-\hat{y}_{ik})f'(\boldsymbol{v}_k^{\mathrm{T}}\boldsymbol{Z}_i) \tag{8.16}$$

称 δ_{ik} 为输出节点 y_k 关于样本观测 $\boldsymbol{X}_i$ 的局部梯度。由于局部梯度由输出节点 y_k 的误差信息 $(y_{ik}-\hat{y}_{ik})$ 及其激活函数的导数构成，因此误差信息包含在局部梯度中。于是有 $\Delta v_{mk}(t)=-\rho(-\delta_{ik}Z_{im})=\rho\delta_{ik}Z_{im}$。

对于批处理策略，为计算 $\Delta v_{mk}(t)$，需计算 t 时刻的总损失 $E(t)=\sum_{i=1}^{N}L(y_{ik},\hat{y}_{ik}(t))$ 的梯度。于是有

$$\Delta v_{mk}(t)=-\rho(-\sum_{i=1}^{N}\delta_{ik}Z_{im}) \tag{8.17}$$

则 $v_{mk}(t+1)=v_{mk}(t)+\rho\sum_{i=1}^{N}\delta_{ik}Z_{im}$。

2. 隐藏层和输入层间的权重更新

与两种感知机网络类似，隐藏节点 Z_m 和输入节点 X_p 间的连接权重 w_{pm} 在 t 时刻的更新仍可表示为：$w_{pm}(t+1)=w_{pm}(t)+\Delta w_{pm}(t)$。应注意的是，以图 8.9 中的 w_{11} 为例，可以看到 w_{11} 不仅会影响 Z_1 和 y_1 的输出并在 y_1 上产生误差，还会影响 y_2 的输出并在 y_2 上产生误差。因此在更新 w_{11} 时需同时考虑 y_1，y_2 的误差，即更新 w_{pm} 时需考虑 $\sum_{k=1}^{K}L(y_{ik},\ \hat{y}_{ik})$。

对于真 SDG 而言，为计算 $\Delta w_{pm}(t)$，需计算 t 时刻仅针对样本观测 $\boldsymbol{X}_i$ 单个损失的梯度。根据微分链式法则，有

$$\left[\frac{\partial E_i(t)}{\partial w_{pm}}\right]_{w_{pm}=w_{pm}(t)}=-\sum_{k=1}^{K}(y_{ik}-\hat{y}_{ik})f'(\boldsymbol{v}_k^{\mathrm{T}}\boldsymbol{Z}_i)v_{mk}f'(\boldsymbol{w}_m^{\mathrm{T}}\boldsymbol{X}_i)X_{ip} \tag{8.18}$$

令

$$S_{im}=f'(\boldsymbol{w}_m^{\mathrm{T}}\boldsymbol{X}_i)\sum_{k=1}^{K}(y_{ik}-\hat{y}_{ik})f'(\boldsymbol{v}_k^{\mathrm{T}}\boldsymbol{Z}_i)v_{mk}=f'(\boldsymbol{w}_m^{\mathrm{T}}\boldsymbol{X}_i)\sum_{k=1}^{K}\delta_{ik}v_{mk} \tag{8.19}$$

称 S_{im} 为隐藏节点 Z_m 关于样本观测 $\boldsymbol{X}_i$ 的局部梯度。可见，隐藏节点的局部梯度受与之相连的 K 个下层节点（这里为输出节点）的局部梯度 δ_{ik} 的影响，可将 v_{mk} 视为影响的权重。δ_{ik} 中包含的误差信息 $(y_{ik}-\hat{y}_{ik})$ 被传递到隐藏节点中，是误差反向传播的具体体现，并对输入节点和隐藏节点间的权重更新产生影响。于是有 $\Delta w_{mk}(t)=-\rho(-S_{im}X_{ip})=\rho S_{im}X_{ip}$。

对于批处理策略，为计算 $\Delta w_{pm}(t)$，需计算 t 时刻的总损失 $E(t)=\sum_{i=1}^{N}L(y_{ik},\hat{y}_{ik}(t))$ 的梯度。于是有

$$\Delta w_{pm}(t)=-\rho(-\sum_{i=1}^{N}S_{im}X_{ip}) \tag{8.20}$$

则 $w_{pm}(t+1)=w_{pm}(t)+\rho\sum_{i=1}^{N}S_{im}X_{ip}$。

综上，B-P 反向传播算法的最大特点就是误差的反向传播。误差以局部梯度的形式逐层反向传递给上层的所有隐藏节点，体现在上层隐藏节点的局部梯度中，最终影响各个连接权重的更新。

8.5 人工神经网络的 Python 应用实践

本节通过两个应用案例，展示如何利用人工神经网络解决实际应用中多分类预测问题和回归预测问题。其中一个应用案例是基于手写体邮政编码点阵数据，实现数字的识别分

类；另一个应用案例是基于空气质量监测数据，对 $PM_{2.5}$ 的浓度进行回归预测。重点聚焦如何利用 Python 的网格搜索算法，找到测试误差最小时的最优网络结构。

8.5.1 手写体邮政编码的识别

本节基于手写体邮政编码点阵数据，利用多层感知机网络实现数字识别分类，并重点聚焦不同激活函数对分类预测的影响。基本思路如下：

（1）读入手写体邮政编码点阵数据。随机抽取 25 个点阵数据进行可视化展示。

（2）利用旁置法进行数据集划分。

（3）分别建立基于 ReLU 和 Logistic 函数的、不同隐藏节点个数的三层感知机网络。

（4）对比各网络训练误差和测试误差的变化情况，确定最终的激活函数和恰当的网络结构。

Python 代码（文件名：chapter8-3.ipynb）如下。为便于阅读，我们将代码运行结果直接放置在相应代码行下方。以下将分段对 Python 代码做说明。

1. 读入手写体邮政编码点阵数据并进行可视化

行号	代码和说明
1	data = pd.read_table(' 邮政编码数据 .txt',sep = ' ',header = None) # 读入文本格式文件，数据以空格分隔，无标题行
2	X = data.iloc[:,1:-1] # 指定输入变量 X
3	y = data.iloc[:,0] # 指定输出变量 y
4	np.random.seed(123) # 设置随机数种子以重现随机结果
5	ids = np.random.choice(len(y),25) # 随机抽取 25 行数据得到其行索引
6	plt.figure(figsize = (6,6)) # 指定图形大小
7	for i,item in enumerate(ids): # 利用循环逐个对所抽取的 25 行数据进行如下处理
8	img = np.array(X.iloc[item,]).reshape((16,16)) # 改变数据的形状为 16 行 16 列
9	plt.subplot(5,5,i+1) # 在 5 行 5 列绘图单元的 i+1 个单元上绘图
10	plt.imshow(img,cmap = cm.gray_r) # 显示图像

■ **代码说明**

（1）第 1 至 3 行：读入手写体邮政编码数据，指定输入变量和输出变量。

手写体邮政编码数据以文本文件格式存储，一行对应一个手写体邮政编码，包括两个部分：第一部分为手写邮政编码16×16图像的灰度点阵值，存放在第 2 至 257 列，它们将作为输入变量 $\boldsymbol{X}$；第二部分为灰度点阵数据对应的实际数字，存放在第 1 列，将作为输出变量 y。

（2）第 7 至 10 行：利用循环展现随机抽取的 25 个邮政编码图像。

对每个邮政编码图像，需首先将以行组织的数据转换成16×16的二维数组。然后，采用函数 imshow 将存储在数组中的点阵数据显示为图像。图像数据通常用数组的第 3 维表示颜色。因本例没有颜色，可通过指定参数 cmap 为 cm.gray_r，表示以白色为背景显示灰度图像。所绘制的图像如图 8.15 所示。

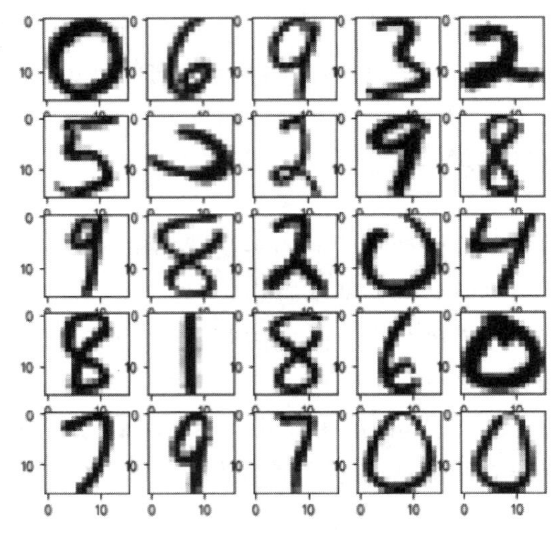

图8.15 手写体邮政编码的灰度图

2. 多层感知机网络对手写体邮政编码的识别

基于手写体邮政编码的点阵数据，采用多层感知机网络对如图 8.15 所示的一幅图所对应的数字进行识别，即进行多分类预测。首先，在数据集划分的集成上，建立拥有不同个数隐藏节点的三层感知机网络，激活函数依次为 ReLU 和 Logistic 函数；然后，绘制随隐藏节点的增加，各网络训练误差和测试误差变化的曲线图，确定一个较为理想的网络拓扑结构和激活函数。

行号	代码和说明
1	X_train, X_test, y_train, y_test = train_test_split(X,y,train_size = 0.70, random_state = 123) # 采用旁置法以 7 : 3 划分训练集和测试集
2	nodes = np.arange(1,10) # 指定隐藏节点个数的取值范围为 1 至 9
3	acts = ['relu','logistic'] # 指定激活函数
4	errTest = np.zeros((len(nodes),2)) # 存储不同隐藏节点个数和激活函数下的测试误差
5	for i,node in enumerate(nodes): # 利用循环令隐藏节点依次为 1 至 9
6	for j,act in enumerate(acts): # 利用循环令激活函数依次为 ReLU 和 Logistic 函数
7	NeuNet = net.MLPClassifier(hidden_layer_sizes = (node,),activation = act,random_state = 123) # 创建多层感知机分类对象 NeuNet
8	NeuNet.fit(X_train,y_train) # 基于训练集估计 NeuNet 的模型参数
9	errTest[i,j] = 1-NeuNet.score(X_test,y_test) # 计算 NeuNet 的测试误差
10	plt.figure(figsize = (7,5)) # 指定图形大小
11	plt.plot(nodes,errTest[:,0],label = "relu 激活（测试误差）",linestyle = '-',marker = 'o') # 绘制 ReLU 激活函数在隐藏节点个数从 1 增至 9 过程中的测试误差曲线
12	plt.plot(nodes,errTest[:,1],label = "logistic 激活（测试误差）",linestyle = '-.',marker = 'o') # 绘制 Logistic 激活函数在隐藏节点个数从 1 增至 9 过程中的测试误差曲线

```
...   ……# 图标题设置等，略去
19    NeuNet = net.MLPClassifier(hidden_layer_sizes = (9,),activation = 'relu',random_state =
      123)
20    NeuNet.fit(X_train,y_train)
21    print(classification_report(y,NeuNet.predict(X))) # 评价模型
                precision    recall  f1-score   support

         0.0       1.00      0.99      0.99      1194
         1.0       0.99      1.00      1.00      1005
         2.0       0.97      0.98      0.97       731
         3.0       0.98      0.97      0.97       658
         4.0       0.97      0.97      0.97       652
         5.0       0.97      0.97      0.97       556
         6.0       0.99      0.99      0.99       664
         7.0       0.97      0.99      0.98       645
         8.0       0.98      0.97      0.97       542
         9.0       0.98      0.97      0.98       644

    accuracy                           0.98      7291
   macro avg       0.98      0.98      0.98      7291
weighted avg       0.98      0.98      0.98      7291
```

■ 代码说明

（1）以上省略号部分在之前代码中重复出现过且不影响对原理的理解，故略去以节约篇幅。完整 Python 程序请参见本书配套代码。

（2）第 2 至 4 行：建模准备。指定激活函数分别为 ReLU 和 Logistic 函数。隐藏节点个数为 1 至 9。定义一个数组存储不同激活函数下模型测试误差。

（3）第 5 至 9 行：通过两个 for 循环依次建立拥有不同个数隐藏节点的三层感知机网络，激活函数依次为 ReLU 和 Logistic 函数。拟合训练集，计算和保存测试误差。

不同激活函数和不同隐藏节点个数下的三层感知机网络，其测试误差随隐藏节点增加而变化的曲线图如图 8.16 所示。

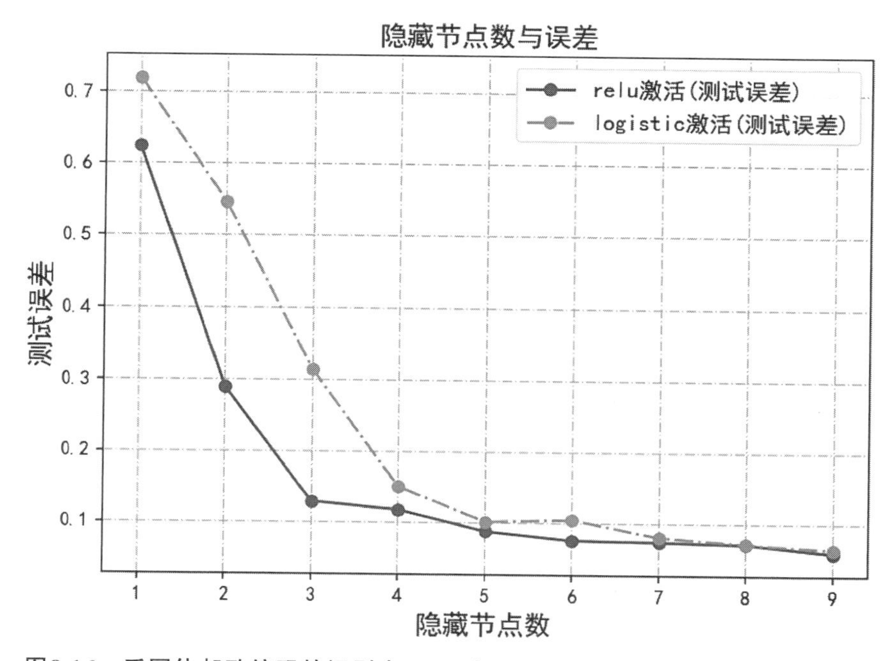

图8.16 手写体邮政编码的识别中ReLU与Logistic激活函数的测试误差曲线

图 8.16 为分别采用 ReLU 激活函数和 Logistic 激活函数训练得到的两个网络，其测试误差随隐藏节点数增加的变化曲线。显然，当隐藏节点个数等于 3 时，ReLU 激活函数的测试误差约为 0.15，但 Logistic 激活函数的测试误差约为 0.32。当隐藏节点个数等于 5 时，两种激活函数的测试误差均下降至 0.1 左右，ReLU 更低一些。后续继续增加隐藏节点，两种激活函数的测试误差呈缓慢下降趋势。可见，ReLU 激活函数可在很简单的网络结构下获得比 Logistic 激活函数更理想的预测效果。

（4）第 19 至 21 行：最终确定的网络为包含 9 个隐藏节点的三层感知机网络，且采用 ReLU 激活函数。重新拟合训练集合，并评价该网络的整体预测效果。评价结果显示，多分类预测网络的总体正确率为 0.98，且数字 0 和 1 的预测效果最为理想。

8.5.2 $PM_{2.5}$ 浓度的回归预测

本节基于空气质量监测数据，采用人工神经网络对 $PM_{2.5}$ 浓度进行回归预测。一方面，关注如何利用 Python 实现基于人工神经网络的回归预测；另一方面，展示如何基于网格搜索获得网络参数的最优组合。基本思路如下：

（1）读入空气质量监测数据。进行数据预处理。指定输入变量 SO_2、CO、NO_2、O_3 和输出变量 $PM_{2.5}$。

（2）多层感知机网络的拓扑结构取决于隐藏层的层数以及各隐藏层隐藏节点的数量，通常可首先确定激活函数，然后找到测试误差最小时的最优网络结构。因涉及多个参数组合的反复调试，为快速达成目标，这里直接利用 Python 的网格搜索算法实现。

（3）基于最优网络结构进行预测。

Python 代码（文件名：chapter8-4.ipynb）如下。为便于阅读，我们将代码运行结果直接放置在相应代码行下方。

行号	代码和说明
1	data = pd.read_excel('北京市空气质量数据.xlsx') # 读入 Excel 格式数据
2	data = data.replace(0,np.NaN);data = data.dropna();data = data.loc[(data['PM2.5']< = 200) & (data['SO2']< = 20)] # 数据预处理
3	X = data[['SO2','CO','NO2','O3']];y = data['PM2.5'] # 指定输入变量 X 和输出变量 y
4	parameters = {'activation':['logistic','tanh','relu'],'hidden_layer_sizes':[(10,),(10,5,),(200,300)]} # 指定需确定的网络参数以及参数的取值范围
5	NeuNet = net.MLPRegressor(random_state = 123) # 创建用于回归的多层感知机网络对象 NeuNet
6	grid = GridSearchCV(estimator = NeuNet,param_grid = parameters,cv = 5,scoring = 'r2') # 创建网格搜索对象 grid，指定模型和搜索参数等
7	grid.fit(X,y) # 基于 X 和 y 确定 grid 的参数
8	BestNet = grid.best_estimator_ # 获得最优网络

9	print(' 最优网络为 :%s;\n 测试误差（1-R 方）:%f'%(BestNet,1-grid.best_score_)) # 获得最优网络，计算 OOB 误差 最优网络为:MLPRegressor(activation='logistic', hidden_layer_sizes=(200, 300), random_state=123); 测试误差（1-R方）:0.281815
10	BestNet.fit(X,y) # 基于 X 和 y 估计最优网络的模型参数
11	print(' 最优网络的总误差 (1-R 方):%f'%(1-BestNet.score(X,y))) 最优网络的总误差(1-R方):0.256952

■ **代码说明**

（1）第 4 行：为实现网格搜索提供参数名及参数值的搜索范围，应以 Python 字典的形式给出：键为参数名，值为参数值的搜索范围（一般以列表形式给出）。

这里涉及激活函数（参数名为 activation）和隐藏节点个数（参数名为 hidden_layer_sizes）两类参数，参数值分别为 ['logistic','tanh','relu'] 和 [(10,),(10,5,),(200,300)]。

（2）第 5 行：采用 MLPRegressor 实现基于多层感知机的回归预测。

（3）第 6 行：利用 GridSearchCV 进行参数的网格搜索。其中，应将 estimator 设置为这里的多层感知机网络；参数 param_grid 设置为第 4 行的 parameters；cv=5 表示基于 5 折交叉验证计算基于 OOB 的评价得分；scoring='r2'，表示评价得分为回归预测中的 R 方。最优网络是最大化 R 方下的网络。

（4）第 8 行：best_estimator_ 中存储着最优网络的结构及激活函数，BestNet 为最优网络。

（5）第 9 行：最优网络为采用 Logistic 激活函数，且包含两个隐藏层（隐藏节点数量分别为 200 和 300）的四层感知机网络，该网络的 OOB 误差为 0.28。此外，还可通过 BestNet.get_params() 查看最优网络的全部信息。

（6）第 10 至 11 行：基于 $\boldsymbol{X}$ 和 y 重新估计最优网络 BestNet 的连接权重，并计算在数据集上的总误差为 0.25。

这里的 BestNet 是一个 MLPRegressor 对象实例，有很多属性，其中 loss_curve_ 存储了各次迭代时的损失值。还有 coefs_、intercepts_ 等，分别存储网络中各隐藏节点、输出节点的连接权重和偏差权重。此外，Python 中默认采用小批量随机梯度下降法估计参数。默认计算 $n=200$ 的随机样本的总损失并迭代更新一次权重。这里的总样本量等于 1 797，一个训练周期约迭代更新 $1\,797/200\approx 9$ 次权重。

• 本章相关函数列表 •

围绕本章学习，应重点掌握 Python 模块中的以下函数。函数的具体格式参见 Python 帮助。

一、建立用于分类预测的人工神经网络

NeuNet=net.MLPClassifier()；NeuNet.fit(X,Y)。

二、建立用于回归预测的人工神经网络

NeuNet=net.MLPRegressor()；NeuNet.fit(X,Y)。

本章习题

1．请简述人工神经网络的基本构成，以及各层节点的作用。

2．请结合几何意义说明人工神经网络中节点加法器的意义，以及激活函数的作用。

3．请简述二层感知机网络的权重更新过程。

4．请简述三层或多层网络中隐藏节点的意义。

5．Python 编程题：脸部表情的分类预测。

这里以 kaggle（www.kaggle.com）上48×48点阵的人脸灰度数据集为研究对象，利用人工神经网络对脸部表情进行分类预测。数据集（文件名：脸部表情 .txt）中的脸部灰度图如下图所示。其中图形上方的数字分别代表 6 类表情（0，生气；1，厌恶；2，害怕；3，高兴；4，悲伤；5，惊讶；6，平静）。

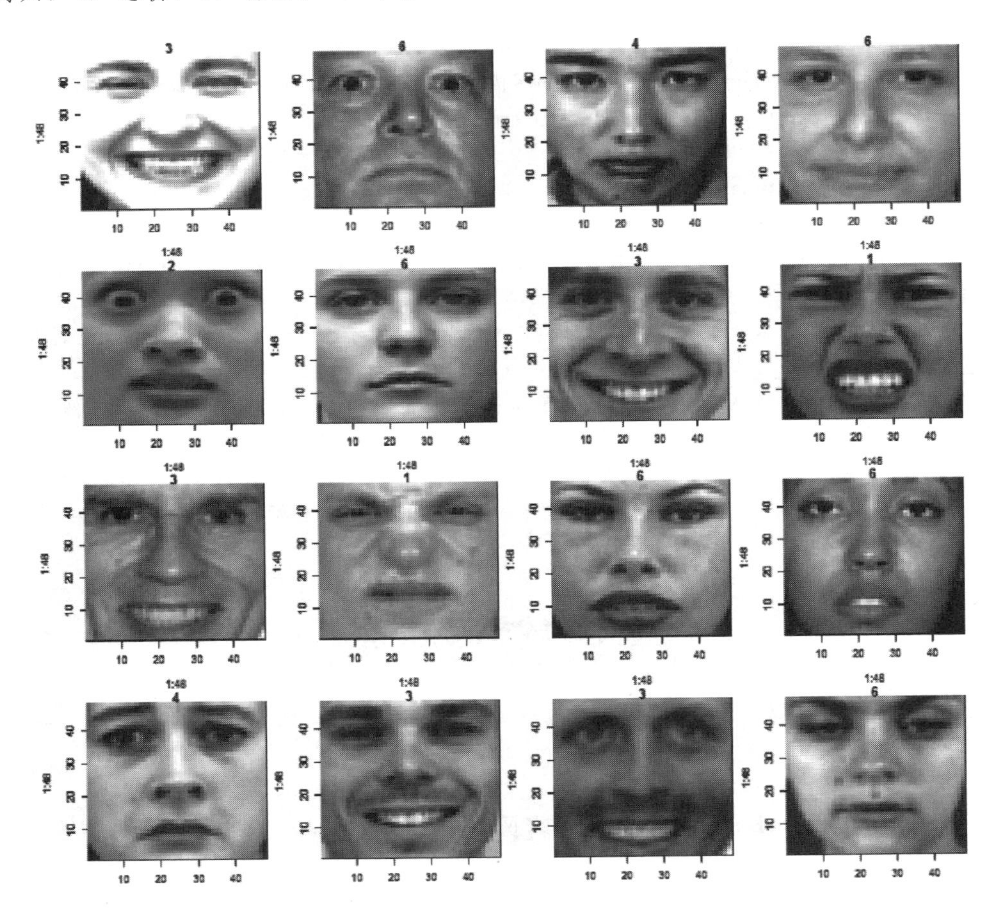

第9章　数据预测建模：支持向量机

学习目标

1. 理解支持向量分类中最大边界超平面的意义。
2. 掌握完全线性可分下支持向量分类的目标函数和约束条件的含义。
3. 理解广义线性可分下松弛变量和惩罚参数C的意义。
4. 理解非线性可分下支持向量分类中核函数的意义。
5. 掌握支持向量分类的Python实现。

支持向量机（Support Vector Machine，SVM）是在统计学习理论（Statistical Learning Theory，SLT）基础上发展起来的一种机器学习方法。1992年由博泽（Boser）、盖恩（Guyon）和瓦普尼克（Vapnik）提出，在解决小样本、非线性和高维的分类预测和回归预测问题上有许多优势。

支持向量机分为支持向量分类机和支持向量回归机。顾名思义，支持向量分类机用于研究输入变量与二分类输出变量间的数量关系并进行分类预测，简称支持向量分类（Support Vector Classification，SVC）；支持向量回归机用于研究输入变量与数值型输出变量间的数量关系并进行回归预测，简称支持向量回归（Support Vector Regression，SVR）。本章仅聚焦支持向量分类，将涉及如下方面：

第一，支持向量分类概述。我们将聚焦讨论支持向量分类的意义，以及支持向量分类中最大边界超平面的特点。

第二，完全线性可分下的支持向量分类。完全线性可分下的支持向量分类是一种非常理想状态下的分类建模策略，是后续进一步学习的基础。

第三，广义线性可分下的支持向量分类。相对于完全线性可分下的支持向量分类，广义线性可分下的支持向量分类更具现实意义。

第四，线性不可分下的支持向量分类。线性不可分下的支持向量分类是支持向量机的灵魂，如何通过核函数巧妙解决非线性可分问题，是本章关注的重点。

本章将结合 Python 编程对上述问题进行直观讲解，并基于 Python 给出支持向量机的实现以及应用实践示例。

9.1 支持向量分类概述

支持向量分类以训练集为数据对象，分析输入变量和二分类输出变量之间的数量关系，并实现对新数据输出变量类别的预测。

9.1.1 支持向量分类的基本思路

正如以前章节讨论的，在解决分类预测问题时，需将训练集中的 N 个样本观测看成 p 维输入变量空间中的 N 个点，以点的不同形状（或颜色）代表输出变量的不同类别取值。支持向量分类建模的目标是，基于训练集在 p 维空间中找到能将两类样本有效分开的超平面（分类边界）。以二维空间为例，分类超平面为一条直线，如图 9.1 中的直线所示。

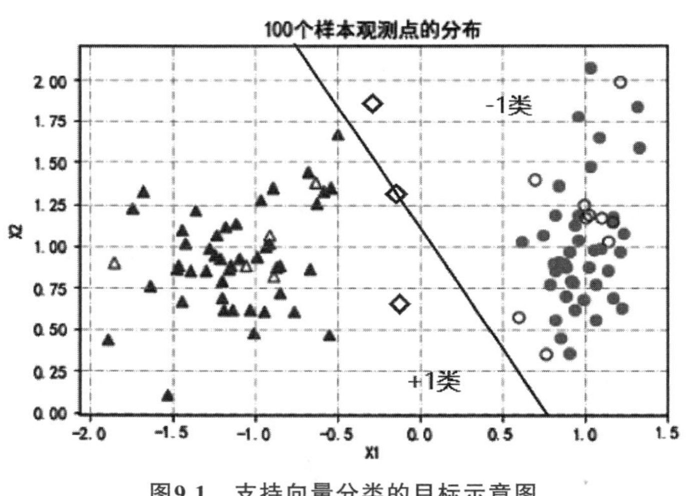

图9.1 支持向量分类的目标示意图

图 9.1 中展示了 100 个样本观测点在输入变量 X_1，X_2 的二维空间中的分布情况。实心点表示样本观测来自训练集，空心点表示来自测试集。三角形代表的样本观测属于一类（输出变量 $y=+1$），圆点代表的样本观测属于另一类（输出变量 $y=-1$）。图 9.1 中红色菱形对应的样本观测是输出变量取值未知的新样本观测，记为 $\boldsymbol{X}_0$。预测 $\boldsymbol{X}_0$ 的输出变量类别时需考察样本观测点 $\boldsymbol{X}_0$ 位于直线的哪一侧。图 9.1 中，位于直线右上方的菱形所代表的样本观测 $\boldsymbol{X}_0$，其输出变量的类别预测值应为 −1；直线左下方菱形代表的样本观测 $\boldsymbol{X}_0$，类别预测值应为 +1；位于直线上的菱形代表的样本观测 $\boldsymbol{X}_0$，无法给出类别预测值。可见，支持向量分类的核心目标就是要基于训练集（图中实心点），估计分类直线对应的方程 $b+w_1X_1+w_2X_2=0$，进而确定这条直线在二维平面上的位置，并基于测试集（图中空心

点）估计泛化误差，为后续分类预测服务。

在p维输入变量空间中，分类直线将演变为一个分类超平面：$b+w_1X_1+w_2X_2+\cdots+w_pX_p=0$，即$b+\boldsymbol{w}^T\boldsymbol{X}=0$。分类超平面的位置由待估参数$b$和$\boldsymbol{w}$决定。如果参数$b$和$\boldsymbol{w}$的估计值$\hat{b}$和$\hat{\boldsymbol{w}}$是合理的，那么，对实际属于某一类的样本观测点$\boldsymbol{X}_i$，代入$\hat{b}+\hat{\boldsymbol{w}}^{\mathrm{T}}\boldsymbol{X}_i$计算，绝大部分的计算结果会大于 0。对实际属于另一类的样本观测点$\boldsymbol{X}_i$，代入$\hat{b}+\hat{\boldsymbol{w}}^{\mathrm{T}}\boldsymbol{X}_i$计算，绝大部分的计算结果会小于 0。支持向量机规定：$\hat{b}+\hat{\boldsymbol{w}}^{\mathrm{T}}\boldsymbol{X}_i>0$的样本观测（位于超平面的一侧），输出变量$\hat{y}_i=1$；$\hat{b}+\hat{\boldsymbol{w}}^{\mathrm{T}}\boldsymbol{X}_i<0$的样本观测（位于超平面的另一侧），输出变量$\hat{y}_i=-1$。

前面章节已讨论过超平面方程中参数估计的多种策略和具体方法。但可能出现这样的情况：若两类样本观测点能够被超平面有效分开（如图 9.1 所示），则可能会找到多个超平面（如图 9.2 所示）。

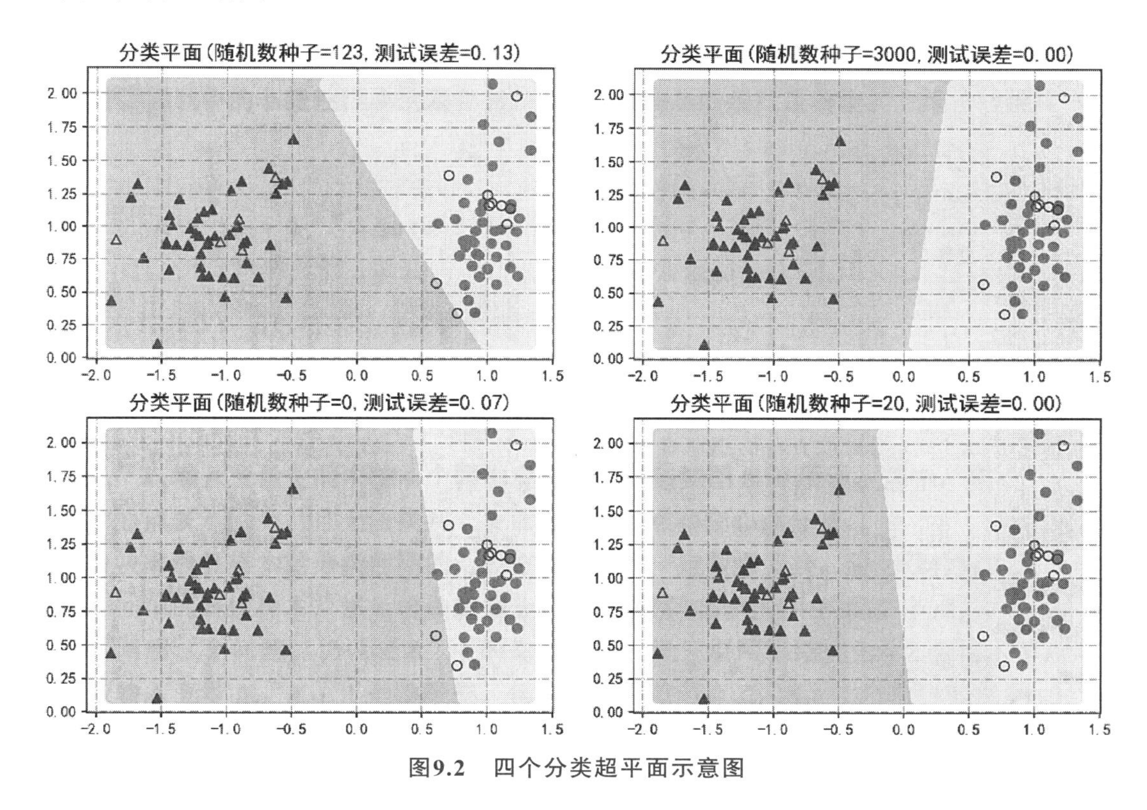

图9.2 四个分类超平面示意图

图 9.2 是三层感知机网络，采用 Logistic 激活函数，连接权重初始值不同，迭代 200 次后给出的四条分类直线，即灰色和粉色区域的边界线（有兴趣的读者可自行阅读本书配套代码 chapter9-1.ipybn）。于是，落入两个区域的点预测类别将分别为三角形类和圆点类。图 9.2 中，四条分类直线对训练集中两类点的划分均没有出现错误，训练误差都等于零。现在的问题是：未来应基于哪个超平面进行分类预测？

首先，值得注意的是，左侧图中两条分类直线均距训练集中的圆点类很近，有些圆点几乎贴在分类直线上。右侧图中两条分类直线则距两类点都比较远。从预测置信度来考虑，利用右侧图中两条分类直线进行预测的把握程度是比较高的。其次，从测试误差看，左侧图中两条分类直线下的测试误差都大于 0，而右侧均等于 0。可见基于上述两点，应在右侧图中两条分类直线中进行选择。但进一步的问题是，究竟应在这两者中选择哪个？

支持向量分类的意义在于：算法确定的分类超平面，是具有最大边界的超平面，是距两类别的边缘观测点最远的超平面。

以图 9.3（图 9.2 中右侧的两幅图）为例，训练集两类的边缘点分别在两条虚线边界上。因图 9.3 中左图的两条虚线边界间的宽度大于右图，所以支持向量分类的最大边界超平面，即指左图中平行于虚线边界且位于两边界中间的实线。可见，它没有与三层感知机网络给出的分类直线重合。

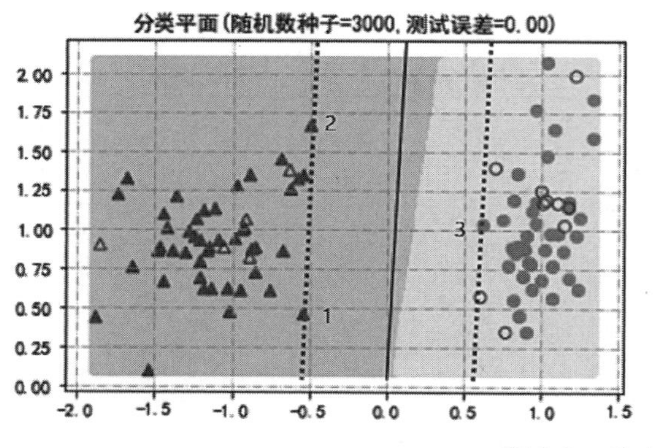

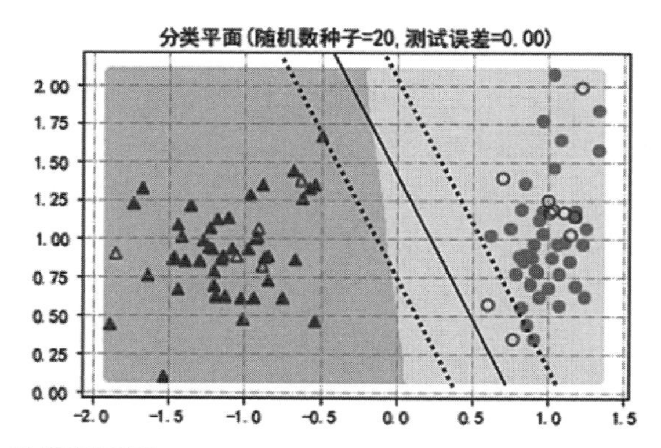

图9.3　最大边界超平面

基于最大边界超平面 $b+W^{\mathrm{T}}X=0$ 进行预测时，对新样本观测 X_0，只需计算 $b+w^{\mathrm{T}}X_0$ 并判断计算结果的正负符号。若 $b+w^{\mathrm{T}}X_0>0$，则 $\hat{y}_0=1$；若 $b+w^{\mathrm{T}}X_0<0$，则 $\hat{y}_0=-1$。

最大边界超平面的重要意义在于：

（1）有较高的预测置信度。

既然最大边界超平面 $b+w^{\mathrm{T}}X=0$ 是距训练集的边缘点最远的，那么，对任一来自训练集的样本观测 X_i 和一个较小正数 $\varepsilon>0$，若输出变量 $y_i=1$，不仅有 $b+w^{\mathrm{T}}X_i>0$ 成立，也有 $b+w^{\mathrm{T}}X_i\geqslant 0+\varepsilon$ 成立；若输出变量 $y_i=-1$，不仅有 $b+w^{\mathrm{T}}X_i<0$ 成立，也有 $b+w^{\mathrm{T}}X_i\leqslant 0-\varepsilon$ 成立。

既然最大边界超平面 $b+w^{\mathrm{T}}X=0$ 是距训练集的边缘点最远的，也有信心认为测试集中的边缘点也会远离最大边界超平面。对任一来自测试集的样本观测 X_0 和一个较小正数 $\varepsilon>0$，若 $b+w^{\mathrm{T}}X_0>0$，则将有较大信心相信 $b+w^{\mathrm{T}}X_0>0+\varepsilon$ 成立；若 $b+w^{\mathrm{T}}X_0<0$ 成立，则也将有较大信心相信 $b+w^{\mathrm{T}}X_0<0-\varepsilon$ 成立。基于该超平面预测正确的把握程度将高于其他超平面。就如同图 9.2 左侧图中的两条分类直线，因距训练样本观测点很近，不仅预测把握程度不高，而且容易出现高预测方差的问题。

（2）最大边界超平面仅取决于两类的边缘观测点。

例如，图 9.3 中左图超平面的位置仅取决于样本观测点 1，2，3，这些样本观测称为支持向量。最大边界超平面仅对支持向量的位置移动敏感，因此它能够有效克服模型的过拟合问题，即如果训练集的随机变动没有体现在支持向量上，则超平面就不会随之移动，基于超平面的预测结果就不会改变。因此最大边界超平面的预测具有很强的鲁棒性。

9.1.2 支持向量分类的三种情况

确定最大边界超平面时会有如下情况出现：

第一，线性可分样本。线性可分样本即两类样本观测点可被超平面线性分开的情况。进一步，还需考虑样本完全线性可分和样本无法完全线性可分两种情况。前者意味着输入变量空间中的两类样本观测点彼此不重合，可以找到一个超平面将两类样本百分之百地正确分开，如图 9.3 所示。这种情况称为完全线性可分问题。后者表示输入变量空间中的两类样本点彼此“你中有我，我中有你”，无法找到一个超平面将两类样本观测点百分之百地正确分开，如图 9.4 中左图所示。这种情况称为广义线性可分问题。

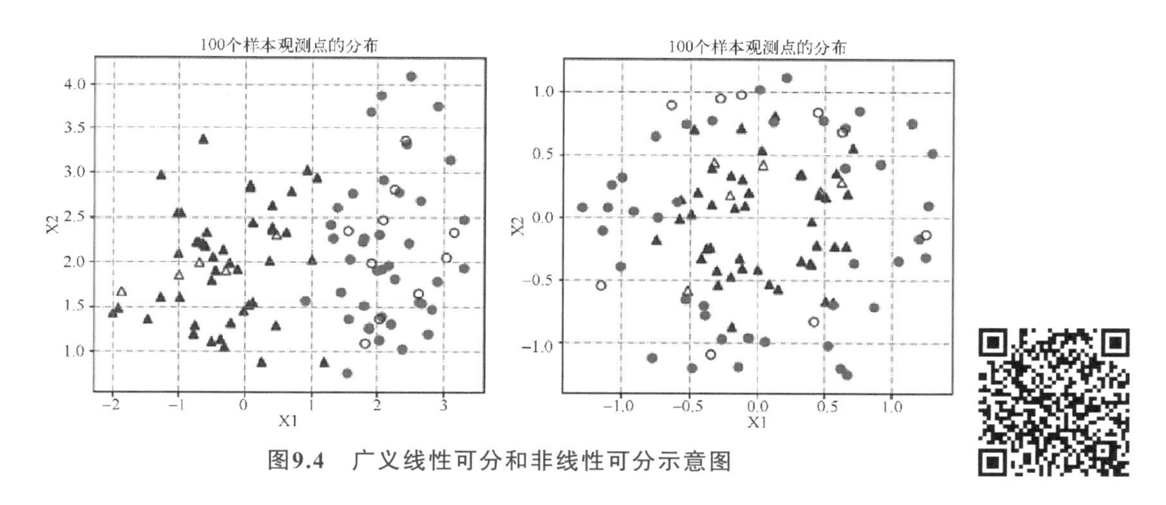

图9.4　广义线性可分和非线性可分示意图

图 9.4 中的实心点为训练集，空心点来自测试集。

第二，线性不可分样本。线性不可分样本即两类样本观测点无法被超平面线性分开，如图 9.4 中右图所示。无论是否允许错分，均无法找到能将两类样本分开的直线，只能是曲线。

以下将就上述情况分别讨论。

9.2 完全线性可分时的支持向量分类

完全线性可分时的支持向量分类适用于输入变量空间中的两类样本观测点彼此不重合，可以找到一个超平面将两类样本百分之百地正确分开的情况。以下将讨论获得此超平面的基本思路和具体的求解策略。

9.2.1 完全线性可分时的超平面

在完全线性可分的情况下，以二维空间为例，可通过以下途径得到超平面。

首先，分别将两类最外围的样本观测点连线，形成两个多边形，它们应是关于两类样本点集的凸包（Convex Hull），即最小凸多边形。各自类的样本观测点均在多边形内或边上。然后，以一类的凸包边界为基准线，找到另一类凸包边界上的点，过该点做基准线的平行线，得到一对平行线。

显然，可以有多条这样的基准线和对应的平行线，应找到相距最远的一对平行线，且位于该对平行线中间位置上的平行线即最大边界超平面（如图 9.5 所示的实线），它能正确划分两类。

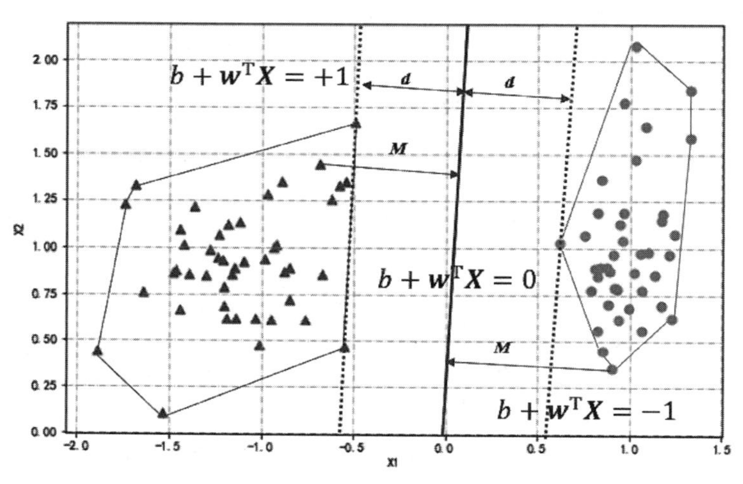

图9.5 凸包和超平面示意图

由此可见，找到凸多边形上的点，得到相距最远的一对平行线是关键之一。

一方面，若以 $y_i=1$ 类凸包边界为基准线（其上的样本观测点记为 $\boldsymbol{X}^+$），令该直线方程为 $b+\boldsymbol{w}^{\mathrm{T}}\boldsymbol{X}^+=1$。若超平面方程为 $b+\boldsymbol{w}^{\mathrm{T}}\boldsymbol{X}=0$，则基准线的并行线方程为 $b+\boldsymbol{w}^{\mathrm{T}}\boldsymbol{X}^-=-1$，$y_i=-1$ 类凸包边界上的样本观测点 $\boldsymbol{X}^-$ 在该直线上。于是，两平行直线间的距离为 $\lambda=\dfrac{2}{\|\boldsymbol{w}\|}$，距离的一半为 $d=\dfrac{1}{\|\boldsymbol{w}\|}$，其中 $\|\boldsymbol{w}\|=\sqrt{\boldsymbol{w}^{\mathrm{T}}\boldsymbol{w}}$。

另一方面，不仅要找到 d 最大的一对平行线，同时还要求 $b+\boldsymbol{w}^{\mathrm{T}}\boldsymbol{X}=0$ 能够正确划分两类，这意味着：对 $y_i=1$ 的样本观测 $\boldsymbol{X}_i$，应有 $b+\boldsymbol{w}^{\mathrm{T}}\boldsymbol{X}_i\geqslant 1$ 成立，$\hat{y}_i=1$ 且预测正确；对 $y_i=-1$ 的样本观测 $\boldsymbol{X}_i$，应有 $b+\boldsymbol{w}^{\mathrm{T}}\boldsymbol{X}_i\leqslant -1$ 成立，$\hat{y}_i=-1$ 且预测正确。于是，对于任意样本观测 $\boldsymbol{X}_i$ 应有式（9.1）成立：

$$y_i\left(b+\boldsymbol{w}^{\mathrm{T}}\boldsymbol{X}_i\right)\geqslant 1 \tag{9.1}$$

综上，从支持向量分类的基本思路可知：超平面参数求解的目标是使 d 最大，且需满足式（9.1）的约束条件，表述为：

$$\begin{cases}\max\limits_{b,w} d \\ \text{s.t. } y_i\left(b+\boldsymbol{w}^{\mathrm{T}}\boldsymbol{X}_i\right)\geqslant 1,\ i=1,\ 2,\ \cdots,\ N\end{cases} \tag{9.2}$$

从几何角度理解，要求$b+w^{\mathrm{T}}\boldsymbol{X}=0$能够正确分类意味着：凸多边形内或边上的样本观测点$\boldsymbol{X}_i$到超平面的距离$M_i$应大于等于$d$：$M_i=\dfrac{\left|b+\boldsymbol{w}^{\mathrm{T}}\boldsymbol{X}_i\right|}{\|\boldsymbol{w}\|}\geqslant d$，即$y_i\dfrac{b+\boldsymbol{w}^{\mathrm{T}}\boldsymbol{X}_i}{\|\boldsymbol{w}\|}\geqslant d$成立。由于$\lambda=\dfrac{2}{\|\boldsymbol{w}\|}$，$d=\dfrac{1}{\|\boldsymbol{w}\|}$，有式（9.1）成立，这意味着对于来自训练集的任意样本观测$\boldsymbol{X}_i$：

- 若样本观测$\boldsymbol{X}_i$的输出变量$y_i=+1$，则正确的超平面应使$b+\boldsymbol{w}^{\mathrm{T}}\boldsymbol{X}_i\geqslant 1$成立，观测点落在如图9.5所示的边界$b+\boldsymbol{w}^{\mathrm{T}}\boldsymbol{X}_i=1$的外侧。
- 若样本观测$\boldsymbol{X}_i$的输出变量$y_i=-1$，则正确的超平面应使$b+\boldsymbol{w}^{\mathrm{T}}\boldsymbol{X}_i\leqslant -1$成立，观测点落在如图9.5所示的边界$b+\boldsymbol{w}^{\mathrm{T}}\boldsymbol{X}_i=-1$的外侧。

根据支持向量分类的研究思路，使d最大即使$\|\boldsymbol{w}\|$最小。为求解方便，即为求$\tau(\boldsymbol{w})=\dfrac{1}{2}\|\boldsymbol{w}\|^2=\dfrac{1}{2}\boldsymbol{w}^{\mathrm{T}}\boldsymbol{w}$最小。所以，超平面参数求解的目标函数为：

$$\min_{w}\tau(\boldsymbol{w})=\frac{1}{2}\|\boldsymbol{w}\|^2=\frac{1}{2}\boldsymbol{w}^{\mathrm{T}}\boldsymbol{w} \tag{9.3}$$

约束条件为：

$$y_i\left(b+\boldsymbol{w}^{\mathrm{T}}\boldsymbol{X}_i\right)-1\geqslant 0,\quad i=1,\ 2,\ \cdots,\ N \tag{9.4}$$

该问题是一个典型的凸二次型规划求解问题。

9.2.2 参数求解和分类预测

支持向量机分类超平面的参数求解，是个典型的带约束条件的求目标函数最小下的参数问题。与前面章节讨论的利用梯度下降法，求解最小化损失函数参数的目标类似，但不同点在于这里附加了N个约束条件$y_i\left(b+\boldsymbol{w}^{\mathrm{T}}\boldsymbol{X}_i\right)-1\geqslant 0$，$i=1,\ 2,\ \cdots,\ N$。对此，从以下方面对参数求解方法进行简要讨论。

1. 单一等式约束条件下的求解

设目标函数为$f(\boldsymbol{X})$，单一等式约束条件为$g(\boldsymbol{X})=0$。现希望求得在$g(\boldsymbol{X})=0$约束条件下$f(\boldsymbol{X})$取最小值时的$\boldsymbol{X}$（最优解）。假设$f(\boldsymbol{X})=X_1^2+X_2^2$，$g(\boldsymbol{X})=X_1+X_2-1=0$，$f(\boldsymbol{X})$等高线图和$g(\boldsymbol{X})=0$的函数图像如图9.6中的左图所示。

图9.6中的左图为$f(\boldsymbol{X})$的等高线图，蓝色小箭头所指方向为$f(\boldsymbol{X})$的负梯度方向。在没有约束条件的情况下，在原点O处$f(\boldsymbol{X})$最小，此时$\boldsymbol{X}$的最优解$\boldsymbol{X}_{opt}$为$(X_1=0,X_2=0)$。现增加约束条件$g(\boldsymbol{X})=0$，表示在$X_1+X_2-1=0$的约束下找$f(\boldsymbol{X})$取最小值时的$\boldsymbol{X}_{opt}$。此时，$f(\boldsymbol{X})$的最小值只能出现在$X_1+X_2-1=0$对应的直线上（称为可行域在直线上）。显然，在直线与等高线相切的切点C处$f(\boldsymbol{X})$取得最小值，此时$\boldsymbol{X}_{opt}$为$X_1=0.5$，$X_2=0.5$。

当然，$f(\boldsymbol{X})$ 可以是其他更复杂的形式，$g(\boldsymbol{X})=0$ 也可以是曲线，如图 9.6 中右图所示。最小值在 $g(\boldsymbol{X})=0$ 与 $f(\boldsymbol{X})$ 等高线的切点 C 处取得。

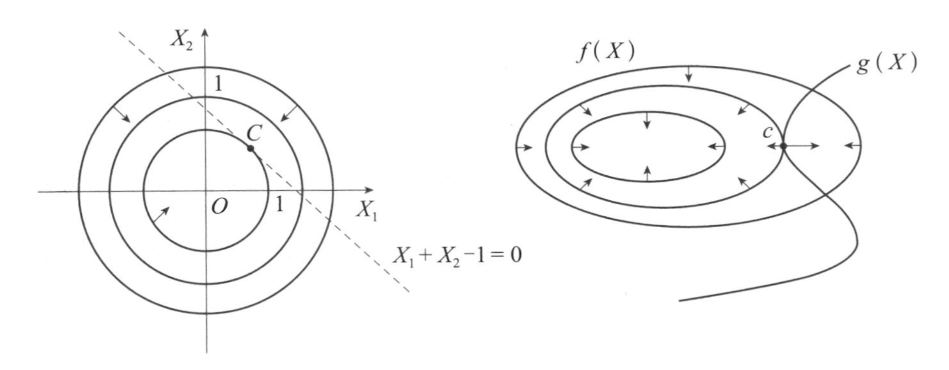

图9.6　单一等式约束条件下的目标函数和约束条件

2. 单一不等式约束条件下的求解

假设 $f(\boldsymbol{X})=X_1^2+X_2^2$，$g(\boldsymbol{X})=X_1+X_2-1\leqslant 0$ 或 $g(\boldsymbol{X})=X_1+X_2+1\leqslant 0$。$f(\boldsymbol{X})$ 等高线图和 $g(\boldsymbol{X})\leqslant 0$ 的函数图像如图 9.7 所示。

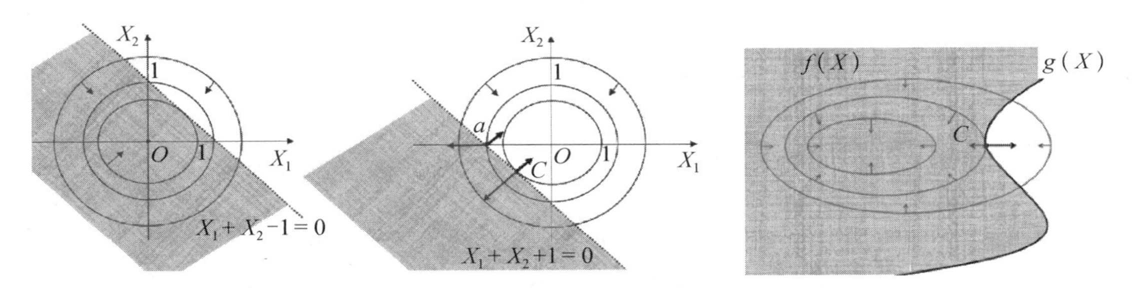

图9.7　单一不等式约束条件下的目标函数和约束条件

对于不等式约束条件，可行域为图 9.7 所示的阴影区域，应在这个区域中找到 $f(\boldsymbol{X})$ 的最小值。当然，$f(\boldsymbol{X})$ 可以是其他更复杂的形式，$g(\boldsymbol{X})\leqslant 0$ 也可对应其他规则或不规则的区域，如图 9.7 中右图所示。这里有两种情况。

第一种情况：$f(\boldsymbol{X})$ 的最小值在可行域内，如图 9.7 中左图所示。此时约束条件没有起作用，等同于没有约束条件。

第二种情况：$f(\boldsymbol{X})$ 的最小值在可行域的边界 $g(\boldsymbol{X})=0$ 与 $f(\boldsymbol{X})$ 等高线的切点 C 处取得，如图 9.7 中间的图所示。C 点处有这样的特征：$f(\boldsymbol{X})$ 的梯度向量是切线（$g(\boldsymbol{X})=0$，蓝色虚线）的法向量。$f(\boldsymbol{X})$ 梯度（黄色长粗箭头）和 $g(\boldsymbol{X})$ 的梯度（紫色粗短箭头）共线但方向相反，其他点（如 a 点）都没有这个特点。对此可表示为：$\nabla f(\boldsymbol{X})=-\alpha\nabla g(\boldsymbol{X})$。因方向相反，有 $\alpha>0$ 成立。整理得

$$\nabla(f(\boldsymbol{X})+\alpha g(\boldsymbol{X}))=0 \tag{9.5}$$

式（9.5）可视为对函数$L(\boldsymbol{X},\alpha)=f(\boldsymbol{X})+\alpha g(\boldsymbol{X})$求导，并令导数等于零的方程。该函数$L(\boldsymbol{X},\alpha)$称为拉格朗日函数，$\alpha\geqslant 0$称为拉格朗日乘子。这里，增加$\alpha=0$的目的是对应第一种情况。于是可将两种情况统一表述为：$\alpha g(\boldsymbol{X})=0$。

具体讲，对于第一种最小值在可行域内的情况，尽管$g(\boldsymbol{X})\leqslant 0$，但因$\alpha=0$，$\alpha g(\boldsymbol{X})=0$成立。因此若$\alpha=0$意味着约束条件没有起作用。对于第二种最小值在可行域边界上的情况，尽管$\alpha>0$，但因$g(\boldsymbol{X})=0$，$\alpha g(\boldsymbol{X})=0$也成立。一般将以下条件：

$$\begin{cases}\nabla L(\boldsymbol{X},\alpha)=\nabla f(\boldsymbol{X})+\nabla\alpha g(\boldsymbol{X})=0\\ g(\boldsymbol{X})\leqslant 0\\ \alpha\geqslant 0\\ \alpha g(\boldsymbol{X})=0\end{cases}\tag{9.6}$$

合称为KKT（Karush-Kuhn-Tucker，KKT）条件。

进一步，对参数求偏导并令导数等于0，结合KKT条件中的其他条件解方程可求得参数。例如，对图9.7的中间图求解可得：$X_1=-0.5$，$X_2=-0.5$，$\alpha=1$。

可将以上情况推广至多个约束等式与约束不等式的情况，无非就是在拉格朗日函数中逐一增加约束条件。

3. 支持向量分类超平面参数的求解

首先，构造拉格朗日函数，将目标函数$\tau(\boldsymbol{w})$与N个约束条件$-\left(y_i\left(b+\boldsymbol{w}^{\mathrm{T}}\boldsymbol{X}_i\right)-1\right)\leqslant 0$，$i=1,2,\cdots,N$连接起来，有

$$L(\boldsymbol{w},b,\boldsymbol{a})=\frac{1}{2}\|\boldsymbol{w}\|^2-\sum_{i=1}^{N}a_i\left(y_i\left(b+\boldsymbol{w}^{\mathrm{T}}\boldsymbol{X}_i\right)-1\right)\tag{9.7}$$

是规划求解的原（Primal）问题。其中，$a_i\geqslant 0$。首先对$\boldsymbol{w}$和b求偏导并且令偏导数等于0：

$$\frac{\partial L(\boldsymbol{w},b,a)}{\partial\boldsymbol{w}}=0,\quad\frac{\partial L(\boldsymbol{w},b,a)}{\partial b}=0$$

整理有

$$\sum_{i=1}^{N}a_iy_i\boldsymbol{X}_i=\boldsymbol{w}\tag{9.8}$$

$$\sum_{i=1}^{N}a_iy_i=0\tag{9.9}$$

式（9.8）表明，超平面系数向量$\boldsymbol{w}$是所有$a_i\neq 0$的样本观测的$y_i\boldsymbol{X}_i$的线性组合。$a_i=0$的样本观测对超平面不起作用。换言之，只有$a_i>0$的样本观测点才对超平面的系数向量产生影响，这样的样本观测点即为前述的支持向量。最大边界超平面由支持向量决定。

进一步，因需满足式（9.6）的KKT条件中的$\alpha g(\boldsymbol{X})=0$，对应到这里即应满足：$a_i\left(y_i\left(b+\boldsymbol{w}^{\mathrm{T}}\boldsymbol{X}_i\right)-1\right)=0$，$i=1,2,\cdots,N$。由此可知，对于$a_i>0$的样本观测点即支持向量，$y_i\left(b+\boldsymbol{w}^{\mathrm{T}}\boldsymbol{X}_i\right)-1=0$成立，这意味着支持向量均落在两类的边界线上。

为便于求解，通常可将式（9.8）代入拉格朗日函数并依据式（9.9）整理得到原问题的对偶（Dual）问题：

在线性规划早期发展中最重要的发现是对偶问题，即每一个线性规划问题（也称为原问题），都有一个与它对应的对偶线性规划问题（也称为对偶问题）。

$$
\begin{aligned}
L &= \frac{1}{2}\left(\sum_{i=1}^{N} a_i y_i \boldsymbol{X}_i\right)^{\mathrm{T}}\left(\sum_{i=1}^{N} a_i y_i \boldsymbol{X}_i\right) - \sum_{i=1}^{N} a_i\left(y_i\left(b+\left(\sum_{i=1}^{N} a_i y_i \boldsymbol{X}_i^{\mathrm{T}}\right)\boldsymbol{X}_i\right)-1\right) \\
&= \frac{1}{2}\left(\sum_{i=1}^{N} a_i y_i \boldsymbol{X}_i^{\mathrm{T}}\right)\left(\sum_{i=1}^{N} a_i y_i \boldsymbol{X}_i\right) - b\sum_{i=1}^{N} a_i y_i + \sum_{i=1}^{N} a_i - \sum_{i=1}^{N} a_i y_i \boldsymbol{X}_i^{\mathrm{T}} \sum_{i=1}^{N} a_i y_i \boldsymbol{X}_i \\
&= \sum_{i=1}^{N} a_i - \frac{1}{2}\sum_{i=1}^{N}\sum_{j=1}^{N} a_i a_j y_i y_j \left(\boldsymbol{X}_i^{\mathrm{T}} \boldsymbol{X}_j\right)
\end{aligned}
$$

$$
\max L(\boldsymbol{a}) = \sum_{i=1}^{N} a_i - \frac{1}{2}\sum_{i=1}^{N}\sum_{j=1}^{N} a_i a_j y_i y_j \left(\boldsymbol{X}_i^{\mathrm{T}} \boldsymbol{X}_j\right) \tag{9.10}
$$

进一步，如果有L个支持向量，则$\boldsymbol{w} = \sum_{i=1}^{L} a_i y_i \boldsymbol{X}_i$。可从$L$个支持向量中任选一个$\boldsymbol{X}_i$，代入边界线方程即可计算得到$b = y_i - \boldsymbol{w}^{\mathrm{T}}\boldsymbol{X}_i$。为得到$b$的更稳定的估计值，可在支持向量中随机多选些$\boldsymbol{X}_i$，用多个$b$的均值作为最终的估计值。

到此，超平面的参数求解过程结束，超平面被确定下来。

综上所述，支持向量是位于两类边界上的样本观测点，它们决定了最大边界超平面的位置，因而使得支持向量分类能够有效避免过拟合问题。过拟合的典型表现是模型“过分依赖”训练样本，即训练样本的微小变动会导致模型参数的较大变动，在支持向量分类中表现为超平面出现较大移动。由于最大边界超平面仅依赖于少数的支持向量，因此只有当支持向量发生变化时，最大边界超平面才会移动。相对于其他分类预测模型，最大边界超平面的预测稳健性较高。

4. 支持向量分类的预测

依据支持向量分类的超平面对新样本观测$\boldsymbol{X}_0$进行预测时，只需关注$b + \boldsymbol{w}^{\mathrm{T}}\boldsymbol{X}_0$的符号：

$$
\begin{aligned}
h(\boldsymbol{X}) &= Sign\left(b + \boldsymbol{w}^{\mathrm{T}}\boldsymbol{X}_0\right) \\
&= Sign\left(b + \sum_{i=1}^{L}\left(a_i y_i \boldsymbol{X}_i^{\mathrm{T}}\right)\boldsymbol{X}_0\right) = Sign\left(b + \sum_{i=1}^{L} a_i y_i \left(\boldsymbol{X}_i^{\mathrm{T}}\boldsymbol{X}_0\right)\right)
\end{aligned}
\tag{9.11}
$$

式中，$\boldsymbol{X}_i$为支持向量，共有L个支持向量。若$h(\boldsymbol{X}) > 0$，$\hat{y}_0 = 1$；若$h(\boldsymbol{X}) < 0$，$\hat{y}_0 = -1$。

9.2.3 Python 模拟和启示：认识支持向量

支持向量是位于两类边界上的样本观测点，它们决定了最大边界超平面的位置。本节将通过 Python 编程，基于随机生成的模拟数据实现支持向量分类，以直观展示支持向量的特点。首先导入 Python 的相关包或模块。为避免重复，这里将本章需要导入的包或模块一并列出如下，# 后面给出了简短的功能说明。

```
1  #本章需导入:
2  import numpy as np
3  from numpy import random
4  import pandas as pd
5  import matplotlib.pyplot as plt
6  from mpl_toolkits.mplot3d import Axes3D
7  import warnings
8  warnings.filterwarnings(action = 'ignore')
9  %matplotlib inline
10 plt.rcParams['font.sans-serif']=['SimHei']  #解决中文显示乱码问题
11 plt.rcParams['axes.unicode_minus']=False
12 from sklearn.datasets import make_classification,make_circles,make_regression  #随机生成模拟数据
13 from sklearn.model_selection import train_test_split,KFold #数据集划分
14 import sklearn.neural_network as net #建立神经网络
15 import sklearn.linear_model as LM #建立线性模型
16 from scipy.stats import multivariate_normal #统计学中多元高斯分布的计算
17 from sklearn.metrics import r2_score,mean_squared_error,classification_report  #评价模型
18 from sklearn import svm #支持向量机
19 import os #系统管理
```

基本思路如下：

（1）随机生成如图 9.1 所示的完全线性可分的、样本量 $N=100$ 的数据集，其中包括两个输入变量 X_1，X_2，输出变量 y 为二分类变量。

（2）采用旁置法随机划分训练集和测试集。

（3）基于训练集建立支持向量分类，绘制支持向量分类的最大边界超平面。

（4）突出显示支持向量以便直观观察。

Python 代码（文件名：chapter9-2.ipynb）如下。为便于阅读，我们将代码运行结果直接放置在相应代码行下方。

行号	代码和说明
1	N = 100 # 指定样本量 N
2	X,y = make_classification(n_samples = N,n_features = 2,n_redundant = 0,n_informative = 2,class_sep = 1,random_state = 1,n_clusters_per_class = 1) # 随机生成二分类数据，包含两个输入变量
3	X_train, X_test, y_train, y_test = train_test_split(X,y,train_size = 0.85, random_state = 123) # 利用旁置法按 0.85 : 0.15 随机划分训练集和测试集
4	X01,X02 = np.meshgrid(np.linspace(X_train[:,0].min(),X_train[:,0].max(),500),np.linspace(X_train[:,1].min(),X_train[:,1].max(),500)) # 为绘制最大边界超平面准备数据
5	X0 = np.hstack((X01.reshape(len(X01)*len(X02),1),X02.reshape(len(X01)*len(X02),1))) # 得到新数据 X0：在训练集两个输入变量取值范围内的 250000 个样本观测点

```
6    modelSVC = svm.SVC(kernel = 'linear',C = 2) # 创建支持向量分类对象 modelSVC
7    modelSVC.fit(X_train,y_train) # 基于训练集估计 modelSVC 模型参数
8    print(' 超平面的常数项 b：',modelSVC.intercept_)
     超平面的常数项 b：［0.00427528］
9    print(' 超平面系数 W：',modelSVC.coef_)
     超平面系数 W：［［-1.75478826  0.07731007］］
10   print(' 支持向量的个数：',modelSVC.n_support_)
     支持向量的个数：［1 2］
11   Y0 = modelSVC.predict(X0) # 预测新数据 X0 的类别
12   plt.figure(figsize = (7,5)) # 指定图形大小
13   plt.scatter(X0[np.where(Y0 = = 1),0],X0[np.where(Y0 = = 1),1],c = 'lightgray') # 画预测类
     别为 1 的点，指定灰色为 1 类区域
14   plt.scatter(X0[np.where(Y0 = = 0),0],X0[np.where(Y0 = = 0),1],c = 'mistyrose') # 画预测
     类别为 0 的点，指定粉色为 0 类区域。两区域的边界即为最大边界超平面
15   for k,m in [(1,'^'),(0,'o')]: # 利用循环将训练集和测试集的点添加到图中
16       plt.scatter(X_train[y_train = = k,0],X_train[y_train = = k,1],marker = m,s = 40)
17       plt.scatter(X_test[y_test = = k,0],X_test[y_test = = k,1],marker = m,s = 40,c = '',edge-
     colors = 'g')
18   plt.scatter(modelSVC.support_vectors_[:,0],modelSVC.support_vectors_[:,1],marker =
     'o',c = 'b',s = 120,alpha = 0.3) # 突出显示支持向量
…    ……# 图标题设置等，略去
```

■ **代码说明**

（1）以上省略号部分在之前代码中重复出现过且不影响对原理的理解，故略去以节约篇幅。完整 Python 程序请参见本书配套代码。

（2）第 6 行：利用 svm.SVC 实现支持向量分类，参数 kernel='linear' 表示采用线性核函数，具体含义将在后续详细讨论；C=2 是一个关于错判惩罚的参数，也将在后续讨论。这里，也可以用 modelSVC=svm.LinearSVC(C=2,dual=False) 实现。

（3）第 8 至 10 行：输出最大边界超平面参数以及支持向量的个数。最大边界超平面参数存储在模型对象的 .intercept_ 和 .coef_ 中，支持向量的个数存储在 .n_support_ 属性中。这里分别在两个类别中找到了 1 个和 2 个支持向量，如图 9.8 所示。

（4）第 18 行：在图中标记出支持向量。支持向量的坐标存储在模型对象的 .support_vectors_ 属性中。

所绘制的图形如图 9.8 所示。

图 9.8 中的超平面（直线，两颜色分界线），正如前面论述的那样，接近图 9.3 中右图所示的分类平面，而非图 9.2 中左侧的两个平面。图中大圆圈圈住的点为支持向量，它们决定了分类边界的位置。此外，分类边界将两类完全分开，且无论对训练集还是测试集，分类总正确率均为 100%。

完全线性可分时的支持向量分类是一种理想情况，但它是以下将讨论的广义线性可分时的支持向量分类的基础。

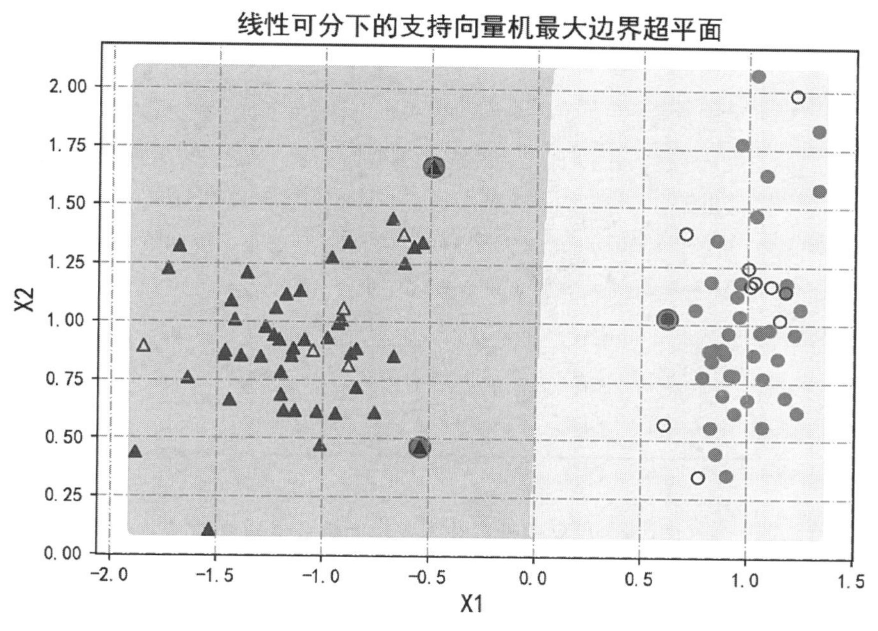

图9.8 支持向量分类中的超平面

9.3 广义线性可分时的支持向量分类

广义线性可分问题下的支持向量分类解决输入变量空间中，如图 9.4 中左图所示的两类样本观测点彼此交织在一起，无法找到一个超平面将两类百分之百正确分开的情况。以下将讨论获得该超平面的基本思路和超平面参数的求解策略。

9.3.1 广义线性可分下的超平面

完全线性可分情况下，样本观测点是不能进入两类边界内部这个“禁区”的。但在无法完全线性可分的广义线性可分情况下，这种要求是无法实现的，因此只能采用适当的宽松策略，允许部分样本观测点进入“禁区”，如图 9.9 所示。

图 9.9 中，有少量样本观测点进入两类边界虚线的内部，同时不但有一些样本观测点进入“禁区”，而且有少量的点错误地“跨”到了超平面的另一侧。这种情况下的支持向量分类称为广义线性支持向量分类或线性软间隔支持向量分类。

广义线性可分问题不能要求所有样本观测点均满足完全线性可分下的约束条件 $M_i = \dfrac{\left|b + \boldsymbol{w}^{\mathrm{T}}\boldsymbol{X}_i\right|}{\|\boldsymbol{w}\|} \geqslant d$，而是允许部分样本观测点进入“禁区”，但需对进入“禁区”的“深度”进行度量。将进入边界内部的样本观测点$\boldsymbol{X}_i$到所属类边界（图中虚线）的距离记为e_i，如图中的e_1，e_2，e_3，e_4等。可见，若$e_i < d$，虽然进入“禁区”但分类预测仍然正确，此

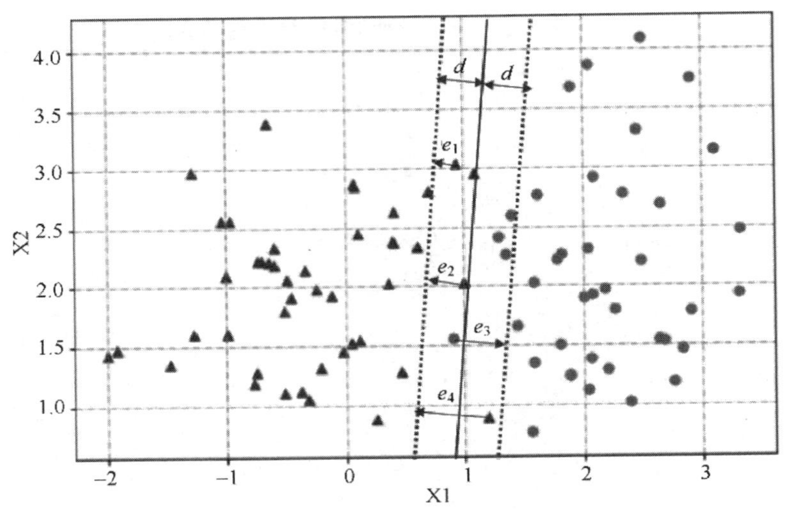

图9.9　广义线性可分下支持向量分类示意图

时样本观测点 $\boldsymbol{X}_i$ 到超平面的距离 M_i 大于等于 $d-e_i$，即 $M_i=\frac{\left|b+\boldsymbol{w}^{\mathrm{T}}\boldsymbol{X}_i\right|}{\|\boldsymbol{w}\|}\geqslant(d-e_i)$，有 $y_i\frac{b+\boldsymbol{w}^{\mathrm{T}}\boldsymbol{X}_i}{\|\boldsymbol{w}\|}\geqslant(d-e_i)$ 成立即可。当然若 $e_i>d$，将导致分类预测错误，这是要避免的。

进一步，因 $d=\frac{1}{\|w\|}$，若记 $\xi_i=e_i\|\boldsymbol{w}\|=\frac{e_i}{d}$，则广义线性可分下的约束条件可表述为：

$$y_i\left(b+\boldsymbol{w}^{\mathrm{T}}\boldsymbol{X}_i\right)\geqslant 1-\xi_i,\quad \xi_i\geqslant 0;\quad i=1,\ 2,\ \cdots,\ N \tag{9.12}$$

可见，e_i 是宽松策略下样本观测点 $\boldsymbol{X}_i$ 进入“禁区”“深度”的绝对度量，而非负值 ξ_i 是个相对度量，通常称为松弛变量（Slack Variable）。ξ_i 可度量样本观测点 $\boldsymbol{X}_i$ 与类边界和超平面的位置关系：$\xi_i=0$ 意味着样本观测点 $\boldsymbol{X}_i$ 位于所属类别边界的外侧；$0<\xi_i<1$ 意味着点 $\boldsymbol{X}_i$ 进入了“禁区”但并未错误地“跨”到超平面的另一侧，分类预测结果正确；$\xi_i>1$ 意味着点 $\boldsymbol{X}_i$ 不仅进入“禁区”而且错误地“跨”到了超平面的另一侧，分类预测结果错误。

9.3.2　广义线性可分时的误差惩罚和目标函数

广义线性可分时，若目标函数仍为最大化边界：$\min_{\boldsymbol{w}}\tau(\boldsymbol{w})=\frac{1}{2}\|\boldsymbol{w}\|^2=\frac{1}{2}\boldsymbol{w}^{\mathrm{T}}\boldsymbol{w}$，约束条件调整为 $y_i\left(b+\boldsymbol{w}^{\mathrm{T}}\boldsymbol{X}_i\right)\geqslant 1-\xi_i$（$\xi_i\geqslant 0,\ i=1,\ 2,\ \cdots,\ N$），会存在一定问题。其中之一是：因为约束条件可表述为 $y_i\left(b+\boldsymbol{w}^{\mathrm{T}}X_i\right)+\xi_i\geqslant 1$，所以只要 ξ_i 足够大就总能满足约束条件，但显然应避免 ξ_i 过大。过大的 ξ_i 意味着允许对 $\boldsymbol{X}_i$ 预测错误，因广义线性可分时本就无法保证百分之百预测正确，所以允许个别样本观测 $\boldsymbol{X}_i$ 的松弛变量 $\xi_i>1$ 具有合理性，但应限制总松弛度 $\sum_i^N\xi_i$ 小于一个非负阈值 E。

显然，若阈值 $E=0$ 表示不允许任何一个样本观测点进入“禁区”，等同于完全线性可分下的支持向量分类；若阈值E较小意味着策略“偏紧”，不允许较多的样本观测点进入“禁区”或ξ_i较大；若阈值E较大意味着策略“偏松”，允许较多的样本观测点进入“禁区”或ξ_i较大。

从另一个角度看，E较小的“偏紧”策略下，因不允许较多的样本观测点进入“禁区”或ξ_i较大，所以只能缩小两边界宽度，最终选择边界宽度相对较小的超平面。反之，在E较大的“偏松”策略下意味着可以扩大边界宽度，最终的超平面为边界宽度相对较大的超平面。因此，阈值E的大小与两分类边界间的宽度密切相关。

进一步，通常用对错误分类的惩罚参数（$C>0$）间接体现阈值E的大小。惩罚参数C是根据对预测误差的容忍程度设置的可调参数。惩罚参数C越大，对误差的容忍度越低，此时只能选择E较小的边界较窄的超平面。反之，惩罚参数C越小，对误差的容忍度越高，可选择E较大的边界较宽的超平面。下节将通过Python编程对问题做进一步的直观说明。

综上，广义线性可分情况下，需要适当缩小边界宽度，这与对误差的容忍程度或惩罚参数C密切相关，其目标函数为：

$$\min_{\boldsymbol{w},\xi}\tau(\boldsymbol{w},\ \xi)=\frac{1}{2}\|\boldsymbol{w}\|^2+C\sum_{i=1}^{N}\xi_i=\frac{1}{2}\boldsymbol{w}^{\mathrm{T}}\boldsymbol{w}+C\sum_{i=1}^{N}\xi_i \tag{9.13}$$

与式（9.3）相比，式（9.13）多了一项，其中的$\sum_{i=1}^{N}\xi_i$为总松弛度，C为可调的误差惩罚参数。当C指定为一个极小值（极小惩罚），极端情况下$C\to 0$时，最小化目标函数即最小化第一项，此时得到的是边界最宽的超平面，模型的复杂度最低但误差最大，模型没有太多实际意义；当C指定为一个极大值（极大惩罚），极端情况下$C\to\infty$时，最小化目标函数将主要取决于最小化$\frac{1}{N}\sum_{i=1}^{N}\xi_i$，此时得到的是边界最窄的超平面，两类边界重合。因对预测误差的极大惩罚，此时预测模型是预测精度最高的线性模型（这里仅为直线或超平面，9.4节将拓展到曲线或曲面的更复杂的非线性模型）。

从这个角度看，惩罚参数C起到了平衡模型复杂度和误差的作用。C较小时模型较简单、超平面宽，式（9.13）第一项较小，但因允许较大的误差，式（9.13）第二项较大；C较大时模型较复杂、超平面较窄，式（9.13）第一项较大，但因不允许较大的误差，式（9.13）第二项较小。可见，因无法使得式（9.13）的两项同时小，所以只能要求两项之和最小，这也是式（9.13）的目标函数如此设置的原因。显然，过大或过小的C都是不恰当的。过大可能导致模型的过拟合，过小则模型由于误差大而没有预测价值。一般可通过K折交叉验证法确定惩罚参数C。

9.3.3 Python模拟和启示：认识误差惩罚参数C

正如9.3.2节讨论的，惩罚参数C起到了控制最大边界超平面宽度和分类预测误差的作用。本节将通过Python编程，基于随机生成的模拟数据，直观展示惩罚参数C的作用。基本思路如下：

（1）随机生成如图 9.9 所示的广义线性可分的、样本量 $N = 100$ 的数据集，其中包括两个输入变量 X_1，X_2，输出变量 y 为二分类变量。

（2）采用旁置法随机划分训练集和测试集。

（3）基于训练集建立参数 C 分别取 5 和 0.1 的广义线性可分时的支持向量分类，绘制支持向量分类的最大边界超平面。

（4）突出显示支持向量以便直观观察。

Python 代码（文件名：chapter9-3.ipynb）如下。

行号	代码和说明
1	N = 100 # 指定样本量 N
2	X,y = make_classification(n_samples = N,n_features = 2,n_redundant = 0,n_informative = 2,class_sep = 1.2,random_state = 1,n_clusters_per_class = 1) # 随机生成二分类数据，包含两个输入变量
3	random.seed(2) # 设置随机数种子
4	X+ = 2*random.uniform(size = X.shape) # 对输入变量增加随机误差项（来自 N(0,1) 的均匀分布）
5	X_train, X_test, y_train, y_test = train_test_split(X,y,train_size = 0.85, random_state = 1) # 采用旁置法按 0.85 : 0.15 随机划分训练集和测试集
6	X01,X02 = np.meshgrid(np.linspace(X_train[:,0].min(),X_train[:,0].max(),500),np.linspace(X_train[:,1].min(),X_train[:,1].max(),500)) # 为绘制最大边界超平面准备数据
7	X0 = np.hstack((X01.reshape(len(X01)*len(X02),1),X02.reshape(len(X01)*len(X02),1))) # 得到新数据 X0
8	fig,axes = plt.subplots(nrows = 1,ncols = 2,figsize = (15,6)) # 将绘图区域划分为 1 行 2 列两个单元并指定图形大小
9	for C,H in [(5,0),(0.1,1)]: # 利用循环建立两个支持向量分类
10	modelSVC = svm.SVC(kernel = 'linear',C = C) # 建立误差惩罚参数 C 等于 C 的支持向量分类 modelSVC
11	modelSVC.fit(X_train,y_train) # 基于训练集估计 modelSVC 的模型参数
12	Y0 = modelSVC.predict(X0) # 对 X0 进行分类预测
13	axes[H].scatter(X0[np.where(Y0 = = 1),0],X0[np.where(Y0 = = 1),1],c = 'lightgray') # 绘制预测为 1 类的点
14	axes[H].scatter(X0[np.where(Y0 = = 0),0],X0[np.where(Y0 = = 0),1],c = 'mistyrose') # 绘制预测为 0 类的点
15	for k,m in [(1,'^'),(0,'o')]: # 利用循环将训练集和测试集的数据点添加到图上
16	axes[H].scatter(X_train[y_train = = k,0],X_train[y_train = = k,1],marker = m,s = 40)
17	axes[H].scatter(X_test[y_test = = k,0],X_test[y_test = = k,1],marker = m,s = 40,c = '',edgecolors = 'g')
18	axes[H].scatter(modelSVC.support_vectors_[:,0],modelSVC.support_vectors_[:,1],marker='o',c = 'b',s = 120,alpha = 0.3) # 突出显示支持向量
19	axes[H].set_title('广义线性可分下的支持向量机最大边界超平面\n(C = %.1f, 训练误差 = %.2f, 支持向量 = %s)'%(C,1-modelSVC.score(X_train,y_train),modelSVC.n_support_),fontsize = 14) # 计算训练误差和支持向量个数并写在图标题中
…	……# 图标题设置等，略去

■ 代码说明

（1）以上省略号部分在之前代码中重复出现过且不影响对原理的理解，故略去以节约篇幅。完整Python程序请参见本书配套代码。

（2）第10行：参数C即为误差惩罚参数C，这里分别设置为5和0.1，所绘制的图形如图9.10所示。

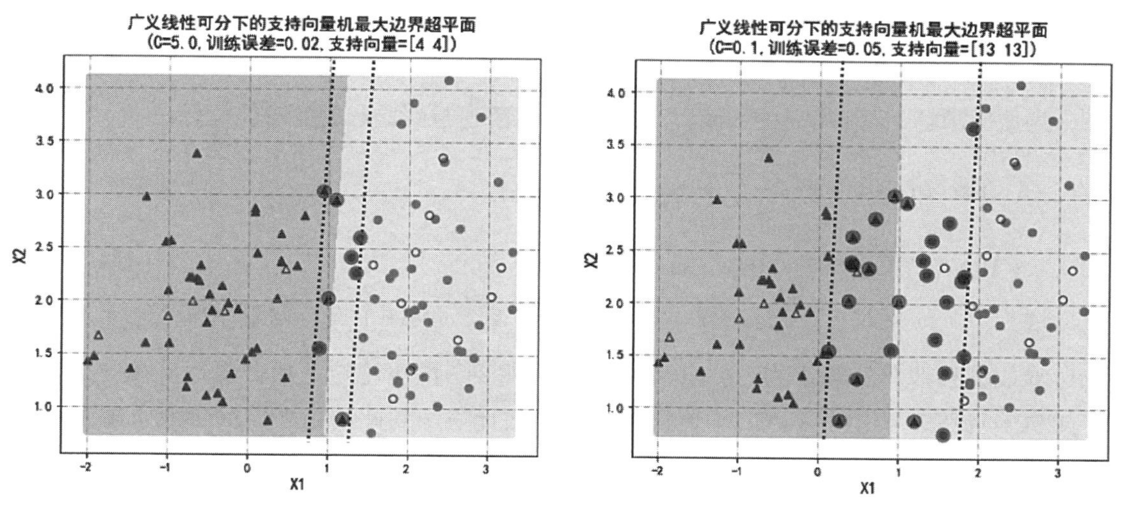

图9.10　边界宽度、误差惩罚参数C和支持向量

图9.10中，两颜色的边界即为既定惩罚参数C下的最大边界超平面，两条边界线与其平行。大圆圈圈住的点为支持向量。左图中，参数C较大为5.0，相应的边界较窄，进入“禁区”的点较少，训练误差较低（0.02），两类各有4个支持向量；右图中，参数C较小（为0.1），相应的边界较宽，进入“禁区”的点较多，训练误差较高（0.05），两类各有13个支持向量。由此直观印证了：惩罚参数C起到了控制最大边界超平面宽度和分类预测误差的作用。

9.3.4　参数求解和分类预测

与完全线性可分的情况类似，广义线性可分下最小化式（9.13）目标函数的同时，还需满足以下约束条件：

$$\begin{cases} y_i\left(b+\boldsymbol{w}^T\boldsymbol{X}_i\right)\geqslant 1-\xi_i \quad i=1,\ 2,\ \cdots,\ N \\ \xi_i\geqslant 0 \end{cases} \tag{9.14}$$

于是，构造拉格朗日函数：

$$L(\boldsymbol{w},b,\boldsymbol{a},\boldsymbol{\xi})=\frac{1}{2}\|\boldsymbol{w}\|^2+C\sum_{i=1}^{N}\xi_i-\sum_{i=1}^{N}a_i\left(y_i\left(b+\boldsymbol{w}^{\mathrm{T}}\boldsymbol{X}_i\right)-\left(1-\xi_i\right)\right)-\sum_{i=1}^{N}\mu_i\xi_i \tag{9.15}$$

它是规划求解的原问题。其中，$a_i\geqslant 0$，$\mu_i\geqslant 0$为拉格朗日乘子。对参数求偏导并令导数等于0，有

$$\sum_{i=1}^{N} a_i y_i \boldsymbol{X}_i = \boldsymbol{w} \tag{9.16}$$

$$\sum_{i=1}^{N} a_i y_i = 0 \tag{9.17}$$

$$a_i = C - \mu_i \tag{9.18}$$

为便于求解，可将以上式子代入式（9.15），整理得到原问题的对偶问题：

$$\max L(\boldsymbol{a}) = \sum_{i=1}^{N} a_i - \frac{1}{2}\sum_{i=1}^{N}\sum_{j=1}^{N} a_i a_j y_i y_j \left(\boldsymbol{X}_i^{\mathrm{T}} \boldsymbol{X}_j\right) \tag{9.19}$$

同式（9.10），约束条件为：$0 \leqslant a_i \leqslant C$。

进一步，如果有L个支持向量，则 $\boldsymbol{w} = \sum_{i=1}^{L} a_i y_i \boldsymbol{X}_i$。可从$L$个支持向量中任选一个$\boldsymbol{X}_i$，代入边界线方程即可计算得到：$b = y_i - \boldsymbol{w}^{\mathrm{T}} \boldsymbol{X}_i$。为得到$b$的更稳定的估计值，可在支持向量中随机多选些$\boldsymbol{X}_i$，用多个$b$的均值作为最终的估计值。到此，超平面的参数求解过程结束，超平面被确定下来。

进一步，关注广义线性可分时的支持向量。同 9.2.2 节所述，因 $\sum_{i=1}^{N} a_i y_i \boldsymbol{X}_i = \boldsymbol{w}$，超平面由$a_i > 0$的样本观测点即支持向量决定。同时，因需满足前述的 KKT 条件中的$\alpha g(\boldsymbol{X}) = 0$，对应到这里，即对于$i = 1, 2, \cdots, N$，满足：$a_i\left(y_i\left(b + \boldsymbol{w}^{\mathrm{T}} \boldsymbol{X}_i\right) - \left(1 - \xi_i\right)\right)$；$\mu_i \xi_i = 0$；$a_i = C - \mu_i$。可知，对于$a_i > 0$，即支持向量 $y_i\left(b + \boldsymbol{w}^{\mathrm{T}} \boldsymbol{X}_i\right) - \left(1 - \xi_i\right) = 0$ 成立，这意味着支持向量落在两类边界线上和“禁区”内。落在边界线上的支持向量$\boldsymbol{X}_i$的松弛变量 $\xi_i = 0$。落在“禁区”内的支持向量$\boldsymbol{X}_i$，因 $\xi_i > 0$，$\mu_i = 0$，由 $a_i = C - \mu_i$ 可知它们的 $a_i = C$。

结合惩罚参数C，C较大时边界较窄，误差较低，支持向量较少；C较小时边界较宽，误差较高，支持向量较多。由此导致前者的预测方差相对于后者要更大些，也印证了复杂模型偏差小方差大、简单模型偏差大方差小的基本观点。

同 9.2.2 节所述，对于广义线性可分问题，依据支持向量分类的超平面对新样本观测$\boldsymbol{X}_0$进行预测时，只需关注$b + \boldsymbol{w}^{\mathrm{T}} \boldsymbol{X}_0$的符号：

$$\begin{aligned} h(\boldsymbol{X}) &= Sign\left(b + \boldsymbol{w}^{\mathrm{T}} \boldsymbol{X}_0\right) \\ &= Sign\left(b + \sum_{i=1}^{L}\left(a_i y_i \boldsymbol{X}_i^{\mathrm{T}}\right) \boldsymbol{X}_0\right) = Sign\left(b + \sum_{i=1}^{L} a_i y_i \left(\boldsymbol{X}_i^{\mathrm{T}} \boldsymbol{X}_0\right)\right) \end{aligned} \tag{9.20}$$

式中，$\boldsymbol{X}_i$为支持向量，共有L个支持向量。若$h(\boldsymbol{X}) > 0$，$\hat{y}_0 = 1$；若$h(\boldsymbol{X}) < 0$，$\hat{y}_0 = -1$。

9.4 线性不可分时的支持向量分类

对于线性不可分样本，即样本观测点无法被超平面线性分开，如图 9.4 中右图所示，无论是否允许错分，均无法找到能将两类样本分开的直线（这里只能是个近似圆）。以下将对支持向量分类解决该问题的策略进行讨论。

9.4.1 线性不可分问题的一般解决方式

解决线性不可分问题的一般解决方式是进行非线性空间转换。其核心思想认为：低维空间中的线性不可分问题可通过恰当的非线性变换转化为高维空间中的线性可分问题。如图 9.11 所示。

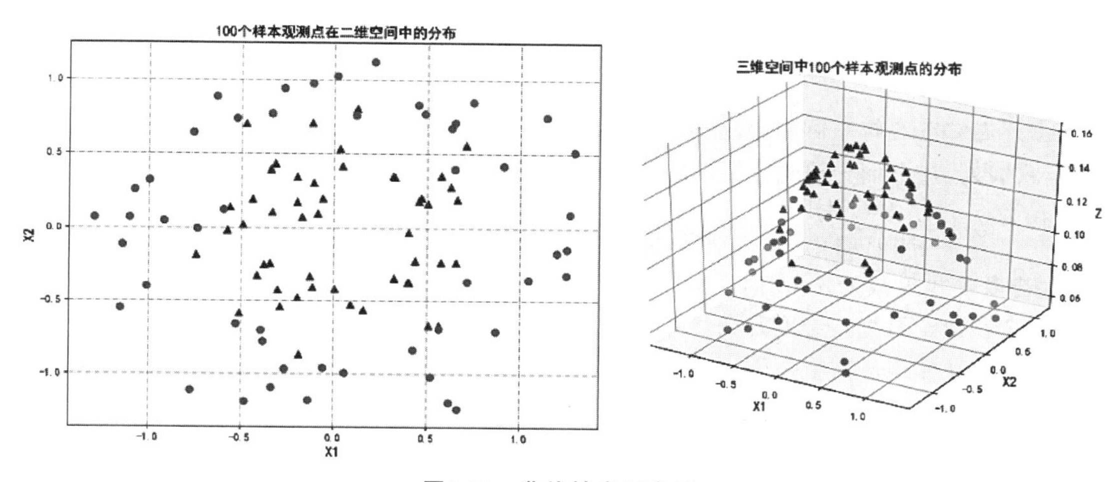

图9.11 非线性空间变换

图 9.11 中的右图是对左图在X_1，X_2的二维空间中线性不可分的样本观测点，进行非线性变换转到X_1，X_2，Z三维空间中的分布情况。显然，在三维空间中是可以找到一个平面将两类分开的，从而变成了一个线性可分问题。

为此，可首先通过特定的非线性映射函数 $\varphi_M()$，将原来低维空间中的样本观测点$\boldsymbol{X}_i$ 映射到M维空间$\mathbb{R}^M$中；然后，沿用 9.3 节所述的方法，在空间$\mathbb{R}^M$中寻找最大边界超平面。由于采用了非线性映射函数，空间$\mathbb{R}^M$中的一个超平面在原空间中看起来可能是一个曲面（线）。如图 9.11 中的右图所示，三维空间中的两类样本观测点投影到平行于(X_1, X_2)的分类平面上形成的两类边界近似是个圆（曲线）。可见，为找到低维空间中可将两类分开的分类曲线（曲面），需到高维空间中寻找与其对应的平面，如图 9.12 中右图的灰色立面。

非线性映射函数$\varphi_M()$有很多形式。常见的是原有输入变量的多项式形式。例如，原有两个输入变量X_1，X_2，有映射函数$\varphi_3\left(X_1, X_2\right)=\left(X_1^2, X_2^2, Z\right)^{\mathrm{T}}$，$Z=\sqrt{2}X_1X_2$。于是，可首先对训练集中的样本观测$\boldsymbol{X}_i$，依函数$\varphi_3\left(X_1, X_2\right)$计算$\left(X_{i1}^2, X_{i2}^2, Z_i\right)^{\mathrm{T}}$，将其映射到三维空间中。然后，在三维空间中得到超平面$b+w_1X_1^2+w_2X_2^2+w_3Z=0$的参数估计值，方程左侧是一个多项式形式。最后，对新样本观测$\boldsymbol{X}_0$进行预测时，需首先依函数$\varphi_3\left(X_1, X_2\right)$计算$\left(X_{01}^2, X_{02}^2, Z_0\right)^{\mathrm{T}}$，然后依$Sign\left(b+w_1X_{01}^2+w_2X_{02}^2+w_3Z_0\right)$给出$\boldsymbol{X}_0$的预测类别。

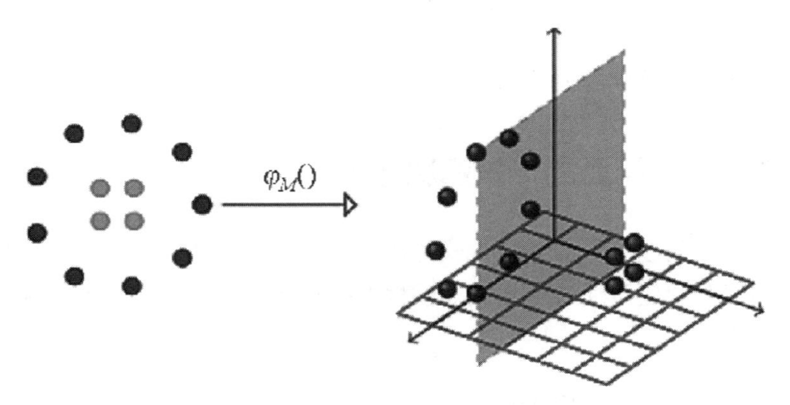

图9.12　二维空间到三维空间的变换

上述做法在高维空间中会出现严重的维灾难（Curse of Dimensionality）问题，即因超平面待估参数过多而导致的计算问题。对原 p 维空间通过 d 阶交乘变换到高维空间后，待估参数个数为 $\frac{(p+d-1)!}{d!(P-1)!}$。例如，原 $p=2$ 维空间的超平面待估参数个数为 2（不考虑常数项）。若多项式阶数为 $d=2$ 时，超平面待估参数个数增加到 3。若 $p=10$，$d=3$，则需估计 220 个参数。可见，维度升高将导致计算的复杂度急剧提高，且模型的参数估计在小样本下几乎无法实现，这就是所谓的维灾难问题。

支持向量分类通过核函数克服维灾难问题。

9.4.2　支持向量分类克服维灾难的途径

线性不可分问题下的支持向量分类，整体解决思路与 9.2 节和 9.3 节类似。其核心技巧是从点积入手解决线性不可分问题。

1. 点积与非线性变换

一方面，从支持向量分类的对偶目标函数 $\max L(\boldsymbol{a})=\sum_{i=1}^{N}a_i-\frac{1}{2}\sum_{i=1}^{N}\sum_{j=1}^{N}a_ia_jy_iy_j\left(\boldsymbol{X}_i^{\mathrm{T}}\boldsymbol{X}_j\right)$ 可知，样本观测输入变量的点积 $\boldsymbol{X}_i^{\mathrm{T}}\boldsymbol{X}_j$ 决定了超平面的参数。另一方面，从支持向量分类预测 $Sign\left(b+\sum_{i=1}^{L}a_iy_i\left(\boldsymbol{X}_i^{\mathrm{T}}\boldsymbol{X}_0\right)\right)$ 可知，分类预测结果取决于新样本观测 $\boldsymbol{X}_0$ 与 L 个支持向量输入变量的点积。

从点积的数学形式上，若 $\boldsymbol{X}_i=\left(X_{1i},\ X_{2i},\ \cdots,\ X_{Ni}\right)$，$\boldsymbol{X}_j=\left(X_{1j},\ X_{2j},\ \cdots,\ X_{Nj}\right)$ 且均视为标准化值，点积就是两个变量 $\boldsymbol{X}_i$，$\boldsymbol{X}_j$ 的相关系数。当然，这里 $\boldsymbol{X}_i=(X_{i1},\ X_{i2},\ \cdots,\ X_{ip})$，$\boldsymbol{X}_i=(X_{j1},\ X_{j2},\ \cdots,\ X_{jp})$ 是两个样本观测点，所以点 $\boldsymbol{X}_i$，$\boldsymbol{X}_j$ 的点积度量的是两个点 $\boldsymbol{X}_i$，$\boldsymbol{X}_j$ 的相似性。

为直观理解，可举一个通俗的例子。若 $\boldsymbol{X}_i$，$\boldsymbol{X}_j$ 分别代表张三和李四，张三的身高、体重、体脂率均高于平均水平，且李四也均高于平均水平，则可认为张三和李四具有特征结构的相似性。反之，若李四的身高高于平均水平，但体重和体脂率均低于平均水平，则可认为张三和李四并不具有特征结构的相似性。

进一步，若两个点 $\boldsymbol{X}_i$，$\boldsymbol{X}_j$ 具有较高相似性，则空间上两点的距离较近，反之较远。因此从这个意义上看，可将 $\boldsymbol{X}_i$，$\boldsymbol{X}_j$ 的点积视为两点空间位置关系的一种度量，而位置关系是建模的关键。

基于非线性映射函数 $\varphi_M()$，对训练集中的样本观测 $\boldsymbol{X}_i$ 和新样本观测 $\boldsymbol{X}_0$ 做非线性变换后，对偶目标函数为 $\max L(\boldsymbol{a})=\sum_{i=1}^{N}a_i-\frac{1}{2}\sum_{i=1}^{N}\sum_{j=1}^{N}a_ia_jy_iy_j\left(\left(\varphi_M\left(\boldsymbol{X}_i\right)\right)^{\mathrm{T}}\varphi_M\left(\boldsymbol{X}_j\right)\right)$，分类预测函数为 $Sign\left(b+\sum_{i=1}^{L}a_iy_i\left(\left[\varphi_M\left(\boldsymbol{X}_i\right)\right]^{\mathrm{T}}\varphi_M\left(\boldsymbol{X}_0\right)\right)\right)$。可知，超平面参数和预测结果取决于数据变换后的点积，即两点在高维空间 $\mathbb{R}^M$ 中位置关系的度量。可见，点积计算是关键。

2. 核函数与非线性变换

非线性可分时支持向量分类的基本思路是：希望找到一个函数 $K\left(\boldsymbol{X}_i，\boldsymbol{X}_j\right)$，若它仅基于低维空间的特征就能够度量出两点 $\boldsymbol{X}_i$，$\boldsymbol{X}_j$ 在高维空间 $\mathbb{R}^M$ 中的位置关系，即其函数值恰好等于变换后的点积 $K\left(\boldsymbol{X}_i，\boldsymbol{X}_j\right)\equiv\left(\varphi_M\left(\boldsymbol{X}_i\right)\right)^{\mathrm{T}}\varphi_M\left(\boldsymbol{X}_j\right)$，则对偶目标函数有式（9.21）成立：

$$\begin{aligned}L(\boldsymbol{a})&=\sum_{i=1}^{N}a_i-\frac{1}{2}\sum_{i=1}^{N}\sum_{j=1}^{N}a_ia_jy_iy_j\left(\left[\varphi_M\left(\boldsymbol{X}_i\right)\right]^{\mathrm{T}}\varphi_M\left(\boldsymbol{X}_j\right)\right)\\&=\sum_{i=1}^{N}a_i-\frac{1}{2}\sum_{i=1}^{N}\sum_{j=1}^{N}a_ia_jy_iy_jK\left(\boldsymbol{X}_i，\boldsymbol{X}_j\right)\end{aligned}\tag{9.21}$$

分类预测函数有式（9.22）成立：

$$Sign\left(b+\sum_{i=1}^{L}a_iy_i\left(\left[\varphi_M\left(\boldsymbol{X}_i\right)\right]^{\mathrm{T}}\varphi_M\left(\boldsymbol{X}_j\right)\right)\right)=Sign\left(b+\sum_{i=1}^{L}a_iy_iK\left(\boldsymbol{X}_i，\boldsymbol{X}_0\right)\right)\tag{9.22}$$

于是，超平面的参数估计和预测便可依式（9.21）和（9.22）在原来的低维空间中进行，而不必将样本观测映射到空间 $\mathbb{R}^M$ 中，从而避免了后续可能出现的维灾难问题。

我们通过一个简单示例促进直观理解。假设原有 $p=2$ 的两个输入变量 X_1，X_2，有映射函数 $\varphi_3\left(X_1，X_2\right)=\left(X_1^2，X_2^2，Z\right)^{\mathrm{T}}$，$Z=\sqrt{2}X_1X_2$，则存在函数 $K\left(\boldsymbol{X}_i，\boldsymbol{X}_j\right)=\left(\boldsymbol{X}_i^{\mathrm{T}}\boldsymbol{X}_j\right)^2$。首先，依函数 $\varphi_3\left(X_1，X_2\right)$ 对样本观测 $\boldsymbol{X}_i$，$\boldsymbol{X}_j$ 做非线性变换：$\varphi_3\left(X_{i1}，X_{i2}\right)=\left(X_{i1}^2，X_{i2}^2，Z_i\right)^{\mathrm{T}}$，$\varphi_3\left(X_{j1}，X_{j2}\right)=\left(X_{j1}^2，X_{j2}^2，Z_j\right)^{\mathrm{T}}$；然后，计算变换后两者的点积为：

$$\begin{aligned}\left(\varphi_3\left(\boldsymbol{X}_i\right)\right)^{\mathrm{T}}\varphi_3\left(\boldsymbol{X}_j\right)&=\left(X_{i1}^2X_{j1}^2+X_{i2}^2X_{j2}^2+2X_{i1}X_{i2}X_{j1}X_{j2}+X_{i1}X_{j1}+X_{i2}X_{j2}\right)^2\\&=(\boldsymbol{X}_i^T\boldsymbol{X}_j)^2=K\left(\boldsymbol{X}_i，\boldsymbol{X}_j\right)\end{aligned}$$

可见，对样本观测 $\boldsymbol{X}_i$，$\boldsymbol{X}_j$ 做非线性变换后，$\mathbb{R}^3$ 上的点积恰好等于 $\mathbb{R}^2$ 上函数 $K\left(\boldsymbol{X}_i，\boldsymbol{X}_j\right)$ 的函数值，这意味着无须通过函数 $\varphi_3\left(X_1，X_2\right)$ 进行非线性的空间变换，只需直接在原空间中计算 $K\left(\boldsymbol{X}_i，\boldsymbol{X}_j\right)$ 即可。

函数 $K\left(\boldsymbol{X}_i，\boldsymbol{X}_j\right)$ 一般为核函数（Kernel Function）。核函数通常用于测度两个样本观测 $\boldsymbol{X}_i$，$\boldsymbol{X}_j$ 的相似性。例如，最常见的核函数是线性核函数：$K\left(\boldsymbol{X}_i，\boldsymbol{X}_j\right)=\left(\boldsymbol{X}_i^{\mathrm{T}}\boldsymbol{X}_j\right)=\sum_{p=1}^{P}X_{ip}X_{jp}$，

即为两个样本观测 $\boldsymbol{X}_i$，$\boldsymbol{X}_j$ 的简单相关系数（已标准化处理，均值为 0，标准差为 1）。线性核函数 $K\left(\boldsymbol{X}_i, \boldsymbol{X}_j\right)$ 等于原空间中 $\boldsymbol{X}_i$，$\boldsymbol{X}_j$ 的点积，从这个意义上说，广义线性可分情况下的支持向量分类是线性不可分情况下的支持向量分类的特例。此外，常见的其他核函数还有：

- d 阶 - 多项式核（Polynomial Kernel）：

$$K\left(\boldsymbol{X}_i, \boldsymbol{X}_j\right)=(1+\gamma \boldsymbol{X}_i^{\mathrm{T}} \boldsymbol{X}_j)^d \tag{9.23}$$

式中，阶数 d 决定了空间 $\mathbb{R}^M$ 的维度 M。一般不超过 10。

- 径向基核（Radial Basis Function，RBF Kernel）：

$$K\left(\boldsymbol{X}_i, \boldsymbol{X}_j\right)=\mathrm{e}^{\frac{-\left\|\boldsymbol{X}_i-\boldsymbol{X}_j\right\|^2}{2\sigma^2}}=\mathrm{e}^{-\gamma\left\|\boldsymbol{X}_i-\boldsymbol{X}_j\right\|^2}, \quad \gamma=\frac{1}{2\sigma^2} \tag{9.24}$$

式中，$\left\|\boldsymbol{X}_i-\boldsymbol{X}_j\right\|^2$ 为样本观测 $\boldsymbol{X}_i$，$\boldsymbol{X}_j$ 间的平方欧氏距离；σ^2 为广义方差；γ 为 RBF 的核宽。

- Sigmoid 核：

$$K\left(\boldsymbol{X}_i, \boldsymbol{X}_j\right)=\frac{1}{1+\mathrm{e}^{-\gamma\left\|\boldsymbol{X}_i-\boldsymbol{X}_j\right\|^2}} \tag{9.25}$$

理论上，任何一个核函数都隐式地定义了一个空间，称为再生核希尔伯特空间（Reproducing Kernel Hilbert Space，RKHS）。希尔伯特空间是一个点积空间，是欧几里得空间的推广。

总之，支持向量分类中的核函数极为关键。一旦核函数确定，在参数估计和预测时，就不必事先进行空间变换，更无须关心非线性映射函数 $\varphi_M()$ 的具体形式。只需计算相应的核函数便可完成所有计算，从而实现低维空间向高维空间的“隐式”变换，有效克服维灾难问题。但选择怎样的核函数以及核函数中的参数并没有确定的准则，需要经验和反复尝试。不恰当的核函数可能将低维空间中原本关系并不复杂的样本，“隐式”映射到维度过高的新空间中，从而导致过拟合问题等。

9.4.3 Python 模拟和启示：认识核函数

非线性可分情况下核函数的选择至关重要。本节将通过 Python 编程，基于随机生成的模拟数据，选择不同的核函数实现非线性可分下的支持向量分类，以直观展示不同核函数的作用。基本思路如下：

（1）随机生成样本量 $N=100$、两个输入变量、输出变量取 1 或 0 两个类别的非线性分类模拟数据。该数据集的特征与 7.3.2 节类似。

（2）对以上二维空间的数据进行非线性变换转换到三维空间中，绘图以直观说明低维空间的线性不可分问题通过非线性变换可转化为高维空间的线性可分问题。

（3）在二维空间中利用不同的核函数、不同的误差惩罚参数 C，建立线性不可分情况下的支持向量分类。

（4）绘制以上支持向量分类的分类边界，以直观对比不同核函数以及惩罚参数 C 对分类曲线的影响。

Python 代码（文件名：chapter9-4.ipynb）如下。以下将分段对 Python 代码做说明。

1. 生成二维空间中非线性可分的一组随机数据。指定非线性变换函数为二元正态分布的密度函数进行非线性变换；通过绘图直观观察非线性变换的作用，完成以上思路（1）至（2）

行号	代码和说明
1	N = 100 # 指定样本量 N
2	X,y = make_circles(n_samples = N,noise = 0.2,factor = 0.5,random_state = 123) # 随机生成两个类别的模拟数据，详见 7.3.2 节
3	fig = plt.figure(figsize = (20,6)) # 指定图形大小
4	markers = ['^','o'] # 指定两类别样本观察点的形状
5	ax = fig.add_subplot(121) # 将绘图区域划分为 1 行 2 列的单元并在第 1 单元画图
6	for k,m in zip([1,0],markers): # 将两类点以不同符号画到图上
7	ax.scatter(X[y = = k,0],X[y = = k,1],marker = m,s = 50)
…	……# 图标题设置等，略去
12	var = multivariate_normal(mean = [0,0], cov = [[1,0],[0,1]]) # 创建服从均值向量 (0,0)，协方差阵 $\begin{bmatrix}1,0\\0,1\end{bmatrix}$ 的二元正态分布对象 var
13	Z = np.zeros((len(X),)) # 创建第 3 个维度，初值等于 0
14	for i,x in enumerate(X): # 进行非线性变换，计算第 3 个维度
15	Z[i] = var.pdf(x) # 指定第 3 个维度为二元正态分布的密度函数值
16	ax = fig.add_subplot(121, projection = '3d') # 将绘图区域划分为 1 行 2 列的单元并在第 1 单元画三维图
17	for k,m in zip([1,0],markers): # 绘制三维图，将两类点以不同符号添加到图上
18	ax.scatter(X[y = = k,0],X[y = = k,1],Z[y = = k],marker = m,s = 40)
…	……# 图标题设置等，略去

■ 代码说明

（1）以上省略号部分在之前代码中重复出现过且不影响对原理的理解，故略去以节约篇幅。完整 Python 程序请参见本书配套代码。

（2）第 15 行：基于输入变量计算其在二元正态分布中的密度函数值作为第 3 个维度。

所绘制的图形如图 9.11 所示。

2. 建立不同惩罚参数C和不同核函数的支持向量分类。绘制分类边界，直观对比惩罚参数C和核函数对分类边界的影响，完成以上思路（3）至（4）。

行号	代码和说明
1	X01,X02 = np.meshgrid(np.linspace(X[:,0].min(),X[:,0].max(),500),np.linspace(X[:,1].min(),X[:,1].max(),500)) # 为绘制分类边界准备数据

2	X0 = np.hstack((X01.reshape(len(X01)*len(X02),1),X02.reshape(len(X01)*len(X02),1))) # 得到新数据 X0
3	fig,axes = plt.subplots(nrows = 2,ncols = 2,figsize = (15,12)) # 将绘图区域划分为 2 行 2 列并指定图形大小
4	for C,ker,H,L in [(0.01,'poly',0,0),(1,'rbf',0,1),(10,'poly',1,0),(1000,'rbf',1,1)]: # 利用循环建立 4 个支持向量分类
5	modelSVC = svm.SVC(kernel = ker,C = C) # 创建指定核函数和惩罚参数 C 的支持向量分类对象 modelSVC
6	modelSVC.fit(X,y) # 基于 X 和 y 估计 modelSVC 的模型参数
7	Y0 = modelSVC.predict(X0) # 对 X0 的类别进行预测
8	axes[H,L].scatter(X0[np.where(Y0 = = 1),0],X0[np.where(Y0 = = 1),1],c = 'lightgray') # 将预测类别为 1 的点画到图上
9	axes[H,L].scatter(X0[np.where(Y0 = = 0),0],X0[np.where(Y0 = = 0),1],c = 'mistyrose') # 将预测类别为 0 的点画到图上
10	for k,m in [(1,'^'),(0,'o')]: # 将训练集的数据添加到图上
11	axes[H,L].scatter(X[y = = k,0],X[y = = k,1],marker = m,s = 40)
12	axes[H,L].scatter(modelSVC.support_vectors_[:,0],modelSVC.support_vectors_[:,1], marker = 'o',c = 'b',s = 120,alpha = 0.3) # 突出显示支持向量
…	……# 图标题设置等，略去

■ 代码说明

（1）以上省略号部分在之前代码中重复出现过且不影响对原理的理解，故略去以节约篇幅。完整 Python 程序请参见本书配套代码。

（2）第 1 至 2 行：为绘制分类边界准备数据、数据为在输入变量取值范围内的 250 000 个样本观测点。

（3）第 7 行开始的循环用于建立多个支持向量分类机。

支持向量分类机的核函数依次为多项式（默认为三项式）核函数和径向基核函数，且惩罚参数 C 依次取 0.01，1，10 和 1 000。基于所建立的支持向量分类模型，预测 250 000 个样本观测点的类别，绘制两个类别区域。指定灰色为 1 类区域，粉色为 0 类区域。两区域的边界即为相应核函数和惩罚参数 C 下的最大边界超平面；后续，将样本观测点添加到图中，落入灰色区域的样本观测点将预测为 1 类，落入粉色区域的将预测为 0 类；进一步，计算并在图标题中标出误差和支持向量个数。所得图形如图 9.13 所示。

图 9.13 不同颜色的区域分别对应两个预测类别区域。大圆圈圈住的点为支持向量。左侧两幅图为惩罚参数 C 分别为 0.01 和 10、核函数为三阶多项式的最大边界超平面。右侧两幅图为惩罚参数 C 分别为 1 和 1 000 且核函数为径向基核的最大边界超平面。可见，两种核函数在二维空间中的分类曲线形态不同，惩罚参数 C 较大将导致因分类边界努力“贴合”边界点而呈现更多的弯曲变化，且支持向量个数减少。从样本观测点的分布特点以及训练误差看，该问题适合采用径向基核。

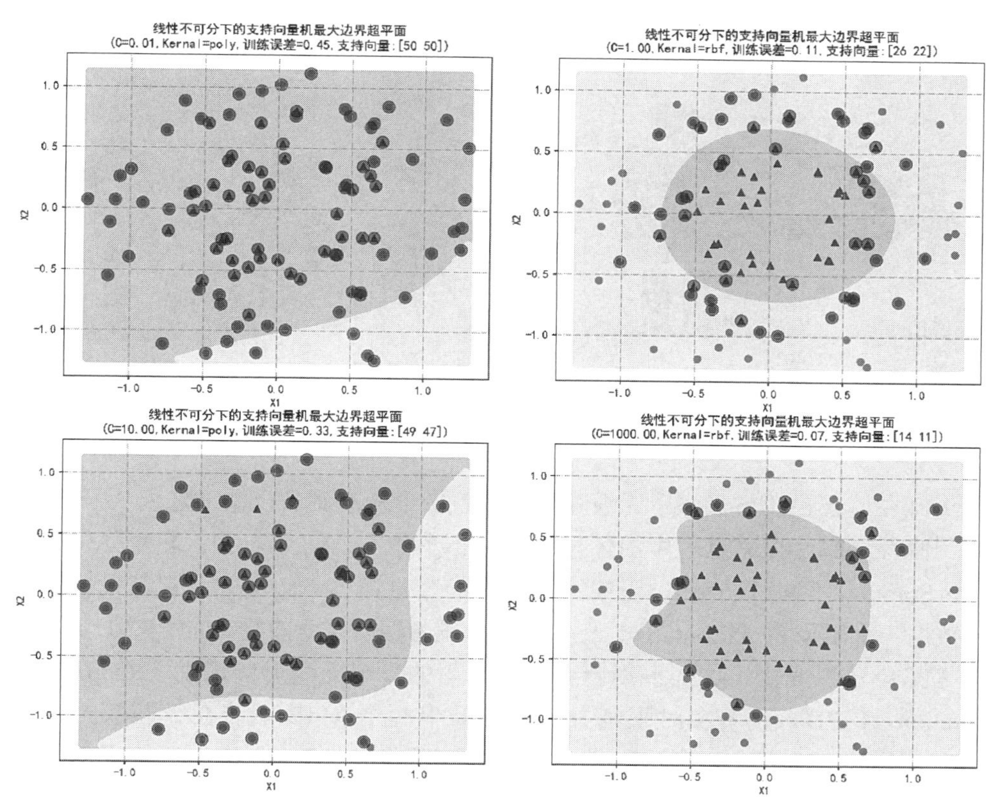

图9.13　不同核函数和惩罚参数下的支持向量分类边界

9.5　支持向量机的 Python 应用实践：老年人危险体位预警

本节通过物联网健康大数据应用中的老年人体位预警案例，展示支持向量分类算法在多分类预测中的应用，同时对非平衡样本的分类研究做简单说明。

9.5.1　案例背景和数据说明

本节案例是物联网健康大数据应用中的一个典型案例。养老机构的医护人员可通过老年人佩戴的无线穿戴设备，依据实时传回的数据，密切关注老年人日常活动过程中的体位变化。依据回传数据和体位状态，建立老年人危险体位预警模型，实时自动地提醒医护人员及时观察和救护老人，具有重大意义。

Shinmoto Torres, R. L., Ranasinghe, D. C., Shi, Q., Sample, A. P. (2013, April). Sensor enabled wearable RFID technology for mitigating the risk of falls near beds. In 2013 IEEE International Conference on RFID, pp. 191–198.

这里的数据集记录了 27 名 66 ～ 86 岁健康老人，在特定实验环境下 1 小时内的各种体位状态及其相应的无线穿戴设备回传数据。其中，体位变化如图 9.14 所示。

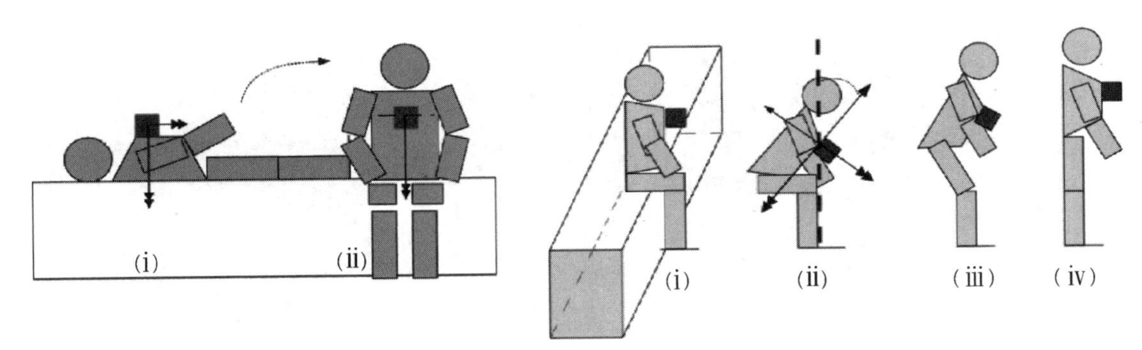

图9.14　体位变化情况示意图

图 9.14 中，黑色正方形表示无线穿戴设备。图形从左到右反映了老人从平躺在床上，到坐起、曲身站起并直立过程中的体位（Activity）变化。可以看到，随着体位的实时变化（TimeStamp，不同时间点），无线穿戴设备的竖直高度（Vertical，穿戴设备距地面的高度）数据、水平位置（Frontal，Lateral，穿戴设备距两个垂直墙体的距离）数据以及倾角数据等都会发生变化。这些数据会通过房间内的三个无线射频识别（Radio Frequency Identification，RFID）设备实时采集并传回。其中两个 RFID 安装在天花板上，一个安装在墙上。此外，老人会在室内走动，所以各穿戴设备（SensorID）所接受的信号强度（RSSI）会不同。数据采集时段内，老人的体位状态包括：坐在床上（类别标签 1）；坐在椅子上（类别标签 2）；躺在床上（类别标签 3）；站立或行走（类别标签 4）。

每个老人的数据以单个文本文件的形式单独存储，且文件名（如 d2p01F）的最后一个字母为 M（男）或 F（女）以标识老人的性别。在无人看护的情况下，对高龄老人来说，躺或坐在床上是最安全的身体状态，离开床起身走动都存在一定的风险。为此，可建立基于上述数据的二分类预测模型，对老人是否处在风险体位进行预警。

9.5.2　Python 实现

案例研究的基本思路如下：

（1）数据准备。由于各位老人的数据均以单个文本文件的形式集中存储在一个特定目录中，因此应读取该目录下的所有数据文件，并将其合并到数据框中。同时，还需要依据数据文件名的最后一个字母，确定老人的性别，并存入数据框。

（2）对老人的体位状态进行基本的描述性分析，并对安全体位和风险体位的分布情况进行描述性分析。

（3）基于支持向量分类建立不同体位的多分类预测模型。

（4）基于支持向量分类建立安全体位和风险体位的二分类预测模型。

（5）对于数据不平衡问题进行简单说明和模型改进。

Python 代码（文件名：chapter9-6.ipynb）如下。以下将分段对 Python 代码做说明。

1. 读入和准备数据

各老人的数据均以单个文本文件的形式集中存储在一个特定目录中，读取该目录下的所有数据文件，并将其合并到数据框中。同时，需要依据数据文件名的最后一个字母，确定老人的性别，并存入数据框。为便于阅读，我们将代码运行结果直接放置在相应代码行下方。

行号	代码和说明
1	path = 'C:/Users/xuewe/《Python 机器学习：原理与实践（第 2 版）》代码和数据 / 健康物联网 /' # 指定数据文件所在的目录
2	filenames = os.listdir(path = path) # 获得指定目录下的所有数据文件的文件名
3	data = pd.DataFrame(columns = ['TimeStamp', 'frontal', 'vertical', 'lateral', 'SensorID', 'RSSI','Phase', 'Frequency', 'Activity', 'ID', 'Gender']) # 创建存储数据的数据框
4	i = 1
5	for filename in filenames: # 利用循环依次读入各个数据文件中的数据
6	tmp = pd.read_csv(path+filename) # 读取指定数据文件
7	tmp['ID'] = I # 样本观测的标号
8	tmp['Gender'] = filename[-5] # 获得性别数据
9	i+ = 1
10	data = data.append(tmp) # 将数据追加到数据框
11	data.head(5)

	TimeStamp	frontal	vertical	lateral	SensorID	RSSI	Phase	Frequency	Activity	ID	Gender
0	0.00	-0.232160	0.215880	-1.18820	2	-48.5	2.74430	920.75	3	1	F
1	0.25	-0.056282	0.043636	-1.14260	2	-50.0	2.36540	921.75	3	1	F
2	0.50	0.143050	0.296270	-1.33640	3	-59.5	0.20709	922.25	3	1	F
3	0.75	0.318930	0.284780	-0.92593	2	-51.0	0.41571	923.25	3	1	F
4	1.05	0.412730	0.135500	-1.02860	2	-44.5	4.45470	920.25	3	1	F

■ 代码说明

（1）第 1 至 3 行：指定数据文件所在目录；得到该目录下的数据文件名；建立数据框用于存储待分析的数据。

os 专用于 Python 对文件的管理。例如，os.path.dirname(path)，返回 path 的文件路径；cwd=os.getcwd()，得到当前目录；os.path.join(dirname, filename)，得到完整文件名；等等。

（2）第 5 行开始的循环，依次读入每个老人的数据，获得其性别，添加到数据框中。

2. 体位数据的描述性分析

行号	代码和说明
1	label = [' 坐在床上 ',' 坐在椅子上 ',' 躺在床上 ',' 行走 '] # 四种体位标签
2	countskey = data['Activity'].value_counts().index # 四种体位的频数索引
3	plt.bar(np.unique(data['Activity']),data['Activity'].value_counts()) # 画关于体位频数的柱形图
…	……# 图标题设置等，略去

7	data['ActivityN'] = data['Activity'].map({3:0,1:0,2:1,4:1})
8	plt.bar([1,2],data['ActivityN'].value_counts()) # 画关于安全体位或风险体位频数的柱形图
…	……# 图标题设置等，略去

■ 代码说明

（1）以上省略号部分在之前代码中重复出现过且不影响对原理的理解，故略去以节约篇幅。完整 Python 程序请参见本书配套代码。

（2）第 1 至 2 行：计算各种体位的频数，并得到按频数降序排列的体位标签值，为后续绘图做准备。

（3）第 3 至 6 行：绘制体位频数的柱形图，并给出各柱形对应的体位说明。如图 9.15 中左图所示，实验过程中老人的绝大多数体位是躺在床上。

（4）第 7 至 10 行：数据重编码，将风险体位编码为 1，安全体位编码为 0；重新绘制重编码后的体位频数柱形图，如图 9.15 中右图所示。显然，该样本是一个典型的非平衡样本。

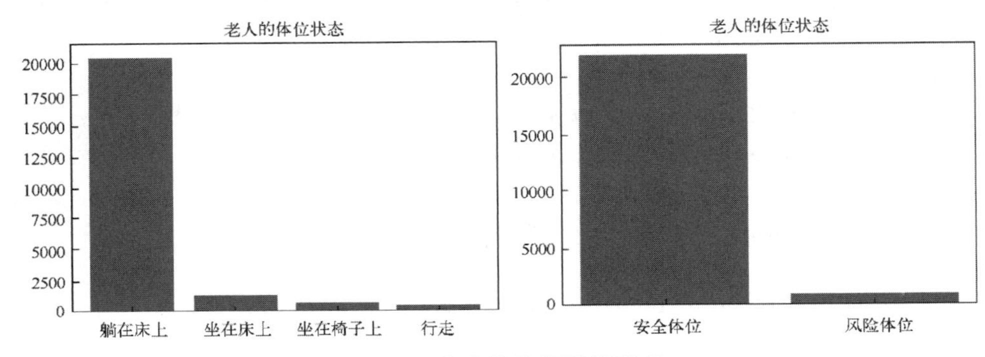

图9.15　老人体位频数柱形图

非平衡样本是指样本中某一类或者某些类的样本量远远大于其他类的样本量。通常样本量多的一类或几类样本称为多数类，也称正类。样本量较少的类称为少数类或稀有类，也称负类。例如，这里的风险体位（类别标签为 1）即为负类。

3. 基于支持向量分类，建立老人体位的四分类预测模型

这里，首先对体位的四种状态，建立基于不同核函数的支持向量分类模型。然后计算各分类模型的测试误差，对模型进行比较。为便于阅读，我们将代码运行结果直接放置在相应代码行下方。

行号	代码和说明
1	Y = data['Activity'].astype(int) # 指定输出变量 y 的 4 个类别标签
2	X = data[['frontal', 'vertical', 'lateral', 'RSSI']] # 指定输入变量 X
3	X_train, X_test, Y_train, Y_test = train_test_split(X,Y,train_size = 0.70, random_state = 1) # 采用旁置法按 0.7 : 0.3 随机划分训练集和测试集
4	for ker in ['poly','rbf']: # 依据循环分别建立核函数为多项式核和径向基核的支持向量分类
5	modelSVC = svm.SVC(kernel = ker) # 创建支持向量分类 modelSVC

6	modelSVC.fit(X_train,Y_train) # 基于训练集估计 modelSVC 的模型参数
7	print(' 测试误差 = %f(%s) '%(1-modelSVC.score(X_test,Y_test),ker))
8	print(classification_report(Y_test,modelSVC.predict(X_test)))

```
测试误差=0.029143(poly)
              precision    recall  f1-score   support

           1       0.71      0.84      0.77       368
           2       0.79      0.76      0.78       170
           3       0.99      1.00      1.00      6147
           4       0.90      0.17      0.28       109

    accuracy                           0.97      6794
   macro avg       0.85      0.69      0.71      6794
weighted avg       0.97      0.97      0.97      6794

测试误差=0.030321(rbf)
              precision    recall  f1-score   support

           1       0.71      0.77      0.74       368
           2       0.82      0.71      0.76       170
           3       0.99      1.00      0.99      6147
           4       0.94      0.41      0.57       109

    accuracy                           0.97      6794
   macro avg       0.86      0.72      0.77      6794
weighted avg       0.97      0.97      0.97      6794
```

■ 代码说明

第 4 至 8 行：依次采用多项式核（默认是三项式核）函数和径向基核函数，建立两个支持向量分类机分类模型，估计模型参数并计算模型的测试误差，以及模型在测试集上的查准率 P、查全率 R、F_1 分数等评价指标。

结果显示，模型一（多项式核）的测试误差为 2.9%，略低于模型二（径向基核）。同时，两个模型对躺在床上的体位（类别标签为 3）预测均有很高的查准率 P 和查全率 R，但对行走体位（类别标签为 4）的预测不理想，模型一的查全率 R 仅有 17%，且拉低了模型的整体测试查全率，模型二相对较好，但查全率也仅为 41%。从实际应用角度看，建立危险体位的二分类模型更有意义，且查全率是更需关注的。

4. 对老人是否处在危险体位进行二分类预测

对高龄老人来说，躺或坐在床上是最安全的身体状态，离开床起身走动都存在一定的风险。为此，建立危险体位的二分类预测模型，对老人是否处在风险体位进行预警更具现实意义。

以下将首先建立基于径向基核函数的支持向量分类模型，并对模型进行评价。然后，针对样本的非平衡特点，对重抽样样本重新建立模型，以优化模型结果。为便于阅读，我们将代码运行结果直接放置在相应代码行下方。

行号	代码和说明
1	Y = data['ActivityN'].astype(int) # 指定输出变量 y 的两个类别标签
2	X = data[['frontal', 'vertical', 'lateral', 'RSSI']] # 指定输入变量 X
3	X_train, X_test, Y_train, Y_test = train_test_split(X,Y,train_size = 0.70, random_state = 1)
4	modelSVC = svm.SVC(kernel = 'rbf') # 采用径向基核函数建立支持向量分类 modelSVC
5	modelSVC.fit(X_train,Y_train) # 基于训练集估计 modelSVC 的模型参数
6	print(' 训练误差 = %f'%(1-modelSVC.score(X_train,Y_train))) 训练误差=0.020565
7	print(' 测试误差 = %f'%(1-modelSVC.score(X_test,Y_test))) 测试误差=0.022078

8	print(classification_report(Y_test,modelSVC.predict(X_test)))

```
              precision    recall  f1-score   support

           0       0.98      0.99      0.99      6515
           1       0.81      0.61      0.69       279

    accuracy                           0.98      6794
   macro avg       0.90      0.80      0.84      6794
weighted avg       0.98      0.98      0.98      6794
```

■ 代码说明

重新建立风险体位的二分类预测模型。输出结果显示，基于径向基核函数的支持向量机的分类模型的训练误差为 2%，测试误差为 2.2%。从测试误差报告看，模型对安全体位（类别标签为 0）的预测非常理想，但对风险体位（类别标签为 1）的预测仍不是很理想，尤其是查全率 R 较低（61%），而实际场景中往往希望该值尽可能高些。因为如果模型能够尽可能多地覆盖风险体位（查全率高），就意味着可最大限度地确保老人在出现危险时能得到及时救治，尽管与此同时会带来因查准率 P 下降而导致医护人员对老人实施了一些不必要的观察动作，但这种风险相对是较低的。

进一步分析模型不理想的原因可能源于该样本是非平衡样本。在非平衡样本上建立的预测模型尽管整体错判率较低，但对负类的预测效果通常不理想。为提高模型对负类的预测性能，最简单的方式是对数据进行重抽样处理，改变非平衡数据的正负类分布，然后再对重抽样后的样本建模。

重抽样方法大致分为两大类。第一类是随机过抽样，也称向上抽样（Over-sampling 或 Up-sampling）方法，即通过增加负类样本观测改变样本分布；第二类是随机欠抽样，也称向下抽样（Under-sampling 或 Down-sampling）方法，即通过减少正类样本观测改变样本分布。

以下将采用随机欠抽样，并重新建立分类模型。为便于阅读，我们将代码运行结果直接放置在相应代码行下方。

行号	代码和说明
1	tmp = data.loc[data['ActivityN']==0,]
2	random.seed(123)
3	ID = random.choice(tmp.shape[0],size=data['ActivityN'].value_counts()[1],replace=-False)
4	NewData = tmp.iloc[ID,].append(data.loc[data['ActivityN']==1,])
5	Y0 = NewData['ActivityN'].astype(int) # 指定输出变量 y 的两个类别标签
6	X0 = NewData[['frontal', 'vertical', 'lateral', 'RSSI']] # 指定输入变量 X
7	modelSVC = svm.SVC(kernel='rbf') # 建立支持向量分类 modelSVC
8	modelSVC.fit(X0,Y0) # 基于随机欠抽样的数据估计 modelSVC 的模型参数
9	print(' 训练误差 =%f'%(1-modelSVC.score(X0,Y0)))
10	print(' 部分报告 :\n',classification_report(Y_test,modelSVC.predict(X_test)))
11	print("总报告 :\n",classification_report(Y,modelSVC.predict(X)))

Output of line 9:

```
训练误差=0.024277
```

Output of line 10:

```
部分报告:
              precision    recall  f1-score   support

           0       1.00      0.95      0.98      6515
           1       0.48      1.00      0.65       279

    accuracy                           0.95      6794
   macro avg       0.74      0.98      0.81      6794
weighted avg       0.98      0.95      0.96      6794
```

Output of line 11:

```
总报告:
              precision    recall  f1-score   support

           0       1.00      0.95      0.98     21781
           1       0.45      1.00      0.62       865

    accuracy                           0.95     22646
   macro avg       0.73      0.98      0.80     22646
weighted avg       0.98      0.95      0.96     22646
```

■ **代码说明**

（1）第1至4行：对数据集进行随机欠抽样。

首先，得到正类样本（安全体位，类别标签为0）；然后，在正类样本中随机抽取与负类样本（风险体位，类别标签为1）同样多的样本观测；最后，得到欠抽样处理后的新数据集。其中正负两类样本量相同。

（2）模型评价结果显示，虽然对非平衡样本进行了简单的重抽样处理，模型在测试集的风险体位上的整体表现仍然欠佳，但模型对风险体位的查全率 R 达到了1，这恰是我们所期待的。模型在数据集全体上也有同样的表现。还有很多非平衡样本的分类预测建模方法，有兴趣的读者可参考相关文献。

• 本章相关函数列表 •

围绕本章学习，应重点掌握Python模块中的以下函数。函数的具体格式参见Python帮助。

一、建立用于分类预测的支持向量分类机

modelSVC=svm.SVC()；modelSVC.fit(X,Y)。

二、建立用于回归预测的支持向量回归机

modelSVR=svm.SVR()；modelSVR.fit(X,Y)。

• 本章习题 •

1．请简述什么是支持向量分类的最大边界超平面。什么是支持向量？它有怎样的特点？

2．请给出完全线性可分情况下支持向量分类的目标函数和约束条件。

3．请简述广义线性可分情况下松弛变量的意义。

4．你认为非线性可分情况下支持向量分类中核函数有怎样的意义？

5．Python编程题：数字识别。

基于8.5.1节的手写体邮政编码点阵数据（文件名：邮政编码数据.txt），利用支持向量机实现数字的识别分类。

第10章　特征选择：过滤式、包裹式和嵌入式策略

学习目标

1. 掌握低方差过滤法和高相关过滤法的基本原理和应用。
2. 理解包裹式策略下特征选择的基本思路。
3. 掌握嵌入式策略中 Lasso 回归和岭回归的特点，以及收缩参数的意义。
4. 了解基于弹性网的特征选择。
5. 掌握各种策略下特征选择的 Python 实现。

通常认为，收集的数据（变量）越多，对研究问题的描述会越全面，由此建立的预测模型就越能精准反映事物间的相互影响关系，进而会有较高的预测精度。例如，某健身中心为全面刻画会员的身体特征，除收集会员的身高和体重之外，还收集了诸如腿长、臂长、臂围、肩宽、腰围、胸围、臀围、鞋尺码、手掌宽度、性别、年龄、体脂率、训练总时长等很多指标，并相信基于如此详尽的数据，对体重进行控制和预测，会得到更好的效果。然而，实际情况并非如此，且可能出现如下问题：

第一，训练集中的某输入变量，因取值差异不大而对预测建模没有意义。例如，若建立年轻女性体重的预测模型，由于训练集中性别这个输入变量均取值为女性，因此对体重预测没有意义。此外，年轻女性的年龄相近且通常鞋尺码差异不大，所以年龄和鞋尺码对体重预测的作用也非常有限。

第二，训练集中的某输入变量，因与输出变量没有较强相关性而对预测建模没有意义。例如，手掌宽度和体重的相关性一般比较弱，所以预测体重时可以不考虑手掌宽度。

第三，输入变量对输出变量的影响，会因输入变量间存在一定的相关性而具有相互替代性。例如，身高和腿长及臂长、肩宽和胸围及臀围，两两之间通常密切相关，呈正比例关系。在体重预测的回归模型中，腿长或臂长对体重的影响很可能完全被身高对体重的影响替代，当身高已作为输入变量进入模型后，腿长或臂长就无须引入模型。

综上，预测建模中并非输入变量越多越好。输入变量太多不仅不能有效降低模型的测试误差，还会因带来更多的数据噪声可能导致模型的过拟合；或者因输入变量的相关性使得对某因素对输出变量影响效应的估计出现大的偏差和波动；或者因输入变量过多增加模型计算的时间复杂度和存储复杂度；或者因输入变量过多且大于样本量时无法求解模型参数；等等。

一方面，需从众多输入变量中筛选出对输出变量预测有意义的重要变量，减少输入变量个数，实现输入变量空间的降维。该过程称为特征选择。另一方面，要从众多具有相关性的输入变量中提取出较少的综合变量，用综合变量代替原有输入变量，实现输入变量空间的降维。该过程称为特征提取。

本章将围绕特征选择，讨论如何从以下三个角度考察变量的重要性，并实现特征选择。

第一，考察变量取值的差异程度。

第二，考察输入变量与输出变量的相关性。

第三，考察输入变量对测试误差的影响。

具体策略通常包括：

第一，过滤式（Filter）策略，即特征选择与预测建模“分而治之”。考察变量取值的差异程度，以及输入变量与输出变量的相关性，筛选出重要变量并由此构建新的训练集，为后续建立基于重要变量的预测模型奠定基础。这里“过滤”是指以阈值为标准，过滤掉某些指标较高或较低的变量。

第二，包裹式（Wrapper）策略，即将特征选择“包裹”到一个指定的预测模型中，将预测模型作为评价变量重要性的工具，完成重要变量的筛选，并由此构建新的训练集，为后续建立基于重要变量的预测模型奠定基础。

第三，嵌入式（Embedding）策略，即将特征选择“嵌入”到整个预测建模中，与预测建模“融为一体”。在预测建模的同时度量变量的重要性，并最终给出基于重要变量的预测模型。没有进入预测模型的变量其重要性较低。

本章将结合 Python 编程集中讨论特征选择问题，并基于 Python 给出特征选择的实现以及应用实践示例。特征提取将在第 11 章讨论。

10.1 过滤式策略下的特征选择

过滤式策略下的特征选择主要从两个方面考察变量的重要性：

第一，变量取值的差异程度，即认为只有变量取值差异明显的输入变量才可能是重要的变量。依该思路实施特征选择的方法称为低方差过滤法（Low Variance Filter）。其中涉及的问题是如何度量变量取值的差异性。不同类型的变量，取值差异性的度量指标是不同的。

第二，输入变量与输出变量的相关性，即认为只有与输出变量具有较高相关性的变量才可能是重要的变量。依该思路实施特征选择的方法称为高相关过滤法（High Correlation Filter）。

这里的相关性指的是统计相关性，即当变量 X 取某值时另一变量 y 并不依确定的函数取唯一确定的值，而是可能取若干个值。例如，月收入 X 和消费水平 y、学历 X 和收入水平 y，家庭收入 X 和支出 y 之间的关系等。统计关系普遍存在，有强有弱，且包括线性相关和非线性相关。其中的核心是如何考察变量之间的相关性。分类预测和回归预测中，因输出变量的类型不同（分别为分类型和数值型），考察与输入变量相关性的方法也不同。回归预测中输出变量为数值型，输入变量通常也是数值型。对此有很多方法。例如计算可度量线性相关性强弱的 Pearson 相关系数，或者利用 3.1 节讨论的回归模型等。本节仅讨论分类预测中的变量相关性问题。

对于上述两个方面，总会得到一个度量结果。之后会以某个阈值为标准，过滤掉度量结果较高或较低的不重要的变量，筛选出重要变量并由此构建新的训练集。后续将基于新的训练集建立预测模型。

10.1.1 低方差过滤法

从预测建模看，若变量的取值差异很小，意味着该变量不会对预测模型产生重要影响。这点很容易理解。例如，建立年轻女性的体重预测模型时，训练集中每个样本观测的性别变量都为“女”。由于性别变量没有其他取值（“男”），因此在预测体重中就无须考虑性别。性别对预测建模没有意义。依该思路实施特征选择的方法称为低方差过滤法。变量取值差异性度量是该方法的关键。变量取值差异的度量方法依变量类型不同而不同。

对数值型变量 X 一般计算方差。若方差小于某阈值 ε，表明取值近乎相同，离散程度很低，变量 X 近似 0 方差，对预测建模没有意义。

对有 K 个类别的分类型变量 X，一般可计算以下两个指标。

第一，计算类别 k ($k=1, 2, \cdots, K$) 的样本量 N_k 与样本量 N 之比 $\frac{N_k}{N}\left(0<\frac{N_k}{N}\leqslant 1\right)$。若最大占比值 $\max\left(\frac{N_k}{N}\right)$ 大于某阈值 ε，即 $\max\left(\frac{N_k}{N}\right)>\varepsilon$，则该变量不重要。

例如，前述训练集的年轻女性样本中，女性占比等于 100%。假设全职妈妈的占比等于 98%，非全职为 2%，即 $\max\left(\frac{N_k}{N}\right)=98\%$，数值很高意味着女性职业变量 X 取值近乎一致，对预测建模没有意义。

第二，计算类别数 K 与样本量 N 之比 $\frac{K}{N}\left(0<\frac{K}{N}\leqslant 1\right)$。若 $\frac{K}{N}$ 大于某阈值 ε，即 $\frac{K}{N}>\varepsilon$，则该变量不重要。例如，前述训练集的年轻女性样本中，因每个会员都有一个会员号（分类型变量），其类别数 $K=N$，$\frac{K}{N}=1$ 为最大值。$\frac{K}{N}=1$ 时 $P(X=k)=\frac{1}{K}=\frac{1}{N}$，变量 X 的熵（详见 6.5.1 节）取最大值，表明变量 X 有最大的取值不确定性，因而对预测建模同样没有意义。

为直观展示低方差过滤的效果，可观察图 10.1 中手写体邮政编码数字的低方差过滤处理前后的图像（详见 10.1.4 节）。

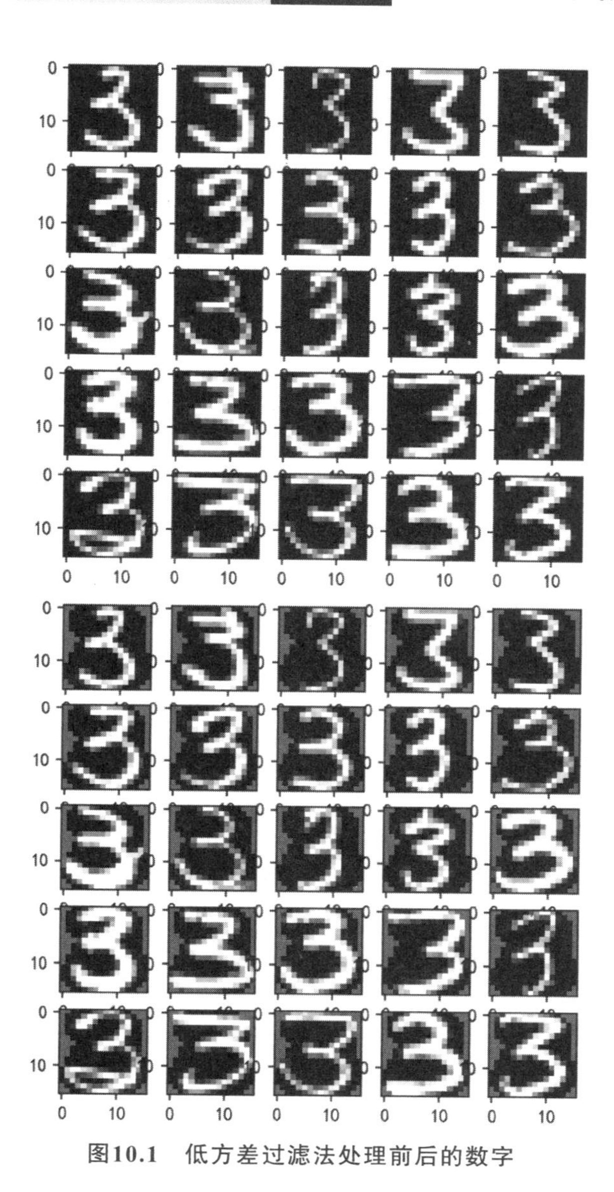

图10.1 低方差过滤法处理前后的数字

图 10.1 中的上图是手写体邮政编码数字的16×16点阵灰度数据对应的原始图像，共涉及 256 个变量，不同取值对应不同的灰度颜色。直观看，图中黑色区域尤其是图像左右边缘区域为数字背景区域，基本不包含对识别数字 3 有用的信息，对应的变量取值差异较小（因为视觉上均为黑色）。其余白色区域体现了各种手写体数字 3 的特点，对应的变量包含了或多或少的有用信息。

现采用低方差过滤法，过滤掉方差低于$\varepsilon=0.05$的 35 个变量，保留了 221 个变量。为直观展示变量过滤效果，将过滤掉的 35 个变量的取值均替换为 0，处理后的图像输出结果如图 10.1 中的下图所示。图中每个数字四周的灰色部分对应着 35 个取值为 0 的被过滤掉的低方差变量。直观看，这 35 个变量并没有导致数字 3 关键信息的丢失，不会对数字 3 识别模型的识别精度带来负面影响。

10.1.2 高相关过滤法中的方差分析

高相关过滤法认为，只有与输出变量具有较高相关性的变量才可能是重要的变量。分类预测中输出变量为分类型，输入变量可以是数值型，也可以是分类型。本节讨论考察单个数值型输入变量 X 与分类型输出变量 y 相关性的方法：涉及F统计量的方差分析。

1. 方差分析概述

方差分析是统计学的经典分析方法，用来研究一个分类型控制变量，其各类别值是否对数值型的观测变量产生了显著影响。例如：分析不同施肥量级（分类型控制变量）是否给农作物亩产量（数值型观测变量）带来显著影响；考察地区差异（分类型控制变量）是否会影响多孩生育率（数值型观测变量）；研究学历（分类型控制变量）是否对工资收入（数值型观测变量）有影响等。所谓“影响”，是指在一定假设条件下，若控制变量有不同类别值，也称水平值下的输入变量的总体均值存在显著差异，即可以认为控制变量对观测变量产生了影响，两者具有相关性。

因方差分析可分析分类型变量和数值型变量之间的相关性，所以可将方差分析应用于分类预测中变量相关性的研究。例如，分析消费水平 y（分类型）是否与月收入 X（数值型）有关。其中的控制变量对应分类型输出变量 y，观测变量对应数值型输入变量 X。后续将采用方差分析的术语。此外，需强调的是，统计学研究的出发点是：将训练集的输入变量 X_1，X_2，…，X_p，均视为来自输出变量不同取值总体的一个随机样本。

2. 方差分析的基本原理

方差分析方法借助统计学中的假设检验进行研究。假设检验是一种基于样本数据以小概率原理为指导的反证方法。小概率原理的核心思想是发生概率很小的小概率事件，在一次特定的观察中是不会出现或发生的。

（1）假设检验：提出假设。

假设检验的首要任务是提出原假设（记为 H_0）和备择假设（记为 H_1）。原假设是基于样本数据希望推翻的假设，备择假设是希望证明成立的假设。

在单因素方差分析中，若控制变量 y 有 K 个水平，原假 H_0 为：$\mu_1=\mu_2=\cdots=\mu_K$，备择假设 H_1为：$\mu_1\neq\mu_2\neq\cdots\neq\mu_K$。其中，$\mu_1$，$\mu_2$，…，$\mu_K$ 为观测变量 X 在控制变量 K 个水平下的总体均值，如图 10.2 所示。

图 10.2 中控制变量 y 为消费水平，观测变量 X 为月收入。视数据 X_{11}，X_{12}，…，X_{1n_1}，X_{21}，X_{22}，…，X_{2n_2}等为来自总体均值为 μ_1，μ_2（未知）等各总体的一组随机样本。可见，原假设意味着控制变量不同水平未对观测变量产生影响，即不能认为 X 与 y 有关。备择假设是相反的结论，即 X 与 y 有关。后续需基于样本数据，判定是否可以推翻原假设、接受备择假设。

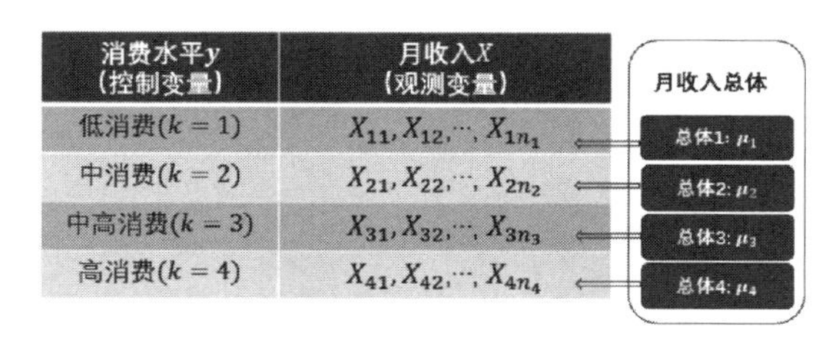

图10.2 方差分析示意

可否推翻原假设、接受备择假设的基本依据是：计算在原假设成立前提下，得到当前样本所反映出的特定特征或更极端特征的概率，称为概率 P 值。

若概率 P 值很小，即原假设成立前提下得到当前样本特征的概率是一个小概率事件，则依据小概率原理，这个小概率事件本应不出现，而之所以出现，是因为原假设是错误的，应推翻原假设、接受备择假设。因此，问题的关键有两个：第一，如何判断是否为小概率事件。第二，如何计算概率 P 值。

（2）假设检验：给出显著性水平。

对于上述第一个问题，统计学一般以显著性水平 α 作为小概率的标准，通常取 0.05。

显著性水平 α 是一个概率值，测度的是原假设为真却拒绝它而犯错误的概率，也称弃真错概率。如果概率 P 值小于显著性水平 α，表明原假设成立前提下，获得当前样本特征或更极端特征的概率是一个小概率，依小概率原理可以拒绝原假设、接受备择假设，且此时犯弃真错的概率较小且小于 α。反之，如果概率 P 值大于显著性水平 α，表明原假设成立前提下获得当前样本特征的概率不是个小概率，不能拒绝原假设，且此时拒绝原假设犯弃真错的概率较大且大于 α。

（3）假设检验：构造检验统计量，计算概率 P 值。

需构造一个检验统计量解决概率 P 值的计算问题。

为此，方差分析的出发点是：认为观测变量 X 的取值变动（变差）受到控制变量 y 和随机因素两方面的影响，于是可将观测变量 X 总的离差平方和（用于测度变差）分解为与之对应的两个部分：$SST = SSA + SSE$。SST（Sum Square of Total）为 X 的总离差平方和；SSA（Sum Square of Factor A）称为组间（Between Group）离差平方和，是对 y（这里称为 A 因素）不同水平所导致的 X 取值变差的测度；SSE（Sum Square of Error）称为组内（Within Group）离差平方和，是对抽样随机性导致的 X 取值变差的测度。

具体讲，总离差平方和定义为：

$$SST = \sum_{k=1}^{K}\sum_{i=1}^{N_k}(X_{ki} - \bar{X})^2 \tag{10.1}$$

式中，X_{ki} 表示 y 在第 k 水平下的第 i 个样本观测值；N_k 为 y 在第 k 水平下的样本量；$\bar{X}$ 为 X 总的样本均值。组间离差平方和定义为：

$$SSA = \sum_{k=1}^{K} N_k(\bar{X}_k - \bar{X})^2 \tag{10.2}$$

式中，$\bar{X}_k$ 为 y 在第 k 水平下 X 的样本均值。可见，组间离差平方和是各水平均值与总均值离差的平方和，反映了y的不同水平对X的影响。组内离差平方和定义为：

$$SSE = \sum_{k=1}^{K}\sum_{i=1}^{N_k}(X_{ki} - \bar{X}_k)^2 \tag{10.3}$$

可见，组内离差平方和是每个样本观测与本水平样本均值离差的平方和，反映了随机抽样对X的影响。

进一步，方差分析研究SST与SSA和SSE的大小比例关系。容易理解：若在SST中SSA和SSE各占近一半，即$SSA:SSE \approx 1$，则不能说明X的变动主要是由y的不同水平引起的；若$SSA:SSE \gg 1$，则可以说明X的变动主要是由y的不同水平导致的，X与y有关。但由于SSA和SSE的计算结果中掺杂了样本量N_k和y的水平数K大小的影响，应剔除这些影响。为此可将上述比例计算修正为：$F_{观测值} = \dfrac{SSA/(K-1)}{SSE/(N-K)} = \dfrac{MSA}{MSE}$。其中，$MSA$是平均的组间离差平方和，称为组间方差；$MSE$是平均的组内离差平方和，称为组内方差。可见，若$F_{观测值}$远远大于 1，即可认为$X$与$y$有关。

分子和分母服从卡方分布的统计量服从F分布。

判定$F_{观测值}$是否远远大于 1 需要一个公认的标准。绝妙之处在于，理论上$F_{观测值}$在原假设成立条件下恰好服从自由度为$K-1$和$N-K$个的F分布，因而称之为F统计量。它就是方差分析中的检验统计量。知道了分布就可依据分布计算任意$F \geqslant F_{观测值}$的概率，这个概率就是前文所述的概率P值。

若概率P值较大且大于给定的显著性水平α，则说明在原假设成立的条件下，有较大的概率得到当前样本的特征或更极端的特征，无法拒绝原假设，即不能拒绝X与y无关。反之，若概率P值较小且小于显著性水平α，则说明在原假设成立的条件下，仅有很小的概率得到当前样本的特征或更极端的特征，是个小概率事件，大概率下是无法得到的，因此应推翻原假设、接受备择假设，即认为X与y有关。可见，F分布起了非常重要的作用。图 10.3 给出了不同自由度下的F分布的密度函数曲线。因篇幅所限，这里不给出相应的 Python 代码，有兴趣的读者可自行阅读本书配套的 Python 程序（文件名：chapter10-1-1.ipynb），以对该问题做进一步了解。

图 10.3 显示，随着两个自由度的不断增大，F分布逐渐趋于对称分布。$P(F \geqslant F_{观测值})$为图中右侧斜线部分的面积。

针对过滤式策略下的特征选择，相关性的度量结果就是$P(F \geqslant F_{观测值})$，阈值ε即为显著性水平α。应过滤掉$P(F \geqslant F_{观测值}) > \alpha$的不重要的变量，筛选出重要变量，并由此构建新的训练集。

图 10.4 为手写体邮政编码数字进行高相关过滤处理前后的图像（详见 10.1.4 节）。图 10.4 中左图是手写体邮政编码数字的16×16点阵

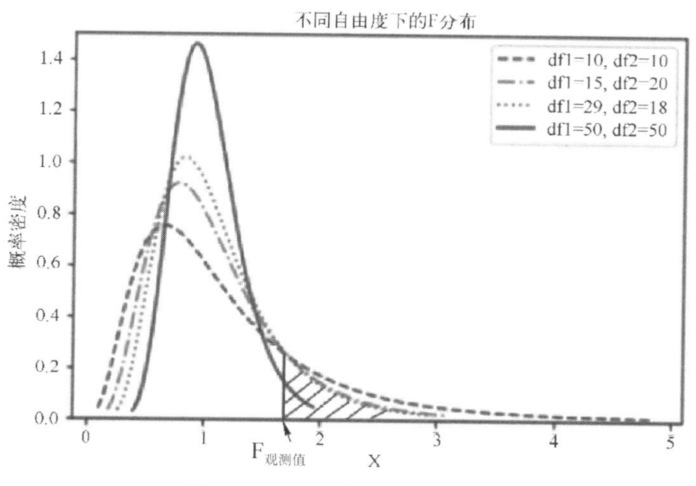

图10.3　不同自由度的F分布

灰度数据对应的原始图像，共涉及 256 个变量。其中黑色区域为数字的背景区域，其余部分对刻画和识别数字有重要作用。现采用高相关过滤法找到有助于识别 1 和 3 的最重要的 100 个输入变量。其中，控制变量 y 取值为数字 3 和 1，观测变量 X 依次为 256 个灰度值数据。为直观展示变量筛选效果，将过滤掉的 156 个变量取值均替换为 0，处理后的图像输出结果如图 10.4 中右图所示。

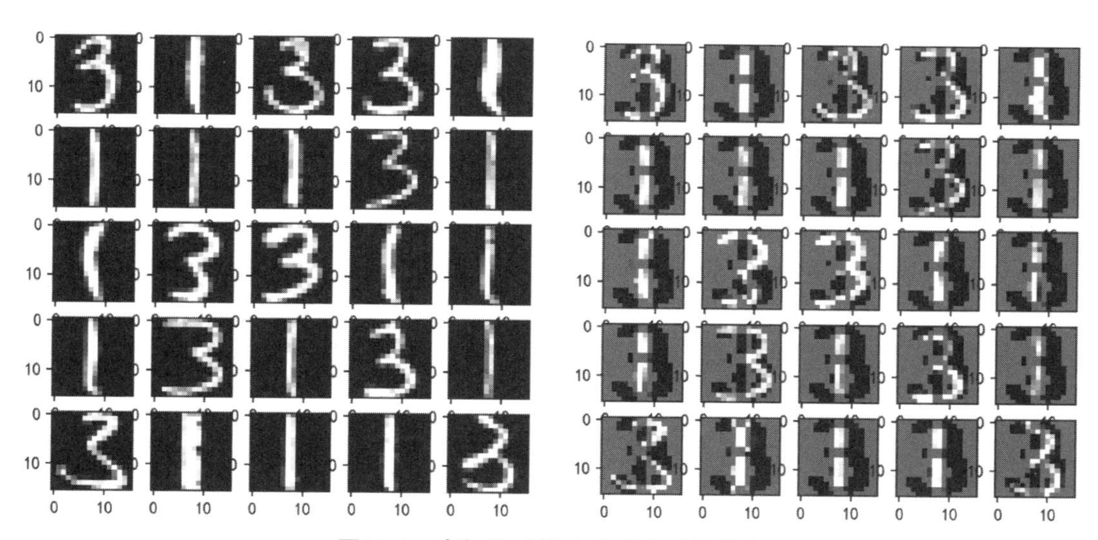

图10.4　高相关过滤法处理前后的数字

右图中每个数字四周的灰色部分对应的是取值替换为 0 的不重要变量，直观上极少包含对识别数字有用的信息。其余非灰色部分包含有用信息，和 y 的取值（3 或 1）高度相关。白色部分体现了原数字的特点，黑色是对区别数字 3 和 1 有重要作用的变量。例如，第一行第二列原本是数字 1，处理后白色部分对应着对识别数字 1 重要的变量。其余本应均为灰色，之所以留黑的原因是，黑色部分对应着对识别数字 3 重要的变量，所以这些变量是不能替换为 0 的，因而呈现出 1 和 3 叠加的现象。

10.1.3 高相关过滤法中的卡方检验

高相关过滤法认为，只有与输出变量具有较高相关性的变量才可能是重要的变量。分类预测中输出变量为分类型，输入变量可以是数值型，也可以是分类型。本节讨论考察单个分类型输入变量X与分类型输出变量y相关性的方法：涉及χ^2统计量的卡方检验。

1. 卡方检验概述

卡方检验也是统计学中的经典方法，它基于表 10.1 所示的列联表，研究表中两个分类型变量之间的相关性。可将卡方检验应用于分类预测中变量相关性的研究。例如，分析收入水平y（分类型）是否与学历水平X（分类型）相关。

表10.1 列联表示例

收入水平y（输出变量）	学历水平X（输入变量）			合计
	低学历1	中学历2	高学历3	
低收入1	N_{11}	N_{12}	N_{13}	$N_{1.}$
中收入2	N_{21}	N_{22}	N_{23}	$N_{2.}$
中高收入3	N_{31}	N_{32}	N_{33}	$N_{3.}$
高收入4	N_{41}	N_{42}	N_{43}	$N_{4.}$
合计	$N_{.1}$	$N_{.2}$	$N_{.3}$	N

表中涉及两个分类型变量，其中收入水平为输出变量y，学历水平为输入变量X。表格单元中的N_{11}，N_{12}，…，N_{43}为两变量各交叉分组水平下的样本量，也称实际频数（人数）。$N_{.1}$，$N_{.2}$等为列合计，$N_{1.}$，$N_{2.}$等为行合计。需强调的是，统计学研究的出发点是：将基于训练集生成的上述列联表，视为来自两个总体（y的总体和X的总体）的一个随机样本的随机结果。

2. 卡方检验的基本原理

卡方检验以N_{11}，N_{12}，…，N_{43}为数据对象，借助统计学中的假设检验，对y和X的相关性进行研究。与 10.1.2 节类似，首先提出原假设，然后基于列联表数据考察是否可以推翻原假设、接受备择假设。

（1）提出假设。

卡方检验的原假设H_0为y和X不相关，备择假设H_1为y和X相关。

对于表 10.1，原假设H_0中y和X不相关的含义是：整体上各学历水平的人数之比等于$N_{.1}:N_{.2}:N_{.3}$。y和X不相关意味着，理论上，任意第$i\,(i=1, 2, 3, 4)$个收入水平组中各学历水平的理论（或期望）频数（人数）F_{i1}，F_{i2}，F_{i3}之比，应均等于整体比例$N_{.1}:N_{.2}:N_{.3}$，即$F_{i1}:F_{i2}:F_{i3}=N_{.1}:N_{.2}:N_{.3}$，即$\frac{F_{i1}}{N_{i.}}:\frac{F_{i2}}{N_{i.}}:\frac{F_{i3}}{N_{i.}}=\frac{N_{.1}}{N}:\frac{N_{.2}}{N}:\frac{N_{.3}}{N}$。这意味着各期望频数为：$F_{i1}=N_{i.}\frac{N_{.1}}{N}$，$F_{i2}=N_{i.}\frac{N_{.2}}{N}$，$F_{i3}=N_{i.}\frac{N_{.3}}{N}$。

（2）构造检验统计量，计算概率P值。

上述仅是个假设，需基于实际频数N_{i1}，N_{i2}，N_{i3}与原假设成立下的期望频数F_{i1}，F_{i2}，F_{i3}的整体差异大小，判断是否可以推翻原假设。度量这个整体差异的统计量定义为：

$$\chi^2_{观测值}=\sum_{i=1}^{r}\sum_{j=1}^{c}\frac{(F_{ij}-N_{ij})^2}{F_{ij}} \tag{10.4}$$

式中，r，c分别代表列联表的行数和列数（不包含表格中的合计项）。可见，$\chi^2_{观测值}$的大小取决于各单元格的$(F_{ij}-N_{ij})^2$，若各单元格的实际频数和期望频数均差异较大进而导致$\chi^2_{观测值}$很大，就不得不推翻原假设。

判断$\chi^2_{观测值}$是否很大同样需要一个公认的标准。绝妙之处在于，理论上$\chi^2_{观测值}$在原假设成立条件下恰好服从自由度为$(r-1)(c-1)$的卡方分布，因而称之为χ^2统计量。它就是卡方检验中的检验统计量。知道了分布就可依据分布计算任意$\chi^2\geqslant\chi^2_{观测值}$的概率，这个概率就是10.1.2节所述的概率$P$值。

随机变量X服从正态分布，$\sum X^2$服从卡方分布。

若概率P值较大且大于给定的显著性水平α，则说明在原假设成立的条件下，有很大的概率得到当前的实际频数N_{11}，N_{12}，…，N_{43}，它们与原假设成立下的期望频数F_{11}，F_{12}，…，F_{43}的整体差异较小，因此无法拒绝原假设，即不能拒绝X与y不相关。反之，若概率P值较小且小于显著性水平α，则说明在原假设成立的条件下，仅有很小的概率得到当前的实际频数N_{11}，N_{12}，…，N_{43}，即这是一个小概率事件。在大概率下实际频数与原假设成立下的期望频数F_{11}，F_{12}，…，F_{43}的整体差异较大，所以应推翻原假设、接受备择假设，即认为X与y相关。可见，卡方分布起了非常重要的作用。图10.5给出了不同自由度的卡方分布的密度函数曲线。因篇幅所限，这里不给出相应的Python代码，有兴趣的读者可自行阅读本书配套的Python程序（文件名：chapter10-1-1.ipynb），以对该问题做进一步了解。

图10.5显示，卡方分布（自由度大于1时）是近似对称分布。$P\left(\chi^2\geqslant\chi^2_{观测值}\right)$为图中右侧斜线部分的面积。

针对过滤式策略下的特征选择，相关性的度量结果就是$P\left(\chi^2\geqslant\chi^2_{观测值}\right)$，阈值$\varepsilon$即为显著性水平$\alpha$。应过滤掉$P\left(\chi^2\geqslant\chi^2_{观测值}\right)>\alpha$的不重要的变量，筛选出重要变量，并由此构建新的训练集。

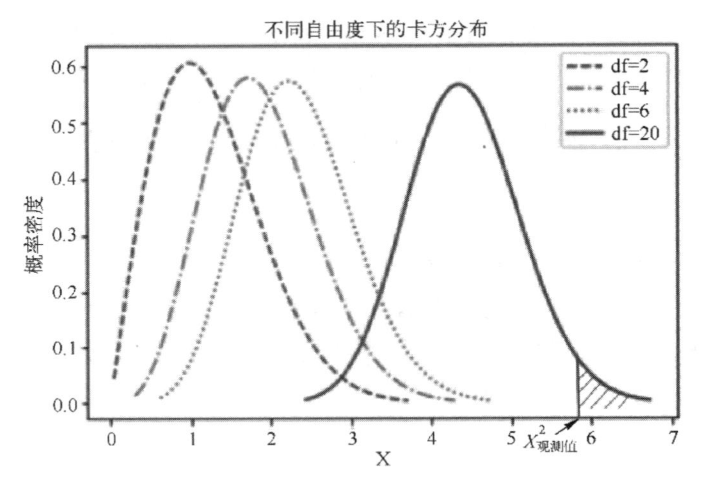

图10.5 不同自由度的卡方分布

10.1.4 Python 应用实践：过滤式策略下手写体邮政编码数字的特征选择

本节以 8.5.1 节讨论过的手写体邮政编码数据（数据文件名：邮政编码数据 .txt）为例，展示如何基于 Python 编程实现基于过滤式策略的特征提取。首先导入 Python 的相关包或模块。为避免重复，这里将本章需要导入的包或模块一并列出如下，# 后面给出了简短的功能说明。

```
1  #本章需导入的模块
2  import numpy as np
3  import pandas as pd
4  import matplotlib.pyplot as plt
5  from pylab import *
6  import matplotlib.cm as cm
7  import warnings
8  warnings.filterwarnings(action = 'ignore')
9  %matplotlib inline
10 plt.rcParams['font.sans-serif']=['SimHei']  #解决中文显示乱码问题
11 plt.rcParams['axes.unicode_minus']=False
12 from sklearn import svm  #建立基于支持向量机的预测模型
13 import sklearn.linear_model as LM  #建立线性模型
14 import scipy.stats as st  #统计学中统计量的计算
15 from scipy.optimize import root,fsolve #优化求解
16 from sklearn.feature_selection import  VarianceThreshold,SelectKBest,f_classif,chi2 #过滤法特征选择
17 from sklearn.feature_selection import RFE,RFECV,SelectFromModel #包裹式策略下的特征选择
18 from sklearn.linear_model import Lasso,LassoCV,lasso_path,Ridge,RidgeCV #嵌入式策略下的特征选择
19 from sklearn.linear_model import enet_path,ElasticNetCV,ElasticNet #嵌入式策略下的特征选择
```

基本思路如下：

（1）首先，针对手写体邮政编码数字 3，采用低方差过滤法进行特征选择。由 10.1.1 节的讨论可知，低方差过滤法的特征选择并不涉及输出变量，从这个意义上看，属无监督算法范畴。

（2）然后，针对手写体邮政编码数字 3 和 1，采用高相关过滤法进行特征选择。高相关过滤法涉及输出变量，属有监督算法范畴。

Python 代码（文件名：chapter10-2.ipynb）如下。为便于阅读，我们将代码运行结果直接放置在相应代码行下方。以下将分段对 Python 代码做说明。

1. 低方差过滤法下的数字特征选择

行号	代码和说明
1	data = pd.read_table(' 邮政编码数据 .txt',sep=' ',header=None) # 读入文本格式文件，数据以空格分隔，无标题行
2	tmp = data.loc[data[0]==3] # 选出数字 3
3	X = tmp.iloc[:,1:-1] # 指定输入变量 X(所有特征)
4	np.random.seed(1) # 设置随机数种子以重现随机结果
5	ids = np.random.choice(len(X),25) # 随机抽取 25 行数据得到其行索引
6	plt.figure(figsize=(8,8)) # 指定图形大小
7	for i,item in enumerate(ids): # 利用循环逐个对所抽取的 25 行数据进行如下处理
8	img = np.array(X.iloc[item,]).reshape((16,16)) # 改变数据的形状为 16 行 16 列
9	plt.subplot(5,5,i+1) # 在 5 行 5 列绘图单元的 i+1 个单元上绘图
10	plt.imshow(img,cmap=cm.gray) # 显示图像

■ **代码说明**

（1）第 1 至 4 行：读入手写体邮政编码数字的点阵数据。仅选择数字 3 作为分析对象。确定输入变量。

（2）第 5 至 6 行：随机抽样 25 个手写体数字 3 的点阵数据。

（3）第 8 至 11 行：利用 for 循环逐个展示 25 个手写体数字 3。

每个数字都是16×16的灰度点阵数据，对应 256 个变量。通过函数 imshow() 转换为图像并显示，如图 10.1 中的左图所示。其中黑色部分均可视为数字背景，对所有的 3 来讲，它们对应的变量取值差异是很小的。接下来将采用低方差过滤法过滤掉方差较低的变量。

行号	代码和说明
1	selector = VarianceThreshold(threshold=0.05) # 创建低方差过滤对象 selector, 参数 threshold=0.05 指定过滤阈值等于 0.05，即过滤掉方差低于 0.05 的变量
2	selector.fit(X) # 对输入变量 X 进行低方差过滤
3	print(“剩余变量个数：%d"%len(selector.get_support(True))) 剩余变量个数：221
4	X = selector.inverse_transform(selector.transform(X)) # 将所有低方差变量的变量值均替换为 0
…	……# 显示低方差过滤后的数字图像，略去

■ **代码说明**

（1）以上省略号部分在之前代码中重复出现过且不影响对原理的理解，故略去以节约篇幅。完整 Python 程序请参见本书配套代码。

（2）第 1 行：利用函数 VarianceThreshold() 实现低方差过滤，定义低方差过滤法对象 selector，其中参数 threshold=0.05 表示指定过滤阈值等于 0.05，即过滤掉方差低于 0.05 的变量。

（3）第 3 行：显示低方差过滤后的特征选择结果。利用低方差过滤对象的方法 .get_support(True) 得到特征选择结果，本例保留了 221 个特征（变量），其余 35 个均为低方差变量（方差值存储在 .variances_ 属性中），是对后续研究意义不大的变量。

（4）第 4 行：selector.transform(X) 存储的是一个 2 维列表，这里的行数 658 表示有 658 个数字 3，列数 221 为过滤后保留下来的特征。可利用 inverse_transform(selector.transform(X))，将所有低方差变量的变量值均替换为 0，为后续直观展示低方差变量的具体情况做数据准备。

所绘制的两幅数字 3 的图像如图 10.1 所示。其中左图是数字 3 的原始图像，右图为令低方差变量取值为 0 后的图像。图形显示，过滤后并没有导致识别数字 3 的关键信息丢失。

2. 高相关过滤法下的数字特征选择

针对手写体邮政编码数字 3 和 1，采用高相关过滤法进行特征选择。

行号	代码和说明
1	tmp = data.loc[(data[0]==1) | (data[0]==3)] # 选出数字 3 和 1
2	X = tmp.iloc[:,1:-1] # 指定输入变量 X(所有特征)
3	Y = tmp.iloc[:,0] # 指定输出变量 y
…	……# 随机抽取 25 个数字并显示原始图像，略去
12	selector = SelectKBest(score_func=f_classif,k=100) # 基于 F 统计量从大到小的顺序挑选 TOP100 个（k=100）重要特征
13	selector.fit(X,Y) # 基于 X 和 y 进行特征选择
14	print("变量重要性评分：",selector.scores_[0:5]) 变量重要性评分： [5.10898495 21.93357405 82.3841514 282.84509937 719.07806468]
15	print("变量的概率 P 值 :",selector.pvalues_[0:5]) 变量的概率P值：[2.39312394e-002 3.05218712e-006 3.08578340e-019 9.82205018e-059 6.44143983e-132]
16	X = selector.inverse_transform(selector.transform(X)) # 将低相关变量的变量值均替换为 0
…	……# 显示高相关过滤后的数字图像，略去

■ **代码说明**

（1）以上省略号部分在之前代码中重复出现过且不影响对原理的理解，故略去以节约篇幅。完整 Python 程序请参见本书配套代码。

（2）第 12 行：利用函数 SelectKBest() 实现高相关过滤法。参数 score_func=f_classif 指定采用 F 统计量，还可以指定为 chi2 即为卡方统计量；参数 k=100 表示筛选出最重要，即 F（或卡方）统计量最大的前 100 个变量。

（3）第 14 至 15 行：输出前 5 个变量的特征选择结果，分别为 10.1.2 节的$F_{观测值}$以及相应的概率 P 值：$P\left(F \geqslant F_{观测值}\right)$，依次存储在高相关过滤对象的 .scores_ 和 .pvalues_ 属性中。从输出结果看，第 3,4,5 个变量的概率 P 值极小，应该是对识别数字 1 和 3 有重要意义的变量。

所绘制的两幅数字 3、1 的图像如图 10.4 所示。其中左图是数字的原始图像，右图为令低相关变量取值为 0 后的图像。图形显示，过滤掉的不重要变量均是对识别数字 3 和 1 没有重要影响的变量。

需要注意的是，过滤式策略可实现对单个变量重要性的逐一判断。当输入变量相互独立时是个不错的策略。但若输入变量 X_i 和输入变量 X_j 存在一定相关性，当变量 X_i 较为重要进入新的训练集后，与 X_i 同等重要的变量 X_j 会因与 X_i 相关而“显得不再重要”进而无须再进入训练集。所以，当输入变量存在相关性时，应采用 10.2 节讨论的方法进行特征选择。

10.2 包裹式策略下的特征选择

包裹式（Wrapper）策略，即将特征选择“包裹”到一个指定的预测模型中。它将预测模型作为评价变量重要性的工具，完成重要变量的筛选，并由此构建新的训练集，为后续建立基于重要变量的预测模型奠定基础。

包裹式策略通常借助一个预测模型，依据变量对预测模型损失函数（或目标函数）影响的大小，给出变量重要性的打分。在全部变量X_1，X_2，…，X_p中，若变量X_i可以最大限度地降低损失函数值，则变量X_i的重要性最大。相反，若变量X_i仅能最小限度地降低损失函数值，则变量X_i的重要性最小。因此最终可得到变量重要性的排序结果。可依据排序结果筛选前若干个重要变量构建新的训练集，为后续基于新训练集建立预测建模奠定变量基础。

事实上，当前较为流行的包裹式策略下的特征选择方法，并不关注变量重要性的具体得分值，而是希望给出一系列具有嵌套关系的输入变量子集$\mathbf{F1}\subset\mathbf{F2}\subset\cdots\subset\mathbf{F}$。其中，$\mathbf{F1}$包含重要性最高的前$m$个变量，$\mathbf{F2}$包含前$m+n$个变量，通常$n=1$。以此类推，$\mathbf{F}$包含了全体共$p$个变量$X_1$，$X_2$，…，$X_p$。可见，输入变量子集同样起到了变量重要性排序的作用。

10.2.1 包裹式策略的基本思路

包裹式策略的基本思路是进行反复迭代。每次迭代均给出剔除当前最不重要变量后的特征（变量）子集。设当前变量集$\mathbf{S}=\mathbf{F}=\{X_1, X_2, \cdots, X_p\}$，当前的重要变量集$\mathbf{r}_0=\mathbf{F}$。将进行第$p$次如下迭代过程：

第一步，基于包含$|\mathbf{S}|$个输入变量的集合$\mathbf{S}$，建立预测模型M_S；计算M_S的损失函数（或目标函数）值L_s。

第二步，执行$|\mathbf{S}|$次以下循环：

（1）剔除$\mathbf{S}$中的一个变量$X_i\ (i=1, 2, \cdots)$，建立预测模型$M_S^{-\kappa(X_i)}$。$-\kappa(X_i)$表示除变量X_i之外的变量集合（例如，$-\kappa(X_i)=\{X_1, X_2, \cdots, X_{i-1}, X_{i+1}, \cdots, X_p\}$）。

（2）计算$M_{\mathbf{S}}^{-\kappa(X_i)}$的损失函数（或目标函数）值$L_{\mathbf{s}}^{-\kappa(X_i)}$，以及$\Delta L^{-\kappa(X_i)}=\left|L_{\mathbf{s}}^{-\kappa(X_i)}-L_{\mathbf{s}}\right|$。显然，$\Delta L^{-\kappa(X_i)}$为剔除$X_i$所导致的损失函数（或目标函数）值的变化量。$\Delta L^{-\kappa(X_i)}$越大意味着$X_i$越重要，$\Delta L^{-\kappa(X_i)}$越小意味着$X_i$越不重要。

第三步，找到$\min\left(\Delta L^{-\kappa(X_i)}\right)$的变量$X_i$，将其从$\mathbf{S}$中剔除，且$\mathbf{r}_p\leftarrow\mathbf{S}$。$\mathbf{r}_p$为第$p$次迭代后的重要变量子集。

第四步，重复第一步至第三步，直到$\mathbf{S}=\{\}$迭代结束。

迭代结束将得到若干个重要变量子集：$\mathbf{r}_0\supset\mathbf{r}_1\supset\mathbf{r}_2\supset\cdots\supset\mathbf{r}_p$。其中包含的变量个数依次减少。$\mathbf{r}_1$为剔除了最不重要变量后的变量子集，$\boldsymbol{r}_p$中为最重要的变量。

2007年坎宁安（Cunningham）和德拉尼（Delany）提出的特征选择方法就是包裹式策略的具体体现。不同点在于，以上算法是从当前变量集合$\mathbf{S}$中不断剔除最不重要变量的过程，而坎宁安的算法迭代开始时变量集合$\mathbf{S}$是空集，后续将不断从备选变量集中挑选出当前最重要的变量依次进入集合$\mathbf{S}$。

包裹式策略中的预测模型M_{S}理论上可以是包括支持向量机在内的任何模型，例如贝叶斯分类器、KNN、决策树以及神经网络等。这些预测模型有的以损失函数最小为目标，有的考虑了模型的复杂度，以目标函数最小为目标求解参数。此外，每次迭代均是在控制模型中其他输入变量$X_j\,(j \ne i)$影响的条件下，判定变量X_i的重要性，因此是对X_i与输出变量y净相关或对y净贡献程度的度量，从而很好地排除了输入变量相关性对变量重要性评价的影响。

X和y的净相关是排除了其他变量与X和y的相关性之后的X和y的相关。

10.2.2 递归式特征剔除法

包裹式策略下较为著名的特征选择方法是 2002 年瓦普尼克（Vapnik）等学者提出的递归式特征剔除（Recursive Feature Elimination，RFE）算法，其预测模型为支持向量机。后续人们也将该算法推广到所有能给出变量系数的其他线性预测模型中。

Isabelle Guyon, Jason Weston, Stephen Barnhill, and Vladimir Vapnik. Gene Selection for Cancer Classification Using Support Vector Machines. Machine Learning, 2002, 46: 389–422.

RFE 算法从计算效率角度对包裹式策略进行了优化，提出可直接依据预测模型中变量$\mathbf{X}_i$的系数判断变量的重要性。

例如，一般线性回归方程为$y = \beta_0 + \beta_1 X_1 + \beta_2 X_2 + \cdots + \beta_p X_p$，若每个输入变量$X_i\,(i = 1,\ 2,\ \cdots,\ p)$均经过了标准化处理，$\beta_i$和$\beta_j$就具有可比性。具有较大$|\beta_i|$值的变量$X_i$重要性较高。反之，$|\beta_i|$值越小，变量$X_i$越不重要。

设当前变量集$\mathbf{S} = \mathbf{F} = \{X_1,\ X_2,\ \cdots,\ X_p\}$，当前的重要变量集$\mathbf{r}_0 = \mathbf{F}$。基于上述思想，RFE 算法进行第$p$次如下迭代过程：

第一步，基于包含$|\mathbf{S}|$个输入变量的集合$\mathbf{S}$，训练支持向量机M_{S}。

第二步，计算变量重要性。

由第 9 章的讨论可知，支持向量机M_{S}中的超平面参数为：$\boldsymbol{w}^{(M_{\mathrm{S}})} = \sum_{n=1}^{L} a_n y_n \boldsymbol{X}_n$（有$L$个支持向量）。于是可方便地得到超平面方程中任意输入变量$X_i \in \mathbf{S}$前的系数$w_i^{(M_{\mathrm{S}})} = \sum_{n=1}^{L} a_n y_n X_{ni}$。而且以$\left(w_i^{(M_{\mathrm{S}})}\right)^2$作为变量$X_i$重要性的度量，绝对值越大，变量越重要。

第三步，找到$\min\left(\left[w_i^{(M_{\mathrm{S}})}\right]^2\right)$的变量$X_i$，将其从$\mathbf{S}$中剔除，且$\mathbf{r}_p \leftarrow \mathbf{S}$。$\mathbf{r}_p$为第$p$次迭代后的重要变量子集。

第四步，重复第一步至第三步，直到$\mathbf{S} = \{\}$迭代结束。

迭代结束将得到若干个重要变量子集：$\mathbf{r}_0 \supset \mathbf{r}_1 \supset \mathbf{r}_2 \supset \cdots \supset \mathbf{r}_p$。其中包含的变量个数依次减少。$\mathbf{r}_1$为剔除了最不重要变量后的变量子集，

$\mathbf{r}_p$ 中为最重要的变量。

在后续的 RFE 拓展算法中，预测模型可以是包括支持向量机在内的其他模型，诸如 Logistic 回归模型等广义线性模型。只要这些模型能够给出变量 X_i $(i=1, 2, \cdots, p)$ 的系数 w_i，就可以 w_i 的函数（如 w_i^2）作为变量重要性的度量。

10.2.3 基于交叉验证的递归式特征剔除法

基于交叉验证的递归式特征剔除法（Recursive Feature Eliminationbased on Cross-Validation，RFECV）的基本原理与 RFE 相同。不同之处在于，它以 K 折交叉验证法下的测试误差最低为标准确定预测模型参数。

设当前变量集 $\mathbf{S}=\mathbf{F}=\left\{X_1, X_2, \cdots, X_p\right\}$，当前的重要变量集 $\mathbf{r}_0=\mathbf{F}$。RFECV 算法进行第 p 次如下迭代过程：

第一步，基于包含 $|\mathbf{S}|$ 个输入变量的集合 $\mathbf{S}$，采用 K 折交叉验证法建立 K 个支持向量机 $M_{\mathrm{S}}(k)$，$k=1, 2, \cdots, K$。

第二步，找到 K 折交叉验证法下测试误差最低的 $M_{\mathrm{S}}(k)$。

第三步，基于 $M_{\mathrm{S}}(k)$ 计算变量重要性。

同理，$M_{\mathrm{S}}(k)$ 中超平面参数为 $\boldsymbol{w}^{(M_{\mathrm{S}}(k))}=\sum_{n=1}^{L} a_n y_n \boldsymbol{X}_n$（有 L 个支持向量）。于是可方便地得到超平面方程中任意输入变量 $X_i \in \mathbf{S}$ 前的系数 $w_i^{(M_{\mathrm{S}}(k))}=\sum_{n=1}^{L} a_n y_n X_{ni}$。而且以 $\left[w_i^{(M_{\mathrm{S}}(k))}\right]^2$ 作为变量 X_i 重要性的度量，值越大，变量越重要。

第四步，找到 $\min\left(\left[w_i^{(M_{\mathrm{S}}(k))}\right]^2\right)$ 的变量 X_i，将其从 $\mathbf{S}$ 中剔除，且 $\mathbf{r}_p \leftarrow \mathbf{S}$。$\mathbf{r}_p$ 为第 p 次迭代后的重要变量子集。

第五步，重复第一至第四步，直到 $\mathbf{S}=\{\}$ 迭代结束。

迭代结束将得到若干个重要变量子集：$\mathbf{r}_0 \supset \mathbf{r}_1 \supset \mathbf{r}_2 \supset \cdots \supset \mathbf{r}_p$。其中包含的变量个数依次减少。$\mathbf{r}_1$ 为剔除了最不重要变量后的变量子集，$\mathbf{r}_p$ 中为最重要的变量。

RFECV 基于测试误差判定变量重要性，考虑了输入变量对模型泛化性能的影响。

10.2.4 Python 应用实践：包裹式策略下手写体邮政编码数字的特征选择

本节仍以 8.5.1 节讨论过的手写体邮政编码数据（数据文件名：邮政编码数据 .txt）为例，展示如何基于 Python 编程实现包裹式策略下的特征提取。基本思路如下：

（1）抽取手写体邮政编码数字 3 和 1 的数据，后续仅基于这部分数据进行特征选择。

（2）分别以二项 Logistic 回归和支持向量机为预测模型，基于 REF 算法实现包裹式策略下的特征提取。

（3）分别显示以二项 Logistic 回归和支持向量机为预测模型时数字 3 和 1 的特征选择

结果以做直观对比。

Python 代码（文件名：chapter10-3.ipynb）如下。为便于阅读，我们将代码运行结果直接放置在相应代码行下方。

行号	代码和说明
1	data = pd.read_table(' 邮政编码数据 .txt',sep=' ',header=None)
2	tmp = data.loc[(data[0]==1) | (data[0]==3)] # 选出数字 3 和 1
3	X = tmp.iloc[:,1:-1] # 指定输入变量 X(所有特征)
4	Y = tmp.iloc[:,0].astype(str) # 指定输出变量 Y
5	np.random.seed(1) # 指定随机数种子使随机结果可以重现
6	ids = np.random.choice(len(X),25) # 随机抽取 25 个字符，显示特征选择前后的图像
7	estimators = [LM.LogisticRegression(),svm.SVC(kernel='linear')] # 指定预测模型分别为二项 Logistic 回归模型和支持向量分类机
8	for estimator in estimators: # 利用循环实现不同预测模型下的 RFE 特征选择
9	selector = RFE(estimator=estimator,n_features_to_select=80) # 创建指定预测模型，选择最重要的 80 个特征的 RFE 对象 selector
10	selector.fit(X,Y) # 基于 X 和 Y 进行特征选择
11	print(“变量重要性排名 %s"%selector.ranking_[0:5]) 变量重要性排名 [176 170 130 69 27] 变量重要性排名 [177 176 110 69 7]
12	Xtmp = selector.inverse_transform(selector.transform(X)) # 将不重要变量的变量值均替换为 0
…	……# 显示特征选择后的数字图像，略去

■ 代码说明

（1）以上省略号部分在之前代码中重复出现过且不影响对原理的理解，故略去以节约篇幅。完整 Python 程序请参见本书配套代码。

（2）第 1 至 4 行：读入手写体邮政编码数字数据。选择数字 1 和 3 的点阵数据，后续将采用包裹式策略中的 RFE 算法找到对识别数字 1 和 3 有重要作用的变量。确定输入变量和输出变量。

（3）第 7 行：指定 RFE 算法中的预测模型分别为二项 Logistic 回归和广义线性可分下的支持向量分类机。后续将依据预测模型给出的变量系数判断变量重要性。

（4）第 8 行以后，分别以二项 Logistic 回归和广义线性可分情况下的支持向量分类机为预测模型，提取最重要的 80 个特征，并对特征选择结果进行可视化展示。

利用函数 RFE() 实现包裹式策略的特征选择，这里定义了 RFE 对象并设置参数 n_features_to_select=80 指定选出最重要的 80 个特征。RFE 对象的 .ranking_ 属性中存储变量重要性的排名，排名为 1 的变量是筛出的重要变量。.n_features_ 中存储重要特征的数量。将不重要变量的变量值均替换为 0 后，两种预测模型下的特征提取结果的可视化图形如图 10.6 所示。

图 10.6 左右两图分别是二项 Logistic 回归和支持向量机的特征选择结果，白色区域展示了原数字的特征，黑色区域对应的变量是对区分数字 3 和 1 有重要作用的变量。可以看到左右两幅图的结果不尽相同，主要差异体现在部分图像的边缘区域上。进一步，从第 11 行的输出结果，即从 RFE 对象的 .ranking_ 属性中存储的变量重要性排名结果看，例如，二项 Logistic 回归认为最重要的前 5 个变量为 176、170、130、69 和 27 号变量，而支持

向量机给出的排名是177、176、110、69和7号变量。事实上，重要性评价不一致的变量大多对应着图像的边缘区域，可以看到二项Logistic回归剔除了较多的图像边缘和临近数字边缘的变量，而支持向量机做了适当的取舍。

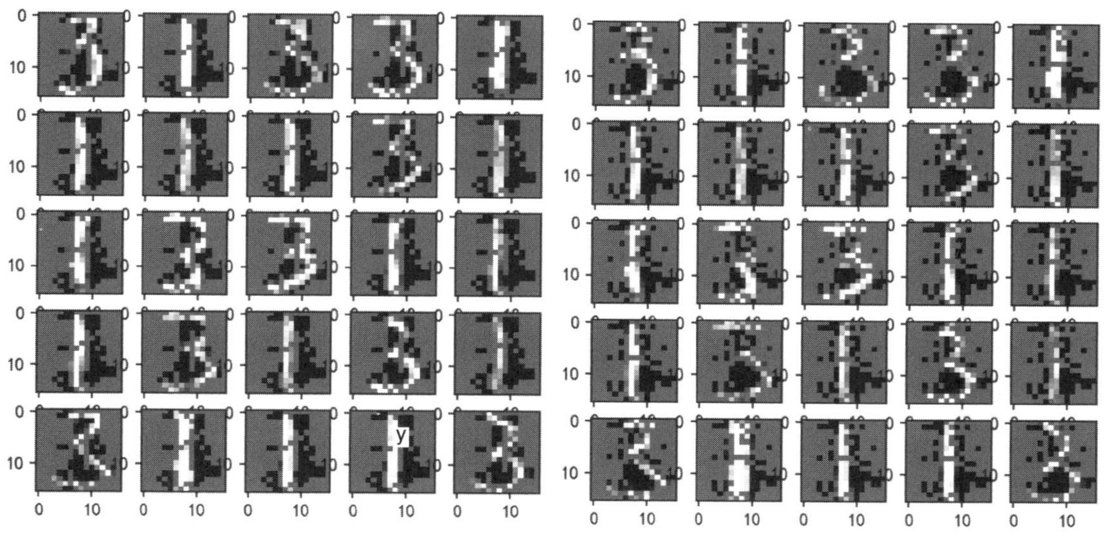

图10.6 基于二项Logistic回归和支持向量机的RFE算法特征选择结果

10.3 嵌入式策略下的特征选择

嵌入式策略将特征选择过程嵌套在预测模型的训练中，既能够考察输入变量的重要性，也可同时给出最终的预测模型。嵌入式策略下的特征选择借助带约束的预测建模实现。

以下重点讨论该策略的典型代表：岭回归、Lasso回归和弹性网回归。

10.3.1 岭回归和Lasso回归

1. 基本思路

带约束的预测建模与RFE算法有相同的设计出发点，认为：以一般线性回归为例，$y=\beta_0+\beta_1X_1+\beta_2X_2+\cdots+\beta_pX_p$中，系数$\beta_i^2$越大，变量$X_i$越重要；系数$\beta_i^2$越小，变量$X_i$越不重要。如果回归方程中$X_1$，$X_2$，…，$X_p$均为重要性很高的变量，则$\sum_{i=1}^{p}\beta_i^2$或$\sum_{i=1}^{p}|\beta_i|$应很大。反之，如果回归方程中$X_1$，$X_2$，…，$X_p$均为不重要的变量，则$\sum_{i=1}^{p}\beta_i^2$或$\sum_{i=1}^{p}|\beta_i|$应很小。

应注意的是，若变量均不重要，但p很大也会导致$\sum_{i=1}^{p}\beta_i^2$或$\sum_{i=1}^{p}|\beta_i|$不那么小。所以$\sum_{i=1}^{p}\beta_i^2$或$\sum_{i=1}^{p}|\beta_i|$值中“掺杂”了p大小的影响，值本身“虚夸”了输入变量整体的重要性。

进一步，如果模型中包含了少量重要变量和大量不重要变量，$\sum_{i=1}^{p}\beta_i^2$或$\sum_{i=1}^{p}|\beta_i|$可能并不小，但为使大量不重要的变量不进入模型，可指定进入模型的所有变量，其系数$\sum_{i=1}^{p}\beta_i^2$或$\sum_{i=1}^{p}|\beta_i|$小于某个阈值s即可，不能再增大了。

2. 岭回归和Lasso回归模型

基于上述设计出发点，在基于平方损失函数估计模型参数时，不仅要求损失函数最小：

$$\hat{\boldsymbol{\beta}}=\arg\min_{\boldsymbol{\beta}}\sum_{i=1}^{N}L(y_i,\ \hat{y}_i)=\arg\min_{\boldsymbol{\beta}}\sum_{i=1}^{N}\left(y_i-\left(\beta_0+\beta_1X_1+\beta_2X_2+\ldots+\beta_pX_p\right)\right)^2$$

还需增加约束条件：

$$\sum_{i=1}^{p}\beta_i^2\leqslant s \tag{10.5}$$

或者

$$\sum_{i=1}^{p}|\beta_i|\leqslant s \tag{10.6}$$

式中，s为阈值，是一个可调参数。增加约束条件之后，可确保回归方程中包含的$k<p$个输入变量$X_i\ (i=1,\ 2,\ \cdots,\ k)$的整体重要性较高。通常，式（10.5）中的$\sqrt{\sum_{i=1}^{p}\beta_i^2}$称为L2 范数，记为$\|\boldsymbol{\beta}\|_2$，$\sum_{i=1}^{p}\beta_i^2$记为$\|\boldsymbol{\beta}\|_2^2$，称为平方 L2 范数。称式（10.6）中的$\sum_{i=1}^{p}|\beta_i|$为 L1 范数，记为$\|\boldsymbol{\beta}\|_1$。

显然该问题的参数求解应采用 9.2.2 节讨论的不等式约束条件下的求解方法。为便于阐述平方 L2 范数约束和 L1 范数约束的实际意义，以仅包含X_1，X_2两个变量的二元回归模型为例讨论。其中，损失函数为：$\arg\min_{\boldsymbol{\beta}}\sum_{i=1}^{N}L(y_i,\hat{y}_i)=\arg\min_{\boldsymbol{\beta}}\sum_{i=1}^{N}\left(y_i-\left(\beta_0+\beta_1X_1+\beta_2X_2\right)\right)^2$，约束条件为：$\sum_{i=1}^{2}\beta_i^2\leqslant s$，或$\sum_{i=1}^{2}|\beta_i|\leqslant s$。两者的不同可从图 10.7 中直观看到。

图 10.7 中的椭圆为损失函数的等高线。越接近椭圆内部，损失值越小。没有约束条件时，在$\boldsymbol{\beta}=\hat{\boldsymbol{\beta}}$（椭圆中心位置）时损失函数取得最小值，$\hat{\boldsymbol{\beta}}$为参数$\boldsymbol{\beta}$的最优解。当增加约束条件时，对于平方 L2 范数约束$\beta_1^2+\beta_2^2\leqslant s$，对应图 10.7 左图中的圆（$s$为圆的半径）；对于 L1 范数约束：$|\beta_1|+|\beta_2|\leqslant s$，对应图 10.7 右图中的菱形（$s$为$1/2$的菱形对角线长）。根据 9.2.2 节的讨论，参数$\boldsymbol{\beta}$的最优解应在等高线与圆或菱形的相切点C处取得。

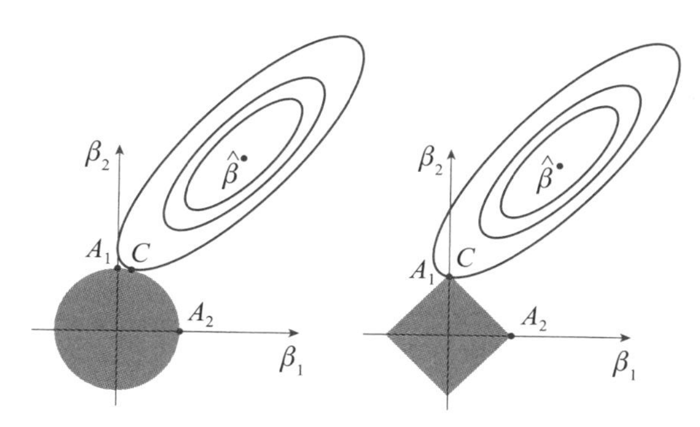

图10.7　平方L2范数约束（左）和L1范数约束（右）

上述规划求解可以等价表述为以下目标函数：

$$\text{obj}(\boldsymbol{\beta})=\sum_{i=1}^{N}\left(y_i-\beta_0-\sum_{j=1}^{p}\beta_j X_{ij}\right)^2+\alpha\sum_{i=1}^{p}\beta_i^2 \tag{10.7}$$

$$\text{obj}(\boldsymbol{\beta})=\sum_{i=1}^{N}\left(y_i-\beta_0-\sum_{j=1}^{p}\beta_j X_{ij}\right)^2+\alpha\sum_{i=1}^{p}|\beta_i| \tag{10.8}$$

式（10.7）是名为岭回归（Ridge Regression）的目标函数，式（10.8）是名为最小绝对收缩选择因子（Least Absolute Shrinkage and Selection Operator，Lasso），简称Lasso回归的目标函数。α为一个非负的可调参数，称为收缩参数。

两种回归的目标函数均由两项组成：第一项为平方损失（损失函数），度量模型的训练误差；第二项本质上度量了模型的复杂度（通常模型的复杂度以待估参数的个数度量），也称为模型的正则化（Regularization）项，两式分别采用的是L2正则化和L1正则化。

理想情况下希望得到训练误差和模型复杂度均最小的模型。但由于训练误差低时模型复杂度高，模型复杂度低时训练误差高，两项不能同时最小，因此只能求两者之和最小的模型，即

$$\hat{\boldsymbol{\beta}}=\min_{\boldsymbol{\beta}}\left[\sum_{i=1}^{N}\left(y_i-\beta_0-\sum_{j=1}^{p}\beta_j X_{ij}\right)^2+\alpha\sum_{i=1}^{p}\beta_i^2\right] \tag{10.9}$$

$$\hat{\boldsymbol{\beta}}=\min_{\boldsymbol{\beta}}\left[\sum_{i=1}^{N}\left(y_i-\beta_0+\sum_{j=1}^{p}\beta_j X_{ij}\right)^2+\alpha\sum_{i=1}^{p}|\beta_i|\right] \tag{10.10}$$

式中，收缩参数α本质上是惩罚参数，起到了对模型复杂度的惩罚作用。当α较小，极端情况下$\alpha\to 0$时，最小化目标函数即为最小化损失函数，等价于采用最小二乘估计的一般线性回归（详见3.1节）。此时模型的训练误差最小，复杂度最高（包含p个输入变量）；当α较大，极端情况下$\alpha\to\infty$时，最小化目标函数即为最小化正则项，此时模型为所有系数$\beta_i=0$的最简单的模型，训练误差最大。可见，α起到了平衡模型训练误差和复杂度的作用。

3. 收缩参数 α 对回归系数和模型误差的影响

图 10.8 展示了对图 10.4 中左图的手写体邮政编码数字，采用 Lasso 回归识别数字 1 和 3 时，收缩参数α变化给各回归系数以及模型训练误差（这里是错判率）带来的变化（详见 10.3.3 节）。

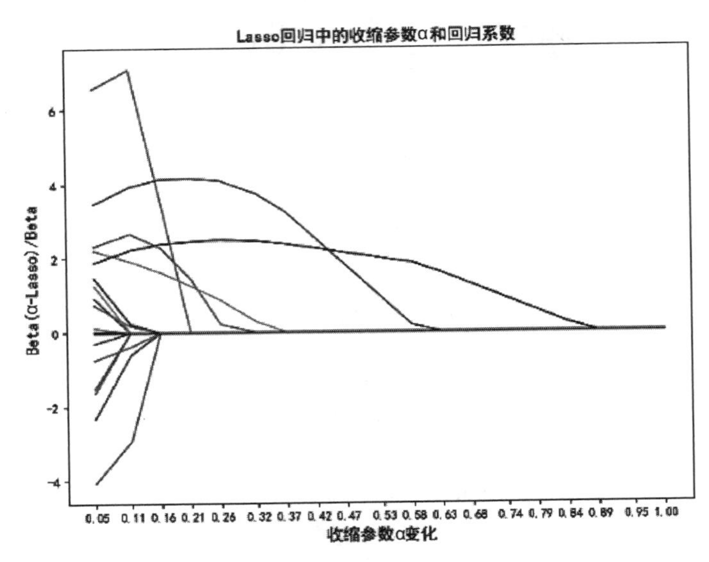

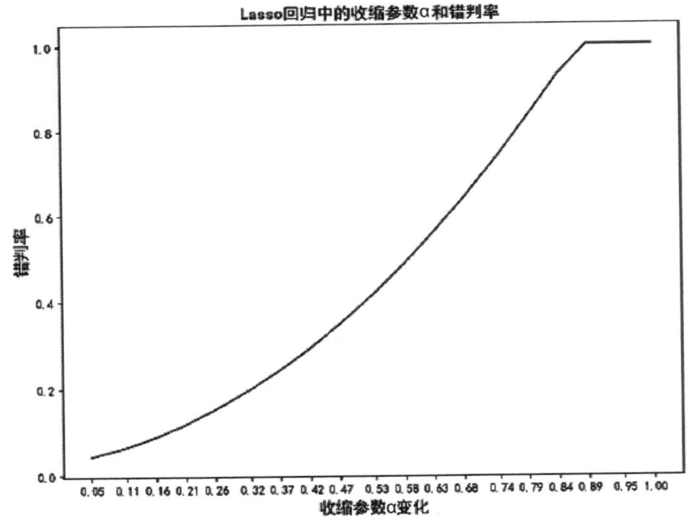

图10.8　Lasso回归和错判率与收缩参数 α 的变化

这里，指定收缩参数α从小到大分别取 20 个不同值（$[0,0.05,0.11,0.16,0.21,\cdots,0.95,1.0]$）。将$\alpha=0$，即一般线性回归的回归系数记为$\beta_i$ $(i=1，2，\cdots，p=256)$，将$\alpha>0$时的 Lasso 回归系数记为$\beta_i^{(\alpha-Lasso)}$。两回归系数之比为$\beta_i^{(\alpha-Lasso)}/\beta_i$。图 10.8 中上图为收缩参数$\alpha$从小到大变化过程中两系数比的变化情况，不同颜色对应不同的$\beta_i^{(\alpha-Lasso)}/\beta_i$ $(i=1，2，\cdots，256)$。下图为收缩参数α从小到大变化过程中各模型的错判率变化情况。

图 10.8 上图中，两系数比越接近 0 表示 $\beta_i^{(\alpha-Lasso)}$ 越接近 0。可见，$\alpha=0.05$时有较多系数 $\beta_i^{(\alpha-Lasso)}$ 与 0 有较大差异，意味着模型包含了较多的输入变量，模型复杂较高（但低于一般线性模型），与此对应的图 10.8 下图中的模型错判率较低。后续，随着α逐渐增大，有大量系数 $\beta_i^{(\alpha-Lasso)}$ 快速近似为 0（两系数比近似等于 0）。$\alpha=0.89$时几乎所有系数 $\beta_i^{(\alpha-Lasso)}=0$或$\beta_i^{(\alpha-Lasso)}\to 0$，模型最简单，与此对应的图 10.8 下图中模型错判率很高。

进一步，细致观察 α 变化导致系数 $\beta_i^{(\alpha-Lasso)}$ 变化的情况，如图 10.9 所示。图 10.9 中横坐标为$-\log_{10}(\alpha)$。从右向左可以看到 α 从小变大对系数 $\beta_i^{(\alpha-Lasso)}$的影响，其间有较多系数快速收缩为 0 或近似为 0。

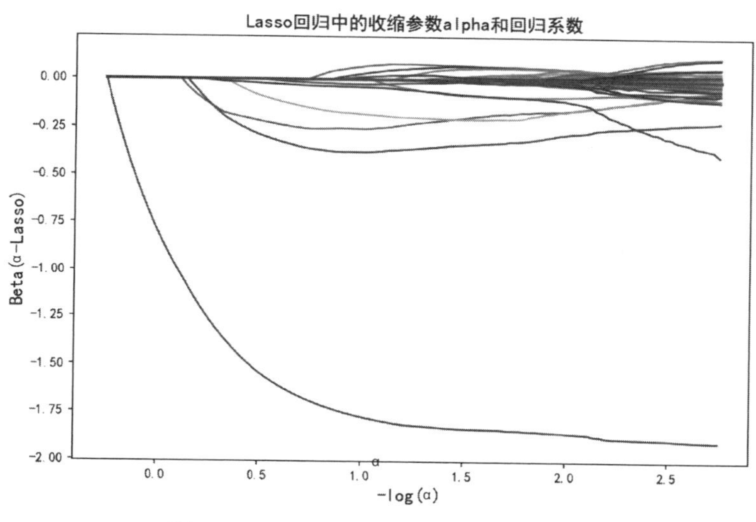

图10.9 Lasso回归系数和惩罚参数 α

4. L2正则化还是L1正则化

进一步，正则项应采用 L2 正则化还是 L1 正则化？从降低模型复杂度来看，总是希望得到有较多的$\beta_i=0$时的简单模型。以二元回归模型为例，即总是希望$\beta_1=0$或$\beta_2=0$。由于最优解只能出现在图 10.9 所示的圆周或菱形边上，因此只可能在A_1，A_2两个点上得到简单模型。若 s =1，因 L1 正则化 A_1 到 A_2 的直线长（$\sqrt{2}$）小于 L2 正则化 A_1 到 A_2 的弧线长（$\frac{\pi}{2}$），所以 L1 正则化较 L2 正则化有更高的概率处于A_1，A_2 两个点上，也即有更多的机会将 β_i 严格约束为 0。可见，从特征选择角度应倾向采用 L1 正则化，$\beta_i=0$ 的变量 X_i 是不重要的变量。更具体的讨论详见 10.3.3 节。

10.3.2 弹性网回归

从 10.3.1 节的讨论可知，L1 范数约束（Lasso 回归）更适于进行特征选择。同时正如图 10.10 左图所示，平方 L2 范数约束（岭回归）最优解下的损失函数小于 L1 范数约束最优解下的损失函数，因此两者各有所长。为此可将其结合，这就是弹性网（Elastic Net）回归。

弹性网回归是嵌入式策略下特征选择的优秀方法，是对 Lasso 回归和岭回归的结合及拓展，它同时引入 L1 正则化和 L2 正则化，目标函数为：

$$\sum_{i=1}^{N}\left(y_i-\beta_0-\sum_{j=1}^{p}\beta_j X_{ij}\right)^2+\alpha\sum_{j=1}^{p}\left(\gamma\beta_j^2+(1-\gamma)\left|\beta_j\right|\right) \tag{10.11}$$

式中，α 仍为收缩参数。$0\leqslant\gamma\leqslant 1$，$\gamma=0$ 时为 Lasso 回归，$\gamma=1$ 时为岭回归。该系数可控制岭回归和 Lasso 回归的“贡献”率，称为 L2 范数率。γ 取不同值时的约束如图 10.10 中右图所示。例如，$\gamma=0.2$ 时较偏 Lasso 回归，约束条件不仅保留了 Lasso 回归中的“顶角”（肉眼识别较困难），而且最优解下的损失函数较小且低于 Lasso 回归。因篇幅所限，这里未给出相应的 Python 代码，有兴趣的读者可自行阅读本书配套的 Python 程序（文件名：chapter10-1-2.ipynb），以对该问题做进一步了解。

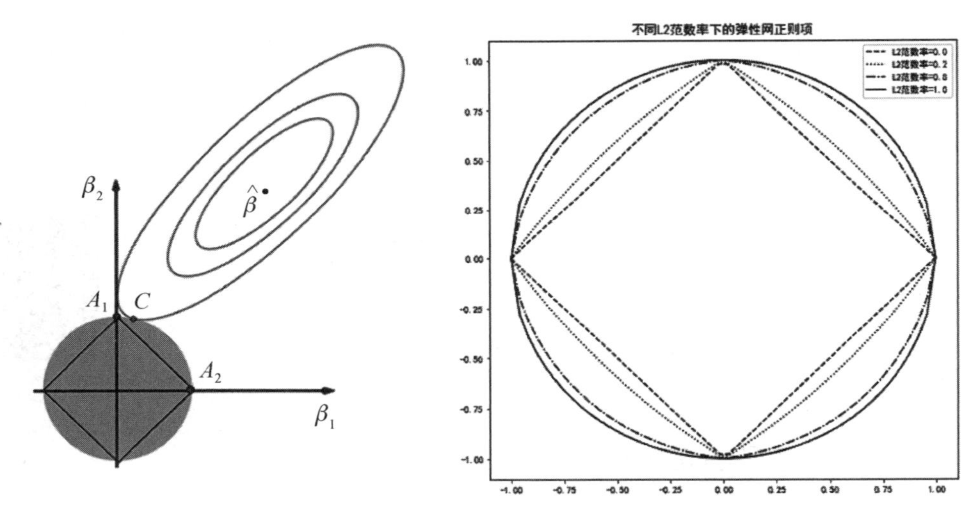

图10.10　L1和L2范数约束叠加和弹性网

Python 中弹性网回归的目标函数调整为：

$$\frac{1}{2N}\sum_{i=1}^{N}\left(y_i-\beta_0-\sum_{j=1}^{p}\beta_j X_{ij}\right)^2+\frac{\alpha(1-\gamma)}{2}\sum_{j=1}^{p}\beta_j^2+\alpha\gamma\sum_{j=1}^{p}\left|\beta_j\right| \tag{10.12}$$

注意，这里 $\gamma=0$ 时为岭回归，$\gamma=1$ 时为 Lasso 回归，故称 γ 为 L1 范数率。

L1 范数率是弹性网回归中的重要参数。图 10.11 展示了对图 10.4 中左图的手写体邮政编码数字，采用弹性网回归，L1 范数率分别为 $\gamma=0.2$，$\gamma=0.8$ 时，回归系数随收缩参数 α 变化而变化的情况（详见 10.3.3 节）。图 10.11 中从右至左的虚线，为弹性网回归中收缩参数 α 从小到大变化过程中回归系数的变化情况。左图的 L1 范数率 $\gamma=0.2$，右图的 $\gamma=0.8$，左图偏岭回归，右图偏 Lasso 回归。Lasso 回归的性质决定了，与左图相比，右图无须 $-\log_{10}(\alpha)$ 取很小值（α 取很大

值），就可以将更多回归系数约束为0，更利于特征选择。

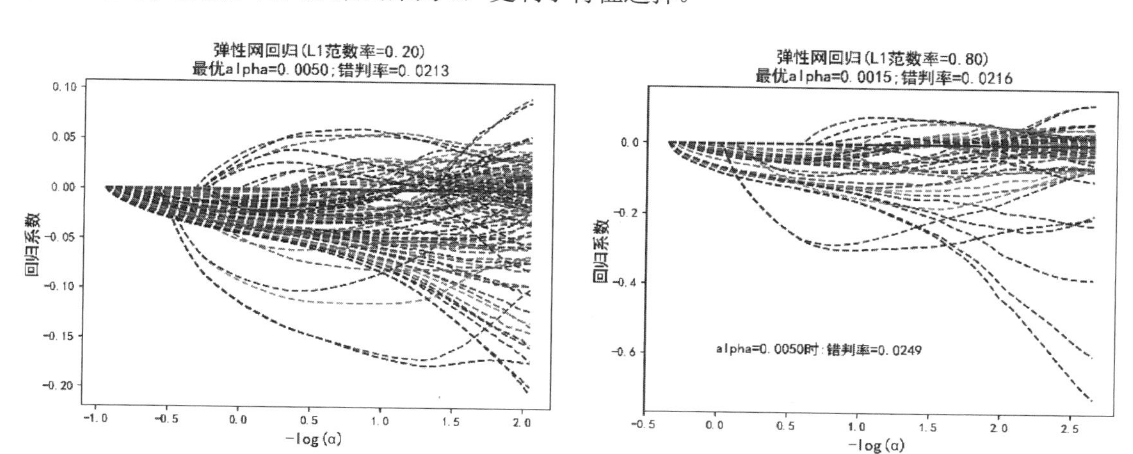

图10.11 弹性网回归的特征选择

进一步，在最优α值下左图偏岭回归的错判率略低于右图偏Lasso回归的情况。对右图偏Lasso的弹性网回归，若令其α等于左图的最优α值，即具有相同的复杂度惩罚，其错判率将高于偏岭回归的情况，这与岭回归的正则化特点密切相关。

10.3.3 Python应用实践：嵌入式策略下手写体邮政编码数据的特征选择

本节仍以8.5.1节讨论过的手写体邮政编码数据（数据文件名：邮政编码数据.txt）为例，展示如何利用Python编程实现嵌入式策略下的特征提取。我们将分别讨论基于Lasso回归的特征选择和基于弹性网的特征选择。

1. 基于Lasso回归的特征选择

这里将讨论基于Python的Lasoo回归以及特征选择，基本思路如下：

（1）抽取手写体邮政编码数字3和1的数据，后续仅基于这部分数据进行特征选择。

（2）基于Lasso回归的特征选择，重点关注Lasso回归中收缩参数α变化对特征选择的影响以及参数α的优化过程。最后基于Lasso回归模型完成特征选择，并与岭回归进行对比。

Python代码（文件名：chapter10-4.ipynb）如下。为便于阅读，我们将代码运行结果直接放置在相应代码行下方。以下将分段对Python代码做说明。

行号	代码和说明
1	data = pd.read_table('邮政编码数据.txt',sep=' ',header=None)
2	tmp = data.loc[(data[0]==1) | (data[0]==3)] #选出数字3和1
3	X = tmp.iloc[:,1:-1]; Y = tmp.iloc[:,0].astype(str) #指定输入变量X(所有特征)，指定输出变量Y

4	alphas = list(np.round(np.linspace(0,1,20),2)) # 指定收缩参数 α 的取值范围：[0,1] 共 20 个不同取值
5	coef = np.zeros((len(alphas),X.shape[1])) # 存储回归系数 ,coef 为 20 行 256 列的 2 维数组，初值为 0
6	err = [] # 存储不同收缩参数 α 下模型的错判率
7	for i,alpha in enumerate(alphas): # 利用循环建立 α 取不同值的 Lasso 回归
8	modelLasso = Lasso(alpha=alpha) # 建立 Lasso 回归对象 modelLasso, 参数 alpha 取当前值
9	modelLasso.fit(X,Y) # 基于 X 和 Y 估计 modelLasso 的模型参数
10	if i==0: # 当 α=0 时 coef 的第 1 行（索引 0）保存的是一般线性模型的系数 β
11	coef[i]=modelLasso.coef_
12	else: # 当 α>0 时 coef 保存的是两系数比：Lasso 回归系数 β(α-Lasso)/β
13	coef[i]=(modelLasso.coef_/coef[0])
14	err.append(1-modelLasso.score(X,Y)) # 计算并保存当前 α 值下模型的错判率
15	fig,axes=plt.subplots(nrows=1,ncols=2,figsize=(20,7))
16	for i in np.arange(0,X.shape[1]): # 利用循环分别绘制每个系数随 α 值变化而变化的曲线，共 265 条线
17	axes[0].plot(alphas[1:],coef[1:,i])
…	……# 设置图形标题等，略去
22	axes[1].plot(alphas[1:],err[1:]) # 绘制不同 α 取值下模型错判率变化曲线
…	……# 设置图形标题等，略去

■ 代码说明

（1）以上省略号部分在之前代码中重复出现过且不影响对原理的理解，故略去以节约篇幅。完整 Python 程序请参见本书配套代码。

（2）第 5 行：coef 存储回归系数，为 20 行 256 列的 2 维数组，对应收缩参数取 20 个不同值时 256 个系数比，初值为 0。coef 的第一行为 $\alpha=0$（即一般线性回归）下的各回归系数。之后各行为 α 从小到大取值下的系数比：$\beta_i^{(\alpha-Lasso)}/\beta_i\,(i=1,2,\cdots,256)$。

所绘制的 $\beta_i^{(\alpha-Lasso)}/\beta_i\,(i=1,2,\cdots,256)$ 随 $\alpha>0$ 增加的变化曲线图以及错判率随 $\alpha>0$ 增加的变化曲线图，如图 10.8 所示。图形显示，随 α 的增大，有大量系数 $\beta_i^{(\alpha-Lasso)}$ 快速近似为 0，模型由复杂到简单，且错判率逐渐增加。可见，收缩参数 α 起到了控制模型复杂度和误差的作用。收缩参数 α 不能过大，也不能过小，确定合理的收缩参数是非常重要的。进一步细致观察 α 变化导致系数 $\beta_i^{(\alpha-Lasso)}$ 变化的情况。

行号	代码和说明
1	fig = plt.figure(figsize=(9,6)) # 指定图形大小
2	alphas_lasso, coefs_lasso, _ = lasso_path(X, Y) # 利用 lasso_path 自动获得不同 α 取值下的回归系数
3	print(alphas_lasso) # 显示收缩参数 α 的 100 个取值

```
[1.79133554 1.67060552 1.5580123  1.45300748 1.35507964 1.26375181
 1.17857917 1.09914688 1.02506806 0.9559819  0.89155192 0.8314643
 0.77542639 0.72316525 0.67442633 0.62897225 0.58658163 0.54704799
 0.51017879 0.47579444 0.44372749 0.41382174 0.38593154 0.35992105
 0.33566357 0.31304097 0.29194306 0.27226707 0.25391718 0.23680402
 0.22084422 0.20596006 0.19207904 0.17913355 0.16706055 0.15580123
 0.14530075 0.13550796 0.12637518 0.11785792 0.10991469 0.10250681
 0.09559819 0.08915519 0.08314643 0.07754264 0.07231652 0.06744263
 0.06289723 0.05865816 0.0547048  0.05101788 0.04757944 0.04437275
 0.04138217 0.03859315 0.0359921  0.03356636 0.0313041  0.02919431
 0.02722671 0.02539172 0.0236804  0.02208442 0.02059601 0.0192079
 0.01791336 0.01670606 0.01558012 0.01453007 0.0135508  0.01263752
 0.01178579 0.01099147 0.01025068 0.00955982 0.00891552 0.00831464
 0.00775426 0.00723165 0.00674426 0.00628972 0.00586582 0.00547048
 0.00510179 0.00475794 0.00443727 0.00413822 0.00385932 0.00359921
 0.00335664 0.00313041 0.00291943 0.00272267 0.00253917 0.00236804
 0.00220844 0.0020596  0.00192079 0.00179134]
```

4	plt.plot(-np.log10(alphas_lasso), coefs_lasso.T) # 绘制不同 α 取值下的回归系数变化曲线图
…	……# 设置图形标题等，略去

■ 代码说明

（1）以上省略号部分在之前代码中重复出现过且不影响对原理的理解，故略去以节约篇幅。完整 Python 程序请参见本书配套代码。

（2）第 2 行：利用函数 lasso_path() 自动计算收缩参数α由大到小取 100 个不同值（Python 自动确定）时的各个回归系数。函数 lasso_path() 将返回α的取值以及对应的回归系数。

（3）第 4 行：绘制不同收缩参数α下回归系数的变化曲线图。

为便于展示，图中横坐标为$-\log(\alpha)$，值越大α越小。纵坐标为回归系数。所得图形如图 10.9 所示。该图更为细致地刻画了随 α 增大回归系数逐渐收缩为 0 的过程。

收缩参数 α 不能过大，也不能过小。以下将首先采用 K 折交叉验证法确定 Lasso 回归最优收缩参数 α，并借用包裹式策略完成特征选择。

行号	代码和说明
1	model = LassoCV() # 建立对象 model，默认采用 5 折交叉验证法确定最后收缩参数 α
2	model.fit(X,Y) # 基于 X 和 Y 估计 model 的模型参数
3	print('Lasso 剔除的变量 :%d'%sum(model.coef_==0)) Lasso剔除的变量:155
4	print('Lasso 的最优收缩参数α：%.4f'%model.alpha_) Lasso的最优收缩参数α：0.0012
5	estimator = Lasso(alpha=model.alpha_) # 建立基于最优收缩参数 α 的 Lasso 回归对象 estimator
6	selector = SelectFromModel(estimator=estimator) # 创建以 estimator 为预测模型的特征选择对象 selector
7	selector.fit(X,Y) # 基于 X 和 Y 估计 selector 的模型参数
8	print(" 阈值：%s"%selector.threshold_) # 阈值默认为特征重要性的均值，若估计器带有 L1 或 L2 范数，则阈值指定为 1e-05。 阈值：1e-05
9	print("保留的特征个数：%d"%len(selector.get_support(indices=True))) 保留的特征个数：101
10	Xtmp=selector.inverse_transform(selector.transform(X)) # 令不重要变量的变量值均为 0
…	……# 随机抽取 25 个数字，展示特征选择后的图像，略去
18	modelLasso = Lasso(alpha=model.alpha_) # 建立最优收缩参数 α 下的 Lasso 回归模型 modelLasso
19	modelLasso.fit(X,Y) # 基于 X 和 Y 估计 modelLasso 的模型参数
20	print("Lasso 误差：%.2f"%(1-modelLasso.score(X,Y))) Lasso 误差：0.02

■ 代码说明

（1）以上省略号部分在之前代码中重复出现过且不影响对原理的理解，故略去以节约篇幅。完整 Python 程序请参见本书配套代码。

（2）第 1 行：利用 LassoCV() 采用默认的 5 折交叉验证确定 Lasso 回归中的最优收缩参数 α，并拟合数据。

（3）第 3 至 4 行：输出最优收缩参数 α 下系数收缩为 0 的变量个数。这里最优收缩参数$\alpha=0.001\,2$，共有 155 个变量的系数收缩为 0，也即剔除了 155 个变量保留了 101 个变量。

（4）第 6 行：基于 Lasso 回归模型完成特征选择，其中的预测模型为最优收缩参数 α 下的 Lasso 回归模型，且第 8 行显示这里重要变量的选择阈值为 1×10^{-5}。

将剔除变量的变量值均替换为 0。可视化特征选择后数字 1 和 3 的图像如图 10.12 所示。

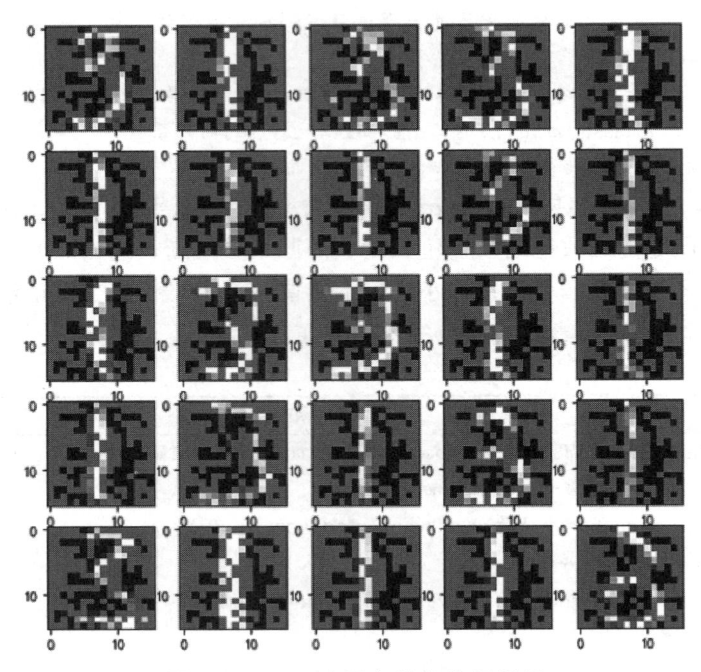

图10.12　Lasso回归特征选择展示

图 10.12 中，灰色之外区域对应的变量都是对识别数字 1 和 3 有意义的重要变量，这些特征在 Lasso 回归中被自动提取出来并建立预测模型。进一步，可将 Lasso 回归的特征提取与岭回归的特征提取进行比较。

行号	代码和说明
1	modelRidge = RidgeCV() # 建立基于默认的 5 折交叉验证法的岭回归对象 modelRidge
2	modelRidge.fit(X,Y) # 基于 X 和 Y 估计 modelRidge 的模型参数
3	print(' 岭回归剔除的变量 :%d'%sum(modelRidge.coef_==0)) 岭回归剔除的变量:0
4	print(' 岭回归最优 α： ',modelRidge.alpha_) 岭回归最优α： 10.0
5	print(' 岭回归的误差： %.2f'%(1-modelRidge.score(X,Y))) 岭回归的误差：0.02

■ 代码说明

（1）第 1 行：利用函数 RidgeCV()，基于默认的 5 折交叉验证法确定岭回归的最优收缩参数 α。

（2）第 3 至 5 行：给出岭回归最优收缩参数下剔除的变量个数以及模型误差等信息。结果显示，在最优收缩参数 $\alpha=10$ 下，岭回归的误差也可达到 2%（与 Lasso 回归相同），但此时没有一个变量的系数收缩为0，意味着在相同的误差下，岭回归模型的复杂度高于Lasso回归。

2. 基于弹性网回归的特征选择

以下仍抽取手写体邮政编码数字3和1的数据，后续仅基于这部分数据，采用弹性网回归进行特征选择。重点关注不同L1范数率下回归系数随收缩参数α变化的情况。基本思路如下：

（1）首先，令L1范数率分别为$\gamma=0.2$，$\gamma=0.8$。观察回归系数随收缩参数α变化的情况，确定最优收缩参数α。

（2）然后，建立不同L1范数率下基于最优收缩参数α的弹性网模型。

（3）基于弹性网完成特征选择。

Python代码（文件名：chapter10-5.ipynb）如下。为便于阅读，我们将代码运行结果直接放置在相应代码行下方。以下将分段对Python代码做说明。

行号	代码和说明
1	data = pd.read_table('邮政编码数据.txt',sep=' ',header=None)
2	tmp = data.loc[(data[0]==1) | (data[0]==3)] # 选出数字3和1
3	X = tmp.iloc[:,1:-1]; Y=tmp.iloc[:,0].astype(str) # 指定输入变量X(所有特征)，指定输出变量Y
4	fig,axes = plt.subplots(nrows=1,ncols=2,figsize=(15,5))
5	ratios = [0.2,0.8] # 指定L1范数率的取值范围
6	bestalpha = [] # 存储不同L1范数率下的最优收缩参数 α
7	for i,ratio in enumerate(ratios): # 利用循环找到不同L1范数率下的最优收缩参数 α
8	alphas_enet, coefs_enet, _ = enet_path(X,Y,l1_ratio=ratio) # 自动计算L1范数率(l1_ratio)下随收缩参数 α 变化的系数值
9	axes[i].plot(-np.log10(alphas_enet), coefs_enet.T, linestyle='--') # 绘制回归系数随 α 变化的曲线图
10	model=ElasticNetCV(l1_ratio=ratio) # 建立基于交叉验证找到L1范数率下的最优收缩参数 α 的对象model
11	model.fit(X,Y) # 基于X和Y估计model的模型参数
12	bestalpha.append(model.alpha_) # 获得最后收缩参数 α 并保存
…	……# 设置图形标题等，略去
17	model=ElasticNet(l1_ratio=0.8,alpha=bestalpha[0]) # 建立L1=0.8偏Lasso回归的弹性网，令 α 为L1=0.2偏岭回归时的最优 α
18	model.fit(X,Y) # 基于X和Y估计model的模型参数
19	axes[1].text(0,-0.6,"alpha=%.4f 时：错判率 =%.4f"%(bestalpha[0],1-model.score(X,Y)), fontdict={'size':'12','color':'b'}) # 在指定位置输出模型的误差

■ 代码说明

（1）以上省略号部分在之前代码中重复出现过且不影响对原理的理解，故略去以节约篇幅。完整Python程序请参见本书配套代码。

（2）第 5 行：令 L1 范数率分别取 0.2（偏岭回归）和 0.8（偏 Lasso 回归）。

（3）第 9 行开始，利用循环计算并展示 L1 范数率分别取 0.2 和 0.8 时，弹性网回归系数随收缩参数 α变化而变化的情况。

利用 enet_path() 计算指定 L1 范数率下，随收缩参数α变化（α将自动从大到小取 100 个不同值）的系数值。所绘制的画图如图 10.11 所示。图形显示，偏 Lasso 的弹性网回归可将更多回归系数快速约束为 0，更利于特征选择。

（4）第 10 至 12 行：利用 ElasticNetCV 默认采用 5 折交叉验证法，找到最优收缩参数α，结果存储在 model.alpha_ 中。

（5）第 17 至 19 行：建立偏 Lasso 的弹性网回归模型，且强制收缩参数等于偏岭回归下的最优收缩参数。计算误差，并显示在图 10.11 的右图中。结果表明，本例中偏 Lasso 的弹性网回归，当与岭回归有相等的复杂度惩罚时，其误差高于偏岭回归，这与岭回归的正则化特点密切相关。

进一步，可借助高相关过滤法完成特征选择。

行号	代码和说明
1	np.random.seed(1) # 指定随机数种子使随机化结果可以重现
2	ids = np.random.choice(len(Y),25) # 随机抽取 25 个数字以备绘图
3	for ratio,alpha in [(0.2,bestalpha[0]),(0.8,bestalpha[1])]: # 利用循环建立 L1=0.2 和 0.8 且最优收缩参数 α 下的弹性网回归
4	estimator = ElasticNet(l1_ratio=ratio,alpha=alpha) # 建立当前 L1 范数率和最优收缩参数 α 下的弹性网回归 estimator
5	selector = SelectFromModel(estimator=estimator) # 建立基于高相关过滤法以 estimator 为预测模型实现特征选择对象 selector
6	selector.fit(X,Y) # 基于 X 和 Y 估计 selector 的模型参数
7	print('L1 范数率 =%.2f; 最优 a=%.2f; 阈值 =%.3f; 保留特征数 =%d'%(ratio,alpha, selector. threshold_,len(selector.get_support(indices=True)))) L1范数率=0.20;最优α=0.0050;阈值=0.0100;保留特征数=77 L1范数率=0.80;最优α=0.0015;阈值=0.0096;保留特征数=68
8	Xtmp = selector.inverse_transform(selector.transform(X)) # 令不重要变量的变量值均为 0
…	……# 对随机抽取的 25 个数字，展示特征选择后的图像，略去

■ 代码说明

（1）以上省略号部分在之前代码中重复出现过且不影响对原理的理解，故略去以节约篇幅。完整 Python 程序请参见本书配套代码。

（2）第 3 行开始，利用循环分别建立基于最优收缩参数下的两个弹性网模型，并借助高弹性网完成特征选择。偏岭回归的弹性网（L1 范数率等于 0.2）选择了 77 个重要变量，偏 Lasso 回归的弹性网（L1 范数率等于 0.8）选择了 68 个重要变量，可见后者更适合应用于特征选择的场景。不同特征选择方案下的数字可视化结果也有差异，因篇幅所限这里不再给出。

至此，嵌入式策略下的特征选择的讨论结束。其核心思想是在对模型的复杂度施加约束的条件下进行回归，也即在损失函数的基础上增加正则化项构造目标函数，并在最小化目标函数下求得模型参数。

• 本章相关函数列表 •

围绕本章学习，应重点掌握 Python 模块中的以下函数。函数的具体格式参见 Python 帮助。

一、过滤策略下的特征选择

（1）低方差过滤法：VarianceThreshold(threshold=)。

（2）高相关过滤法：SelectKBest(score_func=,k=)。

二、包裹策略下的特征选择

selector=RFE(estimator=,n_features_to_select=)；selector.fit(X,Y)。

三、嵌入策略下的特征选择

（1）Lasso 回归：modelLasso = Lasso(alpha=)；modelLasso.fit(X,Y)；lasso_path(X, Y)；LassoCV()。

（2）岭回归：modelRidge=Ridger(alpha=),RidgeCVRidgeCV()。

（3）弹性网回归：model=ElasticNet(l1_ratio=,alpha=);model.fit(X,Y); enet_path();ElasticNetCV()。

• 本章习题 •

1. 请简述低方差过滤法和高相关过滤法的基本原理。

2. 请简述包裹式策略下特征选择的基本思路。

3. 嵌入式策略中 Lasso 回归和岭回归的特点的正则化项有怎样的不同？对特征选择有怎样的影响？

4. 请简述基于弹性网回归的特征选择和分类建模有怎样的优势。

5. Python 编程题：植物叶片的特征选择。

第 7 章习题 6 给出了植物叶片的数据集（文件名：叶子形状 .csv），包括分别描述植物叶片的边缘（margin）、形状（shape）、纹理（texture）特征的各 64 个数值型变量，以及 1 个记录每张叶片所属的植物物种（species）的分类型变量。总共有 193 个变量。请采用本章的特征选择方法进行特征选择，并比较各特征选择结果的异同。

第 11 章　特征提取：空间变换策略

学习目标

1. 掌握主成分分析的基本原理。
2. 了解矩阵的奇异值分析思路及特征提取。
3. 掌握基于主成分分析的因子分析的基本原理和评价。
4. 掌握各种特征提取方法的 Python 实现。

正如第 10 章讨论的，预测建模中并非输入变量越多越好。应通过特征选择，从众多输入变量中筛选出对输出变量预测有意义的重要变量，减少输入变量个数。减少输入变量意味着降低输入变量空间的维度，进而降低模型的复杂度。利用特征选择实现输入变量空间降维存在的问题是：直接从众多变量中简单剔除某些变量，必然会不同程度地导致数据信息丢失。所以，探索一种既能有效减少变量个数又不致数据信息大量丢失的降维策略是极为必要的。特征提取是解决该类问题的有效途径。

特征提取，即从众多具有相关性的输入变量中提取出较少的综合变量，用综合变量代替原有输入变量，从而实现输入变量空间的降维。

特征提取的基本策略是基于空间变换。空间变换可从图 11.1 和图 11.2 中得到直观理解。

图 11.1 中左上图是二维平面上的字母呈现。经过空间变换可得到其他三幅图的呈现。

图 11.2 中的两个椭圆表示两个变量散点图的整体轮廓。既可以通过空间变换得到左图阴影所示的分布，也可得到右图阴影所示的分布。

本章将围绕空间变换，对以下特征提取方法进行讨论：

第一，主成分分析；

第二，奇异值分解；

第三，因子分析。

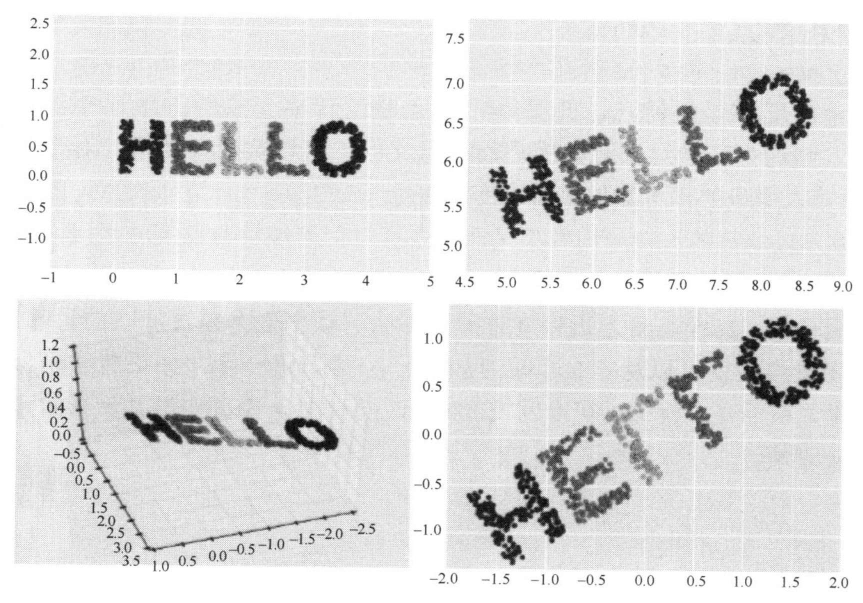

图11.1　空间变换示意图（一）

Jake VanderPlas. Python Data Science Handbook: Essential Tools for Working with Data. O'Reillg Media, 2017.

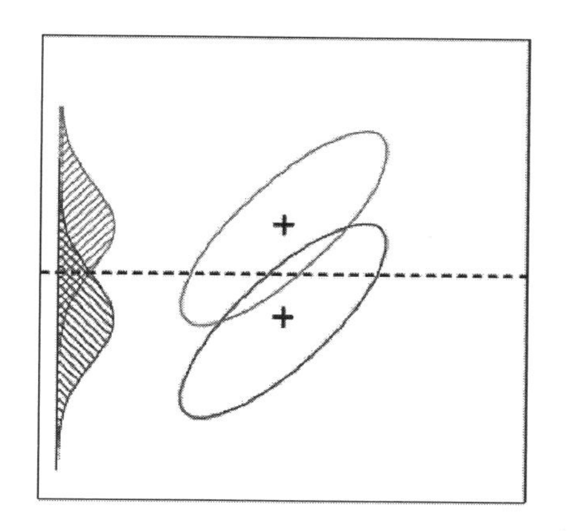

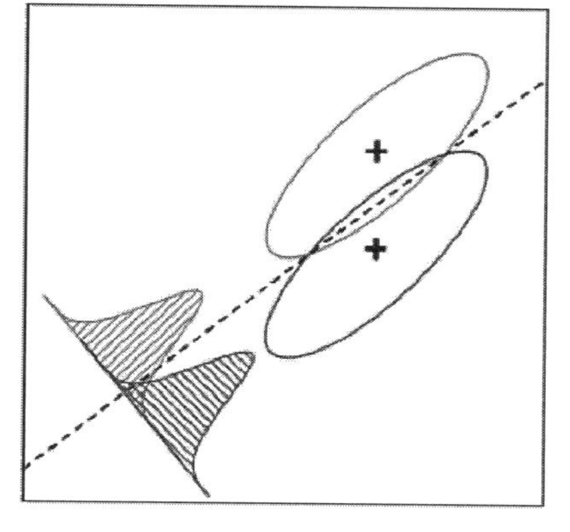

图11.2　空间变换示意图（二）

Trevor Hastie Robert Tibshirani, Jerome Fried man. The Elements of Statistical Learning. Springer, 2009.

本章将结合 Python 编程讨论上述择问题，并基于 Python 给出特征提取的实现以及应用实践示例。

11.1　主成分分析

主成分分析（Principal Component Analysis，PCA）是一种通过坐标变换实现特征提取的经典统计分析方法。特征提取中为什么需要坐标变换、如何实现变换等问题，是本节讨论的主要问题。

11.1.1 主成分分析的基本出发点

回顾 10.1.1 节讨论的低方差过滤法，其基本出发点是：若某变量的方差很小，或者几乎没有取值差异，则这个变量对预测建模是没有意义的，可以略去。通常，对于有X_1，X_2，…，X_p共p个输入变量的样本数据来讲，变量$X_i\left(i=1, 2, \cdots, p\right)$近似 0 方差的情况并不多见，所以低方差过滤法的直接应用并不是非常广泛。但若能够通过某种手段，将位于X_1，X_2，…，X_p空间中的样本观测点“放置”到另一个y_1，y_2，…，y_p空间中，并且使数据点在较多的变量$y_i\left(i=1, 2, \cdots, p\right)$上近似 0 方差，那么可依据低方差过滤法的思想，略去相应的y_i。于是变量维度就可以从p维降低到$k\left(k \ll p\right)$维。进一步，如果能够确保样本观测点的相对位置关系不变，就可以在维度较低的y_1，y_2，…，y_k空间中继续后续的建模，从图 11.3 可以直观理解。

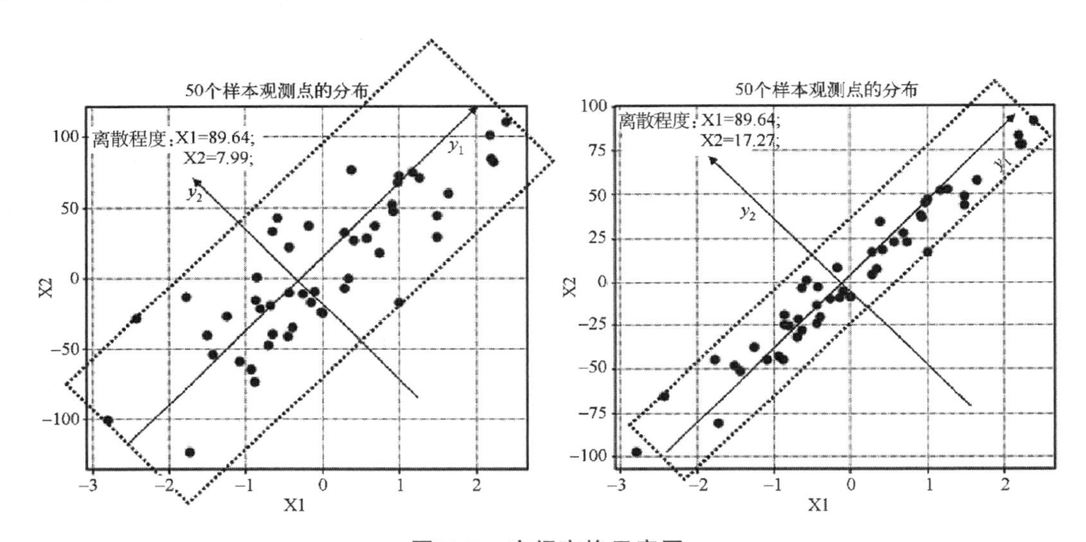

图11.3 空间变换示意图

图 11.3 中左图是 50 个样本观测点在以X_1，X_2为坐标轴所构成的空间中的散点图。散点图表明X_1，X_2具有一定的线性相关性（X_2随X_1的增大而增大）。数据在变量X_1，X_2上的离散程度用变异系数（样本标准差除以样本均值$\frac{S}{\bar{X}}$）度量，分别为 89.64 和 7.99。同理，图 11.3 中右图类似，但X_1，X_2具有更强的线性相关性，且在变量X_2上的离散程度较左图更大些（17.27）。基于低方差过滤法，X_1，X_2都不能忽略。

现分别将两副图中的样本观测点“放置”到以y_1，y_2为坐标轴构成的空间中。直观观察图中两对虚线间的宽度可知，两图中样本观测点在y_1上有很高的离散程度，但在y_2上的离散程度均远小于在y_1上的。依据低方差过滤法的思想，是可以忽略y_2的。但左图被忽略的方差较高，右图的较低，忽略右图的y_2是“划算”的，因为空间维度可从 2 降到 1。

进一步，在y_1，y_2空间中观察样本观测点的散点图发现，样本观测点在X_1，X_2上的高线性相关性，在y_1，y_2上消失了，呈现出了无线性相关性（y_2不随y_1的增大而增大）的特点。

同理还可以拓展到三维空间中，如图 11.4 所示。图 11.4 中样本观测点的散点图大致呈橄榄球形状。三个方向上数据的离散程度不尽相同，在长轴上离散程度最高，其他两个轴依次降低。按照上述逻辑，数据在底面阴影方向y_1上的离散程度最高，其次是背面y_2和侧立面y_3的阴影方向。因数据在侧立面y_3方向上仅有较低的离散程度，所以可以忽略y_3。

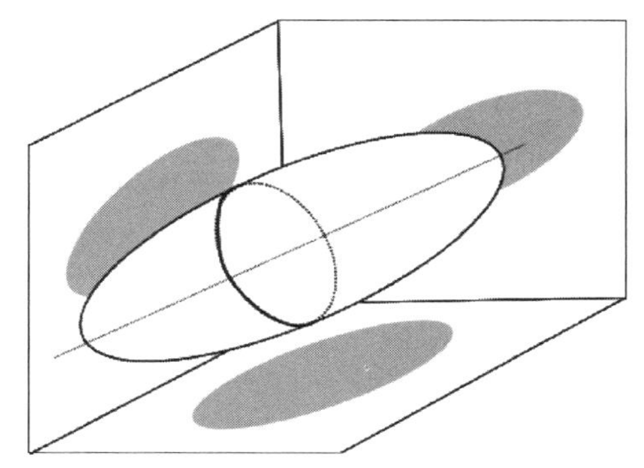

图11.4　三维空间下的样本观测散点图

主成分分析法的基础出发点就在于此。关键是如何确定y_1，y_2，y_3等。

11.1.2　主成分分析的基本原理

1. 主成分分析的数学模型

为准确度量图 11.3 中样本数据在y_1，y_2上的离散程度，需已知每个样本观测点在y_1，y_2上的坐标（取值）。为此，可将坐标轴y_1，y_2视为坐标轴X_1，X_2按逆时针方向旋转一个θ角的结果。于是，各样本观测点在y_1，y_2上的坐标为：

$$\begin{cases} y_1 = \cos\theta \cdot X_1 + \sin\theta \cdot X_2 \\ y_2 = -\sin\theta \cdot X_1 + \cos\theta \cdot X_2 \end{cases}$$

若将各个系数分别记为：$\mu_{11} = \cos\theta$，$\mu_{12} = \sin\theta$；$\mu_{21} = -\sin\theta$，$\mu_{22} = \cos\theta$。显然：$\mu_{11}^2 + \mu_{12}^2 = 1$；$\mu_{21}^2 + \mu_{22}^2 = 1$。由此可见，$y_1$是以$\mu_{11}$，$\mu_{12}$为系数的$X_1$，$X_2$的一个线性组合，$y_2$是以$\mu_{21}$，$\mu_{22}$为系数的$X_1$，$X_2$的另一个线性组合。

若记$\boldsymbol{X} = (X_1,\ X_2)$，$\boldsymbol{\mu}_1 = (\mu_{11},\ \mu_{12})^{\mathrm{T}}$，$\boldsymbol{\mu}_2 = (\mu_{21},\ \mu_{22})^{\mathrm{T}}$，以上式子可表示为：$y_1 = \boldsymbol{X}\boldsymbol{\mu}_1$，$y_2 = \boldsymbol{X}\boldsymbol{\mu}_2$，即通过行向量$\boldsymbol{X}$乘以列向量$\boldsymbol{\mu}_1$（或$\boldsymbol{\mu}_2$），将样本观测点投影到$y_1$，$y_2$上，其方向分别由$\boldsymbol{\mu}_1$和$\boldsymbol{\mu}_2$决定。

通常情况下，若样本数据有p个输入变量X_1，X_2，…，X_p，推而广之会有关于X_1，X_2，…，X_p的p个线性组合，并分别与y_1，y_2，…，y_p对应。数学表述为：

$$\begin{cases} y_1 = \mu_{11}X_1 + \mu_{12}X_2 + \cdots + \mu_{1p}X_p \\ y_2 = \mu_{21}X_1 + \mu_{22}X_2 + \cdots + \mu_{2p}X_p \\ y_3 = \mu_{31}X_1 + \mu_{32}X_2 + \cdots + \mu_{3p}X_p \\ \cdots\cdots \\ y_p = \mu_{p1}X_1 + \mu_{p2}X_2 + \cdots + \mu_{pp}X_p \end{cases} \tag{11.1}$$

其中要求：

（1）X_i是经过标准化处理的，即$E(X_i) = 0$，$\mathrm{Var}(X_i) = 1$。

（2）$\mu_{i1}^2+\mu_{i2}^2+\mu_{i3}^2+\cdots+\mu_{ip}^2=1\ (i=1,2,\cdots,p)$。

（3）y_1，y_2，…，y_p 两两不相关。

这就是主成分分析的数学模型，图形化表示为图 11.5 的样子。

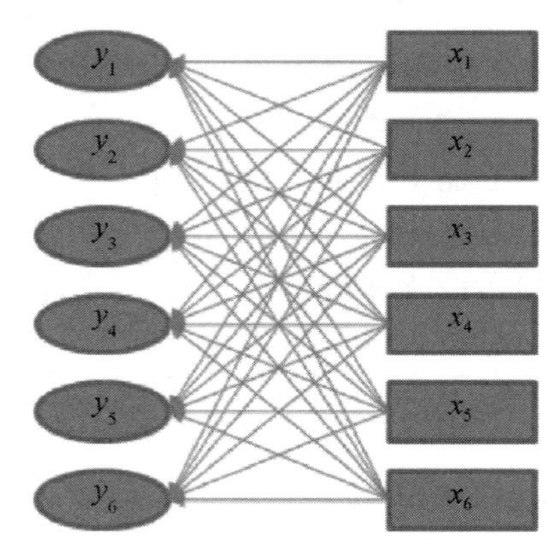

图11.5　主成分分析数学模型示意图

总之，主成分分析法通过坐标变换，将 p 个具有相关性的变量 X_i（标准化处理后）进行线性组合，变换成另一组不相关的变量 y_i。用矩阵表示为：

$$\boldsymbol{y}=\boldsymbol{X\mu} \tag{11.2}$$

式中，$\boldsymbol{y}_{(1\times p)}=(y_1,y_2,\cdots,y_p)$，$\boldsymbol{X}_{(1\times p)}=(X_1,X_2,\cdots,X_p)$，$\boldsymbol{\mu}_{(p\times p)}=\begin{pmatrix}\mu_{11},\mu_{21},\cdots,\mu_{p1}\\ \mu_{12},\mu_{22},\cdots,\mu_{p2}\\ \cdots\\ \mu_{1p},\mu_{2p},\cdots,\mu_{pp}\end{pmatrix}=(\boldsymbol{\mu}_1,\boldsymbol{\mu}_2,\cdots,\boldsymbol{\mu}_p)$。

2. 主成分分析中的参数求解

求解主成分分析中的系数矩阵 $\boldsymbol{\mu}$ 是关键，有如下求解目标：

首先，y_i 与 $y_j\ (i\neq j;\ i,\ j=1,2,\cdots,p)$ 两两不相关；

其次，y_1 是 X_1，X_2，…，X_p 的一切线性组合（系数满足上述方程组）中方差最大的；

再次，y_2 是与 y_1 不相关的 X_1，X_2，…X_p 的一切线性组合中方差次大的；

最后，y_p 是与 y_1，y_2，y_3，…，y_{p-1} 都不相关的 X_1，X_2，…，X_p 的一切线性组合中方差最小的。

由于 y_1，y_2，…，y_p 的方差依次减少，故依次称 y_1，y_2，…，y_p 是原有变量 X_1，X_2，…，X_p 的第 1、2、3、…、p 主成分。高方差是变量重要性的关键特征。由于 y_1 的方差最大，包含变量 X_1，X_2，…，X_p 的“信息”最多，所以最重要。后续的 y_{k+1}，…，y_{p-1}，y_p 的方差依次递减，包含变量 X_1，X_2，…，X_p 的“信息”也依次递减。由于低方差的变量重要性低，所以即使略去它们，后果也就是损失了很少的本就可以忽略的方差（信息）而已。因此，主成分分析中一般会略去最后若干个方差很小的主成分，用极少的方差损失换得变量的降维。

可见，主成分分析中系数矩阵 $\boldsymbol{\mu}$ 的求解以 $\boldsymbol{y}$ 的方差最大化为目标。为便于理解，首先以仅有X_1，X_2两个变量的最简单的情况说明。y_1 的方差 $Var(y_1)$ 和 y_2 的方差 $Var(y_2)$ 为：

$$\begin{cases}Var(y_1)=Var(\mu_{11}X_1+\mu_{12}X_2)=\mu_{11}^2Var(X_1)+\mu_{12}^2Var(X_2)+2\mu_{11}\mu_{12}Cov(X_1,X_2)\\Var(y_2)=Var(\mu_{21}X_1+\mu_{22}X_2)=\mu_{21}^2Var(X_1)+\mu_{22}^2Var(X_2)+2\mu_{21}\mu_{22}Cov(X_1,X_2)\end{cases} \quad (11.3)$$

式中，$Cov(X_1, X_2)$是X_1，X_2的协方差①。

进一步，将X_1,X_2的协方差矩阵记为：$\boldsymbol{\Sigma}_{(X_1,X_2)}=\begin{pmatrix}Var(X_1),Cov(X_1,X_2)\\Cov(X_1,X_2),Var(X_2)\end{pmatrix}$。因$X_i$是经过标准化处理的，$X_i$的标准差$\sigma_{X_i}=1$，因此有$\boldsymbol{\Sigma}_{(X_1,X_2)}=\boldsymbol{R}_{(X_1,X_2)}=\begin{pmatrix}1,Corr(X_1,X_2)\\Corr(X_1,X_2),1\end{pmatrix}$。其中，$Corr(X_1, X_2)$是$X_1$，$X_2$的简单相关系数②，$\boldsymbol{R}_{(X_1, X_2)}$为$X_1$，$X_2$的相关系数矩阵。

对此，（式 11.3）可等价写为：$\begin{cases}Var(y_1)=(\mu_{11},\mu_{12})\boldsymbol{R}_{(X_1,X_2)}(\mu_{11},\mu_{12})^T\\Var(y_2)=(\mu_{21},\mu_{22})\boldsymbol{R}_{(X_1,X_2)}(\mu_{21},\mu_{22})^T\end{cases}$。因$\boldsymbol{\mu}_1^T=(\mu_{11},\mu_{12})$，$\boldsymbol{\mu}_2^T=(\mu_{21}, \mu_{22})$，有$\begin{cases}Var(y_1)=\boldsymbol{\mu}_1^T\boldsymbol{R}_{(X_1,X_2)}\boldsymbol{\mu}_1\\Var(y_2)=\boldsymbol{\mu}_2^T\boldsymbol{R}_{(X_1,X_2)}\boldsymbol{\mu}_2\end{cases}$。当然，同时还需满足$\boldsymbol{\mu}_1^T\boldsymbol{\mu}_1=(\mu_{11}, \mu_{12})\cdot(\mu_{11}, \mu_{12})^T=1$。

推而广之，当有X_1，X_2，…，X_p共 p 个变量时，$\boldsymbol{y}_{(1\times p)}=(y_1, y_2, \ldots, y_p)$的方差 $Var(\boldsymbol{y})$即为：

$$Var(\boldsymbol{y})=\boldsymbol{\mu}^T\boldsymbol{R\mu} \quad (11.4)$$

式中，$\boldsymbol{R}$为$\boldsymbol{X}=(X_1, X_2, \ldots, X_p)$的相关系数矩阵。

式（11.4）是主成分分析系数 $\boldsymbol{\mu}$ 求解的目标函数，希望得到式（11.4）最大时的系数$\hat{\boldsymbol{\mu}}$。进一步，因对 $\boldsymbol{\mu}$ 有约束——$\boldsymbol{\mu}^T\boldsymbol{\mu}=\boldsymbol{I}$（$\boldsymbol{I}$ 为单位阵），所有行列向量都是单位正交向量，所以这是带等式约束的规划求解：$\begin{cases}\max Var(\boldsymbol{y})=\boldsymbol{\mu}^T\boldsymbol{R\mu}\\ s.t.\boldsymbol{\mu}^T\mu=I\end{cases}$。为此，构造拉格朗日函数：

$$\boldsymbol{L}=\boldsymbol{\mu}^T\boldsymbol{R\mu}-\boldsymbol{\lambda}(\boldsymbol{\mu}^T\boldsymbol{\mu}-\boldsymbol{I}) \quad (11.5)$$

式中，$\boldsymbol{\lambda}=(\lambda_1, \lambda_2, \cdots, \lambda_p)^T$，为一组值大于零的拉格朗日乘子。进一步，求$\boldsymbol{L}$关于$\boldsymbol{\mu}$的导数且令导数等于 0，即$\frac{\partial\boldsymbol{L}}{\partial\boldsymbol{\mu}}=2\boldsymbol{R\mu}-2\boldsymbol{\lambda\mu}=0$，则有

$$\boldsymbol{R\mu}=\boldsymbol{\lambda\mu} \quad (11.6)$$

---

① $Cov(X_j, X_k)=\frac{\sum_{i=1}^{N}(X_{ij}-\bar{X}_j)(X_{ik}-\bar{X}_k)}{N}$。

② $Corr(X_j, X_k)=\frac{\sum_{i=1}^{N}(X_{ij}-\bar{X}_j)(X_{ik}-\bar{X}_k)}{\sqrt[N]{\sum_{i=1}^{N}(X_{ij}-\bar{X}_j)^2(X_{ik}-\bar{X}_k)^2}}=\frac{1}{N}\sum_{i=1}^{N}\frac{(X_{ij}-\bar{X}_j)}{\sigma_{X_j}}\frac{(X_{ik}-\bar{X}_k)}{\sigma_{X_k}}=\frac{Cov(X_j,X_k)}{\sigma_{X_j}\sigma_{X_k}}$。

可见，主成分分析的参数求解问题即为求相关系数矩阵$\boldsymbol{R}$的特征值$\lambda_1 \geqslant \lambda_2 \geqslant \lambda_3 \geqslant \cdots \geqslant \lambda_p > 0$及对应的单位特征向量$\boldsymbol{\mu}_1$，$\boldsymbol{\mu}_2$，$\boldsymbol{\mu}_3$，$\cdots$，$\boldsymbol{\mu}_p$。

最后，只需计算$y_i = \boldsymbol{X}\boldsymbol{\mu}_i \ (i=1, 2, \cdots, p)$，便得到主成分$y_i$。

至此，主成分分析基本原理的讨论告一段落。需要说明的是，主成分分析中p个变量X_i通常是无量纲的标准化值，原因是：系数矩阵$\boldsymbol{\mu}$的求解原本是基于$\boldsymbol{X}$的协方差阵$\boldsymbol{\Sigma}$的，在标准化值下$\boldsymbol{\Sigma}$即为无量纲的相关系数矩阵$\boldsymbol{R}$。基于相关系数矩阵$\boldsymbol{R}$求解，可有效避免不同量级的变量X_i，其方差量级对系数矩阵$\boldsymbol{\mu}$的影响。当然，若强调高方差的变量重要性高，且应体现在主成分分析中，也可以直接基于$\boldsymbol{X}$的协方差阵$\boldsymbol{\Sigma}$求解系数矩阵$\boldsymbol{\mu}$。

11.1.3 确定主成分

哪些主成分是可以忽略的，应保留几个主成分，是本节讨论的重点。

1. 哪些主成分是可以忽略的

被忽略的主成分应是低方差的主成分。为此应首先度量各个主成分y_i的方差。

在式（11.4）的基础上结合式（11.6）重写y_i的方差：

$$\mathrm{var}(y_i) = \boldsymbol{\mu}_i^{\mathrm{T}} \boldsymbol{R} \boldsymbol{\mu}_i = \boldsymbol{\mu}_i^{\mathrm{T}} \lambda_i \boldsymbol{\mu}_i = \lambda_i \tag{11.7}$$

可见，主成分y_i的方差等于特征值λ_i。也正是这个原因，加之$\lambda_1 \geqslant \lambda_2 \geqslant \lambda_3 \geqslant \cdots \geqslant \lambda_p > 0$，所以第 1、2、3、…、$p$ 主成分的方差依次递减：$\mathrm{Var}(y_1) \geqslant \mathrm{Var}(y_2) \geqslant \cdots \geqslant \mathrm{Var}(y_p)$。显然，后几个主成分是可以忽略的。

2. 保留几个主成分

从特征降维角度看，只需保留前k个大方差的主成分即可。确定k一般有以下两个标准：

（1）根据特征值λ_i确定k。

一般选取大于$\lambda_i > 1$的特征值，表示该主成分应至少能够包含X_1，X_2，$\cdots$，X_p的“平均信息”，即至少能包含X_1，X_2，$\cdots$，X_p总共p个方差中的 1 个（平均方差）。

（2）根据累计方差贡献率确定k。

第i个主成分的方差贡献率定义为：$R_i = \lambda_i / \sum_{i=1}^{p} \lambda_i$。于是，前$k$个主成分的累计方差贡献率为：$cR_k = \sum_{i=1}^{k} \lambda_i / \sum_{i=1}^{p} \lambda_i$。通常，可选择累计方差贡献率大于 0.80 时的$k$。

11.1.4 Python 模拟与启示：认识主成分

本节将基于模拟数据，通过 Python 编程，直观展示主成分分析的空间变换特点。首先导入 Python 的相关包或模块。为避免重复，这里将本章需要导入的包或模块一并列出如下，# 后面给出了简短的功能说明。

```
1  #本章需导入:
2  import numpy as np
3  import pandas as pd
4  import matplotlib.pyplot as plt
5  from mpl_toolkits.mplot3d import Axes3D
6  from pylab import *
7  import matplotlib.cm as cm
8  import warnings
9  warnings.filterwarnings(action = 'ignore')
10 %matplotlib inline
11 plt.rcParams['font.sans-serif']=['SimHei']  #解决中文显示乱码问题
12 plt.rcParams['axes.unicode_minus']=False
13 from sklearn.datasets import make_regression,make_circles,make_s_curve #生成各种模拟数据
14 from sklearn.model_selection import train_test_split #旁置法划分数据集
15 from scipy.stats import multivariate_normal #统计学中的多元正态分布
16 from sklearn import decomposition #主成分分析
17 from factor_analyzer import FactorAnalyzer #因子分析
```

基本思路如下：

（1）随机生成包含两个变量 X_1，X_2 且具有不同线性相关性的两组数据。

（2）分别基于 X_1，X_2 绘制两组数据的散点图，直观展示数据的分布特点。

（2）对两组数据分别采用主成分分析，均提取两个主成分 y_1，y_2。

（3）分别基于 y_1，y_2 绘制两组数据在的散点图，直观展示主成分分析的效果。

Python 代码（文件名：chapter11-1.ipynb）如下。为便于阅读，我们将代码运行结果直接放置在相应代码行下方。

行号	代码和说明
1	fig,axes = plt.subplots(nrows=2,ncols=2,figsize=(20,15)) # 将绘图区域划分为 2 行 2 列 4 个单元并指定图形大小
2	fig.subplots_adjust(hspace=0.3) # 调整图的行间距
3	N = 50 # 指定样本量 N
4	for i,noise in enumerate([30,10]): # 利用循环分别生成两个数据集，绘制散点图，做主成分分析并进行可视化展示
5	X,Y = make_regression(n_samples=N,n_features=1,random_state=123,noise=noise,bias=0) # 生成包含 X 和 Y 两个变量（具有线性关系）的数据集，随机误差项服从均值 (bias) 为 0、方差 (noise) 为 noise 的正态分布
6	X = np.hstack((X,Y.reshape(len(X),1))) # 得到数据集 X（N 行 2 列）
7	axes[i,0].scatter(X[:,0],X[:,1],marker='o',s=50) # 绘制散点图
8	axes[i,0].set_title(' 样本观测点的分布 (离散程度 :X1 = %.3f;X2=%.3f)'%(np.std(X[:,0])/np.mean(X[:,0]),np.std(X[:,1])/np.mean(X[:,1])),fontsize=14) # 计算并显示两个变量的变异系数
…	……# 设置图形标题等，略去
12	pca = decomposition.PCA(n_components=2) # 创建主成分分析对象 pca, 指定提取 2 个主成分 (n_components=2)
13	pca.fit(X) # 对 X 进行主成分分析
14	p1 = pca.singular_values_[0]/sum(pca.singular_values_) # 计算第 1 主成分的方差贡献率
15	p2 = pca.singular_values_[1]/sum(pca.singular_values_) # 计算第 2 主成分的方差贡献率
16	y = pca.transform(X) # 获得主成分分析结果 y
17	axes[i,1].scatter(y[:,0],y[:,1],marker='o',s=50) # 基于 y 绘制散点图

18	axes[i,1].set_title('主成分分析结果(方差贡献率:y1=%.3f,y2=%.3f)\n 系数:%s'%(p1,p2,pca.components_),fontsize=14) # 在标题中显示方差贡献率和系数矩阵μ
…	……# 设置图形标题等，略去

■ **代码说明**

（1）以上省略号部分在之前代码中重复出现过且不影响对原理的理解，故略去以节约篇幅。完整 Python 程序请参见本书配套代码。

（2）第 12 行：利用函数 decomposition.PCA() 定义主成分分析对象，设置参数 n_components=2 表示提取 2 个主成分。

（3）第 14 至 15 行：计算各主成分的方差贡献率。

主成分分析对象的 .singular_values_ 属性中存储着主成分（这里是 2 个）的方差。也可以通过 pca.explained_variance_ratio_[0] 或 pca.explained_variance_ratio_[1] 直接得到两个主成分的方差贡献率。

（4）第 16 行：利用 .transform() 方法获得各样本观测在各主成分上的取值。

（5）第 18 行：.components_ 属性中存储着主成分分析的系数矩阵$\boldsymbol{\mu}$。

所绘制的图形如图 11.6 所示。

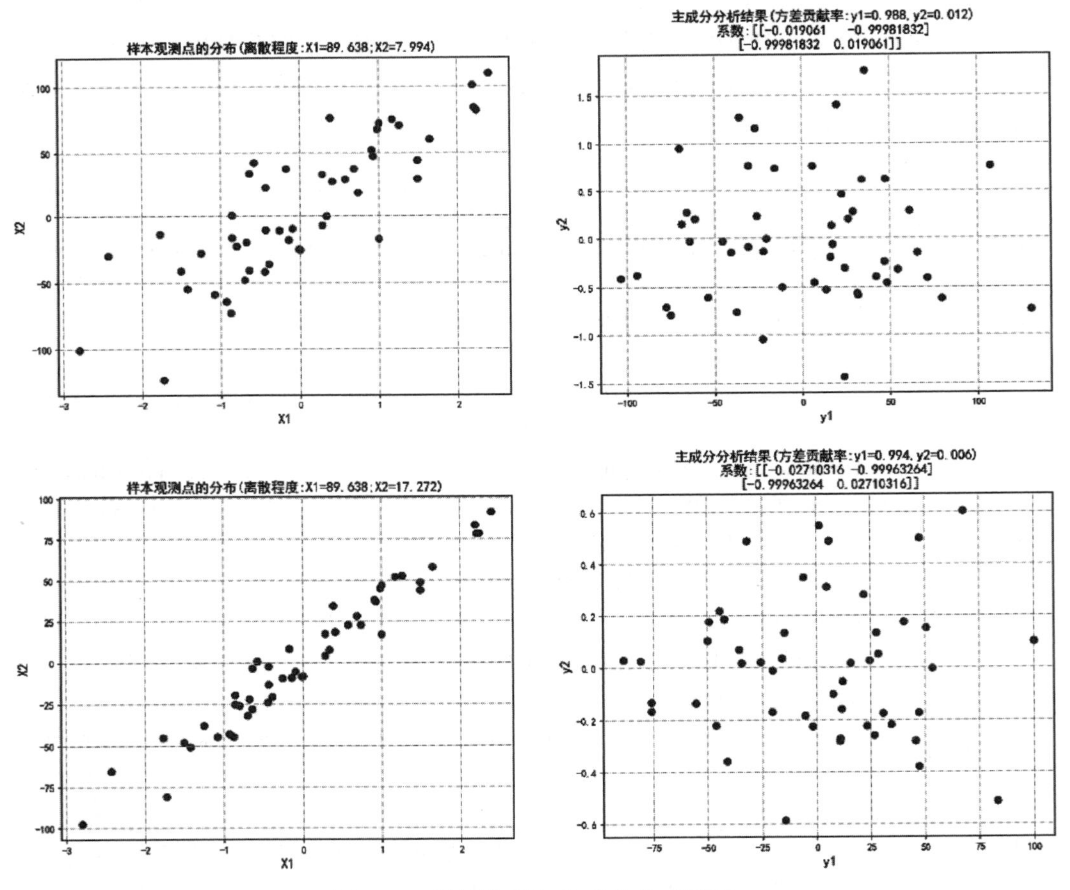

图11.6　原始数据和主成分分析结果

图 11.6 中第 1 列两幅图展示了两个数据集中样本观测在两个变量（X_1，X_2）上的散点

图，同图 11.3。左上图中 X_1，X_2的相关性比左下图中的相关性要弱，且两个变量离散程度也不同。图 11.6 中第 2 列两幅图分别展示了两个数据集进行主成分分析的结果，即提取两个主成分，并将样本观测点“放置”到主成分 y_1，y_2空间中的情况。两幅图形均显示，经空间变换后，样本观测在 X_1，X_2上原本的线性相关在 y_1，y_2上呈现出无线性相关的特点。第 1 主成分均包含了X_1，X_2的绝大部分方差信息（方差贡献率分别为 98.8% 和 99.4%），而第 2 主成分的方差贡献率较少（分别为 1.2% 和 0.6%），因此可以略去第 2 主成分。忽略后特征空间从二维降至一维。

第一个数据集的主成分分析数学模型为：$\begin{cases} y_1 = -0.0191X_1 - 0.9998X_2 \\ y_2 = -0.9998X_1 + 0.0191X_2 \end{cases}$；第二个数据集的主成分分析数学模型为：$\begin{cases} y_1 = -0.0271X_1 - 0.9996X_2 \\ y_2 = -0.9996X_1 + 0.0271X_2 \end{cases}$。从系数绝对值看，两个主成分分析均表明，第 1 主成分 y_1 主要取决于变量 X_2，第 2 主成分 y_2主要取决于 X_1。

11.2 矩阵的奇异值分解

11.2.1 奇异值分解的基本思路

奇异值分解的“源头”是主成分分析。主成分分析的本质是：对图 11.3 中坐标 X_1，X_2 逆时针正交旋转一个角度，即通过式（11.2）两个矩阵的乘积 $\boldsymbol{X}_{(N\times2)}\boldsymbol{\mu}_{(2\times2)}$，实现坐标变换，得到如图 11.7 所示的轮廓大致呈长椭圆的样子。其中的样本观测记为 $\boldsymbol{Y}_{(N\times2)} = \boldsymbol{X}_{(N\times2)}\boldsymbol{\mu}_{(2\times2)}$。

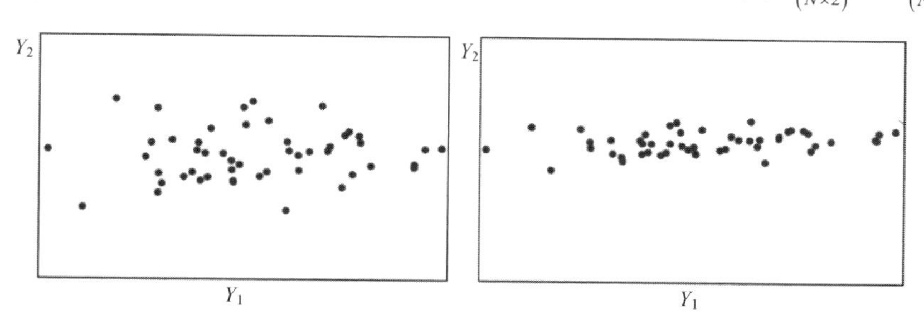

图11.7　图11.3坐标旋转后的结果

其实，由于 y_1，y_2 两个维上的方差可能有较大的量级差异，为得到一个标准化（方差等于 1）的变量 $\boldsymbol{Z}_{(N\times2)}$，可对此再乘以一个矩阵 $\boldsymbol{D}^{-1}_{(2\times2)} = \begin{pmatrix} \frac{1}{\sqrt{\lambda_1}}, 0 \\ 0, \frac{1}{\sqrt{\lambda_2}} \end{pmatrix}$，其中 λ_1，λ_2 分别为 y_1，y_2 的方差，$\boldsymbol{D}^{-1}$为矩阵$\boldsymbol{D} = \begin{pmatrix} \sqrt{\lambda_1}, 0 \\ 0, \sqrt{\lambda_2} \end{pmatrix}$的逆。于是有 $\boldsymbol{Z}_{(N\times2)} = \boldsymbol{Y}_{(N\times2)}\boldsymbol{D}^{-1}_{(2\times2)}$，本质上实现的是对长椭圆做“伸缩”处理，使其呈一个近似圆。

所以，上述过程可综合表示为 $\boldsymbol{Z} = \boldsymbol{X}\boldsymbol{\mu}\boldsymbol{D}^{-1}$，其中$\boldsymbol{\mu}$为正交矩阵，实现正交旋转，$\boldsymbol{D}^{-1}$是

个对角阵，实现“伸缩”处理。经简单变换后有 $\boldsymbol{ZD}=\boldsymbol{X\mu}$。进一步，因为$\boldsymbol{\mu\mu}^{\mathrm{T}}=\boldsymbol{\mu}^{\mathrm{T}}\boldsymbol{\mu}=\boldsymbol{I}$，所以有 $\boldsymbol{X}=\boldsymbol{ZD\mu}^{\mathrm{T}}$。这就是最基本的奇异值分解（Singular Value Decomposition，SVD）思路和目标：分解数据矩阵 $\boldsymbol{X}$。

奇异值分解将任意$M\times N$的数据矩阵$\boldsymbol{X}$分解为三个成分：第一，具有单位方差（方差等于 1）的正交矩阵$\boldsymbol{Z}$；第二，包含对数据矩阵“伸缩”信息的$\boldsymbol{D}$；第三，实现正交旋转的矩阵$\boldsymbol{\mu}^{\mathrm{T}}$。由于数据矩阵$\boldsymbol{X}$可以为任意$M\times N$的矩阵，因此三个成分分别应为：$\boldsymbol{Z}_{(M\times M)}$，$\boldsymbol{D}_{(M\times N)}$，$\boldsymbol{\mu}^{\mathrm{T}}_{(N\times N)}$。

这里略去计算三个成分的证明细节，仅给出奇异值分解的常规记法和计算结论：

$$\boldsymbol{X}=\boldsymbol{UDV}^{\mathrm{T}} \tag{11.8}$$

式中，$\boldsymbol{U}$是具有单位方差的$M\times M$的正交矩阵，列由$\boldsymbol{XX}^{\mathrm{T}}$的特征向量组成。$\boldsymbol{D}$为$M\times N$分块对角矩阵，对角元素包含$\boldsymbol{XX}^{\mathrm{T}}$从大到小的 Rank($X$) 个特征值。$\boldsymbol{V}^{\mathrm{T}}$是$N\times N$的正交矩阵，行由$\boldsymbol{XX}^{\mathrm{T}}$的特征向量组成。若仅选择前若干个较大特征值对应的特征向量，则$\boldsymbol{X}\approx\boldsymbol{UDV}^{\mathrm{T}}$。

Rank(X)表示矩阵$\boldsymbol{X}$的秩。

11.2.2 奇异值分解的 Python 应用实践：脸部数据特征提取

本节将利用 www.Kaggle.com 的公开数据集中的脸部数据，基于奇异值分析进行脸部关键特征的提取。基本思路如下：

（1）读入脸部数据，随机挑选两张脸的像素灰度数据，并进行可视化展示。

（2）采用奇异值分解，对脸部数据矩阵进行奇异值分解。

（3）分别指定提取不同数量的关键特征，并进行可视化展示，以直观对比特征提取的差异。

Python 代码（文件名：chapter11-2.ipynb）如下。为便于阅读，我们将代码运行结果直接放置在相应代码行下方。以下将分段对 Python 代码做说明。

行号	代码和说明
1	data = pd.read_csv('脸部数据.txt',header=0) # 读入文本格式的脸部数据，无标题行
2	tmp = data.iloc[0:10,30] # 为减少数据量仅抽取数据集中前 10 行第 31 列（索引 30）的数据，31 列以长字符串形式存储脸部灰度值
3	X = [] # 指定存储脸部灰度值数据
4	for i in np.arange(len(tmp)): # 利用循环依次对每张脸部数据做如下处理

5	Xstr = tmp[i].split(' ') # 依次将以空格分隔的字符串形式的脸部灰度值拆分成 NumPy 的字符数组
6	X.append(np.array([int(x) for x in Xstr])) # 将字符串数组转成整数型的列表
7	np.random.seed(1) # 指定随机数种子使随机化结果可以重现
8	ids = np.random.choice(len(X),2) # 随机抽取 2 张脸部数据得到其行索引
9	plt.figure(figsize = (16,8)) # 指定图形大小
10	for i,item in enumerate(ids): # 利用循环对每张脸部数据做如下处理
11	img = np.array(X[item].reshape((96,96))) # 将 X 格式转成 96 行 96 列保存在 img 中
12	plt.subplot(1,2,i+1) # 指定在当前单元绘图
13	plt.imshow(img,cmap=cm.gray) # 显示输出 img

■ 代码说明

本示例数据为文本格式数据，其中每张脸为96×96的点阵灰度数据，以空格分隔的长字符串形式存储。随机抽取的两张脸部数据可视化展示结果如图 11.8 所示。

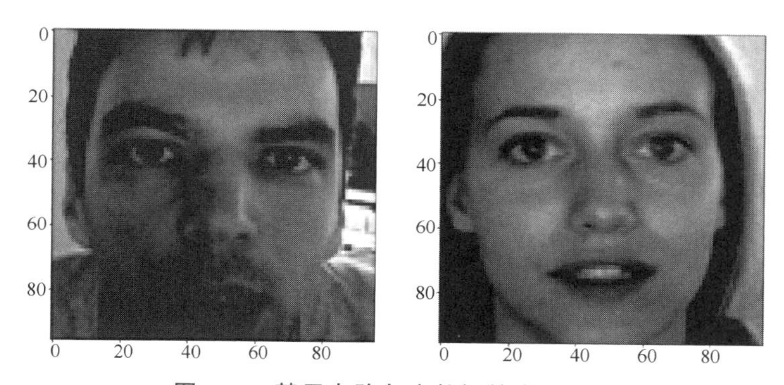

图11.8 基于点阵灰度数据的人脸图像

以下对96×96的点阵灰度数据矩阵 $\boldsymbol{X}$ 进行奇异值分解。

行号	代码和说明
1	for i,item in enumerate(ids): # 利用循环对每张脸部数据矩阵 X 进行奇异值分解
2	U, D,Vt = np.linalg.svd(X[item].reshape((96,96))) # 利用 svd 实现对 96*96 矩阵 X 的奇异值分解
3	print(U.shape,D.shape,Vt.shape) # 输出 3 个成分 $\mathbf{U},\mathbf{D},\mathbf{V}^{\mathrm{T}}$ 的形状 (96, 96) (96,) (96, 96) (96, 96) (96,) (96, 96)
4	plt.figure(figsize=(8,8)) # 指定图形大小
5	ks = [5,10,15,20] # 指定提取前 5，10，15，20 个较大特征值对应的特征向量
6	for i,k in enumerate(ks): # 利用循环对每张脸做如下处理
7	D0 = np.mat(diag(D[0:k])) # 得到前 k 个较大特征值并生成对角矩
8	img = U[:,:k]*D0*Vt[:k,:] # 指定选择前 k 个较大特征值对应的特征向量并依式（11.8）计算，结果保存在 img 中
9	plt.subplot(2,2,i+1) # 指定在当前单元绘图
10	plt.imshow(img,cmap=cm.gray) # 显示输出 img

■ **代码说明**

（1）第 2 行：利用 NumPy 中的 linalg 包中的 svd 模块矩阵的特征值分解，将返回 3 个成分 $\boldsymbol{U}$，$\boldsymbol{D}$，$\boldsymbol{V}^{\mathrm{T}}$。

（2）第 5 行以后，分别选取 $\boldsymbol{D}$ 中前 5，10，15，20 个最大特征值，以及 $\boldsymbol{U}$，$\boldsymbol{V}^{\mathrm{T}}$ 中对应的特征向量得到矩阵 X 的近似结果。重新绘制的人脸图像如图 11.9 所示。

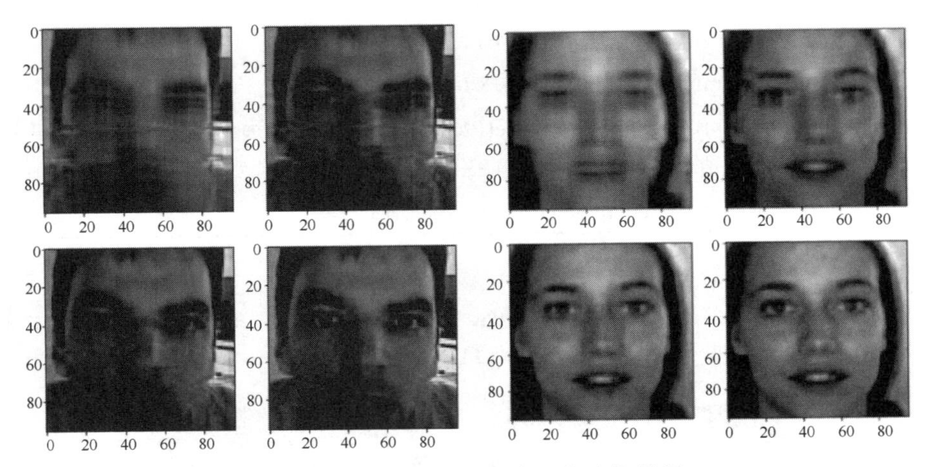

图11.9　人脸灰度数据奇异值分解结果

对图 11.9 中的每张人脸图像，从上至下、从左至右观察发现，当仅选取前 5 和 10 个最大特征值和对应的特征向量时，奇异值分析后人脸灰度数据的信息丢失较为严重，图像失真。当选取前 15 个最大特征值时，人脸图像的清晰度改善提高。当选取前 20 个时，人脸的基本特征已经比较清晰。这意味着后面剩余的 76 个特征值，以及对应的特征向量均可以忽略，于是人脸像素数据矩阵 $\boldsymbol{X}$ 近似表示为：$\boldsymbol{X}=\boldsymbol{U}\Sigma\boldsymbol{V}^{\mathrm{T}}\approx\boldsymbol{U}_{(96\times20)}\Sigma_{(20\times20)}\boldsymbol{V}^{\mathrm{T}}_{(20\times96)}$。

从数据存储角度看，原本一张脸的灰度数据需要$96\times96=9\,216$个变量，但经过奇异值分解后，仅需要$96\times20\times2+20=3\,860$个变量，可依次记为：$U_1$，$U_2$，…，$U_{1920}$，$D_1$，$D_2$，…，$D_{20}$，$V_1$，$V_2$，…，$V_{1920}$。同时，后续可仅依据这3 860个变量进行分类建模，从而有效实现了服务于建模的特征提取和变量降维。

11.3　因子分析

因子分析也是一种常用的通过空间变换策略实施特征提取的经典统计方法。核心目的是将众多具有相关性的输入变量综合成较少的综合变量，用综合变量代替原有输入变量，实现输入变量空间的降维。

11.3.1　因子分析的基本出发点

因子分析起源于 1904 年斯皮尔曼研究一个班级学生课程成绩相关性时提出的方法。斯皮尔曼研究的数据对象是 33 名学生 6 门课程成绩（X_1，X_2，…，X_6）的相关系数矩阵：

$$\begin{bmatrix} 1.00 & 0.83 & 0.78 & 0.70 & 0.66 & 0.63 \\ 0.83 & 1.00 & 0.67 & 0.67 & 0.65 & 0.57 \\ 0.78 & 0.67 & 1.00 & 0.64 & 0.54 & 0.51 \\ 0.70 & 0.67 & 0.64 & 1.00 & 0.45 & 0.51 \\ 0.66 & 0.65 & 0.54 & 0.45 & 1.00 & 0.40 \\ 0.63 & 0.57 & 0.51 & 0.51 & 0.40 & 1.00 \end{bmatrix}$$

他发现，若不考虑相关系数矩阵的对角元素，任意两列的各行元素均大致成一定的比例。例如，第一门课程成绩和其他成绩的相关系数，与第三门课程成绩和其他成绩的相关系数之比 $\frac{0.83}{0.67} \approx \frac{0.70}{0.64} \approx \frac{0.66}{0.54} \approx \frac{0.63}{0.51} \approx 1.2$，近似为一个常量。

斯皮尔曼希望从理论上对该现象做出解释。他认为，学习成绩（X_1，X_2，…，X_6）一定受某种潜在的共性因素 f 影响，它可能是班级整体某方面的学习能力或者智力水平等。此外，还可能受其他未知的独立因素 $\varepsilon_i\left(i=1, 2, \cdots, 6\right)$ 影响，如图 11.10 所示。

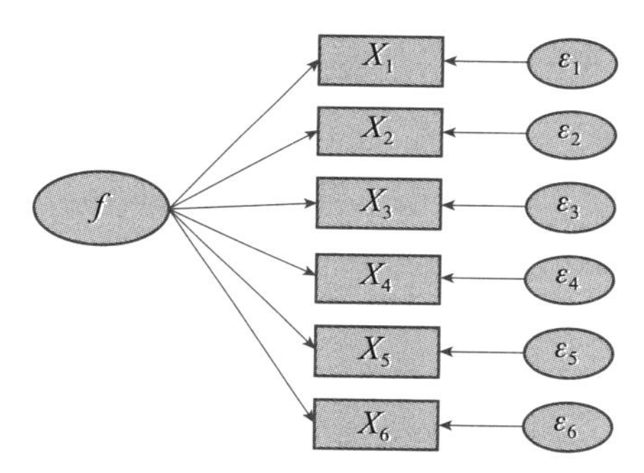

图11.10　因子分析数学模型示意图

图 11.10 中，圆圈 f 表示某一个潜在共性因素，方框为观测到的原有变量 X_1，X_2，…，X_p（这里为各门课程成绩）。圆圈 $\varepsilon_i\left(i=1, 2, \cdots, 6\right)$ 表示其他未知的独立因素影响。

斯皮尔曼指出，对任意课程成绩 X_i 做标准化（$E\left(X_i\right)=0, \mathrm{Var}\left(X_i\right)=1$）处理后，均可表示为：$X_i = a_i f + \varepsilon_i$。其中，$f$ 表示标准化的潜在因素（$E\left(f\right)=0, \mathrm{Var}\left(f\right)=1$）；$\varepsilon_i$ 是与 f 无关（$\mathrm{Cov}\left(\varepsilon_i, f\right)=0$）的其他因素，$E\left(\varepsilon_i\right)=0$。

在此基础上，计算成绩 X_i 和成绩 X_j 的协方差：$\mathrm{Cov}\left(X_i, X_j\right) = E\left[\left(X_i - E\left(X_i\right)\right)\left(X_j - E\left(X_j\right)\right)\right] = E\left[\left(a_i f + \varepsilon_i\right)\left(a_j f + \varepsilon_j\right)\right] = a_i a_j E\left(f^2\right) = a_i a_j \mathrm{Var}(f) = a_i a_j$。[①]同理，计算成绩 X_k 和成绩 X_j 的协方差 $\mathrm{Cov}\left(X_k, X_j\right) = a_k a_j$。进一步，计算两成绩协方差之比：$\frac{\mathrm{Cov}\left(X_i, X_j\right)}{\mathrm{Cov}\left(X_k, X_j\right)} = \frac{a_i}{a_k}$。可见，两成绩协方差之比也即相关系数之比与成绩 X_j 无关，只取决于潜在共性因素对不同课程成绩 X_i，X_k 影响的程度 a_i 和 a_k。至此给出了上述现象的理论解释。

因子分析是对上述研究的拓展，提出潜在的共性因素可以是多个互不相关的 f，并通

---

① $\mathrm{Var}\left(X\right) = E\left(X^2\right) - \left[E\left(X\right)\right]^2$。

过尽可能多地找到变量 X_1，X_2，…，X_p 的潜在因素，也称潜在一组结构特征，来解释已观测到的变量 X_1，X_2，…，X_p 间的相关性。

11.3.2 因子分析的基本原理

1. 因子分析的数学模型

设有p个原有变量X_1，X_2，…，X_p，且每个变量 X_i 均为标准化值（$E(X_i)=0$，$\text{Var}(X_i)=1$）。现将每个原有变量 X_i 用 $k\ (k<p)$ 个变量 f_1，f_2，f_3，…，f_k 的线性组合来表示：

$$\begin{cases} X_1 = a_{11}f_1 + a_{12}f_2 + a_{13}f_3 + \cdots + a_{1k}f_k + \varepsilon_1 \\ X_2 = a_{21}f_1 + a_{22}f_2 + a_{23}f_3 + \cdots + a_{2k}f_k + \varepsilon_2 \\ X_3 = a_{31}f_1 + a_{32}f_2 + a_{33}f_3 + \cdots + a_{3k}f_k + \varepsilon_3 \\ \quad\quad\quad\quad\quad\quad \cdots\cdots \\ X_p = a_{p1}f_1 + a_{p2}f_2 + a_{p3}f_3 + \cdots + a_{pk}f_k + \varepsilon_p \end{cases} \tag{11.9}$$

这就是因子分析的数学模型。

用矩阵的形式表示为：$\boldsymbol{X}=\boldsymbol{AF}+\boldsymbol{\varepsilon}$。其中，$\boldsymbol{X}=\left(X_1,\ X_2,\ \cdots,\ X_p\right)^{\mathrm{T}}$，是原有变量；$\boldsymbol{F}=\left(f_1,\ f_2,\ \cdots,\ f_k\right)^{\mathrm{T}}$，称为因子，因其均出现在每个原有变量$X_i$的线性组合中，因此又称为公共因子，是对潜在的不可见因素的测度；$\boldsymbol{A}=\left(\boldsymbol{\alpha}_1,\ \boldsymbol{\alpha}_2,\ \cdots,\ \boldsymbol{\alpha}_p\right)^{\mathrm{T}}$称为因子载荷矩阵，$\boldsymbol{\alpha}_i=\left(\alpha_{i1},\ \alpha_{i2},\ \cdots,\ \alpha_{ik}\right)$，元素 $a_{ij}\left(i=1,\ 2,\ \cdots,\ p;\ j=1,\ 2,\ \cdots,\ k\right)$ 称为因子载荷，是X_i在f_j上的载荷；$\boldsymbol{\varepsilon}$称为特殊因子，即其他未知的独立因素影响，$E\left(\varepsilon_i\right)=0$，$\text{Cov}\left(\varepsilon_i,\ f\right)=0$，$\text{Cov}\left(\varepsilon_i,\ \varepsilon_j\right)=0$，表示原有变量 X_i尚未被因子全体$\boldsymbol{F}$ 解释的部分。

因子分析的核心是因子载荷a_{ij}。因子不相关的条件下，因为

$$\begin{aligned} \text{Corr}\left(X_i, f_j\right) &= \text{Cov}(X_i, f_j) = \text{Cov}\left(\sum_{q=1}^{k} a_{iq} f_q + \varepsilon_i, f_j\right) \\ &= \text{Cov}\left(\sum_{q=1}^{k} a_{iq} f_q, f_j\right) + \text{Cov}(\varepsilon_i, f_j) = a_{ij}\text{。} \end{aligned} \tag{11.10}$$

所以 a_{ij}为 X_i与 f_j 的相关系数。绝对值越接近 1，表明因子 f_j与变量 X_i 的相关性越强。进一步，a_{ij}^2反映了因子f_j对变量 X_i方差的解释程度，取值在 0~1 之间。

对于特殊因子ε_i，因$\text{Var}\left(X_i\right)=1$，所以

$$\begin{aligned} \text{Var}\left(X_i\right) &= \text{Var}\left(\sum_{j=1}^{k} a_{ij} f_j + \varepsilon_i\right) = \text{Var}\left(\sum_{j=1}^{k} a_{ij} f_j\right) + \text{Var}(\varepsilon_i) \\ &= \sum_{j=1}^{k} a_{ij}^2 \text{Var}(f_j) + \text{Var}(\varepsilon_i) = \sum_{j=1}^{k} a_{ij}^2 + \text{Var}(\varepsilon_i) = \sum_{j=1}^{k} a_{ij}^2 + \varepsilon_i^2 = 1 \end{aligned} \tag{11.11}$$

即$\text{Var}(\varepsilon_i)=\varepsilon_i^2=1-\sum_{j=1}^{k} a_{ij}^2$。所以，特殊因子方差$\varepsilon_i^2$等于原有变量$X_i$方差中因子全体$\boldsymbol{F}$无法解

释的部分，也称为剩余方差。ε_i^2越小，表明因子全体$\boldsymbol{F}$对原有变量X_i方差的解释越充分，原有变量X_i的信息丢失越少，这是因子分析所希望的。

那么，应如何评价因子分析的效果呢？

2. 因子分析模型的评价

事实上，因子分析的核心是以最少的信息丢失（ε_i^2）为前提，找到众多原有变量X_1，X_2，…，X_p中共有的少量潜在因素$\boldsymbol{F}$（因子）。因此，因子分析的模型评价应以信息丢失为重要依据，涉及度量单个变量$\boldsymbol{X_i}$的信息丢失和测度变量全体的信息丢失。

（1）度量单个变量$\boldsymbol{X_i}$的信息丢失。

变量共同度，也称变量方差，是对原有变量X_i信息保留程度的测度。变量X_i的共同度的数学定义为：

$$h_i^2 = \sum_{j=1}^{k} a_{ij}^2 \tag{11.12}$$

可见，变量X_i的共同度是因子载荷阵$\boldsymbol{A}$中第i行元素的平方和。由式（11.11）知，因变量X_i的方差：$\mathrm{Var}(X_i) = h_i^2 + \varepsilon_i^2 = 1$。于是，原有变量$X_i$的方差由两个部分解释：第一部分为变量共同度$h_i^2$，是全部因子$\boldsymbol{F}$对变量$X_i$方差解释程度的度量。变量共同度$h_i^2$越接近1，说明因子全体$\boldsymbol{F}$解释了变量$X_i$的越大部分方差。第二部分$\varepsilon_i^2$为特殊因子的方差，是变量$X_i$方差中不能由因子全体$\boldsymbol{F}$解释程度的度量。$\varepsilon_i^2$越接近0，说明用因子全体$\boldsymbol{F}$刻画变量$X_i$时其信息丢失越少。

总之，变量X_i的共同度h_i^2刻画了因子全体$\boldsymbol{F}$对变量X_i信息解释的程度，是评价原有变量X_i信息保留程度的重要指标。如果大多数原有变量的变量共同度h_i^2均较高（如高于0.8），说明因子能够反映原有变量的大部分（如80%以上）信息，仅有较少的信息丢失，因子分析较为理想。

（2）度量变量全体的信息丢失。

显然，p个原有变量全体$\boldsymbol{X}$的信息保留为：

$$\begin{aligned}\sum_{i=1}^{p} h_i^2 &= \left(a_{11}^2 + a_{12}^2 + \cdots + a_{1k}^2\right) + \left(a_{21}^2 + a_{22}^2 + \cdots + a_{2k}^2\right) + \cdots + \left(a_{p1}^2 + a_{p2}^2 + \cdots + a_{pk}^2\right) \\ &= \left(a_{11}^2 + a_{21}^2 + \cdots + a_{p1}^2\right) + \left(a_{12}^2 + a_{22}^2 + \cdots + a_{p2}^2\right) + \cdots + \left(a_{1k}^2 + a_{2k}^2 + \cdots + a_{pk}^2\right) \\ &= \sum_{i=1}^{p} a_{i1}^2 + \sum_{i=1}^{p} a_{i2}^2 + \cdots + \sum_{i=1}^{p} a_{ik}^2\end{aligned} \tag{11.13}$$

$\sum_{i=1}^{p} h_i^2$越大、越接近p（p个原有变量方差之和等于p），表明变量全体的信息丢失越小，因子分析越理想。通常因$\sum_{i=1}^{p} h_i^2$为绝对指标不方便应用，可采用相对指标$\left(\sum_{i=1}^{p} h_i^2\right)\Big/ p$评价，该值越接近1越好。

从另一个角度看，也可将式（11.13）中各项表示为：$S_j^2 = \sum_{i=1}^{p} a_{ij}^2$（$j=1$，2，…，$k$），

称S_j^2为因子f_j的方差贡献，则$R_j=\frac{S_j^2}{p}$为因子f_j的方差贡献率。因此，可用k个因子的方差贡献S_j^2之和，即k个因子的累计方差贡献率，度量变量全体$\boldsymbol{X}$的信息保留。累计方差贡献率越大，越接近 1，说明总量信息丢失越少，因子分析越理想。通常累计方差贡献率应大于 80%。

此外，由于因子f_j的方差贡献S_j^2是因子载荷阵$\boldsymbol{A}$中第j列元素的平方和，恰好反映了因子f_j对原有变量总方差的解释能力。该值越大，说明相应因子越重要。同理，因子f_j的方差贡献率R_j越高，越接近 1，说明因子f_j越重要。

3. 因子载荷矩阵的求解

因子分析的关键是如何求解因子载荷矩阵。有很多求解方法，其中主成分分析法是应用最为普遍的。11.2 节已讨论了主成分分析，得到了系数矩阵$\boldsymbol{\mu}_{(p\times p)}=\begin{pmatrix}\mu_{11}, & \mu_{21}, & \cdots, & \mu_{p1}\\ \mu_{12}, & \mu_{22}, & \cdots, & \mu_{p2}\\ & \cdots & & \\ \mu_{1p}, & \mu_{2p}, & \cdots, & \mu_{pp}\end{pmatrix}=(\boldsymbol{\mu}_1,\ \boldsymbol{\mu}_2,\ \cdots,\ \boldsymbol{\mu}_p)$。

尽管因子分析的数学模型不同于主成分分析，但两者之间存在如下关系。主成分分析中的特征向量正交，$\boldsymbol{X}$到$\boldsymbol{y}$的转换关系可逆。因此基于第i个主成分：$y_i=\mu_{i1}X_1+\mu_{i2}X_2+\cdots+\mu_{ip}X_p$，有

$$X_i=\mu_{1i}y_1+\mu_{2i}y_2+\cdots+\mu_{pi}y_p \tag{11.14}$$

进一步，还需满足因子的单位方差要求。为此，对$y_j\ (j=1,\ 2,\ \cdots,\ p)$进行标准化处理，使其方差等于 1，标准化值记为$f_j=\frac{y_j}{\sqrt{\lambda_j}}$（11.2.3 节已证明$\mathrm{Var}(y_j)=\lambda_j$），代入式（11.14）且令$\alpha_{ij}=\mu_{ji}\sqrt{\lambda_j}$，便得到因子分析模型：$X_i=a_{i1}f_1+a_{i2}f_2+a_{i3}f_3+\ldots+a_{ik}f_k+\varepsilon_i$。所以，因子载荷矩阵为：

$$\boldsymbol{A}=\begin{pmatrix}a_{11} & a_{12} & \cdots & a_{1p}\\ a_{21} & a_{22} & \cdots & a_{2p}\\ \vdots & \vdots & & \vdots\\ a_{p1} & a_{p2} & \cdots & a_{pp}\end{pmatrix}=\begin{pmatrix}u_{11}\sqrt{\lambda_1} & u_{21}\sqrt{\lambda_2} & \cdots & u_{p1}\sqrt{\lambda_p}\\ u_{12}\sqrt{\lambda_1} & u_{22}\sqrt{\lambda_2} & \cdots & u_{p2}\sqrt{\lambda_p}\\ \vdots & \vdots & & \vdots\\ u_{1p}\sqrt{\lambda_1} & u_{2p}\sqrt{\lambda_2} & \cdots & u_{pp}\sqrt{\lambda_p}\end{pmatrix} \tag{11.15}$$

进一步，由于因子个数k小于原有变量个数p，因此因子载荷矩阵只需选取前k列即前k个重要的因子即可。与主成分分析类似，确定k通常有以下两个标准：

（1）根据特征值$\boldsymbol{\lambda}_i$确定因子个数k。

一般选取大于 1 的特征值。原因是：特征值λ_i即为依据因子载荷矩阵$\boldsymbol{A}$计算出的因子f_i的方差贡献。应根据因子的方差贡献判断因子的重要性。若因子f_i是不应略去的重要因子，则它至少应能够解释p个原有变量总方差p中的 1 个。

（2）根据因子的累计方差贡献率确定因子个数k。

根据因子的方差贡献率定义，前k个因子的累计方差贡献率为：$cR_k=\sum_{i=1}^{k}R_i=\sum_{i=1}^{k}S_i^2/p=\sum_{i=1}^{k}\lambda_i/\sum_{i=1}^{p}\lambda_i$。通常，累计方差贡献率大于0.80时的$k$即为因子个数$k$。

4. 因子得分的计算

因子得分是因子分析的最终体现。在因子分析的实际应用中，为实现变量降维和简化问题，求解因子载荷矩阵确定因子之后，还需确定各个样本观测点在已降维的因子空间（以$\boldsymbol{F}=(f_1, f_2, \cdots, f_k)$为坐标轴）中的位置坐标，称为因子得分$\boldsymbol{F}$。后续将用因子得分$\boldsymbol{F}$代替原有变量$\boldsymbol{X}$进行后续建模。

希望通过以下形式计算样本观测$\boldsymbol{X}_i$在f_j上的得分：

$$f_{ij}=\varpi_{j1}X_{i1}+\varpi_{j2}X_{i2}+\cdots+\varpi_{jp}X_{ip},\quad j=1,2,\cdots,k;\ i=1,2,\cdots,N \tag{11.16}$$

式中，$\varpi_{j1}, \varpi_{j2}, \varpi_{j3}, \cdots, \varpi_{jp}$称为因子值系数，分别度量了原有变量$X_1, X_2, \cdots, X_p$对$f_j$的权重贡献。

一个自然的想法是基于式（11.9）的因子分析模型，将f_j写成$X_1, X_2, \cdots, X_p$的函数形式。但由于$\varepsilon_i(i=1, 2, \cdots, p)$未知，因此无法实现。为此，一般的做法是利用以下线性组合去近似计算因子得分：

$$\boldsymbol{F}=\boldsymbol{X}\boldsymbol{w} \tag{11.17}$$

式中，$\boldsymbol{w}_{(p\times k)}=(\varpi_1, \varpi_2, \cdots, \varpi_k)$，为因子值系数矩阵，$\varpi_j=(\varpi_{1j}, \varpi_{2j}, \cdots, \varpi_{pj})^{\mathrm{T}}(j=1, 2, \cdots, k)$。

因为因子分析中的$\boldsymbol{F}$是观测不到的，所以不能采用一般的最小二乘法估计系数$\boldsymbol{w}$。为此，在式（11.17）两边各乘以$\frac{1}{N}\sum_{i=1}^{N}\boldsymbol{X}^{\mathrm{T}}$，即

$$\frac{1}{N}\sum_{i=1}^{N}\boldsymbol{X}^{\mathrm{T}}\boldsymbol{F}=\frac{1}{N}\sum_{i=1}^{N}\boldsymbol{X}^{\mathrm{T}}\boldsymbol{X}\boldsymbol{w} \tag{11.18}$$

因数据均是标准化值，上式即为$\boldsymbol{A}=\boldsymbol{R}\boldsymbol{w}$，$\boldsymbol{R}$为输入变量$\boldsymbol{X}$的相关系数矩阵，$\boldsymbol{A}$为因子载荷阵。进一步，因为$\boldsymbol{w}=\boldsymbol{R}^{-1}\boldsymbol{A}$，将其代入式（11.17），有

$$\boldsymbol{F}=\boldsymbol{X}\boldsymbol{R}^{-1}\boldsymbol{A} \tag{11.19}$$

即可依式（11.19）计算N个样本观测的因子得分。

11.3.3 Python模拟和启示：认识因子分析的计算过程

本节将基于模拟数据，通过Python编程实现因子分析，以帮助读者进一步理解因子分析的基本原理。模拟数据为利用Python提供的函数随机生成的立体字母S的数据集合，包括三个输入变量X以及一个可标识数

据点颜色的变量 t。数据集中样本观测点在三维空间 X_1，X_2，X_3 中的散点图，以及 X_1 与 X_2、X_1 与 X_3 和 X_2 与 X_3 的两两变量的散点图，如图 11.11 所示。

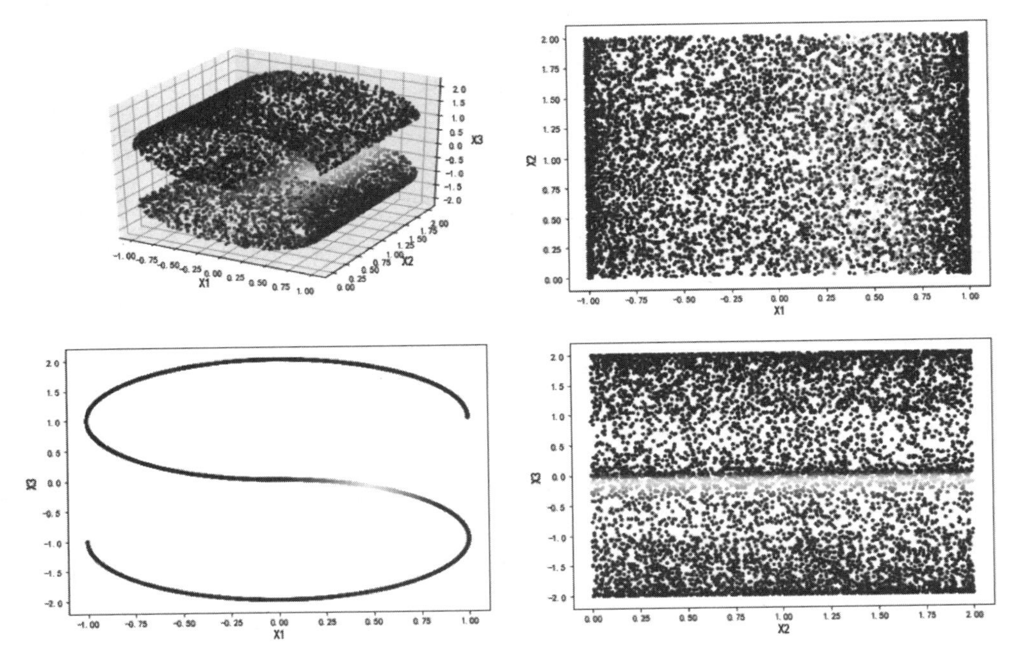

图11.11　模拟数据的三维散点图及两两变量的散点图

1. 依据前述原理，手工编程实现因子分析

以下将依据前述的因子分析基本原理，通过 Python 编程，从 X_1，X_2，X_3 的相关系数矩阵出发，通过计算其特征值和对应的特征向量，并在此基础计算因子载荷矩阵，实现因子分析。Python 代码（文件名：chapter11-5.ipynb）如下。为便于阅读，我们将代码运行结果直接放置在相应代码行下方。

行号	代码和说明
1	X,t = make_s_curve(n_samples=8000, noise=0, random_state=123) # 随机生成立体字母 S 的数据集合，包括三个输入变量 X，以及一个可标识数据点颜色的变量 t
2	color = plt.cm.Spectral(t) # 设置绘图中各个数据点的颜色
3	X = pd.DataFrame(X) # 将 X 转成数据框便于后续计算
4	R = X.corr();print(R) # 计算并输出 X 的相关系数矩阵 R
	0 1 2 0 1.000000 0.008891 -0.118065 1 0.008891 1.000000 -0.020232 2 -0.118065 -0.020232 1.000000
5	eig_value, eigvector = np.linalg.eig(R) # 计算 R 的特征值和对应的单位特征向量
6	sortkey,eig = list(eig_value.argsort()),list(eig_value) # 保存特征值升序排序的索引到列表 sortkey，保存特征值到列表 eig
7	sortkey.reverse() # 保存特征值降序排序的索引到列表 sortkey

行号	代码
8	eig.sort();eig.reverse() #eig 保存着特征值的降序排序结果
9	A = np.zeros((eigvector.shape[1],eigvector.shape[1])) # 指定存储因子载荷矩阵到 A，为 3 行 3 列的 2 维 NumPy 数组，初始值为 0
10	for i,e in enumerate(eig): # 利用循环计算各个因子载荷
11	A[i,:] = np.sqrt(e)*eigvector[:,sortkey[i]] # 计算 A 中第 i 行的值
12	factorM=A.T # 得到因子载荷矩阵
13	print("因子载荷矩阵：\n{0}".format(factorM)) 因子载荷矩阵： [[-0.73408195 -0.16654497 -0.65832094] [-0.1772608 0.98206173 -0.06429132] [0.74247119 0.06979852 -0.66623171]]
14	lambd = np.zeros((factorM.shape[1],)) # 保存因子的方差贡献
15	for i in range(0,factorM.shape[1]): # 利用循环计算各因子的方差贡献
16	lambd[i] = sum(factorM[:,i]**2) # 计算第 i 个因子的方差贡献
17	print(' 因子方差贡献：{0}'.format(lambd)) 因子方差贡献：[1.12156117 0.99705429 0.88138454]
18	print(' 因子方差贡献率：{0}'.format(lambd/sum(lambd))) 因子方差贡献率：[0.37385372 0.33235143 0.29379485]
19	score = np.linalg.inv(R)*factor # 计算因子值系数矩阵
20	print(' 因子值系数：\n{0}'.format(score)) 因子值系数： [[-0.74449116 0.00109871 -0.07873893] [0.00116941 0.98250601 -0.00125123] [0.08880377 0.00135841 -0.67590206]]

■ 代码说明

（1）第 4 行：利用数据框的 corr() 方法计算相关系数矩阵 $\boldsymbol{R}_{3\times3}$，是一个 3 行 3 列的矩阵。

（2）第 5 行：计算相关系数矩阵 $\boldsymbol{R}$ 的 3 个特征值和对应的单位特征向量。

（3）第 6 至第 8 行：为便于后续处理，首选获得各特征值升序排序后的索引号。然后，将特征值升序排序后反转位置，即降序排序，并得到降序索引号。

（4）第 9 行：准备因子载荷矩阵，初始时应为 3 行 3 列的矩阵。

（5）第 10 至 12 行：依据式（11.15）构造因子载荷矩阵。这里，指定因子个数等于原有变量个数 3，因此因子载荷矩阵为 3 行 3 列的矩阵。

（6）第 13 行：输出因子载荷矩阵。由因子载荷矩阵可知，因子 f_1 与 X_1，X_3 有较高相关性，因子 f_2 与 X_2 高相关，因子 f_3 也与 X_1，X_3 有一定的相关性。

（7）第 17 至 18 行：输出各因子的方差（即特征值）和方差贡献率。从方差贡献率看，第 1 个因子最重要，第 2，3 个因子次之，但各因子重要性的差异不大。

（8）第 19 至 20 行：依据式（11.19）中的 $\boldsymbol{R}^{-1}\boldsymbol{A}$ 计算因子值系数。结果表明，X_1 对第 1 个因子得分有更大权重，第 2，3 个因子得分分别主要取决于 X_2 和 X_3。

2. 基于Python包实现因子分析

基于主成分分析的因子分析目前尚未内置在 Python 的 Scikit-learn 包中，需首先在 Anaconda Prompt 下输入 "pip install factor_analyzer"，进行在线安装，之后方可引用其中的函数实现基于主成分分析的因子分析。

行号	代码和说明
1	fa = FactorAnalyzer(method='principal',n_factors=2, rotation=None) # 创建基于主成分分析实现因子分析的对象 fa, 指定提取 2 个因子
2	fa.fit(X) # 对 X 进行因子分析
3	print(' 因子载荷矩阵 :\n', fa.loadings_) 因子载荷矩阵： [[0.73408195 -0.16654497] [0.1772608 0.98206173] [-0.74247119 0.06979852]]
4	print(' 变量共同度 :\n', fa.get_communalities()) 变量共同度： [0.56661353 0.99586663 0.55613531]
5	print(' 因子的方差贡献 :{0}'.format(fa.get_factor_variance()[0])) 因子的方差贡献：[1.12156117 0.99705429]
6	print(' 因子的方差贡献率 :{0}'.format(fa.get_factor_variance()[1])) 因子的方差贡献率：[0.37385372 0.33235143]
7	print(' 因子的累计方差贡献率 :{0}'.format(fa.get_factor_variance()[2])) 因子的累计方差贡献率：[0.37385372 0.70620515]
8	F = fa.transform(X) # 计算各个样本观测的因子得分并保存到 F 中
9	plt.scatter(F.T[0],F.T[1],s=8,color=color) # 基于因子得分绘制散点图
…	……# 设置图标题等，略去

■ 代码说明

（1）以上省略号部分在之前代码中重复出现过且不影响对原理的理解，故略去以节约篇幅。完整 Python 程序请参见本书配套代码。

（2）第 1 行：利用 FactorAnalyzer 函数实现因子分析。其中，指定参数 method='principal' 表示基于主成分分析计算；n_factors=2 表示提取两个因子；rotation=None 表示不对因子载荷矩阵进行旋转，具体含义详见 11.3.4 节。

（3）第 3 行：因子分析对象的 .loadings_ 属性存储着因子载荷矩阵。计算结果同前。

（4）第 4 行：可通过 get_communalities() 获得因子分析中各个变量的共同度。

（5）第 6 和 7 行：可通过 get_factor_variance() 获得因子分析中各个因子的方差贡献（计算结果同前）、方差贡献率（计算结果同前）以及累计方差贡献率。这里指定提取两个因子，累计方差贡献率为 70.6%。

（6）第 8 和 9 行：利用 transform 计算因子得分，并基于因子得分绘制散点图，如图 11.12 所示。

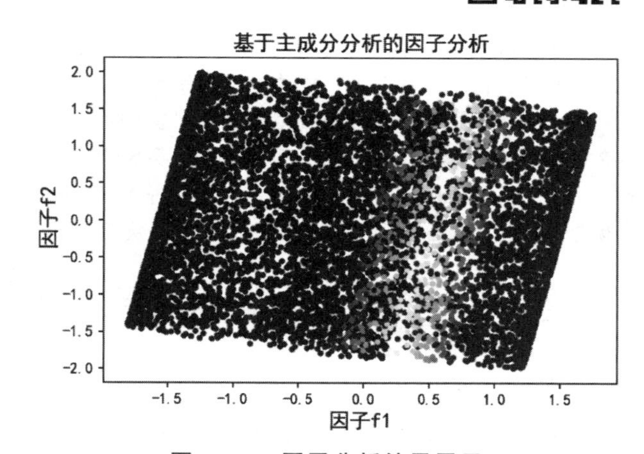

图11.12 因子分析结果展示

图 11.12 为指定因子个数$k=2$计算两个因子得分，并基于因子得分绘制的散点图。图形显示，它与图 11.11 中右上图关于X_1，X_2的相关散点图较为接近，这是因子值系数矩阵所体系的X_1

对第 1 个因子得分有更大权重、X_2 对第 2 个因子得分有更大权重所致。

需要说明的是，Python 没有内置的基于主成分的因子分析模块，只是内置了基于数据矩阵 $\boldsymbol{X}$ 的奇异值分解的因子分析。其中，因子载荷矩阵中的特征值和特征向量为 $\boldsymbol{XX}^{\mathrm{T}}$ 的前 k 个最大特征值和对应的特征向量。本例具体 Python 代码如下。

行号	代码和说明
1	Fac = decomposition.FactorAnalysis(n_components=2) # 提取两个因子
2	Fac.fit(X) # 对 X 进行因子分析
3	y = Fac.transform(X) # 获得因子得分
4	plt.scatter(y[:,0],y[:,1],s=8,color=color) # 绘制基于因子得分的散点图
…	……# 设置图标题等，略去

■ 代码说明

以上省略号部分在之前代码中重复出现过且不影响对原理的理解，故略去以节约篇幅。完整 Python 程序请参见本书配套代码。所绘制的图形如图 11.13 所示。

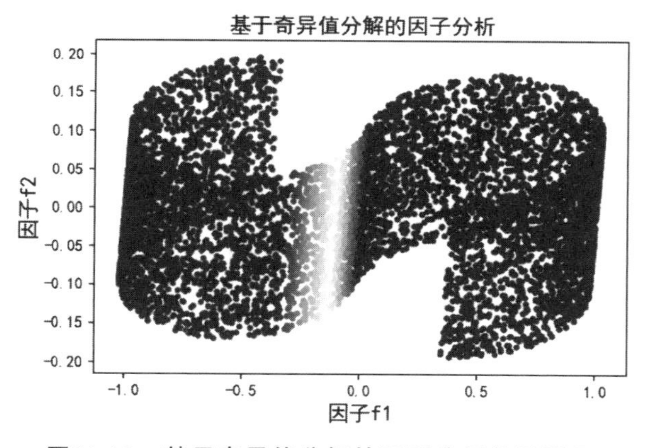

图11.13　基于奇异值分解的因子分析结果展示

与图 11.12 的基于主成分分析的因子分析结果相比，基于奇异值分析的降维更接近其原本三维下的特征轮廓，并且更多体现了空间变换的特点。

11.3.4　因子分析的其他问题

1. 因子分析的适用性问题

基于主成分分析的因子分析通常适合原有变量 X_1，X_2，…，X_p 具有中度以上相关性的情况。直观讲，基于斯皮尔曼最初的研究，若各门课程之间没有相关性，也就无从提取潜在的共性因素。

在 11.3.3 节中，相关系数矩阵 $\boldsymbol{R}$ 表明，X_1，X_2，X_3 是弱相关的，尽管可以得到分析结果，但实际解释意义不大，而且无法真正实现降维目的。

2. 因子的可解释性问题

在因子分析的很多实际应用中，通常希望因子具有一定的实际意义。但如果某一个因子 f_i 与所有X_i 均有较高的相关系数，或者某一个 X_i 与所有f_i 均有较高的相关系数，那么因子的实际含义就比较模糊。此时，可以通过旋转因子载荷矩阵使某一个因子f_i 仅与少数 X_i 有较高的相关系数，或者某一个X_i 仅与少数 f_i 有较高的相关系数，以使因子的实际含义清晰，如图 11.14 所示。

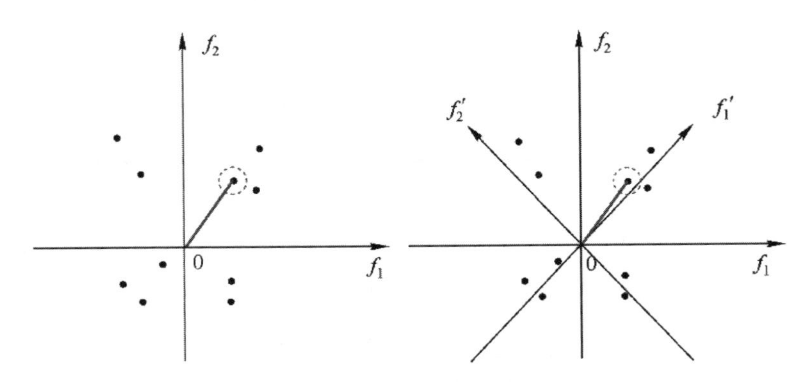

图11.14　因子载荷与因子旋转

图 11.14 是以因子 f_1，f_2 为坐标轴，基于因子载荷矩阵绘制的散点图，称为因子载荷图。图中 10 个点代表 10 个原有变量$\boldsymbol{X}$。每个点的横纵坐标分别为因子载荷矩阵中的因子载荷 a_{ij}，刻画了相应原有变量$\boldsymbol{X}$与因子f_1，f_2 的相关性。左图中 10 个原有变量在因子f_1，f_2 上均有一定的相关性，因子含义不清。现在进行因子旋转，将坐标 f_1，f_2 逆时针旋转至右图所示的 f_1'，f_2' 位置上。在 f_1'，f_2' 坐标下，10 个原有变量中的 6 个在 f_1'上有较高的载荷，在 f_2'上的载荷几乎为 0；其余 4 个在因子f_2'上有较高的载荷，在因子f_1'上的载荷几乎为 0。此时，因子f_1'，f_2' 的含义就较为清楚，它们分别是对原有 6 个变量和剩余 4 个变量的综合。

进一步，计算图 11.14 左右两图中虚线圆圈所圈变量 X_i 的共同度 h_i^2。对比发现，变量的共同度均等于红色线段长度的平方。可见，因子旋转并不影响原有变量 X_i 的共同度 h_i^2，不会导致变量信息的丢失。改变的仅是因子f_i 的方差贡献 S_j^2，即重新分配各因子f_i 解释原有变量X_i 方差的比例，旨在使因子的实际意义更明确。

实现因子矩阵旋转的途径是将因子载荷矩阵$\boldsymbol{A}$右乘一个正交矩阵$\boldsymbol{\tau}$后得到一个新矩阵$\boldsymbol{B}$。有很多求解正交矩阵 $\boldsymbol{\tau}$ 的方法，其中应用较为普遍的是方差极大法（Varimax）。对只包含两个因子的因子载荷矩阵$\boldsymbol{A}$右乘一个正交矩阵$\boldsymbol{\tau}$，将计算结果矩阵$\boldsymbol{B}$表示为：

$$\boldsymbol{B}=\begin{bmatrix} b_{11}b_{12} \\ b_{21}b_{22} \\ \cdots \\ b_{p1}b_{p2} \end{bmatrix}$$

为达到因子旋转的目标，极端情况下希望使因子f_1 仅与某些变量X_i（例如X_1，X_2，…，X_k）

相关，因子f_2仅与其他变量X_j（例如X_{k+1}，X_{k+2}，…，X_p）相关，表现为矩阵$\boldsymbol{B}$的第 1 列第$k+1$至p行的元素等于 0，第 2 列第1至k行的元素等于 0。此时两列元素的方差V_1，V_2是最大的，$V_k=\frac{1}{p}\sum_{i=1}^{p}(b_{ik}^2)^2-\frac{1}{p^2}(\sum_{i=1}^{p}b_{ik}^2)^2\left(k=1,\ 2\right)$①。因此求解正交矩阵$\boldsymbol{\tau}$的目标就是最大化$V_1+V_2$。一般目标函数为：$V=p\left(V_1+V_2\right)=\sum_{j=1}^{k}\sum_{i=1}^{p}(b_{ij}^2)^2-\frac{1}{p}\sum_{j=1}^{k}\left(\sum_{i=1}^{p}b_{ij}^2\right)^2\left(k=1,\ 2\right)$。进一步，为消除变量共同度量级对计算结果造成的影响，可将目标函数调整为：$V=\sum_{j=1}^{k}\sum_{i=1}^{p}\left(\frac{b_{ij}^2}{h_i^2}\right)^2-\frac{1}{p}\sum_{j=1}^{k}\left(\sum_{i=1}^{p}\frac{b_{ij}^2}{h_i^2}\right)^2$。

对于 11.3.3 节的模拟数据，对因子载荷矩阵采用方差极大法旋转的 Python 实现如下所示。

行号	代码和说明
1	fa = FactorAnalyzer(method='principal',n_factors=2,rotation='varimax') # 创建基于主成分分析实现因子分析的对象 fa，指定提取两个因子且对因子载荷阵采用方差极大法旋转
2	fa.fit(X) # 对 X 进行因子分析
3	print(' 变量共同度 :\n', fa.get_communalities()) # 计算结果同前，没有发生变化 变量共同度： [0.56661353 0.99586663 0.55613531]
4	print(' 旋转后的因子载荷矩阵 :\n', fa.loadings_) 旋转后的因子载荷矩阵： [[0.75119892 -0.04810104] [0.019381 0.99774295] [-0.74414953 -0.04875225]]
5	print(' 因子的方差贡献 :{0}'.format(fa.get_factor_variance()[0])) # 基于旋转后的因子载荷阵计算 因子的方差贡献：[1.11843397 1.00018149]
6	print(' 因子的方差贡献率 :{0}'.format(fa.get_factor_variance()[1])) 因子的方差贡献率：[0.37281132 0.33339383]
7	print(' 因子的累计方差贡献率 :{0}'.format(fa.get_factor_variance()[2])) 因子的累计方差贡献率：[0.37281132 0.70620515]
8	F = fa.transform(X) # 计算并保存因子得分
9	plt.scatter(F.T[0],F.T[1],s=8,color=color) # 基于因子得分绘制散点图
…	……# 设置图形标题等，略去

■ 代码说明

（1）以上省略号部分在之前代码中重复出现过且不影响对原理的理解，故略去以节约篇幅。完整 Python 程序请参见本书配套代码。

（2）第 1 行：设置参数 rotation='varimax' 表示对因子载荷阵采用方差极大法旋转。

（3）第 4 行：因子载荷矩阵表明，第 1 个因子与X_1更相关，第 2 个因子与X_2更相关。因本例旋转前因子的含义就比较清楚，所以旋转后变化不大。

① $\mathrm{Var}\left(X\right)=E\left(X^2\right)-\left[E\left(X\right)\right]^2$。

（4）第 5 至 7 行：基于旋转后的因子载荷矩阵计算因子的方差贡献、方差贡献率和累计方差贡献率，结果与未做旋转的结果是有差异的。

绘制的散点图如图 11.15 所示。

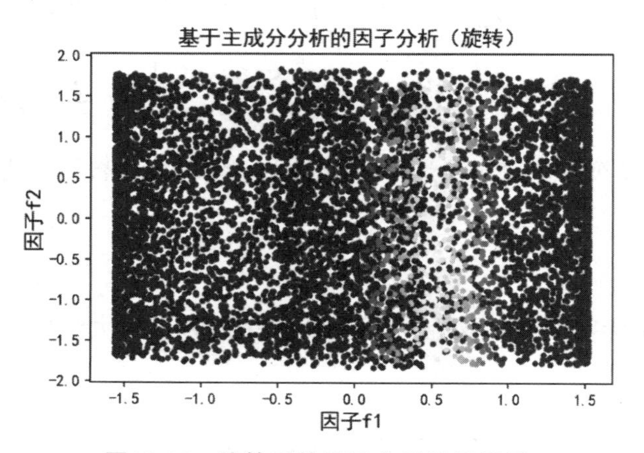

图11.15　旋转后的因子分析结果展示

图 11.15 与图 11.12 相比可知，前者是后者转了一个角度的结果，这对直观理解因子载荷矩阵旋转的实际含义较有帮助。

至此，基于空间变化策略的特征提取的讨论告一段落。目前还有很多较为流行的特征提取方法。例如，t-SNE（t-distributed Stochastic Neighbor Embedding）算法、流行学习（Manifold Learning）以及度量学习（Metric Learning）等。有兴趣的读者可以参考相关资料。

11.3.5　因子分析的 Python 应用实践：空气质量综合评测

本节将基于空气质量监测数据，通过 Python 编程，利用因子分析对各年的空气质量整体情况做出综合评价。该案例在展示基于空间变换实现特征提取的同时，进一步突出了特征提取对解决实际问题的重要作用。基本思路如下：

（1）首先，对 2014 年 1 月 1 日至 2019 年 11 月 26 日 $PM_{2.5}$、PM_{10}、SO_2、CO、NO_2 浓度监测数据，进行基于主成分分析的因子分析。

（2）基于因子分析结果，计算空气质量的综合评测结果。

（3）绘制空气质量综合评测结果的时序变化图，只直观刻画和展示 2014 年至 2019 年空气质量评测结果的变化情况。

Python 代码（文件名：chapter11-6.ipynb）如下。为便于阅读，我们将代码运行结果直接放置在相应代码行下方。以下将分段对 Python 代码做说明。

1. 基于$PM_{2.5}$、PM_{10}、SO_2、CO、NO_2浓度监测数据进行因子分析

行号	代码和说明
1	data = pd.read_excel('北京市空气质量数据.xlsx') # 读入 Excel 格式数据到数据框 data
2	data = data.replace(0,np.NaN);data = data.dropna()# 数据预处理

3	X = data.iloc[:,3:-1] # 指定原有变量X，分别为 $PM_{2.5}$，PM_{10}，SO_2，CO，NO_2
4	fa = FactorAnalyzer(method='principal',n_factors=2,rotation='varimax') # 创建基于主成分分析的因子分析对象 fa，指定提取两个因子且对因子载荷矩阵进行方差极大化旋转
5	fa.fit(X) # 对 X 进行因子分析
6	print("因子载荷矩阵 \n",fa.loadings_) 因子载荷矩阵 [[0.92306469 0.26660449] [0.90247854 0.2290372] [0.30642648 0.9405462] [0.80663485 0.4434194] [0.78510676 0.44600552]]
7	print("变量共同度 :\n", fa.get_communalities()) 变量共同度： [0.92312638 0.86692555 0.97852435 0.84728055 0.81531355]
8	print("因子的方差贡献 :{0}".format(fa.get_factor_variance()[0])) 因子的方差贡献：[3.02746554 1.40370484]
9	print("因子的方差贡献率 :{0}".format(fa.get_factor_variance()[1])) 因子的方差贡献率：[0.60549311 0.28074097]
10	print("因子的累计方差贡献率 :{0}".format(fa.get_factor_variance()[2])) 因子的累计方差贡献率：[0.60549311 0.88623408]

■ 代码说明

（1）第6行：显示旋转后的因子载荷矩阵。从因子载荷阵看出，因子f_1与$PM_{2.5}$、PM_{10}、CO、NO_2有较高的相关性，因子f_2与SO_2高相关。

（2）第7行：显示变量共同度，结果表明变量共同度均高于0.82，整体上各变量的信息丢失较少。

（3）第8至10行：输出因子方差贡献、方差贡献率和累计方差贡献率。累计方差贡献率达到88%，因子分析效果比较理想。

2. 空气质量综合评测

这里基于因子得分对空气质量进行综合评测，具体为：评测值$=w_1F_1+w_2F_2$，其中F_1，F_2为两个因子得分，w_1，w_2为权重，分别为两因子方差贡献率的归一化结果。评测值越高，空气质量越差。由于因子不相关，将加权平均作为综合评测结果是具有合理性的。

行号	代码和说明
1	tmp = fa.get_factor_variance() # 得到因子方差贡献、方差贡献率和累计方差贡献率
2	F = fa.transform(X) # 得到因子得分
3	data['score'] = F[:,0]*tmp[2][0]/sum(tmp[2])+F[:,1]*tmp[2][1]/sum(tmp[2]) # 计算综合评测结果
4	plt.figure(figsize = (20,6)) # 指定图形大小
5	plt.plot(data['score']) # 绘制综合评测结果的时序图
…	……# 设置图标题等，略去
10	id = argsort(data['score']) # 得到综合评测结果升序排序的行索引

11

```
data.iloc[id[::-1][0:5],] # 得到综合评测结果降序排序后的前 5 条数据
```

	日期	AQI	质量等级	PM2.5	PM10	SO2	CO	NO2	O3	score
54	2014-02-24	310.0	严重污染	260.0	327.0	133.0	4.7	119.0	19.0	5.520231
53	2014-02-23	261.0	重度污染	211.0	246.0	130.0	3.6	92.0	14.0	5.028838
22	2014-01-23	271.0	重度污染	221.0	263.0	118.0	4.0	125.0	8.0	4.889097
15	2014-01-16	402.0	严重污染	353.0	384.0	109.0	4.6	123.0	20.0	4.726350
45	2014-02-15	428.0	严重污染	393.0	449.0	100.0	3.8	110.0	25.0	4.215185

■ **代码说明**

（1）以上省略号部分在之前代码中重复出现过且不影响对原理的理解，故略去以节约篇幅。完整 Python 程序请参见本书配套代码。

（2）第 5 行开始，绘制空气质量综合评测结果的时间序列图，如图 11.16 所示。

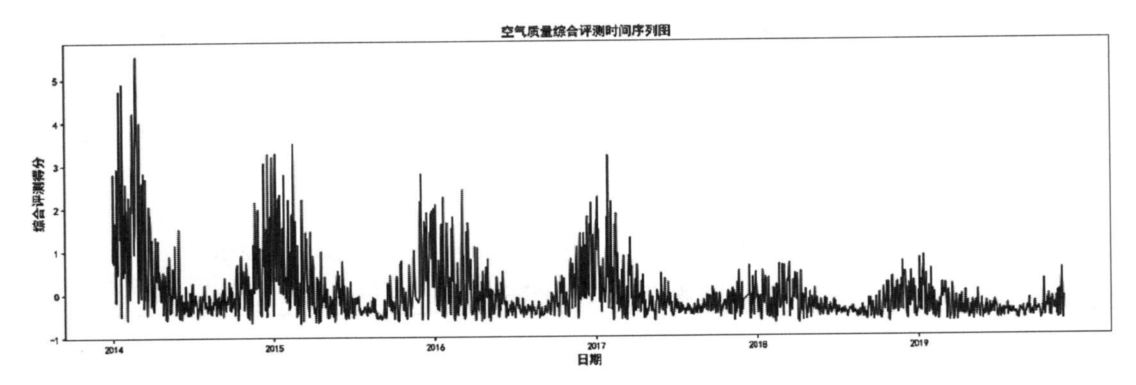

图11.16　空气质量综合评测结果时序图

图 11.16 显示，2014 年至 2019 年空气质量综合评测值整体上持续波动性下降，尤其 2017 年下半年至 2019 年年底的整体水平较低，较 2014 年和 2015 年空气质量有了明显改善。此外，每年年底和来年年初的综合评测值相对较高，这与北方的冬季供暖密切相关。

（3）第 10 至 11 行：找到并输出综合评测结果最高，即空气质量最差的 5 天。它们是 2014 年 1 月和 2 月中的 5 天。可以看到，空气质量最差的 2014 年 2 月 24 日，这天的 AQI 并非最高的。综合评测结果与 AQI 并不完全一致。事实上，AQI 大小与 $PM_{2.5}$ 浓度密切相关，而综合评测结果不仅与 $PM_{2.5}$ 等有关，且 SO_2 也有较大权重。2014 年 2 月 24 日的 SO_2 浓度很高，导致这天的综合评测值较大。2014 年 2 月 23 日也有类似特点。2014 年 2 月 15 日尽管 AQI，$PM_{2.5}$ 很高，但 SO_2 相对低些，因此综合评测结果并不是最差的。

• 本章相关函数列表 •

围绕本章学习，应重点掌握 Python 模块中的以下函数。函数的具体格式参见 Python 帮助。

一、主成分分析

pca=decomposition.PCA(n_components=)；pca.fix(X)。

二、矩阵的奇异值分解

np.linalg.svd()。

三、基于主成分分析的因子分析

fa = FactorAnalyzer(method='principal',n_factors=,rotation='varimax')；fa.fit(X)。

四、基于奇异值分解的因子分析

Fac=decomposition.FactorAnalysis(n_components=)；Fac.fit(X)。

• 本章习题 •

1．请简述主成分分析的基本原理。

2．请简述矩阵的奇异值分解的基本思路。

3．请给出因子分析的数学模型，并说明主成分分析和因子分析异同。

4．Python 编程题：植物叶片的特征提取。

第 7 章习题 6 给出了植物叶片的数据集（文件名：叶子形状 .csv），包括分别描述植物叶片的边缘（margin）、形状（shape）、纹理（texture）特征的各 64 个数值型变量，以及 1 个记录每张叶片所属的植物物种（species）的分类型变量。总共有 193 个变量。请采用主成分分析和因子分析进行特征提取。然后建立一个恰当的植物物种的分类模型，并比较不同特征提取方法对分类模型的影响。

第 12 章　揭示数据内在结构：聚类分析

学习目标

1. 掌握 *K*- 均值聚类的基本原理和聚类过程。
2. 掌握 *K*- 均值聚类迭代的意义，以及确定聚类数目 *K* 的方法。
3. 掌握系统聚类的过程，以及确定聚类数目 *K* 的方法。
4. 了解 DBSCAN 聚类的基本原理和聚类过程，以及对参数敏感性的特点。
5. 掌握各种聚类方法的 Python 实现。

本章开始进入机器学习的另一个热门领域：聚类分析。聚类分析是机器学习的重要组成部分，能够全面、客观、有效地揭示数据的内在结构，实际应用极为广泛。本章将首先对聚类分析进行概述，然后对几种经典的聚类算法进行论述。具体如下：

第一，聚类分析概述。我们将涉及聚类的概念、特点、算法类型以及聚类评价等多个方面，是理解和应用聚类算法的基础。

第二，*K*- 均值聚类。*K*- 均值聚类是应用最为广泛的聚类算法之一，其基本原理、算法特点以及如何评价，是需要重点关注的问题。

第三，系统聚类。系统聚类是一种与 *K*- 均值聚类齐名的优秀聚类算法，两种算法具有重要的互补意义。

第四，DBSCAN 聚类。DBSCAN 聚类是一种经典的基于密度的聚类算法，特别适合对异形小类的划分识别。

本章将结合 Python 编程讨论聚类分析，并基于 Python 给出各种聚类算法的实现以及应用实践示例。

12.1 聚类分析概述

12.1.1 聚类分析的目的

正如 1.2.1 节所述，数据集中蕴含着非常多的信息，其中较为典型的是数据集可能由若干个小的数据子集组成。例如，对于顾客特征和消费记录的数据集，依据经验通常认为，具有相同特征的顾客群（如相同性别、年龄、收入等）其消费偏好会较为相似。具有不同特征的顾客群（如男性和女性等）其消费偏好可能不尽相同。客观上存在属性和消费偏好等总体特征差异较大的若干个顾客群。

发现不同的顾客群，进行市场细分，是实施精细化营销的前提。实际应用中有很多市场细分方法，比较典型的是 RFM 分析。RFM 是最近一次消费（Recency）、消费频率（Frequency）、消费金额（Monetary）的英文缩写，包括市场细分最重要的三个方面。最近一次消费 R 是客户前一次消费距某时点的时间间隔。理论上，最近一次消费较近的客户应该是比较好的客户，是最有可能对提供的新商品或服务做出反应的客户。从企业角度看，最近一次消费很近的客户数量及其随时间推移的变化趋势，能够有效揭示企业成长的稳健程度。消费频率 F 是客户在限定期间内消费的次数。消费频率较高的客户通常对企业满意度和忠诚度较高。从企业角度看，有效的营销手段应能够大幅提高消费频率，进而争夺更多的市场份额。消费金额 M 是客户在限定期间内的消费总金额，是客户盈利能力的表现。可依据 R、F、M，分别指定 R、F、M 的组限，对客户进行 3 个维度的交叉分组。如图 12.1 所示，将客户划分成 8 个小类。

根据营销理论，图 12.1 中属于左上角前侧类的顾客是较为理想的 VIP 顾客，右下角后侧类的顾客是极易流失的。应注意到，市场细分结果的合理性依赖于管理者对实际问题的正确理解，更依赖于对营销数据的全面把握。如果组限值设定不合理，“中间地带”的顾客就可能进入不合理的小类，进而无法享受到与其匹配的精细化营销服务，导致营销失效。

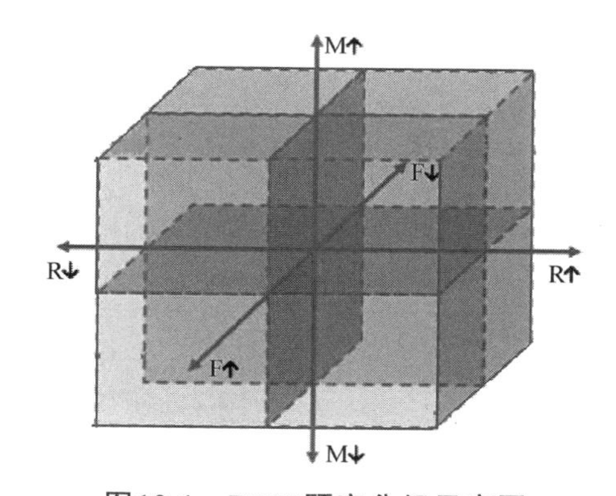

图12.1 RFM顾客分组示意图

所以，从数据的多个维度出发，找到其中客观存在的“自然小类”是必要的，这就是聚类分析的意义所在。

数据聚类的目的是基于p个聚类变量，发现数据中可能存在的小类，并通过小类刻画和揭示数据的内在结构。

这里以图 12.2 为例说明。图 12.2 中第一行的两幅图分别为 100 个样本观测点在两个变量 X_1，X_2 和三个变量 X_1，X_2，X_3 空间中的分布。这里 X_1，X_2，X_3 在聚类中称为聚类变量。聚类分析能够找到数据中客观存在的小类，如第二行的两幅图所示。其中不同颜色和形状展示了数据聚类的结果，也称聚类解。红色叉号表示小类的中心点。可以看到每个样本观测点被分别归入了不同的小类中。具体内容详见 12.2.3 节。

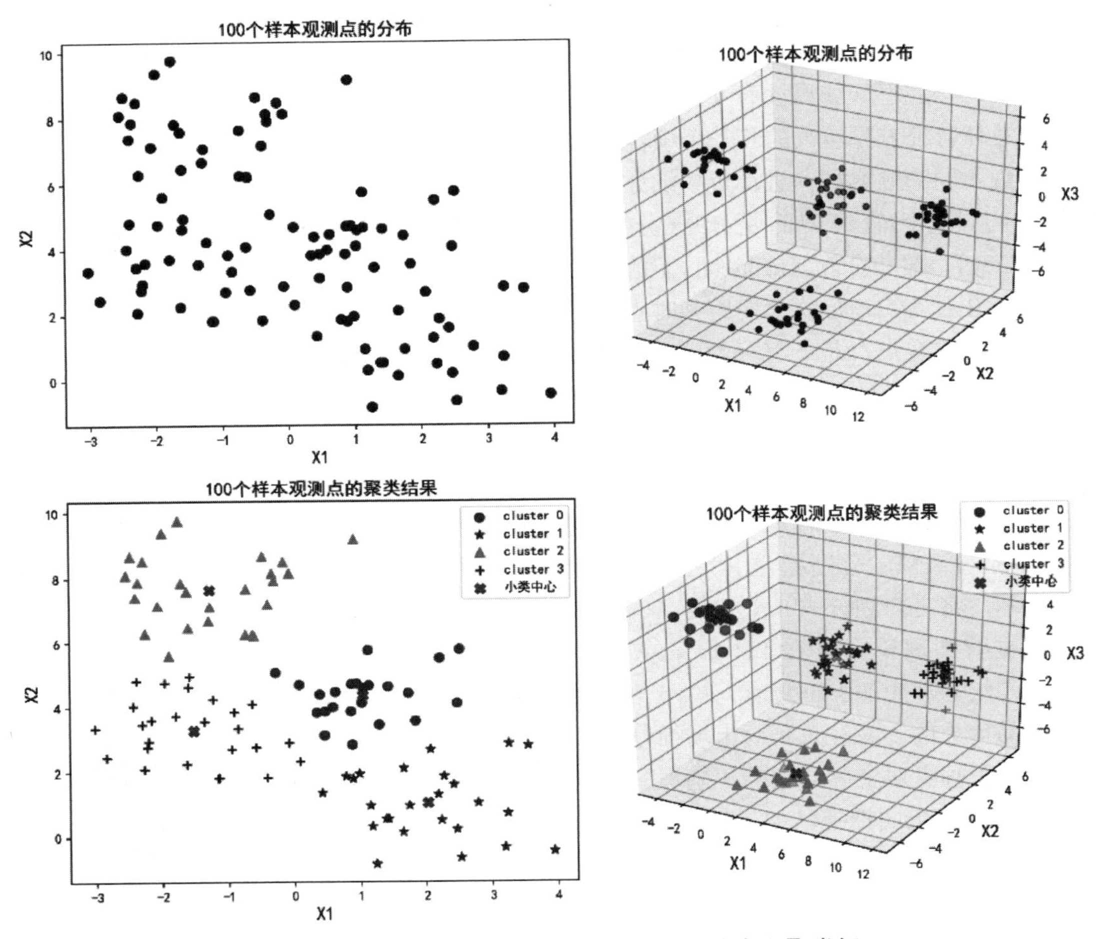

图12.2　样本观测点在聚类变量空间中的分布和聚类解

数据聚类和数据预测中的分类问题既有联系又有区别。联系在于：数据聚类会给每个样本观测一个聚类解，即属于哪个小类的标签，且聚类解将保存在一个新生成的聚类解变量，记为 C（分类型）中。分类问题是给输出变量一个分类预测值，记为 $\hat{y}$，本质也是给每个样本观测一个标签。区别在于：分类问题中的变量有输入变量和输出变量之分，且分类标签 $\hat{y}$（如空气质量等级、顾客买或不买）的真实值是已知的。但数据聚类中的变量没有输入变量和输出变量之分，所有变量均视为聚类变量参与分析，且小类标签 C 的真实值是未知的。

如果说数据分类是在带标签的输出变量 y“参与”下的“有监督”的机器学习算法，那么数据聚类就是无输出变量（无标签）“参与”下的“无监督”的机器学习算法。正因为如此，数据聚类有不同于数据分类的算法策略。

12.1.2 聚类算法概述

聚类分析作为探索式数据分析的重要手段，已广泛应用于机器学习、模式识别、图像分析、信息检索、生物信息学（Bioinformatics）等众多领域。目前，聚类算法（也称聚类模型）有上百种之多。不同算法对类的定义有所不同，聚类策略也各有千秋。这里仅从类的含义、聚类结果以及聚类算法三个方面做简单概括。

1. 类的定义

类是一组样本观测的集合，主要包括以下三种情况：

- 聚类变量空间中距离较近的各样本观测点，可形成一个小类，如图 12.2 中第一列图所示。
- 聚类变量空间中样本观测点分布较为密集的区域，可视为一个小类，如图 12.2 中第二列图所示。
- 来自某特定统计分布的一组样本观测，可视为一个小类。

2. 聚类结果

从聚类结果角度，主要包括以下两种情况：

- 确定性聚类和模糊聚类。如果任意两个小类的交集为空，一个样本观测点最多只确定性地属于一个小类，称为确定性聚类（或硬聚类）。否则，如果一个样本观测点以不同概率水平属于所有的小类，称为模糊聚类（或软聚类）。
- 基于层次的聚类和非层次的聚类。如果小类之间存在一个类是另一个类的子集的情况，称为层次聚类或系统聚类。否则为非层次聚类。

3. 聚类模型

从聚类模型角度，主要包括以下几种情况：

（1）基于质心的聚类模型（Centroid Models）。

它从反复寻找类质心角度设计算法。这类算法以质心为核心，视聚类变量空间中距质心较近的多个样本观测点为一个小类；得到的聚类结果一般为确定性的且不具有层次关系。

（2）基于联通性的聚类模型（Connectivity Models）。

它从距离和联通性角度设计算法。这类算法视聚类变量空间中距离较近的多个样本观测点为一个小类，并基于联通性完成最终的聚类；得到的聚类结果一般为确定性的且具有层次关系。

（3）基于统计分布的聚类模型（Distribution Models）。

它从统计分布角度设计算法。这类算法视来自某特定统计分布的多个样本观测为一个小类，认为一个小类是来自一个统计分布的随机样本；得到的聚类结果一般具有不确定性，且不具有层次关系。

（4）基于密度的聚类模型（Density Models）。

它从密度的可达性角度设计算法。这类算法视聚类变量空间中样本观测点分布较为密集的区域为一个小类；以距离阈值为密度可达性定义；得到的聚类结果一般为确定性的，不具有层次关系；适合“自然小类”的形状复杂不规则的情况。

（5）其他聚类模型。

例如，动态聚类、自组织映射（Self-organizing Mapping，SOM）聚类、基于图的聚类模型（Graph-based Models）等。

除上述三个方面之外，有些聚类算法要求事先确定聚类数目 K，有些则不需要。

本章将重点讨论常用的基于质心的聚类模型、基于联通性的聚类模型以及基于密度的聚类模型。

12.1.3 聚类解的评价

数据聚类是无输出变量（无标签）“参与”下的“无监督”的机器学习算法，通常不能像数据预测建模那样，通过计算实际值与聚类解 C 间的差异程度（如错判率等），评价聚类解的合理性，因为实际标签值是未知的。聚类解的评价测策略通常包括两类：第一，内部度量法。第二，外部度量法。

1. 内部度量法

内部度量法的核心出发点是：合理的聚类解应确保小类内部差异小且小类之间差异大。这通常依赖于小类数目，也称聚类数目 K 的大小。对样本量为N的数据集，在聚类数目较大的极端情况下，聚类数目 $K=N$，每个样本观测自成一类。此时，类内部零差异，但类间差异不一定大，意味着应将某些样本观测聚成若干小类，减少聚类数目 K。相反，聚类数目较小的极端情况下，聚类数目$K=1$，所有样本观测聚成一个大类。此时，类间零差异，但类内部的差异可能很大，意味着应将某些样本观测从大类中分离出去，单独聚成若干小类，增加聚类数目K。所以，聚类解评价的核心是判断聚类数目是否合理。

判断聚类数目的合理性还有更深层的意义。事实上，尽管聚类分析本身是发现数据中的“自然小类”，但后续可基于聚类模型，对新的样本观测应归属的小类进行判定，从而将聚类分析推广到分类预测中。所以，从这个角度看，聚类模型也是一种特殊的分类模型。本书前面章节反复提及，分类模型需要兼顾预测精度和模型复杂度。对于聚类来说，模型的复杂度取决于聚类数目 K，一般认为 K 越大，模型越复杂。不合理的 K 一方面会导致预测精度低下，另一方面会导致模型过拟合。

这里涉及的首要问题是如何度量小类内部和小类之间的差异性。常用的度量指标如下。

（1）基于类内和类间离差平方和的 F 值。

类内离差平方和、类间离差平方和的定义，与 10.1.2 节的组内离差平方和、组间离差平方和相同。

首先，聚类变量 X_j 的总的离差平法和定义为：$\mathrm{SSX}_j=\sum_{i=1}^{N}\left(X_{ij}-\bar{X}_j\right)^2$。其中，$\bar{X}_j$ 为 X_j 的总样本均值。若将样本观测聚成 K 类，变量 X_j 的类内离差平方和法定义为：$\mathrm{SSX}_{j(\text{within})}=\sum_{k=1}^{K}\sum_{i=1}^{N_k}\left(X_{ij}^k-\bar{X}_j^k\right)^2$。其中，$N_k$ 和 $\bar{X}_j^k$ 分别为第 k $(k=1，2，\cdots，K)$ 小类的样本量和样本均值；X_{ij}^k 表示 X_j 在第 k 小类第 i 个样本观测上的取值。类内离差平方和是各个小类内部离差平方和的总和，度量了小类内部总的离散程度，越小越好。

变量 X_j 的类间离差平方和定义为：$\mathrm{SSX}_{j(\text{between})}=\sum_{k=1}^{K}N_k\left(\bar{X}_j^k-\bar{X}_j\right)^2$。类间离差平方和是各小类的样本均值与总样本均值的离差平方和之和，度量了小类间总的离散程度，越大越好。

其次，上述仅是单个变量 X_j 的各种离差平方和。聚类分析中聚类变量个数 p 至少大于等于 2。所以，离差平方和应是 p 个变量离差平方和之和。于是，总的离差平方和为：

$$SST=\sum_{j=1}^{p}\sum_{i=1}^{N}\left(X_{ij}-\bar{X}_j\right)^2 \tag{12.1}$$

类内离差平方和为：

$$SSX_{(\text{within})}=\sum_{j=1}^{p}\sum_{k=1}^{K}\sum_{i=1}^{N_k}\left(X_{ij}^k-\bar{X}_j^k\right)^2 \tag{12.2}$$

类间离差平方和为：

$$SSX_{(\text{between})}=\sum_{j=1}^{p}\sum_{k=1}^{K}N_k\left(\bar{X}_j^k-\bar{X}_j\right)^2 \tag{12.3}$$

进一步，可定义一个比值 F：$F=SSX_{(\text{between})}/SSX_{(\text{within})}$。显然，比值 F 越大，表明聚类数目 K 越合理。此外，为消除样本量 N 和聚类数目 K 大小对比值 F 计算结果的影响，通常也将比值 F 调整为：$F=\dfrac{\dfrac{SSX_{(\text{between})}}{K-1}}{\dfrac{SSX_{(\text{within})}}{N-K}}$，分子分母都是均方（方差）。这即为 10.1.2 节的 F 统计量简单拓展到多变量的情况。

（2）CH（Calinski-Harabaz）指数。

CH 指数与比值 F 的思想类似，其优势在于将计算直接拓展到 p 维聚类变量空间中。

首先，度量小类内部的总的差异性：

$$D_{(\text{within})}^2=\frac{1}{N-K}\sum_{k=1}^{K}\sum_{i=1}^{N_k}\left\|\boldsymbol{X}_i^k-\bar{\boldsymbol{X}}^k\right\|^2 \tag{12.4}$$

式中，$\left\|X_i^k - \bar{X}^k\right\|^2$表示第$k$个小类中第$i$个样本观测点$X_i^k \in \mathbb{R}^p$到本小类中心点$\bar{X}^k \in \mathbb{R}^p$距离的平方；$\frac{1}{N-K}$用于消除样本量$N$和聚类数目$K$大小对计算结果的影响。可见，$D^2_{(\text{within})}$越小，表明小类内的差异性越小。

然后，度量小类之间的总的差异性：

$$D^2_{(\text{between})} = \frac{1}{K-1}\sum_{k=1}^{K} N_k \left\|\bar{X}^k - \bar{X}\right\|^2 \tag{12.5}$$

式中，$\left\|\bar{X}^k - \bar{X}\right\|^2$表示第$k$个小类的中心点$\bar{X}^k$到全体数据的中心点$\bar{X} \in \mathbb{R}^p$距离的平方；$\frac{1}{K-1}$用于消除聚类数目$K$大小对计算结果的影响。可见，$D^2_{(\text{between})}$越大，表明小类间的差异性越大。

最后，计算CH指数：

$$CH = \frac{D^2_{(\text{between})}}{D^2_{(\text{within})}} \tag{12.6}$$

显然，CH指数越大，表明聚类数目K越合理。

（3）轮宽（Silhouette）。

轮宽是一个常用的可直接度量聚类解合理性的指标。

首先，轮宽是针对样本观测点$X_0 \in \mathbb{R}^p$的。样本观测点X_0的轮宽定义为：

$$s(X_0) = \frac{b(X_0) - a(X_0)}{\max(a(X_0), b(X_0))} \tag{12.7}$$

式中，$a(X_0)$是样本观测X_0在所属小类k（聚类指派的小类）的总代价；$b(X_0)$是样本观测X_0在其他小类（$-\kappa(k)$）的总代价的最小值。这里，总代价定义类似$\sum_{j=1}^{p}\sum_{i=1}^{N_k}\left(X_{ij}^k - X_{0j}\right)^2$，即以$X_0$为中心点，计算类内部其他样本观测点与中心点的离散程度。显然，若经聚类X_0被指派到一个合理的小类k中，则$a(X_0)$应较小且$b(X_0)$会较大，$s(X_0) \to 1$。反之，若经聚类X_0被指派到一个不合理的小类k中，则$a(X_0)$应较大且$b(X_0)$会较小，$s(X_0) \to -1$。因此，轮廓值$s(X_0)$越大或越接近 1，表明X_0的聚类解越合理。反之，轮廓值$s(X_0)$越小或越接近–1，表明X_0越可能被归入错误的小类。

然后，计算样本观测全体的平均轮宽$\bar{s}(X) = \frac{1}{N}\sum_{i=1}^{N} s(X_i)$。平均轮宽$\bar{s}(X)$越大、越接近 1，表明整体上聚类解越合理。反之，平均轮宽$\bar{s}(X)$越小、越接近–1，表明整体上聚类解越不合理。

2. 外部度量法

外部度量法的核心出发点是：默认存在一个与聚类解C高度相关的外部变量Z（不是聚类变量，不参与聚类）。例如，假设某类市场细分中的 VIP 顾客通常是活跃型顾客等。在该默认前提下，可计算样本观测X_i $(i = 1, 2, \cdots, N)$的聚类解C_i与Z_i的一致程度。例如，借用分类建模中的错判率等指标。一致程度越高，聚类解越合理。

在解决实际应用问题时，外部度量法并不常用。因为若能够默认 C 与 Z 高度相关，就不必进行聚类分析，直接将 Z 作为小类标签即可。或者，基于聚类变量和 Z 建立分类模型，采用有监督的学习方式探索聚类变量和 Z 间的关系。

外部度量法主要用于评价某个新开发的聚类算法的聚类性能，探索新算法给出的聚类解 C 能否达到预期的聚类目标 Z，因此多适用于聚类算法的性能对比和新算法的研发场景。

12.1.4　聚类解的可视化

聚类解的可视化是指利用二维散点图直观展示小类内部样本观测点的分布，以及小类间的相对位置。聚类解的可视化在聚类变量 $p>3$ 的高维情况下是非常必要的，不仅能够形象刻画聚类解的情况，而且可作为直观评价聚类解的图形化手段。

将在高维聚类变量空间中的样本观测点展示到二维平面上的关键任务是降维。对此，可利用 11.1 节的主成分分析等方法实现。例如，图 12.3 是对图 12.2 中第二行第二列聚类解在二维空间中的直观展示。

图 12.3 是采用主成分分析，提取两个主成分后绘制的基于主成分的散点图。不同形状表示不同的聚类解。可见，图中小类内的样本观测点很集中，且类之间的距离相对较大，表明聚类效果比较理想。

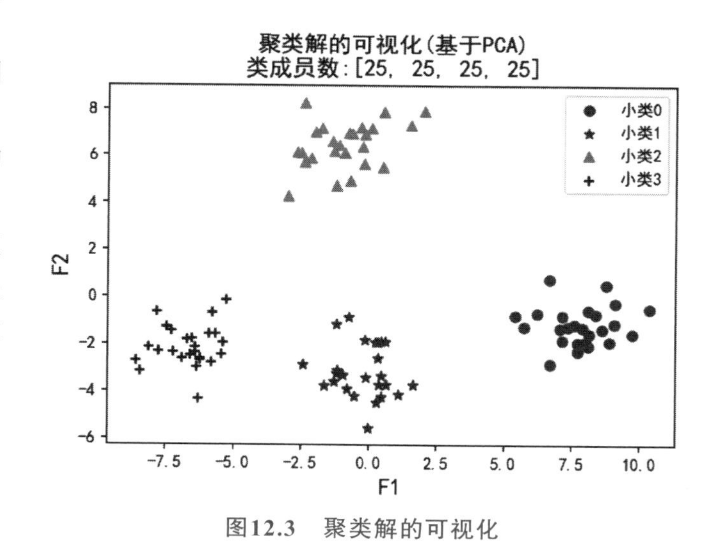

图12.3　聚类解的可视化

综上，聚类分析基于不同的小类定义有不同的聚类算法策略。对聚类解的评价是聚类分析的重要内容。可视化能够更直观地展示聚类解，在聚类分析的实际应用中是不可或缺的。

以下将基于上述方面，分别讨论基于质心的聚类模型、基于联通性的聚类模型和基于统计分布的聚类模型。

12.2　基于质心的聚类模型：*K*- 均值聚类

K- 均值聚类也称快速聚类，是机器学习中的经典聚类方法。*K*- 均值聚类中小类的定义是：聚类变量空间中距离较近的样本观测点为一个小类。算法以小类的质心点为核心，视距小类质心点较近的样本观测为一个小类，给出的聚类解为确定性的且不具有层次关

系。同时，需事先确定聚类数目K。

因以距离作为聚类依据，所以样本观测点$\boldsymbol{X}_i$和$\boldsymbol{X}_j$间的距离定义是关键。这与 5.1.1 节中的距离定义是一致的，不再赘述。但仍需强调的是，距离是K-均值聚类的基础，将直接影响最终聚类解。

聚类前应努力消除影响距离“客观性”的因素。例如，应消除数量级对距离计算结果的影响。应努力避免聚类变量高相关性导致的距离“重心偏颇”。如第 10 章开篇提及的，某健身中心收集了会员的身高、体重、腿长、臂长、臂围等数据。若基于这些数据进行会员身形的聚类，由于身高、腿长和臂长等通常高度相关，距离计算时将会重复贡献“长度”，使得距离计算结果出现“重心”偏颇至“长度”的现象。所以，可通过恰当的变量筛选避免聚类变量间高相关性。

以下将重点讨论K-均值聚类过程。

12.2.1 K-均值聚类基本过程

在距离定义下，K-均值聚类算法要求事先确定聚类数目K，并采用分割方式实现聚类。

所谓分割，是指：首先，将聚类变量空间随意分割成K个区域，对应K个小类，并确定K个小类的中心位置，即质心点；然后，计算各个样本观测点与K个质心点间的距离，将所有样本观测点指派到与之距离最近的小类中，形成初始的聚类解。由于初始聚类解是在聚类变量空间随意分割的基础上产生的，无法确保给出的K个小类就是客观存在的“自然小类”，因此需多次迭代。

在这样的设计思路下，K-均值聚类算法的具体过程如下。

第一步，指定聚类数目K。

在K-均值聚类中，应首先给出希望聚成多少类。确定聚类数目K并非易事，既要考虑最终的聚类效果，也要符合研究问题的实际情况。聚类数目K太大或太小都将丧失聚类的意义。

第二步，确定K个小类的初始质心。

小类质心是各小类特征的典型代表。指定聚类数目K后，还应指定K个小类的初始类质心点。初始类质心点指定的合理性将直接影响聚类算法收敛的速度。常用的初始类质心的指定方法有：

- 经验选择法，即根据以往经验大致了解样本应聚成几类以及小类的大致分布，只需要选择每个小类中具有代表性的样本观测点作为初始类质心即可。
- 随机选择法，即随机指定K个样本观测点作为初始类质心。
- 最大值法，即先选择所有样本观测点中相距最远的两个点作为初始类质心。然后选择第三个观测点，它与已确定的类质心的距离是其余点中都最大的。再按照同样的原则选择其他类质心。

第三步，根据最近原则进行聚类。

依次计算每个样本观测点$\boldsymbol{X}_i\left(i=1,\ 2,\ \cdots,\ N\right)$到$K$个小类质心的距离，并按照距$K$个小类质心点距离最近的原则，将所有样本观测分派到距离最近的小类中，形成K个小类。

第四步，重新确定K个类质心。

重新计算K个小类的质心点。质心点的确定原则是：依次计算各小类中所有样本观测点在各个聚类变量$X_i(i=1, 2, \cdots, p)$上的均值，并以均值点作为新的类质心点，完成一次迭代过程。

第五步，判断是否满足终止聚类算法的条件。

如果没有满足则返回到第三步，不断重复上述过程，直到满足迭代终止条件。

聚类算法终止的条件通常有两个：第一，迭代次数。当目前的迭代次数等于指定的迭代次数时，终止聚类算法。第二，小类质心点偏移程度。当新确定的小类质心点与上次迭代确定的小类质心点的最大偏移量小于某阈值$\varepsilon>0$时，终止聚类算法。上述两个条件中任意一个满足，则结束算法。适当增加迭代次数或设置合理的阈值ε，能够有效克服初始类质心点的随意性给聚类解带来的负面影响。

可见，K-均值聚类是一个反复迭代过程。聚类过程中，样本观测点的聚类解会不断调整，直到最终小类基本不变，聚类解达到稳定为止。图12.4直观反映了K-均值聚类的过程。

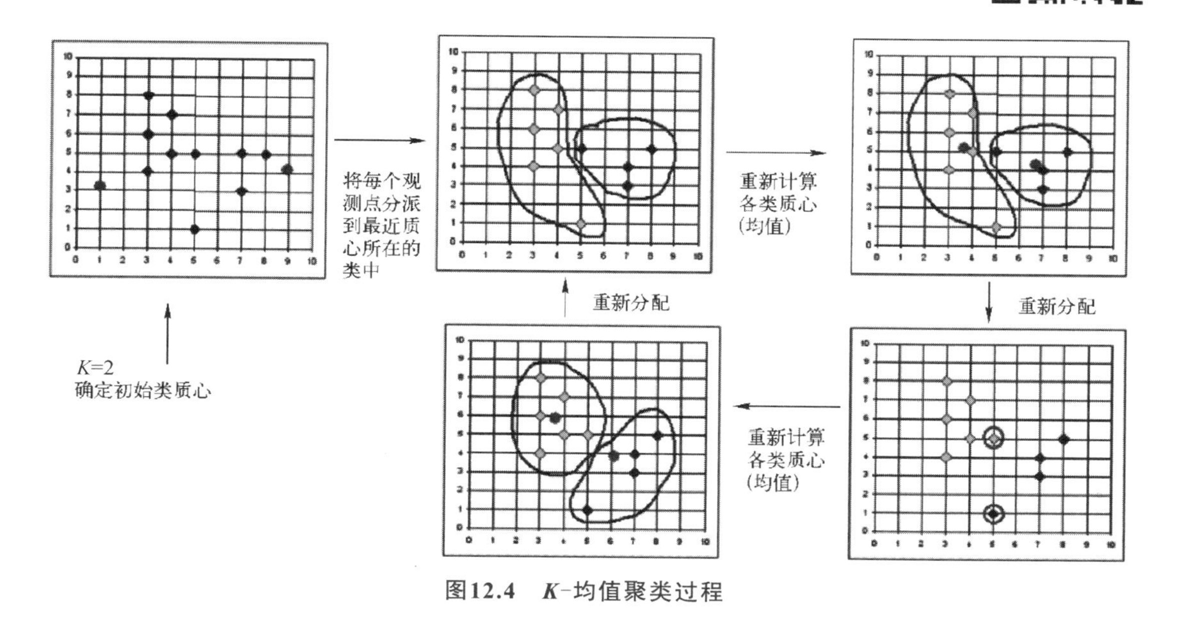

图12.4　K-均值聚类过程

图12.4中，首先指定聚成$K=2$类，第一幅图中的红色点为初始类质心。第一次迭代结束时，得到第二幅图中亮蓝点和深蓝点分属的两个小类。然后重新计算两个小类的质心，如第三幅图中的红色点所示，完成第一次迭代。对比发现第一次迭代后两个质心点的位置均发生了较大偏移，可见初始的类中心是不恰当的。

接下来进入第二次迭代，聚类解如第二行的右图所示。其中圆圈圈住的两个点的颜色发生了变化，意味着它们的聚类解发生了变化。再次计算两个小类的质心，为第二行左图中的红色点，完成第二次迭代。同样，与第一次迭代对比，当前两个质心点的位置也均发生了偏移，尽管偏移幅度小于第一次迭代，但第二次迭代是必要的。按照这种思路，迭代会继续下去，质心的偏移幅度会越来越小，直到满足迭代终止条件为止。如果迭代是充分的，迭代结束时的聚类解将不再随迭代的继续而变化。

需说明的是：K- 均值聚类过程中，K个小类的初始类质心具有随机性。大数据集下若迭代不充分，初始类质心的随机性会对聚类解产生影响。为此通常的做法是多次“重启动”，即多次执行 K- 均值聚类过程，并最终给出稳定的聚类解。

进一步，K- 均值聚类过程本质上是一个优化求解过程。若将数据集中的 N 个样本观测记为 $(\boldsymbol{X}_1, \boldsymbol{X}_2, \cdots, \boldsymbol{X}_N)$，$K$ 个小类记为 $(\boldsymbol{S}_1, \boldsymbol{S}_2, \cdots, \boldsymbol{S}_K)$，则 K- 均值聚类是要找到小类内离差平方和最小下的聚类解，即 $\underset{\boldsymbol{S}_1,\boldsymbol{S}_2,\ldots,\boldsymbol{S}_K}{\arg} \min \sum_{k=1}^{K}\sum_{\boldsymbol{X}\in\boldsymbol{S}_k}\|\boldsymbol{X}-\boldsymbol{u}_k\|^2$，其中 $\boldsymbol{u}_k$ 是 $\boldsymbol{S}_k$ 类的质心，$\|\boldsymbol{X}-\boldsymbol{u}_k\|$表示样本观测 $\boldsymbol{X}$ 与质心 $\boldsymbol{u}_k$ 的距离。在预设的聚类数目 K 下，K- 均值聚类算法无须再关注小类间的离散性。

12.2.2 基于 K- 均值聚类的类别预测

K-均值聚类的核心是质心。基于迭代结束后的聚类解，可计算出各小类最终的质心 $\boldsymbol{C}^1$，$\boldsymbol{C}^2$，…，$\boldsymbol{C}^K$。如图 12.2 第二行两幅图中的红色叉号。

对p维聚类变量空间中的任意新的样本观测点 $\boldsymbol{X}_0 \in \mathbb{R}^p$，若预测其所属的小类，只需计算 $\boldsymbol{X}_0$ 与各个小类质心的距离：$\|\boldsymbol{X}_0-\boldsymbol{C}^j\|$ $(j=1, 2, \cdots, K)$。$\boldsymbol{X}_0$ 的聚类解为距离最小的类：$C_0=\arg\min\limits_j\|\boldsymbol{X}_0-\boldsymbol{C}^j\|$。

12.2.3 Python 模拟和启示：认识 K- 均值聚类中的 K

K- 均值聚类中的难点是需事先确定聚类数目K。不同的K值将给出不同的聚类解。本节将基于模拟数据，一方面展示如何基于 Python 实现 K- 均值聚类，另一方面展示确定K值的探索过程。

首先导入 Python 的相关包或模块。为避免重复，这里将本章需要导入包或模块一并列出如下，# 后面给出了简短的功能说明。

```
1  #本章需导入:
2  import numpy as np
3  import pandas as pd
4  import matplotlib.pyplot as plt
5  from mpl_toolkits.mplot3d import Axes3D
6  import warnings
7  warnings.filterwarnings(action = 'ignore')
8  %matplotlib inline
9  plt.rcParams['font.sans-serif']=['SimHei']  #解决中文显示乱码问题
10 plt.rcParams['axes.unicode_minus']=False
11 from sklearn.datasets import make_blobs #数据集
12 from sklearn.feature_selection import  f_classif #高相关过滤法特征选择
13 from sklearn import decomposition #特征提取
14 from itertools import cycle #Python迭代对象
15 from matplotlib.patches import Ellipse #绘制椭圆
16 from sklearn.cluster import KMeans,AgglomerativeClustering #聚类算法
17 from sklearn.metrics import silhouette_score,calinski_harabasz_score #聚类评价
18 import scipy.cluster.hierarchy as sch #聚类可视化
19 from sklearn.mixture import GaussianMixture #EM聚类
20 from scipy.stats.kde import gaussian_kde,multivariate_normal #关于高斯分布的计算
```

基本思路如下：

（1）随机生成两组模拟数据，数据集1包含X_1，X_2两个聚类变量，数据集2包含X_1，X_2，X_3三个聚类变量。

（2）预设聚类数目$K=4$，采用K-均值聚类分别将数据集1和数据集2分成4类。

（3）分别可视化两个数据集的聚类解，并直观评价$K=4$是否恰当。

（4）对于直观判断比较模糊的情况，进一步计算聚类评价指标，并依此最终确定合理的聚类数目K。

Python代码（文件名：chapter12-1.ipynb）如下。为便于阅读，我们将代码运行结果直接放置在相应代码行下方。以下将分段对Python代码做说明。

1. 随机生成两个模拟数据集，完成上述思路（2）和（3）

行号	代码和说明
1	N = 100 # 指定样本量
2	X1, y1 = make_blobs(n_samples=N, centers=4, n_features=2,random_state=0) # 随机生成包含两个聚类变量 (n_feature=2) 和聚类标签变量 y1 的数据集 1，数据集包括 4 个子类（centers=4）
3	X2, y2 = make_blobs(n_samples=N, centers=4, n_features=3,random_state=123) # 随机生成包含三个聚类变量 (n_feature=3) 和聚类标签变量 y2 的数据集 2，数据集包括 4 个子类（centers=4）
…	……# 绘图准备，略去
6	ax.scatter(X1[:,0],X1[:,1],c='blue',s=50) # 绘制数据集 1 的二维散点图
…	……# 设置图标题等，略去
11	ax.scatter(X2[:,0],X2[:,1],X2[:,2],c='blue') # 绘制数据集 2 的三维散点图
…	……# 设置图标题等，略去
16	KM = KMeans(n_clusters=4, max_iter = 500) # 创建 K- 均值聚类对象 KM
17	KM.fit(X1) # 对数据集 1 进行聚类
18	labels = np.unique(KM.labels_) # 获得聚类解标签
19	plt.subplot(223)
20	markers = 'o*^+';colors = ['g', 'm', 'c', 'b'] # 指定不同聚类解的绘图字符和颜色
21	for i,label in enumerate(labels): # 利用循环绘制各小类的散点图
22	ax.scatter(X1[KM.labels_==label,0],X1[KM.labels_==label,1],label="cluster %d"%label,marker = markers[i],s=50,c=colors[i]) # 以不同字符和颜色绘制各小类的散点图
23	ax.scatter(KM.cluster_centers_[:,0],KM.cluster_centers_[:,1],marker='X',s=60,c='r',label=" 小类中心 ") # 将各个小类的类质心添加到图上
…	……# 设置图标题等，略去
28	KM.fit(X2) # 对数据集 2 进行聚类
…	……# 可视化聚类解，略去

■ 代码说明

（1）以上省略号部分在之前代码中重复出现过且不影响对原理的理解，故略去以节约篇幅。完整Python程序请参见本书配套代码。

（2）第2行和第3行：利用make_blobs生成模拟数据，这里尽管各样本观测所属的小类是已知的且存储在y_1和y_2中，但由于聚类属于机器学习的无监督算法，因此应忽略y_1和y_2。

（3）第16行：利用KMeans实现K-均值聚类，其中n_clusters=4表示将数据聚成4类，即$K=4$；max_iter = 500表示迭代次数等于500时结束迭代（默认值为300）。

（4）第18行和第23行：.labels_中存储着聚类解。.cluster_centers_中存储着各个小类的质心。所绘制的图形如图12.2所示。

进一步，可基于主成分分析，在聚类变量中提取两个主成分并基于主成分绘制散点图，从而在二维空间中直观展示聚类解的情况。

行号	代码和说明
1	pca = decomposition.PCA(n_components=2) # 创建主成分分析对象pca，指定提取两个主成分
2	y = pca.fit(X2).transform(X2) # 对数据集2进行主成分分析，并得到主成分
3	for i,label in enumerate(labels): # 利用循环绘制各小类的散点图
4	plt.scatter(y[KM.labels_==label,0], y[KM.labels_==label,1], label='小类 %d'%label, marker=markers[i],c=colors[i]) # 基于主成分绘制各小类的散点图
5	n1,n2,n3,n4=pd.Series(KM.labels_).value_counts() # 计算各小类的成员数分别保存到n1,n2,n3,n4中
…	……# 设置图形标题等，略去
9	X0 = [[5,5,5]] # 指定新数据点X0
10	print(“X0的预测类别为：%s"%KM.predict(X0)) # 基于聚类模型预测X0所属的小类
	X0的预测类别为：[3]

■ **代码说明**

（1）以上省略号部分在之前代码中重复出现过且不影响对原理的理解，故略去以节约篇幅。完整Python程序请参见本书配套代码。

（2）第3至5行：基于主成分分析对聚类解进行可视化展示。当聚类变量个数$p>2$时，借助主成分分析可视化聚类解，是一种简单且有效的方式。

所绘制的图形如图12.3所示。图12.3和图12.2右下图均表明，数据集2聚成4类时，各小类内的点比较集中且小类间相距较远，聚类效果比较理想，而数据集1的聚类效果稍差一些。

（3）第10行：基于聚类模型，利用.predict预测X0所属的小类。

2. 计算聚类评价指标，并依此最终确定合理的聚类数目K，完成上述思路（4）

为进一步确定数据集1应聚成几类比较合理，指定聚类数目K在2~7之间，并计算聚类评价指标，以确定最终合理的K值。

行号	代码和说明
1	K = [2,3,4,5,6,7] # 指定聚类数目的取值范围
2	markers = 'o*^+X<>' # 指定聚类解绘图的字符
3	Fvalue = [];silhouettescore = [];chscore = [] # 存储聚类评价指标F值、轮宽和CH指数
4	i = 0 # 绘图需要的辅助变量
5	plt.figure(figsize=(15,15)) # 指定图形大小
6	for k in K: # 利用循环实现不同K下的K-均值聚类
7	KM= KMeans(n_clusters=k, max_iter = 500) # 创建K-均值聚类对象KM，指定聚成K类

```
8       KM.fit(X1) # 对数据集 1 聚类
9       Fvalue.append(sum(f_classif(X1, KM.labels_)[0])) # 利用 f_classif 计算 F 值并保存
10      chscore.append(calinski_harabasz_score(X1,KM.labels_)) # 计算 CH 指数并保存
11      silhouettescore.append(X1,KM.labels_) # 计算轮宽并保存
12      labels = np.unique(KM.labels_) # 获得聚类解标签
13      plt.subplot(3,3,i+1) # 将绘图区域划分为 3 行 3 列，在当前单元画图
14      i+ = 1
15      for j,label in enumerate(labels): # 利用循环绘制各小类的散点图
16          plt.scatter(X1[KM.labels_==label,0],X1[KM.labels_==label,1],label="cluster
    %d"%label,marker = markers[j],s=50)
…       ……# 设置图标题等，绘制聚类评价指标随聚类数目 K 变化的折线图
```

■ 代码说明

以上省略号部分在之前代码中重复出现过且不影响对原理的理解，故略去以节约篇幅。完整 Python 程序请参见本书配套代码。所绘制的各小类的散点图如图 12.5 所示。

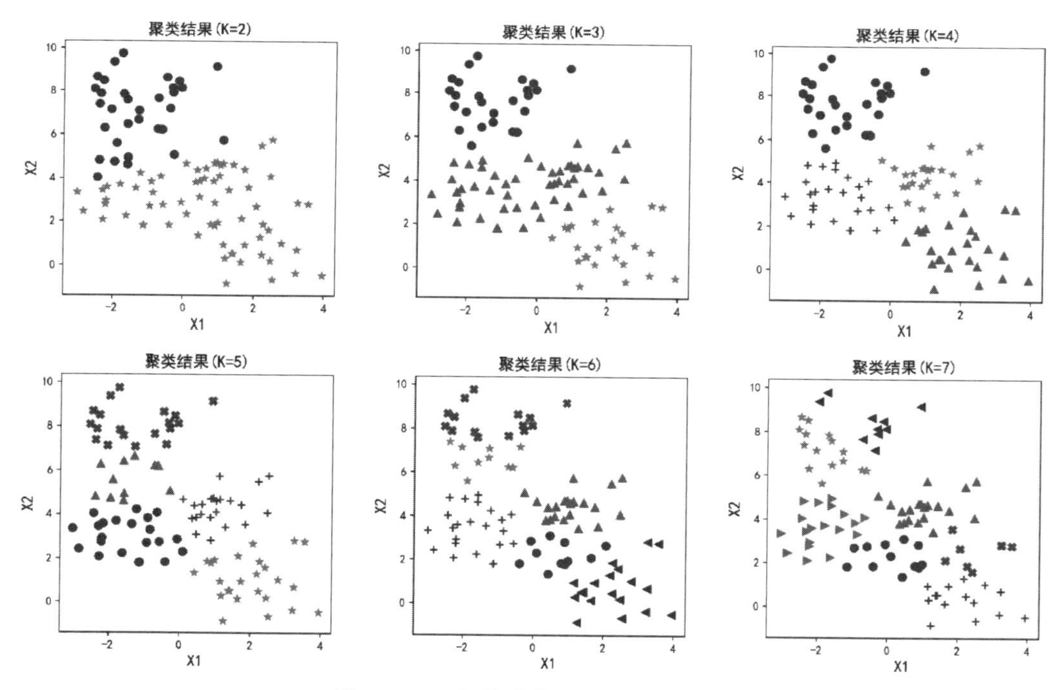

图12.5　不同聚类数目K下的聚类解

图 12.5 中第一幅图，因聚成 2 类时类内差异较大，可考虑进一步聚成 3 类、4 类等。当从 4 类聚成 5 类或更多类时，类内差异是否显著缩小，类间差异是否显著增加，是需要关注的。因为如 12.1.3 节的讨论，增加聚类数目K意味着提高模型复杂度，但若没有显著减少类内差异和增大类间差异，则意味着预测精度没有明显改善，此时增加聚类数目K就没有意义。为此，进一步观察聚类评价指标随聚类数目 K 变化的折线图，如图 12.6 所示。

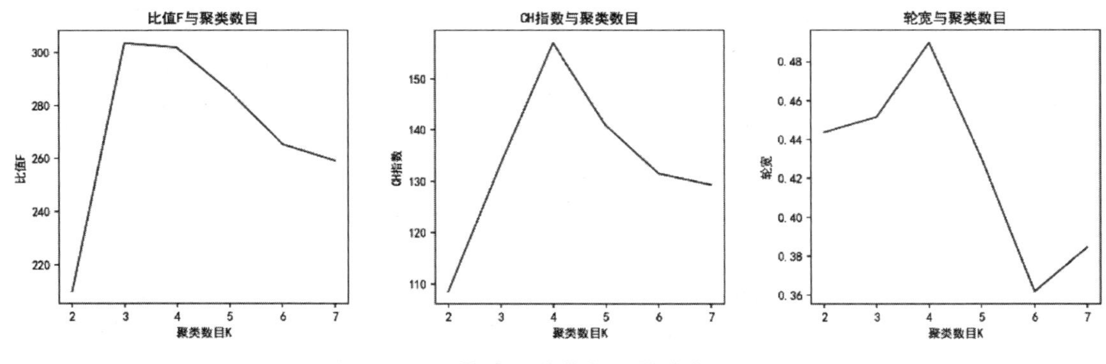

图12.6　聚类评价指标和聚类数目K

图 12.6 表明，聚类数目$K=4$时有两个评价指标达到最大，因此对数据集 1 聚成 4 类是比较恰当的。从另一个角度看，此时聚类数目K等于真实的聚类数目 4，且评价指标值也达到最大，说明它们是评价聚类效果的有效性指标。

12.3　基于联通性的聚类模型：系统聚类

系统聚类也称层次聚类，从距离和联通性角度设计算法。这类算法视聚类变量空间中距离较近的多个样本观测点为一个小类，并基于联通性完成最终的聚类。得到的聚类结果一般为确定性的且具有层次关系。

12.3.1　系统聚类的基本过程

系统聚类是将各个样本观测点逐步合并成小类，再将小类逐步合并成中类乃至大类的过程。具体过程如下：

第一步，每个样本观测点自成一类。

第二步，计算所有样本观测点彼此间的距离，并将其中距离最近的点聚成一个小类，得到$N-1$个小类。

第三步，度量剩余样本观测点和小类间的距离，并将当前距离最近的点或小类再聚成一个类。

重复上述过程，不断将所有样本观测点和小类聚集成越来越大的类，直到所有点“凝聚”到一起，形成一个最大的类为止。对N个样本观测需经$N-1$次“凝聚”形成一个大类，如图 12.7 所示。

图 12.7 中，开始阶段 a，b，c，d，e 五个样本观测点各自成一类$\{a\}$，$\{b\}$，$\{c\}$，$\{d\}$，$\{e\}$。第 1 步中a，b间的距离最近，首先合并成一个小类$\{a，b\}$；第 2 步中d，e合并为一个小类$\{d，e\}$；之后c并入$\{d，e\}$小类中，得到$\{c，d，e\}$；最后第 4 步中，$\{a，b\}$小类与$\{c，d，e\}$小类合并，所有观测成为一个大类。可见，小类（如$\{a\}$，$\{b\}$）是中类（如$\{a，b\}$）的子

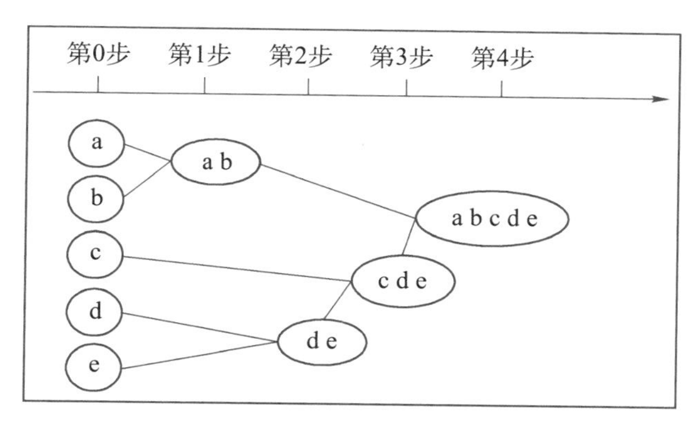

图12.7 系统聚类过程示例

类，中类（如{d，e}）是大类（如{c，d，e}）的子类。类之间具有从属或层次包含关系。此外，随着聚类的进行，类内的差异性逐渐增加。

12.3.2 系统聚类中距离的联通性测度

从系统聚类过程看，涉及以下两个方面的距离测度。

第一，样本观测点间距离的测度。测度方法同 K- 均值聚类，不再赘述。

第二，样本观测点和小类间、小类和小类间距离的测度。

K- 均值聚类中的距离测度不再适用于样本观测点与小类、小类与小类间距离的测度。此时，需从连通性角度度量。

所谓联通性，也是一种距离的定义，它测度的是聚类变量空间中，样本观测点联通一个小类或一个小类联通另一个小类所需的距离长度。主要有如下联通性测度方法：

（1）最近邻（Single Linkage）法。最近邻法中，样本观测点联通一个小类所需的距离长度，是该点与小类中所有点距离中的最小值。

（2）最远距离（Maximum Linkage）法。最远距离法中，样本观测点联通一个小类所需的距离长度，是该点与小类中所有点距离中的最大值。

（3）组间平均链锁（Average Linkage）法。组间平均链锁法中，样本观测点联通一个小类所需的距离长度，是该点与小类中所有点距离的平均值。

（4）类内方差 ward 法。ward 法中，样本观测点联通一个小类所需的距离长度，是将该点合并到小类后的方差。

12.3.3 Python 模拟和启示：认识系统聚类中的聚类数目 K

从聚类过程看，系统聚类的优势在于可以给出聚类数目 $K=1, 2, \cdots, N$ 时的所有聚类解，这为确定合理的聚类数目 K 提供了直接依据。以下基于模拟数据，通过 Python 编程，展示小数据集和大数据集确定合理聚类数目 K 的角度和方法。

1. 示例一：小数据集下的系统聚类

这里给出一个小数据集下的系统聚类示例，基本思路如下：

（1）随机生成一个样本量 $N=10$ 的较小的模拟数据集，包含 X_1，X_2 两个聚类变量。

（2）绘制 X_1，X_2 的散点图以直观展示数据集的内部结构特点。

（3）分别以 ward 法、组间平均链锁法和最近邻法测度联通性并进行聚类。

（4）以树形图的形式可视化聚类解，确定合理的聚类数目 K，并得到最终的聚类解。

Python 代码（文件名：chapter12-2-1.ipynb）如下。为便于阅读，我们将代码运行结果直接放置在相应代码行下方。以下将分段对 Python 代码做说明。

行号	代码和说明
1	N = 10 # 指定样本量 N
2	centers = [[1, 1], [-1, -1], [1, -1]] # 指定模拟数据中 3 个小类的类中心
3	X, lables_true = make_blobs(n_samples=N, centers= centers, cluster_std=0.6,random_state = 0) # 随机生成样本量为 N、包含 2 个聚类变量 X、3 个小类（指定小类中心）的小数据集。小类内的标准差为 0.6
4	fig = plt.figure(figsize=(16,4)) # 指定图形大小
5	plt.subplot(1,4,1) # 将绘图区域划分为 1 行 4 类，并在第 1 单元画图
6	plt.plot(X[:,0], X[:,1],'r.') # 绘制小数据集的散点图
…	……# 设置图标题等，略去
10	linkages = ['ward', 'average', 'single'] # 指定三种联通性测度指标
11	for i,method in enumerate(linkages): # 利用循环基于不同的联通性测度指标进行系统聚类
12	plt.subplot(1,4,i+2) # 将绘图区域划分为 1 行 4 类，并在第 i+2 单元画图
13	sch.dendrogram(sch.linkage(X, method=method)) # 定义系统聚类对象 sch 对 X 聚类并绘制聚类解的树形图
14	if i==0: # 在第 1 个系统聚类的树形图上添加三条横线
15	plt.axhline(y=1.5,color='red', linestyle='--',linewidth=1)
16	plt.axhline(y=2.5,color='red', linestyle='--',linewidth=1)
17	plt.axhline(y=4.5,color='red', linestyle='--',linewidth=1)
18	plt.title(' 系统聚类（联通性度量 :%s)' % method,fontsize=14) # 设置图标题

■ **代码说明**

（1）以上省略号部分在之前代码中重复出现过且不影响对原理的理解，故略去以节约篇幅。完整 Python 程序请参见本书配套代码。

（2）第 1 至 3 行：生成样本量 $N=10$ 的聚类模拟数据。该数据包含 3 个小类，各小类的类质心依次为 (1,1)，(−1,−1)，(1,−1)。后续将验证系统聚类是否可以将数据正确聚成 3 个小类。

（3）第 4 至 9 行：绘制模拟聚类数据的散点图，如图 12.8 中左图所示。

（4）第 10 行：指定系统聚类中的连通性度量，将依次采用 ward 法、组间平均链锁法和最近邻法。

（5）第 11 行以后，利用 for 循环分别采用三种联通性度量，对模拟数据进行系统聚类并绘制聚类树形图。

其中，第 13 行首先利用函数 linkage() 并指定联通性度量进行系统聚类，然后利用函数 dendrogram() 绘制聚类树形图；第 14 至 17 行是在分别采用三种方法度量联通性的系统聚类的树形图上，添加辅助确定聚类数目 K 的参考线。所得图形如图 12.8 中右侧三幅图所示。

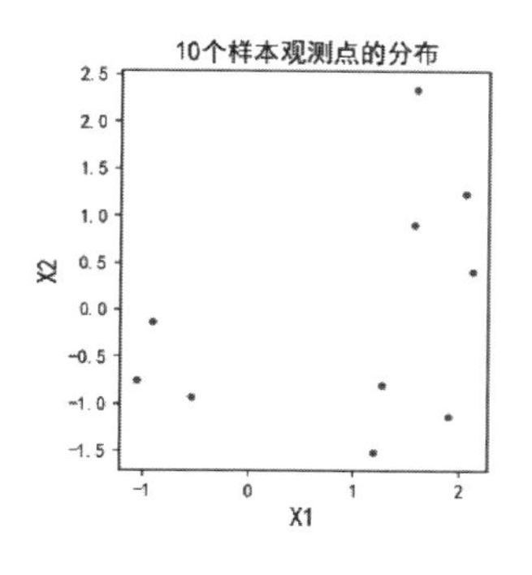

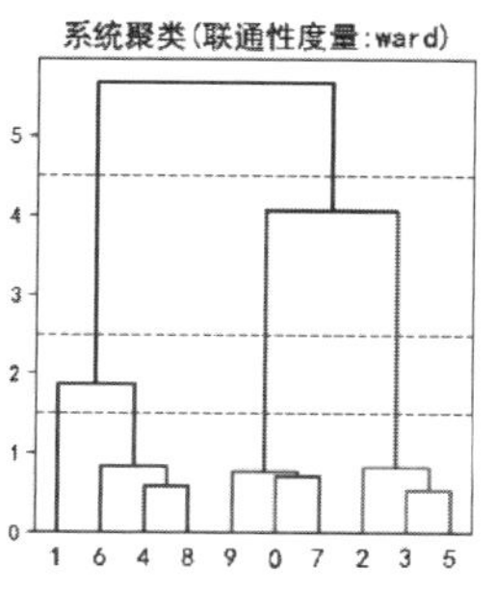

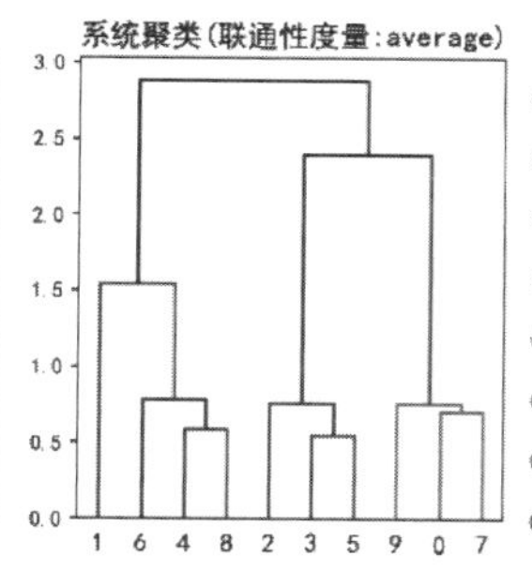

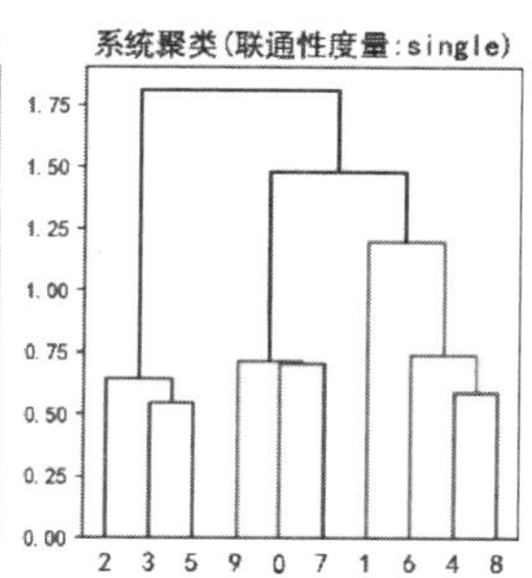

图12.8　系统聚类的树形图

图 12.8 中，第一幅图展示了 10 个样本观测点在二维聚类变量空间中的分布。后三幅图是分别采用 ward 法、组间平均链锁法和最近邻法三种连通性度量方法实施系统聚类的可视化结果，详尽刻画了系统聚类过程中各样本观测点或小类的“凝聚”过程。图中的纵坐标为点和点间的距离或联通性测度结果，横坐标为样本观测点编号。图通过倒置的树形结构展示了全部聚类解，相同颜色表示同一个类。例如，第二幅图中，样本观测点 3 和 5 首先聚成一个小类（其间距离最小），后续又和 2 聚在一起成为一个中类。本例中不同联通性测度下的聚类解均相等。

树形图为确定合理的聚类数目K_{opt}提供了直接依据。例如第二幅图中，$K_{opt}\geqslant 4$（以最下方的虚线为标准，如聚成 4 类：$\{1,\{6,4,8\},\{9,0,7\},\{2,3,5\}\}$）显然是不恰当的，因为类间差异过小（虚线位置较低）。$K_{opt}\leqslant 2$（以最上方的虚线为标准，如聚成 2 类：$\{\{1,6,4,8\},\{9,0,7,2,3,5\}\}$）也不恰当，因为类内差异过大（虚线位置较高）。$K_{opt}=3$（以中间的虚线为标准：$\{\{1,6,4,8\},\{9,0,7\},\{2,3,5\}\}$）较为合理。于是，可利用 Python 提供的函数 AgglomerativeClustering() 将数据直接聚成指定的类。

行号	代码和说明
1	AC = AgglomerativeClustering(linkage='ward',n_clusters =3) # 定义系统聚类对象 AC
2	AC.fit(X) # 对数据 X 进行聚类
3	AC.children_ # 浏览聚类解 array([[3, 5], [4, 8], [0, 7], [9, 12], [2, 10], [6, 11], [1, 15], [13, 14], [16, 17]], dtype=int64)

■ 代码说明

（1）第 1 行：利用函数 AgglomerativeClustering() 并指定聚类数目K实现系统聚类。参数 linkage='ward' 表示采用 ward 法测度联通性；n_clusters =3 表示将数据聚成 3 类。

（2）第 3 行：函数 AgglomerativeClustering() 结果对象的 .children_ 属性中存储着当前小类的两个成员信息，为$N-1$行2列的 Pandas 数组，例如$[3,5]$,$[9,12]$等。当 [] 中的数字小于样本量N时，例如$[3,5]$（均小于$N=10$），则数字为样本观测的索引号，即小类$[3,5]$的两个成员为 3 号和 5 号样本观测；当 [] 中的数字大于样本量N时，例如[9,12]中的$12 \geq N = 10$，则数字表示本小类的两个成员为$[9,12-N]$，是索引为9的样本观测和第2（索引号）步的聚类结果$[0,7]$，即本小类的两个成员为$[9,[0,7]]$。

2. 示例二：大数据集下的系统聚类

下面给出一个大数据集下的系统聚类示例。基本思路如下：

（1）随机生成一个样本量$N = 3\,000$的较大的模拟数据集，包含X_1，X_2两个聚类变量。

（2）采用基于 ward 联通性测度的系统聚类方法，分别将数据聚成 15，10，5，3 类。

（3）可视化聚类解。

（4）利用碎石图确定合理的聚类数目K。

Python 代码（文件名：chapter12-2-2.ipynb）如下。为便于阅读，我们将代码运行结果直接放置在相应代码行下方。以下将分段对 Python 代码做说明。

行号	代码和说明
1	N = 10 # 指定样本量 N
2	centers = [[1, 1], [-1, -1], [1, -1]] # 指定模拟数据中 3 个小类的类质心
3	X, lables_true = make_blobs(n_samples=N, centers= centers, cluster_std=0.6,random_state = 0) # 随机生成样本量为 N、包含 2 个聚类变量 X、3 个小类（指定小类质心）的大数据集。小类内的标准差为 0.6
4	fig = plt.figure(figsize=(16,4)) # 指定图形大小
5	clusters=[15,10,5,3] # 指定聚类数目的取值范围
6	for i,K in enumerate(clusters): # 利用循环将数据聚成指定的类数
7	AC = AgglomerativeClustering(linkage='ward',n_clusters = K) # 定义系统聚类对象，将数据聚成 K 个小类
8	AC.fit(X) # 对 X 聚类
9	plt.subplot(1,4,i+1) # 将绘图区域划分为 1 行 4 类并在当前单元画图
10	colors = cycle('bgrcmyk') # 指定各小类绘图的颜色
11	for k, col in zip(range(K), colors): # 绘制各小类的散点图
12	plt.plot(X[AC.labels_ == k, 0], X[AC.labels_ == k,1], col + '.')

■ 代码说明

（1）第 7 行：利用函数 AgglomerativeClustering() 并指定聚类数目K实现系统聚类。

（2）第 10 行：因聚类数目较多，采用 Python 内置的迭代器在指定的颜色集中循环选择小类的颜色，即各小类的颜色将循环使用字母 b、g、r、c、m、y、k 对应的颜色。所绘制的图形如图 12.9 所示。

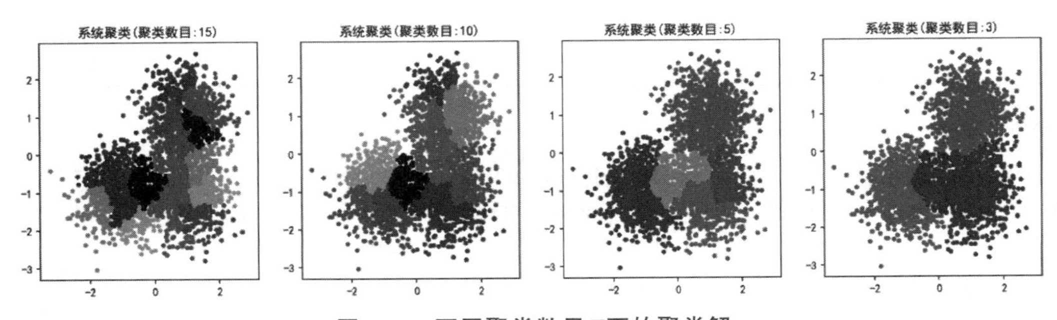

图12.9 不同聚类数目K下的聚类解

图 12.9 是系统聚类对样本容量$N=3\,000$的数据集，聚成 15，10，5，3 类时的聚类效果图。不同颜色的点属于不同的小类。可见大数据集聚类中，确定合理的聚类数目K是关键。当样本量较大时，通常可以利用碎石图帮助确定合理的聚类数目K。

行号	代码和说明
1	gData = list(sch.linkage(X, method='ward')[:,2]) # 获得系统聚类过程中各小类间的距离
2	gData.reverse() # 获得反转结果
3	fig = plt.figure(figsize=(6,4)) # 指定图形大小
4	plt.scatter(gData ,range(1,N),c='r',s=1) # 绘制类间距离和距离数目 K 的散点图
…	……# 设置图形标题等，略去

■ 代码说明

（1）以上省略号部分在之前代码中重复出现过且不影响对原理的理解，故略去以节约篇幅。完整 Python 程序请参见本书配套代码。

（2）第 1 行：利用函数 linkage() 得到所有聚类数目K下的所有聚类解。聚类解的第 3 列存储着“凝聚”成$K=1,2,\cdots,N-1$时的类间距离。距离越小，“凝聚”在一起越合理。

（3）第 2 行：将第 1 行的距离结果反转成“凝聚”成$K=N-1,N-2,\cdots,1$时的类间距离，为绘制碎石图做准备。

（4）第 4 行以后绘制碎石图，横坐标为距离，纵坐标为聚类数目K。所得图形如图 12.10 所示。

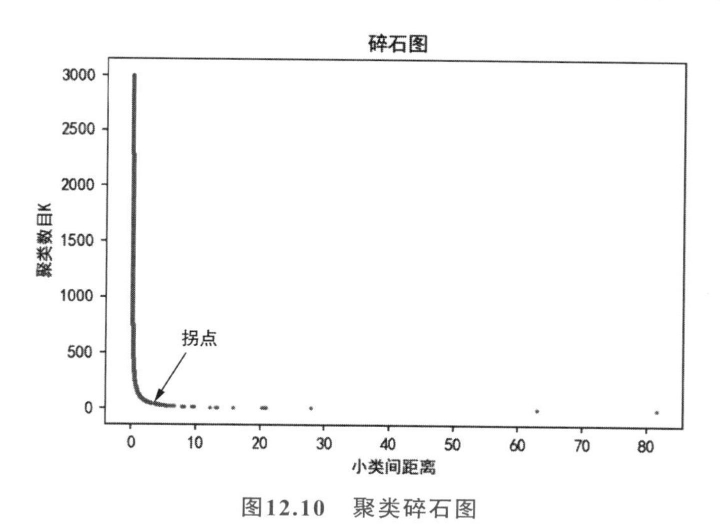

图12.10 聚类碎石图

图 12.10 中，横坐标为小类间的距离（或联通性度量），纵坐标为聚类数目K。该图是聚类过程中小类距离和聚类数目K的散点图。对于上述样本量$N=3\,000$的数据集，需 2 999 次“凝聚”形成一个大类。当数据聚成 2 999 个小类时，小类内的差异很小，如图 12.10 中所示距离（横坐标）近似等于 0。后续聚成 2 998，2 997，2 996 等小类时，小类内的距离均增加很少，表现为图中许多点连成一条由上而下的近似竖直的“线”。之后，当聚类数目K减少至图中箭头所指位置时，若继续减少K，小类内部的距离（差异性）增加幅度将变大。

当K从 9 减少到 8，7，6 等时，小类内部的距离（差异性）显著增加，表现为图中若干点连成一条由左至右的近似水平的“线”。图形整体上类似“陡峭山峰的断崖”和“山脚下的碎石路”，因此得名“碎石图”。

合理的聚类数目K应为碎石图中箭头所指“拐点”处的K。原因是若后续再继续“凝聚”，小类内部的差异性就会过大，K不能再继续减少了。例如这里$K \leqslant 3$时横坐标变化很大，意味着继续“凝聚”将导致类内距离大幅增加，是不合理的。因此，本例大致聚成 10 类是比较恰当。

应注意的是，由于系统聚类可以给出全部聚类解，因此大数据集下的系统聚类的计算成本很高。实际应用中，通常可首先基于随机抽取的小数据集，利用系统聚类进行“预聚类”。目的是了解数据的内在“自然结构”，确定合理的聚类数目$K = K_{opt}$。后续在大规模数据集上聚类时，指定系统聚类仅给出$K = K_{opt}$下的聚类解，以提高算法效率。

12.4 基于密度的聚类：DBSCAN聚类

12.4.1 DBSCAN 聚类中的相关概念

与基于质心和联通性的聚类算法类似，DBSCAN 聚类也将样本观测点视为聚类变量空间中的点。其特色在于：以任意样本观测点$\boldsymbol{O}$的邻域内的邻居个数，作为$\boldsymbol{O}$所在区域的密度测度。其中，有两个重要参数：第一，邻域半径ε；第二，邻域半径ε范围内包含样本观测点的最少个数，记为$minPts$。基于这两个参数，DBSCAN 聚类将样本观测点分成以下 4 类。

1. 核心点P

若任意样本观测点$\boldsymbol{O}$的邻域半径ε范围内的邻居个数不少于$minPts$，则称观测点$\boldsymbol{O}$为核心点，记作$\boldsymbol{P}$。

进一步，若样本观测点$\boldsymbol{O}$的邻域半径ε范围内的邻居个数少于$minPts$，且位于核心点$\boldsymbol{P}$邻域半径ε范围的边缘线上，则称点$\boldsymbol{O}$是核心点$\boldsymbol{P}$的边缘点。

例如图 12.11 中，假设虚线圆为单位圆。若指定邻域半径等于$\varepsilon = 1$，$minPts = 6$，$\boldsymbol{p}_1$，$\boldsymbol{p}_2$均为核心点$\boldsymbol{P}$。$\boldsymbol{O}_1$是$\boldsymbol{p}_1$的边缘点（$\boldsymbol{O}_1$不是核心点）。

2. 核心点P的直接密度可达点Q

若任意样本观测点$\boldsymbol{Q}$在核心点$\boldsymbol{P}$的邻域半径ε范围内，则称样本观测点$\boldsymbol{Q}$为核心点$\boldsymbol{P}$的直接密度可达点，也称从点$\boldsymbol{P}$直接密度可达点$\boldsymbol{Q}$。

例如图 12.11 中，$\varepsilon = 1$，$minPts = 6$时，$\boldsymbol{O}_5$是核心点$\boldsymbol{p}_1$，$\boldsymbol{p}_2$的直接密度可达点，$\boldsymbol{O}_3$既不是$\boldsymbol{p}_1$也不是$\boldsymbol{p}_2$的直接密度可达点。

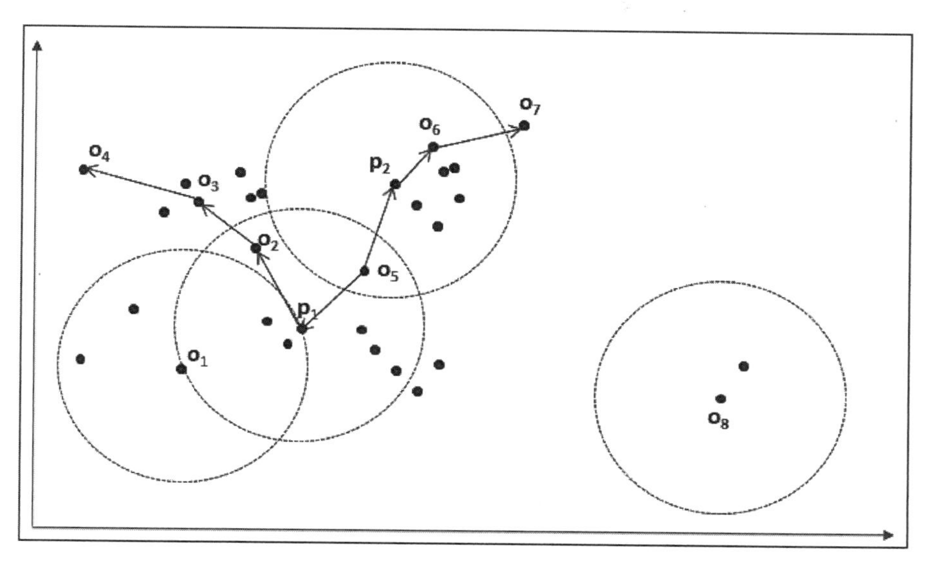

图12.11 DBSCAN聚类中的各类点

3. 核心点 *P* 的密度可达点 *Q*

若存在一系列样本观测点 $\boldsymbol{O}_1$，$\boldsymbol{O}_2$，…，$\boldsymbol{O}_n$，且 $\boldsymbol{O}_{i+1}(i=1，2，…，n-1)$ 是 $\boldsymbol{O}_i$ 的直接密度可达点，且 $\boldsymbol{O}_1=\boldsymbol{P}$，$\boldsymbol{O}_n=\boldsymbol{Q}$，则称点 $\boldsymbol{Q}$ 是点 $\boldsymbol{P}$ 的密度可达点，也称从点 $\boldsymbol{P}$ 密度可达点 $\boldsymbol{Q}$。

可见，直接密度可达的传递性会导致密度可达。但这种关系不具有对称性，即点 $\boldsymbol{P}$ 不一定是点 $\boldsymbol{Q}$ 的密度可达点，因为点 $\boldsymbol{Q}$ 不一定是核心点。

例如图 12.11 中，$\varepsilon=1$，$minPts=6$ 时，$\boldsymbol{O}_4$ 是 $\boldsymbol{p}_1$ 的密度可达点。原因是：$\boldsymbol{p}_1$ 与 $\boldsymbol{O}_4$ 间的多条连线距离均小于 ε，且路径上的 $\boldsymbol{O}_2$，$\boldsymbol{O}_3$ 间均为核心点。所以，$\boldsymbol{p}_1$ 直接密度可达 $\boldsymbol{O}_2$，$\boldsymbol{O}_2$ 直接密度可达 $\boldsymbol{O}_3$，$\boldsymbol{O}_3$ 直接密度可达 $\boldsymbol{O}_4$，即 $\boldsymbol{p}_1$ 密度可达 $\boldsymbol{O}_4$。应注意的是：$\boldsymbol{p}_1$ 不是 $\boldsymbol{O}_4$ 的密度可达点，因为 $\boldsymbol{Q}_4$ 不是核心点。

进一步，若存在任意样本观测点 $\boldsymbol{O}$，同时密度可达点 $\boldsymbol{O}_1$ 和点 $\boldsymbol{O}_2$，则称点 $\boldsymbol{O}_1$ 和点 $\boldsymbol{O}_2$ 是密度相连的。样本观测点 $\boldsymbol{O}$ 是一个“桥梁”点。

例如图 12.11 中，$\varepsilon=1$，$minPts=6$时，$\boldsymbol{Q}_4$ 和 $\boldsymbol{Q}_7$ 是密度相连的，$\boldsymbol{O}_5$ 就是“桥梁”点之一。可见，尽管聚类变量空间上 $\boldsymbol{Q}_4$ 和 $\boldsymbol{Q}_7$ 相距较远，但它们之间存在“畅通的连接通道”，在基于密度的聚类中可聚成一个小类。

4. 噪声点

除上述类型的点之外的其他样本观测点，均定义为噪声点。

如图 12.11 中，$\varepsilon=1$，$minPts=6$时，$\boldsymbol{Q}_8$ 是噪声点。可见，DBSCAN 的噪声点是在邻域半径 ε 范围内没有足够邻居，且无法通过其他样本观测点实现直接密度可达，或者密度可达，或者密度相连的样本观测点。

12.4.2 DBSCAN 聚类过程

设置邻域半径 ε 和邻域半径 ε 范围内包含的最少观测点个数 $minPts$。在参数设定的条件下，DBSCAN 聚类过程大致包括形成小类和合并小类两个阶段。

1. 第一阶段，形成小类

从任意一个样本观测点 $\boldsymbol{O}_i$ 开始，在参数限定的条件下判断 $\boldsymbol{O}_i$ 是否为核心点。

情况一：$\boldsymbol{O}_i$ 是核心点。

若 $\boldsymbol{O}_i$ 是核心点，首先标记该点为核心点。然后，找到 $\boldsymbol{O}_i$ 的所有（如 m 个）直接密度可达点（包括边缘点），并形成一个以 $\boldsymbol{O}_i$ 为“核心”的小类，记作 C_i。m 个直接密度可达点（尚无小类标签）和样本观测点 $\boldsymbol{O}_i$ 的小类标签均为 C_i。

情况二：$\boldsymbol{O}_i$ 不是核心点。

若 $\boldsymbol{O}_i$ 不是核心点，那么 $\boldsymbol{O}_i$ 可能是其他核心点的直接密度可达点，或密度可达点，抑或噪声点。若 $\boldsymbol{O}_i$ 是直接密度可达点或密度可达点，则一定会在后续的处理中被归到某个小类，带有小类标签 C_j。若是噪声点，则不会被归到任何小类中，始终不带有小类标签。

后续，读取下一个没有小类标签的样本观测点 $\boldsymbol{O}_k$，判断是否为核心点，并做以上相同的处理。该过程不断重复，直到所有样本观测都被处理过为止。此时，除噪声点之外的其他样本观测点均带有小类标签。

2. 第二阶段，合并小类

判断带有核心点标签的所有核心点之间是否存在密度可达和密度相连关系。若存在，则将相应的小类合并为一类，并修改相应样本观测点的小类标签。

综上所述，直接密度可达形成的小类形状是球形的。依据密度可达和密度相连，若干个球形小类后续会被“连接”在一起，从而形成任意形状的小类。这是 DBSCAN 聚类的重要特征。此外，DBSCAN 聚类能够发现噪声数据，即始终没有小类标签的样本观测点为噪声点。

12.4.3 Python 模拟和启示：认识 DBSCAN 的异形聚类特点

DBSCAN 聚类的最大特点是能够发现任意形状的类。本节将基于一组模拟数据，利用 Python 编程实现 DBSCAN 聚类。

基本思路如下：

（1）读入一组具有异形特点的数据并进行可视化展示。

（2）将邻域半径 ε 和邻域半径 ε 范围内包含的最少观测点个数 $minPts$ 两个参数设置为不同的值，采用 DBSCAN 聚类。

（3）可视化不同参数下的聚类解的情况，直观对比参数对聚类的影响。

Python 代码（文件名：chapter12-5.ipynb）如下。为便于阅读，我们将代码运行结果直接放置在相应代码行下方。

行号	代码和说明
1	X = pd.read_csv('异形聚类数据.txt',header=0) # 读入文本格式的数据文件
2	fig = plt.figure(figsize=(15,10)) # 指定图形大小
3	plt.subplot(2,3,1) # 将绘图区域划分为 2 行 3 列，在第 1 单元绘图
4	plt.scatter(X['x1'],X['x2']) # 绘制数据的散点图
…	……# 设置图形标题等，略去
8	colors = 'bgrcmyk' # 设置各小类的绘图颜色
9	EPS = [0.2,0.5,0.2,0.5,0.2] # 设置邻域半径 ε 的取值范围
10	MinS = [200,80,100,300,30] # 设置最少观测点个数 minPts 的取值范围
11	Gid = 1 # 当前画图单元
12	for eps,mins in zip(EPS,MinS): # 利用循环基于参数 ε 和 minPts 的不同取值进行聚类
13	DBS=DBSCAN(min_samples=mins,eps=eps) # 创建 DBSCAN 对象 DBS，两个参数分别为 ε 和 minPts
14	DBS.fit(X) # 对 X 进行聚类
15	labels = np.unique(DBS.labels_) # 得到聚类标签
16	Gid+ = 1 # 指定当前画图单元
17	plt.subplot(2,3,Gid) # 将绘图区域划分为 2 行 3 列，在当前单元绘图
18	for i,k in enumerate(labels): # 绘制各小类的散点图
19	if k==-1: # 如果是噪声类（小类标签为 −1）
20	c = 'darkorange'; m='*' # 设置噪声类的绘图颜色和符号（深橙色五角星）
21	else:
22	c = colors[i]; m='o' # 指定非噪声类的绘图颜色和符号
23	plt.scatter(X.iloc[DBS.labels_==k,0],X.iloc[DBS.labels_==k,1],c=c,s=30,alpha=0.8,marker=m) # 绘制各小类的散点图
24	plt.title('DBSCAN 聚类解\n(最少观测点=%d, 近邻半径=%.2f)\n (%d 个核心点,%d 个噪声点,%d 个其他点)'%(mins,eps,len(DBS.components_),sum(DBS.labels_==-1),len(X)-len(DBS.components_)-sum(DBS.labels_==-1)),fontsize=14) # 设置图标题
…	……# 设置图坐标轴标题等，略去

■ 代码说明

（1）以上省略号部分在之前代码中重复出现过且不影响对原理的理解，故略去以节约篇幅。完整 Python 程序请参见本书配套代码。

（2）第 4 行：绘制聚类数据的散点图，如图 12.12 中第一行左图所示。

图形显示，样本观测点在聚类变量X_1，X_2二维空间中呈不规则的带状分布。从点的连续性看，数据大致可聚成 5 个异形小类。

（3）第 12 行以后，分别基于 5 种不同参数值：$\varepsilon=0.2$，$minPts=200$；$\varepsilon=0.5$，$minPts=80$；$\varepsilon=0.2$，$minPts=100$；$\varepsilon=0.5$，$minPts=300$；$\varepsilon=0.2$，$minPts=30$，进行 DBSCAN 聚类。

（4）第 13 至 15 行：利用函数 DBSCAN() 实现指定参数的 DBSCAN 聚类，并获得聚类解。

（5）第 24 行涉及核心点、噪声点和其他点（包括直接密度可达点和密度可达点）个数的计算。其中，.components_ 存储所有核心点的聚类变量值，可通过 len(DBS.components_) 得到核心点的个数；.labels_ 存储聚类解，-1 表示噪声类（或点），可通过 sum(DBS.labels_==-1) 计算噪声点的个数。

所绘制的图形如图 12.12 所示。

图 12.12 显示了大致三种情况下的聚类效果：邻域半径ε较小，且邻域范围内的最少观测点个数 *minPts* 较多的情况（条件严苛）；邻域半径ε较大，且邻域范围内的最少观测点个数 *minPts* 较少的情况（条件宽松）；适中参数设置的情况。

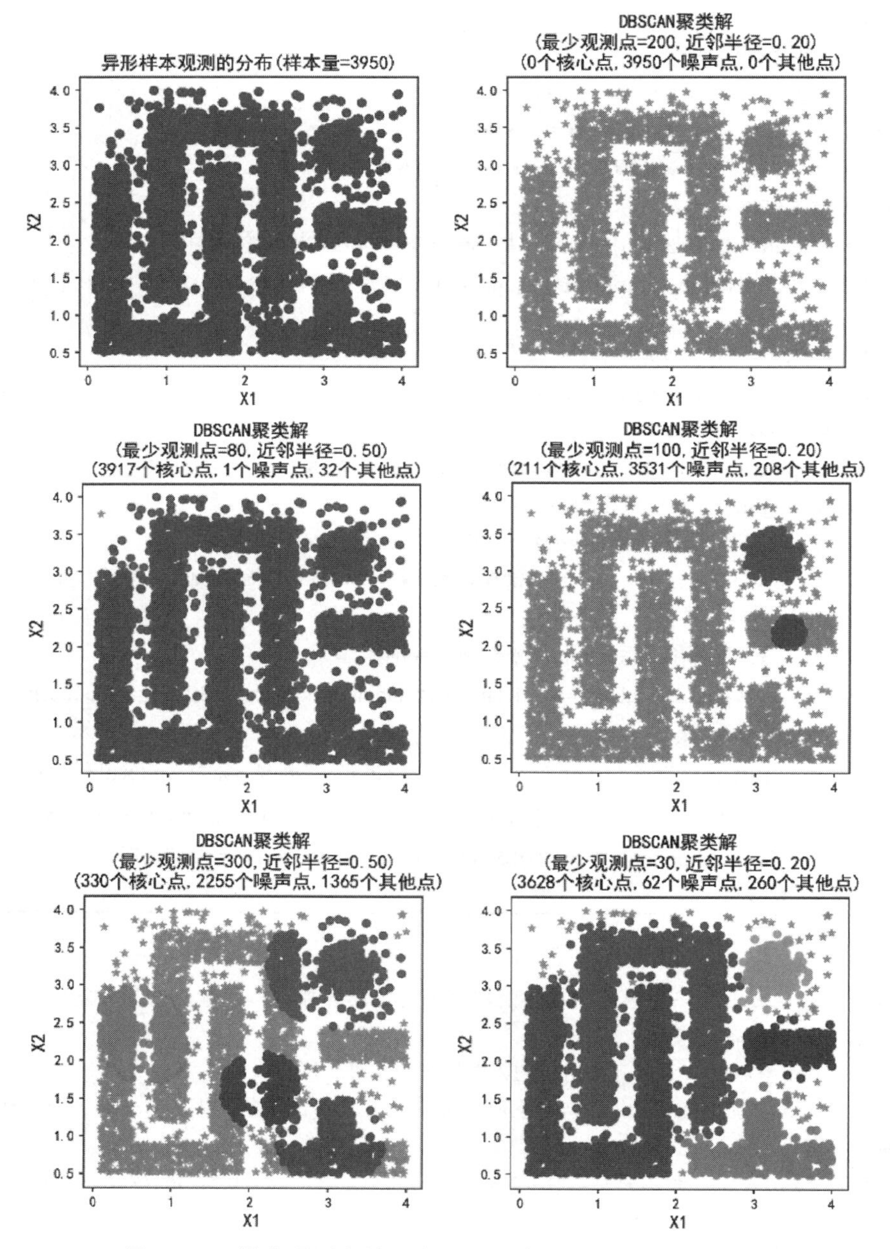

图12.12　样本观测点的分布及不同参数下的DBSCAN聚类解

（1）邻域半径 ε 较小，且邻域范围内的最少观测点个数 *minPts* 较多。

这里令 $\varepsilon = 0.2$，$minPts = 200$。这种参数设置是较为严苛的，因为其确定核心点的条件要求较高。只有那些在很小邻域半径范围内有很多点的样本观测点 $\boldsymbol{O}_i$，才可能成为核心点 $\boldsymbol{P}$。若没有任何一个样本观测点满足核心点的要求，就无法聚类并给出小类标签（或者说每个样本观测自成一个小类）。此时所有点均为噪声点。如图 12.12 中第一行右图所示。这里黄色五角星代表噪声点。

（2）邻域半径 ε 较大，且邻域范围内的最少观测点个数 *minPts* 较少。

这里令 $\varepsilon = 0.5$，$minPts = 80$。这种参数设置是较为宽松的，因为其确定核心点的条件要求较低。通常可能有很多的样本观测点都能够满足在较大邻域半径范围内有较少点的要求，因此会有很多的核心点 $\boldsymbol{P}$。同时，正是因为条件要求较低，很多核心点之间存在直接密度可达或密度可达的关系，在聚类的第二阶段可能所有小类均合并成一个大类。如图 12.12 中第二行左图所示。除了左上角存在一个黄色五角星的噪声点之外，其他点都有相同的颜色，均属一类。

（3）适中的参数设置。

对上述第一种参数设置做适当调整。保持邻域半径不变，但降低对最低样本量的要求，如令 $\varepsilon = 0.2$，$minPts = 100$，聚类解如第二行右图所示。此时数据聚成两个小类，但仍存在大量噪声点。对此，可进一步扩大邻域半径并同时适当提高对最低样本量的要求，以避免条件过于宽松。如令 $\varepsilon = 0.5$，$minPts = 300$，聚类解如图 12.12 中第三行左图所示。数据聚成了 4 个小类，且每个小类的形状均大致呈圆形。

为获得更好的聚类效果，令 $\varepsilon = 0.2$，$minPts = 30$，聚类解如图 12.12 中第三行右图所示。数据聚成 5 个小类，小类为带状或倒 T 字形或圆形，形状不规则。此外，仍存在黄色五角星所示的噪声点。

综上，DBSCAN 聚类可以实现异形聚类，且具有较高的参数敏感性，这与算法设计思路密切相关。此外，DBSCAN 聚类通常适用于有 12.1.3 节提及的外部度量指标的情况，旨在希望借助外部度量指标帮助确定合理的参数，从而进一步将聚类模型应用于对新数据集的小类预测。当存在不规则形状的小类时，基于 DBSCAN 聚类的预测比直接建立聚类变量和外部度量的分类模型，有更好的小类预测效果。

12.5 聚类分析的 Python 应用实践：环境污染的区域特征分析

本节将从应用角度讨论聚类方法的实用价值。案例数据为某年我国各省区环境污染状况的数据。包括：生活污水排放量（x_1）、生活二氧化硫排放量（x_2）、生活烟尘排放量（x_3）、工业固体废物排放量（x_4）、工业废气排放总量（x_5）、工业废水排放量（x_6）等。为对各省区环境污染源进行对比，将分别采用 *K*- 均值聚类和系统聚类，对各省区的环境污染状况进行分组。一方面通过对比两个聚类解，进一步理解两种聚类算法的特点；另一方面展示聚类分析的实际应用意义。基本思路如下：

（1）采用系统聚类得到所有可能的聚类解。

（2）基于系统聚类的树形图确定合理的聚类数目K，得到其对应的系统聚类解和K-均值聚类解，并进行对比分析。

（3）通过描述性分析直观对比各类区域环境污染的不同特点。

Python 代码（文件名：chapter12-3.ipynb）如下。以下将分段对 Python 代码做说明。

1. 对数据进行聚类分析，完成以上思路（1）和（2）

行号	代码和说明
1	data = pd.read_csv('环境污染数据.txt',header=0) # 读入文本格式的案例数据，无标题行
2	X = data[['x1','x2','x3','x4','x5','x6']] # 指定聚类变量 X
3	fig = plt.figure(figsize=(15,6)) # 指定图形大小
4	sch.dendrogram(sch.linkage(X, method='ward'),leaf_font_size=15,leaf_rotation=False) # 基于 ward 联通性测度对 X 进行系统聚类并绘制聚类解的树形图
5	plt.axhline(y=120,color='red', linestyle='-.',linewidth=1,label='聚类数目 K 的参考线') # 绘制聚类数目参考线
…	……# 设置图标题等，略去

■ **代码说明**

（1）以上省略号部分在之前代码中重复出现过且不影响对原理的理解，故略去以节约篇幅。完整 Python 程序请参见本书配套代码。

（2）第 4 至 5 行：采用基于 ward 联通性度量的系统聚类方法对数据进行聚类，并绘制聚类树形图，在图中添加确定聚类数目K的参考线。所得图形如图 12.13 中上图所示。图形显示，聚成 4 类是比较合适的。

进一步分别得到$K=4$时系统聚类和K-均值聚类的聚类解，并可视化聚类解。由于本例有 6 个聚类变量，不便于直观展示，将采用主成分分析提取 2 个主成分，通过绘制基于主成分的散点图展示聚类解的情况。代码续前。

行号	代码和说明
9	def MyDraw(title,labels,i): # 定义可视化聚类解的用户自定义函数，参数依次为图标题、聚类解和绘图单元
10	pca = decomposition.PCA(n_components=2) # 创建主成分分析对象 pca，指定提取 2 个主成分
11	pca.fit(X) # 对 X 进行主成分分析
12	y = pca.transform(X) # 获得 2 个主成分，为后续高维情况下聚类解的可视化做准备
13	markers=['o','*','+','>'] # 指定不同小类的绘图符号
14	ax = plt.subplot(1,2,i) # 将绘图区域划分为 1 行 2 列，在第 i 单元绘图
15	for k, m in zip(range(K),markers): # 利用循环绘制各小类的散点图
16	ax.scatter(y[labels == k, 0], y[labels == k,1], marker=m,s=80,label='小类:'+str(k)) # 以不同符号和颜色绘制各小类的散点图
…	…… # 设置图标题等，略去
21	fig = plt.figure(figsize=(15,6))
22	K = 4 # 指定聚类数目 K=4

23	AC = AgglomerativeClustering(linkage='ward',n_clusters = K) # 创建基于 ward 联通性的系统聚类对象 AC，指定聚成 K 类
24	AC.fit(X) # 对 X 进行系统聚类
25	MyDraw(' 系统聚类解 ',AC.labels_,1) # 调用用户自定义函数可视化系统聚类解的情况
26	KM= KMeans(n_clusters=K) # 创建 K- 均值聚类对象 KM，指定聚成 K 类
27	KM.fit(X) # 对 X 进行 K- 均值聚类
28	MyDraw('K- 均值聚类解 ',KM.labels_,2) # 调用用户自定义函数可视化 K- 均值聚类解的情况

■ 代码说明

以上省略号部分在之前代码中重复出现过且不影响对原理的理解，故略去以节约篇幅。完整 Python 程序请参见本书配套代码。所绘制的图形如图 12.13 中下图所示。

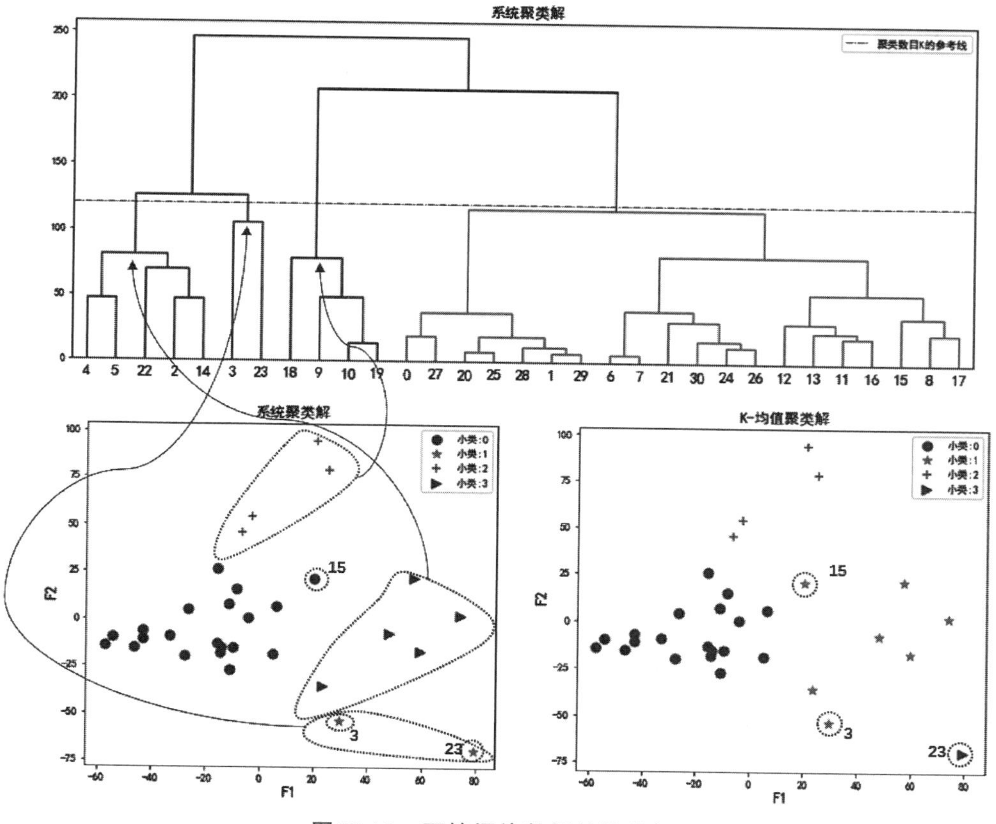

图12.13　环境污染数据的聚类解

图 12.13 中上方图给出了对 31 个省区数据进行系统聚类的所有聚类解。最下方为省区编号。下方图展示了分别采用系统聚类和 *K*- 均值聚类将数据聚成四类的情况，是关于主成分分析提取的 2 个主成分的散点图，相同颜色和形状表示同一小类。

观察发现，*K*- 均值的聚类解与系统聚类解不完全一致，如图中虚线圆圈圈住的 3，15，23 三个点（分别对应编号为 3，15 和 23 的省区），这与两种算法的原理差异有关。在右图的 *K*- 均值聚类中，3，15 两个点均与黄色五角星小类的质心更近，归入该小类，

23 号点自成一个小类。但在系统聚类中，聚成 4 类时树形图显示，左图的 3 号点因与树形图中最左侧的小类（{4,5,22,2,14}）距离较远，这里是归入后的方差较大而没能被归入其中，而是与 23 号点合并为一个小类。同理，左图的 15 号点，远离小类{4,5,22,2,14}，被归入了最大的一个小类中。

需要说明的是，这里我们只需关注两种聚类算法的聚类解所对应的样本观测集合是否一致，不必考虑小类标签值是否相同。例如，第 3 小类对应的三角形位于左图的中部，但却在右图的右下角位置。

2. 通过描述性分析直观对比各类地区环境污染的不同特点

行号	代码和说明
1	groupMean = X.iloc[:,:].groupby(AC.labels_).mean() # 计算各聚类变量在各个小类的均值
2	plt.figure(figsize=(9,6)) # 指定图形大小
3	labels = ['生活污水','SO2','生活烟尘','工业固体废物','工业排气','工业废水'] # 指定横坐标标签
4	for i in np.arange(4): # 利用循环对每个小类作如下绘图
5	plt.bar(range(0,6),groupMean.iloc[i],bottom=groupMean.iloc[0:i].sum(),label='第%d 类 (%d)'%(i,AC.labels_.tolist().count(i)), tick_label = labels) # 绘制各聚类变量在各小类上均值的堆积柱形图
…	……# 设置图形标题等，略去

■ **代码说明**

（1）第 1 行：计算各聚类变量在各小类上的平均值。

（2）第 3 行以后，分别计算各小类的成员个数，绘制各聚类变量在各小类上均值的堆积柱形图，如图 12.14 所示。

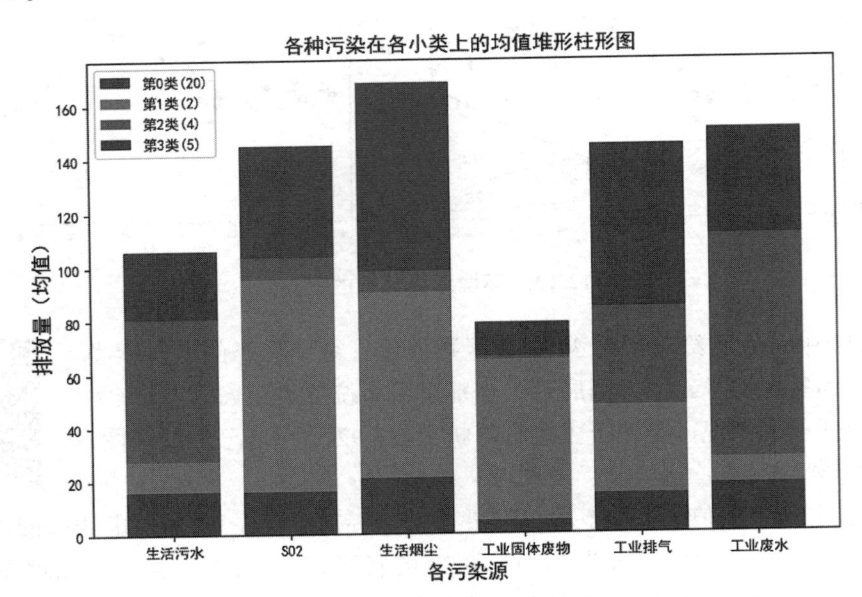

图12.14　各种污染在各小类上的均值堆形状条形图

图 12.14 直观展现了 4 类区域环境污染来源的结构特征。例如，第 0 类区域（包含 20 个省区）的各类污染物排放均不高（蓝色区域）；第 1 类区域的二氧化硫（SO_2）、生活烟尘和工业固体废物的排放量较高，生活污水和工业废水的排放量较低；第 2 类区域的工业固体废物排放量很少，工业固体废物排放量主要来自第 1 类区域；等等。读者可自行基于各省区的聚类解，做进一步的细致分析。

• 本章相关函数列表 •

围绕本章学习，应重点掌握 Python 模块中的以下函数。函数的具体格式参见 Python 帮助。

一、*K*-均值聚类

KM= KMeans(n_clusters=, max_iter =)；KM.fit(X)。

二、系统聚类

sch.linkage(X, method=)；sch.dendrogram()。

AC = AgglomerativeClustering(linkage=,n_clusters =)；AC.fit(X) 。

• 本章习题 •

1. 请简述 *K*- 均值聚类的基本原理和聚类过程。

2. 你认为 *K*- 均值聚类中迭代的意义是什么？

3. 请简述系统聚类过程，说明其算法优势，以及碎石图对确定聚类数目 *K* 有怎样的作用。

4. 请说明 DBSCAN 聚类中有几种类型的点，并说明为什么 DBSCAN 可以实现异形聚类。

5. Python 编程题：基于购买行为数据对超市顾客进行市场细分。

有超市顾客购买行为的 RFM 数据集（数据文件名：RFM 数据 .txt)，请利用各种聚类算法实现顾客群细分。请关注如下方面：

第一，顾客 RFM 三个变量有怎样的分布特征。

第二，尝试将顾客分成 4 类，并分析各类顾客的购买行为特征。

第三，评价模型，分析聚成 4 类是否恰当。

图书在版编目（CIP）数据

Python 机器学习：原理与实践 / 薛薇著 . -- 2 版
. -- 北京：中国人民大学出版社，2024.1
（数据科学与大数据技术丛书）
ISBN 978-7-300-32105-9

Ⅰ. ① P… Ⅱ. ①薛… Ⅲ. ①软件工具－程序设计②
机器学习 Ⅳ. ① TP311.561 ② TP181

中国国家版本馆 CIP 数据核字（2023）第 162774 号

数据科学与大数据技术丛书
Python 机器学习：原理与实践（第 2 版）
薛 薇 著
Python Jiqi Xuexi: Yuanli yu Shijian

出版发行 中国人民大学出版社
社　　址 北京中关村大街31号　　**邮政编码** 100080
电　　话 010–62511242（总编室）　010–62511770（质管部）
010–82501766（邮购部）　010–62514148（门市部）
010–62515195（发行公司）　010–62515275（盗版举报）
网　　址 http:www.crup.com.cn
经　　销 新华书店
印　　刷 北京昌联印刷有限公司　　**版　　次** 2021 年 1 月第 1 版
2024 年 1 月第 2 版
开　　本 787 mm × 1092 mm　1/16　　**印　　次** 2024 年 12 月第 2 次印刷
印　　张 22.25　插页1　　**定　　价** 69.00 元
字　　数 506 000

中国人民大学出版社　理工出版分社

教师教学服务说明

中国人民大学出版社理工出版分社以出版经典、高品质的统计学、数学、心理学、物理学、化学、计算机、电子信息、人工智能、环境科学与工程、生物工程、智能制造等领域的各层次教材为宗旨。

为了更好地为一线教师服务，理工出版分社着力建设了一批数字化、立体化的网络教学资源。教师可以通过以下方式获得免费下载教学资源的权限：

★ 在中国人民大学出版社网站 www.crup.com.cn 进行注册，注册后进入“会员中心”，在左侧点击“我的教师认证”，填写相关信息，提交后等待审核。我们将在一个工作日内为您开通相关资源的下载权限。

★ 如您急需教学资源或需要其他帮助，请加入教师 QQ 群或在工作时间与我们联络。

中国人民大学出版社　理工出版分社

教师 QQ 群：229223561(统计2组) 982483700(数据科学) 361267775(统计1组)
教师群仅限教师加入，入群请备注（学校+姓名）

联系电话：010-62511967，62511076

电子邮箱：lgcbfs@crup.com.cn

通讯地址：北京市海淀区中关村大街 31 号中国人民大学出版社 507 室（100080）